Springer-Lehrbuch

AF735762

Springer-Verlag Berlin Heidelberg GmbH

Hans Peter Latscha
Helmut Alfons Klein

CHEMIE

Basiswissen

Anorganische Chemie
Organische Chemie
Analytische Chemie

Springer

Professor Dr. Hans Peter Latscha
Anorganisch-Chemisches Institut
der Universität Heidelberg
Im Neuenheimer Feld 270, D-69120 Heidelberg

Dr. Helmut Alfons Klein
Bundesministerium für Arbeit und Sozialforschung
U.-Abt. Arbeitsschutz/Arbeitsmedizin
Rochusstraße 1, D-53123 Bonn

ISBN 978-3-662-40782-0 ISBN 978-3-662-41266-4 (eBook)

DOI 10.1007/978-3-662-41266-4

Sonderausgabe für Weltbild-Verlag GmbH, Augsburg

Additional material to this book can be downloaded from http://extras.springer.com

Dieses Werk ist urheberrechtlich geschützt. Die dadurch begründeten Rechte, insbesondere die der Übersetzung, des Nachdrucks, des Vortrags, der Entnahme von Abbildungen und Tabellen, der Funksendung, der Mikroverfilmung oder der Vervielfältigung auf anderen Wegen und der Speicherung in Datenverarbeitungsanlagen, bleiben, auch bei nur auszugsweiser Verwertung, vorbehalten. Eine Vervielfältigung dieses Werkes oder von Teilen dieses Werkes ist auch im Einzelfall nur in den Grenzen der gesetzlichen Bestimmungen des Urheberrechtsgesetzes der Bundesrepublik Deutschland vom 9. September 1965 in der jeweils geltenden Fassung zulässig. Sie ist grundsätzlich vergütungspflichtig. Zuwiderhandlungen unterliegen den Strafbestimmungen des Urheberrechtsgesetzes.

© Springer-Verlag Berlin Heidelberg 1994

Ursprünglich erschienen bei Springer-Verlag Berlin Heidelberg 1994

Die Wiedergabe von Gebrauchsnamen, Handelsnamen, Warenbezeichnungen usw. in diesem Werk berechtigt auch ohne besondere Kennzeichnung nicht zu der Annahme, daß solche Namen im Sinne der Warenzeichen- und Markenschutz-Gesetzgebung als frei zu betrachten wären und daher von jedermann benutzt werden dürften.

Produkthaftung: Für die Richtigkeit und Unbedenklichkeit der Angaben über den Umgang mit Chemikalien in Versuchsbeschreibungen und Synthesevorschriften übernimmt der Verlag keine Haftung. Derartige Informationen sind den Laboratoriumsvorschriften und den Hinweisen der Chemikalien- und Laborgerätehersteller und -vertreiber zu entnehmen.

Einbandgestaltung: Erich Kirchner, Heidelberg
Gesamtherstellung;: J. Ebner, Graphische Betriebe GmbH & Co. KG, Ulm
52/3120 Gedruckt auf säurefreiem Papier

INHALT

Analytische Chemie

151 Abbildungen
35 Tabellen

Vorwort zur zweiten Auflage

Dieses Buch ist der *dritte* Band der Reihe „Chemie Basiswissen". Er basiert auf dem Buch „Pharmazeutische Analytik" (Springer-Verlag) von Latscha, Klein und Kessel; er enthält die Grundlagen der *analytischen Chemie.* Dabei erschien es uns sinnvoll, einige erprobte Bestimmungsmethoden aus den Arzneibüchern zu übernehmen, da diese Chemikern häufig unbekannt sind.
Ausführlich behandelt werden die klassischen Methoden der *qualitativen* und *quantitativen* Analyse, der *qualitative Nachweis der Elemente und funktioneller Gruppen* in organischen Verbindungen, *chromatographische* und *elektrochemische* Methoden. Den elektrochemischen Methoden wurde besondere Aufmerksamkeit gewidmet, weil sie für Forschung und Betrieb zunehmend an Bedeutung gewinnen.
Skizziert werden außerdem die Grundlagen der *optischen Analysemethoden,* der *kernmagnetischen Resonanzspektroskopie (NMR),* der *Infrarot (IR)*- und *Ultraviolett (UV)*-Spektroskopie, der *Massenspektroskopie (MS)* und anderer moderner Analysemethoden.
Das Buch wurde so angelegt, daß es zur Prüfungsvorbereitung und als begleitender Lehrtext für Praktika von

- Studenten der Chemie
- Studierenden des höheren Lehramtes
- Studenten mit Chemie als Nebenfach

benutzt werden kann.

Heidelberg, im Februar 1990

H. P. Latscha
H. A. Klein

Inhaltsverzeichnis

Einleitung

Analytische Chemie

Die Analytische Chemie* befaßt sich mit der Qualität (dem "Was") und der Quantität (dem "Wieviel") von Stoffen. Es gibt eine Vielzahl von Analysenmethoden, weil unterschiedliche Probleme meist unterschiedliche Methoden erfordern.

Wir wollen in diesem Buch die wichtigsten Analysenverfahren so präsentieren, wie es uns aufgrund langjähriger Erfahrung in Forschung und Lehre im Rahmen eines Taschenbuchs sinnvoll erscheint.

Zur weiteren Information wurde jedem Kapitel ein ausführlicher Literaturnachweis angefügt.

---

* ἀνάλυσις

Vorsichtsmaßnahmen und Unfallverhütung im chemischen Labor

Die meisten Chemikalien, mit denen im chemischen Labor gearbeitet wird, sind in irgendeiner Weise für den Menschen schädlich. Es ist daher erforderlich, bestimmte Regeln zu beachten und vorbeugend Schutzmaßnahmen zu treffen. Zusätzlich sind die aus dem täglichen Leben allgemein bekannten Gefahren gegeben, z.B. durch elektrischen Strom bei Benutzung fehlerhafter Geräte oder Rutschgefahr auf glatten Fußböden. Sie sind oft die Ursache für besonders schlimme Unfälle mit Chemikalien (z.B. Verspritzen von Säuren nach Stolpern).

Wichtige Laborregeln beim Umgang mit chemischen Stoffen

Die folgenden Labor-Regeln haben sich als besonders wichtig erwiesen:

- Arbeiten Sie nie allein im Labor.
- Tragen Sie stets eine Schutzbrille.
- Benutzen Sie immer den Abzug bei Arbeiten mit giftigen, ätzenden oder sonst gefährlichen Gasen und Flüssigkeiten sowie Substanzen, die leicht entzündlich oder potentiell explosiv sind. Halten Sie dabei die Abzugsscheibe weitgehend geschlossen.
- Verwenden Sie Schutzschilde, um Verletzungen durch zerknallende Vakuumapparaturen oder unter Druck stehende Behälter vorzubeugen.
- Transportieren Sie Chemikalien in bruchsicheren Gefäßen (Lösungsmittel-Flaschen im Eimer).
- Fassen Sie Chemikalien nicht mit bloßen Fingern an. Benutzen Sie Schutzhandschuhe beim Hantieren mit gefährlichen Flüssigkeiten und Lösungen.
- Erhitzen Sie brennbare (organische) Lösungsmittel nicht über einer offenen Flamme.

- Stellen Sie keine unverschlossenen Gefäße in den Kühlschrank.
- Beschriften Sie Chemikaliengefäße richtig und lesbar.
- Begrenzen Sie die zum Arbeiten erforderlichen Chemikalienmengen auf das notwendige Maß. Besondere Vorsicht beim Arbeiten mit großen (Lösungsmittel-)Mengen!
- Geben Sie niemals etwas zu einer konzentrierten Säure oder Lauge hinzu, sondern verfahren Sie z.B. beim Verdünnen umgekehrt.
- Richten Sie die Öffnungen von erhitzten Gefäßen (z.B. Reagenzgläsern) nicht auf eine Person, auch nicht auf sich selbst.
- Geben Sie niemals Feststoffe (z.B. Aktivkohle, Siedesteinchen) zu einer bereits erhitzten Lösung zu, sondern lassen Sie die Lösung vorher abkühlen.
- Pipettieren Sie grundsätzlich nicht mit dem Mund.
- Füllen Sie entnommene Substanzen nicht in das Reaktionsgefäß oder eine Vorratsflasche zurück.
- Tragen Sie einen Labormantel (reine Baumwolle!) sowie geeignete geschlossene Schuhe. Binden Sie lange Haare zurück und legen Sie lange Halsketten ab.
- Informieren Sie sich über die Notausgänge sowie Ort und Handhabung der Feuerlöscher, Löschdecken, Notbrausen, Augenduschen und anderer Sicherheitseinrichtungen.
- Beachten Sie die Laborvorschriften für die Vernichtung von Chemikalien-Resten und -Abfällen.
- Essen, trinken und rauchen Sie nicht im Labor.
- Informieren Sie sich vor Durchführung einer Reaktion über die Eigenschaften der verwendeten Chemikalien.

Gesetzliche Vorschriften (Auszug)

Die vorstehenden Labor-Regeln werden ergänzt durch gesetzliche Vorschriften, deren Einhaltung durch die Gewerbeaufsichtsämter und die Berufsgenossenschaften (= gesetzliche Unfallpflichtversicherung) überwacht wird. Beide Institutionen stehen auch jederzeit zur kostenlosen Beratung zur Verfügung.

Bei der jeweils zuständigen Berufsgenossenschaft (BG) sind unentgeltlich erhältlich:
- Unfallverhütungsvorschriften, z.B. UVV Schutzmaßnahmen beim Umgang mit krebserzeugenden Arbeitsstoffen (VBG 113) oder UVV Medizinische Laboratoriumsarbeiten (VBG 114);
- Merkblätter, z.B. "Richtig pipettieren" (M 651), "Augenschutz" (ZH 1/192), "Gefährliche chemische Stoffe"(ZH 1/81);
- Richtlinien, z.B. Richtlinien für Laboratorien (ZH 1/119);

Wichtige Bundesgesetze für den Umgang mit und das Aufbewahren von gefährlichen Stoffen im Labor sind die "Verordnung über brennbare Flüssigkeiten" (VbF) und die "Verordnung über gefährliche Arbeitsstoffe" (ArbStoffV - zukünftig abgelöst durch die "Gefahrstoffverordnung").
Die VbF teilt die brennbaren Flüssigkeiten in folgende Gefahrenklassen ein:

A I : wasserunlöslich, Flammpunkt unter 21°C
(z.B. Ether, CS_2, Toluol)

A II : wasserunlöslich, Flammpunkt 21-55°C
(z.B. Butanol, Xylol, Petroleum)

A III: wasserunlöslich, Flammpunkt 55-100°C
(z.B. Heizöl)

B : wasserlöslich, Flammpunkt unter 21°C
(z.B. Ethanol, Methanol, Aceton)

Für die einzelnen Gefahrenklassen enthält die VbF genaue Vorschriften über Art und Höchstmenge der Lagerung. Die BG-Richtlinien schreiben vor, daß im Labor Flüssigkeiten der Klasse A I und B an Arbeitsplätzen nur in Gefäßen mit maximal 1 Liter Inhalt aufbewahrt werden dürfen. Die Auswahl der Gefäße ist auf das unbedingt nötige Maß zu beschränken.

Die ArbStoffV enthält generelle Vorschriften über den Umgang mit allgemein gefährlichen und krebserzeugenden Stoffen unter besonderer Berücksichtigung von Jugendlichen und werdenden Müttern. Enthalten sind ferner allgemeine Vorschriften über die gesundheitliche Überwachung sowie ausführliche Bestimmungen über die Kennzeichnung gefährlicher Stoffe.
Das Kennzeichnungsschild der Verpackung muß insbesondere enthalten: die chemische Bezeichnung des Stoffes, Hinweise auf besondere Gefahren (R-Sätze), Sicherheitsratschläge (S-Sätze) sowie eines der Gefahrensymbole (Abb. 1). Da die gesetzlichen Kennzeichnungsvorschriften lückenhaft sind, darf eine nicht dergestalt gekennzeichnete Substanz keineswegs als ungefährlich angesehen werden.

Die ArbStoffV wird durch Technische Regeln für gefährliche Arbeitsstoffe (TRgA) ergänzt, welche die Anforderungen der Verordnung präzisieren. Von besonderer Bedeutung ist die TRgA 900 mit den Werten der Maximalen Arbeitsplatzkonzentration (MAK-Werte, Tabelle 2). Diese geben an, welche mittlere Schadstoffkonzentration während eines achtstündigen Arbeitstages im allgemeinen die Gesundheit nicht beeinträchtigt.

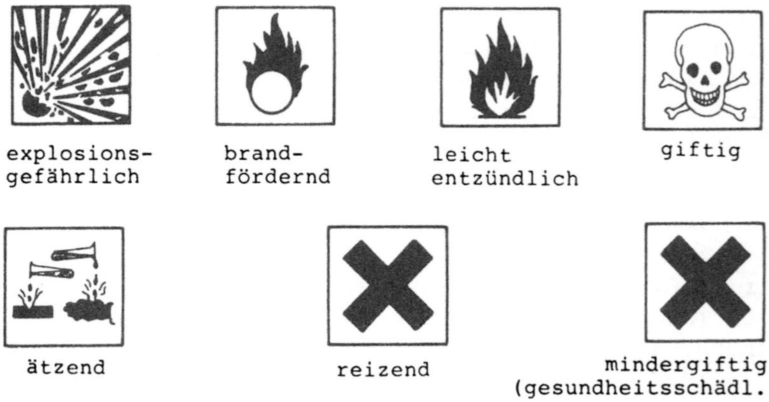

Abb. 1. Gefahrensymbole und Gefahrenbezeichnungen (schwarzer Aufdruck auf organgegelbem Grund)

Sie werden erarbeitet von der "Senatskommission zur Prüfung gesundheitsschädlicher Arbeitsstoffe" der Deutschen Forschungsgemeinschaft, ständig überprüft und jährlich neu herausgegeben. Für Gemische und krebserzeugende Stoffe gibt es keine MAK-Werte, jedoch werden für letztere in der TRgA 102, Technische Richtkonzentrationen (TRK-Werte, Tabelle 1) festgelegt, um das Risiko einer Beeinträchtigung der Gesundheit so niedrig wie technisch möglich zu halten. Die sachgerechte Messung der MAK-Werte ist aufwendig und nach der TRgA 402 vorzunehmen. Sicherheitshalber sollte jedenfalls mit allen Stoffen, die nicht zweifelsfrei ungefährlich sind, stets mit Abzug gearbeitet werden.

Tabelle 1. Ausgewählte TRK-Werte

	(ppm = ml/m^3)	
Acrylnitril	6	ppm
Benzol	8	ppm
Dimethylsulfat	0,2	mg/m^3
Hydrazin	0,1	ppm
Arsen	0,2	mg/m^3
Asbest	0,05	mg/m^3

Tabelle 2. Ausgewählte MAK-Werte

	(ppm = ml/m^3)
Aceton	1000
Ameisensäure	5
Ammoniak	50
Anilin	2
Brom	0,1
Butanol	100
Chlorethan	1000
Chlormethan	50
Chlorwasserstoff	5
Cyanwasserstoff (Blausäure)	10
Diethylether	400
Essigsäure	10
Ethanol	1000
Formaldehyd	1
Kohlenmonoxid	30
Kohlendioxid	5000
Methanol	200
Ozon	0,1
Phenol	5
Schwefeldioxid	2
Schwefelwasserstoff	10

Sicherheitsmaßnahmen

Während die gesetzlichen Vorschriften vor allem der Gefahrenvorsorge dienen, sind zur Gefahrenabwehr technische Schutzmaßnahmen erforderlich. Speziell im Labor gehören dazu:

- Verbandskästen in vorgeschriebener Ausführung und Auswahl
- Feuerlöscher verschiedener Größen
- Notbrausen
- Feuerlöschdecken
- Augenwaschflaschen (Füllung: abgekochtes Trinkwasser, wöchentlich zu erneuern) oder Augenduschen
- persönliche Schutzausrüstung wie Handschuhe, Schutzbrillen etc.
- technische Einrichtungen wie Abzüge, Raumentlüftung, Notabsperrhähne etc.

Es ist selbstverständlich, daß jeder im Labor Tätige sich über Standort und Funktionsweise der Sicherheitseinrichtungen informiert. Ihr Betriebszustand ist regelmäßig zu prüfen, Mängel sind sofort zu beseitigen.

Erste Hilfe bei Unfällen

Es ist zweckmäßig, die berufsgenossenschaftliche "Anleitung zur Ersten Hilfe bei Unfällen" (Bestell-Nr. ZH 1/143, C. Heymanns Verlag, Köln), jedem im Labor Tätigen vor Arbeitsaufnahme auszuhändigen. Zusätzlich sollte eine übersichtliche Wandtafel des gleichen Inhalts im Labor aushängen.

Nach der Erstversorgung ist sofort ein Arzt hinzuzuziehen bzw. ein Transport ins nächste Krankenhaus zu veranlassen. Bei Unfällen mit Chemikalien ist unbedingt festzustellen, um welche Stoffe es sich handelt, damit gezielte Gegenmaßnahmen eingeleitet werden können.

Die folgenden Hinweise sind als Laien-Ersthilfe gedacht und dienen als Ergänzung der üblichen Erste-Hilfe-Maßnahmen, deren Kenntnis vorausgesetzt wird.

Verletzungsort	Sofort-Maßnahme
Haut	Gefährliche Stoffe sofort mit viel Wasser (evtl. mit Seife) abwaschen. Keine Lösungsmittel verwenden, da Resorptionsgefahr! Benetzte Kleidungsstücke entfernen. Keine Brandsalben o.dgl. auftragen!
Augen	Auge weit öffnen und mit viel Wasser gut spülen. Augenwaschflasche benutzen! Danach mit nasser Schutzauflage sofort zum Augenarzt! Bei Kontaktlinsen: erst kurzes,intensives Spülen, danach Kontaktlinse entfernen und gründlich weiterspülen.
Mund und Magen	Mund spülen und eine ausreichende Menge Wasser trinken (jedoch bei fettlöslichen Stoffen 150 ml Paraffinöl). Erbrechen provozieren. Nicht erbrechen bei: - Bewußtlosen - Waschmitteln (Lungenödem!) - Säuren/Laugen (Zweitverätzung der Speiseröhre) - Lösungsmitteln (Lungenödem! Paraffinöl trinken)
Lunge	Vergiftete an frische Luft bringen (auf Eigenschutz achten!), flach lagern und warm zudecken. Falls erforderlich, künstlich beatmen. Lungenödem vorbeugen mit Auxiloson-Dosier-Aerosol (z.B. Dexamethaxon-Spray).

Weitere Hinweise

Daunderer-Weger: Erste Hilfe bei Vergiftungen, Springer-Verlag
Roth-Daunderer: Erste Hilfe bei Chemikalienunfällen, ecomed
Roth: Sicherheitsfibel Chemie, ecomed
Flörke: Unfallverhütung im naturwissenschaftlichen Unterricht, Quelle & Meyer
Firmenschrift: Sicherheit mit Merck
Hommel: Gefährliche Güter, Springer-Verlag

1. Qualitative Analyse

1.1 Anorganische Verbindungen

1.1.1 Allgemeine Einführung

Die *qualitative Analyse* ist der Teil der analytischen Chemie, der sich mit der qualitativen Zusammensetzung von Stoffen befaßt.

Gegenstand dieses Kapitels ist die *"klassische qualitative Analyse"*. Sie bedient sich chemischer Reaktionen.

Analytisch brauchbare Reaktionen sind vor allem:

Fällungsreaktionen	($Ag^+ + Cl^- \rightleftharpoons AgCl$),
Komplexbildungsreaktionen	($AgCl + 2\ NH_3 \rightleftharpoons [Ag(NH_3)_2]^+ + Cl^-$),
Neutralisationsreaktionen	($NH_3 + HCl \rightleftharpoons NH_4Cl$),
Redoxreaktionen	($2\ I^- + Cl_2 \longrightarrow I_2 + 2\ Cl^-$),
Gasentwicklungsreaktionen	($FeS + 2\ HCl \longrightarrow FeCl_2 + H_2S$).

Analytische Reaktionen liefern einen charakteristischen Niederschlag (Nd.) oder führen zur Auflösung eines Niederschlags; sie bewirken eine charakteristische Farbänderung oder Fluoreszenz, eine Gasentwicklung oder einen deutlich wahrnehmbaren Geruch.

Die *analytischen Reagenzien* lassen sich grob einteilen in *Gruppenreagenzien* (selektive Reagenzien), die den Nachweis oder die Abtrennung einer größeren Substanzgruppe (mit ähnlichen Eigenschaften) gestatten, und *spezifische Reagenzien*, die mit ganz bestimmten Substanzen eindeutige Nachweise geben.

1.1.1.1 Trennungsgänge

Reagieren spezifische Reagenzien mit mehreren Substanzen auf die gleiche Weise, müssen diese Substanzen vorher durch Gruppenreagenzien in verschiedene Gruppen aufgetrennt werden. In der klassischen qualitativen Analyse hat man für verschiedene Substanzen regelrechte Trennungsgänge entwickelt.

Beispiele für Trennungsgänge finden sich in Kap. 1.1.6.

Von großer Bedeutung für die Brauchbarkeit einer Nachweisreaktion ist ihre Empfindlichkeit.

1.1.1.2 Empfindlichkeit einer Nachweisreaktion

Die Empfindlichkeit läßt sich angeben durch die Erfassungsgrenze EG (Feigel, 1923):

Erfassungsgrenze ist jene geringste Menge eines Stoffes in µg (10^{-6} g), die in einem zur Durchführung einer bestimmten Nachweisreaktion geeigneten Volumen vorhanden sein muß, um noch eine positive Reaktion zu erhalten.

Von der IUPAC wurden folgende "Normalvolumina" festgelegt:

Reagenzglastest - 5 ml; kleines Reagenzglas - 1 ml;
Mikroreagenzglas - 0,1 ml;
Tropfen unter dem Mikroskop - 0,01 ml;
Tüpfelanalyse - 0,03 ml.

Die Empfindlichkeit kann auch angegeben werden durch die Grenzkonzentration GK (Hahn, 1930):

Die Grenzkonzentration ist die geringste Konzentration, bei der die Reaktion noch positiv ist.

Im allgemeinen setzt man die Grenzkonzentration als Verhältnis der Masse des zu bestimmenden Stoffes (meist gleich 1 g gesetzt) zur Gesamtmasse der Lösung. 1 : 100 000 = 1 : 10^5 bedeutet: 1 Teil in 100 000 Teilen Lösung oder 10 µg in 1 g Lösung.

Für die Umrechnung zwischen beiden Empfindlichkeitsangaben gilt folgende Gleichung:

$$\text{Grenzkonzentration} = \frac{\text{Erfassungsgrenze (in µg)}}{\text{Arbeitsvolumen (in ml)} \cdot 10^{6}}$$

Oft verwendet man anstelle des GK-Wertes dessen negativen dekadischen Logarithmus, den pD-Wert. D von Dilution; p ist das Symbol für negativen dekadischen Logarithmus.

Analytisch brauchbare Reaktionen haben einen pD-Wert zwischen 3 und 8.

Beachte: Die Empfindlichkeit einer Reaktion wird durch die Anwesenheit anderer Stoffe beeinflußt; meist wird sie verringert.

1.1.1.3 Die qualitative Analyse

Die häufig heterogene Analysensubstanz wird vor Beginn der Analyse durch physikalische Methoden homogenisiert, z.B. durch Verreiben in einer Reibschale.

Je nach der Menge der Analysensubstanz, die zur Verfügung steht bzw. mit der die Reaktionen durchgeführt werden, unterscheidet man verschiedene Methoden:

Einteilung nach der Größenordnung

Methode	Stoffmenge (mg)	Volumen (ml)
Makroanalyse	100	5
Halbmikroanalyse	100 - 10	1
Tüpfelanalyse	10	0,03
Mikroanalyse	10 - 0,1	0,01
Ultramikroanalyse	0,1	

Die angegebenen Substanzmengen gelten als Richtwerte für eine Vollanalyse.

Anmerkung: Bei der sog. Spurenanalyse ist der nachzuweisende Bestandteil nur in äußerst geringer Konzentration vorhanden, z.B. Spurenelemente in biologischem Material.

1.1.1.4 Gang einer qualitativen Analyse

Es ist zweckmäßig, bei der Durchführung einer Analyse eine bestimmte Reihenfolge für die einzelnen Untersuchungen zu wählen. Vorschlag:

- Kennzeichnung der Analyse und Charakterisierung der Substanz (Art, Menge, Aggregatzustand, Farbe, Geruch usw.)
- Vorproben
- Nachweis wichtiger Elementar-Substanzen
- Lösen der Analysensubstanz
- Untersuchung der Anionen
- Untersuchung der Kationen
- Zusammenstellung der Ergebnisse

1.1.1.5 Muster eines Analysenprotokolls

Protokoll zur Analyse: ______________

Name: ______________ Datum: ______________

1.) Aussehen der Substanz:

pH-Wert und Farbe des wäßrigen Auszugs:

Löslichkeit in Wasser: in verd. HCl:

in konz. HCl: in konz. HNO_3:

in Königswasser:

Farbe des Rückstandes:

Aufschlüsse: tartrathaltige NaOH:

$Na_2S_2O_3$- oder KCN-Lösung:

$KHSO_4$:

K_2CO_3/Na_2CO_3:

Oxidationsschmelze:

Na_2CO_3/S:

2.) Vorproben:

Flammenfärbung:

Untersuchung im Spektroskop:

Erhitzen im Glühröhrchen:

Erhitzen mit Na_2CO_3: mit NH_4Cl:

Erhitzen mit As_2O_3 und Na_2CO_3:

Hepar-Probe:

Hempel-Probe:

Iodazidreaktion: Beilstein-Probe:

Lötrohrprobe:

Marshsche Probe: Leuchtprobe:

Borax- oder Phosphorsalzperle:

Oxidationsschmelze:

Erhitzen mit verd. H_2SO_4: mit konz. H_2SO_4:

Ätzprobe: Wassertropfenprobe:

Abrauchen mit konz. H_2SO_4:

3.) Nachweis der Kationen mit folgenden Methoden:

	Vorprobe	Trennungsgang	Rückstand
NH_4^+			
K^+			
Na^+			
Li^+			
Mg^{2+}			
Ca^{2+}			
Sr^{2+}			
Ba^{2+}			
Co^{2+}			
Ni^{2+}			
Mn^{2+}			
Zn^{2+}			
Fe^{3+}			
Al^{3+}			
Cr^{3+}			
Ti^{4+}			
Hg^{2+}			
Pb^{2+}			
Bi^{3+}			
Cu^{2+}			
Cd^{2+}			
As^{3+}			
Sb^{3+}			
Sn^{4+}			

	Vorprobe	Trennungsgang	Rückstand
Ag^{+}			
Se^{4+}			
MoO_4^{2-}			
WO_4^{2-}			
VO_3^{-}			
Pd^{2+}			
UO_2^{2+}			

4.) Nachweis der Anionen nach folgenden Methoden:

CO_3^{2-}:
S^{2-}:
CH_3COO^{-}:
$(SiO_3^{2-})_n$:
$B(OH)_4^{-}$:
F^{-}:
CN^{-}:

Sodaauszug: Farbe: Farbe des Rückstandes:

Ansäuern mit verd. HCl:

Ansäuern mit verd. HCl und Zugabe von $BaCl_2$:

Ansäuern mit verd. HCl und Zugabe von KI/Stärkelösung:

Ansäuern mit verd. HCl und Zugabe von Iodlösung:

Ansäuern mit verd. HNO_3 und Zugabe von $AgNO_3$:

Ansäuern mit verd. Essigsäure und Zugabe von $CaCl_2$:

Ansäuern mit verd. H_2SO_4 und Zugabe von verd. $KMnO_4$-Lösung:

Cl^-:

Br^-:

I^-:

NO_3^-:

SO_4^{2-}:

PO_4^{3-}:

SO_3^{2-}:

$S_2O_3^{2-}$:

NO_2^-:

ClO_4^-:

SCN^-:

$[Fe(CN)_6]^{4-}$:

$(COO)_2^{2-}$:

5.) Besondere Beobachtungen und Bemerkungen:

6.) Gefundene Ionen:

Ausgabedatum: Testat:

1.1.1.6 Arbeitsgeräte für die Halbmikro-Analyse

20 Reagenzgläser, 8o-100 mm, 8-10 mm Ø
6 Zentrifugengläser
1 Reagenzglasgestell mit Abtropfstäbchen
1 Reagenzglashalter
1 Reagenzglasbürste
kleine Bechergläser und Erlenmeyer-Kolben
1 Spritzflasche (Polyethylen) 500 ml für dest. Wasser
Glühröhrchen
5 Glasstäbe (verschieden stark, 20 cm)
1 Meßzylinder 100 ml
1 Meßzylinder 10 ml
Uhrgläser (25-40 mm Ø)
3 Porzellanschalen (2 runde, 30 mm Ø; 1 flache, 100 mm Ø)
2 Porzellantiegel (Ø 15 mm)
1 Bleitiegel (Deckel mit Loch, 2-4 ml)
1 Reibschale (Mörser mit Pistill, 30 mm Ø)
1 Tüpfelplatte
1 Pinzette
1 Tiegelzange
1 Lupe, 1 Mikroskop
5 Objektträger
Spektroskop
1 Bunsenbrenner
1 Dreifuß
1 Stativ
1 Muffe, 1 Klammer oder Ring
1 Ceranplatte (Ersatz für Asbestdrahtnetz)
1 Tondreieck
1 Zentrifuge
1 Platindraht, 60-80 mm, 0,3 mm Ø, eingeschmolzen in einen Glasstab
10 Magnesiastäbchen
10 Magnesiarinnen
2 Cobaltgläser
Spatel (18/8 Stahl) 150 mm lang, 2 mm breit
2 Spatel für Reagenzien
Tropfpipetten (zur Spitze ausgezogene Glasrohre mit Saugbällchen)
1 Analysentrichter
Filterpapier

1 Schere
(Ionenaustauschersäule)
(1 Holzkohle und 1 Lötrohr)
pH-Papier
1 Mikrogaskammer (für CO_2, NH_3 usw.)
1 Gärröhrchen oder
Kohlendioxid-Nachweis-Apparat (für CO_2, NH_3 usw.)
1 Wasserbad
1 Flaschengestell
Tropfflaschen 30-50 ml
Pulverflaschen

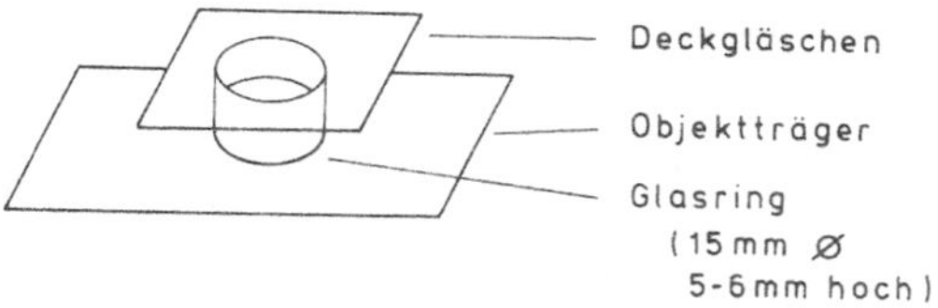

Abb. 2. Mikrogaskammer

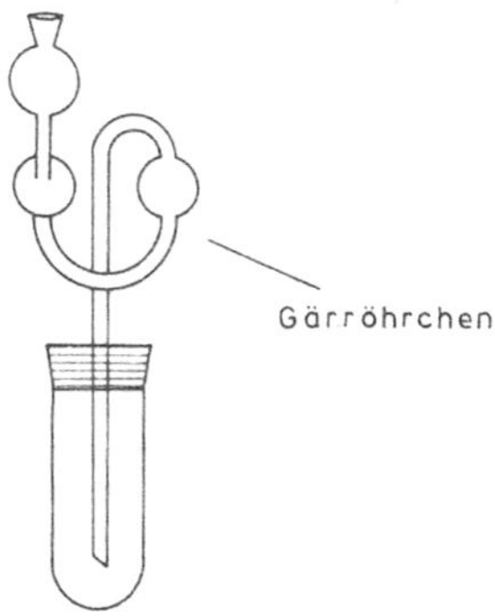

Abb. 3. Gärröhrchen

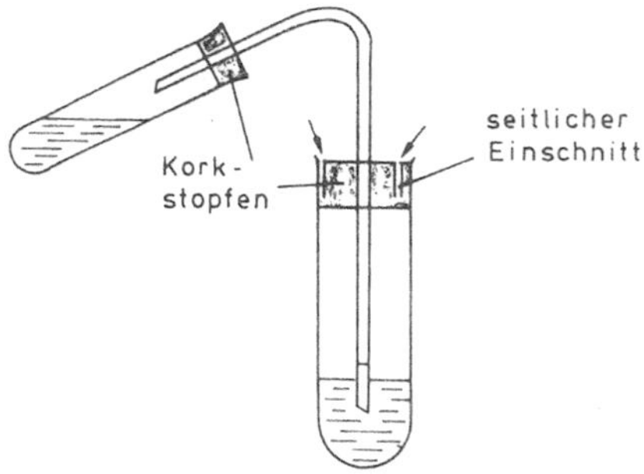

Abb. 4. CO_2-Nachweis-Apparat

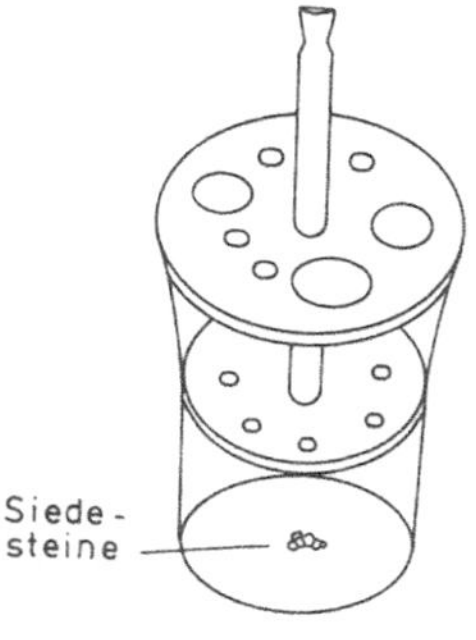

Abb. 5. Halbmikrowasserbad (400 ml Becherglas)

1.1.2 Vorproben

Zu den Vorproben gehört:

- Prüfen des pH-Wertes
- Prüfen des Verhaltens in der Flamme des Bunsenbrenners
- Zerlegung der Flammenfärbung mit dem Spektroskop (Spektralanalyse)
- Lötrohrprobe
- Herstellung der Borax- oder Phosphorsalzperle
- Hepar-Probe
- Hempel-Probe
- Prüfen der Löslichkeit in a) Wasser, b) verd. Salzsäure (verd.HCl), c) konz. Salzsäure (konz. HCl), d) verd. HNO_3, e) konz. HNO_3, f) Königswasser
- Aufschlußversuche mit einem unlöslichen Rückstand

1.1.2.1 Flammenfärbung und Spektralanalyse

Zur Anregung von Elektronen in den äußeren Schalen genügt z.B. bei den Alkali- und Erdalkali-Elementen -mit Ausnahme von Magnesium- bereits die Flamme eines Bunsenbrenners. Hierbei wird die Flamme mehr oder weniger charakteristisch gefärbt; vgl. hierzu HT 193. Zerlegt man das ausgesandte Licht eines Elements mit einem Prisma (Gitter), in einem Spektralapparat (Spektroskop), erhält man ein Linienspektrum (Emissionsspektrum), das für das jeweilige Element charakteristisch ist und zur Identifizierung benutzt werden kann (s. Kap. 5.3).

Durchführung: Man benutzt einen Platindraht (Länge 6-8 cm, ∅ = 0,3 cm), den man in einen Glasstab eingeschmolzen hat. Dieser Draht wird mit verd. Salzsäure angefeuchtet und im Oxidationsraum der Flamme des Bunsenbrenners solange geglüht, bis keine Flammenfärbung mehr auftritt. Zum Nachweis wird eine kleine Substanzprobe auf ein Uhrglas gebracht. Mit dem mit verd. Salzsäure befeuchteten Platindraht bringt man etwas von der Substanz in den äußeren Saum der entleuchteten Flamme und beobachtet die Flammenfärbung mit dem Spektroskop.

Anmerkung: Die Verwendung der Salzsäure dient dazu, die leicht flüchtigen Chloride der Elemente herzustellen; darüber hinaus erleichtert sie die Substanzaufnahme mit dem Platindraht.

Hinweise:

Ist die Analysensubstanz flüssig, so dampft man zur Prüfung der Flammenfärbung einen kleinen Teil der Lösung ein.

Falls man die charakteristischen Linien eines Metalls nicht sieht, ist damit seine Anwesenheit noch nicht ausgeschlossen. Bei Ba-Verbindungen sind z.B. weniger als 15 mg · ml^{-1} spektralanalytisch nicht mehr sicher nachweisbar. Der chemische Nachweis gelingt dagegen noch einwandfrei.

Falls eines der Elemente in großem Überschuß vorhanden ist, kann es sein, daß die Linien der anderen Elemente, weil zu lichtschwach, leicht übersehen werden.

Natrium: Schon geringste Mengen (7 · 10^{-8} mg) erzeugen kurzzeitig die charakteristische Flammenfärbung. Nur eine länger andauernde Flammenfärbung ist analytisch brauchbar. Durch Ansetzen von Vergleichslösungen (z.B. 0,02 g NaCl in 400 ml Wasser) und die Beobachtung der Flamme mittels Cobaltgläser kann man lernen, die Empfindlichkeit des spektralanalytischen Na-Nachweises richtig abzuschätzen.

Kalium: Bei Anwesenheit von Natrium wird die violette Farbe der Kaliumflamme verdeckt. In diesem Falle kann man die Flammenfarbe durch zwei aufeinandergelegte Cobalt-Gläser betrachten. Sie absorbieren das Na-Licht und lassen die Kaliumflamme rot durchscheinen.

1.1.2.2 Lötrohrprobe

Bei der Lötrohrprobe reduziert man Salze oder Metalloxide durch die reduzierenden Flammengase (C, CO, H_2, CH_4 usw.) der Bunsenflamme und durch die Holzkohle, auf der man die Reaktion durchführt. In Abhängigkeit vom Schmelzpunkt erhält man Metallkügelchen/Metallkörner (Pb, Sn) oder Metallflitter (Fe). Leicht schmelzbare Metalle verdampfen und schlagen sich an den kälteren Stellen der Holzkohle nieder; falls sie leicht oxidierbar sind, entstehen auch die Metalloxide! Häufig beobachtet man charakteristische Färbungen. Cd z.B. liefert ein sog. Pfauenauge ("Farben dünner Plättchen"), das sich zum Nachweis eignet.

Durchführung: Diese Vorprobe erfordert viel Übung! Man braucht
a) ein Lötrohr (ca. 20 cm langes, sich verjüngendes Messingrohr mit einem Mundstück aus Holz. Das Rohr ist ca. 2 - 3 cm vor dem spitzen Ende rechtwinklig abgebogen).

b) ein Stück Holzkohle (aus Pappel- oder Lindenholz), in das mit einem Spatel eine kleine halbrunde Vertiefung gegraben wird.
c) wasserfreies Na_2CO_3 oder $K_2C_2O_4$ als Flußmittel.
Man mischt eine Substanzprobe mit Na_2CO_3 (1 : 2), bringt die Mischung auf die Holzkohle und feuchtet sie mit 1 Tropfen Wasser an. Zur Erzeugung einer *reduzierenden* Flamme hält man die Spitze des Lötrohrs an den Saum der leuchtenden Brennerflamme und bläst vorsichtig und stetig (Atmung durch die Nase!), so daß die Flamme nicht entleuchtet wird. Die Spitze der heißen Stichflamme richtet man auf das Substanzgemisch.

Beachte:

Zur Erzeugung einer *oxidierenden* Flamme (Oxid-Bildung) hält man die Spitze des Lötrohrs in die Mitte der leuchtenden Flamme ca. 2-3 cm über der Brenneröffnung.

Die Reaktion ist nach ca. 2 bis 3 Minuten beendet. Nach dem Erkalten löst man den Rückstand von der Kohle, reinigt ihn durch Kochen mit wenig Wasser von Resten der Na_2CO_3-Schmelze.
Mit einem Pistill prüft man auf Sprödigkeit und Duktilität und macht Lösungsversuche mit oxidierenden und nichtoxidierenden Säuren (wenige Tropfen!).
Mit der Lösung macht man Reaktionen auf die vermuteten Metalle.

Keine Reduktion erfahren: Mg, Ca, Sr, Ba, Al, Cr, Mn, V.
Metallkorn *ohne* Oxidbeschlag : Ag (weiß, duktil), Au (gelb, duktil), (Sn) (weiß, duktil).
Metallflitter *ohne* Oxidbeschlag: Cu (gelb), Fe (grau), Co (grau), Ni (grau).
Metallkorn *mit* Oxidbeschlag : (Sn) (weißer Beschlag), Pb (duktil, gelber Beschlag), Bi (spröde, gelber Beschlag), Sb (spröde, in der Kälte weißer Beschlag).
Oxidbeschlag: As (weiß), Zn (weiß), Cd (braun), Mo (Hitze: gelber Beschlag; Kälte: weißer Beschlag).

1.1.2.3 Borax- und Phosphorsalzperle

Durch Schmelzen von $Na_2B_4O_7 \cdot 10\ H_2O$ (Borax) oder $NaNH_4HPO_4$ (Phosphorsalz) an einer Platindrahtöse oder an einem Magnesiastäbchen erzeugt man eine Perle und nimmt damit etwas Analysensubstanz auf.

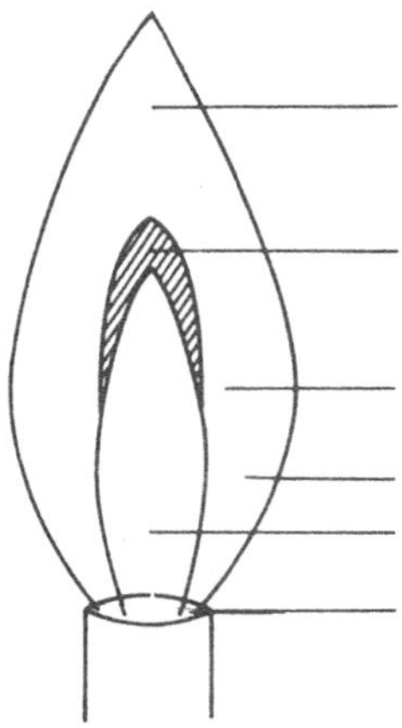

Abb. 6. Flamme des Bunsenbrenners. Anmerkung: In der leuchtenden Flamme geht ein Teil der Kohlenwasserstoffe bei ungenügender Luftzufuhr in Kohlenstoff und Wasser über. Die kleinen festen Kohleteilchen bringen die Flamme zum Leuchten

Je nachdem, ob im reduzierenden oder oxidierenden Teil der Bunsenflamme erhitzt wird (Abb. 6), ist die Farbe der Perlen bei Anwesenheit bestimmter Metalle verschieden. Häufig zeigen die Perlen auch verschiedene Farben in der Hitze und im kalten Zustand:

<u>Beispiel</u>:

$Na_2B_4O_7 \cdot 10\ H_2O \xrightarrow{Hitze} Na_2B_4O_7$
"Borax"

$n\ Na_2B_4O_7 \xrightarrow{Hitze} (NaBO_2)_n$; $(NaBO_2)_n$ = Metaborate bzw. Polyborate

$3\ Na_2B_4O_7 + Cr_2O_3 \longrightarrow 6\ NaBO_2 + 2\ Cr(BO_2)_3$
"**Boraxperle**" (smaragdgrün)

$n\ NaNH_4HPO_4 \xrightarrow{Hitze} (NaPO_3)_n$; $(NaPO_3)_n$ = Metaphosphate bzw. Polyphosphate
"Phosphorsalz"

$3\ NaPO_3 + Cr_2O_3 \longrightarrow Na_3PO_4 + 2\ CrPO_4$
"**Phosphorsalzperle**" (smaragdgrün)

Die Auswertung der Vorproben hilft bei der Wahl des Aufschlußverfahrens bei unlöslichen Rückständen und bei der Festlegung des Analysenweges.

Tabelle 3. Farbe einiger Borax- bzw. Phosphorsalzperlen

Farbe	Oxidationsraum	Reduktionsraum
gelb	heiß: Ni, Fe, V, U	
rot	heiß: Ni	kalt: Cu (rot-braun)
grün	heiß: Cr, Cu (grün-gelb) kalt: Cr	heiß: Cr, U, V kalt: Cr, U, V, Mo
blau	heiß: Co kalt: Co	heiß: Co kalt: Co, W
violett	heiß: Mn kalt: Mn	
braun	kalt: Mn (stark gesättigt) Ni (stark gesättigt)	heiß: Mo

1.1.2.4 Hepar-Probe s.S. 34. Hempel-Probe s.S. 34.

1.1.2.5 Lösen der Analysensubstanz

a) Die Analysensubstanz liegt schon als Lösung vor:
Lösungen, die nicht zu verdünnt sind, können direkt zum Nachweis verwendet werden.
Sehr verdünnte Lösungen werden durch Eindampfen konzentriert.

b) Die Analysensubstanz ist fest:
Die Substanzprobe wird gepulvert (pulverisiert).
Minerale werden zuerst in einem Eisenmörser grob zerkleinert.
Danach wird die Substanz in einem Porzellan- oder Achat-Mörser pulverisiert.

Lösen von *Metallen* und *Legierungen*

Die meisten Metalle oder Legierungen gehen durch längeres Kochen mit verd. oder konz. HNO_3 in Lösung.
Ein metallisch glänzender Rückstand kann enthalten: Au, Pt, B.
Au und Pt sind in Königswasser löslich. B ist unlöslich in Königswasser und wäßr. NaOH, jedoch löslich in geschmolzenem NaOH. Bleiben schwarze Flocken zurück, unlöslich in Königswasser und NaOH, und verbrennen sie unter Erglühen beim Erhitzen auf einem Platinblech, handelt es sich um elementaren Kohlenstoff.
Ein weißer, pulvriger Rückstand kann enthalten: SnO_2, Sb_2O_3
Freiberger Aufschluß s.S. 31.

Lösen von *nichtmetallischen* Stoffen

Von der fein gepulverten Analysensubstanz kocht man -falls erforderlich- jeweils kleine Substanzmengen in verschiedenen Reagenzgläsern nacheinander etwa 5 min. in: 1) Wasser, 2) verd. Salzsäure, 3) konz. Salzsäure, 4) verd. HNO_3, 5) konz. HNO_3, 6) Königswasser = konz. HNO_3: konz. Salzsäure wie 1 : 3. Meist wählt man das Lösungsmittel, in dem sich die Analysensubstanz ohne Rest löst. Bei der Wahl des Lösungsmittels richtet man sich häufig auch nach dem Ergebnis der Vorproben.

Hat man zum Lösen der Analysensubstanz nacheinander verschiedene Lösungsmittel benutzt, sollte man die Lösungen, falls möglich, vor den Trennungsgängen bzw. Nachweisreaktionen vereinigen.

1.1.2.6 *Aufschlußmethoden für schwerlösliche Substanzen*

Hat man die Löslichkeit einer Probe der Analysensubstanz nacheinander in Wasser, verd. Salzsäure, konz. Salzsäure, verd. HNO_3, konz. HNO_3 und schließlich Königswasser geprüft, und bleibt hierbei ein unlöslicher Rückstand, so stellt man eine größere Menge des unlöslichen Rückstands her. Hierzu kocht man die Analysensubstanz einige Minuten mit verd. Salzsäure und anschließend mit Königswasser, verdünnt mit Wasser, filtriert, wäscht den Rückstand mit heißem Wasser aus und trocknet ihn (im Trockenschrank). Das Aufschlußverfahren richtet sich nach der Natur des unlösl. Rückstands bzw. nach dem Ergebnis der Vorproben: Flammenfärbung; Borax- bzw. Phosphorsalz-Perle; Hepar-Reaktion ($BaSO_4$, $SrSO_4$, $PbSO_4$); Wassertropfenprobe (SiO_2, Silicate); Ätz-, Wassertropfen- oder Kriechprobe (Fluoride); Vorprobe auf Cyanide: Man kocht eine Probe mit NaOH und $FeSO_4$, säuert mit verd. HCl an und fügt $FeCl_3$-Lsg. hinzu: blauer Nd. von Berliner Blau .

Je nach der vorhandenen Substanzmenge können die Aufschlüsse (Schmelzen) durchgeführt werden: in einem Tiegel, auf einem Tiegeldeckel oder bei Halbmikroanalysen in einer Platindrahtöse bzw. beim Freiberger Aufschluß mit einem Magnesiastäbchen.

Das Verfahren zur Herstellung der Schmelze ist im letzteren Falle dem ähnlich, das bei der Herstellung der Borax- bzw. Phosphorsalzperle beschrieben wurde.

Der unlösliche Rückstand kann folgende Substanzen enthalten:

Erdalkalisulfate (weiß): $BaSO_4$, $SrSO_4$ und $CaSO_4$, falls viel Calcium vorhanden ist.

Die Kationen erkennt man an ihrem Emissionsspektrum. Hierzu reduziert man die Erdalkalisulfate am Platindraht in der leuchtenden Flamme des Bunsenbrenners: $BaSO_4 + 4\,C \longrightarrow BaS + 4\,CO$. Wird der Pt-Draht anschließend mit verdünnter Salzsäure angefeuchtet, entstehen die flüchtigen Erdalkalichloride, die spektroskopisch identifiziert werden können.

Zur Erkennung des SO_4^{2-}-Restes dient die Heparprobe, s.S. 34.

Der vollständige Aufschluß gelingt in einer Schmelze mit Alkalicarbonat, wobei die Sulfate in die löslichen Carbonate übergeführt werden: $BaSO_3 + Na_2CO_3 \longrightarrow Na_2SO_4 + BaCO_3$.

Soda-Pottasche-Aufschluß für Erdalkalisulfate
(basischer Aufschluß, Alkalicarbonat-Aufschluß)

Durchführung: Den trockenen Rückstand vermischt man in einem Tiegel aus Porzellan (Ni, Pt) mit etwa der 5-6fachen Menge einer Mischung aus Na_2CO_3 und K_2CO_3 (1:1) und erhitzt ca. 10-20 min so hoch, daß eine klare Schmelze entsteht (ca. 1000-1100 °C). Hierzu benutzt man einen gut brennenden Bunsenbrenner oder besser ein Gebläse. Den erkalteten Schmelzkuchen löst man in heißem Wasser, filtriert vom unlöslichen Rückstand ab und wäscht diesen solange mit heißem Wasser aus, bis sich im Waschwasser mit $BaCl_2$ kein SO_4^{2-} mehr nachweisen läßt. Der Rückstand besteht aus den Erdalkalicarbonaten. Er wird in verd. Salzsäure gelöst und wie im Kap. 1.1.6.2 beschrieben untersucht.

Ein Gemisch aus Na_2CO_3 und K_2CO_3 schmilzt tiefer als Na_2CO_3.

Beachte: Das gründliche Auswaschen ist nötig, damit im Rückstand kein Na_2SO_4 zurückbleibt; dies würde beim Lösen des Rückstandes in Salzsäure die Sulfate zurückbilden.

Bei Anwesenheit von Silberhalogeniden darf kein Pt-Tiegel verwendet werden!

Bleisulfat $PbSO_4$. (weiß): Der Aufschluß kann auf die gleiche Weise erfolgen, wie bei den Erdalkalisulfaten beschrieben; $PbSO_4$ löst sich jedoch auch in heißer NH_3- oder NaOH-haltiger Tartrat-Lsg. oder konz. Ammoniumacetat-Lsg.

Silicate (meist weiß); Beispiele: $KAlSi_3O_8$, Kieselsäure $(SiO_2)_x$. Da die meisten Silicate mit Wasser oder Salzsäure nur unvollständig zersetzt werden, bleiben sie wie $(SiO_2)_x$ als unlösl. Rückstand zurück.

Ihre Anwesenheit erkennt man an der Bildung von SiF_4 bzw. $H_2[SiF_6]$ bei der Zugabe von KF und konz. H_2SO_4, s.u.

Silicate werden bei Anwesenheit von Alkalimetallen mit Flußsäure, bei Abwesenheit von Alkalimetallen mit dem Soda-Pottasche-Aufschluß aufgeschlossen.

Aufschluß mit Soda-Pottasche für Silicate

Durchführung: Der Rückstand wird mit etwa der 10-fachen Menge Soda-Pottasche in einem Pt- oder Ni-Tiegel ca. 20 min auf ca. 1100°C erhitzt. Hierbei werden die Silicate und SiO_2 in lösl. Alkalisilicate übergeführt: $SiO_2 + Na_2CO_3 \longrightarrow Na_2SiO_3 + CO_2$ bzw. $M(II)SiO_3 + Na_2CO_3 \longrightarrow Na_2SiO_3 + M(II)CO_3$. Nach dem Erkalten der Schmelze übergießt man den Tiegel mit dem Inhalt in einem Becherglas mit heißem Wasser. Den aufgeweichten Schmelzkuchen zersetzt man mit viel verd. Salzsäure, entfernt den Tiegel und dampft die Lsg. und den Nd. in einer Porzellanschale zur Trockne ein. Anschließend wird die lösl. Kieselsäure durch Eindampfen mit konz. Salzsäure vollständig in unlösliche Kieselsäure $(SiO_2)_x$ übergeführt. Diese wird durch Abrauchen mit Flußsäure (Vorsicht, stark ätzend!) oder mit KF + konz. H_2SO_4 nachgewiesen, s.S. 55. Das Filtrat wird auf Kationen untersucht.

Zerlegung von Silicaten mit Flußsäure

Durchführung: Das Silicat wird in einem Sinterkorund- oder Platin-Tiegel mit Schwefelsäure ($H_2SO_4 : H_2O = 1 : 1$) und alkalifreier Flußsäure übergossen. Das Gemisch wird unter Umrühren mit einem Pt-Draht auf dem Wasserbad eingedampft, nochmals mit Flußsäure übergossen und erneut eingedampft. Wenn alles gelöst ist, wird im Luftbad und anschließend über freier Flamme erhitzt, um die überschüssige H_2SO_4 abzurauchen. Hierbei bilden sich die Sulfate der Kationen. Silicium ist als SiF_4 entwichen bzw. in lösliche H_2SiF_6 übergeführt. Die Sulfate werden in Wasser und etwas Salzsäure gelöst. Sind Erdalkalisulfate vorhanden, werden sie wie oben beschrieben aufgeschlossen.

Oxide: Al_2O_3, TiO_2 (weiß)
SnO_2 (weiß)
Fe_2O_3 (rotbraun)
Cr_2O_3 (grün)
} hochgeglühte Oxide

NiO, Ni_2O_3, CoO, Co_2O_3 geglüht (braunschwarz)
$FeCr_2O_4$ (Chromeisenstein, braunschwarz)

Auch für diese unlösl. Substanzen gibt es Aufschlußverfahren. Die Art des Aufschlusses richtet sich nach dem Ergebnis der Vorproben.

Cr_2O_3, Fe_2O_3, Co_2O_3 und Ni_2O_3 erkennt man z.B. an der Färbung der Phosphorsalz- oder Boraxperle.

Al_2O_3, Fe_2O_3

Zum Erfolg führt hier der Kaliumhydrogensulfat-Aufschluß (Saurer Aufschluß). Erhitzt man die Oxide mit geschmolzenem $KHSO_4$, so verliert dieses bei 250° C Wasser und geht in Kaliumpyrosulfat über: $2\ KHSO_4 \longrightarrow K_2S_2O_7 + H_2O$. Bei starker Rotglut zersetzt sich dieses nach der Gleichung: $K_2S_2O_7 \longrightarrow K_2SO_4 + SO_3$. Das Oxid reagiert nun mit dem SO_3 zu lösl. Sulfat:

$$6\ KHSO_4 \longrightarrow 3\ K_2SO_4 + 3\ SO_3 + 3\ H_2O.$$

$$Fe_2O_3 + 3\ SO_3 \longrightarrow Fe_2(SO_4)_3.$$

$$Fe_2O_3 + 6\ KHSO_4 \longrightarrow Fe_2(SO_4)_3 + 3\ K_2SO_4 + 3\ H_2O$$

Kaliumhydrogensulfat-Aufschluß für Al_2O_3 und Fe_2O_3 (Saurer Aufschluß)

Durchführung: Die Oxide werden mit der 5 - 6fachen Menge $KHSO_4$ oder $K_2S_2O_7$ vermischt und in einem Porzellantiegel (Ni, Pt) vorsichtig mit kleiner Flamme bei möglichst tiefer Temperatur zum Schmelzen gebracht. Sobald der Schmelzfluß klar ist, läßt man abkühlen und löst den Schmelzkuchen in verd. H_2SO_4. Falls sich nicht alles gelöst hat, ist die Prozedur zu wiederholen.

Anmerkung: Al_2O_3 kann auch mit dem Soda-Pottasche-Aufschluß gelöst werden: $Al_2O_3 + Na_2CO_3 \longrightarrow 2\ NaAlO_2 + CO_2$ (Ni- oder Pt-Tiegel!).

Cr_2O_3, $FeCr_2O_4$

Diese Substanzen können mit dem oxidierenden Aufschluß in lösliche Verbindungen übergeführt werden.

Oxidierender Aufschluß für Cr_2O_3 und $FeCr_2O_4$ (Oxidationsschmelze)

Durchführung: Man vermischt die Substanz mit der etwa 10-fachen Menge eines Gemisches von gleichen Teilen Na_2CO_3 und KNO_3 oder Na_2O_2 oder $KClO_3$. Dieses Gemenge wird in einem Porzellantiegel ca. 20 min vorsichtig auf ca. 800° C erhitzt. Der erkaltete Schmelzkuchen wird in heißem Wasser gelöst. Von Ungelöstem wird abfiltriert. In dem gelb gefärbten Filtrat befindet sich CrO_4^{2-} sowie Silicat und Aluminat (aus dem Porzellantiegel).

Reaktionsgleichung:

$Cr_2O_3 + 2\ Na_2CO_3 + 3\ KNO_3 \longrightarrow 2\ Na_2CrO_4 + 3\ KNO_2 + 2\ CO_2$.

SnO_2 (Zinnstein)

Für den Aufschluß von SnO_2 benutzt man vor allem folgende zwei Methoden:

Alkalischer Aufschluß für SnO_2

Durchführung: Das fein gepulverte SnO_2 wird im Porzellanmörser mit der 6-fachen Menge NaOH oder KOH verrieben. Die Mischung wird in einem Nickeltiegel (Silbertiegel) geschmolzen. Das gebildete Na_2SnO_3 ist löslich.

Reaktion: $SnO_2 + 2\ NaOH \longrightarrow Na_2SnO_3 + H_2O$.

Freiberger Aufschluß für SnO_2

Durchführung: SnO_2 wird im Porzellanmörser mit der 6-fachen Menge eines Gemisches aus gleichen Teilen Schwefel und Na_2CO_3 (wasserfrei) verrieben. Die Mischung wird im bedeckten Porzellantiegel ca. 20 min bei ca. 1000° C geschmolzen.

Reaktion: $2\ SnO_2 + 2\ Na_2CO_3 + 9\ S \longrightarrow 2\ Na_2SnS_3 + 3\ SO_2 + 2\ CO_2$.

Beim Behandeln der Schmelze mit heißem Wasser geht das Natriumthiostannat in Lsg. Bei Zugabe von Salzsäure fällt SnS_2 aus.

Anmerkung: Dieser Aufschluß eignet sich für alle Elemente bzw. deren Verbindungen, die Thiosalze bilden, wie z.B. das schwerlösl. Sb_2O_4.

MgO (hochgeglüht) läßt sich mit dem $KHSO_4$- oder Soda-Pottasche-Aufschluß in eine lösliche Verbindung überführen.

Komplexe Cyanide, wie z.B. $Cu_2[Fe(CN)_6]$, die sich nicht mit Salzsäure zersetzen lassen, können durch Kochen mit NaOH oder mit der $KHSO_4$-Schmelze aufgeschlossen werden, um die entsprechenden Anionen und Kationen nachweisen zu können. Man kann sie auch durch Abrauchen mit konz. H_2SO_4 zerstören.

Fluoride wie z.B. CaF_2 lassen sich durch Abrauchen mit konz. H_2SO_4 im Pb- oder Pt-Tiegel zerlegen.

Halogenide von Ag, Pb, Hg_2I_2 und HgI_2 lösen sich in konz. KCN-Lsg.; sie lassen sich auch mit Zink und verd. H_2SO_4 oder z.B. mit dem Soda-Pottasche-Aufschluß in einem Porzellantiegel aufschließen.

$2\ AgBr + Zn \longrightarrow 2\ Ag + Zn^{2+} + 2\ Br^-$; $2\ AgBr + Na_2SO_3 \longrightarrow Ag_2O$ + 2 NaCl + CO_2. Ag_2O ist in verd. HNO_3 in der Wärme löslich.

Seltenere Elemente im Rückstand

TiO_2, BeO, ZnO_2 (weiß): Kaliumhydrogensulfat-Aufschluß

$Zn_3(PO_4)_4$ (weiß): alkalischer Aufschluß

WO_3 (weiß, gelb): Man digeriert mit verd. 2 N NaOH in der Wärme; dabei geht WO_3 als WO_4^{2-} in Lsg.

1.1.2.7 Erkennen organischer Stoffe und komplexer Cyanide

Organische Stoffe und Cyanide erkennt man daran, daß sie sich beim Glühen unter Luftabschluß durch ausgeschiedenen Kohlenstoff schwarz färben. *Ausnahme:* Essigsäure und - in der Regel - Oxalsäure.

In den meisten Fällen riechen sie beim Erhitzen brenzlig.

Durchführung: Die feste Substanz bzw. die zur Trockne eingedampfte Substanz wird in einem Glühröhrchen geglüht. Um zu entscheiden, ob die Schwarzfärbung durch Kohlenstoff verursacht wird, mischt man die schwarze Masse mit etwa der gleichen Menge KNO_3 oder $KClO_3$ und glüht das Gemisch auf einem Platinblech; Kohlenstoff verbrennt unter Verglühen.

Nachweis komplexer Cyanid-Verbindungen

Man mischt eine Substanzprobe mit K_2CO_3 (1 : 1) und glüht das Gemisch in einem Glühröhrchen. Danach zieht man die erkaltete Schmelze mit Wasser aus und prüft im Filtrat auf CN^-.

$$K_4[Fe(CN)_6] + K_2CO_3 \longrightarrow 5\ KCN + KOCN + CO_2 + Fe$$

Zum Aufschluß komplexer Cyanide s.S. 31.

Entfernung organischer Stoffe

Oxalat, Oxalsäure (sie fällen die Erdalkali-Metalle aus neutraler oder basischer Lösung)

a) neben PO_4^{3-}: $C_2O_4^{2-}$ muß vor dem PO_4^{3-}-Nachweis entfernt werden. Man kocht das Filtrat der H_2S-Gruppe, bis alles H_2S vertrieben ist. Von ausgefallenem Schwefel wird abfiltriert. Durch Kochen mit konz. Na_2CO_3-Lsg. fällt man die Erdalkalimetalle als Carbonate aus. Der Nd. wird wie unter b) aufgearbeitet. Anstatt mit Na_2CO_3 zu kochen, kann man auch das Oxalat zerstören, indem man die salzsaure Lösung mit einigen Tropfen 30 %-igem H_2O_2 (phosphor- und schwefelsäurefrei) versetzt und kocht. $C_2O_4^{2-}$ wird dadurch zu CO_2 oxidiert.

b) bei Abwesenheit anderer org. Substanzen und PO_4^{3-}

Der Nd. der $(NH_4)_2S$-Gruppe wird etwa 5 min mit konz. Na_2CO_3-Lsg. ausgekocht und filtriert. ($Nd._1$, F_1). $Nd._1$ enthält alle Metalle der $(NH_4)_2S$-Gruppe als Sulfide oder Hydroxide und die Erdalkalimetalle als Carbonate. Er wird mit heißem Wasser ausgewaschen, in verd. Salzsäure gelöst, mit NH_3-Lsg. und anschließend mit $(NH_4)_2S$ versetzt. Der entstandene $Nd._2$ enthält die Metalle der $(NH_4)_2S$-Gruppe. Das Filtrat F_2 enthält die Erdalkali-Ionen. F_1 und F_2 werden vereinigt.

Entfernung org. Substanzen mit Hydroxyl-Gruppen (außer Oxalat):

Beispiele: Weinsäure, Glycerin, Zucker.

Diese Substanzen bilden mit Al, Cr, Fe u.a. stabile Komplexe.

Durchführung: Die Analysensubstanz wird in einer Prozellanschale zur Trockne eingedampft und anschließend in einem Porzellantiegel mit $(NH_4)_2S_2O_8$ und konz. H_2SO_4 versetzt. Um zu verhindern, daß die Sulfate in die Oxide übergehen, raucht man die H_2SO_4 bei möglichst tiefer Temperatur ab. Nach dem Abrauchen nimmt man den Rückstand mit konz. Salzsäure auf, kocht und filtriert den unlösl. Rückstand ab. Er enthält die Erdalkalisulfate (mit C verunreinigt). Zum Aufschluß s.S.27. Das Filtrat ist frei von organischen Stoffen und kann zur Analyse verwendet werden.

Entfernung von PO_4^{3-}

Nachweis von PO_4^{3-} s.S. 53.

Entfernung von PO_4^{3-} s.S. 82.

1.1.3 *Nachweis wichtiger Elementar-Substanzen*

Schwefel

Prüfung auf elementaren, kristallinen Schwefel, der in CS_2 löslich ist.

Wird beim trockenen Erhitzen der Substanz im Reagenzglas ein gelbes oder braunes Sublimat beobachtet, empfiehlt sich die Prüfung der Analysensubstanz auf elementaren Schwefel.

Man digeriert die Analysensubstanz mit Schwefelkohlenstoff, filtriert durch ein trockenes Papierfilter und läßt das Filtrat eindunsten.

Ein gelber, kristalliner Rückstand spricht für die Anwesenheit von elementarem Schwefel.

Identifizierung: Schwefel verbrennt mit blauer Flamme zu SO_2, kann aber auch durch Oxidation in SO_4^{2-} übergeführt werden. Hierzu wird Schwefel z.B. mit elementarem Brom in wäßriger Lösung erhitzt: $Br_2 + H_2O \longrightarrow HOBr + HBr$; $S_8 + 24\ HOBr + 8\ H_2O \longrightarrow 8\ H_2SO_4 + 24\ HBr$. Über den Nachweis von SO_4^{2-} s.S. 62.

Elementarer Schwefel löst sich mit roter Farbe in Piperidin.

Heparprobe (Hepar-Reaktion)

Schwefel und schwefelhaltige Substanzen geben die Hepar-Reaktion. Hierbei wird der Schwefel zu S^{2-} reduziert und dieses mit elementarem Silber und dem Sauerstoff der Luft zu Ag_2S umgesetzt:

$$4\ Ag + 2\ S^{2-} + 2\ H_2O + O_2 \longrightarrow 2\ Ag_2S + 4\ OH^-.$$

Durchführung: Man schmilzt an einer Platindrahtöse oder einem Magnesiastäbchen eine kleine Perle aus Na_2CO_3 an, bringt etwas schwefelhaltige Substanz daran und erhitzt kurz im Oxidationsraum der Bunsenflamme, um I^- u.a. zu beseitigen. Anschließend schmilzt man reduzierend in der Spitze der leuchtenden Bunsenflamme und drückt dann die Perle mit einem Pistill mit einem Tropfen Wasser auf ein blankes Silberblech. Die Bildung von schwarzem *Ag_2S* beweist die Anwesenheit von Schwefel in der Analysensubstanz.

Störung: Se, Te.

Hempel-Probe (Hempel-Reaktion)

Auch die Hempel-Probe ist eine Vorprobe auf Schwefelverbindungen. Man mischt wenige Milligramm der zu prüfenden Substanz mit etwa der 5-fachen Menge Magnesium- oder Aluminiumpulver. Diese Mischung bringt man auf ein Stück Filterpapier (4 x 4 cm), rollt es zusammen, verschließt es auf der einen Seite durch Zusammenfalten und steckt es über einen etwas horizontal gehaltenen Magnesiastab. Mit diesem bringt man das Papier in die Flamme des Bunsenbrenners und hält es darin, bis die Reaktion beendet ist. Anschließend bricht man das Magnesiastäbchen ab und gibt es mit der Asche in ein kleines Reagenzglas. Auf Zugabe von verd. Salzsäure und Erwärmen tritt bei Anwesenheit von Schwefel H_2S-Geruch auf. Einen zusätzlichen Nachweis macht man mit Bleiacetatpapier s.S. 35. Mit einem Blindversuch prüft man die verwendeten Metallpulver auf evtl. Schwefelgehalt.

Kohlenstoff

Prüfung auf elementaren Kohlenstoff

Eine Probe des getrockneten Rückstandes wird in einem Reagenzglas mit der doppelten Menge gepulverten CuO vermischt und über der Flamme eines Bunsenbrenners erhitzt.

Kohlenstoff verbrennt zu CO_2, das sich im unteren Teil des Reagenzglases sammelt.

Hält man einen Glasstab mit einem Tropfen Barytwasser ($Ba(OH)_2$) in das Reagenzglas, zeigt eine weiße Trübung die Anwesenheit von CO_2 an, s.S. 63. Bei größeren Substanzmengen leitet man das Reaktionsgas in eine Lsg. von $Ba(OH)_2$ ein.

Beachte: $BaCO_3$ löst sich in verdünnter Essigsäure unter Rückbildung von CO_2.

1.1.4 Schnelltests

Die in den nachfolgenden Kapiteln beschriebenen klassischen Analysenverfahren sind zwar universell einsetzbar, erfordern aber eine gewisse Erfahrung und Übung in der Ausführung und der Bewertung der Ergebnisse. Für viele Anwendungsgebiete ist es ausreichend, durch einfache Tests rasch und zuverlässig analytische Informationen zu bekommen. Schon lange verwendet wird z.B. das Universal Indikatorpapier ("pH-Papier") zur ungefähren Bestimmung des pH-Wertes einer Lösung statt der genaueren, aber aufwendigeren Messung mit einer Glaselektrode. Als spezifisches Reagenzpapier für Sulfid wird häufig Bleiacetat-Papier benutzt (Filterpapier mit Bleiacetat-Lösung getränkt), das sich bei Anwesenheit von Sulfid-Ionen schwarz verfärbt durch Bildung von Bleisulfid. Für zahlreiche weitere Ionen sind mittlerweile derartige Testpapiere erhältlich, von denen einige nicht nur einen qualitativen, sondern sogar einen halbquantitativen Nachweis der gesuchten Ionen ermöglichen.

Beispiele: Ca^{2+}, Al^{3+}, NH_4^+, K^+, As^{3+}, Cr^{3+}, Fe^{2+}, Cu^+/Cu^{2+}, Co^{2+}, Mn^{2+}, Ni^{2+}, Zn^{2+}, Sn^{2+}, CrO_4^{2-}, NO_3^-, SO_4^{2-}, SO_3^{2-}, O_2^{2-}.

Außer den Schnelltests für anorganische Ionen gibt es auch Teststreifen für biochemisch wichtige Indikatoren zur Erleichterung der Diagnose in der Medizin. Am bekanntesten sind die Teststreifen zur Früherkennung der Zuckerkrankheit (diabetes mellitus).

Auch für die Messungen von Luftverunreinigungen z.B. am Arbeitsplatz oder in der Umwelt sind einfache Meßverfahren entwickelt worden. Besonders bekannt sind die Prüfröhrchen mit Indikator (Abb.7). Das abgebildete Röhrchen erlaubt die Messung von 0,1 - 1,2 bzw. 0,5 - 6 Vol.-% CO_2. Das zu prüfende Gasgemisch, z.B. Luft, wird mit einer Pumpe durch das Röhrchen geleitet. Das enthaltene CO_2 reagiert in der Anzeigeschicht mit dem Reagenz nach folgender Gleichung:

$$CO_2 + N_2H_4 \xrightarrow{\text{Ind}} H_2N\text{-}NH\text{-}COOH$$

Ind.: Redoxindikator Kristallviolett

Es erfolgt in der Anzeigeschicht ein Farbumschlag nach blauviolett. Die Länge der verfärbten Schicht gibt über die aufgedruckte Strichskala direkt den Volumengehalt an CO_2 an (Standardabweichung 10 - 5 %). Nach einem ähnlichen Prinzip arbeitet auch das Alkohol-Teströhrchen der Polizei. Als Reagenz dient eine gelbe Cr-VI-Verbindung, die durch den in der Ausatemluft enthaltenen Alkohol zu einer grünen Cr-III-Verbindung reduziert wird.

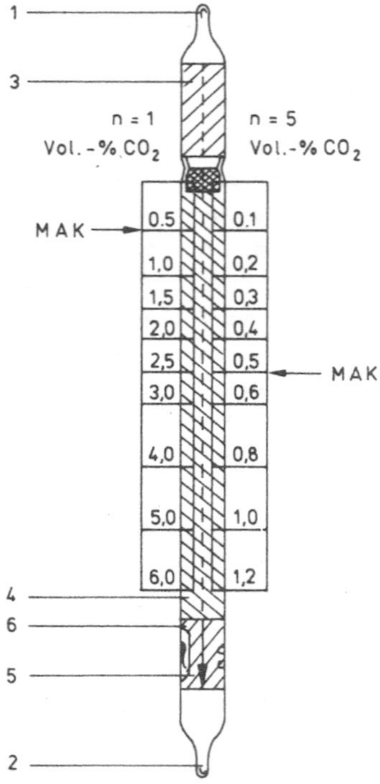

1,2 zugeschmolzene Spitzen
3 Schreibfläche
4 Anzeigeschicht (weiß mit Strichskalen; Zahlenwerte in Vol-% CO_2)
5 Pfeil (soll bei der Prüfung zur Pumpe weisen)
6 Abdeckung
n = Hubzahl der Pumpe

Abb. 7. Dräger-Röhrchen Kohlendioxid 0,1 %/a

1.1.5 Untersuchung von Anionen

1.1.5.1 Allgemeine Einführung

Meist prüft man zuerst mit *Gruppen*reagenzien auf die Anwesenheit bestimmter Anionengruppen. Entsprechend dem Ergebnis dieser Reaktionen führt man dann einen systematischen *Trennungsgang* durch und/oder benutzt die auf den folgenden Seiten angegebenen *Nachweisreaktionen*.

Anionen-Nachweis aus der Ur-Substanz

Einige Anionen wie CO_3^{2-}, $CH_3CO_2^-$, BO_3^-, CN^-, NO_2^-, NO_3^- werden direkt aus der Ur-Substanz durch Gasentwicklung, Esterbildung und dgl. nachgewiesen (Ursubstanz ist die unbehandelte Substanz).

Vor dem Anionen-Nachweis müssen mit Ausnahme der Alkalimetalle und NH_4^+ alle Kationen entfernt werden. Man kann hierzu z.B. einen Ionenaustauscher benutzen (s. Kap. 6.7).
Üblicherweise macht man jedoch einen Soda-Auszug.

Soda-Auszug (S.A.)

Bei Substanzproben, die außer den Alkalimetallen und NH_4^+ weitere Kationen enthalten, führt man letztere durch Kochen mit Na_2CO_3 in schwerlösliche Carbonate oder Hydroxide über. Die interessierenden Anionen liegen dann im Filtrat (Zentrifugat), dem sog. Soda-Auszug (S.A.), gelöst als Na-Salze vor.

Durchführung: Man kocht einen Teil der Analysensubstanz mit 2 M Na_2CO_3-Lösung bzw. der dreifachen Menge Na_2CO_3 (krist.) in ca. 10 ml H_2O, 5 - 10 min.
In der "Halbmikroanalyse" nimmt man etwa 0,1 g Substanz und kocht in einem Becherglas mit etwa 0,4 g Na_2CO_3 (krist.) und 2 - 3 ml H_2O unter Umrühren mit einem Glasstab. Beim Kochen wird das verdampfte Wasser tropfenweise ersetzt. Anschließend filtriert oder zentrifugiert man die Reaktionslösung.

Der Soda-Auszug kann gefärbt sein:
gelb - durch CrO_4^{2-}; *blau* - durch Cu-Komplexe; *violett* - durch MnO_4^-; *rosa* - durch Co-Komplexe; *grün* oder *violett* - durch Cr-Komplexe; *schwärzlich* - durch Silberverbindungen; *gelb-grün* - durch $[Fe(CN)_6]^{4-}$ oder $[Fe(CN)_6]^{3-}$.

Im allgemeinen wirkt sich die Farbe des Soda-Auszuges beim Anionennachweis nicht störend aus.

Der S.A. wird zweckmäßigerweise in *drei* Teile geteilt.
Einen *größeren* Teil neutralisiert man mit verd. HNO_3 und einen *kleineren* Teil (z.B. zur Prüfung auf NO_3^-) mit CH_3COOH. Der *dritte* Teil dient als Reserve.

Bei der Neutralisation gibt man zuerst einen Überschuß an Säure hinzu und kocht kurz auf, um CO_2 zu vertreiben.

Beachte: Beim Ansäuern mit Mineralsäuren (Salzsäure, HNO_3, H_2SO_4) können folgende Anionen in Form flüchtiger Zersetzungsprodukte entweichen: SO_3^{2-}, CN^-, NO_2^-

Nach dem Erkalten wird die Lösung mit NaOH-Lösung möglichst genau neutralisiert.

Tritt beim Neutralisieren mit Säure ein Niederschlag auf, wird er abfiltriert (abzentrifugiert), bevor man die Lösung weiter ansäuert. Besteht der Nd. aus amphoteren Oxidhydraten von V(V), Mo(VI), Al, Zn, Pb, Sn, so löst er sich mit zunehmender Säurekonzentration auf.

Oxidhydrate von Si, W(VI) sind unlöslich. Auch Sulfide und $\overset{o}{S}$ können bei der Zersetzung von $S_2O_3^{2-}$ entstehen und sollten abgetrennt werden.

Komplexgebundene Kationen lassen sich oft nicht restlos entfernen. Falls sie beim Anionen-Nachweis stören, kann man in die neutrale Lösung H_2S einleiten und die Kationen als Sulfide ausfällen. Überschüssiges H_2S wird durch Kochen entfernt. In dem so erhaltenen Filtrat kann natürlich nicht mehr auf schwefelhaltige Anionen geprüft werden. Die Prüfung erfolgt dann in einem anderen Teil des S.A.

Beachte: Sehr schwerlösliche Substanzen wie HgS, $Hg(CN)_2$ lassen sich mit Na_2CO_3 nicht umsetzen. In solchen Fällen muß man den Rückstand des S.A. auf Anionen untersuchen.

Auch der Nachweis der Halogenide kann bei Anwesenheit von Hg beeinträchtigt sein, weil sie teilweise im Rückstand festgehalten werden.

1.1.5.2 *Gruppen-Reaktionen*

Beachte: Vor der Anwendung der Gruppenreagenzien prüft man zunächst auf NO_2^-, NO_3^-, ClO^-. Ist ClO^- vorhanden, muß es durch Schütteln mit Hg entfernt werden.

Als Gruppen-Reaktionen dienen *Fällungs-* und *Redox-Reaktionen*.

Gruppenreagenz: Ag^+ (aus $AgNO_3$)
Ein Teil des S.A. wird mit verd. HNO_3 angesäuert, das CO_2 verkocht und tropfenweise mit $AgNO_3$-Lsg. versetzt.

Als Silbersalze können ausfallen:

weiß: Cl^-, ClO^-, •BrO_3^- (aus konz. Lsg.), •IO_3^-, •CN^-, •SCN^-, $[Fe(CN)_6]^{4-}$

gelb: •Br^-, •I^-

braun: •$[Fe(CN)_6]^{3-}$

Aus schwach saurer Lösung können auch ausfallen:

schwarz: AgS (aus S^{2-} und/oder $S_2O_3^{2-}$)
weiß: •Ag_2SO_3 (aus konz. Lsg.)
rot: •Ag_2CrO_4
} lösl. in konz. HNO_3

Behandelt (digeriert) man den ausgewaschenen Nd. mit konz. NH_3-Lsg., gehen die mit • markierten Substanzen in Lösung.

Der Rückstand aus AgI, $Ag_4[Fe(CN)_6]$ löst sich in verd. KCN-Lsg. AgS ist unlöslich.

Gruppenreagenz: Ca^{2+} (aus $CaCl_2$)
Ein Teil des S.A. wird mit verd. CH_3COOH angesäuert, das CO_2 verkocht und tropfenweise mit $CaCl_2$-Lsg. versetzt.

Als weiße Ca-Salze können fallen:

SO_3^{2-} (in der Hitze), MoO_4^{2-}, WO_4^{2-}, PO_4^{3-}, $P_2O_7^{4-}$, PO_3^-, VO_4^{3-}, $B_4O_7^{2-}$, $C_2O_4^{2-}$, $C_4H_4O_6^{2-}$, F^-, $[Fe(CN)_6]^{4-}$, SO_4^{2-} (aus konz. Lsg.)

Gruppenreagenz: Zn^{2+} (aus $Zn(NO_3)_2$)
In schwach alkalischer Lösung fallen die Zink-Salze von S^{2-}, CN^-, $[Fe(CN)_6]^{4-}$, $[Fe(CN)_6]^{3-}$.

Gruppenreagenz: Ba^{2+} (aus $Ba(NO_3)_2$, $BaCl_2$)
Ein Teil des S.A. wird tropfenweise mit $BaCl_2$-Lsg. versetzt.
Als weißer Nd. können ausfallen:

SO_4^{2-}, IO_3^-, $[SiF_6]^{2-}$: unlöslich in verd. CH_3COOH, HCl, HNO_3

F^-, CrO_4^{2-}, SO_3^{2-}, $S_2O_3^{2-}$ (S-Ausscheidung): unlöslich in verd. CH_3COOH, lösl. in verd. HCl, HNO_3

PO_4^{3-}, AsO_4^{3-}, AsO_3^{3-}, BO_2^-, SiO_3^{2-}, CO_3^{2-}: unlöslich in H_2O, lösl. in CH_3COOH

Oxidation mit $KMnO_4$. (0,1 N $KMnO_4$ + 2 N H_2SO_4)
Gibt man tropfenweise $KMnO_4$-Lsg. in die schwefelsaure Probenlsg., so entfärbt sich das $KMnO_4$ bei Anwesenheit von: SO_3^{2-}, $S_2O_3^{2-}$, AsO_3^{2-}, S^{2-}, SH^-, $C_2O_4^{2-}$, Br^-, I^-, CN^-, SCN^-, NO_2^-, H_2O_2 (Peroxide), $C_4H_4O_6$ (in der Wärme), $[Fe(CN)_6]^{4-}$.

Oxidation mit I_2 (mit $NaHCO_3$ und Stärke)
Die blaue Farbe der I_2-Stärke-Einschlußverbindung verschwindet bei Anwesenheit von: SO_3^{2-}, $S_2O_3^{2-}$, AsO_3^{3-}, S^{2-}, SH^-, CN^-, SCN^-,

$[Fe(CN)_6]^{4-}$, (N_2H_4, NH_2OH)

Reagenzlsg. a) Eine Spatelspitze KI löst man in wenig Wasser und gibt einige Kristalle I_2 zu. Nach dem Auflösen versetzt man mit 0,1 g $NaHCO_3$.
b) Stärkelsg.

Reduktion mit HI
Geeignete Oxidationsmittel setzen in saurer Lösung I_2 frei, das durch Tüpfeln mit Stärke-Lsg. an der Blaufärbung erkannt werden kann. Man kann auf KI-Stärkepapier mit der mit verd. HCl angesäuerten Probenlösung tüpfeln.

Es reagieren:

CrO_4^{2-}, $Cr_2O_7^{2-}$, $[Fe(CN)_6]^{3-}$, NO_2^-, ClO_3^-, BrO_3^-, IO_3^-, IO_4^-, MnO_4^-, AsO_4^{3-}, ClO^-, H_2O_2 (Peroxide)

Beachte: In stark saurer Lösung reagieren auch: Cu^{2+}, Fe^{3+}, NO_3^-.

1.1.5.3 Trennungsgänge

Für den Nachweis der wichtigsten Anionen gibt es in der Literatur mehrere ausführliche Trennungsgänge. Für spezielle Probleme lassen sich Trennungsgänge aus den angegebenen Gruppen- und Nachweis-Reaktionen zusammenstellen.

Für Halogenide und/oder Pseudohalogenide und für schwefelhaltige Anionen geben w r ein Trennungsschema auf S. 45.
Literatur für einen modernen Anionen-Trennungsgang:
R.Belcher u. H.Weisz, Mikrochim. Acta 1956, 1877; 1958, 571.

1.1.5.4 Nachweisreaktionen (Identitätsreaktionen)

Liste der erfaßten Anionen

Halogenide: F^-, Cl^-, Br^-, I^-

Cl^-, Br^-, I^- nebeneinander

CN^-, SCN^-

Cl^-, Br^-, I^-, CN^-, SCN^- nebeneinander

ClO^-

ClO_3^-, ClO_4^-

BrO_3^-, IO_3^-

CrO_4^{2-}, MnO_4^-

AsO_4^{3-}, AsO_3^{2-}

PO_4^{3-}, PO_3^-, HPO_3^{2-}, $P_2O_7^{4-}$

SiO_2, Silicate, $[SiF_6]^{2-}$

NO_2^-, NO_3^-

NO_3^- neben NO_2^-

S^{2-}, $S_2O_3^{2-}$, SO_3^{2-}, SO_4^{2-}, $S_2O_8^{2-}$

CO_3^{2-}, $CH_3CO_2^-$, $C_2O_4^{2-}$, Tartrat, Citrat

$B_4O_7^{2-}$, H_3BO_3

$[Fe(CN_6]^{3-}$, $[Fe(CN)_6]^{4-}$

H_2O_2

F^-

Zum Aufschluß von Fluoriden s.S. 31.

Nachweis von F^-

Entfärben von $Fe(SCN)_3$-Lsg.

Eine Lsg. von blutrotem $Fe(SCN)_3$ wird durch Zusatz löslicher Fluoride ganz oder teilweise entfärbt durch Bildung von $[FeF_6]^{3-}$.

Entfärbung eines Alizarin-Zirkon-Farblackes

Reagenzlsg.: Teil 1) 0,05 g $Zr(NO_3)_4$ werden in 10 ml verd. Salzsäure gelöst und mit 50 ml Wasser verdünnt. Teil 2) 0,05 g alizarinsulfonsaures Natrium werden in 50 ml Wasser gelöst.

Durchführung: Man vermischt gleiche Volumina der beiden Teile des Reagenzes und bringt die Mischung z.B. auf ein Filterpapier. Fügt man einen Tropfen der fluoridhaltigen Probenlsg. hinzu, schlägt die rot-violette Farbe in gelb um. Es bildet sich $[ZrF_6]^{2-}$ und *freier Farbstoff.*

pD = 4,7; EG = 1 µg F^-.

Störung: Größere Mengen SO_4^{2-}, $S_2O_3^{2-}$, PO_4^{3-}, AsO_4^{3-}, $C_2O_4^{2-}$, (Fluoroborate, Fluorosilicate).

"Ätzprobe" und "Kriechprobe" ("Tropfenprobe")
Für größere Fluoridmengen geeignet

Durchführung: Konz. H_2SO_4 setzt aus Fluoriden HF in Freiheit. Gasblasen von HF *kriechen* langsam an der Glaswand zur Flüssigkeitsoberfläche empor. Die Glasoberfläche wird *angeätzt* (Bildung von SiF_4), so daß sie nicht mehr von der Schwefelsäure benetzt werden kann und diese wie Wasser an einer fettigen Fläche abläuft.

Störung: Bei Anwesenheit eines Überschusses von Kieselsäure und/oder Borsäure versagen die Proben, weil SiF_4 bzw. BF_3 entstehen, welche Glas nicht ätzen.

"Wassertropfenprobe" (Tetrafluorid-Bleitiegelprobe)
Für größere Fluoridmengen geeignet

Durchführung: 10 - 20 mg der Analysensubstanz werden in einem kleinen Bleitiegel mit etwa der dreifachen Menge an Kieselsäure vermischt und mit konz. H_2SO_4 zu einem Brei angerührt. Der Tiegel wird mit einem Bleideckel mit Bohrung verschlossen. Auf das Deckelloch legt man feuchtes schwarzes Filterpapier. Beim schwachen Erwärmen (50 - 60°) im Wasserbad hydrolysiert das im Tiegel gebildete SiF_4, und das entstandene $SiO_2 \cdot aq$ scheidet sich auf dem Papier als weiße Gallerte ab.

Störung: die Probe versagt, falls die Fluoride nicht durch H_2SO_4 zersetzt werden (z.B. Topas) oder bei Gegenwart von viel Borsäure. Diese bildet BF_3, das zu löslicher H_3BO_3 hydrolysiert. Im ersten Falle muß das Fluorid z.B. mit dem Soda-Pottasche-Aufschluß zuerst aufgeschlossen werden.

Entfernung von F^-

F^- stört den Analysengang z.B. durch Bildung von $[FeF_6]^{3-}$, $[TiF_6]^{3-}$ und SiO_2 (aus SiF_4 und Wasser). Zur Entfernung als HF übergießt man die Analysensubstanz im (Platin-) oder Bleitiegel mit konz. H_2SO_4

und dampft die Lösung bei möglichst tiefer Temperatur bis zum Auftreten von SO_3-Dämpfen ein. Die Fluoride werden dabei in die Sulfate übergeführt.

Beachte: Bei stärkerem Erhitzen bilden sich Metalloxide!

Cl^-

Die Chloride der meisten Metalle sind in Wasser leichtlöslich. Schwerlöslich sind $PbCl_2$, AgCl, Hg_2Cl_2.
Durch Reduktion mit Zink/verd. H_2SO_4 werden auch diese Chloride gelöst. Beispiel: $AgCl \xrightarrow{Zn/H_2SO_4} Ag + Cl^-$.

Nachweis von Cl^-

Ag^+-Ionen (aus $AgNO_3$) aus HNO_3-saurer Lsg. ⟶ weißer käsiger Nd. von *AgCl*, wird am Licht dunkel, schwerlösl. in Säuren, löslich in wäßr. NH_3- und $(NH_4)_2CO_3$-Lsg. als Diamminkomplex: $[Ag(NH_3)_2]^+$.
Durch Säure wird der Komplex zerstört, und AgCl fällt wieder aus.
$Lp_{AgCl} = 10^{-10} mol^2 \cdot l^{-2}$.

Störung: CN^-; *Abhilfe:* Ausfällen als $Zn(CN)_2$, oder Austreiben von HCN mit $NaHCO_3$-Lsg., s.S. 49.

SCN^-, $[Fe(CN)_6]^{4-}$, $[Fe(CN)_6]^{3-}$: *Abhilfe:* Man erhitzt den schwefelsauren S.A. mit Na_2SO_3 und $CuSO_4$ zum Sieden. Der entstehende Nd. enthält CuSCN, $Cu_2[Fe(CN)_6]$ und $Cu_3[Fe(CN)_6]_2$. Das Filtrat wird zur Hälfte eingedampft und mit HNO_3 und $AgNO_3$ auf Cl^- geprüft.

Br^-, I^-; *Abhilfe:* a) Der gründlich ausgewaschene Nd. von AgCl, AgBr und AgI wird in Wasser suspendiert und in der Kälte mit ca. 1 ml verd. $K_3[Fe(CN)_6]$-Lsg. und einigen Tropfen etwa 3 %-iger wäßr. NH_3-Lsg. versetzt.
Bei Anwesenheit von Cl^- bildet sich braunes $Ag_3[Fe(CN)_6]$.
b) Schüttelt man den Silberniederschlag der Halogenide mit konz. $(NH_4)CO_3$-Lsg., so geht nur AgCl in Lsg. Das Filtrat kann man nun entweder mit HNO_3 ansäuern oder mit einer kleinen Menge KBr versetzen. Im ersten Fall wird der Komplex zerstört und AgCl fällt wieder aus. Im zweiten Fall fällt AgBr aus, weil die geringe Ag^+-Konzentration aus dem Gleichgewicht $[Ag(NH_3)_2]^+ \rightleftharpoons Ag^+ + 2\ NH_3$ ausreicht, um das Löslichkeitsprodukt von AgBr zu überschreiten.

Br^-, CN^-, SCN^-. *Abhilfe:* Man beseitigt diese störenden Ionen durch Oxidation mit konz. HNO_3 in der Hitze.

Anschließend reduziert man AgCl mit 0,1 N NaOH und Formalin. Cl^- läßt sich im Filtrat nachweisen.

Br^-

Die Löslichkeit der Bromide entspricht derjenigen der Chloride; mit Ausnahme von AgBr, Hg_2Br_2 und $PbBr_2$ sind sie leichtlöslich.

<u>Ag^+-Ionen</u> (aus $AgNO_3$) —— aus HNO_3-saurer Lsg. gelber, käsiger Nd. von *AgBr*, löslich unter Komplexbildung in KCN-, in $Na_2S_2O_3$- und konz. NH_3-Lsg.; unlöslich in HNO_3.

Beachte: AgBr verhält sich wie AgCl, nur ist es in wäßriger NH_3-Lsg. schwerer löslich als AgCl. In $(NH_4)_2CO_3$ ist AgBr praktisch unlöslich; Trennungsmöglichkeit! $Lp_{AgBr} = 10^{-12,3} mol^2 \cdot l^{-2}$.

<u>Chlorwasser</u> —— scheidet aus wäßriger Lsg. *Br_2* aus, das sich in Chloroform oder Tetrachlormethan mit brauner Farbe löst:
$Cl_2 + 2\ Br^- \longrightarrow 2\ Cl^- + Br_2$. Durch überschüssiges Chlorwasser wird Br_2 in weingelbes *BrCl* umgewandelt.

Durchführung: Die Probenlösung wird mit ca. 1 ml $CHCl_3$ (Chloroform) oder CCl_4 (Tetrachlormethan) versetzt. Man fügt tropfenweise <u>Chlorwasser</u> zu und schüttelt. Bei Anwesenheit von Br^- färbt sich die organische Phase braun.

<u>Nachweis mit $K_2Cr_2O_7$</u>

Mischt man die Analysensubstanz mit festem <u>$K_2Cr_2O_7$</u>, übergießt mit <u>konz. H_2SO_4</u> und erhitzt vorsichtig, entweichen *Br_2*-Dämpfe:

$$K_2Cr_2O_7 + 6\ KBr + 7\ H_2SO_4 \longrightarrow 3\ Br_2 + 4\ K_2SO_4 + Cr_2(SO_4)_3 + 7\ H_2O.$$

Beachte: Dieser Nachweis ist bei Anwesenheit von ClO_3^- und/oder ClO_4^- nicht zu empfehlen bzw. nur mit kleinsten Substanzmengen durchzuführen.

<u>Nachweis mit Fluorescein</u>

Man erhitzt die zu prüfende Lsg. mit <u>$KMnO_4 + H_2SO_4$</u> im Reagenzglas und bedeckt seine Öffnung mit <u>Fluoresceinpapier</u>. Bei Anwesenheit von Br^- wird dieses zu <u>Br_2</u> oxidiert, welches das gelbe Fluorescein zu <u>rosafarbenem *Eosin*</u> (Tetrabromfluorescein) bromiert.

Zur Darstellung des Fluoresceinpapiers tränkt man Filterpapier mit einer gesättigten Lsg. von Fluorescein in 50 %-igem Ethanol und trocknet das Papier.

pD = 5; EG = 3 µg Br^-

Beachte: I^- stört nicht, weil es zu IO_3^- oxidiert wird.

Störung: S^{2-} (Entfernung: Kochen mit Essigsäure), $S_2O_3^{2-}$, CN^-, SCN^-.

Zum Nachweis von Br^- *neben* Cl^- und/oder I^- s.S. 46.

I^-

<u>Ag^+-Ionen</u> (aus $AgNO_3$) ▬ gelber käsiger Nd. von <u>*AgI*</u>, unlösl. in HNO_3 und NH_3-Lsg., leicht lösl. in KCN- und $Na_2S_2O_3$-Lsg.: $AgI + 2\,CN^- \rightleftharpoons [Ag(CN)_2]^- + I^-$, $AgI + 2\,S_2O_3^{2-} \rightleftharpoons [Ag(S_2O_3)_2]^{3-} + I^-$.

$Lp_{AgI} = 1{,}5 \cdot 10^{-16} mol^2 \cdot l^{-2}$

pD = 8,2.

<u>Konz. H_2SO_4</u> ▬ in der Kälte. Ausscheidung von <u>*Iod:*</u>

$2\,KI + 2\,H_2SO_4 \longrightarrow I_2 + SO_2 + K_2SO_4 + 2\,H_2O$.

<u>Chlorwasser</u>-*Iod*ausscheidung: $2\,I^- + Cl_2 \longrightarrow 2\,Cl^- + I_2$.

Durch überschüssiges Chlor wird I_2 in verd. Lsg. zu <u>HIO_3</u>, in konzentrierter und stark saurer Lsg. zu <u>ICl_3</u> oxidiert. Beide Substanzen sind farblos.

Störung: CN^-, es bildet sich farbloses ICN.

Abhilfe: Ausfällen von CN^- als $Zn(CN)_2$ oder Austreiben von HCN mit $NaHCO_3$-Lsg.

Durchführung: Zu der Probenlösung gibt man ca. 1 ml $CHCl_3$ (Chloroform) oder CCl_4 (Tetrachlormethan) und fügt tropfenweise Chlorwasser hinzu. Die organische Phase färbt sich zunächst rotviolett (I_2); bei weiterem Zusatz von Chlorwasser wird sie wieder farblos (IO_3^- und ICl_3).

Nach der Oxidation von I^- zu IO_3^- kann man das überschüssige Cl_2 durch Ameisensäure zerstören, KI-Lsg. hinzufügen und das entstandene I_2 mit Stärkelösung nachweisen: $IO_3^- + 5\,I^- + 6\,H_3O^+ \longrightarrow 3\,I_2 + 9\,H_2O$.

<u>Konz. HNO_3</u> ▬ setzt <u>I_2</u> frei. Räuchert man einen essigsauren Tropfen der Probenlösung auf einem Filterpapier über konz. HNO_3, läßt sich das gebildete I_2 mit Stärkelsg. nachweisen. Cl^-, Br^-, SCN^- stören nicht!

Halogenide nebeneinander: <u>*Cl^-, Br^-, I^-*</u>

Der S.A. wird mit HNO_3 angesäuert, mit $AgNO_3$ versetzt und erwärmt. Es fallen <u>*AgI*</u>, <u>*AgBr*</u> und <u>*AgCl*</u> aus.

Cl^-

Man schüttelt den Nd. mit $(NH_4)_2CO_3$-Lsg. Nur AgCl geht komplex in Lösung. Rückstand: AgBr und AgI.

Über den Nachweis von Cl^-, s.S. 41.

Br^-

Der Rückstand wird mit konz. NH_3-Lsg. behandelt. AgBr geht komplex in Lösung. Rückstand: AgI.

Über Nachweisreaktionen von Br^- und I^-, s.S. 44 bzw. S. 45.

Br^- neben I^-

Den Nachweis von Br^- und I^- nebeneinander kann man auch mit Chlorwasser durchführen, s.S. 44 und S. 45.

I^- wird zuerst zu I_2 oxidiert! Die violette Farbe des I_2 geht in die braune Farbe des gelösten Br_2 über.

Beachte: Die schwerlöslichen Silberhalogenide AgCl, AgBr und AgI können durch Behandeln mit Zink und verd. H_2SO_4 in lösl. Verbindungen umgewandelt werden.

CN^-

Außer AgCN gehen alle Cyanide in den S.A. Da sich mit vielen Schwermetallen sehr stabile, lösl. Komplexe bilden, muß aber auch in der Ursubstanz auf CN^- geprüft werden.

Alle Cyanide, auch die komplexen, werden durch konz. H_2SO_4 zerstört:

$$K_4[Fe(CN)_6] + 3\ H_2SO_4 \longrightarrow 2\ K_2SO_4 + FeSO_4 + 6\ \underline{HCN}$$

$$6\ HCN + 3\ H_2SO_4 + 6\ H_2O \longrightarrow 3\ (NH_4)_2SO_4 + 6\ \underline{CO}$$

Nachweisreaktionen

Mit Ag$^+$ ⟶ weißer Nd. von *AgCN*, schwerlösl. in Säuren, lösl. in NH_3, $S_2O_3^{2-}$ und überschüssigem CN^-. Der Nachweis gelingt nur mit überschüssigen Ag^+-Ionen. $Lp_{AgCN} = 7 \cdot 10^{-15} mol^2 \cdot l^{-2}$.

Nachweis als SCN^-

Mit Schwefel von Polysulfiden $(NH_4)_2S_x$, ("gelbes Schwefelammon") bildet sich mit CN^- beim Erwärmen *SCN^-*, das nach dem Ansäuern mit verd. Salzsäure mit Fe^{3+}-Ionen blutrotes, lösliches *$Fe(SCN)_3$* gibt.

pD = 4,7; EG = 1 µg CN^-.

Störung: SCN^-. *Abhilfe:* CN^- kann vor der Umwandlung als $Zn(CN)_2$ abgetrennt werden.

Nachweis als Berliner Blau

In alkalischer Lsg. bilden Fe^{2+}-Ionen mit überschüssigen CN^--Ionen $[Fe(CN)_6]^{4-}$-Ionen. Durch Zugabe von Fe^{3+} und Ansäuern entsteht *Berliner Blau*.

pD = 6,2; EG = 0,02 µg CN^-.

Nachweis durch Komplexbildung

Mit einer $CuSO_4$-Lsg. und H_2S stellt man auf einem Filterpapier einen schwarzen Fleck von *CuS* her.

Bringt man auf den Fleck einen Tropfen der cyanidhaltigen Probenlsg., so wird dieser unter Bildung von $[Cu(CN)_4]^{3-}$ entfärbt.

Die tiefblaue Lösung von $[Cu(NH_3)_4]^{2-}$ wird durch Zusatz von CN^--Ionen entfärbt unter Bildung von $[Cu(CN)_4]^{3-}$.

SCN^-

Alle Thiocyanate *außer* mit den Kationen Ag^+, Cu^+, Hg^{2+}, Pb^{2+} sind in Wasser leicht löslich.

Mit Ausnahme von AgSCN gehen die schwerlösl. Thiocyanate in den S.A.

AgSCN bleibt im Rückstand

Thiocyanate (Rhodanide) geben die Hepar-Reaktion.

Ag^+-Ionen (aus $AgNO_3$) ⟶ weißer Nd. von *AgSCN*, lösl. in konz. NH_3-Lsg. als Amminkomplex, lösl. in neutraler SCN^--Lsg. als $[Ag(SCN)_2]^-$. $Lp_{AgSCN} = 10^{-12} mol^2 \cdot l^{-2}$.

Durch Glühen des Nd. im Porzellantiegel bis zur dunklen Rotglut läßt sich *AgSCN* in schwarzes Ag_2S überführen.

Beachte: AgBr und AgCl bleiben unverändert. Diese Methode bietet eine Möglichkeit zur Trennung von SCN^-, Cl^-, Br^-.

Fe^{3+}-Ionen ⟶ in schwach saurer Lsg. blutrotes, in Ether lösl. $Fe(SCN)_3$. Mit überschüssigen SCN^--Ionen entstehen die blutroten Komplexanionen $[Fe(SCN)_6]^{3-}$ bzw. $[Fe(NCS)_6]^{3}$.

Durch überschüssige Fe^{3+}-Ionen werden Störungen durch F^-, PO_4^{3-} usw. vermieden.

Eine Störung durch Cyanoferrate kann durch Fällen der Cyanoferrate aus schwach HNO_3-saurer Lsg. mit Cd^{2+}-Ionen - vor der Zugabe der Fe^{3+}-Ionen - oder durch Ausethern von $Fe(SCN)_3$ verhindert werden.

pD = 5,8; EG = 0,05, µg SCN^-.

Nachweis als blaues $Co(SCN)_2$ bzw. $H_2[Co(SCN)_4]$ s.S. 95.

Nachweis mit der Iod-Azid-Reaktion

SCN^- katalysiert die Iod-Azid-Reaktion, s.S. 59.

Störung: S^{2-}, $S_2O_3^{2-}$. *Abhilfe:* Fällen dieser Ionen mit $HgCl_2$.

pD = 4,5; EG = 0,9 µg SCN^-

Halogenide und Pseudohalogenide nebeneinander:

Cl^-, Br^-, I^-, CN^-, SCN^-

CN^- wird aus neutraler Lsg. mit überschüssigen Zn^{2+}-Ionen als $Zn(CN)_2$ ausgefällt und identifiziert.

CN^- kann auch nach Zugabe von Essigsäure, H_3BO_3, überschüssige $NaHCO_3$-Lsg. oder durch Einleiten von CO_2 als HCN abdestilliert und in einer Vorlage mit HNO_3-saurer $AgNO_3$-Lsg. als AgCN ausgefällt werden (s.S. 49).

Störung: Diese Methode versagt bei komplexen Cyaniden und $Hg(CN)_2$, da diese in Wasser kaum dissoziieren.

Mit Zink + verd. H_2SO_4 wird HCN aus *allen* Cyaniden freigesetzt. Stören kann dabei die Bildung flüchtiger Verbindungen wie H_2S.

Die restlichen Anionen werden mit $AgNO_3$ als Silbersalze ausgefällt.

Behandeln des Nd. mit konz. NH_3-Lsg. Außer AgI gehen alle Silbersalze komplex in Lsg.

Rückstand: *AgI*. Behandeln mit Zn + H_2SO_4 liefert gelöstes I^-. Über den I^--Nachweis s.S. 45.

Filtrat (Zentrifugat): Cl^-, Br^-, SCN^-.

Durch Ansäuern mit H_2SO_4 werden die Komplexe zerstört und die Silbersalze fallen wieder aus.

Der Nd. wird in einem Tiegel langsam bis zur Rotglut erhitzt. *AgSCN* geht dabei in Ag_2S (schwarz) über.

AgCl und AgBr bleiben unverändert.

Cl^-, Br^-: Durch Behandeln mit $(NH_4)_2CO_3$-Lsg. geht nur AgCl komplex in Lösung. AgBr bleibt als Rückstand.

Die Silbersalze können auch durch Behandeln mit Zink und verd. H_2SO_4 gelöst und dann nachgewiesen werden, s.S. 45.

SCN^- kann in einer getrennten Substanzprobe als $Fe(SCN)_3$ nachgewiesen und ausgeethert werden, s.S. 97.

Cl^-, CN^-, SCN^-, $[Fe(CN)_6]^{3-}$, $[Fe(CN)_6]^{4-}$

Cl^- Ein Teil der Analysensubstanz bzw. des S.A. wird mit einem Überschuß von H_2SO_3 (aus Na_2SO_3 + HNO_3) und $CuSO_4$ versetzt:
Nd. aus CuCN, CuSCN, $Cu_2[Fe(CN)_6]$
F.: blaugefärbt, wird auf Cl^- geprüft.

CN^- Man erhitzt die Substanz mit überschüssiger $NaHCO_3$-Lsg. im CO_2-Nachweis-Apparat. Die Vorlage ist mit $AgNO_3$ + HNO_3 zu beschicken.
Überdestillierter HCN gibt einen weißen Nd. von AgCN.

SCN^- Nachweis mit Fe^{3+} und Ausethern der blutroten Farbe. Versagt der Nachweis bei Anwesenheit von $[Fe(CN)_6]^{4-}$, kann man mit dem mit Salzsäure ausgewaschenen Cu-Nd. vom Cl^--Nachweis die Hepar-Probe machen.

$[Fe(CN)_6]^{3-}$ und $[Fe(CN)_6]^{4-}$ s.S. 97 und S. 68.

CN^-, Cl^- nebeneinander

CN^- Man erwärmt die Substanz mit 30 %-igem (chloridfreiem) H_2O_2 bis zum Aufschäumen: $CN^- \longrightarrow OCN^- \longrightarrow NH_3 + HCO_3^-$. CN^- wird somit indirekt über NH_3 nachgewiesen s.S. 73.

Cl^- Die Lsg. wird mit konz. HNO_3 angesäuert, gekocht bis alles H_2O_2 zerstört ist und mit $AgNO_3$ auf Cl^- geprüft.

ClO^-

Entfernen von ClO^-

Durch Schütteln mit Hg^0 kann ClO^- entfernt werden. Hg^0 (in schwefelsaurer Lsg.) $\longrightarrow$ braunes $(HgCl)_2O$
(Cl_2 gibt unter den gleichen Bedingungen weißes Hg_2Cl_2, lösl. in verd. HCl.)

Nachweis durch Oxidationswirkung

Entfärben von Indigo-Lsg.
Eine mit $NaHCO_3$-Lsg. neutralisierte ClO^--Lsg. färbt eine blaue Lsg. von Indigo gelb.

Für den Nachweis muß die Lsg. neutral sein, da Indigo selbst in alkalischer Lösung gelb wird. Durch Ansäuern bildet sich der blaue Farbstoff zurück.

ClO_3^- stört nur in saurer Lösung.

Oxidation von I^- zu I_2

ClO^- oxidiert in saurer oder $NaHCO_3$-haltiger Lösung I^- zu braunem I_2, das mit Stärkelösung als blaue Einschlußverbindung besser sichtbar gemacht werden kann.

ClO_3^-

Reduktionsmittel reduzieren Chlorate zu Cl^-. In *saurer* Lsg.: H_2SO_3, naszierender Wasserstoff, $FeSO_4$; in *alkalischer* Lsg.: Zink oder Aluminium.

Beachte: Bei Anwesenheit von ClO_3^- entsteht mit konz. H_2SO_4 gelbes hochexplosives ClO_2!

ClO_4^-

K^+-Ionen (aus KCl) —— weißer, kristalliner Nd. von *$KClO_4$*, wenig lösl. in kaltem Wasser, gut lösl. in heißem Wasser.

Nachweis durch Reduktion zu Cl^-

Frisch gefälltes $Fe(OH)_2$ aus $FeSO_4$ bzw. $(NH_4)_2SO_4 \cdot FeSO_4 \cdot 5\ H_2O$ (Mohrsches Salz) und NaOH-Lsg. reduziert ClO_4^- in neutraler bis schwach alkalischer Lsg. bei längerem Kochen zu *Cl^-*. Im Filtrat wird wie üblich auf Cl^- geprüft.

In saurer Lsg. Reduktion mit Ti^{3+}-Ionen (aus $Ti(SO_4)_2$ mit Eisenpulver).

BrO_3^-

Ag^+-Ionen (aus $AgNO_3$) —— in konz. Lsg. weißer bis schwachgelber Nd. von *$AgBrO_3$*, lösl. in Wasser 1 : 170, lösl. in NH_3-Lsg., unlösl. in verd. HNO_3.

pD = 2,2.

Reduktionsmittel (naszierender Wasserstoff, HI, SO_2, H_2S) verursachen Ausscheidung von *Br_2*, das von überschüssigem Reduktionsmittel zu *Br^-* reduziert wird:

$2\ BrO_3^- + 5\ SO_2 + 4\ H_2O \longrightarrow Br_2 + 5\ SO_4^{2-} + 8\ H^+$;

$Br_2 + SO_2 + 2\ H_2O \longrightarrow 2\ HBr + H_2SO_4$.

$MnSO_4$ reduziert BrO_3^- in schwefelsaurer Lsg. zu Br^- und wird selbst zu Mn^{3+} (rosa) oxidiert. Das Br^- reagiert mit BrO_3^- zu Br_2, das seinerseits Mn^{3+} zu *MnO_2* (braune Flocken) weiteroxidiert.

pD = 4.

Störung: Br_2.

IO_3^-

Ag^+-Ionen (aus $AgNO_3$) ▬ aus neutraler Lsg. weißer, käsiger Nd. von *$AgIO_3$*, lösl. in Wasser 1 : 5 · 10^3, lösl. in NH_3- und $(NH_4)_2CO_3$-Lsg., ziemlich schwerlösl. in verd. HNO_3.

pD = 4,4.

Ba^{2+}-Ionen (aus $BaCl_2$) ▬ weißer Nd. von *$Ba(IO_3)_2$*, lösl. in Wasser 1 : 2000, lösl. in HNO_3.

pD = 3,7.

Pyrogallol wird von IO_3^- in saurer Lsg. unter Braunfärbung zu *Purpurogallin* (Trihydroxy-benz-α-tropolon) oxidiert.

pD = 5,3.

Reduktionsmittel (z.B. naszierender Wasserstoff aus Salzsäure + Zn, H_2SO_3, H_2S, HI) ▬ *Iod*ausscheidung.

Beachte: Überschüssiges Reduktionsmittel reduziert I_2 weiter zu I^-.

Beispiel:

$2\ HIO_3 + 5\ H_2SO_3 \longrightarrow I_2 + 5\ H_2SO_4 + H_2O$;

$I_2 + H_2SO_3 + H_2O \longrightarrow 2\ HI + H_2SO_4$.

I_2 kann mit Stärke, I^- u.a. als AgI nachgewiesen werden.

Mit H_3PO_2 (Unterphosphorige Säure) erfolgt die Reduktion von IO_3^- zu I_2 bereits in der Kälte; dies ist ein Unterschied zu ClO_3^- und BrO_3^-!

CrO_4^{2-}

Reaktionen auf CrO_4^{2-} und $Cr_2O_7^{2}$

Zwischen CrO_4^{2-} und $Cr_2O_7^{2-}$ besteht ein pH-abhängiges Gleichgewicht:

$$2\ CrO_4^{2-} + 2\ H^+ \longrightarrow Cr_2O_7^{2-} + H_2O,$$

gelb → rot

$$Cr_2O_7^{2-} + 2\ OH^- \longrightarrow 2\ CrO_4^{2-} + H_2O.$$

rot → gelb

Ba^{2+}-Ionen (aus $BaCl_2$) — aus neutraler oder schwach essigsaurer Lsg. gelber Nd. von *$BaCrO_4$*, unlösl. in Essigsäure, lösl. in starken Säuren. $Lp_{BaCrO_4} = 10^{-10} mol^2 \cdot l^{-2}$.

Ag$^+$-Ionen (aus $AgNO_3$) — braunroter bis dunkelroter kristalliner Nd. von *Ag_2CrO_4* bzw. *$Ag_2Cr_2O_7$*, lösl. in HNO_3, wäßr. NH_3. $Lp_{Ag_2CrO_4} = 1{,}8 \cdot 10^{-12} mol^3 \cdot l^{-3}$.

Störung: Halogenid-Ionen.

Reduktionsmittel (H_2S, H_2SO_3, Ethanol, HI) — in saurer Lsg. grünes *Cr(III)-salz:* $K_2Cr_2O_7 + 3\ H_2SO_3 \longrightarrow Cr_2(SO_4)_3 + K_2SO_4 + 4\ H_2O$.

Chromperoxid-Bildung, s.S. 100.

Störung: Reduktionsmittel.

Pb^{2+}-Ionen (aus $Pb(CH_3CO_2)_2$) — aus neutraler oder essigsaurer Lsg. gelber, kristalliner Nd. von *$PbCrO_4$*, lösl. in HNO_3 (1:1) und starken Laugen.

$Lp_{PbCrO_4} = 1{,}8 \cdot 10^{-14} mol^2 \cdot l^{-2}$.

Störung: Halogenid-Ionen, SO_4^{2-}.

MnO_4^-

MnO_4^- färbt bei Abwesenheit reduzierender Substanzen den S.A. rotviolett.

Reaktionen auf MnO_4^-

Reduktionsmittel

a) In *saurer* Lsg. in der Wärme Entfärbung unter Bildung von Mn(II)-salzen.

Reduktionsmittel: H_2S, H_2SO_3, HCl, KI, $H_2C_2O_4$, $FeSO_4$, H_2O_2.

b) In *alkalischer* Lsg. Entfärbung unter Bildung von MnO_2.
Reduktionsmittel: Na_2SO_3,HCOOH (Ameisensäure) und ihre Salze.

PO_4^{3-}

Magnesiamischung ($MgCl_2$, NH_4Cl und NH_3-Lsg. bis zur deutlich basischen Reaktion zusammengeben) — aus neutraler Lsg. bei ca. 60° C weißer, kristalliner Nd., löslich in Wasser 1 : 5 • 10^4, lösl. in Säuren, unlösl. in NH_3-Lsg.

$$Mg^{2+} + NH_4^+ + PO_4^{3-} \longrightarrow \underline{MgNH_4PO_4 \cdot 6\ H_2O}$$

pD = 5,7.

Störung: AsO_4^{3-}.

Ammoniummolybdat $(NH_4)_6\ Mo_7O_{24} \cdot 4\ H_2O$ — in HNO_3-saurer Lsg. beim Erwärmen auf ca. 40° C gelber Nd. von $\underline{(NH_4)_3[P(Mo_3O_{10})_4] \cdot 6\ H_2O}$, lösl. in Phosphatlsg., Alkalilaugen und NH_3-Lsg.

Störung: $\underline{AsO_4^{3-}}$.

Abhilfe: Vor der Prüfung auf PO_4^{3-} muß AsO_4^{3-} nach dem Ansäuern mit Salzsäure mit H_2S ausgefällt werden s.S. 130.
Der überschüssige Schwefelwasserstoff wird durch Erhitzen vertrieben.
$\underline{SiO_3^{2-}}$,große Mengen Oxalsäure, $\underline{[Fe(CN)_6]^{4-}}$.

pD = 5.

Ag$^+$-Ionen (aus $AgNO_3$) — gelber Nd. von $\underline{Ag_3PO_4}$, lösl. in Säuren, NH_3-Lsg. Da bei der Umsetzung H_3O^+-Ionen entstehen, müssen diese durch Zugabe von Natriumacetat weggefangen werden.

$(PO_3^-)_x$

Beispiel: $(NaPO_3)_x$ Natriumpolyphosphat

Beim Kochen mit Wasser entsteht PO_4^{3-}.

Ag$^+$ (aus $AgNO_3$) — weißer Nd. von $\underline{Ag_x(PO_3^-)_x}$, lösl. in HNO_3, NH_3-Lsg. und überschüss. $(PO_3^-)_x$.
Eiweiß-Lsg. — Eiweiß wird aus essigsaurer Lsg. gefällt. Dies ist die einzige, allen Metaphosphaten gemeinsame und sie kennzeichnende Reaktion. Dadurch unterscheiden sie sich von Ortho- und Di-Phosphaten.
Zur Herstellung der Eiweißlsg. verrührt man Albumin mit Wasser, versetzt mit 2 M CH_3COOH und filtriert die Lsg.

HPO_3^{2-} Beispiel: Na_2HPO_3

$\underline{Ba^{2+}}$ (aus $BaCl_2$) —— weißer Nd. von $BaHPO_3$, lösl. in Säuren.

$\underline{Ag^+}$ (aus $AgNO_3$) —— aus neutraler Lsg. weißer Nd. von $\underline{Ag_2HPO_3}$, lösl. in HNO_3 und NH_3-Lsg.
In <u>konz.</u> Lsg. scheidet sich bereits in der Kälte, in <u>verd.</u> Lsg. in der Wärme schwarzes Ag^0 ab: $Ag_2HPO_3 + H_2O \longrightarrow 2\ Ag + H_3PO_4$

<u>Zn + HCl</u> —— PH_3 (sehr giftig, riecht lauchartig)

$P_2O_7^{4-}$ Beispiel: $Na_4P_2O_7$

$\underline{Ag^+}$ (aus $AgNO_3$) —— weißer Nd. von $\underline{Ag_4P_2O_7}$, lösl. in HNO_3 und NH_3-Lsg.

$\underline{Ba^{2+}}$ (aus $BaCl_2$) —— in essigsaurer Lsg. weißer Nd. von $\underline{Ba_2P_2O_7}$. Der Nd. löst sich - im Unterschied zu $Ba_3(PO_4)_2$ - in Mineralsäuren.

AsO_4^{3-}

<u>Ammoniummolybdat</u> ($(NH_4)_6Mo_7O_{24} \cdot 4\ H_2O$) aus stark salpetersaurer Lsg. bei längerem Kochen —— gelber, kristalliner Nd. von $\underline{(NH_4)_3[As(Mo_3O_{10})_4] \cdot xH_2O}$, lösl. unter Zersetzung in Alkalilaugen, unlösl. in Säuren.

pD = 5,3; EG = 0,2 µg As

Störung: PO_4^{3-}, SiO_3^{2-}.
Beachte: Der Nd. von $(NH_4)_3[As(Mo_3O_{10})_4] \cdot aq$ entsteht zum Unterschied von $(NH_4)_3[P(Mo_3O_{10})_4] \cdot aq$ erst nach längerem Kochen.

<u>Magnesiamischung</u> ($MgCl_2$, NH_4Cl und NH_3-Lsg. bis zur deutlich basischen Reaktion zusammengeben) —— aus der mit Ammoniak weitgehend neutralisierten Probenlsg. Beim Erwärmen weißer, kristalliner Nd., lösl. in Wasser 1 : $2,7 \cdot 10^3$:

$$H_3AsO_4 + MgCl_2 + 3\ NH_3 \longrightarrow \underline{NH_4MgAsO_4 \cdot 6\ H_2O} + 2\ NH_4Cl.$$

pD = 4; EG = 0,3 µg As.

Störung: PO_4^{3-}.

Ag^{+}-Ionen (aus $AgNO_3$) ▬ aus der mit NH_3 genau neutralisierten Lsg. schokoladenbrauner Nd. von *Ag_3AsO_4*, lösl. in Mineralsäuren und NH_3-Lsg.

Man säuert den S.A. mit HNO_3 an, setzt $AgNO_3$ zu, trennt von einem evtl. Nd. ab und überschichtet mit NH_3-Lsg. Ein schokoladenbrauner Ring zeigt AsO_4^{3-} an.

Störung: Halogenid-Ionen, PO_4^{3-}.

AsO_3^{3-}

Ag^{+} (aus $AgNO_3$) ▬ in neutraler Lsg. gelblich-weißer Nd. von Ag_3AsO_3.

Man säuert den S.A. mit HNO_3 an, setzt $AgNO_3$ zu, trennt -falls nötig- einen Nd. ab und überschichtet mit NH_3. Ein eigelber Ring zeigt AsO_3^{3-} an.

Beachte: Ag_3AsO_4 ist schokoladenbraun.

Störung: PO_4^{3-} liefert einen gelben Nd.

Abhilfe: PO_4^{3-} muß vor dem Nachweis entfernt werden s.S. 82.

AsO_3^{3-}-Ionen entfärben Iod-Lsg. (alkoholische I_2-Lsg. oder Lsg. von I_2 in wäßriger KI-Lsg.) Zur Neutralisation wird etwas festes $NaHCO_3$ zugesetzt.

$$AsO_3^{3-} + I_2 + 3\ H_2O \rightleftharpoons AsO_4^{3-} + 2\ I^- + 2\ H_3O^+$$

Hinweis: AsO_4^{3-}-Ionen scheiden aus einer angesäuerten I^--Lsg. I_2 ab.

AsO_3^{3-} und AsO_4^{3-} nebeneinander

H_2S ▬ aus schwach saurer Lsg. gelber Nd. von As_2S_3;

H_2S ▬ aus stark saurer Lsg. gelber Nd. von As_2S_5.

SiO_2, Silicate, SiO_3^{2-}

Nachweis von SiO_2 und Silicaten

Mit der "Wassertropfenprobe"

Man vermischt die Analysensubstanz mit CaF_2 und H_2SO_4. Das gebildete HF reagiert mit SiO_2 zu SiF_4, das zu $SiO_2 \cdot aq$ hydrolysiert wird.

Durchführung s.S. 42.

Störung: Ein Überschuß an HF ist zu vermeiden, weil sich damit lösl. Hexafluorokieselsäure bildet: $SiF_4 + 2\ HF \rightleftharpoons H_2[SiF_6]$.

Borsäure: Entfernen als $B(OCH_3)_3$.

Natürlicher Quarz muß vor dem Nachweis mit Soda-Pottasche aufgeschlossen und durch Abrauchen mit konz. Salzsäure bzw. HNO_3 wieder in SiO_2 übergeführt werden.

Über den Aufschluß von SiO_2 und Silicaten s.S. 28.

Nachweis von SiO_3^{2-}

a) Lösliche Silicate geben mit Ammoniummolybdat $(NH_4)_6Mo_7O_{24} \cdot 4\ H_2O$ eine gelbe Lsg. von $H_4[Si(Mo_3O_{10})_4] \cdot x\ H_2O$.

Durchführung: Man säuert die Silicatlösung mit viel HNO_3 an und versetzt die klare Lsg. mit viel Ammoniummolybdat-Lsg., $(NH_4)_6Mo_7O_{24} \cdot 4\ H_2O$.

pD = 6,1; EG = 1 µg SiO_3^{2-}/ml.

Störung: PO_4^{3-}, AsO_4^{3-}, H_2O_2, F^- im Überschuß, $C_2O_4^{2-}$.

Abhilfe: Man macht das lösliche Silicat durch Abrauchen mit konz. Salzsäure oder konz. HNO_3 unlöslich, trennt es ab und schließt es erneut auf. Der Aufschluß kann z.B. in einer Platindrahtöse erfolgen.

b) Bei der Reduktion der nach a) erhaltenen Heteropolysäure $H_4[Si(Mo_3O_{10})_4] \cdot x\ H_2O$ mit 0,5 M $SnCl_2$ in 3 M Salzsäure entsteht eine intensiv blaugefärbte siliciumhaltige Molybdänverbindung.

pD = 4.

Abtrennung löslicher Silicate

Da lösliche Silicate den Kationentrennungsgang stören, müssen sie vorher entfernt werden.

1. Möglichkeit: Durch Abrauchen mit HF (aus CaF_2 und konz. H_2SO_4) verflüchtigt sich Silicium als SiF_4.

2. Möglichkeit: Man raucht die Analysensubstanz mehrmals mit konz. Salzsäure oder konz. HNO_3 bis zur Trockne ab. Hierzu wird die gelöste Kieselsäure in eine unlösliche, filtrierbare Form übergeführt.

SiF_6^{2-} Beispiel: H_2SiF_6

K^+ (aus KCl) —— weißer, gallertartiger Nd. von $K_2[SiF_6]$, lösl. in Wasser, unlösl. in 50 %-igem Alkohol.

Ba^{2+} (aus $BaCl_2$) —— weißer, kristalliner Nd. von $Ba[SiF_6]$; Verwechslungsgefahr mit $BaSO_4$. Sie unterscheiden sich in ihrer Reaktion beim Erhitzen mit konz. H_2SO_4: $Ba[SiF_6]$ zersetzt sich unter Bildung von SiF_4 und HF.

$[SiF_6]^{2-}$ zersetzt sich beim Kochen mit Na_2CO_3 zu $Si(OH)_4^-$ und F^--Ionen.

Beachte: Auf $[SiF_6]^{2-}$ prüft man nur im wäßr. Auszug der Ursubstanz bzw. der Lsg. der Ursubstanz in einer Säure.

NO_2^-

Nachweis durch Reduktion zu NH_3

Mit Zink, Aluminium oder Devardascher Legierung (50 % Cu, 45 % Al, 5 % Zn) und NaOH wird NO_2^- zu NH_3 reduziert. NH_3-Nachweis s.S. 73.

Störung: NO_3^-, CN^-, NH_4^+.

Nachweis durch Oxidation von I^- zu Iod

KI wird in essigsaurer Lsg. von NO_2^- zu I_2 oxidiert:

$$2\,NO_2^- + 4\,H_3O^+ + 2\,e^- \longrightarrow 2\,NO + 6\,H_2O;$$

$$2\,I^- \longrightarrow I_2 + 2\,e^-.$$

I_2 kann z.B. mit Stärkelösung nachgewiesen werden.

Störung: Oxidationsmittel, Br^-, I^-, S^{2-}, $S_2O_3^{2-}$, SCN^-, $[Fe(CN)_6]^{3-}$, $[Fe(CN)_6]^{4-}$.

pD = 6,3; EG = 0,005 µg NO_2^- pro 0,01 ml.

Nachweis mit "Lunges Reagenz"

Reagenzlösung: Teil a): 1 %-ige Lsg. von Sulfanilsäure in 30 %-iger Essigsäure; Teil b): 0,3 %-ige Lsg. von α-Naphthylamin in 30 %-iger Essigsäure.

Die beiden Teile der Lösung gibt man erst zum Nachweis von NO_2^- zusammen.

Reaktionsverlauf: In saurer Lsg. wird Sulfanilsäure durch HNO_2 diazotiert und mit α-Naphthylamin zu einem roten Azofarbstoff gekuppelt:

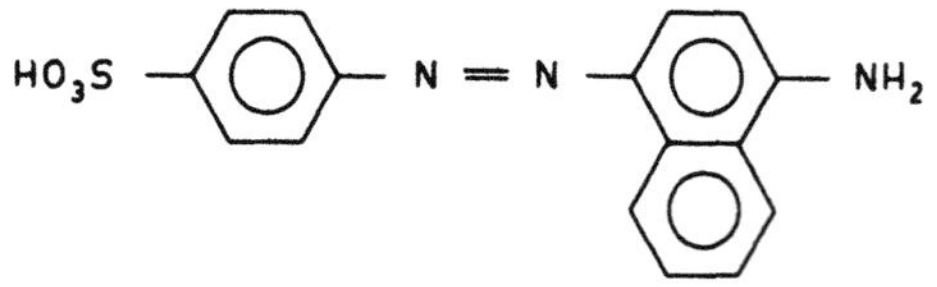

pD = 6,7; EG = 0,01 µg NO_2^-.

Störung: Br^-, I^-, ClO_3^-, IO_3^-, S^{2-}, SO_3^{2-}, $S_2O_3^{2-}$, SCN^-, CrO_4^{2-}, $[Fe(CN)_6]^{3-}$, $[Fe(CN)_6]^{4-}$.

Abhilfe: Man neutralisiert den S.A. mit 5 M Essigsäure, macht mit 2 M Na_2CO_3-Lsg. schwach alkalisch und versetzt diese Lsg. mit einer gesättigten Ag_2SO_4-Lsg.

Ist SO_3^{2-} oder CrO_4^{2-} anwesend, versetzt man die schwach alkalische Lsg. mit einer $BaCl_2$-Lsg. Mit dem Filtrat führt man den obigen Nachweis durch.

NO_3^-

Nachweis durch Reduktion zu NH_3.

Mit Zink, Aluminium oder Devardascher Legierung (s.o.) und NaOH wird NO_3^- zu NH_3 reduziert. NH_3-Nachweis s.S. 73.

Störung: NO_2^-, CN^-, NH_4^+.

Nachweis nach Reduktion zu NO_2^- mit Lunges Reagenz

NO_3^- kann mit Zink und Salzsäure oder Eisessig zu NO_2^- reduziert und dann indirekt über das NO_2^--Ion nachgewiesen werden. Zum Nachweis von NO_2^- s.S. 57.

pD = 6,0; EG = 0,05 µg NO_3^-.

Störung: NO_2^-.

Abhilfe: Zerstörung von NO_2^- durch Kochen mit Harnstoff, Amidosulfonsäure oder NaN_3:

$$HO_3S - NH_2 + HNO_2 \longrightarrow N_2 + H_2O + H_2SO_4.$$

"Ringprobe"

Versetzt man die Lsg. der Analysensubstanz mit einer Lsg. von $FeSO_4$ oder $(NH_4)_2(Fe_2SO_4)_2 \cdot 5\ H_2O$ (Mohrsches Salz) und unterschichtet vorsichtig mit konz. H_2SO_4, so bildet sich an der Berührungsfläche je nach der NO_3^--Konzentration ein violetter bis braunschwarzer Ring von $[Fe(H_2O)_5NO]SO_4$.

NO_3^- wird zu NO reduziert, das mit überschüssigem $FeSO_4$ reagiert. Bei kleinen Substanzmengen kann man die Reaktion auch an einem mit konz. H_2SO_4 befeuchteten $FeSO_4$-Kristall durchführen.

Störung: Wie bei dem Nachweis mit Lunges Reagenz.

pD = 4,2; EG = 2 µg HNO_2.

NO_3^- neben NO_2^-

Der Nachweis beider Anionen gelingt z.B. mit "Lunges Reagenz"; s. oben

Um NO_3^- neben NO_2^- nachweisen zu können, muß NO_2^- zerstört werden, z.B. mit Amidosulfonsäure, s. oben.

S^{2-}

Alle Sulfide geben die Hepar-Reaktion und Hempel-Reaktion, s.S. 34.

Alle Sulfide geben die Iod-Azid-Reaktion.

Schwerlösliche Sulfide

Die Analysensubstanz oder auch der Rückstand des S.A. wird mit Zink und halbkonz. Salzsäure behandelt. Das freigesetzte H_2S kann mit $Pb(CH_3COO)_2$ oder $CuSO_4$ als PbS bzw. CuS nachgewiesen werden.

Iod-Azid-Reaktion

Eine reine Lsg. von NaN_3 und I_2 ist beständig. Schwefel mit der Oxidationszahl -2 katalysiert die Zersetzung der Lsg.:

$$I_2 + S^{2-} \longrightarrow 2\ I^- + S;\quad S + 2\ NaN_3 \longrightarrow Na_2S + 3\ N_2\ .$$

Die Iod-Lsg. wird entfärbt und eine heftige N_2-Entwicklung tritt ein.

Störung: SCN^-, $S_2O_3^{2-}$.

Reagenzlsg.: Sie besteht aus gleichen Teilen einer 0,2 M NaN_3-Lsg. und einer 0,1 M $KI \cdot I_2$-Lsg.

pD = 6,4; EG = 0,02 µg S^{2-}.

Viele Sulfide entwickeln mit Salzsäure *H_2S*. Sulfide, die mit Salzsäure allein nicht reagieren, lassen sich mit Zink *und* Salzsäure zu *H_2S* umsetzen. H_2S kann z.B. mit Pb^{2+}-Ionen schwarzes PbS bilden.

Pb^{2+}-Ionen (aus $Pb(CH_3CO_2)_2$) oder Ag^+-Ionen (aus $AgNO_3$) ▬ schwarzer, schwerlöslicher Nd. von *PbS* bzw. *Ag_2S*. Die Reaktion läßt sich auch auf einem Filterpapier durchführen, das bei positivem Nachweis braun bis schwarz gefärbt wird.

Nachweis als $[Fe(CN)_5NOS]^{4-}$

Lösliche Sulfide geben mit $Na_2[Fe(CN)_5NO] \cdot 2\ H_2O$ Dinatriumpentacyanonitrosylferrat(II), Nitroprussid-Natrium) in wäßriger mit Na_2CO_3 alkalisch gemachter Lsg. eine tief violette Färbung:

$$[Fe(CN)_5NO]^{2-} + S^{2-} \longrightarrow [Fe(CN)_5NOS]^{4-}.$$

Störung: Zu große OH^--Konzentration.

pD = 4,7; EG = 0,6 µg S^{2-} pro 0,03 ml.

Entfernung von S^{2-}

Da S^{2-}-Ionen einige Anionen-Nachweise stören, können sie vor dem Ansäuern des S.A. mit Cd-Acetat-Lsg. als gelbes CdS ausgefällt werden. $Lp_{CdS} = 10^{-27} mol^2 \cdot l^{-2}$.

Beachte: Cd^{2+}-Ionen reagieren auch mit anderen Anionen, z.B. $[Fe(CN)_6]^{4-}$.

$S_2O_3^{2-}$

BaS_2O_3, $Ag_2S_2O_3$ und PbS_2O_3 sind schwerlöslich.

Das $S_2O_3^{2-}$-Ion *aller* Thiosulfate geht in den S.A.

Die Anwesenheit von $S_2O_3^{2-}$ läßt sich häufig schon daran erkennen, daß sich $S_2O_3^{2-}$ beim Ansäuern mit Salzsäure zersetzt. Die Lsg. wird durch ausgeschiedenen Schwefel milchig trüb: $H_2S_2O_3 \longrightarrow S + SO_2 + H_2O$.

SO_2 kann am stechenden Geruch erkannt werden.

Ag^+-Ionen (aus $AgNO_3$) ▬ mit $S_2O_3^{2-}$-Ionen zunächst ein weißer Nd. Dieser zersetzt sich unter allmählicher Schwarzfärbung ("Sonnenuntergang") unter Bildung von *Ag_2S:*

$$Ag_2S_2O_3 + H_2O \longrightarrow Ag_2S + H_2SO_4$$

Störung: S^{2-}. *Abhilfe:* Ausfällen von S^{2-} mit Cd^{2+}-Ionen (aus $Cd(CH_3CO_2)_2$) aus dem S.A. vor dem Ansäuern.

Nachweis mit der Iod-Azid-Reaktion s.S. 59.

Störung: S^{2-}, SCN^-.

Nachweis nach Überführung in SO_4^{2-}

$S_2O_3^{2-}$ kann durch Erhitzen mit Chlor- oder Bromwasser in SO_4^{2-} übergeführt und als solches identifiziert werden.

Störung: S^{2-}, SO_3^{2-}, SO_4^{2-}, SCN^-.

Abhilfe: Vorherige Abtrennung von S^{2-} als CdS, von SO_4^{2-} als $SrSO_4$, von SO_3^{2-} als $SrSO_3$. SCN^- kann mit $Ni(NO_3)_2$ und Pyridin als $[Ni(Py)_4]\cdot(SCN)_2$ gefällt werden.

SO_3^{2-}

Ag^+-Ionen (aus $AgNO_3$) (aus neutraler oder schwach saurer Lsg.) ⟶ weißer Nd. von *Ag_2SO_3*, schwerlösl. in Essigsäure, lösl. in NH_3-Lsg. HNO_3, SO_3^{2-}-Überschuß.

Ba^{2+} (aus $BaCl_2$), Pb^{2+} (aus $Pb(CH_3CO_2)_2$) und Sr^{2+} (aus $Sr(NO_3)_2$) ⟶ weißer Nd. von *$BaSO_3$*, bzw. *$PbSO_3$* bzw. *$SrSO_3$*. Die Niederschläge sind schwerlösl. in verd. Essigsäure, leichtlösl. in verd. HNO_3.

Nachweis nach Überführung in SO_4^{2-}

SO_3^{2-} wird in saurer Lsg. durch H_2O_2 zu SO_4^{2-} oxidiert, das z.B. als $BaSO_4$ nachgewiesen werden kann.

Störung: SO_4^{2-}; *Abhilfe:* Man fällt SO_3^{2-} und SO_4^{2-} gemeinsam aus neutraler oder schwach ammoniakalischer Lsg. als $BaSO_3$ und $BaSO_4$. Digeriert man den Nd. mit 2 M Salzsäure, geht nur $BaSO_3$ in Lsg. In dem angesäuerten Filtrat kann es mit H_2O_2 zu SO_4^{2-} oxidiert werden.

Nachweis durch Geruch

Durch Verreiben von fester Substanz mit $KHSO_4$ oder durch Ansäuern mit H_2SO_4 wird *SO_2* freigesetzt, das einen stechenden Geruch hat:

$$Na_2SO_3 + H_2SO_4 \longrightarrow Na_2SO_4 + H_2O + SO_2 \quad .$$

Störung: Acetat.

Nachweis als $Na_5[Fe(CN)_5SO_3]$

Eine neutrale SO_3^{2-}-Lsg. bildet mit einem Gemisch von $ZnSO_4$, $K_4[Fe(CN)_6]$ und $Na_2[Fe(CN)_5NO] \cdot 2\,H_2O$ einen roten Nd. von *$Na_5[Fe(CN)_5SO_3]$*.

Reagenzlsg.: Kaltgesättigte $ZnSO_4$-Lsg. + verd. $K_4[Fe(CN)_6]$-Lsg. + einige Tropfen einer 1 %-igen $Na_2[Fe(CN)_5NO]$-Lsg. (Dinatriumpentacyanonitrosylferrat(II) = Nitroprussid-Natrium).

SO_4^{2-}

Mit Ausnahme von $BaSO_4$, $SrSO_4$, $CaSO_4$, $PbSO_4$ und den basischen Sulfaten von Bi^{3+}, Cr^{3+}, Hg^{2+} sind alle Sulfate wasserlöslich. Die basischen Sulfate sind säurelöslich.

$PbSO_4$ und $CaSO_4$ lösen sich beim Kochen in konz. Salzsäure.
$SrSO_4$ geht beim Kochen mit konz. Salzsäure merklich in Lösung.
$BaSO_4$ löst sich beim Kochen in konz. Salzsäure nur spurenweise.

Beim Kochen mit Na_2CO_3-Lsg. gehen die meisten Sulfate in Lsg.

Zum *Aufschluß* von Sulfaten s.S. 27, 28.

Nachweisreaktionen

SO_4^{2-}-Ionen zeigen die Hepar-Reaktion, s.S. 34.

Ba^{2+}-Ionen (aus $BaCl_2$) fällen aus salzsaurer Lsg. weißes, schwerlösl. *$BaSO_4$*. $Lp_{BaSO_4} = 10^{-10} mol^2 \cdot l^{-2}$.

Um Konzentrationsniederschläge zu vermeiden, fällt man aus nicht zu konzentrierter Lsg.

Pb^{2+}-Ionen (aus $Pb(CH_3CO_2)_2$ ⟶ weißer Nd. von *$PbSO_4$*, schwerlösl. in Wasser und Säuren.

Nachweis als $BaSO_4$-$KMnO_4$-Mischkristalle

Bei Anwesenheit von $KMnO_4$ bildet sich ein rotvioletter $BaSO_4$-Nd., der MnO_4^--Ionen eingelagert enthält. Das eingelagerte MnO_4^- ist gegen Reduktionsmittel beständig.

pD = 4,3; EG = 2,5 µg SO_4^{2-}.

$S_2O_8^{2-}$

Beispiel: $(NH_4)_2S_2O_8$

Mn^{2+} wird in basischer und neutraler Lsg. zu braunschwarzem $MnO_2 \cdot aq$ oxidiert.

$\underline{Mn^{2+}}$ wird in HNO_3-saurer Lsg. bei Anwesenheit von $AgNO_3$ (als Katalysator) zu violettem $\underline{MnO_4^-}$ oxidiert.

MnO_4^-, $Cr_2O_7^{2-}$ reagieren im Gegensatz zu H_2O_2 nicht.

$\underline{BaCl_2}$: kein Nd. Beim Kochen, jedoch zersetzt sich $S_2O_8^{2-}$ in SO_4^{2-} und O_2; jetzt entsteht ein weißer Nd. von $BaSO_4$.

Schwefelhaltige Ionen nebeneinander: S^{2-}, SO_3^{2-}, $S_2O_3^{2-}$, SO_4^{2-}

$\underline{SO_4^{2-}}$: Zur Prüfung auf SO_4^{2-} säuert man eine Probe des S.A. mit Salzsäure an und versetzt mit $BaCl_2$-Lsg. Ein Nd. von $\underline{BaSO_4}$ beweist die Anwesenheit von SO_4^{2-}.

$\underline{S^{2-}}$: Zum S.A. gibt man ammoniakalische $Zn(NO_3)_2$-Lsg. S^{2-} fällt als $\underline{ZnS}$ aus. Zur Identifizierung kann man z.B. den Nd. nach dem Auswaschen mit 1 Tropfen $CuSO_4$-Lsg. versetzen. Schwarzfärbung beweist die Anwesenheit von CuS.

$\underline{SO_3^{2-}, SO_4^{2-}}$: Man neutralisiert das Filtrat der ZnS-Fällung mit verd. Essigsäure, fügt $Sr(NO_3)_2$ hinzu und erwärmt auf dem Wasserbad. Der Nd. besteht aus $\underline{SrSO_3}$ und $\underline{SrSO_4}$. Im Filtrat befindet sich $S_2O_3^{2-}$.

Trennung von SO_3^{2-} und SO_4^{2-}

Ansäuern des Nd. löst nur $SrSO_3$ auf. Rückstand: $SrSO_4$.

Identifizierung von SO_3^{2-}: Durch Zugabe von I_2-Lsg. wird I_2 zu I^- reduziert und SO_3^{2-} zu SO_4^{2-} oxidiert. Es fällt ein weißer Nd. von $SrSO_4$ aus.

$\underline{S_2O_3^{2-}}$: Säuert man das Filtrat der $Sr(NO_3)_2$-Fällung an, deuten Schwefelausscheidung und SO_2-Geruch auf die Anwesenheit von $S_2O_3^{2-}$ hin.

Identifizieren: Zugabe von $CuSO_4$-Lsg. und Erwärmen. Fällt ein schwarzer Nd. von CuS aus, so beweist dies die Anwesenheit von $S_2O_3^{2-}$.

CO_3^{2-}

Zum Nachweis übergießt man feste Carbonate mit Säure, wobei $\underline{CO_2}$ freigesetzt wird.

Um Störungen durch Sulfite und Thiosulfate (Bildung von $BaSO_3$) zu vermeiden, verwendet man zweckmäßigerweise Essigsäure und oxidiert die Lsg. vorher mit H_2O_2.

$CO_3^{2-} + 2\,H^+ \rightleftharpoons H_2CO_3 \rightleftharpoons CO_2 + H_2O.$

Bei Gegenwart von CN^- verrührt man die Lsg. vor dem Säurezusatz mit einer gesättigten Lsg. von $HgCl_2$.

Das freigesetzte CO_2 kann mit Barytwasser, $Ba(OH)_2$, als $BaCO_3$ identifiziert werden.

Bei großen Mengen CO_2 kann man dieses in eine Barytlsg. einleiten. Hierzu kann man vorteilhaft ein sog. Gärröhrchen benützen, in dem das Barytwasser vorgelegt wird. Dieses Gerät wird mit einem Gummistopfen auf das Reagenzglas aufgesetzt, das die angesäuerte Probenlösung enthält. Bei kleinen Substanzmengen kann man einen Tropfen Barytwasser über die Reaktionslsg. halten bzw. die Mikrogaskammer benutzen.

$CH_3CO_2^-$ Acetat

Acetate sind in Wasser löslich.

Die Nachweisreaktionen auf Acetat oder Essigsäure sind nicht sehr empfindlich.

Vorproben und Nachweisreaktionen

Nachweis als Kakodyloxid

Beim Erhitzen eines Gemisches aus Acetat, Na_2CO_3 und As_2O_3 im Glühröhrchen bildet sich widerlich riechendes, sehr giftiges Kakodyloxid $(CH_3)_2As\text{-}O\text{-}As(CH_3)_2$, s. auch S. 129.

Nachweis als Essigsäureethylester

Aus Essigsäure bildet sich mit Ethanol und konz. H_2SO_4 Essigsäureethylester, der an seinem obstartigen Geruch erkannt werden kann: $CH_3COOH + C_2H_5OH \rightleftharpoons CH_3COOC_2H_5 + H_2O$. Durch die konz. H_2SO_4 wird das Wasser aus dem Gleichgewicht entfernt.

Nachweis als Eisenacetatokomplex

Eine Lsg. von Fe^{3+}-Ionen wird in der Kälte tropfenweise mit $(NH_4)_2CO_3$- oder Na_2CO_3-Lsg. annähernd neutralisiert. Mit überschüssigen $CH_3CO_2^-$-Ionen bildet sich ein tiefroter basischer Eisenkomplex: $[Fe_3(OH)_2(CH_3CO_2^-)_6]^+\ CH_3CO_2^-$.

Durch Erhitzen des Komplexes entsteht Essigsäure und $Fe(OH)_3$.

Nachweis durch Freisetzen von Essigsäure

Verreibt man Acetat mit KHSO$_4$ oder verd. H_2SO_4, wird *CH_3COOH* freigesetzt, die am Geruch erkannt werden kann.

Störung: SO_3^{2-}, $S_2O_3^{2-}$, NO_2^-, HCN, H_2S, HSCN.

Abhilfe: a) Oxidation mit $KMnO_4$: SO_3^{2-}, $S_2O_3^{2-} \longrightarrow SO_4^{2-}$; $NO_2^- \longrightarrow NO_3^-$. b) Zusatz von Ag^+-Ionen: Es fällt Ag_2S, AgCN, AgSCN aus.

$C_2O_4^{2-}$, Oxalat

Oxalsäure und Alkalioxalate sind in Wasser leichtlöslich. Von den Erdalkalioxalaten ist CaC_2O_4 in Wasser schwerlöslich.

Oxalat läßt sich im S.A. nachweisen.

Vorproben und Nachweisreaktionen

Erhitzen mit konz. H_2SO_4 zersetzt Oxalsäure und Oxalate:

$$H_2C_2O_4 \xrightarrow{H_2SO_4} CO + CO_2 + H_2O.$$

Oxidation mit MnO_4^- zu CO_2

Säuert man die Oxalatlsg. mit verd. H_2SO_4 an, erhitzt und versetzt mit einer sehr verdünnten Lsg. von $KMnO_4$ oder läßt man einen kleinen $KMnO_4$-Kristall in die Lsg. fallen, so wird die violette $KMnO_4$-Lsg. entfärbt unter Entwicklung von CO_2:

$$5\ C_2O_4^{2-} + 2\ MnO_4^- + 8\ H_3O^+ \longrightarrow 10\ CO_2 + 2\ Mn^{2+} + 12\ H_2O.$$

CO_2 kann zusätzlich als $BaCO_3$ nachgewiesen werden, s.S. 63.

Beachte: Die Redoxreaktion wird durch Mn^{2+}-Ionen katalytisch beschleunigt.

Störung: Reduktionsmittel entfärben $KMnO_4$-Lsg.

Abhilfe: $C_2O_4^{2-}$ wird zuerst als CaC_2O_4 ausgefällt und dann mit $KMnO_4$ zersetzt.

Reduktionsmittel können häufig auch in schwach essigsaurer Lsg. mit 0,1 M KI · I_2-Lsg. oxidiert werden.

Ca^{2+}-Ionen ⟶ weißer Nd. von CaC_2O_4, schwerlösl. in Wasser und verd. Essigsäure, lösl. in mäßig verd. Mineralsäuren.

Tartrat

Weinsäure, $C_4H_6O_6$, $NaHC_4H_4O_6$ sowie die *neutralen Alkalisalze* sind in Wasser leicht löslich.

$KHC_4H_4O_6$ und $NH_4HC_4H_4O_6$ sind ziemlich schwerlösl.

Alle Tartrate gehen in den S.A.

Weinsäure und Tartrate bilden in alkalischer Lsg. mit Kationen wie Al^{3+}, Cr^{3+}, Fe^{3+}, Pb^{2+}, Cu^{2+} *Chelatkomplexe*.

Vorproben und Nachweisreaktionen

Nachweis durch trockenes Erhitzen (Brenzreaktion)

Beim trockenen Erhitzen von Weinsäure oder Tartraten erfolgt Verkohlung, wobei ein brenzlicher Geruch auftritt.
Vorsicht auf Anwesenheit von NO_3^- oder ClO_3^-!

Störung: Organische Verbindungen, Schwermetallacetate.

Erhitzen mit konz. H_2SO_4.

Erhitzt man eine Probe der Ursubstanz oder einen Teil des mit verd. H_2SO_4 angesäuerten und bis fast zur Trockne eingedampften S.A. mit konz. H_2SO_4, so färbt sich die Substanzprobe bei Anwesenheit von Tartrat ab ca. 50° C schwarz. Die Substanz verkohlt unter Bildung von CO und CO_2.

Störung: Starke Oxidationsmittel

Beachte: Bei Anwesenheit von ClO_3^- oder ClO_4^- sind diese sicherheitshalber vor dem Tartrat-Nachweis zu Cl^- zu reduzieren; s.S. 50.

K^+-Ionen ⟶ aus essigsaurer Tartratlsg. weißer, kristalliner Nd. von $KHC_4H_4O_6$.

Nachweis als Kupfertartratkomplex

Versetzt man die Lsg. eines Tartrats mit einer $CuSO_4$-Lsg. und macht mit verd. NaOH-Lsg. alkalisch, so ist bei Anwesenheit von viel Tartrat das Filtrat durch einen Kupfertartratkomplex blau gefärbt.
Ist nur wenig Tartrat vorhanden, fällt man zuerst einen Nd. von $Cu(OH)_2$ aus ($CuSO_4$ + NaOH), filtriert ihn ab und wäscht mit Wasser gut aus. Nun digeriert man den Nd. mit der tartrathaltigen Lsg.
Versetzt man das stark angesäuerte Filtrat mit $K_4[Fe(CN)_6]$-Lsg., läßt sich braunes $Cu_2[Fe(CN)_6]$ erhalten.

Störung: NH_4^+, AsO_3^{3-}, (Citrate), überschüssiges CO_3^{2-}.

Abhilfe: Man fällt zuerst mit $CaCl_2$-Lsg. $CaC_4H_4O_6$ (schwerlösl. in verdünnter Essigsäure) und prüft anschließend auf Tartrat.

Citrat, Citronensäure

Citrate werden beim Versetzen mit konz. H_2SO_4 bei 50° C kaum merklich zersetzt. Man beobachtet Gelbfärbung und Gasentwicklung (CO, CO_2). Erst oberhalb 90° C erfolgt Braunfärbung und Entwicklung von SO_2.

$B_4O_7^{2-}$, H_3BO_3

Nachweis durch Flammenfärbung

a) Vermischt man eine Substanzprobe mit etwas CaF_2, feuchtet mit konz. H_2SO_4 an und bringt die Substanz in den Saum der entleuchteten Bunsenflamme, färbt flüchtiges *BF_3* die Flamme grün.

b) Bringt man eine borhaltige Substanz an einem Platindraht oder Magnesiastäbchen in den Saum der entleuchteten Bunsenflamme, nachdem man die Substanzprobe mit konz. H_2SO_4 angefeuchtet hat, so färbt die freigesetzte H_3BO_3 die Flamme grün.

Störung: Dieser Nachweis versagt bei manchen Borosilicaten.

Nachweis als *Borsäuremethylester*

Borsäure bildet mit Methanol und wenig konz. H_2SO_4 den *Borsäuremethylester:* $H_3BO_3 + 3\ CH_3OH \rightleftharpoons B(OH_3)_3 + 3\ H_2O$. Die Schwefelsäure entzieht das Wasser und verschiebt das Gleichgewicht auf die rechte Seite. Der Borsäureester ist leicht flüchtig; angezündet verbrennt er mit grüner Flamme.

Borverbindungen, die in Säuren schwerlösl. sind, müssen zuvor durch Schmelzen mit Na_2CO_3 aufgeschlossen werden.

Störung: Ca-, (Tl-), Ba-Verbindungen können u.U. Bor vortäuschen.

Abhilfe: $B(OCH_3)_3$ wird in eine neutrale Lsg. von $Mn(NO_3)_2$, $AgNO_3$ und KF eingeleitet. Hierbei hydrolysiert der Ester, und die freigesetzte Borsäure reagiert mit KF: $H_3BO_3 + 4\ F^- \longrightarrow [BF_4]^- + 3\ OH^-$.

Aus den Mn^{2+}- und Ag^+-Ionen bildet sich ein schwarzer Nd. von MnO_2 und Ag.

pD = 6,7; EG = 0,2 µg B.

Reagenzlösung: 2,4 g $Mn(NO_3)_2$ und 1,7 g $AgNO_3$ werden in 100 ml H_2O gelöst. Nach Zusatz von 1 - 2 Tropfen 0,1 M NaOH bildet sich ein dunkler Nd. (MnO_2 + Ag). Das klare Filtrat wird mit 3,5 g KF in 100 ml H_2O versetzt, aufgekocht und erneut abfiltriert. Das Filtrat ist die Reagenzlsg.

Beachte: Es genügen kleinste Substanzmengen z.B. 10 Tropfen CH_3OH und 3-5 Tropfen H_2SO_4. Bei Anwesenheit von ClO_3^- oder ClO_4^- auf jeden Fall größere Substanzmengen vermeiden.

$[Fe(CN)_6]^{3-}$ und $[Fe(CN)_6]^{4-}$ Cyanoferrate

Beide Anionen werden normalerweise im S.A. nachgewiesen.

Bei Anwesenheit von Schwermetallcyanoferraten befinden sich diese teilweise im Rückstand des S.A. Den charakteristisch gefärbten Rückstand kocht man mit 5 M NaOH und prüft im Filtrat nach dem Ansäuern auf die Anionen.

$[Fe(CN)_6]^{4-}$

Fe^{3+}-Ionen (aus $FeCl_3$) bilden mit $[Fe(CN)_6]^{4-}$-Ionen einen dunkelblauen Nd. von "unlösl. *Berliner Blau*" $Fe_4[Fe(CN)_6]_3 \cdot aq$ (identisch mit "unlösl. Turnbulls Blau") s.S. 97.

Cu^{2+}-Ionen fällen einen rotbraunen Nd. von $Cu_2[Fe(CN)_6]$, unlöslich in verd. Säuren, lösl. in NH_3-Lsg.

Störung: $[Fe(CN)_6]^{3-}$ bildet einen grünen Nd. von $Cu_3[Fe(CN)_6]_2$.

$[Fe(CN)_6]^{3-}$

Ag^+-Ionen — rotbraunes $Ag_3[Fe(CN)_6]$, lösl. in NH_3-Lsg.
Fe^{2+}-Ionen — dunkelblauer Nd. von "unlösl. *Berliner Blau*"; s.S. 97.
Cu^{2+}-Ionen — grünes $Cu_3[Fe(CN)_6]_2$.

Entfernung der Cyanoferrate aus der Analysensubstanz

Es empfiehlt sich, die Anionen entweder im neutralisierten CO_2-freien S.A. mit 0,5 M Cd-Acetatlsg. oder im schwach sauren S.A. mit Ag^+-Ionen ($AgNO_3/HNO_3$ oder Ag_2SO_4/H_2SO_4) zu fällen.

H_2O_2

$KMnO_4$ — wird in saurer Lsg. zu Mn^{2+} reduziert.

$K_2Cr_2O_7$ — in saurer Lsg. vorübergehende Blaufärbung.

$Ti(SO_4)_2$ — Orangefärbung s. Ti-Nachweis S. 101.
Empfindlichste Reaktion!

Reagenz: 1 g TiO_2 + 15 g $K_2S_2O_7$ werden in einem Quarztiegel geschmolzen. Die abgeschreckte Schmelze wird pulverisiert und in kaltem Wasser gelöst.

1.1.6 Untersuchung von Kationen

Liste der erfaßten Kationen

Lösliche Gruppe: Li^+, Na^+, K^+, Mg^{2+}, NH_4^+

s. 72

Ammoniumcarbonat-Gruppe: Ca^{2+}, Sr^{2+}, Ba^{2+}

s. 77

Urotropin-Gruppe: Fe^{3+}, Al^{3+}, Cr^{3+}, Ti^{4+}, Be^{2+}, V^{5+}, W^{6+}, Th^{4+}, Zr^{4+}, $Ce^{3+/4+}$, UO_2^{2+}

s. 85

Ammoniumsulfid-Gruppe: Co^{2+}, Ni^{2+}, Fe^{2+}, Mn^{2+}, Zn^{2+}

s. 81

Schwefelwasserstoff-Gruppe: Ag^+, Hg^{2+}, Hg_2^{2+}, Pb^{2+}, Bi^{3+}, Cu^{2+} Cd^{2+}, As^{3+}/As^{5+}, Sb^{3+}/Sb^{5+}, Sn^{2+}/Sn^{4+} $Tl^{+/3+}$, Au^{3+}, Pd^{2+}, Pt^{4+}, Se^{4+}, Te^{4+}, Mo^{6+}

s. 106

Allgemeine Einführung

Kann eine Analysensubstanz mehrere Kationen enthalten, so ist man stets auf *Gruppen-Reaktionen* und systematische Trennungsgänge angewiesen. Es gibt nämlich kaum ein Reagenz, das es erlaubt, spezifisch nur ein Kation zu erkennen.

In der Literatur sind eine Vielzahl von Gruppen-Reaktionen und Trennungsgängen beschrieben. Wir haben uns in diesem Buch auf Reaktionen und Trennungsgänge beschränkt, mit denen seit mehreren Jahrzehnten erfolgreich gearbeitet wird.
Für das Kennenlernen und Einüben der einzelnen analytischen Gruppen ist ihre Reihenfolge unwesentlich.

Auch mit der umgekehrten Reihenfolge, die dem Analysengang für eine Gesamtanalyse entspricht, haben wir über viele Jahre hinweg gute Erfahrungen gemacht.

Die Vorbereitungen für die Untersuchungen der Kationen sind in Kap. 1.1.1.4 und 1.1.2 beschrieben.

Bewährt hat sich in der Ausbildung die Reihenfolge: "Lösliche Gruppe" — Ammoniumcarbonat-Gruppe — Urotropin/Ammoniumsulfid-Gruppe — Schwefelwasserstoff-Gruppe.

Analysengang für eine *Gesamtanalyse* (Vollanalyse), die Kationen aller analytischen Gruppen enthalten kann:

Analysengang für Kationen $\downarrow$

$$\text{Schwefelwasserstoff-Gruppe}\quad\left\{\begin{array}{l}\text{Salzsäure-Gruppe}\\ \text{Reduktions-Gruppe}\\ \text{Kupfer-Gruppe}\\ \text{Arsen-Gruppe}\end{array}\right.$$

Das Filtrat (Zentrifugat) enthält die Ionen der Urotropin/Ammoniumsulfid-Gruppe

Urotropin-Gruppe

Das Filtrat (Zentrifugat) enthält die Ionen der Ammoniumsulfid-Gruppe (im engeren Sinne).

Ammoniumsulfid-Gruppe

Das Filtrat (Zentrifugat) enthält die Ionen der Ammoniumcarbonat-Gruppe.

Ammoniumcarbonat-Gruppe

Das Filtrat (Zentrifugat) enthält die Ionen der "Löslichen Gruppe".

"Lösliche Gruppe"

1.1.6.1 Lösliche Gruppe
Li^+, Na^+, K^+, Mg^{2+} und NH_4^+

Diese Ionen werden meist als "Lösliche Gruppe" zusammengefaßt, weil es für sie kein gemeinsames Fällungsreagenz gibt. Enthält die Analysensubstanz außer den genannten Ionen noch andere Kationen, so werden diese mit geeigneten Gruppenreagenzien der Reihe nach ausgefällt, s. Trennungsschemata, S.
Die Lösung der Analysensubstanz kann dann zum Schluß nur noch Mg^{2+} und die Alkali-Ionen enthalten (= Filtrat (Zentrifugat) der Ammoniumcarbonat-Gruppe).

Da die Ammoniumsalze in ihrer Struktur, ihrer Löslichkeit und in manchen Fällungsreaktionen den Kaliumsalzen ähnlich sind, wird das NH_4^+-Ion dieser Gruppe hinzugezählt.

Als Vorprobe und zur Identifizierung von Li^+, Na^+ und K^+ eignet sich die Spektralanalyse.

Durchführung: Man befeuchtet eine Platindrahtöse oder die Spitze eines Magnesiastäbchens mit halbkonz. Salzsäure und bringt sie mit einer Probe der Ursubstanz in Berührung. Dabei soll etwas von der Substanz an dem Draht bzw. Stäbchen hängen bleiben und in flüchtiges Chlorid überführt werden. Die Substanzprobe wird jetzt in die heiße Zone der entleuchteten Bunsenflamme gehalten. Gleichzeitig betrachtet man die Flamme durch ein justiertes Spektroskop.

Blindproben mit einem zweiten (!) Draht sind meist sehr hilfreich.

Beachte: Der Platindraht muß nach Gebrauch solange ausgeglüht werden, bis kein positiver Nachweis mehr möglich ist. Erst jetzt steht er für einen neuen Versuch zur Verfügung.

NH_4^+

Ammoniumsalze werden durch Basen wie NaOH oder $Ba(OH)_2$ zersetzt, wobei Ammoniak ausgetrieben und nachgewiesen wird:
$NH_4Cl + NaOH \longrightarrow NaCl + NH_3 + H_2O$. Meist kann man Ammoniak direkt aus der Ursubstanz nachweisen. In einigen Fällen ist es jedoch ratsam, Ammoniak, ähnlich dem CO_2-Nachweis, erst in der Vorlage zu identifizieren.

Bei Anwesenheit von SCN^- und CN^- fällt man diese mit $CuSO_4 + H_2SO_3$ und weist NH_4^+ im Filtrat nach. (Beide Substanzen hydrolysieren mit Basen zu NH_4^+!)

Nachweis von Ammoniak

Durch Geruch, mit Indikatorpapier oder mit "Neßlers Reagenz".

$K_2[HgI_4]$ ("Neßlers Reagenz") — gelbbraune Lsg. bzw. orangerotes Sol, aus der sich langsam braune Flocken von *$[Hg_2N]I \cdot H_2O$* abscheiden:

$$2\ K_2[HgI_4] + 3\ NaOH + NH_3 \longrightarrow [Hg_2N]I \cdot H_2O + 2\ H_2O + 4\ KI + 3\ NaI$$

Mit Reagenzlsg. getränktes Filterpapier wird gelb gefärbt.

Reagenzlsg.: Teil a) 6 g $HgCl_2$ werden in 50 ml Wasser gelöst und mit 7,4 g KI in 50 ml Wasser versetzt. Der Nd. von HgI_2 wird gründlich ausgewaschen und mit 5 g KI in wenig Wasser in lösl. $K_2[HgI_4]$ ungewandelt.

Teil b) 20 g NaOH löst man in wenig Wasser.

Die Teile a) und b) werden zusammengegeben und mit Wasser auf 100 ml Gesamtvolumen verdünnt. Die Reagenzlsg. muß in einer dunklen Flasche vor Lichteinwirkung geschützt werden.

pD = 7,3 (außerordentlich empfindlicher Nachweis; geeignet zum Nachweis von NH_3 im Trinkwasser).

Li^+

Spektralanalytischer Nachweis: Charakteristisch für Lithium sind die Spektrallinien bei 670,8 nm (rot) und 610,3 nm (gelb-orange).

Na_2HPO_4 und NaOH — beim Kochen weißer Nd. von *Li_3PO_4*, leicht lösl. in verd. Säuren: $HPO_4^{2-} + 3\ Li^+ \longrightarrow Li_3PO_4 + H^+$. Ein Zusatz von Ethanol begünstigt die Fällung.

pD = 5,3.

Beachte: LiCl löst sich in Ethanol oder noch besser Pentanol. Dies bietet eine Trennmöglichkeit für LiCl, NaCl, KCl, $MgCl_2$.

Na^+

Spektralanalytischer Nachweis: Charakteristisch für Natrium ist die gelbe Spektrallinie bei 589,3 nm.

Bereits Spuren von Natrium verursachen eine starke Gelbfärbung der Bunsenflamme. Um wägbare Mengen von Natrium zu erkennen, muß die Flammenfärbung längere Zeit auftreten.

Magnesium-Uranylacetat — in konz. Na^+-Lsg. schwach gelber, glasklarer, kristalliner Nd.: $NaCl + 3\ UO_2(CH_3COO)_2 + Mg(CH_3CO_2)_2 + CH_3COOH \longrightarrow$ *$NaMg(UO_2)_3(CH_3CO_2)_9 \cdot 9\ H_2O$* $+ HCl$.

Reagenzlsg.: Man löst unter Erwärmen 3 g $UO_2(CH_3CO_2)_2 \cdot 2\ H_2O$ und 10 g $Mg(CH_3CO_2)_2 \cdot 4\ H_2O$ in 50 ml Wasser und fügt 2 ml verd. Essigsäure und 50 ml Ethanol hinzu. Nach ca. 24 Std. wird von einer evtl. Trübung abfiltriert.

Durchführung: Der Nachweis kann auch auf einem Objektträger durchgeführt werden. Unter dem Mikroskop erkennt man schwachgelbe, glasklare Kristalle (Oktaeder, Dodekaeder). Die Probenlsg. soll neutral oder schwach essigsauer sein. Durch Reiben mit einem Glasstab läßt sich die Kristallisation beschleunigen.

pD = 4,3; EG = 0,05 µg Na.

Störung: PO_4^{3-}.

K^+

Spektralanalytischer Nachweis: Charakteristisch ist die rote Doppellinie bei 766,5 und 769,9 nm (violette Linie bei 404,4 nm).

$Na[B(C_6H_5)_4]$ ("Kalignost", Natriumtetraphenylborat) — weißer Nd. aus neutraler oder essigsaurer Lsg. von *$K[B(C_6H_5)_4]$*, sehr schwer lösl.

Störung: NH_4^+, Rb^+, Cs^+

pD = 4,7; EG = 1 µg K.

Reagenz: 2 %-ige wäßr. Lsg.

ClO_4^--Ionen (aus $HClO_4$) — aus salzsaurer, kalter Lsg. weißer Nd. von *$KClO_4$*, gut lösl. in heißem Wasser. Durch Zugabe von Ethanol kann die Fällung vervollständigt und damit die Empfindlichkeit erhöht werden.

Störung: Rb^+, Cs^+

pD = 3,2; EG = 0,1 µg K.

Mg^{2+}

Die Carbonate, Phosphate und Fluoride von Magnesium sind relativ schwerlöslich.

Praktisch alle Mg-Nachweise werden durch andere Kationen gestört. Um Magnesium einwandfrei nachweisen zu können, ist daher ein außerordentlich sorgfältiges Arbeiten bei den vorangehenden Trennoperationen erforderlich.

$(NH_4)_2HPO_4$ ⟶ weißer, kristalliner Nd. von *$Mg(NH_4)PO_4 \cdot 6\ H_2O$*.

Durchführung: Zu der salzsauren Lsg. der Analysensubstanz bzw. zum Filtrat der Ammoniumcarbonatgruppe (s.S. 79) gibt man 0,5 M $(NH_4)_2HPO_4$-Lsg. und macht mit 5 M NH_3-Lsg. ammoniakalisch. Beim Erwärmen im Wasserbad fällt innerhalb weniger Minuten $Mg(NH_4)PO_4 \cdot 6\ H_2O$ quantitativ aus.

pD = 5,7; EG = 0,02 µg Mg.

Fällung als $Mg(OH)_2$ und Anfärben mit org. Reagenzien

1. Fällen als $Mg(OH)_2$: Beim Versetzen einer Mg^{2+}-Lsg. mit überschüssiger NaOH-Lsg. ⟶ weißer, voluminöser Nd. von *$Mg(OH)_2$*, lösl. in Wasser 1 : 37 000, lösl. in Säuren.

$$Lp_{Mg(OH)_2} = 10^{-12}\ mol^3 \cdot l^{-3}.$$

Beachte: Größere Mengen von NH_4^+-Ionen verhindern eine quantitative Fällung, da sie OH^- wegfangen, und so das $Lp_{Mg(OH)_2}$ u.U. nicht mehr überschritten werden kann.

In ammoniakalischer Lsg. bilden sich lösl. Komplexe wie $[Mg(H_2O)_5NH_3]^{2+}$.

2. Anfärben von $Mg(OH)_2$

a) Reagenz: 5 %-ige ethanolische Lsg. von Diphenylcarbazid

Durchführung: Die Probenlsg. wird bis zur deutlich alkalischen Reaktion mit NaOH-Lsg. versetzt. Es fällt $Mg(OH)_2$ aus. Fügt man jetzt einige Tropfen Reagenzlsg. hinzu, bildet sich ein rotvioletter Farblack, der auch beim Auswaschen mit heißem Wasser erhalten bleibt. Ca^{2+}, Sr^{2+}, Ba^{2+} stören nicht!

b) Reagenz: 0,1 %-ige wäßr. Lösung von Titangelb

Durchführung: Versetze die saure Probenlsg. mit wenig Reagenzlsg. und mache mit 0,2 M NaOH-Lsg. stark alkalisch. Es fällt ein feuerroter flockiger Nd.

Beachte: Die Farbreaktion gelingt nicht auf einem Filterpapier. Die Anwesenheit von Ca^{2+}-Ionen erhöht die Farbintensität.

pD = 6,0; EG = 1,5 µg Mg.

c) Reagenz: 0,01 - 0,02 %-ige ethanolische Lsg. von Chinalizarin (1,2,5,8-Tetrahydroxyanthrachinon).

Durchführung: Man versetzt die salzsaure Probenlsg. mit etwas Reagenzlsg. und macht mit 2 M NaOH-Lsg. stark alkalisch.
Es bildet sich ein kornblumenblauer Farblack (blaue Lsg. oder blauer Nd.). Alkali- und Erdalkali-Ionen stören nicht!

pD = 5,3; EG = 0,25 µg Mg.

d) Reagenz: 0,001 g Magneson (p-Nitro-benzoazo-α-naphthol) in 100 ml 2 M NaOH-Lsg.

Es entsteht ein tiefblauer Farblack (Lsg. oder Nd.). Die Reaktion gelingt nicht auf einem Filterpapier!

pD = 6,4; EG = 0,2 µg Mg.

Trennung von NH_4^+, Li^+, Na^+, K^+, Mg^{2+}

NH_4^+ wird aus der Ursubstanz nachgewiesen.
Enthält die Analysensubstanz viel NH_4^+, so wird z.B. die Ausfällung von $Mg(OH)_2$ gestört. Man erhitzt dann die feste Substanz in einem Porzellantiegel solange, bis keine weißen Nebel mehr entstehen und sich kein NH_4^+ mehr nachweisen läßt (= Abrauchen).

Beachte: Die Substanz darf nicht zu hoch erhitzt werden, weil sich dann evtl. Kaliumverbindungen verflüchtigen.

Sind außer den interessierenden Ionen Kationen anderer Gruppen vorhanden, und hat man einen systematischen Trennungsgang durchgeführt, so befinden sich die Kationen der "Löslichen Gruppe" im Filtrat der $(NH_4)_2CO_3$-Gruppe, s.S. 79. Enthält die Analysensubstanz keine weiteren Kationen, benutzt man einen wäßrigen Auszug.

Vorproben: Auf Li^+, Na^+ und K^+ wird spektralanalytisch geprüft.

Bei *Gegenwart* von Li^+ trennt man Mg^{2+} mit HgO als $Mg(OH)_2$ ab.

Durchführung: Man versetzt die Probenlsg. mit einer ausreichenden Menge an feinstpulverisiertem HgO, macht schwach ammoniakalisch und kocht die Mischung einige min. Der Nd. besteht aus HgO und $Mg(OH)_2$.

Niederschlag: Der Niederschlag wird in einem Porzellantiegel im Abzug getrocknet und schwach geglüht: $Mg(OH)_2$ geht in MgO über, wird in verd. Salzsäure gelöst und identifiziert; überschüssiges HgO wird dabei zersetzt und abgedampft.

Filtrat (Zentrifugat): Das Filtrat wird eingedampft und zur Entfernung von Hg abgeraucht. Der Rückstand wird mit verd. Salzsäure gelöst und die Ionen von Li^+, Na^+ und K^+ nachgewiesen.

Bei Abwesenheit von Li^+ kann die vorgenannte Prozedur entfallen.

1.1.6.2 Ammoniumcarbonat-Gruppe ($(NH_4)_2CO_3$-Gruppe) Ca^{2+}, Sr^{2+}, Ba^{2+}

Die Carbonate dieser Elemente sind schwer löslich. Die Ionen können daher mit Ammoniumcarbonat $(NH_4)_2CO_3$ als Gruppenreagenz ausgefällt werden.

Beachte: Bei Abwesenheit eines Überschusses an NH_4^+-Ionen fällt auch Mg^{2+} an dieser Stelle aus (als Carbonat, basisches Carbonat, Doppelsalz).

Trennung und Nachweis der Ionen

Die Lsg. der zu untersuchenden Substanz bzw. bei Anwesenheit anderer Kationen das Filtrat der Ammonsulfidgruppe (s.S. 83) versetzt man mit NH_4Cl (großen Überschuß vermeiden!) und darauf solange mit verd. NH_3-Lsg., bis die Lsg. deutlich danach riecht. Nun fällt man unter Erwärmen mit $(NH_4)_2CO_3$-Lsg.

Niederschlag (Rückstand): $CaCO_3$, $SrCO_3$, $BaCO_3$.

Filtrat: Mg^{2+}, Li^+, Na^+, K^+.

Über die Zusammensetzung des Niederschlags informiert man sich durch die *Spektralanalyse.*

Für die Trennung der Ionen empfehlen sich folgende Verfahren:

1) Chromat-Sulfat-Verfahren

- Man löst die Carbonate in wenig Essigsäure, fügt Natriumacetat hinzu, fällt in heißer Lsg. mit $K_2Cr_2O_7$-Lsg., kocht etwa 5 min und läßt erkalten. Der gelbe Nd. besteht aus *$BaCrO_4$.*
- Das Filtrat (Zentrifugat) wird mit Na_2CO_3-Lsg. versetzt, gekocht und der Nd. von $CaCO_3$ und $SrCO_3$ abfiltriert.
- Man löst den Nd. in wenig verd. Salzsäure und gibt $(NH_4)_2SO_4$-Lsg. hinzu. Es fällt ein weißer Nd. von *$SrSO_4$* aus.
- Im Filtrat prüft man z.B. mit $(NH_4)_2C_2O_4$-Lsg. auf *Ca^{2+}*.

Schema des Chromat-Sulfat-Verfahrens

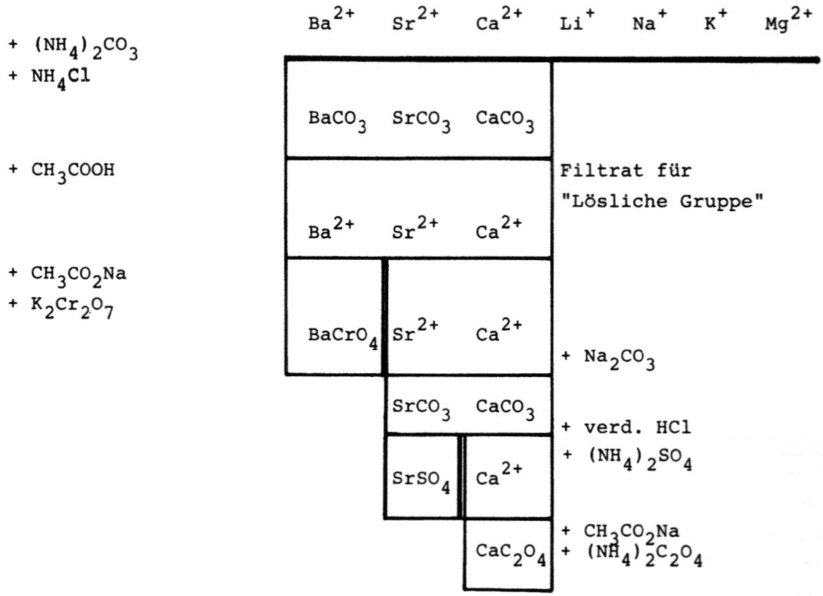

2) Nitrat-Chlorid-Verfahren (Ether-Alkohol-Verfahren)

- Der Carbonat-Nd. wird in verd. HNO_3 gelöst, die Lsg. zur Trockne eingedampft, der Rückstand in wenig Wasser aufgenommen und eingedampft, bis die ersten Kristalle erscheinen.
- Nach dem Erkalten versetzt man mit einer Mischung von absolutiertem (getrocknetem) Ethanol und Ether (1 : 1). $Ba(NO_3)_2$ und $Sr(NO_3)_2$ bleiben als Rückstand.
- Im Filtrat befindet sich Ca^{2+}; Ca-Nachweis s.u.!
- Der Rückstand wird in einem Porzellantiegel geglüht; dabei werden die Nitrate in die Oxide übergeführt. Man löst sie in verd. Salzsäure, dampft die Lsg. bis zur Trockne ein, löst in wenig heißem Wasser, dampft wieder ein, bis die ersten Kristalle erscheinen und versetzt unter Rühren mit absolutiertem Ethanol.

Rückstand: $BaCl_2$; Ba^{2+}-Nachweis s.u.!

Filtrat: Sr^{2+} sowie Spuren von Ba^{2+}. Man dampft auf dem Wasserbad zur Trockne ein und prüft auf Ba^{2+}. Sind noch größere Mengen Ba^{2+} zugegen, muß die Trennung wiederholt werden.

Der Rückstand besteht aus $SrCl_2$. Zum Sr-Nachweis s.u.!

Schema des Nitrat-Chlorid-Verfahrens

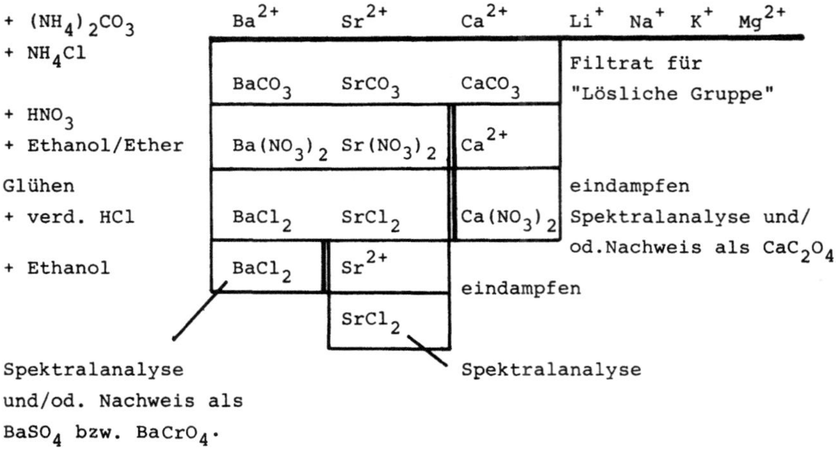

Einzelnachweise der Ionen

Ca^{2+}

Spektralanalytischer Nachweis: Rechts von der Na-Spektrallinie liegt bei 553,3 nm eine breite grüne Linie und links von der Na-Linie eine breite rote Linie bei 622 nm, die für Calcium charakteristisch sind.

Anmerkung: Liegt $CaSO_4$ vor, muß dieses in der leuchtenden Flamme des Bunsenbrenners zu Sulfid reduziert werden. Durch Eintauchen in halbkonz. Salzsäure erhält man das flüchtige Chlorid, das sich für den spektralanalytischen Nachweis besonders gut eignet. Diese Prozedur ist auch mit $SrSO_4$ und $BaSO_4$ durchzuführen.

$C_2O_4^{2-}$-Ionen (aus $(NH_4)_2C_2O_4$ — aus ammoniakalischer oder schwach essigsaurer, mit Natriumacetat gepufferter Lsg. weißer kristalliner Nd. von CaC_2O_4, schwerlösl. in Essigsäure, lösl. in Wasser 1 : 170 000, lösl. in starken Säuren.

pD = 6,6; EG = 5 µg Ca.

Gesättigte Lsg. von $K_4[Fe(CN)_6]$ und NH_4Cl (im Überschuß) → aus schwach ammoniakalischer Lsg. in der Kälte weißer Nd. von *$Ca(NH_4)_2[Fe(CN)_6]$*, lösl. in Wasser 1 : 7000, lösl. in starken Säuren. Ba^{2+} und Sr^{2+} stören nicht, Mg^{2+} stört.

pD = 6.

Beachte: Trockenes $Ca(NO_3)_2$ und $CaCl_2$ lösen sich in einem Gemisch aus Ether und absolutiertem Ethanol (1 : 1) beim Erwärmen im Wasserbad.

Sr^{2+}

Spektralanalytischer Nachweis: Mehrere rote Linien zwischen 650 und 600 nm, (blaue Linie bei 460,7 nm).

SO_4^{2-}-Ionen (aus $CaSO_4$, Na_2SO_4 oder H_2SO_4) → in der Hitze augenblicklich weißer, feinkristalliner Nd. von *$SrSO_4$*, lösl. in Wasser 1 : 8,8 10^3, lösl. in heißer konz. Salzsäure.

pD = 4,7.

CrO_4^{2-} (aus K_2CrO_4) → aus ammoniakalischer Lsg. gelber, kristalliner Nd. von *$SrCrO_4$*, lösl. in Wasser 1 : 840, leichtlösl. in schwachen Säuren.

pD = 3,1.

Beachte: $SrCl_2$ löst sich in absolutiertem Ethanol (jedoch viel schwerer als $CaCl_2$).

Ba^{2+}

Spektralanalytischer Nachweis: Mehrere grüne Linien; besonders charakteristisch sind die Linien bei 524,2 und 513,9 nm.

SO_4^{2-}-Ionen (aus $CaSO_4$, $SrSO_4$, H_2SO_4, Na_2SO_4) → weißer Nd. von *$BaSO_4$*, lösl. in Wasser 1 : 4,5 10^4, unlösl. in Säuren.
$Lp_{BaSO_4} = 10^{-10} mol^2 \cdot l^{-2}$
Sehr empfindliche Reaktion!

Beachte: Bei gewöhnlicher Temperatur fällt $BaSO_4$ feinpulvrig aus. Einen gröberen, besser filtrierbaren Nd. erhält man beim Fällen aus siedender, etwas saurer Lsg., der man etwas Ammoniumacetat zusetzt.

pD = 6,3; EG = 0,05 - 0,5 µg Ba.

K_2CrO_4 und $K_2Cr_2O_7$ ⟶ aus neutraler oder schwach essigsaurer Lsg. gelber Nd. von *$BaCrO_4$*, lösl. in Wasser 1 : 2,6 · 10^5, unlösl. in Essigsäure, lösl. in starken Säuren.

Bei der Reaktion mit $Cr_2O_7^{2-}$ entstehen H^+-Ionen. $2\ Ba^{2+} + Cr_2O_7^{2-} + H_2O \rightleftharpoons 2\ BaCrO_4 + 2\ H^+$. Da $BaCrO_4$ in starken Säuren lösl. ist, puffert man die Lösung durch Zugabe von Natriumacetat.

pD = 5,8; EG = 0,2 µg Ba.

1.1.6.3 Ammoniumsulfid-Gruppe ($(NH_4)_2S$-Gruppe)

Co^{2+}, Ni^{2+}, Fe^{2+}/Fe^{3+}, Mn^{2+}, Al^{3+}, Cr^{3+}, Zn^{2+}
Ti^{4+}, Be^{2+}, V^{5+}, W^{6+}, Th^{4+}, Zr^{4+}, Ce^{3+}/Ce^{4+}, UO_2^{2+}

Vorbemerkungen

Diese Gruppe enthält alle Elemente, die in ammoniakalischer Lsg. schwerlösliche Sulfide oder Hydroxide bilden.

Ammoniumsulfid fällt die Kationen aller Metalle mit Ausnahme der Erdalkali- und Alkalimetalle. Es fällt auch jene Kationen als Sulfide, die sich aus saurer Lsg. nicht mit H_2S ausfällen lassen: CoS/Co_2S_3, NiS/Ni_2S_3, FeS/Fe_2S_3 (alle schwarz), ZnS (weiß), MnS (rosa), UO_2S (braun).

Einige Sulfide sind im Überschuß von Ammoniumsulfid löslich als Thio-Verbindungen und fallen daher bei Anwendung eines Überschusses nicht aus, wie z.B. As_2S_3/As_2S_5, Sb_2S_3/Sb_2S_5, SnS_2 oder die Sulfide von Mo, W, V, Pt, Au u.a.

Neutrales Ammoniumsulfid $(NH_4)_2S$ reagiert stark basisch, da es in wäßr. Lsg. nahezu vollständig in NH_3 und NH_4HS zerfällt.

Die S^{2-}-Ionen-Konzentration ($NH_4HS \rightleftharpoons H_2S + NH_3$; $H_2S \rightleftharpoons HS^- + H^+$; $HS^- \rightleftharpoons S^{2-} + H^+$) ist in der Lösung sehr gering, aber wesentlich größer als in einer sauren Lsg. von H_2S.

Ammoniumsulfid liefert in wäßr. Lsg. auch OH^--Ionen. Demzufolge fällt es eine Reihe von Metallen als Hydroxide, wie z.B. $Cr(OH)_3$, $Al(OH)_3$, $Fe(OH)_3$, $Be(OH)_2$, $Th(OH)_4$, $Ti(OH)_4$, $Zr(OH)_4$, $Ce(OH)_3/Ce(OH)_4$. Einige dieser Niederschläge besitzen nicht die angegebene Ideal-Formel, sondern müssen als Oxid-Hydrate formuliert werden, wie z.B. $TiO_2 \cdot aq$ oder $Al(OH)_3 \cdot aq$.

Reagenz: 10 %-iges H_2S-Wasser wird mit NH_3 gesättigt. Es bildet sich NH_4HS.

Das saure Salz wird durch Zugabe der stöchiometrischen Menge NH_3 neutralisiert.

Abtrennung von Phosphat

Verzichtet man auf eine vorhergehende Hydrolysentrennung mit Urotropin (s.S. 85, Schema S. 88), so fallen bei Anwesenheit von PO_4^{3-} zusammen mit den Elementen der $(NH_4)_2S$-Gruppe auch die Erdalkali-Metalle als Phosphate aus. Um dies zu vermeiden, muß Phosphat vor der $(NH_4)_2S$-Fällung abgetrennt werden.

Phosphat kann auf folgende Weise entfernt werden:

1) durch überschüssiges $FeCl_3$ als $FePO_4$ (weißlich)
2) durch Zr^{4+} (aus $ZrOCl_2$) als säurebeständiges $Zr_3(PO_4)_4$
3) als säurebeständiger Komplex z.B. $(NH_4)_3[P(Mo_3O_{10})_4] \cdot 6\ H_2O$ s.S. 53.
4) mit Ionenaustauscher

Beschrieben werden hier die Verfahren 1) und 2).

1) Fällung als $FePO_4$

Unmittelbar nach der Fällung der H_2S-Gruppe (s.S. 106) ist auf die Anwesenheit von PO_4^{3-} zu prüfen.

Das Filtrat (Zentrifugat) der H_2S-Fällung wird zur Entfernung von H_2S aufgekocht und mit ca. 3 Tropfen konz. HNO_3 versetzt. Jetzt prüft man zuerst in einem kleinen Teil der Lsg. auf Fe^{3+} s. hierzu S. 96.

Die Lsg. wird tropfenweise mit verd. NH_3-Lsg. versetzt, bis eine Trübung auftritt. Sie wird mit verd. Essigsäure gerade wieder aufgelöst. Man puffert mit gesättigter Ammoniumacetat-Lsg. und gibt tropfenweise solange $FeCl_3$-Lsg. zu, bis die überstehende Lsg. schwach rotbraun gefärbt ist. Man verdünnt mit Wasser auf etwa das doppelte Volumen und erhitzt zum Sieden.

Der abgetrennte rotbraune Nd. besteht aus $FePO_4$ und basischem Fe(III)-acetat.

Beachte: Enthält die Analysensubstanz Cr^{3+}, so befindet sich dieses als $CrPO_4$ ebenfalls im Nd. Zum Cr-Nachweis kocht man einen Teil des Nd. mit NaOH und H_2O_2 auf und prüft auf CrO_4^{2-}, vgl. S. 52.

2) Fällung als $Zr_3(PO_4)_4$

Das Filtrat (Zentrifugat) der H_2S-Fällung wird zur Entfernung von H_2S aufgekocht. In die siedende Lsg. tropft man überschüssige 0,05 M $ZrOCl_2$-Lsg. (für 10 mg PO_4^{3-} etwa 3 ml).

Nach dem Abtrennen des Nd. als $Zr_3(PO_4)_4$, $ZrH_2(PO_4)_2$ wird erneut Reagenzlsg. zugefügt, aufgekocht und nach ca. 5 min ein evtl. Nd. abgetrennt.

1.1.6.3.1 Durchführung des $(NH_4)_2S$-Trennungsgangs *ohne* seltenere Elemente (Schema S. 88)

- Die Lsg. der Analysensubstanz bzw. das Filtrat der H_2S-Fällung versetzt man mit etwas festem NH_4Cl, um Mg^{2+} in Lsg. zu halten, gibt NH_3-Lsg. hinzu, bis ein deutlicher Geruch nach NH_3 auftritt und versetzt diese Lsg. bei etwa 40° C mit einem kleinen Über-Schuß an farblosem Ammoniumsulfid. Um zu prüfen, ob die Lsg. tatsächlich Ammoniumsulfid im Überschuß enthält, bringt man einen Tropfen der Lsg. und einen Tropfen $Pb(CH_3CO_2)_2$-Lsg. nebeneinander auf ein Filterpapier. Ist genügend Ammoniumsulfid vorhanden, bildet sich an der Berührungszone der beiden Tropfen schwarzes PbS.
- Die Lsg. wird erwärmt und der Nd. heiß abfiltriert (abzentrifugiert).

Der Nd. kann enthalten: CoS/Co_2S_3, NiS/Ni_2S_3, FeS/Fe_2S_3, MnS, $Al(OH)_3$, $Cr(OH)_3$, ZnS.

Beachte: Das Filtrat (Zentrifugat) muß hellgelb gefärbt sein. Hat es eine gelbbraune Farbe, so deutet dies auf kolloides NiS hin. Durch Kochen mit Ammoniumacetat und Papierschnitzeln läßt sich NiS ausflocken. Ist das Filtrat rotviolett, kann $[Cr(NH_3)_5H_2O]^{3+}$ darin enthalten sein. Dieses Komplexkation wird durch Kochen zerstört. Die Niederschläge werden abfiltriert und mit dem Nd. der Hauptfällung vereinigt.

- Das Filtrat (Zentrifugat) der Ammoniumsulfid-Fällung enthält die Elemente der "Ammoniumcarbonat-Gruppe" und die der "Löslichen Gruppe".

Beachte: Die Trennung ist nur dann einigermaßen vollständig, wenn sehr sorgfältig gearbeitet wird und frische Reagenzien verwendet werden. Carbonathaltige NH_3-Lsg. fällt die Erdalkali-Elemente als Carbonate, und eine alte Ammoniumsulfidlsg. kann SO_4^{2-}-Ionen enthalten, so daß u.U. $BaSO_4$ und $SrSO_4$ in dem Sulfid-Nd. enthalten sind.

Aufarbeitung des Sulfid-Nd.

- Den Sulfid-Nd. wäscht man mit warmem, schwach ammoniakalischem und Ammoniumsulfid-haltigem Wasser und rührt ihn in einer Porzellanschale mit kalter 0,5 M Salzsäure bis zum Ende der H_2S-Entwicklung.

- Der mit verd. Salzsäure gründlich gewaschene Rückstand kann enthalten: NiS/Ni_2S_3 und CoS/Co_2S_3.

- In der Lsg. können sein: Fe^{2+}, Mn^{2+}, Al^{3+}, Zn^{2+}, Cr^{3+} und u.U. Spuren von Ni^{2+}.

Aufarbeitung des Rückstandes: Man löst den Rückstand in verd. Essigsäure unter Zugabe einiger Tropfen 30 %-igen H_2O_2. Nach dem Eindampfen der vom ausgefallenen Schwefel befreiten Lsg. wird darin auf *Ni^{2+}* und *Co^{2+}* geprüft; s. Kap. 1.1.6.3.4.

Behandlung der Lösung (Filtrat, Zentrifugat): Man kocht die Lsg. zur Entfernung von H_2S auf, versetzt sie mit einigen Tropfen konz. HNO_3, um Fe^{2+} zu Fe^{3+} zu oxidieren, entfernt den größten Teil der Säure durch Eindampfen und neutralisiert die Lsg. nahezu durch Zugabe von festem Na_2CO_3. Man erreicht diesen Punkt, indem man solange Na_2CO_3 hinzugibt, bis sich der gebildete Nd. gerade noch auflöst.

- Die so vorbereitete Lsg. gießt man unter Rühren und Erwärmen in eine Porzellanschale, die eine Mischung von frisch hergestellter 20 %-iger NaOH-Lsg. und 3 %-igem H_2O_2 (1 : 1) enthält (oder 0,4 g Na_2O_2 in 5 ml verd. NaOH) und erhitzt die stark alkalische Lsg. bis zum beginnenden Sieden.

- Der Nd. kann enthalten: $Fe(OH)_3 \cdot aq.$ (rotbraun), $MnO(OH)_2$ (braunschwarz).

- In Lsg. können sein: $[Al(OH)_4]^-$, $[Zn(OH)_3]^-$ (beide farblos), CrO_4^{2-} (gelb).

Aufarbeitung des Nd.: Der Nd. wird mit warmer NaOH-Lsg. und warmem Wasser gut ausgewaschen und dann in verd. Salzsäure gelöst. Bei Anwesenheit von Mn entwickelt sich Cl_2. Man kocht bis zum Ende der Chlorentwicklung und prüft auf *Fe^{3+}* und *Mn^{2+}*; s. Kap. 1.1.6.3.4.

Aufarbeitung der Lösung (Filtrat, Zentrifugat): Das stark alkalische Filtrat wird gekocht, bis das überschüssige H_2O_2 zerstört ist. Nun neutralisiert man zuerst mit konz. Salzsäure und schließlich mit verd. Salzsäure, macht mit wäßr. NH_3-Lsg. schwach ammoniakalisch und gibt NH_4Cl hinzu (0,2 g auf 10 ml Lsg.), kocht 2 - 3 min und filtriert (zentrifugiert) *$Al(OH)_3$* ab. Zum Nachweis von Al^{3+} s.S. 98. Bei kleiner Niederschlagsmenge ist eine Blindprobe unerläßlich.

<u>Filtrat (Zentrifugat):</u> Es kann CrO_4^{2-} (gelb) und Zn^{2+} enthalten. CrO_4^{2-} kann man mit $BaCl_2$ als $BaCrO_4$ ausfällen; im Filtrat (Zentrifugat) wird auf Zink geprüft. Zum Nachweis von CrO_4^{2-} bzw. Zn^{2+} s.S. 52 bzw. 100.

Anmerkung: Die gemeinsame Fällung *aller* Elemente der Ammoniumsulfidgruppe mit $(NH_4)_2S$ und NH_3 hat Nachteile, wenn sehr viele Elemente zugegen sind, wenn geringe Mengen einiger Elemente neben einem großen Überschuß anderer nachzuweisen sind, wenn zusätzlich seltenere Elemente vorhanden sind und wenn PO_4^{3-} anwesend ist.
Im letzteren Falle muß vor der Fällung PO_4^{3-} entfernt werden, weil sonst auch die Erdalkalimetalle unter den Fällungsbedingungen als Phosphate ausfallen.

In all diesen Fällen empfiehlt es sich, *vor* der Ammoniumsulfid-Fällung die sog. Hydrolysentrennung durchzuführen.

Beachte: Hinweise auf die Zusammensetzung der Analysensubstanz geben die Färbung der Phosphorsalz- bzw. Boraxperle u.a. Vorproben s. unten!

1.1.6.3.2 Durchführung des $(NH_4)_2S$-Trennungsgangs *mit* selteneren Elementen

Bei Anwesenheit der selteneren Elemente empfehlen wir auf jeden Fall die "Hydrolysentrennung" vor der Ammoniumsulfid-Fällung vorzunehmen. Damit werden folgende seltenere Elemente erfaßt: Ti, Be, V, W, Th, Zr, Ce und U.

Im Anschluß an die Hydrolysentrennung verfährt man analog zu 1.1.6.3.1 Die Hydrolysentrennung macht auch die Abtrennung von PO_4^{3-} überflüssig.

1.1.6.3.3 Hydrolysentrennung (Urotropin-Gruppe)

Für die gesonderte Hydrolysentrennung empfiehlt sich die Verwendung von Hexamethylentetramin (Urotropin Abb. 8), einem Kondensationsprodukt von Formaldehyd und Ammoniak. Beim Erhitzen in Wasser zerfällt diese Substanz wieder in die Ausgangsstoffe. Die Reaktionsgeschwindigkeit nimmt mit steigender Temperatur zu:
$(CH_2)_6N_4 + 6\ H_2O \rightleftharpoons 6\ HCHO + 4\ NH_3$. In saurer Lsg. wird das Gleichgewicht nach rechts verschoben, weil NH_3 abreagiert: $NH_3 + H^+ \rightleftharpoons NH_4^+$.

Mit Wasser reagiert NH_3 nach der Gleichung: $NH_3 + H_2O \rightleftharpoons NH_4^+ + OH^-$.

Vorteile von Urotropin

- Durch die Rückreaktion zu Urotropin bleibt die NH_3-Konzentration stets klein.
- Bei Gegenwart von NH_4Cl stellt sich ein pH-Wert zwischen 5 und 6 ein; in diesem Bereich fallen bei Anwesenheit von PO_4^{3-} noch keine Erdalkaliphosphate, es fallen jedoch wunschgemäß die Phosphate der dreiwertigen Kationen, z.B. $FePO_4$.
- Die Fällung erfolgt aus homogener Lsg.; es bildet sich daher ein grobkörniger, gut filtrierbarer Nd.
- Die reduzierende Wirkung von CH_2O verhindert die Oxidation von z.B. Mn(II) zu Mn(IV).
- Mit Urotropin fallen die höherwertigen Kationen Fe^{3+}, Al^{3+}, Cr^{3+}, Ti^{4+}, Be^{2+}, V^{5+}, W^{6+}, Th^{4+}, Zr^{4+}, $Ce^{3+/4+}$ als Hydroxide aus. UO_2^{2+} fällt als $(NH_4)_2U_2O_7$. Teilweise fällt auch $MnO(OH)_2$.
- Im Filtrat (Zentrifugat) befinden sich die Elemente der "Ammoniumsulfid-Gruppe im engeren Sinne" (Mangangruppe): Co^{2+}, Ni^{2+}, Mn^{2+}, Zn^{2+} (neben den Alkali- und Erdalkalielementen).

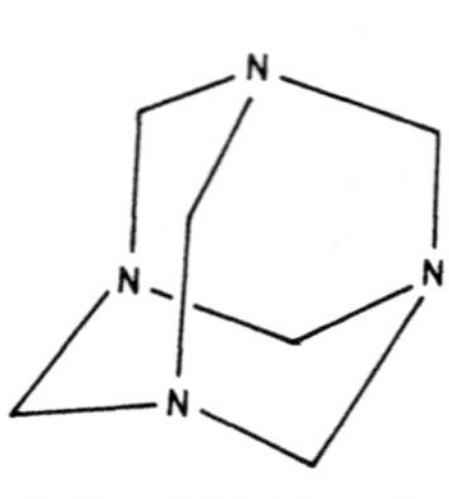

a) Konstitutionsformel von Urotropin

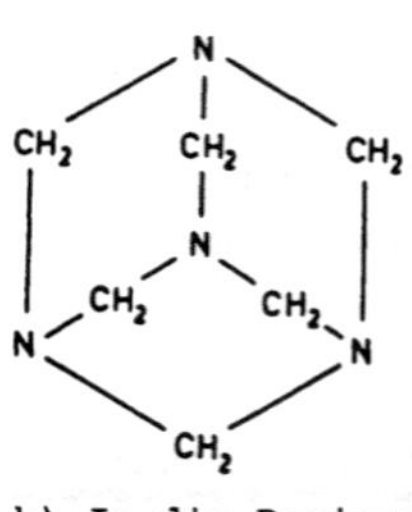

b) In die Papierebene projezierte Konstitutionsformel

Abb. 8 a u. b. Hexamethylentetramin (Urotropin)

Hydrolysentrennung *ohne* seltenere Elemente (Schema S. 88)

Durchführung

a) Man versetzt die HCl- bzw. H_2SO_4-saure Lsg. der Analysensubstanz unter Rühren solange mit $(NH_4)_2CO_3$-Lsg., bis sich der bildende Nd. gerade nicht mehr auflöst.

Enthält die Lsg. CrO_4^{2-} oder MnO_4^-, so ist sie gelb oder violett gefärbt. Man versetzt sie in diesem Fall mit Ethanol, verdampft das überschüssige Ethanol und hat damit Mn(VII) zu Mn(II) und Cr(VI) zu Cr(III) reduziert.

- Man löst den Nd. mit einigen Tropfen verd. Salzsäure, fügt NH_4Cl hinzu und kocht auf.

b) Verwendet man das Filtrat der H_2S-Fällung, so wird dieses zunächst durch Aufkochen von H_2S befreit, dann zur Oxidation von Fe^{2+} zu Fe^{3+} mit einigen Tropfen konz. HNO_3 versetzt und erneut gekocht. Anschließend verfährt man wie oben.

- Zur siedenden Lsg. läßt man eine 10 %-ige wäßr. Lsg. von Urotropin zutropfen und kocht einige Minuten. Der pH-Wert der Lsg. muß zwischen 5 und 6 liegen.

- Es bildet sich ein Nd., der $Fe(OH)_3 \cdot aq$ (rotbraun), $Al(OH)_3 \cdot aq$ (weiß), $Cr(OH)_3$ (hellgrün), $FePO_4$ (weißlich) enthalten kann.

- Die Lsg. kann enthalten: Co^{2+}, Ni^{2+}, Mn^{2+}, Zn^{2+}, Erdalkali- und Alkali-Elemente.

Aufarbeitung des Nd.: Der abgetrennte Nd. wird mehrmals mit heißem Wasser ausgewaschen und unter Erwärmen in verd. Salzsäure gelöst. Zum Nachweis von Fe^{3+}, Al^{3+}, Cr^{3+} s. S. 96, 98, 99.

Weiterverarbeitung des Filtrats (Zentrifugats): Das Filtrat der Hydrolysentrennung wird - falls nötig - eingeengt, schwach ammoniakalisch gemacht und in der Hitze mit einem geringen Überschuß an Ammoniumsulfid versetzt.

Der Nd. kann enthalten: CoS/Co_2S_3, NiS/Ni_2S_3, MnS, ZnS.

- Der Analysengang ist von hier ab analog zu dem auf S. 81 beschriebenen Trennungsgang der Ammoniumsulfid-Gruppe.

Schema der Hydrolysentrennung der Eisengruppe *ohne* seltenere Elemente

Reagenz							
+ Urotropin pH = 5-6	$Al^{3\oplus}$	$Cr^{3\oplus}$	$Fe^{3\oplus}$	$Co^{2\oplus}$	$Ni^{2\oplus}$	$Mn^{2\oplus}$	$Zn^{2\oplus}$
verd. HCl	$Al(OH)_3$	$Cr(OH)_3$	$Fe(OH)_3$	Fitrat für $(NH_4)_2S$-Fällung der Mangangruppe			
	$Al^{3\oplus}$	$Cr^{3\oplus}$	$Fe^{3\oplus}$				
+ NaOH + H_2O_2	$[Al(OH)_4]^{\ominus}$	$CrO_4^{2\ominus}$	$Fe(OH)_3$				
+ NH_4Cl	$Al(OH)_3$	$CrO_4^{2\ominus}$	$Fe^{3\oplus}$	+ verd. HCl			
	Morinnachweis s. unten!	Nachweis als $BaCrO_4$ oder als CrO_5	$Fe(SCN)_3$	+ KSCN			

Schema der Wasserstoffperoxidtrennung der $(NH_4)_2S$-Gruppe *ohne* seltenere Elemente

Reagenz								Reagenz
+ NH_4Cl + NH_3 + $(NH_4)_2S$	$Co^{2\oplus}$	$Ni^{2\oplus}$	$Fe^{2\oplus}/Fe^{3\oplus}$	$Mn^{2\oplus}$	$Al^{3\oplus}$	$Cr^{3\oplus}$	$Zn^{2\oplus}$	
+ verd. HCl	CoS/Co_2S_3	NiS/Ni_2S_3	FeS/Fe_2S_3	MnS	$Al(OH)_3$	$Cr(OH)_3$	ZnS	
	CoS/Co_2S_3	NiS/Co_2S_3	$Fe^{2\oplus}$	$Mn^{2\oplus}$	$Al^{3\oplus}$	$Cr^{3\oplus}$	$Zn^{2\oplus}$	+ einige Tropfen HNO_3 + 20%ige NaOH + 3%iges H_2O_2
+ verd. CH_3COOH + 30%iges H_2O_2	$Co^{2\oplus}$	$Ni^{2\oplus}$	$Fe(OH)_3$	$MnO(OH)_2$	$[Al(OH)_4]^{\ominus}$	$CrO_4^{2\ominus}$	$[Zn(OH)_3]^{\ominus}$	
	Nachweis als $Co(SCN)_2$	+ verd. HCl + KSCN	$Fe^{3\oplus}$	$Mn^{2\oplus}$	$Al(OH)_3$	$CrO_4^{2\ominus}$	$[Zn(OH)_3]^{\ominus}$	+ NH_4Cl
		Nachweis als Ni-Diacetyldioxim	$Fe(SCN)_3$	+ PbO_2 + HNO_3 $MnO_4^{\ominus}$	Nachweis mit Morin	$BaCrO_4$	$[Zn(OH)_3]^{\ominus}$	+ CH_3COOH + $BaCl_2$
							Nachweis mit $K_3[Fe(CN)_6]$ + Diethylanilin	

Hydrolysentrennung *mit* selteneren Elementen (Schema S. 93)

Erfaßte Metalle: Al, Cr, Fe, Ti, Be, V, W, Th, Zr, Ce, U
(Ni, Co, Zn, Mn)

Bei Anwesenheit der selteneren Elemente empfiehlt es sich, die Hydrolysentrennung vor der Ammoniumsulfid-Fällung vorzunehmen.

Vorbereitung der Probenlösung

a) Man versetzt die salz- bzw. schwefelsaure Lösung der Analysensubstanz unter Rühren solange mit $(NH_4)_2CO_3$-Lsg., bis sich ein entstehender Nd. gerade nicht mehr auflöst.

Ist die Lösung gelb oder violett gefärbt bzw. zeigt sie eine Mischfarbe, versetzt man sie zur Reduktion von CrO_4^{2-} und/oder MnO_4^- mit Ethanol und verdampft das überschüssige Ethanol auf dem Wasserbad.

Den Nd. löst man in einigen Tropfen verd. Salzsäure, versetzt die Lösung zur Oxidation von Fe^{2+} zu Fe^{3+} mit einigen Tropfen konz. HNO_3 und kocht kurz auf. Anschließend fügt man NH_4Cl hinzu und kocht erneut.

b) Verwendet man das Filtrat (Zentrifugat) der H_2S-Fällung, wird dieses zunächst durch Aufkochen von H_2S befreit. Anschließend verfährt man wie unter a) beschrieben.

Beachte: Vor der Fällung mit Urotropin muß auf Fe^{3+} geprüft werden. s. hierzu S. 82 . Wird nämlich die Anwesenheit von PO_4^{3-}, WO_4^{2-} oder VO_3^- vermutet, versetzt man die Probenlösung vor der Fällung mit Urotropin mit einer angemessenen Menge $FeCl_3$.

Durchführung der Hydrolysentrennung

Zur siedenden Probenlsg. läßt man eine 10 %-ige wäßr. Lsg. von Urotropin zutropfen und kocht einige Minuten. Der pH-Wert muß dabei zwischen 5 und 6 liegen.

Es bildet sich ein Nd., der folgende Zusammensetzung haben kann: $Fe_2(WO_4)_3$, $Al(OH)_3$, $Be(OH)_2$, $FeVO_4$, $Cr(OH)_3$, $(NH_4)_2U_2O_7$, $Zr(OH)_4$, $Ti(OH)_4$, ($Fe(OH)_3$, $FePO_4$), $Ce(OH)_3$, $Th(OH)_4$.

Be^{2+} und Ce^{3+} werden u.U. nicht vollständig gefällt. Man kocht deshalb das Filtrat F. mit einigen Tropfen konz. NH_3-Lsg. Der Nd. wird der Urotropin-Fällung hinzugefügt.

Das Filtrat (Zentrifugat) kann enthalten: Co, Ni, Zn, Mn s.S. 83. Kationen der Ammoniumcarbonat-Gruppe s.S. 79 , Kationen der "Löslichen Gruppe" s.S. 72 und wird zum Nachweis dieser Gruppen benutzt.

Aufarbeitung des Nd. der Urotropin-Fällung

Der abgetrennte Nd. wird mehrmals mit heißem Wasser ausgewaschen und unter Erwärmen in verd. Salzsäure gelöst.
Die erkaltete Lsg. wird mehrmals mit Ether ausgeschüttelt.

1) Die etherische Phase enthält $FeCl_3$ und wird verworfen.

2) Die wäßr. Phase enthält alle übrigen Kationen sowie noch Spuren Fe. Sie wird auf dem Wasserbad weitgehend eingedampft. Man neutralisiert die Lsg. und läßt sie in eine Mischung von 30 %-iger NaOH- und 3 %-iger H_2O_2-Lsg. einfließen.

Der Nd. der NaOH/H_2O_2-Fällung kann enthalten: $ZrO_2 \cdot aq$, $TiO_2 \cdot aq$, $Fe(OH)_3$, $Th(OH)_4$, $Ce(OH)_4$, etwas $Be(OH)_2$. Man löst den Nd. in wenig 1 M Salzsäure und fällt in der Kälte tropfenweise mit 1 M Oxalsäure-Lsg., wobei ein Überschuß zu vermeiden ist.

Der Nd. der Oxalat-Fällung kann enthalten: $Ce_2(C_2O_4)_3$, $Th(C_2O_4)_2$, $Zr(C_2O_4)_2$. Zur Aufarbeitung des Nd. s. Abschnitt: Oxalatfällung der "Seltenen Erden" S. 91 s. auch Einzelnachweise Kap. 1.1.6.3.4.

Das Filtrat (Zentrifugat) der Oxalat-Fällung kann enthalten: Fe^{3+}, TiO^{2+}. Es wird eingeengt. Zur Komplexierung von Fe^{3+} werden einige Tropfen 60 - 85 %-iger H_3PO_4 zugegeben. In H_2SO_4-saurer Lsg. bildet sich mit 3 %-igem H_2O_2 organgerotes $Ti(O_2)^{2+}$ s.S. 101.

Das Filtrat der NaOH/H_2O_2-Fällung wird mit Salzsäure angesäuert. Als Reduktionsmittel wird festes $Na_2S_2O_4$ (Natriumdithionit) zugesetzt, mit NaOH stark alkalisch gemacht und kurz aufgekocht. Der Nd. wird heiß abgetrennt und mit heißem alkalischem Na_2SO_3-haltigem Wasser ausgewaschen.

Der Nd. der $Na_2S_2O_4$/NaOH-Trennung kann enthalten: $V(OH)_3$, $Cr(OH)_3$, $U(OH)_4$. Man löst ihn in einem Gemisch von verd. Salzsäure und verd. HNO_3, engt die Lsg. stark ein, fügt 2 M Salzsäure und festes KSCN hinzu. Durch mehrmaliges Ausethern bringt man $UO_2(SCN)_2$ in die etherische Phase. Man kann den Ether auf dem Wasserbad abdampfen, den Rückstand glühen, mit HNO_3 aufnehmen und z.B. mit $K_4[Fe(CN)_6]$ auf UO_2^+ prüfen s.S. 105. Die wäßr. Phase wird mit NaOH-Lsg. alkalisch gemacht. $Cr(OH)_3$ fällt als grüner Nd. aus. Er läßt sich z.B. in schwefelsaurer Lsg. mit $K_2S_2O_8$ zu CrO_4^{2-} aufoxidieren. Nachweis s.S.52. Zum Nachweis von VO_3^- im Filtrat s.S. 102.

Das Filtrat der $Na_2S_2O_4$/NaOH-Trennung wird mit wenig verd. $FeCl_3$-Lsg. versetzt, um verbliebenes Ti mit FeS_2 bzw. $Fe(OH)_3$ auszufällen.

Das Filtrat wird in der Siedehitze mit gesättigter $BaCl_2$-Lsg. versetzt. Es fallen $Ba_3(PO_4)_2$, $BaWO_4$, ($BaSO_4$).
Zum Nachweis von PO_4^{3-} s.S. 53.
Zum Nachweis von WO_4^{2-} s.S. 103.

Das Filtrat dieser Fällung kann enthalten: $Al(OH)_4^-$, $Be(OH)_4^{2-}$.
Zum Nachweis von Al^{3+} s.S. 98.
Zum Nachweis von Be^{2+} s.S. 101.

Anmerkung

Der Nd. der $NaOH/H_2O_2$-Fällung kann auch folgendermaßen aufgetrennt werden: Man löst ihn in heißer konz. Salzsäure (20 Vol.-% konz. Salzsäure in der Lsg.!), fällt in der Hitze mit 0,5 M Na_2HPO_4-Lsg. weißes $Zr_3(PO_4)_2$ und kocht die Mischung kurz auf. Das Filtrat wird auf etwa ein Drittel eingeengt und in kaltem Zustand in eine Mischung von konz. NH_3- und 3 %-iger H_2O_2-Lsg. eingegossen. Es kann sich bilden: $Ti(O_2)^{2+}$ (orange), $Ti(OH)_4$ (weiß), $Fe(OH)_3$ (braun), $Th(OH)_4$ (weiß), $Ce(OH)_4$ (gelb).
Zum Nachweis von Th und Ce s.S. 103 und 104.

Das Filtrat wird eingeengt und zur Komplexierung von Fe^{3+} mit einigen Tropfen 60 - 85 %-iger H_3PO_4 versetzt. In schwefelsaurer Lsg. beobachtet man bei Anwesenheit von Ti, evtl. nach erneuter Zugabe von 3 %-igem H_2O_2, die orange-rote Farbe von $Ti(O_2)^{2+}$.

Oxalat-Fällung der "Seltenen Erden"

Zr, Th und Seltenerdmetalle wie Ce kann man aus dem Filtrat (Zentrifugat) der H_2S-Gruppe gesondert abscheiden.

Durchführung: Durch Kochen vertreibt man das H_2S. Zur schwach salzsauren Probe gibt man tropfenweise 0,5 M Oxalsäure-Lsg., wobei ein Überschuß zu vermeiden ist.

Der Nd. kann enthalten: $Zr(C_2O_4)_2$, $Th(C_2O_4)_2$, $Ce_2(C_2O_4)_3$.

Das Filtrat (Zentrifugat) enthält die restlichen Ionen des Filtrats (Zentrifugats) der H_2S-Gruppe.

Der Nd. wird gewaschen und einige Zeit mit einer Oxalsäure-Lsg. digeriert. $Zr(C_2O_4)_2$ geht als $[Zr(C_2O_4)_4]^{4-}$ in Lsg. Mit HNO_3 wird der Komplex zerstört und Zr kann dann in der Lsg. nachgewiesen werden, s.S. 104.

Der Rückstand wird in der Kälte mit konz. $(NH_4)_2C_2O_4$-Lsg. behandelt. Jetzt geht $Th(C_2O_4)_2$ als $[Th(C_2O_4)_4]^{4-}$ in Lösung. Im Gegensatz zu dem Zr-Komplex wird $[Th(C_2O_4)_4]^{4-}$ durch konz. Salzsäure zersetzt, und $Th(C_2O_4)_2$ fällt wieder aus.

Der Rückstand besteht jetzt nur noch aus $Ce_2(C_2O_4)_3$. Man löst ihn in verd. HNO_3 und gibt tropfenweise 30 %-iges H_2O_2 hinzu. Eine braunrote Färbung zeigt Ce an; s. auch S. 104. Mit NH_3-Lsg. kann in der Wärme braunes Ce(IV)-peroxidhydrat ausfallen. Bei längerem Erhitzen bildet sich gelbes $Ce(OH)_4$.

Schema für die Hydrolysentrennung mit Urotropin bei Anwesenheit *seltener* Elemente

Teil 1

a) $CrO_4^{2\ominus}$, $MnO_4^{\ominus}$ werden mit C_2H_5OH reduziert; b) $Fe^{2\oplus}$ wird mit konz. HNO_3 zu $Fe^{3\oplus}$ oxidiert; c) auf $Fe^{3\oplus}$ wird geprüft s. S. 82; d) bei Anwesenheit von $PO_4^{3\ominus}$, $WO_4^{2\ominus}$, $VO_3^{\ominus}$ wird die Lsg. mit $FeCl_3$ versetzt. Fe ist daher im Trennungsschema eingeklammert.

Weiterverarbeitung des Filtrats (Zentrifugats) der H_2S-Fällung, das außer den Erdalkali- und Alkali-Elementen folgende Ionen enthalten kann: *„Mangangruppe* ($Ni^{2\oplus}$, $Co^{2\oplus}$, $Zn^{2\oplus}$, $Mn^{2\oplus}$) sowie

+ *Urotropin* pH = 5–6	$PO_4^{3\ominus}$	$WO_4^{2\ominus}$	$Al^{3\oplus}$	$Be^{2\oplus}$	$VO_3^{\ominus}$	$Cr^{3\oplus}$	$UO_2^{\oplus}$	$Zr^{4\oplus}$	$Ti^{4\oplus}$	$Ce^{3\oplus}$	$Th^{4\oplus}$	($Fe^{3\oplus}$)
	$PO_4^{3\ominus}$	$Fe_2(WO_4)_3$ rotbraun	$Al(OH)_3$ weiß	$Be(OH)_2$ weiß	$FeVO_4$ rotbraun	$Cr(OH)_3$ grün	$(NH_4)_2U_2O_7$ gelb	$Zr(OH)_4$ weiß	$Ti(OH)_4$ weiß	$Ce(OH)_3$ weiß	$Th(OH)_4$ weiß	$(FePO)_4$, $Fe(OH)_3$, weißlich braun
	Das *Filtrat* enthält die Alkali-, Erdalkali-Elemente und die „Mangangruppe" Ni, Co, Zn, Mn.											
+ verd. HCl ausethern	① etherische Phase: $FeCl_3$ ② wäßrige Phase:											
+ 30% NaOH + 3% H_2O_2	$PO_4^{3\ominus}$	$WO_4^{2\ominus}$	$Al^{3\oplus}$	$Be^{2\oplus}$	$VO_3^{\ominus}$	$Cr^{3\oplus}$	$UO_2^{\oplus}$	$ZrO^{2\oplus}$	$TiO^{2\oplus}$	$Ce^{3\oplus}$	$Th^{4\oplus}$	($Fe^{3\oplus}$, Spuren)
Ansäuern mit HCl	$PO_4^{3\ominus}$	$WO_4^{2\ominus}$	$[Al(OH)_4]^{\ominus}$	$[Be(OH)_4]^{2\ominus}$	$VO_3^{\ominus}$	$CrO_4^{2\ominus}$	$UO_2(O_2)_3^{4\ominus}$	$ZrO_2 \cdot aq$	$TiO_2 \cdot aq$	$Ce(OH)_4$	$Th(OH)_4$	($Fe(OH)_3$)
+ $Na_2S_2O_4$ +NaOH	$PO_4^{3\ominus}$	$WO_4^{2\ominus}$	$[Al(OH)_4]^{\ominus}$	$[Be(OH)_4]^{2\ominus}$	$V(OH)_3$	$Cr(OH)_3$	$U(OH)_4$			s. Schema Teil 3, S. 94		
+$BaCl_2$	$Ba_3(PO_4)_2$	$BaWO_4$	$[Al(OH)_4]^{\ominus}$	$[Be(OH)_4]^{2\ominus}$		s. Schema Teil 2, S. 94						
	Nachweis S. 53	Nachweis S. 103	Nachweis S. 98	Nachweis S. 101								

Teil 2

$V(OH)_3$	$Cr(OH)_3$	$U(OH)_4$

+ halbkonz. HCl } lösen
+ verd. HNO_3 }
einengen
+ 2 M HCl, + KSCN (fest)
ausethern

(1) etherische Phase: $UO_2(SCN)_2$(gelb)

eindampfen, glühen, + HNO_3 + $K_4[Fe(CN)_6]$ ⟶ $K_2UO_2[Fe(CN)_6]$ rotbraun

(2) wäßrige Phase: VO_3^-, Cr^{3+}

+ NaOH ⟶ $Cr(OH)_3$(grün), VO_3^-

VO_3^--Nachweis s.S. 102

$Cr(OH)_3$ + H_2SO_4 + $K_2S_2O_8$ ⟶ CrO_4^{2-}(gelb), Nachweis s.S. 52

Teil 3

Reagenz					
	$ZrO_2 \cdot aq$	$TiO_2 \cdot aq$	$Th(OH)_4$	$Ce(OH)_4$	wenig $Fe(OH)_3$
lösen in konz. HCl in der Hitze	Zr^{4+}	Ti^{4+}	Th^{4+}	Ce^{4+}	wenig Fe^{3+} stört nicht wesentlich
+ 0,5 M-Na_2HPO_4 in der Hitze	$Zr_3(PO_4)_4$	Ti^{4+}	Th^{4+}	Ce^{4+}	einengen auf 1/3 in der Kälte +konz. NH_3 + 3% H_2O_2
		TiO_2^{2+}	$Th(OH)_4$ weiß	$Ce(OH)_4$ gelb	schwach HCl-sauer machen + 1 N Oxalsäure
einengen + verd. H_2SO_4 + 60-85% H_3PO_4 + 3% H_2O_2		TiO_2^{2+} orange	$Th(C_2O_4)_2$	$Ce_2(C_2O_4)_3$	+konz. $(NH_4)_2C_2O_4$
			$[Th(C_2O_4)_4]^{4-}$	$Ce_2(C_2O_4)_3$	+verd. HNO_3 +30% H_2O_2
+konz. HCl			$Th(C_2O_4)_2$	braunrote Färbung	$+NH_3$, Hitze
				brauner Nd.	kochen
				$Ce(OH)_4$ gelb	

1.1.6.3.4 Einzelnachweis der Ionen

Co^{2+} Beispiel: $CoSO_4$

Vorprobe: Die Phosphorsalz- und Boraxperle ist in der Reduktions- und Oxidationsflamme in der Hitze und Kälte blau.

Nachweis als $Co[Hg(SCN)_4]$

Eine Lösung von $HgCl_2$ und NH_4SCN ⟶ aus neutraler oder essigsaurer Lsg. tiefblauer Nd. von *$Co[Hg(SCN)_4]$*. Die Prismen oder sternförmig verwachsenen Nadeln werden durch wäßr. NH_3-Lsg. entfärbt.

Reagenz: 6 g $HgCl_2$ und 6,5 g NH_4SCN werden in 10 ml H_2O gelöst.

Störung: Fe^{3+}.

pD = 5,3; EG = 0,1 µg Co.

Nachweis als $Co(SCN)_2$ bzw. $H_2[Co(SCN)_4]$

Durchführung: Die neutrale oder essigsaure Lsg. der Analysensubstanz wird mit einer Lsg. von KSCN oder NH_4SCN versetzt. In neutraler Lsg. bildet sich blaues *$Co(SCN)_2$*, in saurer Lsg. die ebenfalls blaue Säure *$H_2[Co(SCN)_4]$*. Gibt man etwas Ether (und einige Tropfen Pentanol)hinzu und schüttelt, geht die blaue Farbe in die organische Phase.

Störung: Fe^{3+}. *Abhilfe:* Komplexieren mit NaF als $[FeF_6]^{3-}$.

pD = 5; EG = 0,3 µg Co.

Rubeanwasserstoff (Dithio-oxamid) ⟶ in ammoniakalischer Lsg. braunes *Co-Rubeanat* (Chelatkomplex).

Durchführung als Tüpfelreaktion: Man bringt einen Tropfen Probenlsg. auf ein Stück Filterpapier, räuchert mit NH_3, indem man das Papier über eine offene Flasche mit konz. NH_3-Lsg. hält und tüpfelt seitlich mit einer 1 %-igen ethanolischen Lsg. von Rubeanwasserstoff. Es bildet sich ein brauner Ring (Fleck).

pD = 6; EG = 0,03 µg Co.

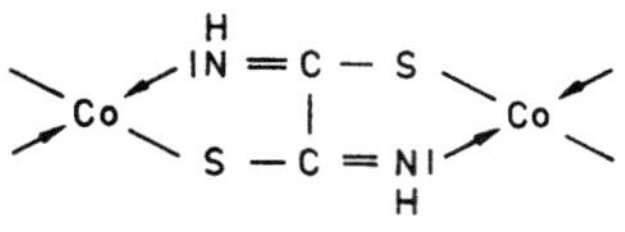

vermutete Konstitution

Beachte: Mit $(NH_4)_2S$ fällt aus einer ammoniakalischen Co^{2+}-Lsg. unter Luftausschluß CoS, lösl. in kalter verd. Salzsäure. Mit überschüssigem $(NH_4)_2S$ bildet sich zunächst säurelösliches Co(OH)S; es oxidiert sich durch den Sauerstoff der Luft zu Co_2S_3. Dieses Sulfid ist schwerlöslich in Essigsäure und verd. Salzsäure. Es löst sich in Essigsäure / H_2O_2, in konz. HNO_3 und Königswasser.

Ni^{2+} Beispiel: $NiSO_4$

Vorprobe: Die Phosphorsalz- und Borax-Perle ist in der Oxidationsflamme in der Hitze gelb-rubinrot, in der Kälte braunrot. Bei gleichzeitiger Anwesenheit von Co wird die Farbe von Ni durch diejenige von Co überdeckt.

Rubeanwasserstoff (Dithio-oxamid) ⟶ blauer - violetter Fleck auf einem Filterpapier. Co^{2-} stört nicht, da die Komplexe auf dem Papier eine unterschiedliche Wanderungsgeschwindigkeit haben.

Einzelheiten s. Co^{2+}.

Diacetyldioxim ⟶ in neutraler, essigsaurer oder ammoniakalischer Lsg. bei viel Ni^{2+} in der Kälte, bei wenig Ni^{2+} erst nach dem Aufkochen ein roter, flockiger, schwerlösl. Nd. Einzelheiten s.S. 214

Reagenz: Gesättigte Lsg. von Diacetyldioxim in 96 %-igem Ethanol.

Störung: Fe^{2+}. *Abhilfe:* Oxidation mit H_2O_2 zu Fe^{3+}; überschüssiges H_2O_2 muß anschließend verkocht werden. Fe^{3+} kann mit Tartrat komplexiert werden.

Starke Oxidationsmittel wie H_2O_2 oder Nitrate verhindern die Fällung. Co^{2+} gibt in ammoniakalischer Lsg. eine braunrote Färbung. Bei Gegenwart von viel Co^{2+} versetzt man die Lsg. mit konz. NH_3-Lsg. bis zur klaren Lösung und dann mit H_2O_2. Hierbei wird Ni^{2+} in $[Ni(NH_3)_6]^{2+}$ und Co^{2+} in $[Co(NH_3)_6]^{3+}$ übergeführt. Man kocht zur Zerstörung des überschüssiges H_2O_2 und verfährt wie oben.

pD = 5,9; EG = 0,16 - 2 µg Ni.

Fe^{3+} Beispiel: $FeCl_3$

$CH_3COO^-Na^+$ (im Überschuß) ⟶ in einer mit $(NH_4)_2CO_3$ oder Na_2CO_3 neutralisierten Lsg. tiefrote Farbe durch das komplexe, basische Eisenacetat: $[Fe_3(OH)_2(CH_3COO)_6]^+CH_3CO_2^-$. Beim Erhitzen zersetzt sich der Komplex unter Bildung von $Fe(OH)_3$ und Essigsäure.

SCN$^-$-Ionen (aus NH_4SCN) —— aus schwach salzsaurer Lsg. blutrote Färbung durch Bildung von *$Fe(SCN)_3$*. Mit überschüssigem SCN^- entsteht [*$Fe(SCN)_6$*]$^{3-}$ bzw. $[Fe(NCS)_6]^{3-}$. (Diese Umlagerung ist IR-spektroskopisch nachgewiesen). Die gefärbte Substanz läßt sich ausethern.

Störung: Co^{2+}, Hg^{2+}, NO^{2-}, F^-, $PO_4{}^{3-}$, $AsO_4{}^{3-}$, zuviel Mineralsäure, sowie Komplexbildner wie Oxalat, Tartrat.

pD = 6,2; EG = 0,25 µg Fe^{3+}.

$K_4[Fe(CN)_6]$ —— tiefblaue Lsg. von "lösl. Berliner Blau" $K[Fe^{III}Fe^{II}(CN)_6]$ bzw. mit überschüssigen Fe^{3+}-Ionen ein tiefdunkelblauer Nd. von "unlösl. *Berliner Blau*" $Fe_4[Fe(CN)_6]_3 \cdot aq$, schwerlösl. in Säuren, wird durch Laugen zersetzt. Der Nachweis ist auch als Tüpfelreaktion ausführbar.

Fe^{2+}

Beispiel: $FeSO_4$, $(NH_4)_2Fe(SO_4)_2 \cdot 6\ H_2O$
(Mohrsches Salz)

Fe^{2+}-Ionen sind nur in saurem Milieu stabil.

Bei Abwesenheit von Fe^{3+} oxidiert man Fe^{2+} zu Fe^{3+} und weist dieses nach. Die Oxidation gelingt in alkalischer Lsg. z.B. mit NO_3^-, in saurer Lsg. mit HNO_3 oder H_2O_2.

Fe^{2+} neben *Fe^{3+}*

Fe^{2+}-Ionen geben mit Diacetyldioxim in ammoniakalischer Lsg. eine intensiv rote Lsg. Fe^{3+} kann durch Zugabe von Weinsäure komplexiert werden.

pD = 5,5.

Störung: Ni, Co, Cu

$K_3[Fe(CN)_6]$ —— dunkelblaue Lösung von "lösl. *Turnbulls Blau*" (≡ "lösl. Berliner Blau") $K[Fe^{III}Fe^{II}(CN)_6]$. Mit überschüssigen Fe^{3+}-Ionen entsteht "unlösl. Turnbulls-Blau" = "Berliner Blau" .

Fe^{2+}-Ionen bilden in mineralsaurer Lsg. mit α,α'-Dipyridyl einen tiefroten, löslichen Komplex.

Reagenz: 2 %-ige salzsaure Lsg. von α, α'-Dipyridyl.

pD = 7,0

pD = 7,0

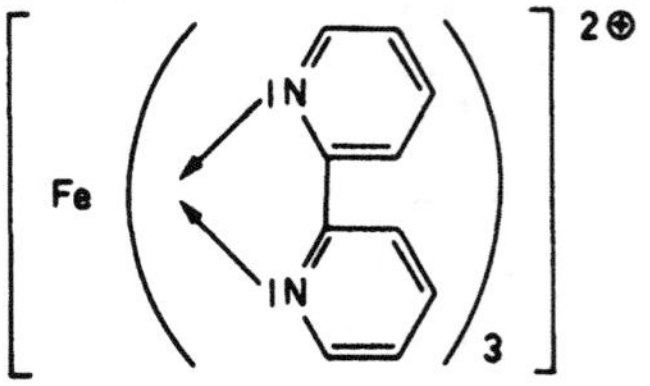

Mn^{2+} Beispiel: $MnSO_4$

Vorprobe: Die Phosphorsalz- und Boraxperle ist in der Oxidationsflamme violett gefärbt.

Nachweis durch Oxidation zu MnO_4^-

Durch Oxidation mit PbO_2 in konz. HNO_3 oder H_2SO_4 entsteht beim Erhitzen *MnO_4^-*. Die intensive Violettfärbung läßt sich nach dem Absitzen des Nd. und evtl. nach dem Verdünnen erkennen.

Störung: Cl^-, Br^-, I^-, H_2O_2 und Substanzen, die MnO_4^- reduzieren können. *Abhilfe:* Die Halogenide kann man entfernen, wenn man mit $AgNO_3$ versetzt, aufkocht und den Nachweis mit dem Filtrat bzw. Zentrifugat durchführt.

Mit einer Blindprobe ist auf den Mn-Gehalt des PbO_2 zu prüfen.

pD = 5,3.

Störung: Zahlreiche oxidierende Stoffe. Fe stört nicht!

Nachweis durch Oxidationsschmelze

Durchführung: Man verreibt die Mn-haltige Substanz mit der 3- bis 6-fachen Menge einer Mischung aus Na_2CO_3 und KNO_3 (1 : 1) und erhitzt das Gemisch auf einer Magnesiarinne solange auf Rotglut, bis die Gasentwicklung beendet ist. Die erkaltete Schmelze ist *grün (MnO_4^{2-})* oder blaugrün (MnO_4^{2-} + MnO_4^{3-} (blau)). Gibt man einen Tropfen Eisessig hinzu, schlägt die grüne Farbe in die violette Farbe des *MnO_4^-* um; nach einiger Zeit scheiden sich dunkle Flocken von *MnO_2* • aq ab (= Disproportionierung).

Al^{3+} Beispiel: $AlCl_3$

Morin (3,5,7,2',4'-Pentahydroxyflavon, gelber Pflanzenfarbstoff) — in kalter essigsaurer Lsg. grüne *Fluoreszenz*, verschwindet beim Ansäuern mit Salzsäure.

Eine Blindprobe ist ratsam.

Störung: Zn^{2+}, Fe, Tartrat, F^-, PO_4^{3-}, AsO_4^{3-}.

Reagenz: gesättigte Lsg. von Morin in Methanol.

pD = 5,5; EG = 0,2 µg Al.

Kryolithprobe

Man fällt durch Zusatz von NH_3-Lsg. *$Al(OH)_3$* aus und übergießt den gut ausgewaschenen Nd. mit einer konz. NaF-Lsg. Das Filtrat reagiert alkalisch (Prüfung z.B. mit Phenolphthalein):

$Al(OH)_3 + 6\ Fe^- \longrightarrow [AlF_6]^{3-} + 3\ OH^-$.

Störung: Fe^{3+}, Ti^{4+}.

Alizarin S (Na-Salz der Dihydroxyanthrachinonsulfonsäure) fällt aus alkalischer $[Al(OH)_4]^-$-Lsg. einen roten *Nd. (Farblack)*, der bei Zusatz von Eisessig nicht entfärbt wird.

Störung: Fe, Co, Cu, Cr.

Reagenz: 1 %-ige wäßr. Lösung von Alizarin S.

pD = 5; EG = 0,5 µg Al.

Aluminon (Ammoniumsalz der Aurintricarbonsäure) —— mit essigsaurer Aluminiumsalz-Lsg. schwerlösl. *roter Farblack*, der oft erst nach einiger Zeit in roten Flocken ausfällt. Er ist unlösl. in einer 10 %-igen Lsg. von $(NH_4)_2CO_3$ in verd. Ammoniak-Lsg., mit der man den Nd. bis zur schwach alkalischen Reaktion versetzt.

Störung: Be^{2+}, Fe^{3+}, SiO_3^{2-}, größere Mengen PO_4^{3-}. Reduzierende Substanzen wie H_2S zerstören den Farbstoff.

Reagenz: 0,2 %-ige wäßr. Lsg. von Aluminon.

pD = 5; EG = 0,16 µg Al.

OH^--Ionen —— bei tropfenweiser Zugabe zunächst weißer Nd. von *$Al(OH)_3$*, lösl. in Säuren und im Überschuß von OH^--Ionen. Trennmöglichkeit für Al und Fe.

Durch Zugabe von NH_4Cl fällt $Al(OH)_3$ (besonders in der Hitze) wieder aus.

Cr^{3+} Beispiel: $CrCl_3$

Vorprobe: Die Phosphorsalz- und Boraxperlen sind in der oxidierenden und reduzierenden Flamme smaragdgrün.

Nachweis durch Oxidation zu CrO_4^{2-}

Durchführung: Man schmilzt ein feinpulvriges Gemisch von Cr(III)-Salz und der etwa 2-fachen Menge von Na_2CO_3 (wasserfrei) und KNO_3, z.B. auf einer Magnesiarinne. Der erkaltete Schmelzkuchen ist durch *Na_2CrO_4* gelb gefärbt. Beim Ansäuern schlägt die Farbe in orange um, Bildung von *$Cr_2O_7^{2-}$*.

Oxidation von Cr(III) zu Cr(VI) und Nachweis als CrO_5

Die Oxidation zu CrO_4^{2-} gelingt in alkalischer Lsg., z.B. mit Na_2O_2 oder H_2O_2. Cr(VI) bildet mit H_2O_2 in HNO_3- oder H_2SO_4-saurer Lsg. in der Kälte dunkelblaues *Chromperoxid CrO_5*, das mit Ether aus der wäßr. Phase ausgeschüttelt werden kann, wobei das Sauerstoffatom eines Ethermoleküls die secnste Koordinationsstelle besetzt.
Sehr empfindl. und spezifische Nachweisreaktion.

pD = 5,5; EG = 50 µg Cr.

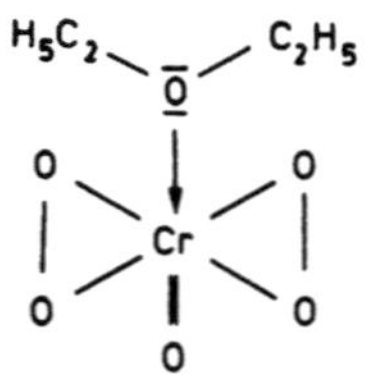

Zn^{2+} Beispiel: $ZnSO_4$

H_2S — fällt aus neutraler, alkalischer, ammoniakalischer oder essigsaurer mit Natriumacetat gepufferter Lsg. einen weißen Nd. von *ZnS*.

Nachweis mit $K_3[Fe(CN)_6]$ und Diethylanilin

Reagenzlsg.: Teil a) Lsg. von 0,25 g Diethylanilin in 100 cm H_2SO_4 (1 : 1 mit H_2O) oder 50 %-iger H_3PO_4. Teil b) kaltgesättigte Lsg. von $K_3[Fe(CN)_6]$.

Durchführung: Zum Nachweis mischt man die Teile a) und b) im Verhältnis 1 : 1 und gibt die zinkhaltige Lsg. hinzu. Nach einigen Minuten tritt ein roter Nd. auf. Es entsteht eine Adsorptionsverbindung aus einem organ. Farbstoff und $Zn_2[Fe(CN)_6]$.

Störung: Ionen, die mit $K_3[Fe(CN)_6]$ und $K_4[Fe(CN)_6]$ Niederschläge geben. Mn^{2+} gibt einen braunen Nd.

Falls man die Störungen berücksichtigt, kann man den Nachweis auch mit einem schwefelsauren Auszug der Ursubstanz durchführen.

Ti Beispiel: $(TiO)SO_4$

Ti(III)-Salze sind unbeständig, in wäßr. Lsg. violett gefärbt. Ti(IV)-Salze sind in saurer Lsg. beständig und farblos.

Vorprobe: Perlreaktion: In der Oxidationsflamme: heiß — gelb, kalt — farblos. In der Reduktionsflamme: heiß — gelb, kalt — violett.

H_2O_2 — in schwefelsaurer Lsg. orangerote Färbung: TiO^{2+} + $H_2O_2 \xrightarrow{H^+} Ti(O_2)^{2+}$ (Peroxititanyl-Ion)

Durchführung: Eine Spatelspitze der Analysensubstanz oder auch des Rückstands wird mit konz. H_2SO_4 ca. 20 - 30 min abgeraucht. Man gibt die konz. Lsg. in verd. H_2SO_4 oder verdünnt mit Wasser und setzt einige Tropfen 3 %-iges H_2O_2 hinzu.

Störung: F^- (Bildung von $[TiF_6]^{2-}$, VO_4^{3-}, farbige Ionen wie CrO_4^{2-}, MnO_4^-, Ce^{4+}; MoO_4^{2-}, Au, Pt, Fe^{3+}, UO_2^{2+}, Essigsäure. Fe^{3+} wird mit H_3PO_4 maskiert.

Bei Abwesenheit von Ionen wie VO_4^{3-}, UO_2^{2+}, MoO_4^{2-}, Au usw. muß die orangerote Färbung durch Zugabe von F^--Ionen verschwinden ($[TiF_6]^{2-}$-Bildung).

pD = 5; EG = 2 µg.

Be^{2+} Beispiel: $BeCl_2$, $Be(NO_3)_2$

Nachweis mit Morin

Be^{2+} gibt in mit KOH alkalisch gemachter Lsg. einen gelbgrün fluoreszierenden Farblack, der beim Ansäuern mit Eisessig verschwindet. Im UV-Licht läßt sich die Fluoreszenz besonders gut beobachten. Blindprobe!

pD = 5,4; EG = 0,2 µg Be.

Beachte: Al^{3+} gibt in neutraler oder besser essigsaurer Lsg. eine ähnliche Fluoreszenz.

Der Nachweis ist für Be^{2+} spezifisch, wenn man der Reaktionslsg. etwas Komplexon III (Dinatriumsalz der Ethylendiamintetraessigsäure) zusetzt.

Durchführung: Man versetzt einige Tropfen der neutralen oder schwach sauren Probenlsg. mit 3 - 4 Tropfen Komplexon III und 2 - 3 Tropfen Reagenzlsg.

Der abgetrennte Nd. wird mit Komplexon III, Wasser und dann mit Aceton gewaschen. Bei Anwesenheit von Be^{2+} läßt sich im UV-Licht eine gelb-grüne Fluoreszenz beobachten.

Störung: CrO_2^{2-} wird vor dem Nachweis mit Ethanol reduziert.

Reagenz: gesättigte Lsg. von Komplexon III in 1 M NH_3-Lsg., 1 %-ige Lsg. von Morin in Methanol.

pD = 5

Chinalizarin ⟶ in 2 M NaOH-Lsg. kornblumenblaue Farbe oder gefärbter Nd.

Störung: Mg^{2+}; *Abhilfe:* Die Farbe der Mg-Verbindung wird durch einige Tropfen Br_2-Wasser zerstört, während die Farbe der Be-Verbindung unter diesen Bedingungen nur abgeschächt wird.

Th, Ce, Ti, Fe, Cr; Cu, Co, Ni können mit CN^- maskiert werden.

pD = 5; EG = 0,15 µg Be.

Reagenz: 1 %-ige Lsg. von Chinalizarin in Ethanol, das etwa 6 % Ethylendiamin enthält.

V Beispiel: Na_3VO_4

Vorprobe: Perlreaktion: In der Oxidationsflamme: heiß ⟶ orangegelb; kalt ⟶ gelblich. In der Reduktionsflamme: heiß ⟶ grünlich; kalt ⟶ grün

S^{2-} (aus H_2S oder $(NH_4)_2S$) ⟶ in neutraler oder ammoniakal. Lsg. braun - rotviolette lösl. Thiovanadate VS_4^{3-}. Besonders deutlich ist die Reaktion beim Sättigen der ammoniakal. Lsg. mit H_2S.

Störung: Mo durch rotbraunes Thiomolybdat

Ansäuern der Lsg. ⟶ Nd. von braunem V_2S_5. Durch gleichzeitige Reduktion durch freiwerdenden H_2S entsteht VO^{2+}, das den Nd. blau einfärbt.

Anwesenheit von Cl^- behindert die Reduktion.

Nachweis als Peroxovanadin(V)

V(V) liegt in saurer Lsg. als VO_2^+ und VO^{3+} vor. VO^{3+} reagiert mit wenig H_2O_2 in 15 - 20 %-iger HNO_3 bzw. H_2SO_4 zu rötlich - braunem $V(O_2)^{3+}$. Überschüssiges H_2O_2 führt zu der schwach gelb gefärbten Peroxovanadinsäure $H_3[VO_2(O_2)_2]$.

Störung: Ti muß vorher abgetrennt bzw. mit NaF komplexiert werden. Cr stört in stark saurer Lsg. nicht; s. hierzu S.

pD = 4,3; EG = 2,5 µg V

W^{6+} Beispiel: Na_2WO_4, $WO_3 \cdot aq$

Nachweis als Wolframblau

Gibt man zur Probenlsg. Zn (granuliert) oder $SnCl_2$ und konz. Salzsäure, so entsteht nach einiger Zeit eine tiefblaue Färbung bzw. ein Nd. von Wolframblau (vgl. Molybdänblau).

Störung: PO_4^{3-}, organische Säureanionen wegen Komplexbildung. Meist ist jedoch die blaue Farbe auch bei Anwesenheit dieser Ionen gut zu erkennen.

EG = 4 µg.

Nachweis als $[W(SCN)_6]^{3-}$

Gibt man einen Tropfen der Probenlsg. zusammen mit einem Tropfen KSCN-Lsg. (10 %-ig) auf ein Filterpapier, feuchtet mit verd. Salzsäure an und tüpfelt mit $SnCl_2$ (5 %-ig), entsteht bei Anwesenheit von W ein blauer Fleck.

Fe^{3+} wird durch $SnCl_2$ reduziert.

Mo stört nicht, da die Rotfärbung durch $[Mo(SCN)]^{3-}$ beim Nachtüpfeln mit konz. Salzsäure verschwindet.

VO_3^{3-} gibt nach einiger Zeit eine Blaufärbung (VO^{2+}-Ionen).

pD = 4,1; EG = 4 µg W

Th^{4+} Beispiel: $Th(NO_3)_4$

OH^-, NH_3-Lsg., $(NH_4)_2S$, Urotropin ⟶ weißer Nd. von $Th(OH)_4$; lösl. in Säuren, unlösl. im Überschuß des Fällungsmittels (Unterschied zu Be und Al!). Ammoniumsalze begünstigen die Fällung.

Störung: Weinsäure

KIO_3 ⟶ in stark HNO_3-saurer Lsg. langsam weißer Nd. von $4\ Th(IO_3)_4 \cdot KIO_3 \cdot 18\ H_2O$. Unter diesen Bedingungen eignet sich die Reaktion zur Abtrennung von Th von den "Seltenen Erden".

Störung: Zr, Ti, Sn, Ag, Hg_2^{2+}, Bi, Fe, WO_4^{2-}. F^- verhindert den Nachweis.

pD = 3,8

Reagenz: 15 g KIO_3 in 50 ml konz. HNO_3 + 30 ml H_2O

$C_2O_4^{2-}$ (aus $(NH_4)_2C_2O_4$) in neutraler oder schwach saurer Lsg. weißer krist. Nd. von $Th(C_2O_4)_2 \cdot 6\ H_2O$. Er löst sich in heißer überschüssiger Reagenzlsg. zu $(NH_4)_4Th(C_2O_4)_4$. Beim Kochen in NH_3-Lsg. geht der Nd. in Lsg. und fällt beim Ansäuern wieder aus (Unterschied zu Zr!).

pD = 4

Zr^+ Beispiel: $Zr(NO_3)_4$, $ZrO(NO_3)_2$

Na_2HPO_4 —— aus stark salzsaurer Lsg. weißer, flockiger Nd. von $Zr_3(PO_4)_4$ (im Idealfall!).

OH^- —— weißer gallertartiger Nd. von $ZrO_2 \cdot aq$, ($Zr(OH)_4$), unlöslich im Überschuß, lösl. in $(NH_4)_2CO_3$-Lsg.

Störung: Weinsäure wegen Komplexbildung

Alizarin S —— in stark salzsaurer Lsg. roter bis violetter Farblack.

Störung: Al gibt einen ähnlichen Farblack. Er ist aber im Gegensatz zu dem Zr-haltigen bei pH < 2 unbeständig.
F^-, SO_4^{2-}

pD = 5

Curcumpapier —— in saurer Lsg. orangerote bis braune Färbung

Störung: B, Mo, Ti

Reagenz: ethanol. Auszug der Curkumawurzel

Ce^{3+} Beispiel: $Ce(NO_3)_3$

SO_4^{2-} —— weißer Nd. von $Ce_2(SO_4)_3$.
CO_3^{2-} —— weißer, zuerst schleimiger, dann krist. Nd. von $Ce_2(CO_3)_3$; unlösl. im Überschuß, oxidiert sich an der Luft zu $Ce_2(OH)_2(CO_3)_3$.

OH^- — weißer, schleimiger Nd. von $Ce(OH)_3$, oxidiert sich an der Luft zu gelbem $Ce(OH)_4$.

H_2O_2 + NH_3-Lsg. — gelber-rotbrauner Nd. von Cer(IV)peroxidhydraten. Er geht beim Erwärmen in gelbes $Ce(OH)_4$ über.

pD = 5,2; EG = 0,35 µg

Ce^{4+}

Beispiel: $Ce(SO_4)_2$

OH^- — gelber, amorpher Nd. von $Ce(OH)_4$.

pD = 5,4

H_2O_2 + NH_3-Lsg. — gelber-rotbrauner Nd. von Cer(IV)-peroxidhydraten. Entfärbung durch Reduktionsmittel. Beim Kochen bildet sich gelbes $Ce(OH)_4$.

Störung: Fe^{3+}; *Abhilfe:* Komplexierung mit Tartrat.

pD = 5,2; EG = 0,35 µg.

U^{6+}

Beispiel: $UO_2(NO_3)_2$

Vorprobe: Perlreaktion: In der Oxidationsflamme — gelb, in der Reduktionsflamme — grün.

NaOH, KOH, NH_3 oder Urotropin — gelber, amorpher Nd. von $Na_2U_2O_7$, lösl. in Säuren und $(NH_4)_2CO_3$-Lsg.

Störung: Weinsäure wegen Komplexbildung

$K_4[Fe(CN)_6]$ — in essigsaurer Lsg. braune Lsg. bzw. brauner Nd. von $K_2(UO_2)[Fe(CN)_6]$.
Mit NaOH entsteht hieraus gelbes $Na_2U_2O_7$. Unterschied zu Cu^{2+}!
Der Nachweis kann auf einem Filterpapier durchgeführt werden.

Störung: Fe^{3+}, Cu^{2+}

Abhilfe: Fe^{3+} wird in essigsaurer Lsg. mit KI reduziert und das I_2 mit $Na_2S_2O_3$ entfernt. Man wartet ca. 1 min und setzt dann das Reagenz zu.

Cu^{2+} s. oben.

pD = 4,7; EG = 0,55 µg UO^{2+}

KSCN im Überschuß (1 g KSCN in 3 ml Wasser) → in salzsaurer Lsg. orange-gelbes $UO_2(SCN)_2$.
Die Substanz läßt sich mit Ether ausschütteln. Trennmöglichkeit von Cr und V!

Reduktionsmittel (Mg, Zn, $Na_2S_2O_4$) → in H_2SO_4-Lsg. Reduktion von U(VI) zu U(IV). Durch Zugabe von NH_3-Lsg. oder Alkalihydroxid fällt braunes $U(OH)_4$ aus. Es oxidiert sich an der Luft wieder zu U(VI).

1.1.6.4 Schwefelwasserstoff-Gruppe (H_2S-Gruppe)

Zu dieser Gruppe gehören die Metalle, deren Kationen aus saurer Lsg. durch H_2S ausgefällt werden.

Sie lassen sich in folgende Untergruppen gliedern:

1) Salzsäuregruppe: Die Elemente dieser Gruppe bilden schwerlösl. *Chloride*. Ihre Kationen werden daher nicht nur durch H_2S, sondern auch durch Salzsäure ausgefällt: *AgCl*, Hg_2Cl_2, $PbCl_2$, *TlCl*; Pb^{2+} wird nicht quantitativ als $PbCl_2$ abgeschieden. Es kann daher auch im Filtrat (Zentrifugat) des Chloridniederschlags mit H_2S als PbS ausgefällt werden. Bei 20° C lösen sich etwa 1 g $PbCl_2$ in 100 ml Wasser. Tl^+ kann nur dann an dieser Stelle als *TlCl* ausfallen, wenn die Analysensubstanz beim Lösen nicht oxidiert wurde.

2) Reduktionsgruppe: Die Elemente dieser Gruppe gehören zu den *selteneren* Elementen. Sie lassen sich aus dem Filtrat (Zentrifugat) der Salzsäure-Gruppe durch Reduktion mit Hydraziniumchlorid zum Metall reduzieren. Wir berücksichtigen hier die Elemente: *Au, Pd, Pt, Se, Te*.

3) Kupfergruppe: Kupfer ist ein typischer Vertreter einer Gruppe von Elementen, die als Sulfide in saurer Lsg. gefällt werden, und die sich weder in $(NH_4)_2S_x$, noch in Alkalilaugen lösen: Hg^{2+}, Pb^{2+}, Bi^{3+}, Cu^{2+}, Cd^{2+}, Tl^+

4) Arsengruppe: Sie enthält Arsen als typischen Vertreter. Die Sulfide dieser Elemente werden durch Ammoniumpolysulfid $(NH_4)_2S_x$ und Alkalilaugen aufgelöst: *As, Sb, Sn, Mo, (Au, Pt, Se, Te), Ge*.
Mo kann man bereits daran erkennen, daß sich beim Einleiten von H_2S die Lsg. zuerst blau, dann braun färbt.

Bei Anwesenheit von Mo muß man mehrmals H_2S einleiten, um eine vollständige Abtrennung als MoO_3 zu erreichen.

Bei der Abtrennung der Elemente der Schwefelwasserstoff-Gruppe aus der Analysensubstanz verfährt man folgendermaßen:

- Zuerst fällt man die Elemente der Salzsäuregruppe aus HNO_3-saurer Lsg. mit Salzsäure als Chloride, filtriert (zentrifugiert) den Nd. ab, trennt ihn in seine Komponenten und weist diese einzeln nach.
- Bei Anwesenheit der Elemente der Reduktionsgruppe werden sie reduktiv abgeschieden s.S. 111.
- In das salzsaure Filtrat (Zentrifugat) der Salzsäure-Gruppe bzw. der Reduktionsgruppe leitet man H_2S ein.

  Der Sulfidniederschlag wird abfiltriert (abzentrifugiert) und unter Erwärmen mit $(NH_4)_2S_x$ behandelt. Die Elemente der Arsengruppe gehen als Thiosalze in Lsg. Als Rückstand bleibt die Kupfergruppe.
- Das Filtrat (Zentrifugat) der H_2S-Fällung enthält die restlichen Kationen der Analysensubstanz.

1.1.6.4.1 Salzsäure-Gruppe (HCl-Gruppe) Ag^+, Hg_2^{2+}, Pb^{2+}, (Tl^+)

Man versetzt die wäßr. oder HNO_3-saure Lsg. der Analysensubstanz (Ursubstanz) tropfenweise mit verd. Salzsäure, bis kein Nd. mehr ausfällt. Der Nd. wird aufgearbeitet, wie in dem nachfolgenden Trennungsschema angegeben.

Entsteht kein Nd., so ist es ungünstig, die Analysensubstanz in HNO_3 zu lösen, da die Säure vor der anschließenden Fällung mit H_2S wieder weitgehend abgedampft werden muß, damit nicht zu viel elementarer Schwefel ausfällt. In diesem Falle versuche man, die Substanz gleich in Salzsäure zu lösen.

Bildet sich bei einer nur in konz. HNO_3 lösl. Analysensubstanz bei der Zugabe von verd. Salzsäure ein weißer Nd., so kann er auch aus BiOCl und/oder SbOCl bestehen. Beide Substanzen lösen sich in einem Gemisch konz. Salzsäure : Wasser = 1 : 1.

Will man vermeiden, daß Tl^+ mit dieser Truppe als TlCl abgeschieden wird, kann man vor Beginn der Kationen-Trennung die Analysensubstanz mit Königswasser behandeln. Tl^+ und Hg_2^{2+} werden dadurch zu Tl^{3+} und Hg^{2+} oxidiert und gehen in die H_2S-Gruppe.

Anmerkung: Enthält die Analysensubstanz W, dann bildet sich beim Lösen in Säure schwerlösl. $WO_3 \cdot aq$. Dieses findet sich dann im unlösl. Rückstand. Bei Anwesenheit von PO_4^{3-}, AsO_4^{3-}, SiO_3^{2-}, geht W teilweise in Lsg. und gelangt so in die Salzsäure- und schließlich die Urotropin-Gruppe.

Um W quantitativ in schwerl. WO_3 überzuführen, kann man die Analysensubstanz vor Beginn des Trennungsgangs mit konz. HNO_3 abrauchen. Zum Aufschluß s.S. 32.

Beachte: As und Hg können sich hierbei verflüchtigen.

Schema des Trennungsganges der Salzsäure-Gruppe

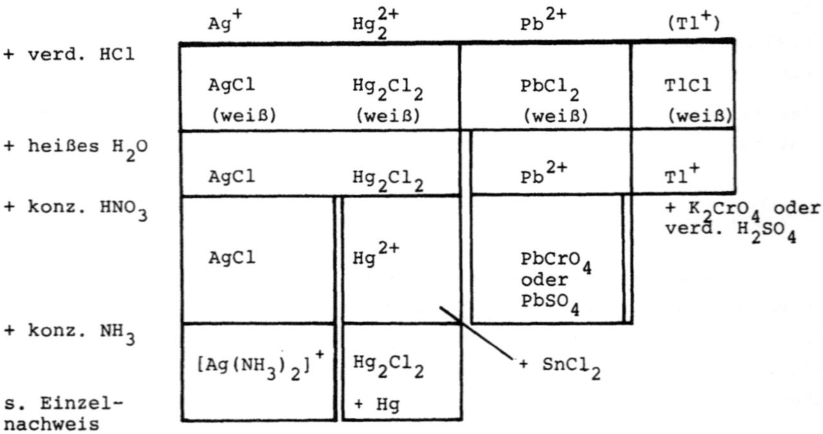

Einzelnachweise der Ionen

Ag^+

Cl⁻-Ionen — aus HNO_3-saurer Lsg. weißer, käsiger Nd. von *AgCl*, lösl. unter Komplexbildung in NH_3-, CN^--, $S_2O_3^{2-}$-, $(NH_4)_2CO_3$-Lsg.

Beachte: AgCl sowie die Silberkomplexe lassen sich mit S^{2-}-Ionen z.B. aus $(NH_4)_2S_x$ in schwarzes Ag_2S überführen.

pD = 5,8.

K_2CrO_4 — aus neutraler Lsg. rotbrauner Nd. von *Ag_2CrO_4*, lösl. in Säuren, wäßr. NH_3-Lsg.

pD = 4,5.

Dithizon — in neutraler Lsg. violetter Nd.

Reduktionsmittel (wie Zn, Fe, Cu, Fe^{2+}, NH_2OH, N_2H_4, H_2CO) — metallisches *Silber*.

Durchführung. Beispiel: Reduktion mit wäßr. Formaldehyd-Lsg. (Formalin). Man versetzt einige Tropfen der Ag^+-Salzlsg. mit wenig NH_3-Lsg. und mit etwas Formalin. Beim Erwärmen scheidet sich ein Silberspiegel ab: $2\ Ag^+ + HCHO + 3\ H_2O \longrightarrow 2\ Ag + HCOOH + 2\ H_3O^+$. Die gleiche Wirkung erzielt man beim Erhitzen mit Natriumtartrat in ammoniakalischer Lsg.

Beachte: Die Reduktion mit N_2H_4 oder NH_2OH gelingt nur in alkalischer oder essigsaurer Lsg.

Hg_2^{2+}

Die Chemie des einwertigen Quecksilbers ist dadurch gekennzeichnet, daß in Verbindungen nur die -Hg-Hg- (= Hg_2^{2+})-Gruppierung existiert und daß das Hg_2^{2+}-Ion leicht eine Disproportionierung erleidet: $Hg_2^{2+} \longrightarrow Hg + Hg^{2+}$.

Vorproben auf Quecksilber

Erhitzt man eine Mischung der Hg-haltigen Substanz mit Na_2CO_3 und KCN im Glühröhrchen, kann man an den kälteren Teilen des Röhrchens mit der Lupe kleine Quecksilbertröpfchen erkennen. Bei der Reaktion bildet sich zuerst $Hg(CN)_2$, das in metallisches Quecksilber und $(CN)_2$ zerfällt (Abzug!).

Reibt man eine kleine Menge der Hg-haltigen Substanz auf einem mit HNO_3 gereinigten Kupferblech, so scheidet sich (auch bei Gegenwart von CN^-) metallisches Quecksilber ab: $2\ Cu + Hg_2^{2+} \longrightarrow 2\ Cu^+ + 2\ Hg$.

Nachweisreaktionen

Cl^--Ionen — aus HNO_3-saurer Lsg. weißer Nd. von *Hg_2Cl_2* (Kalomel), lösl. in konz. HNO_3, Königswasser. Mit Ammoniak entsteht ein schwarzer Nd.; er enthält Hg und $Hg(NH_2)Cl$ (Quecksilber(II)-amidchlorid, "unschmelzbares Präzipitat" (weiß)). Die Schwarzfärbung kommt durch das fein verteilte Quecksilber zustande.

pD = 4.

H_2S — in saurer Lsg. schwarzer Nd. von *HgS + Hg*, schwerlösl. in Salzsäure, lösl. in Königswasser.

K_2CrO_4 — in der Kälte rotbrauner amorpher Nd. Beim Kochen bilden sich gelbrote Kristalle von *Hg_2CrO_4*. Mit NaOH-Lsg. werden sie schwarz.

$SnCl_2$-Lsg. — grauer Nd., unlösl. in verd. Säuren: $Hg_2^{2+} + Sn^{2+} \longrightarrow 2\ Hg + Sn^{4+}$.

Pb^{2+}

H_2S — aus neutraler oder schwach saurer Lsg. schwarzer Nd. von *PbS*, lösl. in HNO_3. Bei Anwesenheit von Cl^--Ionen kann zuerst rotes Pb_2SCl_2 ausfallen; es geht in PbS über.

Dithizon — rote *Komplexverbindung*.

Durchführung: Man versetzt einen Tropfen der Probenlsg. mit etwas verd. KCN- und etwas Tartrat-Lsg. (um Ag^+, Hg^{2+}, Cu^{2+}, SbO^+, Ni^{2+}, Zn^{2+} zu komplexieren) und vermischt einige Tropfen dieser Lsg. mit Dithizon. Es erfolgt ein Farbumschlag von grün nach rot.

Reagenz: 0,01 %-ige Lsg. von Dithizon in $CHCl_3$.

Störung: Bi, Sn.

pD = 6.

K_2CrO_4 — in essigsaurer oder ammoniakalischer Lsg. gelber kristalliner Nd. von *$PbCrO_4$*, lösl. in NaOH, HNO_3, Tartratlsg., unlösl. in Essigsäure, wäßr. NH_3-Lsg.

Störung: Ag^+ u.a. Im Gegensatz zu Ag_2CrO_4 ist $PbCrO_4$ in Ammoniak unlöslich.

Als mikrochemischer Nachweis:

pD = 5,3; EG = 0,24 µg Pb.

Verd. H_2SO_4 — weißer Nd. von *$PbSO_4$*, etwas lösl. in verd. HNO_3, lösl. in konz. HNO_3. Um eine quantitative Fällung zu erreichen, dampft man die Lsg. soweit ein, bis weiße Nebel von SO_3 entstehen.

pD = 4,8.

Tl

Vorprobe: Flammenfärbung. Thallium-Verbindungen färben die Bunsenflamme smaragdgrün. Intensiv-grüne Linie bei 535 nm.

Tl^+ Beispiel: $TlNO_3$

KI — in HNO_3-saurer Lsg. gelber Nd. von TlI; unlösl. in $Na_2S_2O_3$ (Gegensatz zu AgI), unlösl. in H_2SO_4 (Gegensatz zu $PbSO_4$). Beim Kochen scheidet sich I_2 ab.

Durchführung: Auf eine Tüpfelplatte oder auf ein Filterpapier gibt man einen Tropfen der schwach HNO_3-sauren Probenlsg., fügt 1 Tropfen KI-Lsg. und 3 Tropfen 1 M $Na_2S_2O_3$-Lsg. hinzu. Ein gelber Nd. bzw. ein gelber Fleck zeigt Tl^+ an. Metalle wie Pb, Ag, Pt, Cu, Fe, As, Sb stören den Nachweis nicht.

pD = 4,7

Tl^{3+}

NaOH — brauner Nd. von $Tl(OH)_3$, lösl. in Säuren.

KI — I_2-Ausscheidung und Bildung von gelbem $TlI \cdot I_2$, kann mit $Na_2S_2O_3$ entfernt werden.

1.1.6.4.2 Reduktionsgruppe: Au^{3+}, Pd^{2+}, Pt^{4+}, Se^{4+}, Te^{4+}

Kann die Analysensubstanz diese Ionen enthalten, führt man zweckmäßigerweise im Anschluß an die Salzsäure-Gruppe eine sog. reduktive Trennung durch.

Durchführung: Das Filtrat (Zentrifugat) der Salzsäure-Gruppe wird stark eingeengt (nicht bis zur Trockne, weil sich Se verflüchtigt!) und mit konz. Salzsäure versetzt, so daß die Lsg. ca. *ein*molar an Salzsäure ist. Durch Zugabe von überschüssigem festem Hydraziniumchlorid ($N_2H_5^+Cl^-$) in der Wärme können ausfallen:

Nd.: *Au, Pd, Pt, Se, Te.*

Bei Anwesenheit von Tl^+ fällt auch $Tl_2[PtCl_6]$ aus. In diesem Fall löst man den Nd. der Hydraziniumchlorid-Fällung in einem Gemisch aus Salzsäure und (30 %-igem) H_2O_2, versetzt mit 2 M NaOH-Lsg. $Tl(OH)_3$ fällt als Nd. aus. Man löst ihn in verd. Salzsäure und fügt die Lsg. dem Filtrat (Zentrifugat) der Reduktionsgruppe hinzu.

Das Filtrat (Zentrifugat) der $Tl(OH)_3$-Fällung wird angesäuert, stark eingeengt und mit Wasser aufgenommen. Mit der Weiterverarbeitung fährt man bei *) im Schema fort.

Das Filtrat (Zentrifugat) wird zur H_2S-Gruppenfällung benutzt.

Beachte: Pt fällt nur an dieser Stelle, wenn andere reduzierbare Elemente anwesend sind. Fehlen diese, wird es in der H_2S-Gruppe (Kupfer-Gruppe und Arsen-Gruppe) abgeschieden.

Aufarbeitung des Nd.: Der Nd. wird abgetrennt und ausgewaschen. Man löst ihn in ca. 3 cm^3 konz. Salzsäure und 30 %-igem H_2O_2 (1 : 1). Wird eine klare Lösung erhalten, wird diese stark (nicht bis zur Trockne!) eingeengt und mit Wasser aufgenommen. Die Lsg. kann enthalten $[AuCl_4]^-$, $[PdCl_4]^{2-}$, $[PtCl_6]^{2-}$, SeO_3^{2-}, TeO_3^{2-}. Die Trennung ist nach dem nachfolgenden Schema zu entnehmen.

Schema des Trennungsganges der Reduktionsgruppe

Filtrat (Zentrifugat) der HCl-Gruppe stark einengen und auf einen Säuregehalt von ca. 1 M HCl bringen.

	Au^{3+}	Pd^{2+}	Pt^{4+}	Se^{4+}	Te^{4+}	H_2S-, $(NH_4)_2S$-, $(NH_4)_2CO_3$-, Lösl. Gruppe
+ $N_2H_5^+Cl^-$	Au braun	Pd schwarz	Pt schwarz	Se rot	Te schwarz	Das Filtrat wird für die H_2S-Gruppenfällung benutzt
+(30%) H_2O_2 +konz. HCl (1:1)	$AuCl_4^-$	$PdCl_4^{2-}$	$PtCl_6^{2-}$	SeO_3^{2-}	TeO_3^{2-}	
*) + Oxalsäure (erwärmen)	Au braun	$PdCl_4^{2-}$	$PtCl_6^{2-}$	SeO_3^{2-}	TeO_3^{2-}	+ Diacetyldioxim (1%-ige ethanol. Lsg.) (kalt)
		Pd-Komplex gelb, lösl. in NaOH-Lsg. mit gelber Farbe	$PtCl_6^{2-}$	SeO_3^{2-}	TeO_3^{2-}	
			$K_2[PtCl_6]$	SeO_3^{2-}	TeO_3^{2-}	Lsg. neutralisieren + konz. KCl-Lösung
				Se rot	TeO_3^{2-}	Filtrat eindampfen, + rauch. HCl + SO_2 einleiten (in der Hitze)
			+konz. H_2SO_4	grüne Farbe	Te schwarz	eindampfen, + H_2O, + SO_2 einleiten
					rote Farbe	+ konz. H_2SO_4

Einzelnachweise der Ionen

Au^{3+} Beispiel: $H[AnCl_4]$-Lsg. (Au in Königswasser)

H_2S — schwarzer oder brauner Nd., unlösl. in konz. Säuren, lösl. in Königswasser.

Beim Fällen a) in der Kälte: Au_2S (schwarz) + S_8, b) in der Hitze Au (braun) + S_8. Au_2S und Au sind unlösl. in farblosem $(NH_4)_2S$, aber lösl. in Alkalipolysulfid-Lsg., z.B. als AuS_2^-. Aus diesen Lsgn. fällt beim Ansäuern braunes Au_2S aus.

Reduktionsmittel (Zn, $SnCl_2$, $C_2O_4^{2-}$, SO_3^{2-}, Fe^{2+}) — erzeugen metall. Au, das oft kolloidal gelöst bleibt.
Reduziert man z.B. mit $SnCl_2$ in sehr verd. schwach saurer Lsg., ist die kolloidale Lsg. purpurrot - braun und sehr beständig (Cassiusscher Goldpurpur).

Pt^{4+} neben Au^{3+} und Pd^{2+}
Man bringt auf ein Filterpapier 1 Tropfen gesättigter $TlNO_3$-Lsg., fügt 1 Tropfen Reagenzlsg. hinzu, tüpfelt mit 1 Tropfen $TlNO_3$-Lsg. nach. Man wäscht mit einigen Tropfen verd. NH_3-Lsg. Bei Anwesenheit von Pt^{4+} entsteht beim Tüpfeln mit $SnCl_2$-Lsg. ein gelb-orangefarbener Fleck von Pt.

Pd^{2+} Beispiel: H_2PdCl_4, Na_2PdCl_4

Diacetyldioxim — aus neutraler oder essigsaurer Lsg. in der Kälte gelber Nd. von Palladiumdiacetyldioxim. Der Komplex ist schwerl. in Wasser, wenig lösl. in kaltem Ethanol und Essigsäure. In der Hitze läßt er sich darin umkristallisieren. Der Komplex löst sich in NH_3- und verd. Alkalihydroxid-Lsg. Bei Säurezusatz fällt er wieder aus.

Reagenz: 1 %-ige ethanolische Lsg. von Diacetyldioxim

H_2S — aus neutraler oder saurer Lsg. schwarzer Nd. von PdS.

$Hg(CN)_2$. — weißer Nd. von $Pd(CN)_2$. Tüpfelt man nach dem Auswaschen mit Wasser mit $SnCl_2$-Lsg., bildet sich ein gelborangefarbener Fleck auf einem Filterpapier.
(Au^{3+}, Pt^{4+} geben unter diesen Bedingungen Cyano-Komplexe.)

pD = 4,7

Pt^{4+} Beispiel: $H_2PtCl_6 \cdot 6\ H_2O$

H_2S — dunkelbrauner Nd. von PtS_2, unlösl. in konz. Säuren und farblosem $(NH_4)_2S$, lösl. in Königswasser und Alkalipolysulfiden. Beim Ansäuern fällt der Nd. wieder aus.

Reduktionsmittel (Ameisensäure, Zn + Salzsäure) — metall. Platin

NH_4Cl, KCl (konz. Lsg.) — in schwach saurer Lsg. gelber, kristall. Nd. von $K_2[PtCl_6]$.

Se Beispiel: Se, K_2SeO_3

Vorprobe: Flammenfärbung: Selen-Verbindungen verbrennen mit fahlblauer Flamme zu SeO_2 (fest). Man nimmt dabei einen Geruch nach faulem Rettich wahr (H_2Se).

Nachweis von elementarem Se

Elementares Se löst sich in konz. H_2SO_4 oder Oleum nach kurzem Erhitzen mit grüner Farbe zu Se_8^{2+}. Setzt man der H_2SO_4 wenig $K_2S_2O_8$ zu, gelingt die Reaktion schon bei tiefer Temperatur. Beim Verdünnen mit Wasser scheidet sich Se_8 wieder aus. Bei längerem Kochen verschwindet die grüne Farbe unter Bildung von SO_2 und H_2SeO_3.

Störung: Te gibt unter den gleichen Bedingungen eine rote Farbe.

Reaktionen auf SeO_3^{2-} (K_2SeO_3, H_2SeO_3)

H_2S — in saurer Lsg. in der Kälte zitronengelber Nd. von Se. Der Nd. löst sich leicht in $(NH_4)_2S$ und fällt beim Ansäuern wieder aus.

Reduktionsmittel ($SnCl_2$, Fe, Zn, $FeSO_4$) — aus H_2SO_4-saurer Lsg. roter Nd., der beim Erhitzen schwarz wird.

$FeSO_4$ — aus stark salzsaurer Lsg. quantitative Abscheidung von rotem Se. TeO_3^{2-} wird nicht reduziert. Unterscheidungsmöglichkeit für SeO_3^{2-} und TeO_3^{2-}!

KI — in saurer Lsg. roter Nd. von Se. Das entstandene I_2 kann mit $Na_2S_2O_3$ reduziert werden.
Nachweis als Tüpfelreaktion: 1 Tropfen gesättigte KI-Lsg. + 1 Tropfen konz. Salzsäure werden auf einem Filterpapier mit 1 Tropfen der mit konz. Salzsäure gekochten Probenlsg. zusammengebracht. Anschließend wird mit 5 %-iger $Na_2S_2O_3$-Lsg. nachgetüpfelt.

Bei Anwesenheit von Se bleibt ein braunroter Fleck zurück. Te stört nur in sehr großen Mengen.

pD = 4,4; EG = 1 µg Se

SeO_4^{2-} (H_2SeO_4)

H_2SeO_4 wird durch Kochen mit konz. Salzsäure zu H_2SeO_3 reduziert. Nachweis s.S. 115.

Te   Beispiel: Te, K_2TeO_3

Vorprobe: Flammenfärbung: In der Reduktionsflamme fahlblau, in der Oxidationsflamme grün. Es entsteht kein Geruch.

Elementares Te

Elementares, schwarzes Te löst sich in konz. H_2SO_4 oder Oleum nach kurzem Erhitzen mit roter Farbe (Te_4^{2+}). Bei Wasserzugabe fällt Te wieder aus.

TeO_4^{2-} (K_2TeO_4)

H_2S und andere Reduktionsmittel reduzieren zu TeO_3^{2-}.

TeO_3^{2-}

Reduktionsmittel (H_2S, $SnCl_2$, SO_2, Zn, aber nicht $FeSO_4$!) reduzieren TeO_3^{2-} in salzsaurer Lsg. zu einem braunen in der Hitze schwarzen Nd. von Te. Der Nd. löst sich in $(NH_4)_2S$. Beim Ansäuern fällt er wieder aus. In konz. H_2SO_4 löst er sich mit roter Farbe.

Unterscheidung von Se und Te

Der H_2S-Nd. wird mit $(NH_4)_2S_x$ digeriert. Einige Tropfen des Filtrats werden mit Na_2SO_3 versetzt und bis fast zur Trockne eingedampft. Der Rückstand wird mit wenig Wasser aufgenommen. Eine graue Suspension oder ein schwarzer Nd. zeigt Te an. Der ausgewaschene Nd. muß sich in konz. H_2SO_4 mit roter Farbe lösen.

Se stört nicht!

pD = 5; EG = 0,5 µg Te

1.1.6.4.3 Kupfergruppe
Hg^{2+}, Pb^{2+}, Bi^{3+}, Cu^{2+}, Cd^{2+}

Zur Fällung der Elemente der Kupfer- und Arsengruppe mit H_2S stellt man eine Salzsäure-Lsg. der Analysensubstanz her, die etwa 2 bis 3 $mol \cdot l^{-1}$ HCl enthält, oder man verwendet hierzu das Filtrat der Salzsäuregruppe, das auf den gewünschten Säuregehalt gebracht wird.

In diese Lösung leitet man in der Hitze ca. 20 min lang H_2S ein.

Man verdünnt dann die Lösung, bis sie etwa 1 mol HCl enthält, leitet wiederum H_2S ein, verdünnt erneut und prüft, ob mit H_2S noch ein Nd. ausfällt.

Sobald sich die Lösung beim Verdünnen zu trüben beginnt, verdünnt man nicht weiter, um das Ausfallen basischer Salze zu vermeiden. Die Niederschläge werden gesammelt und mit H_2S-Wasser gründlich ausgewaschen.

Das Filtrat (Zentrifugat) kann die Elemente der Ammoniumsulfid-Gruppe, Ammoniumcarbonat-Gruppe und "Löslichen Gruppe" enthalten.

Der Niederschlag kann die Elemente der Kupfer- und Arsen-Gruppe enthalten.

Anmerkung: Wurde die Analysensubstanz in HNO_3 gelöst, wie z.B. zur Fällung der Elemente der Salzsäuregruppe, wird die Lösung weitgehend eingeengt (nicht bis zur Trockne! Hg^{2+} verflüchtigt sich) und der Rückstand mit Salzsäure aufgenommen.

Bei gleichzeitiger Anwesenheit von Sn(IV) und Hg^{2+} fällt besonders aus schwach saurer Lösung in der Kälte und bei Überschuß an Sn(IV) gelbbraunes $SnHgS_3$ aus, das As_2S_3/As_2S_5 vortäuschen kann. Die Substanz ist löslich in $(NH_4)_2S$; durch Kochen in stark salzsaurer Lösung wird sie in wenigen Minuten in die normalen Sulfide umgewandelt.

Enthält die Lösung Oxidationsmittel wie HNO_3, Fe^{3+}, CrO_4^{2-}, MnO_4^-, wird H_2S zu elementarem Schwefel oxidiert. In größeren Mengen kann der Schwefel den weiteren Trennungsgang behindern. Durch Vorproben mit kleinen Substanzmengen versucht man, Auskunft über das Substanzgemisch zu erhalten und sucht dementsprechend ein Reduktionsmittel. Bei Abwesenheit von Pb, Ca, Sr und Ba kann man z.B. mit SO_2 vor der H_2S-Fällung reduzieren.

Enthält die Lösung kein Oxidationsmittel und leitet man H_2S unter Kochen in ein offenes Gefäß ein, muß man vorher zur Oxidation von As(III) zu As(V) einige Tropfen konz. HNO_3 hinzufügen, weil $AsCl_3$ sonst gasförmig entweicht.

Aufarbeitung des Nd.

Man rührt (digeriert) den mit H_2S-Wasser gut ausgewaschenen Nd.

unter Erwärmen etwa 10 min mit Ammoniumpolysulfid $(NH_4)_2S_x$*, um die Elemente der Arsengruppe herauszulösen. Aufarbeitung des Filtrats s.S. 124. Der Rückstand kann die Elemente der Kupfergruppe in Form ihrer Sulfide enthalten: HgS, PbS, CuS (alle schwarz), Bi_2S_3 (braunschwarz), CdS (gelb).

Aufarbeitung des Rückstands

Man wäscht den Rückstand mit heißem Wasser aus, wobei man dem Waschwasser etwas H_2S-Wasser oder NH_4Cl-Lsg. zusetzt, um zu verhindern, daß die Sulfide kolloidal in Lsg. gehen. Dann versetzt man ihn mit einem Gemisch aus 1 Teil konz. HNO_3 und 2 Teilen Wasser und erwärmt mäßig, um eine allzu große Schwefelausscheidung zu vermeiden.

Der Rückstand kann bestehen aus: HgS (schwarz), S_8, etwas $PbSO_4$ (SO_4^{2-} kann durch Oxidation von S^{2-} mit HNO_3 entstehen). Man löst ihn in Königswasser, dampft die Lsg. bis fast zur Trockne ein, nimmt den Rückstand mit wenig Wasser auf und prüft auf *Hg^{2+}*, s. unten!

Beachte: Wurde der H_2S-Nd. ungenügend ausgewaschen, können an dieser Stelle auch die Erdalkalimetalle als Sulfate ausfallen.

Das Filtrat (Zentrifugat) kann enthalten: Pb^{2+}, Bi^{3+}, Cu^{2+}, Cd^{2+}.

Man versetzt es mit konz. H_2SO_4 und raucht in einer Porzellanschale ab, bis weiße Nebel entstehen. Nach dem Erkalten verdünnt man mit Wasser auf etwa das doppelte Volumen und filtriert (zentrifugiert) *$PbSO_4$* ab. Zum Pb-Nachweis s. unten!

Beachte: Hat man zuviel Wasser zugegeben, d.h. ist die Lösung zu wenig sauer, kann auch $Bi(OH)SO_4$ (weiß) ausfallen.

Das Filtrat (Zentrifugat) der $PbSO_4$-Fällung kann enthalten: Bi^{3+}, Cu^{2+}, Cd^{2+}.

Man versetzt es mit Ammoniak bis zur basischen Reaktion. Fällt ein weißer Nd. von $Bi(OH)SO_4$ aus, wird er abfiltriert (abzentrifugiert), mit NH_3-haltigem Wasser ausgewaschen und z.B. mit $[Sn(OH)_3]^-$ geprüft. Schwarzfärbung zeigt *Bi* an.

*Anmerkung: $(NH_4)_2S_x$ ("gelbes Schwefelammon") enthält Polysulfide wie $(NH_4)_2S_5$, $(NH_4)_2S_7$, $(NH_4)_2S_9$. Man erhält es durch Auflösen von Schwefel in $(NH_4)_2S$. Es entsteht auch mit der Zeit aus farblosem $(NH_4)_2S$, weil dieses wie auch H_2S teilweise durch den Luftsauerstoff zu Schwefel oxidiert wird.

Schema des H_2S-Trennungsganges bei Anwesenheit von Tl

- das Filtrat (Zentrifugat) der HCl-Gruppe (2 N HCl) mit H_2O_2 versetzen
- mit HI reduzieren
- H_2S einleiten, mit H_2O verdünnen, H_2S einleiten

Der Nd. kann enthalten:

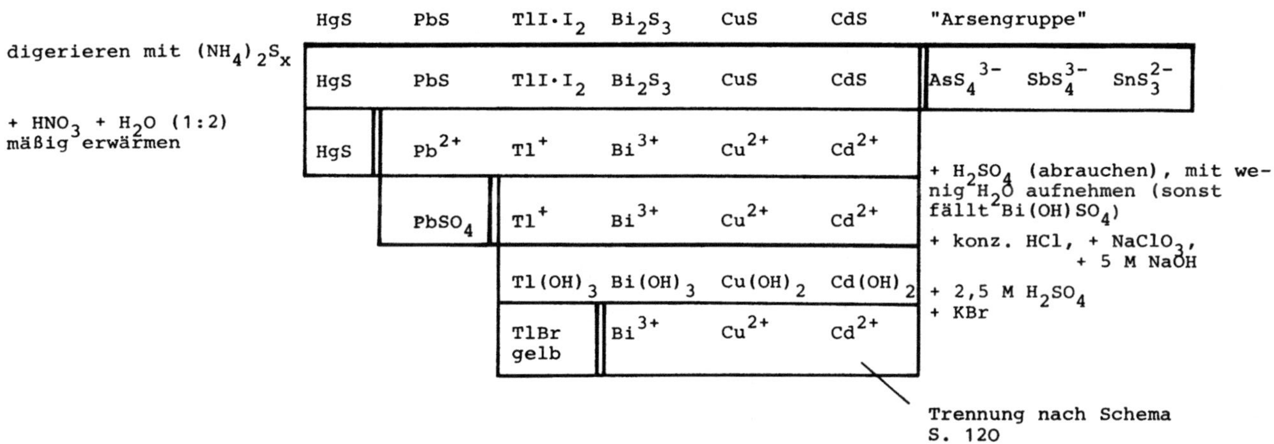

Anmerkung: Enthält die Analysensubstanz Sn(II), bleibt oft SnS im Sulfidniederschlag der Kupfergruppe zurück. In diesem Falle kann der Nd. von $Bi(OH)SO_4$ auch $Sn(OH)_2$ enthalten, das jedoch im Gegensatz zu $Bi(OH)SO_4$ in NaOH-Lsg. lösl. ist.

Wurde der H_2S-Nd. nicht genügend ausgewaschen, können an dieser Stelle auch $Al(OH)_3$ und $Fe(OH)_3$ ausfallen.

Das Filtrat (Zentrifugat) der $Bi(OH)SO_4$-Fällung kann enthalten: Cu^{2+}, Cd^{2+}.

Enthält das Filtrat *Cu^{2+}*, ist es tiefdunkelblau gefärbt durch $[Cu(NH_3)_4]^{2+}$. Zur Trennung von Cu und Cd gibt man KCN im Überschuß zu. Es bilden sich $[Cu(CN)_4]^{3-}$ und $[Cd(CN)_4]^{2-}$. Leitet man in diese Lsg. H_2S ein, bleibt der Kupfer(I)-Komplex erhalten, während der Cd-Komplex so instabil ist, daß *CdS* (gelb) ausfällt.

Schema des Trennungsganges der Kupfergruppe

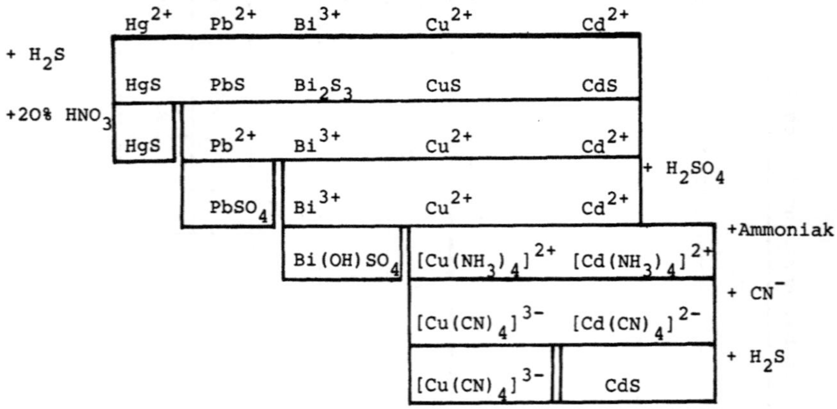

Einzelnachweise der Ionen

Hg^{2+}

Vorproben s. Hg_2^{2+} S. 109.

Nachweis als $Cu_2[HgI_4]$
Versetzt man eine saure Hg^{2+}-Lsg. mit CuI und KI, bildet sich rotes *$Cu_2[HgI_4]$*.

Durchführung als Tüpfelreaktion auf einem Filterpapier: Man gibt einen Tropfen $CuSO_4$-Lsg. und einen Tropfen Reagenzlsg. auf ein Filterpapier und tüpfelt mit der HCl- oder HNO_3-sauren Probenlsg. Es entsteht eine orange-rote Färbung.

Reagenz: 5 g KI + 20 g Na_2SO_3 7 H_2O in 100 ml H_2O.

pD = 6; EG = 0,003 µg Hg.

Nachweis durch Reduktionsmittel

$SnCl_2$-Lsg. gibt bei tropfenweiser Zugabe weißes *Hg_2Cl_2*.(Kalomel). Überschüssiges $SnCl_2$ reduziert weiter zu Hg (grau). Über die Reaktion von Hg_2Cl_2 mit Ammoniak s.S. 109.

Pb^{2+} s.S. 110

Bi^{3+}

Bi(III)-Salze hydrolysieren leicht. In Abhängigkeit von der Verdünnung und der Temperatur bilden sich verschiedene Verbindungen: z.B. $Bi(NO_3)_3 \xrightarrow{H_2O} Bi(OH)(NO_3)_2$, $BiO(NO_3)$, $BiO(OH)$.

KI ⟶ aus schwach H_2SO_4- oder HNO_3-saurer Lsg. schwarzer Nd. von *BiI_3*, lösl. im Überschuß von KI unter Bildung des orangegelben, lösl. Komplexes *$[BiI_4]^-$*.

Setzt man der Lsg. einige Tropfen einer 2 %-igen Lsg. von 8-Oxychinolin in 1 M H_2SO_4 zu, entsteht ein orangeroter Nd. von Oxinat.

Störung: Oxidationsmittel wie Fe^{3+}, Cu^{2+}, die I_2-Ausscheidung verursachen.

H_2S ⟶ aus nicht zu saurer Lsg. braunschwarzer Nd. von *Bi_2S_3*, lösl. in konz. Säuren, heißer verd. HNO_3.

Bismuthiol (Thiadiazoldithiol) ⟶ aus neutraler oder essigsaurer Lsg. orangefarbener Nd.

Reagenz: 1 %-ige Lsg. von Bismutiol in Ether.

Störung: Die anderen Metalle der Gruppe geben weiße bis hellgelbe Niederschläge.

Nachweis mit Diacetyldioxim

Man versetzt die Bi-haltige Lsg. mit etwas NaCl (falls sie $Bi(NO_3)_3$ oder $Bi_2(SO_4)_3$ enthält), fügt in der Hitze einige Tropfen einer 1 %-igen ethanolischen Lsg. von Diacetyldioxim hinzu und macht mit NH_3-Lsg. stark alkalisch. Es bildet sich ein gelber, voluminöser Nd. von Bismutdiacetyldioxim, s. hierzu Nickeldiacetyldioxim, S. 96.

Störung: As, Sb, Sn, Ni, Co, Fe(II), Mn, größere Mengen Cu, Cd, Weinsäure.

pD = 4,8.

Nachweis durch Reduktion

Alkalische Stannit-Lsg. (Stannat(II)-Lsg.) $[Sn(OH_3)]^-$ reduziert Bi^{3+} in der Kälte zu schwarzem Metallpulver, wenn man die neutrale Probenlsg. in die Reagenzlsg. fließen läßt.

Reagenz: 5 g $SnCl_2$ und 5 ml konz. Salzsäure werden in 90 ml H_2O gelöst und mit dem gleichen Volumen 25 %-iger NaOH-Lsg. versetzt.

Störung: Edelmetalle wie Cu, Hg.

Abhilfe: Reduktion mit Hydraziniumchlorid. Cu(I) wird durch CN^- als $[Cu(CN)_4]^{3-}$-Anion vor weiterer Reduktion geschützt. Hg kann durch vorsichtiges Erhitzen verflüchtigt werden.

pD = 5,7; EG = 1 µg Bi.

Cu^{2+}

H_2S — aus mäßig saurer Lsg. schwarzer Nd. von *CuS*, unlösl. in verd. Salzsäure und H_2SO_4, lösl. in heißer verd. HNO_3, in starken Säuren und in KCN.

NaOH — hellblauer Nd. von *$Cu(OH)_2$*, geht beim Erhitzen in schwarzes *CuO* über.

$Cu(OH)_2$ gibt mit Tartrat (und anderen org. Verbindungen mit mehreren Hydroxylgruppen) einen tiefblauen lösl. Chelatkomplex (mit Tartrat = Fehlingsche Lösung). Fehlingsche Lsg. reagiert mit Reduktionsmitteln wie Hydrazin oder Traubenzucker beim Erwärmen zunächst zu wasserhaltigem, gelbem *Cu_2O*, das sich in ziegelrotes *Cu_2O* umwandelt.

Ammoniak — im Überschuß tiefblaues Komplex-Kation *$[Cu(NH_3)_4]^{2+}$*.

$K_4[Fe(CN)_6]$ — aus schwach saurer oder neutraler Lsg. rotbrauner Nd. von *$K_2[Cu(Fe(CN)_6] \cdot H_2O$*, schwerlösl. in verd. Säuren, lösl. in NH_3-Lsg. mit blauvioletter Farbe.

Störung: Fe^{3+}.

pD = 6.

Reduktion zu elementarem Kupfer

Taucht man einen blanken Eisennagel in eine Cu-haltige Lsg., so scheidet sich auf dem Eisen elementares Kupfer ab. Eisen geht als Fe^{2+} in Lsg. und kann z.B. mit $K_3[Fe(CN)_6]$ als "Turnbulls Blau" nachgewiesen werden.

Rubeanwasserstoff — aus neutraler oder schwach essigsaurer oder ammoniakalischer, weinsäurehaltiger Lsg. dunkelgrüner bis schwarzer *Komplex*. Als Tüpfelreaktion auf einem Filterpapier geeignet.

Störung: Ni^{2+}, Co^{2+}

pD = 5,4; EG = 0,06 µg Cu.

Nachweis von Cu-Spuren

Man versetzt 1 cm^3 einer stark verd. $FeCl_3$-Lsg. mit etwas KSCN oder NH_4SCN und dann mit 0,1 M $S_2O_3^{2-}$-Lsg., schüttelt und gießt einen Teil der Lsg. in die Probenlsg.

Während sich die kupferfreie Lsg. erst nach etwa 1 min entfärbt, verursachen Spuren von Kupfer eine momentane Entfärbung. Kupfer katalysiert die Reduktion von Fe^{3+} zu Fe^{2+}:

$$Fe^{3+} + 2\ S_2O_3^{2-} \rightleftharpoons [Fe(S_2O_3)_2]^-;\ Fe^{3+} + [Fe(S_2O_3)_2]^- \longrightarrow$$
$$2\ Fe^{2+} + S_4O_6^{2-}.$$

pD = 6,2.

Cd^{2+}

H_2S — aus schwach mineralsaurer Lsg. gelber bis gelbbrauner Nd. von *CdS*, lösl. in halbkonz. Säuren.

CdS fällt auch aus cyanidhaltiger Lsg., da der $[Cd(CN)_4]^{2-}$-Komplex nicht sehr stabil ist. Trennmöglichkeit von Cu!

Nachweis mit Diphenylcarbazid

Man bringt einen Tropfen cyanidhaltiger Lsg. auf ein Filterpapier, das mit einer 1 %-igen ethanolischen Lsg. von Diphenylcarbazid getränkt und anschließend getrocknet wurde. Wird das so präparierte Papier über einer Flasche mit konz. NH_3-Lsg. "geräuchert", tritt nach wenigen Minuten ein *blauvioletter Fleck* auf.

Störung: Cu^{2+}, Pb^{2+}, Hg^{2+}.

1.1.6.4.4 Arsengruppe *ohne* seltenere Elemente As^{3+}/As^{5+}, Sb^{3+}/Sb^{5+}, Sn^{2+}/Sn^{4+}

Die Sulfide dieser Kationen lösen sich beim Behandeln mit NaOH-Lsg. oder Ammoniumpolysulfid-Lsg. $(NH_4)_2S_x$ ("gelbes Schwefelammon").

Um die Elemente dieser Gruppe von denen der Kupfergruppe abzutrennen, rührt man sie unter schwachem Erwärmen ca. 10 min mit $(NH_4)_2S_x$-Lsg.

As_2S_3/As_2S_5 und Sb_2S_3/Sb_2S_5 lösen sich leicht als AsS_4^{3-} und SbS_4^{3-}. SnS ist nur schwer löslich und löst sich nur in stark schwefelhaltigem überschüssigem $(NH_4)_2S_x$. Es wird hierbei zu Sn(IV) oxidiert und geht als SnS_3^{2-} in Lsg.

Rückstand: Elemente der Kupfergruppe, s.S. 116.

Filtrat (Zentrifugat): AsS_4^{3-}, SbS_4^{3-}, SnS_3^{2-}.

Aufarbeitung des Filtrats: Man säuert mit verd. Salzsäure an und erhitzt zum Sieden.

Der Nd. kann enthalten: As_2S_5 (eigelb), Sb_2S_5 (orangerot), SnS_2 (gelb), Schwefel (weiß). Ist die Farbe des Nd. dunkel, kann auch etwas CuS enthalten sein, weil sich dieses etwas in $(NH_4)_2S_x$ löst; es stört jedoch den weiteren Trennungsgang nicht. Bei Anwesenheit von Sn(II) kann an dieser Stelle auch As_4S_4 (gelb) ausfallen. Diese Substanz ist jedoch in $(NH_4)_2CO_3$-Lsg. lösl. und somit leicht abzutrennen.

Der Sulfidniederschlag wird mit 5 ml konz. Salzsäure etwa 3 min gekocht und dann die Lösung auf etwa das doppelte Volumen verdünnt.

Der Rückstand kann bestehen aus: As_2S_5 und Schwefel.

Das Filtrat (Zentrifugat) kann enthalten: Sb^{5+}, Sn^{4+}.

Bearbeitung des Rückstands: Man übergießt den Rückstand in einer Porzellanschale mit etwas konz. HNO_3 oder ammoniakalischer H_2O_2-Lsg., dampft bis fast zur Trockne ein, nimmt mit wenig Wasser auf und prüft auf AsO_4^{3-}, s. S. 130.

Bearbeitung des Filtrats (Zentrifugats):

Um Sb von Sn zu trennen, gibt es mehrere Möglichkeiten:

a) Man gibt zu der salzsauren Lsg. $(NH_4)_2C_2O_4$-Lsg., erhitzt zum Sieden und leitet H_2S ein. Nach wenigen Minuten fällt Sb_2S_3 aus. Das Löslichkeitsprodukt von SnS_2 wird nicht überschritten.

Zum Antimon-Nachweis s. unten!

Im Filtrat (Zentrifugat) kann auf Sn^{4+} geprüft werden.

Beachte: Die Oxalatmenge muß möglichst genau dosiert werden. Bei ungenügender Menge kann SnS_2 ausfallen, bei zu großem Überschuß kann Sb^{3+} in Lsg. bleiben.

b) Man engt die Lsg. zur Vertreibung der überschüssigen Säure ein und bringt einen blanken Eisennagel in die Lösung. Es bildet sich ein schwarzer Überzug von *Sb* auf dem Nagel. Sb-Nachweis: Man kann den Überzug in Königswasser lösen, die Lsg. bis zur Trockne eindampfen, mit Salzsäure aufnehmen und H_2S einleiten. Es fällt Sb_2S_3.

Sn-Nachweis: Man versetzt die Lösung mit Ferrum reductum (im Überschuß) und erwärmt vorsichtig (weil $SnCl_4$ flüchtig ist). Sn(IV) wird zu Sn(II) reduziert. Man filtriert von überschüssigem Fe und von Sb ab und weist im Filtrat Sn^{2+} nach, s. unten!

Schema des Trennungsganges der Arsengruppe *ohne* seltenere Elemente

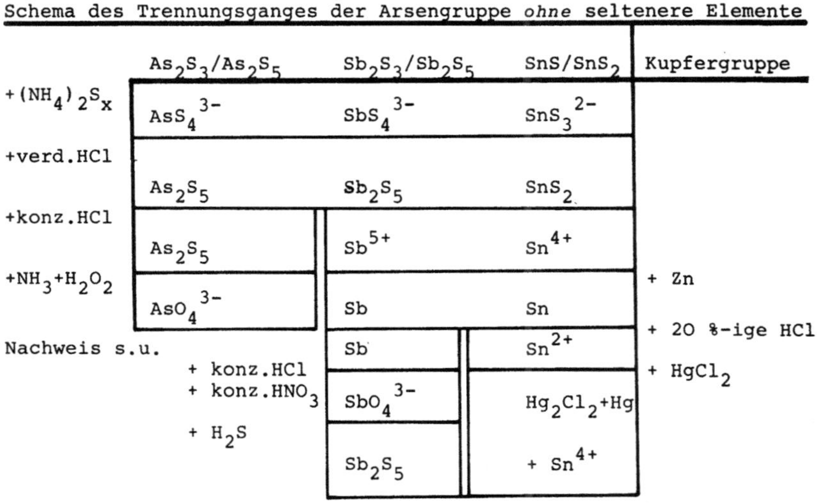

1.1.6.4.5 Arsengruppe mit selteneren Elementen As, Sb, Sn, Mo, Se, Te, (Ge)

Die Sulfide dieser Kationen lösen sich beim Behandeln mit NaOH-Lsg. und vor allem mit Ammoniumpolysulfid-Lsg. $(NH_4)_2S_x$ ("gelbes Schwefelammon").

Um die Elemente dieser Gruppe von denen der "Kupfergruppe" abzutrennen, rührt man den Sulfid-Nd. unter mäßigem Erwärmen ca. 10 min mit $(NH_4)_2S_x$-Lsg.

Rückstand: Elemente der "Kupfergruppe" s.S. 116.

Filtrat (Zentrifugat): SbS_4^{3-}, AsS_4^{3-}, SnS_3^{2-}, MoS_4^{2-}, $Se_xS_y^{2-}$, $Te_xS_y^{2-}$, (GeS_3^{2-})

- Aufarbeitung des Filtrats: Man säuert mit verd. H_2SO_4 bis zur schwach sauren Reaktion an.

Der Nd. kann enthalten: Sb_2S_5 (orangerot), As_2S_5 (eigelb), SnS_2 (gelb), Schwefel (weiß), MoS_3 (braun-schwarz), Se (rot), Te (schwarz). Es kann auch etwas CuS (schwarz) enthalten sein, weil sich dieses in $(NH_4)_2S_x$ in geringem Maße löst. Es beeinträchtigt jedoch den weiteren Trennungsgang nicht.

Das Filtrat (Zentrifugat) kann enthalten: GeS^{3-}. Durch starkes Ansäuern mit konz. Salzsäure fällt weißes GeS_2 aus.

Aufarbeitung des Nd.: Der Sulfidniederschlag wird mit 5 ml konz. Salzsäure etwa 3 min gekocht und dann die Lösung auf etwa das doppelte Volumen verdünnt.

Der Rückstand kann bestehen aus: As_2S_5, MoS_3, Se, Te.

Das Filtrat (Zentrifugat) kann enthalten: Sb^{3+}, Sn^{4+}. Zur Weiterbehandlung s.S. 125.

- Aufarbeitung des Rückstands: Man digeriert ihn mit konz. $(NH_4)_2CO_3$-Lsg. Hierbei geht As_2S_5 als AsS_4^{3-}, AsO_3S^{3-} usw. in Lösung.

Zu dem Filtrat (Zentrifugat) gibt man konz. Salzsäure bis zur stark sauren Reaktion, fällt mit H_2S gelbes As_2S_5 aus und behandelt dieses wie auf S. 124 angegeben.

Der Rückstand kann enthalten: MoS_3, Se, Te. Man löst ihn in Königswasser, raucht die HNO_3 ab und nimmt in verd. Salzsäure auf.

Die Lsg. kann enthalten: MoO_2^{2+}, SeO_3^{2-} und TeO_3^{2-}.
Zum Nachweis s.S. 115, 116, 133

Man kann den Rückstand auch in konz. Salzsäure mit Zn reduzieren. Bei Anwesenheit von Mo entsteht zunächst Molybdänblau, dann Mo^{4+} und Mo^{3+} (braun). Se und Te fallen aus, werden abgetrennt und nebeneinander nachgewiesen.
S. hierzu S. 116.

1.1.6.4.6 Arsengruppe mit Mo, Pt, Au, Se, Te

Falls die "Reduktionsgruppe" nicht vor der H_2S-Gruppe abgetrennt wird, findet man die angeführten selteneren Elemente in der "Arsengruppe".

- Man versetzt die Lsg. der Thio-Verbindungen mit verd. Salzsäure und fällt so die Sulfide wieder aus.

- Der Sulfid-Nd. wird mit H_2S-haltigem Wasser ausgewaschen und in ca. 1 ml Königswasser unter schwachem Erwärmen gelöst.

- Die überschüssige Säure wird abgedampft (nicht bis zur Trockne!) und der Vorgang unter Zugabe von Salzsäure mehrmals wiederholt.

Pt Der Rückstand wird mit verd. Salzsäure aufgenommen. Bei Zugabe von konz. NH_4Cl-Lsg. (1 ml) fällt ein gelber Nd. von $(NH_4)_2PtCl_6$.

Au Das Filtrat (Zentrifugat) der Pt-Fällung wird mit 1 Tropfen $FeSO_4$-Lsg. versetzt. Eine zuerst rote, dann braune Farbe zeigt kolloidal gelöstes Au an. Viel Au flockt als braunes Pulver aus.

As, Sb, Mo, Se, Te
Man säuert das Filtrat (Zentrifugat) der Au-Fällung mit Salzsäure an und leitet H_2S ein. Es fallen: Sb_2S_5, As_2S_5, SnS_2, MoS_3, Se, Te.

Sb, Sn Der Nd. wird mit konz. Salzsäure erwärmt. In Lsg. gehen nur Sb und Sn. Zum Nachweis s.S. 125, 121, 132.

As, Se, Te Der Rückstand wird mit konz. HNO_3 abgeraucht. Im Filtrat (Zentrifugat) befinden sich: AsO_4^{3-}, SeO_3^{2-}, TeO_3^{2-}.
Zum Nachweis s.S. 115, 116, 129.

Mo Der Rückstand enthält MoO_3. Das weiße Pulver wird in wenig Wasser aufgenommen und in NaOH-Lsg. gelöst. Nachweis S. 133.

Schema des Trennungsganges der Arsengruppe mit selteneren Elementen

[a) oxidiere die 2 M HCl-saure Lsg. der Analysensubstanz mit H_2O_2, reduziere mit 1 M HI-Lsg., leite H_2S ein, verdünne, leite erneut H_2S ein

oder

b) benutze den Nd. der H_2S-Fällung (Schema S. 107/119).]

	"Kupfergruppe"+	Sb_2S_3 orange	SnS_2 gelb	MoS_3 braun	Se rot	Te schwarz	As_2S_3 gelb	(GeS_2) weiß
$+(NH_4)_2S_x$	"Kupfergruppe" im Rückstand	SbS_4^{3-}	SnS_3^{2-}	MoS_4^{2-}	$Se_xS_y^{2-}$	$Te_xS_y^{2-}$	AsS_4^{3-}	(GeS_3^{2-})
	+ verd. H_2SO_4 (schwach sauer)	Sb_2S_5	SnS_2	MoS_3	Se	Te	As_2S_5	(GeS_3^{2-})
	+ konz. HCl	Sb^{3+}	Sn^{4+}	MoS_3	Se	Te	As_2S_5	GeS_2 + S weiß (+ konz.HCl stark ansäuern)
	+ konz. $(NH_4)_2CO_3$ (digerieren)			MoS_3	Se	Te	AsS_4^{3-}, AsO_3S^{3-}	+ HCl, + H_2S Weiterbehandlung s.S. 124
	Lösen in Königswasser, HNO_3 abrauchen, +verd. HCl			MoO_2^{2+}	SeO_3^{2-}	TeO_3^{2-}	As_2S_5	
	+konz.HCl, +Zn			Molybdänblau, Mo^{3+}	Se	Te		

Darstellung von HI-Lsg.: $H_2S + I_2 \xrightarrow{H_2O} 2\ HI + S$

leichtlösl. in H_2O

Einzelnachweise der Ionen

Arsen

Vorproben

Nachweis als Kakodyloxid
Man verreibt die Analysensubstanz mit Na_2CO_3 (wasserfrei) und der etwa 10-fachen Menge Natriumacetat und erhitzt das Gemisch im Glühröhrchen (unter dem Abzug). Das entstehende giftige Kakodyloxid hat einen widerlichen Geruch:

$$4\ CH_3CO_2Na + As_2O_3 \longrightarrow (CH_3)_2As\text{-}O\text{-}As(CH_3)_2 + 2\ CO_2 + 2\ Na_2CO_3.$$

Reinsche Probe
Ein Kupferblech, das in eine mit Salzsäure angesäuerte Lsg. einer Arsenverbindung eintaucht, färbt sich grau. Es bildet sich Cu_5As_2 (Kupferarsenid). In stark verdünnter Lsg. beobachtet man die Reaktion erst beim Erwärmen.

Bettendorfsche Probe
As(III) und As(V) werden durch Sn(II) zu As reduziert. Man versetzt die As-haltige Analysensubstanz mit dem doppelten Volumen konz. Salzsäure und dann mit konz. $SnCl_2$-Lsg. Beim Erwärmen tritt ein brauner Nd. auf (Unterschied zu Sb!). Sehr kleine As-Mengen lassen sich mit Ether oder Pentanol ausschütteln. As reichert sich dabei an der Phasengrenze an.

pD = 4,7; EG = 1 µg As.

Marshsche Probe
Man erhitzt die As-haltige Substanz mit Zink (gekörnt) und verd. H_2SO_4 (und etwas $CuSO_4$) oder wenig konz. Salzsäure in einem Reagenzglas, das mit einem durchbohrten Korkstopfen verschlossen ist, in dessen Öffnung ein zur Spitze ausgezogenes Glasrohr steckt. Hierbei bildet sich AsH_3 (giftig!), das in der Hitze in die Elemente zerfällt. Zündet man die Reaktionsgase an, brennen sie mit fahlblauer Flamme. Richtet man die Flamme auf eine kalte, glasierte Porzellanfläche, scheidet sich elementares Arsen als schwarzer Belag ab. Er löst sich in NaOCl- oder ammoniakalischer H_2O_2-Lsg. (Unterschied zu Sb!).

Beachte: Lasse vor dem Anzünden der Reaktionsgase erst den Luftsauerstoff aus dem Reagenzglas entweichen (Knallgasgemisch!).

As^{3+}

H_2S — aus stark salzsaurer Lsg. (Salzsäure : Wasser = 1 : 1) gelber Nd. von *As_2S_3*, unlösl. in Salzsäure, lösl. in HNO_3, NaOH-, $(NH_4)_2S$-, $(NH_4)_2S_x$-, NH_3-, $(NH_4)_2CO_3$-Lsg.

Mit $(NH_4)_2S$ entsteht AsS_3^{3-}, mit $(NH_4)_2S_x$ entsteht AsS_4^{3-} ($As_2S_3 + 3\ S^{2-} + 2\ S \longrightarrow 2\ AsS_4^{3-}$). Mit Säuren fällt As_2S_3 bzw. As_2S_5 wieder aus.

Alkalische Lsgn. (Alkalihydroxid-, NH_3- u. $(NH_4)_2CO_3$-Lsg.) lösen As_2S_3 unter Bildung von Thiooxyarseniten: $As_2S_3 + 6\ OH^- \longrightarrow AsO_2S^{3-} + AsOS_2^{3-} + 3\ H_2O$.

$AgNO_3$ — aus neutraler Lsg. gelbes *Ag_3AsO_3*, lösl. in Mineralsäuren und NH_3-Lsg.

Oxidationsmittel (wie I_2, HNO_3, alkalische H_2O_2-Lsg.) oxidieren zu *AsO_4^{3-}*.

Nachweisreaktionen für das AsO_4^{3-}-Ion

H_2S — aus stark salzsaurer Lsg. gelber Nd., unlösl. in Salzsäure, lösl. in HNO_3, NaOH-, NH_3-, $(NH_4)_2S$-, $(NH_4)_2S_x$-Lsg.

Der Nd. besteht aus *As_2S_3, As_2S_5 und S*.

Mit $(NH_4)_2S$ und $(NH_4)_2S_x$ bilden sich Thioarsenate: $As_2S_5 + 3\ (NH_4)_2S \longrightarrow 2\ (NH_4)_3AsS_4$.

Mit OH^--Ionen entstehen Thiooxyarsenate: $As_2S_5 + 10\ OH^- \longrightarrow AsO_3S^{3-} + AsO_2S_2^{3-} + 5\ H_2O$.

Mit Säuren fällt aus diesen Lösungen As_2S_5 aus.

$AgNO_3$ — aus neutraler Lsg. schokoladenbrauner Nd. von *Ag_3AsO_4*, lösl. in Mineralsäuren und wäßr. NH_3-Lsg. s.S. 55.

Ammoniummolybdat-Lsg. ($(NH_4)_6Mo_7O_{24} \cdot 4\ H_2O$) — in stark HNO_3-saurer Lsg. beim Kochen gelber kristalliner Nd. von *$(NH_4)_3[As(Mo_3O_{10})_4] \cdot xH_2O$*, wird durch NaOH *zersetzt*; beachte S. 54

Störung: PO_4^{3-}, SiO_3^{2-}.

pD = 5,3; EG = 0,2 µg As.

Magnesiamischung — weißer Nd. von *$MgNH_4AsO_4 \cdot 6\ H_2O$*, lösl. in Säuren, unlösl. in wäßr. NH_3-Lsg.

Durchführung: s.S. 54.

Antimon

Vorprobe: Marshsche Probe, s. As-Nachweis. Der schwarze Sb-Nd. ist schwerlösl. in NaOCl- und ammoniakalischer H_2O_2-Lsg. (Unterschied zu As).

Nachweis durch Reduktion zum Metall

Sb(III) und Sb(V) lassen sich in nicht zu saurer Lsg. auf einem blanken Eisennagel als schwarzer Überzug von *Sb* abscheiden (Unterschied zu Sn). Löst man den Überzug in Königswasser, dampft die Lösung zur Trockne ein, nimmt mit verd. Salzsäure-Lsg. auf und leitet H_2S-Gas ein, so fällt orangerotes Sb_2S_3 aus.

Sb^{3+}

H_2S — aus mäßig saurer Lsg. orangeroter Nd. von Sb_2S_3, lösl. in starken Säuren, Alkalilaugen, $(NH_4)_2S$, $(NH_4)_2S_x$, unlösl. in NH_3- und $(NH_4)_2CO_3$-Lsg. (Unterschied zu As_2S_3!).

Bei langem Kochen bildet sich schwarzes, kristallines Sb_2S_3.

Na_2S oder $(NH_4)_2S$ löst zu Thioantimonit: SbS_2^-.

Mit Alkalilauge bilden sich Thioantimonit und Thiooxyantimonit: $SbOS^-$. Mit Säuren fällt aus diesen Lösungen wieder Sb_2S_3 aus.

Oxidation mit $NaNO_2$ in alkal. Lsg. führt Sb(III) in Sb(V) über. Man säuert die Lsg. an und kocht auf, um die Stickoxide zu entfernen. Man kann überschüssiges $NaNO_2$ z.B. auch durch Zugabe von Harnstoff zerstören.
Nach der Oxidation ist auch ein Nachweis mit Rhodamin B möglich s.unten.

Sb^{5+}

H_2S — aus mäßig saurer Lsg. orangeroter Nd. von Sb_2S_5, lösl. in starken Säuren, Laugen und Sulfid-Lsgn., unlösl. in NH_3- und $(NH_4)_2CO_3$-Lsg.

Mit $(NH_4)_2S$ bildet sich Thioantimonat SbS_4^{3-}, mit Laugen Thioantimonat und Thiooxyantimonat $SbO_2S_2^{3-}$. Aus beiden Lsgn. fällt bei Säurezusatz wieder Sb_2S_5 aus.

Rhodamin B — rotviolette Färbung.
Man versetzt auf einer Tüpfelplatte einige Tropfen der Sb(V)-Salzlsg. mit etwas Reagenzlsg. und starker Salzsäure. Die ursprünglich hellrote, fluoreszierende Farbe des Rhodamin B schlägt in violett um. Blindprobe!

Reagenz: 2 g KCl + 50 mg Rhodamin B werden in 100 ml 2 M Salzsäure gelöst.

Störung: Hg^{2+}, Bi, W, Mo geben die gleiche Farbe.

pD = 4.

Zinn

Vorprobe: Leuchtprobe: Die Sn-haltige Substanz wird in ein Becherglas oder einen Porzellantiegel gegeben, mit Zink (gekörnt) und halbkonzentrierter Salzsäure versetzt. Taucht man in diese Mischung ein mit kaltem Wasser halbgefülltes Reagenzglas und hält dieses anschließend in den Reduktionsraum der Bunsenflamme, entsteht an der benetzten Glaswand eine blaue Fluoreszenz (die von $SnCl_2$ herrühren soll). Man kann das Reagenzglas auch durch ein Magnesiastäbchen ersetzen.

Störung: Überschüssiges As.

pD = 6,2; EG = 0,03 µg Sn.

Sn^{2+}

$HgCl_2$ — weißer Nd. von *Hg_2Cl_2*, bei überschüssigem Sn^{2+} schwarzer Nd.

H_2S — langsam brauner Nd. von *SnS*, lösl. in konz. Salzsäure, in $(NH_4)_2S_x$ unter Oxidation zu Sn(IV), unlösl. in farblosem $(NH_4)_2S$.

$FeCl_3 + K_3[Fe(CN)_6]$ — dunkelblauer Nd. von *Turnbulls Blau*. Fe(III) wird durch Sn(II) zu Fe(II) reduziert.

$Bi(NO_3)_2 + NaOH$ — schwarzer Nd. von *Bi*. Bi(III) wird durch Sn(II) zu Bi reduziert.

Sn^{4+}

H_2S — gelber Nd. von *SnS_2*, lösl. in starker Salzsäure, $(NH_4)_2S$, Alkalisulfiden.

Störung: $C_2O_4^{2-}$; es bildet sich $[Sn(C_2O_4)_4]^{4-}$.

Au^{3+} s.S. 114

Pt^{4+} s.S. 115

Se^{4+} s.S. 116

Te^{4+} s.S. 116

Mo^{6+} Beispiel: $(NH_4)_2MoO_4$

Vorprobe: Perlreaktion: In der Oxidationsflamme: heiß —— gelb-gelbgrün; kalt —— farblos. In der Reduktionsflamme: heiß —— gelb-braun; kalt —— grün.

Nachweis als Molybdänblau

Man raucht eine kleine Menge der Substanz in offener Porzellanschale mit einigen Tropfen konz. H_2SO_4 bis fast zur Trockne ab. Nach dem Erkalten tritt intensive Blaufärbung auf. Es erfolgt teilweise Reduktion zu Mo(V). Molybdänblau enthält Mo in den Oxidationsstufen V und VI. Die Reduktion geht weiter zu Mo(IV) (grün) und Mo(III) (braun).

Sehr empfindliche Reaktion!

Nachweis als $[Mo(SCN)_6]^{3-}$

Gibt man 1 Tropfen der Probenlsg. zusammen mit 1 Tropfen KSCN-Lsg. (10 %) auf ein Filterpapier, feuchtet mit verd. Salzsäure an und tüpfelt mit $SnCl_2$ (5 %), so entsteht mit Mo ein hellroter Fleck von $[Mo(SCN)_6]^{3-}$. Mit konz. Salzsäure oder H_2O_2 verschwindet die rote Farbe.

$K_3[Mo(SCN)_6]$ ist in Ether löslich.

Störung: W bildet unter den gleichen Bedingungen einen blauen Fleck. Der rote Fleck von Mo ist dann um den blauen Fleck von W gelegt. Fe^{3+} stört nicht, da bei Zusatz von $SnCl_2$ die rote Farbe von $Fe(SCN)_3$ verschwindet.

PO_4^{3-}, $C_2O_4^{2-}$, Weinsäure, Hg^{2+}, NO_2^-

pD = 6,2; EG = 0,1 µg Mo

$K_4[Fe(CN)_6]$ — in mineralsaurer Lsg. rotbrauner Nd. von $Mo_2[Fe(CN)_6]_3$.

Störung: UO_2^+; *Abhilfe:* $(UO_2)_2[Fe(CN)_6]$ wird durch Zusatz von NaOH in gelbes $Na_2U_2O_7$ überführt.

Cu^2; *Abhilfe:* Das rotbraune $Cu_2[Fe(CN)_6]$ löst sich in NH_3-Lsg. mit blauer Farbe unter Bildung von $[Cu(NH_3)_4]^{2+}$.

1.2 Organische Verbindungen

Bei organischen Verbindungen kann man im allgemeinen davon ausgehen, daß sie außer C und H meist noch bestimmte Heteroelemente wie O, N, S, Halogene enthalten. Weitere Elemente wie Metalle bei metallorganischen Verbindungen oder P und Si können bei Anwendung neuerer Synthesemethoden hinzukommen.

Wichtige Hinweise auf die Zusammensetzung einer Substanz liefern spektroskopische Daten, so daß in vielen Fällen bereits eine qualitative Elementaranalyse genügt. Einfache quantitative Bestimmungsmethoden werden gerne benutzt, wenn vollständige Elementaranalysen für die weitere Bearbeitung eines Problems zunächst entbehrlich sind. Weit verbreitet, schnell und einfach durchführbar, ist das Aufschlußverfahren nach Wurzschmitt, bei dem die Analysensubstanz völlig zerstört wird. Die Elemente liegen danach als Ionen vor und können mit den bekannten Methoden quantitativ bestimmt werden.

1.2.1 *Nachweis der Elemente in organischen Verbindungen*

Kohlenstoff

Eine einfache Vorprobe ist die Glühprobe: Auf einem sauberen Platindeckel oder Spatel wird eine Substanzprobe mit kleiner Bunsenflamme verbrannt oder verkohlt.

Nicht erfaßt werden Substanzen, die sich leicht verflüchtigen oder nicht brennen, wie z.B. CCl_4.

Sicherer ist der Nachweis von Kohlenstoff, wenn man die zu prüfende Substanz mit dem mehrfachen Volumen ausgeglühten, feinen Kupferoxids mischt und in einem Reagenzglas stark erhitzt.

Das durch Oxidation entstehende CO_2 kann durch Einleiten in Kalk- oder Barytwasser an der entstehenden Trübung ($BaCO_3$) erkannt werden (s. Carbonatnachweis S. 63.

$$C_{organisch} + O_2 \longrightarrow CO_2$$

$$CO_2 + Ba(OH)_2 \longrightarrow BaCO_3 + H_2O$$

Wasserstoff

Enthält eine Verbindung Wasserstoff, so wird dieser bei der Prüfung auf Kohlenstoff zu H_2O oxidiert. Die Bildung von Wassertröpfchen in dem oberen, kalten Teil des Reagenzglases zeigt daher Wasserstoff an.

Wasser kann nachgewiesen werden z.B. nach Karl Fischer, durch Reaktion mit Calciumcarbid (Bildung von Acetylen), mit Magnesiumnitrid (Bildung von NH_3) oder mit einer Grignard-Verbindung wie CH_3MgI (Bildung von CH_4).

$$H_{organisch} \xrightarrow{O_2} H_2O$$

Sauerstoff

Einen Hinweis auf Sauerstoff gibt sehr oft die Prüfung auf sauerstoffhaltige funktionelle Gruppen.

Falls die organische Substanz ausreichend Sauerstoff enthält, kann man sie im Wasserstoffstrom in Gegenwart einer Platindrahtspirale erhitzen und das entstehende CO_2 mit Barytwasser nachweisen. Auch ein Feuchtigkeitsbelag am Rande des Verbrennungsrohres weist auf Sauerstoff hin.

Eine weitere Bestimmungsmethode besteht z.B. darin, die mit Kohle vermischte Probe im Stickstoffstrom auf 1000° C zu erhitzen. Die gasförmigen Zersetzungsprodukte werden über Kohle geleitet, wobei der anwesende Sauerstoff in CO überführt wird, das z.B. mit I_2O_5 nachgewiesen werden kann (auch für quantitative Bestimmungen geeignet).

$$n\ O_{organisch} + C_n \longrightarrow n\ CO; \qquad I_2O_5 + 5\ CO \longrightarrow 5\ CO_2 + I_2.$$

Stickstoff, Schwefel, Halogen

Aufschluß nach Lassaigne

Beachte: CCl_4, $CHCl_3$ u.ä. Polyhalogenverbindungen sowie Nitromethan und einige Nitroverbindungen reagieren unter Explosion mit Na!

Zum Nachweis von Stickstoff, Schwefel und Halogen wird die Substanz nach Lassaigne mit Natrium reduktiv aufgeschlossen (Schutzbrille!):

Eine kleine Spatelspitze oder 2 Tropfen der zu prüfenden Substanz werden mit einem sehr kleinen Stückchen frisch geschnittenem Natrium in einem trockenen Reagenzglas vorsichtig erhitzt. Es tritt eine heftige Reaktion ein. Die Schmelze wird noch 2-3 min auf Rotglut erwärmt. Dann bringt man das heiße Reagenzglas in ein kleines Becherglas (Abzug!), das 10 ml Wasser enthält. Dabei zerspringt das Reagenzglas und noch nicht umgesetztes Natrium reagiert heftig mit Wasser. Anschließend wird filtriert oder zentrifugiert und das Filtrat (Zentrifugat) geteilt.

$$((C, H, N, O, S, Hal)_{org.} \xrightarrow{Na} NaCN, Na_2S, NaSCN, NaHal$$

Zum Nachweis von S und Hal ist auch der Aufschluß nach Wurzschmitt geeignet.

Stickstoff

Stickstoff wird bei der Probe nach Lassaigne in Natriumcyanid übergeführt, das man mit $FeSO_4$- (besser Mohrsches Salz $Fe(NH_4)_2(SO_4)_2 \cdot 6\ H_2O$)und $FeCl_3$-Lsg. weiter umsetzt. Dabei bildet sich bei Gegenwart größerer Mengen Stickstoff ein Niederschlag von unlösl. *Berliner Blau*. Bei Gegenwart sehr geringer Stickstoffmengen ist der blaue Niederschlag als solcher nicht sofort sichtbar, er gibt sich zunächst nur durch eine grüne Färbung der Lösung zu erkennen. Läßt man die Probe dann einige Zeit stehen, so sammelt sich der blaue Niederschlag am Boden an. Bei Abwesenheit von Stickstoff erhält man eine gelbe Lösung.

$$N + C + Na \longrightarrow NaCN;\ 6\ CN^- + Fe^{2+} \xrightarrow{OH^-} [Fe(CN)_6]^{4-};$$

$$Fe^{3+} + [Fe(CN)_6]^{4-} \longrightarrow \text{Berliner Blau}$$

Durchführung: 3 ml Filtrat werden mit einem Körnchen $Fe(NH_4)_2(SO_4)_2 \cdot 6\ H_2O$ versetzt, 3 Tropfen $FeCl_3$-Lsg. zugegeben, kurz zum Sieden erhitzt und mit 2 M Salzsäure angesäuert. Es bildet sich Berliner Blau (s.S. 97).

Schwefel

Schwefel wird bei dem Aufschluß nach Lassaigne in Na_2S übergeführt, woraus das Sulfid-Ion wie üblich nachgewiesen werden kann, z.B. mit Bleiacetat als *PbS* (schwarz) s.S. 59.

Durchführung: 3 ml Filtrat werden mit Eisessig angesäuert. Fügt man einige Tropfen Bleiacetat-Lsg. hinzu, bildet sich bei Anwesenheit von S Bleisulfid.

Ist nur wenig Schwefel in der Probe vorhanden, versetzt man das Filtrat mit einer Lsg. von $Na_2[Fe(CN)_5NO] \cdot 2\ H_2O$. Eine Violettfärbung zeigt die Anwesenheit von Schwefel an (s.S. 60).

Auf Schwefel kann man auch prüfen, indem man die organische Substanz mit einem Gemenge von gleichen Teilen Na_2CO_3 (wasserfrei) und KNO_3 mischt und glüht. Nach dem Auflösen der Schmelze in Wasser säuert man mit verd. Salzsäure an und weist das durch Oxidation gebildete SO_4^{2-} mit $BaCl_2$ nach, s.S. 62.

Stickstoff und Schwefel nebeneinander

Enthält die Analysenprobe sowohl Stickstoff als auch Schwefel, dann entsteht beim Aufschluß nach Lassaigne Natriumthiocyanat, NaSCN, das mit $FeCl_3$ nachgewiesen werden kann (Rotfärbung).

Sollte die Bildung von NaSCN beim Stickstoff-Nachweis in schwefelreichen Verbindungen stören, wiederholt man den Aufschluß mit der doppelten Menge Natrium und verwendet mehr $FeSO_4$ (s.S. 137).

Halogene

Die Halogenide können in der Aufschlußlösung nach Lassaigne nachgewiesen werden. Man säuert 5 ml davon mit konz. HNO_3 an und verkocht anschließend die bei Anwesenheit von Stickstoff entstandene Blausäure.

Alternative: 3 ml Filtrat werden mit wenigen Tropfen einer 5 % $Ni(NO_3)_2$-Lsg. versetzt, gut durchgeschüttelt und die Niederschläge (NiS, $Ni(CN)_2$ u.a.) abfiltriert.
Danach wird mit verd. HNO_3 angesäuert.

Mit $AgNO_3$-Lsg. werden dann Cl^-, Br^- und I^- ausgefällt und wie üblich getrennt nachgewiesen (s.S. 46). F^- wird mit der Ätzprobe oder als Alizarinlack nachgewiesen (s.S. 41).

Weitere Halogennachweise

a) Beilsteinprobe (Cl, Br, I)

Ein Stück Kupferdraht wird solange geglüht, bis die entleuchtete Flamme des Bunsenbrenners nicht mehr gefärbt erscheint. Einige Tropfen (bzw. eine Spatelspitze) der zu prüfenden Substanz werden auf ein kleines Uhrglas gebracht. Man bringt etwas Substanz an den Draht und hält ihn in die Flamme. Bei Anwesenheit von Halogen wird diese deutlich grün gefärbt:

$$2\ Hal + Cu \longrightarrow CuHal_2\ (Hal = Cl, Br, I).$$

b) Oxidation der Analysensubstanz

Die Analysenprobe wird mit CaO geglüht oder mit KNO_3 erhitzt, bis eine farblose Schmelze entstanden ist. Der Glührückstand bzw. die kalte Schmelze werden mit verdünnter HNO_3 aufgenommen. Anschließend wird mit $AgNO_3$-Lsg. auf Cl^-, Br^-, I^- geprüft. Bei Anwesenheit der Halogenide bildet sich ein Niederschlag von *AgCl* (weiß, lösl. in verd. Ammoniak), von *AgBr* (gelblich, schwer lösl. in verd. Ammoniak, lösl. in konz. Ammoniak) und *AgI* (gelb, unlösl. in konz. Ammoniak).

Phosphor

Handelt es sich bei der Analysensubstanz um ein Derivat der Phosphorsäure, so wird man zunächst versuchen, dieses zu hydrolysieren. Das entstehende PO_4^{3-} kann z.B. mit Ammoniummolybdat nachgewiesen werden (s.S. 53). Ist die Phosphor-organische Verbindung nicht oder nur teilweise hydrolysierbar, muß sie vorher aufgeschlossen werden (z.B. mit Na_2CO_3/KNO_3, HNO_3 oder nach Wurzschmitt). Das entstehende PO_4^{3-} wird wie oben nachgewiesen.

$$P_{org.} + Na_2O_2 \longrightarrow Na_3PO_4$$

Aufschluß nach Wurzschmitt

Bei diesem Verfahren wird die Analysensubstanz durch eine oxidierende Schmelze zerstört. Hierzu bringt man die Probe in einen Nickeltiegel mit Schraubverschluß (Parr- oder Wurzschmitt-Bombe) und bedeckt sie mit etwas Na_2CO_3.

Danach gibt man Na_2O_2 und 5 - 6 Tropfen Ethylenglykol zu, verschließt die Bombe sofort und zündet die Mischung in einer geeigneten Vorrichtung (Zündpunkt 56° C). Die Substanzprobe wird dabei vollständig oxidiert. Die erkaltete Schmelze wird in Wasser gelöst. In der wäßrigen Aufschlußlösung können bestimmt werden: Cl^-, Br^-, F^-, SO_4^{2-}, IO_3^-, die meisten Metalle, sowie S, Se, P, As, B und Si. (S, P, As usw. liegen natürlich in oxidierter Form vor, d.h. als Sulfat, Phosphat, Arsenat etc.)

Arsen und Antimon

Arsennachweis: Die Substanz wird in der Wurzschmittbombe zu AsO_4^{3-} oxidiert. Nachweis s.S. 129.

Antimonnachweis: Aufschluß mit der Wurzschmittbombe. Es bildet sich SbO_4^{3-}. Nachweis s.S. 131.

Zur Identifizierung dient die Marshsche Probe (s.S. 129, 131).

1.2.2 *Ausgewählte Nachweis- und Identitätsreaktionen für funktionelle Gruppen*

Der chemische Nachweis funktioneller Gruppen ist mit einem erheblich geringeren apparativen Aufwand verbunden als die Anwendung spektroskopischer Methoden. Hauptproblem ist die Wahl der richtigen Analysenmethode aufgrund der analytischen Fragestellung. Hierzu liegt eine Fülle von analytischen Arbeiten vor, die noch wenig systematisch aufgearbeitet wurde. Die Entscheidung über das Ergebnis der Nachweisreaktion ist jedoch einfach: Die gesuchte funktionelle Gruppe ist entweder vorhanden oder sie fehlt.

Demgegenüber bereitet die Interpretation der Spektren bei der Spektroskopie häufig Schwierigkeiten. Ein besonderer Vorteil dieser Methoden ist allerdings, daß weitgehend alle funktionellen Gruppen, soweit erfaßbar, bei einer (experimentell einfachen) Bestimmung erkannt werden können. Dies gilt besonders für solche Gruppen, deren Anwesenheit in der Analysensubstanz nicht vermutet worden war.

In den folgenden Zusammenstellungen sind Arbeitsanleitungen nur für einfache, meist quantitative Nachweise angegeben. In den restlichen Fällen handelt es sich meist um Reaktionen der präparativen organischen Chemie, wobei für die Analyse prinzipiell die gleichen Arbeitsvorschriften zugrunde gelegt werden können.

Beachte: Bei organischen Verbindungen können die angegebenen Nachweise nicht so spezifisch sein wie bei der anorganischen Analyse. Auf die Angabe von Störungen wurde generell verzichtet; die Durchführung von Vergleichstests ist unerläßlich.

Alkene

Doppelbindungen können durch Additionsreaktionen nachgewiesen werden.

Beachte: Test a) und b) sollten stets kombiniert werden.

a) Addition von Halogenen

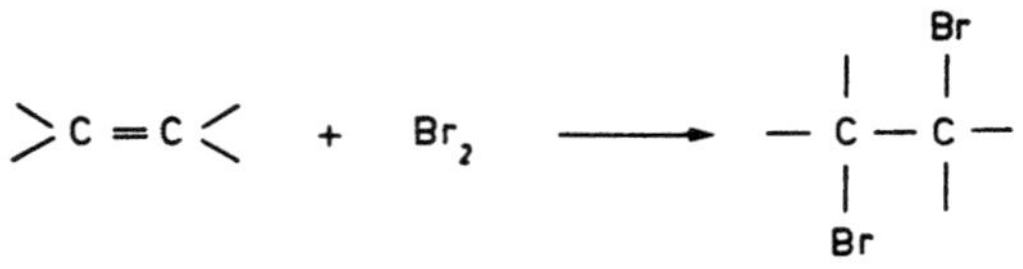

Man verwendet meist Brom als 5 %-ige Lösung in $CHCl_3$. Die Addition ist erkennbar an der Entfärbung der Bromlösung. Sie ist allerdings manchmal unvollständig und verläuft nicht störungsfrei; Substitutionen treten häufig als Nebenreaktionen auf.

Durchführung: Man tropft die Bromlösung langsam in eine Lösung von 50 mg oder 2 Tropfen der Analysensubstanz in CCl_4. Schnelle Entfärbung ohne Gasentwicklung deutet auf ein Alken hin.

b) Hydroxylierung mit $KMnO_4$ (Baeyersche Probe)

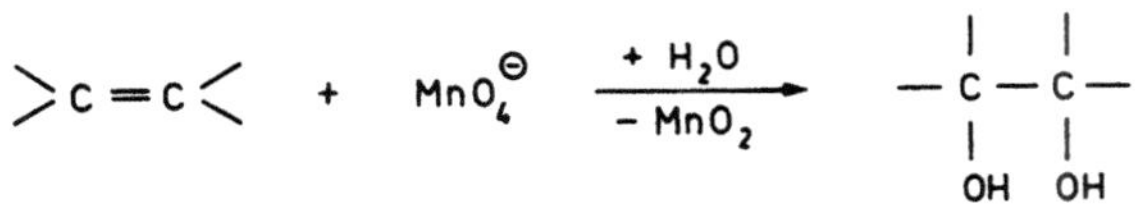

Die Reaktion erfolgt nach Zugabe von 2 %-iger $KMnO_4$-Lösung zu der in Aceton gelösten Substanzprobe. Es entstehen Glykole unter Entfärbung der Reaktionslösung. Die Reaktion muß durch die Bromaddition ergänzt werden, da leicht oxidierbare Substanzen wie Aldehyde ebenfalls positiv reagieren.

Durchführung: Man versetzt 50 mg oder 2 Tropfen der Analysensubstanz, gelöst in 2 ml Aceton (mit 5 % Wassergehalt), langsam mit der $KMnO_4$-Lsg. Der Test ist positiv, wenn mehr als 2 Tropfen Reagenzlösung entfärbt werden.

c) Epoxidierung

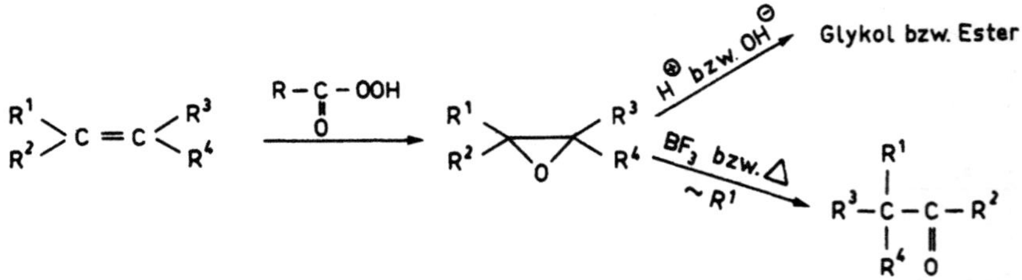

Bei der Reaktion mit Persäuren bilden sich Oxirane (Epoxide), die z.B. in Ketone bzw. Aldehyde umgelagert werden können (Charakterisierung s.S. 155.

Die Hydrolyse führt zum Glykol bzw. seinen Estern.

d) Hydrierung

$$>C=C< \quad + \quad H_2 \longrightarrow -\overset{|}{\underset{|}{C}}-\overset{|}{\underset{|}{C}}-$$

Durch die Anlagerung von Wasserstoff können Alkene in Alkane übergeführt werden. C=C-Doppelbindungen können dadurch quantitativ bestimmt werden.

Alkine

Alkine können ebenfalls quantitativ durch Hydrierung bestimmt werden. Ebenso wie Olefine addieren sie Brom und zeigen eine positive Baeyer-Probe.

Alkine der Form R-C≡C-H mit endständiger Acetylengruppe haben ein acides H-Atom. Sie bilden explosive Silber- und Kupfersalze, wobei die freigewordenen Protonen durch Titration quantitativ bestimmt werden können:

$$R-C\equiv CH \quad + \quad Ag^{\oplus} \longrightarrow R-C\equiv C^{\ominus}Ag^{\oplus}\downarrow \quad + \quad H^{\oplus}$$

Qualitativer Nachweis: Die Analysensubstanz wird im Wasser oder Methanol gelöst und mit Acetatpuffer abgepuffert.

Gibt man eine verd. $AgNO_3$-Lsg. (in Wasser oder Methanol) hinzu, muß ein weißer Niederschlag entstehen.

Aromaten

Aromaten werden u.a. durch Substitutionsreaktionen in geeignete Derivate übergeführt. Sie werden z.B. durch Sulfonierung, Nitrierung oder durch Adduktbildung charakterisiert.

Qualitativer Nachweis: Man versetzt die Probe mit einer Reagenzlsg. aus 10 ml konz. H_2SO_4 und 5 Tropfen konz. Formaldehydlsg. Es entsteht eine intensive Färbung (gelb, rot, blau, grün). Anthrachinon Benzoesäure, Salicylsäure und wenige andere reagieren nicht. Bei Zuckern u.ä. ist zu prüfen, ob nicht schon mit H_2SO_4 allein eine Färbung entsteht.

a) Sulfonierung und Sulfochlorierung

Beim Erwärmen mit 10 %-igem Oleum bilden sich Sulfonsäuren, die als Alkalisalze aus der Probenlösung abgetrennt werden können:

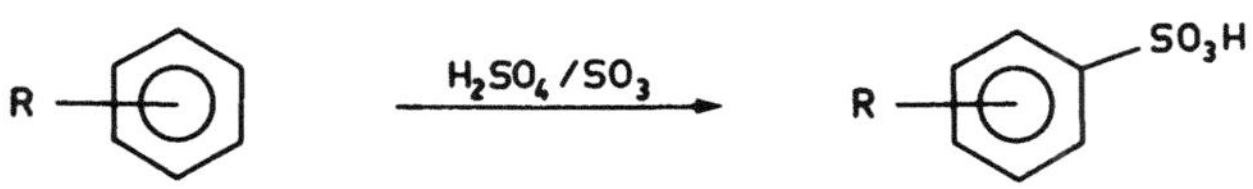

Bei der Umsetzung mit Chlorsulfonsäure entstehen Sulfonsäurechloride, aus denen sich mit Ammoniak schwerlösliche Sulfonamide bilden:

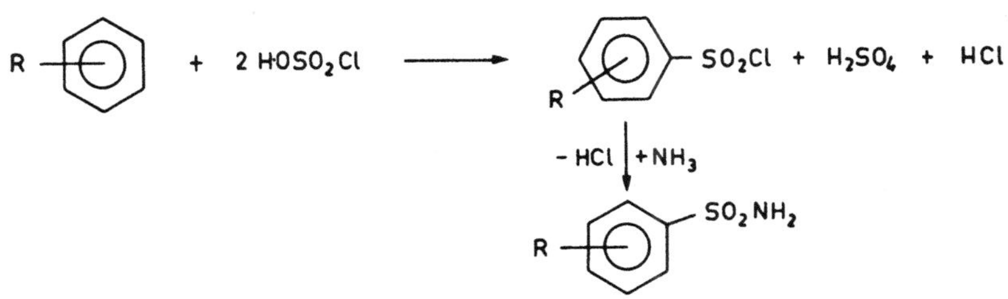

b) Nitrierung

Durch Umsetzen mit Nitriersäure werden gefärbte Nitroaromaten gebildet. Die Nitrogruppe kann mit Zn/NH_4Cl zur Hydroxylamingruppe reduziert werden, die mit Tollens-Reagenz ($Ag^+/NH_4^+OH^-$) Silber abscheidet.

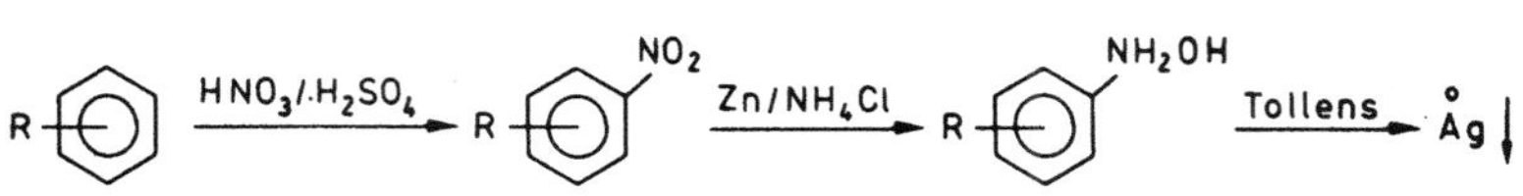

Durchführung: Zu 100 mg der Probensubstanz werden unter Schütteln langsam 3,5 ml Nitriersäure (1,5 ml konz. HNO_3 und 2 ml konz. H_2SO_4) gegeben. Man erwärmt ca. 5 min auf 50° C und gießt dann auf 10 g Eis. Das erhaltene Produkt wird abgetrennt, in 10 ml 50 % Ethanol gelöst und 0,5 g NH_4Cl sowie 0,5 g Zn-Staub zugegeben. Nach Schütteln wird 2 min zum Sieden erhitzt. Nach dem Abfiltrieren wird Tollens-Reagenz zum Filtrat gegeben. Bei Abscheidung von Silber ist der Test positiv.

c) Adduktbildung

Aromatische Kohlenwasserstoffe (auch anellierte Ringsysteme) können mit Verbindungen wie Trinitrobenzol, Pikrinsäure etc. kristalline Addukte bilden, die über den Schmelzpunkt identifiziert werden können.

Alkylhalogenide (Halogenalkane)

Die Anwesenheit von Halogenen in einer Probe kann zunächst z.B. mit der Beilsteinprobe oder dem Aufschluß mit CaO (s.S. 138) nachgewiesen werden.

Die Art und Festigkeit der Bindung des Halogenatoms an den organischen Rest kann wie folgt bestimmt werden:

Zu 2 Tropfen einer wäßr. oder alkoholischen Lsg. der Probe gibt man 2 ml einer 2 %-igen ethanolischen $AgNO_3$-Lösung. Beobachtet man innerhalb von 5 min bei Raumtemperatur keine Reaktion, so erwärmt man die Lösung.

Ergebnis:

a) Fällung bei Raumtemperatur: Säurehalogenide, organische Salze von Halogenwasserstoffsäuren (bes. mit Aminen), Alkyliodide, tert. Alkylchloride, aliphatische 1,2-Dibromide, Allylhalogenide u.a.

b) Fällung beim Erhitzen: Primäre und sekundäre Alkylhalogenide, aktivierte Arylhalogenide.

c) Keine Reaktion beim Erwärmen: Arylhalogenide, Vinylhalogenide, CCl_4 u.a.

Eine allgemein anwendbare Identifizierung bietet die Derivatisierung als Alkylthiuroniumpikrat. Dazu stellt man aus dem Halogenid mit Thioharnstoff ein S-Alkylisothiuroniumhalogenid her, das mit Pikrinsäure ein schwer lösliches S-Alkylisothiuroniumpikrat gibt:

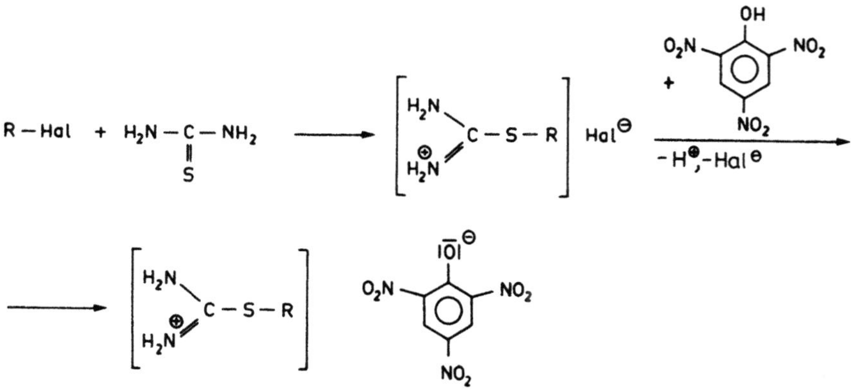

Alkohole

Zur Prüfung auf eine Hydroxylgruppe versetzt man die Analysenlsg. mit einer Lsg. von Diammoniumhexanitratocerat $(NH_4)_2[Ce(NO_3)_6]$ in verd. HNO_3 (1 g in 2,5 ml 2 N HNO_3).

Durchführung:

a) wasserlösliche Substanzen

0,5 ml der Reagenzlösung werden mit 3 ml dest. Wasser verdünnt. Ca. 5 Tropfen der Substanz oder ihrer konzentrierten wäßrigen Lsg. werden zugegeben.

b) wasserunlösliche Substanzen

0,5 ml der Reagenzlösung werden mit 3 ml Dioxan verdünnt und, falls erforderlich, tropfenweise mit Wasser vermischt, bis eine klare Lösung vorliegt. Danach werden 5 Tropfen der Substanz oder ihrer konzentrierten Lösung in Dioxan zugegeben.

Ergebnis: Alkohole färben die Lösung rot, Phenole geben in wäßr. Lsg. einen braunen Niederschlag, in Dioxan eine dunkelrote bis braune Färbung.

Unterscheidung nach Substitutionsgrad:

Primäre, sekundäre und tertiäre Alkohole werden mit Lukas-Reagenz unterschieden. Es handelt sich hierbei um eine Lösung von wasserfreiem $ZnCl_2$ in konz. Salzsäure (0,5 mol $ZnCl_2$ in 0,5 mol konz. HCl). Der Nachweis nutzt die unterschiedliche Substitutionsgeschwindigkeit der OH-Gruppen durch Cl^--Ionen aus:

$$HCl + ROH \xrightarrow{ZnCl_2} R-Cl + H_2O$$

Durchführung:

Zu 1 ml der Analysensubstanz werden rasch 6 ml Lukas-Reagenz zugegeben. Danach wird die Mischung geschüttelt, stehen gelassen und beobachtet.

Ergebnis: Primäre Alkohole bis zu 5 C-Atomen werden zu einer klaren Lösung gelöst.

Sekundäre Alkohole trüben die Lösung nach ca. 5 - 10 min. Aus tertiären Alkoholen bildet sich sofort das Alkylchlorid, das sich als eigene Phase aus der salzsauren Lösung abscheidet.

Charakterisierung:

Alkohole werden am besten mit Säurechloriden in feste Ester übergeführt, die anhand des Schmelzpunktes identifiziert werden können.

Feste Derivate von prim., sekund. und tert. Alkoholen bilden sich durch Veresterung mit 3,5-Dinitrobenzoylchlorid:

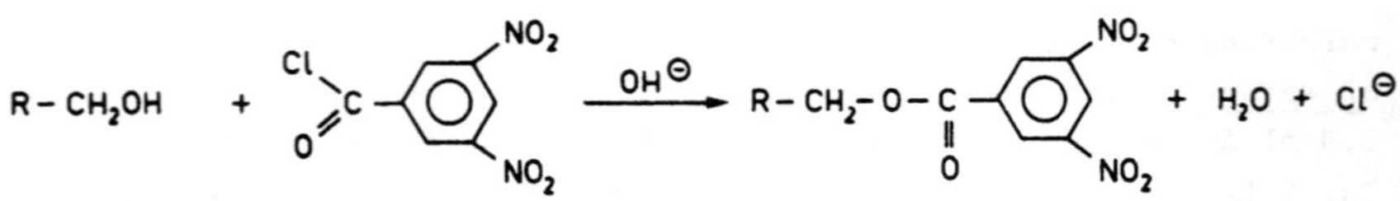

Schwerflüchtige Alkohole lassen sich besser mit 4-Nitrobenzoylchlorid verestern.

Für Prim. und sek. Alkohole können auch die Urethane (Carbaminsäureester) herangezogen werden, die durch Umsetzung der Alkohole mit Isocyanaten entstehen:

$$R^1-CH_2OH + O=C=N-R^2 \longrightarrow R^1-CH_2-O-\underset{\underset{O}{\|}}{C}-NH-R^2$$

R^2 = Phenyl oder α-Naphthyl

Primäre und sekundäre Alkohole (nicht aber tertiäre) reagieren mit Phthalsäureanhydrid zu den Halbestern (sauren Estern) der Phthalsäure, die häufig gut kristallisieren:

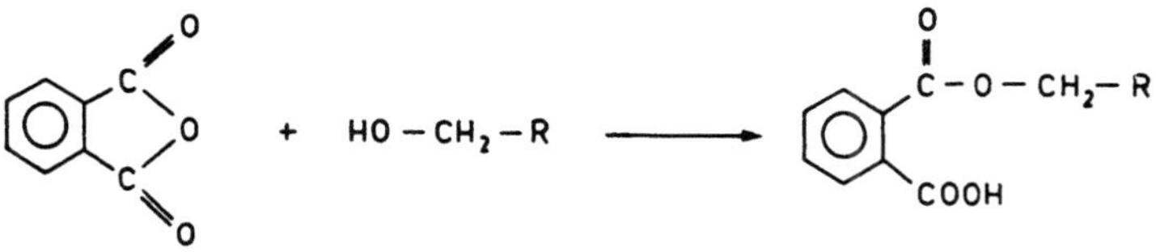

Durch Umsetzung der Hydrogenphthalate racemischer sekundärer Alkohole mit optisch aktiven Basen (z.B. Brucin) entstehen Diastereomere, die leicht getrennt werden können. Verseifung liefert anschließend die optisch aktiven Alkohole.

Polyhydroxyverbindungen, z.B. Zucker, werden meist als Benzoate (nach Schotten-Baumann) oder Acetate charakterisiert. Die Acylierung mit Acetylchlorid oder Acetanhydrid dient auch zur quantitativen Bestimmung von Hydroxylgruppen:

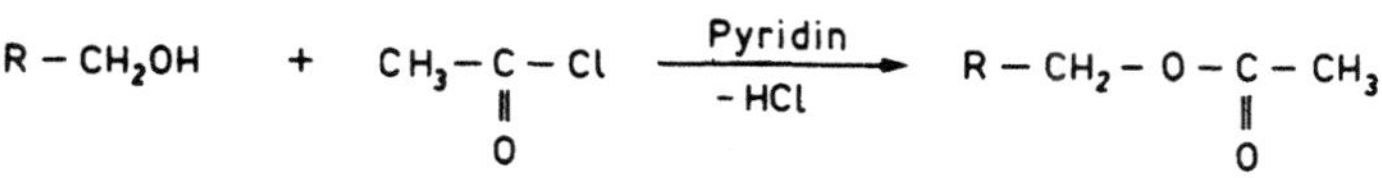

Polyalkohole mit 1,2-Dihydroxygruppen können quantitativ durch Oxidation mit Periodsäure *(Malaprade-Reaktion)* oder Bleitetraacetat *(Criegee-Reaktion)* bestimmt werden. Diese oxidative Glykolspaltung liefert Ketone bzw. Aldehyde, die entsprechend charakterisiert werden können. Vgl. S. 155.

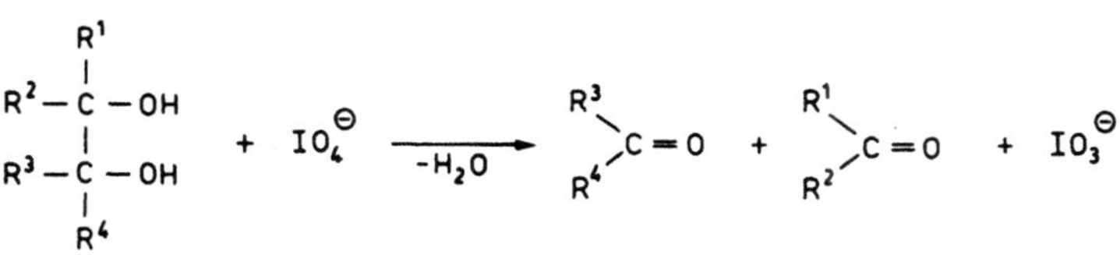

Qualitativer Nachweis: 25 ml einer 2 % KIO_4-Lsg. werden mit 2 ml 10 % $AgNO_3$-Lsg. und 2 ml konz. HNO_3 versetzt. Nach Stehenlassen wird die klare Reagenzlösung dekantiert. Die Analysensubstanz wird in Wasser oder Dioxan gelöst und mit Reagenzlösung versetzt. Ein Niederschlag von $AgIO_3$ zeigt einen positiven Test an (evtl. ist Erwärmen erforderlich). Reduktionsmittel - nicht aber Aldehyde - stören!

Enole

Eine Keto-Enol-Tautomerie (Prototropie) läßt sich durch folgende Gleichung beschreiben:

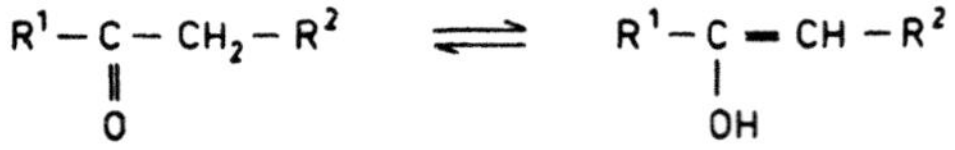

Keto-Form   Enol-Form

Enole geben daher sowohl Reaktionen wie sie für Carbonylverbindungen typisch sind (s.S. 155), als auch solche, mit denen Olefine oder acide Hydroxylgruppen charakterisiert werden.

Nachweis der Doppelbindung: z.B. Entfärben von Brom- und $KMnO_4$-Lsg. s.S. 141.

Nachweis der Hydroxylgruppe:

a) Farbreaktion mit einer $FeCl_3$-Lsg.

Durchführung: Die Analysensubstanz wird in Wasser oder in 50 % Ethanol gelöst (1 Tropfen Substanz in 5 ml Lösungsmittel) 1-2 Tropfen einer 1 % wäßr. $FeCl_3$-Lsg. werden zugegeben. Bei aliphatischen Enolen tritt eine rote bis blaue Färbung auf.

b) Charakterisierung

Die Hydroxylgruppe kann z.B. mit Acetanhydrid verestert werden (Bildung eines Enolacetats) oder mit Diazomethan in einen Enolether übergeführt werden:

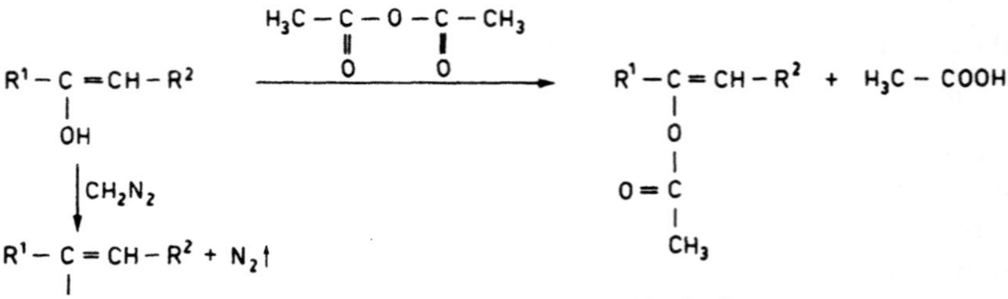

Enolester

Enolether

Phenole

Charakteristisch für Phenole ist ihre Farbreaktion mit einer 1 %-igen $FeCl_3$-Lösung.

Durchführung: wie bei den Enolen (s.S. 148).

Bei positiver Reaktion wird eine blaue bis violette, manchmal auch grünblaue Färbung der Reaktionslösung (Fe-Komplex) beobachtet. Hinweise auf Phenole gibt auch die Reaktion mit Diammoniumhexanitratocerat s.S. 145.
Phenole lassen sich mit Diazoniumsalzen in einer Kupplungsreaktion zu Azofarbstoffen umsetzen:

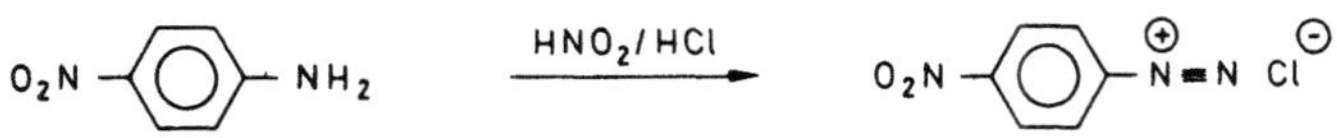

p-Amino-nitro-benzol
p-Nitranilin

p-Nitrobenzoldiazonium-chlorid

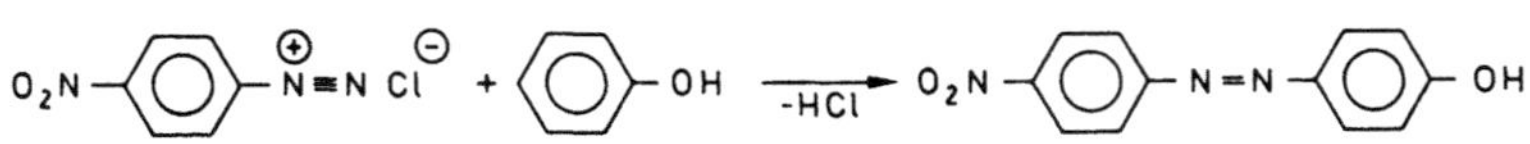

substituiertes Azobenzol

Durchführung: Reagenz ist eine 0,5 % Lösung von 4-Nitrobenzoldiazoniumchlorid in 0,5 M Salzsäure, das auch direkt aus 4-Nitranilin und $NaNO_2$ hergestellt werden kann. Die Analysensubstanz wird in Wasser oder verd. Ethanol gelöst und mit 1/10 ihres Volumens mit der Reagenzlsg. und der gleichen Menge einer 5 % Sodalösung versetzt. Es entstehen gelbe bis rote Farbstoffe.

Ein Indophenolfarbstoff entsteht beim Phenolnachweis nach *Liebermann:*

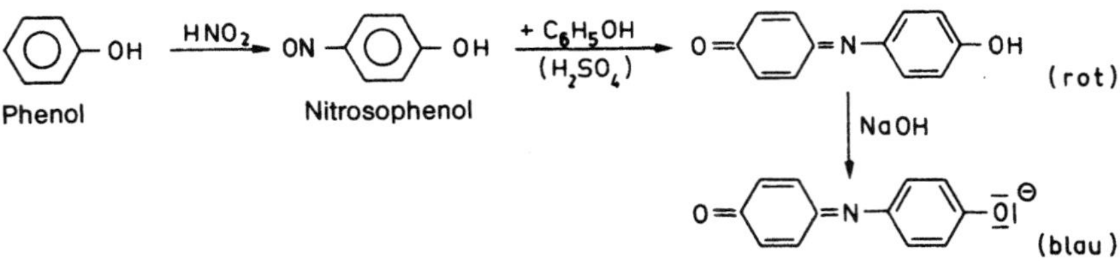

Durchführung: 1 Tropfen der etherischen Analysenlösung wird zur Trockne eingedampft und mit 1 Tropfen nitrithaltiger H_2SO_4 (konz. H_2SO_4 mit 1 % $NaNO_2$) versetzt. Man rührt um und läßt ca. 5 min stehen. Phenole geben meist eine rote Färbung, die bei Zugabe von verd. Natronlauge blau wird.

Aromatische m-Dihydroxyverbindungen (z.B. Resorcin) kondensieren mit Phthalsäureanhydrid zu Fluoresceinen.

Identifizierung: Phenole können ebenso wie Alkohole charakterisiert werden als Ester (z.B. mit Säurechloriden) oder Urethane (mit Isocyanaten). Weitere Möglichkeiten: Bromierung zu gut kristallisierenden Bromphenolen und Derivatisierung mit Chloressigsäure (Bildung von Aryloxyessigsäuren):

Ether

Ether sind in der Regel chemisch sehr inert. Lediglich spezielle Ether können auf einfache Weise nachgewiesen werden. Dazu gehören Acetale (bzw. Ketale) und Vinylether, die man nach der Hydrolyse als Oxime charakterisiert (Reaktion der Carbonylgruppe).

Alkylether, Arylalkylether und cyclische Ether (auch Oxirane) werden meist über ihre Spaltprodukte identifiziert. Hierzu dient konzentrierte Iodwasserstoffsäure.

a) $$-\overset{|}{\underset{|}{C}}-O-CH_3 \;+\; HI \longrightarrow -\overset{|}{\underset{|}{C}}-OH \;+\; CH_3I$$

(quantitative Bestimmung von Methoxygruppen nach *Zeisel*)

b) $$-\overset{|}{\underset{|}{C}}-O-\overset{|}{\underset{|}{C}}- \;+\; 2\,HI \longrightarrow 2\;-\overset{|}{\underset{|}{C}}-I \;+\; H_2O$$

Ein Überschuß von HI führt zur Bildung von 2 mol Alkyliodid.

Arylalkylether:

Bei der Spaltung erhält man ein Phenol und ein Alkyliodid.

Diarylether werden nicht gespalten, sondern durch elektrophile Substitution am Aromaten charakterisiert.

Peroxide

Aktive Sauerstoffgruppen oxidieren Iodid zu Iod, das wie üblich titriert werden kann:

$$R^1-O-O-R^2 \quad + \quad 2\,HI \quad \longrightarrow \quad R^1-OH \quad + \quad R^2-OH \quad + \quad I_2$$

Peroxide (z.B. in Ethern) können dadurch nachgewiesen werden, daß man sie mit essigsaurer KI-Lösung oder schwefelsaurer $Ti(SO_4)_2$-Lösung schüttelt. Gelbfärbung zeigt Peroxide an (s. Ti-Nachweis S. 101).

$$R^1-O-O-R^2 \quad + \quad 2\,H_2O \quad \xrightarrow{H^{\oplus}} \quad R^1-OH \quad + \quad R^2-OH \quad + \quad H_2O_2\,,$$

$$Ti(SO_4)_2 \quad + \quad H_2O_2 \quad \longrightarrow \quad [TiO_2 \cdot aq]^{2\oplus} \quad \text{gelb}$$

Amine

Amine bilden mit Säuren Salze, so daß man aufgrund ihrer Löslichkeit und ihres Stickstoffgehalts bei der Vorprobe bereits gewisse Hinweise erhält. Im einzelnen ist dann zu unterscheiden zwischen primären, sekundären und tertiären aliphatischen bzw. aromatischen Aminen, die durch verschiedene Reaktionen getrennt und identifiziert werden können.

Primäre Amine

Eine gute Vorprobe für primäre Amine ist die *Isonitrilreaktion*.

Durchführung: 50 mg oder 2 Tropfen der Analysensubstanz werden in 1 ml Ethanol gelöst. Man gibt 2 ml verd. Natronlauge und 5 Tropfen $CHCl_3$ zu und erhitzt kurz.

Es bildet sich ein unangenehm riechendes giftiges Isonitril. Die Reaktion verläuft über die Addition eines intermediär gebildeten Carbens an das Amin:

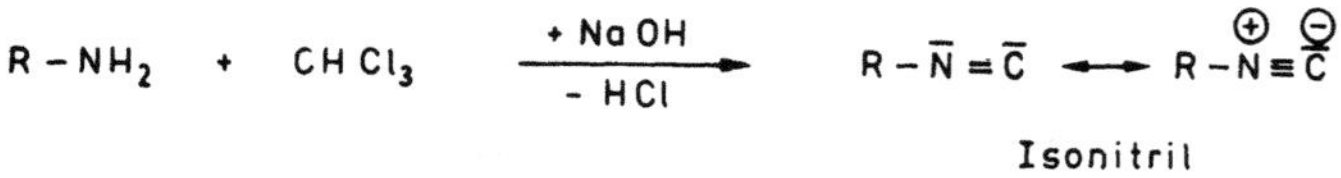

Primäre Amine können auch durch eine Farbreaktion mit 1,2-Naphthochinon-4-sulfonsäure nachgewiesen werden, wobei farbige Chinonimine gebildet werden:

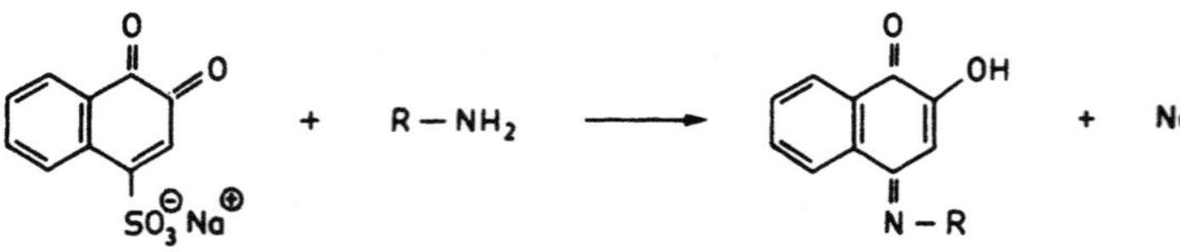

Primäre *und* sekundäre Amine

Primäre und sekundäre Amine sind acylierbar, z.B. mit Acetylchlorid oder Benzoylchlorid, wobei Carbonsäureamide entstehen. Tertiäre Amine reagieren nicht.

Diese Reaktionen dienen häufig zur Charakterisierung:

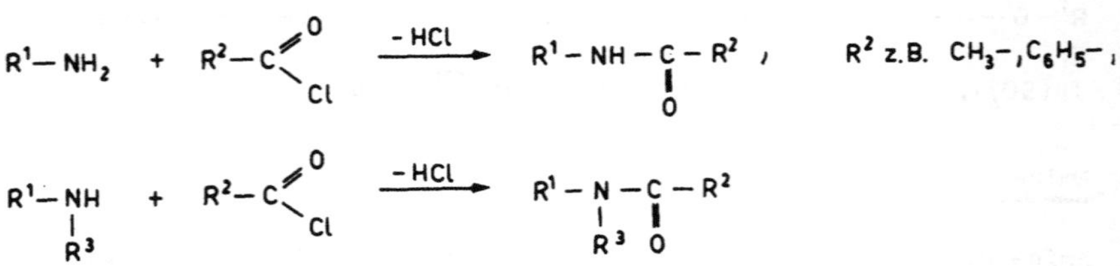

Qualitativer Nachweis: Zu 0,5 ml Amin oder seiner konz. Lösung in Toluol tropft man langsam Acetylchlorid. Heftige Reaktion unter Erwärmung weist auf prim. und sekundäre Amine hin.

Die Reaktion mit 2,4-Dinitrohalogenbenzolen liefert die entsprechenden Nitroaniline (nucleophile Substitution am Aromaten!):

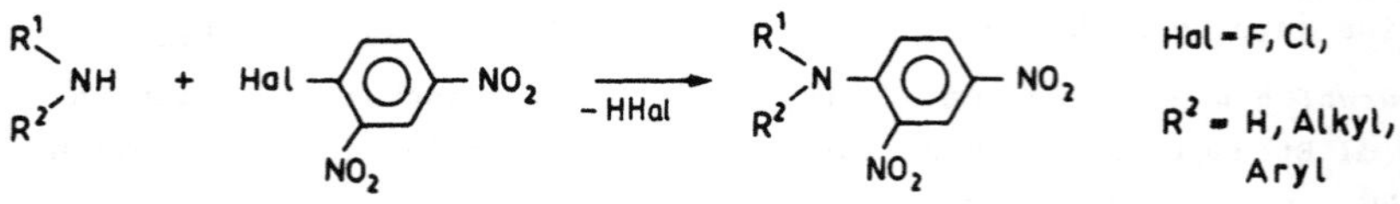

Eine einfache Methode ist die Umsetzung der Ammoniumsalze mit dem Alkalisalz eines Disulfimids, wobei gut kristallisierende Salze entstehen, mit 4,4'-Dichlordiphenylsulfimid z.B.

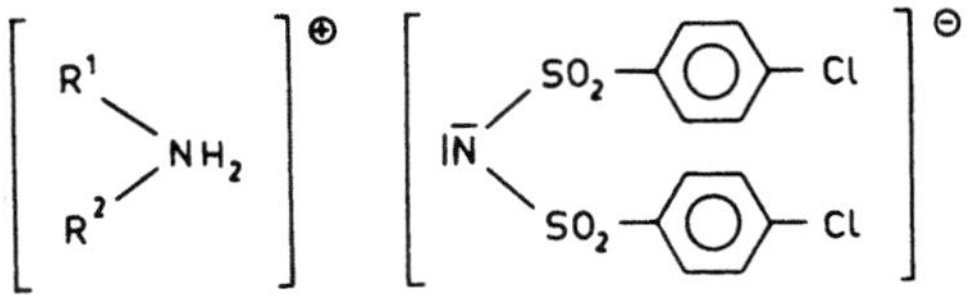

Tertiäre Amine

Tertiäre Amine werden durch Quaternisierung charakterisiert, z.B. als Iodid, Tosylate oder Pikrate:

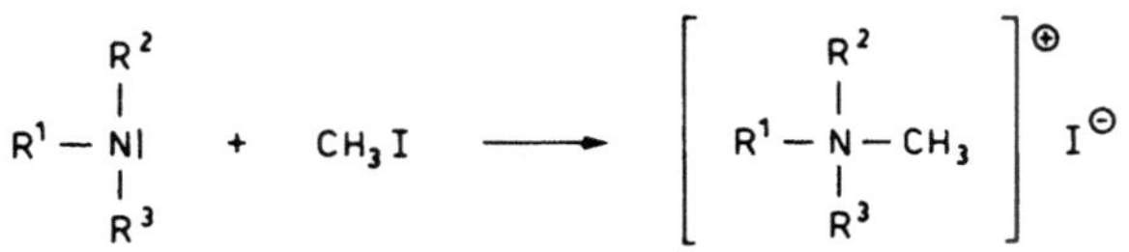

Trennung primärer, sekundärer und tertiärer Amine

a) Hinsberg-Trennung

Das Amingemisch wird mit Toluolsulfonylchlorid in alkalischer Lsg. behandelt.

Tertiäre Amine bleiben unter den Bedingungen der Analyse in Lsg. und können mit verd. Salzsäure als Hydrochlorid entfernt werden.

Sekundäre Amine bilden Monosulfonamide, die in alkalischer Lösung unlöslich sind und ausfallen:

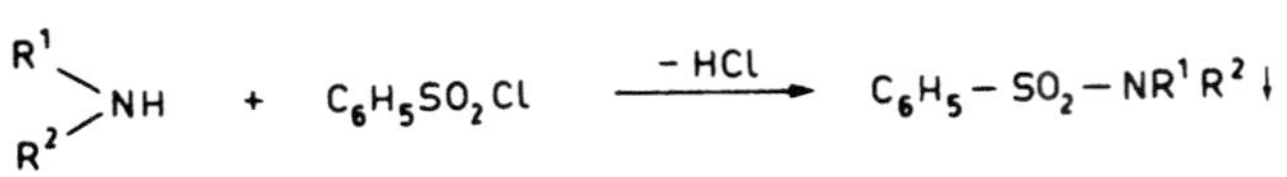

Aus primären Aminen entstehen Monosulfonamide und z.T. Disulfonamide. Letztere werden mit Natriumethylat gespalten und damit in das Monosulfonamid übergeführt. Die nun vorliegenden Monosulfonamide der primären Amine bleiben als Na-Salze zunächst in der alkalischen Lösung (NH-acide Verbindungen, aktiviert durch elektronenziehende SO_2-Gruppe!). Beim Ansäuern der Lsg. mit verd. Salzsäure fallen sie aus:

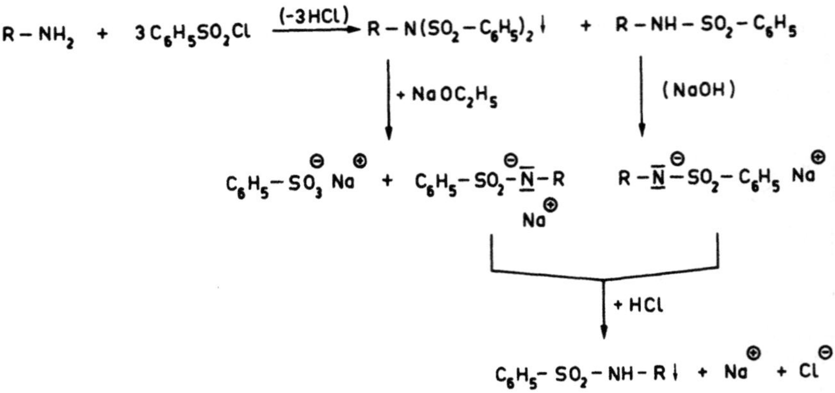

b) Trennung und Unterscheidung von aliphatischen und aromatischen Aminen

Amine verhalten sich je nach ihrem Substitutionsmuster unterschiedlich gegenüber salpetriger Säure HNO_2.

Primäre aliphatische Amine bilden instabile Diazonium-Salze, die weiter zerfallen. Der entstandene Stickstoff kann gasvolumetrisch bestimmt werden (Bestimmung nach van Slyke, auch für Aminosäuren brauchbar):

$$R-NH_2 + HONO \xrightarrow{(HX)} [R-N\equiv N]^{\oplus} X^{\ominus} \xrightarrow{H_2O} N_2\uparrow \text{ (+ Alkohol + Alken)}$$

Primäre aromatische Amine bilden Diazoniumsalze, die z.B. nach Kupplungsreaktionen mit 2-Naphthol farbige Azoverbindungen bilden:

$$Ar-NH_2 + HONO \xrightarrow{(HX)} [Ar-N\equiv N]^{\oplus} X^{\ominus} + 2\,H_2O$$

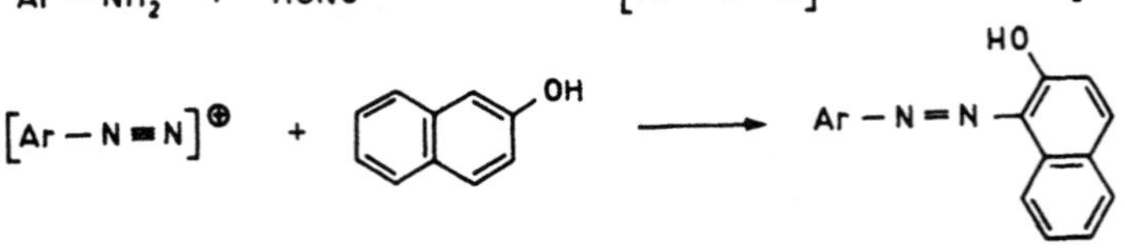

Sekundäre aliphatische und aromatische Amine bilden Nitrosamine:

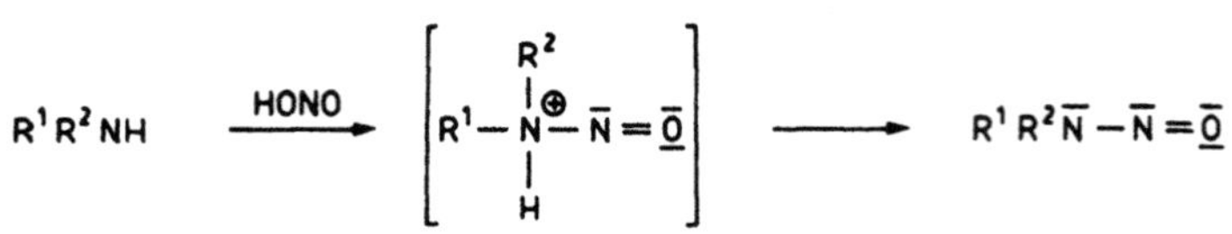

Tertiäre aliphatische und aromatische Amine reagieren unter den bei der Analyse angewandten Bedingungen nicht.

Aldehyde und Ketone

Zum Nachweis der Carbonylgruppe können die zahlreichen bekannten Kondensationsreaktionen mit Verbindungen des Typs $R-NH_2$ herangezogen werden.

Allgemeine Reaktionsgleichung:

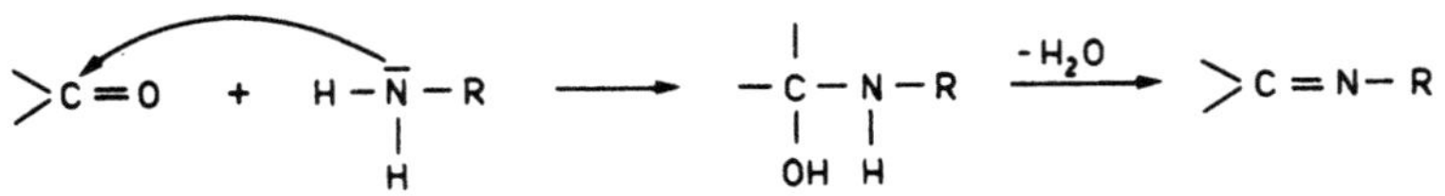

Wichtige Reagenzien und ihre Derivate:

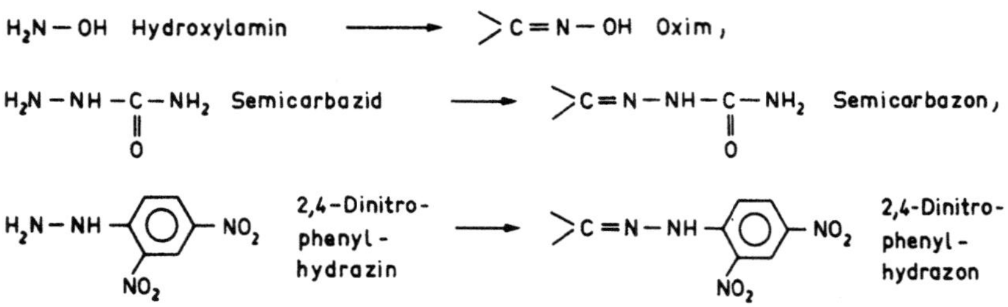

Aldehyde können von Ketonen durch ihre leichte Oxidierbarkeit unterschieden werden. Hierzu dienen die "Fehlingsche Lösung", "Tollens-Reagenz" oder, als sehr empfindliche Probe, die Umsetzung mit fuchsinschwefliger Säure ("Schiffsches Reagenz"), deren Lösung sich mit Aldehyden violett färbt.

Im Reagenz liegt vorwiegend Fuchsinleukosulfonsäure als I vor, aus der durch Reaktion mit dem Aldehyd und Hydrogensulfit hauptsächlich ein Triphenylmethanfarbstoff II gebildet wird.

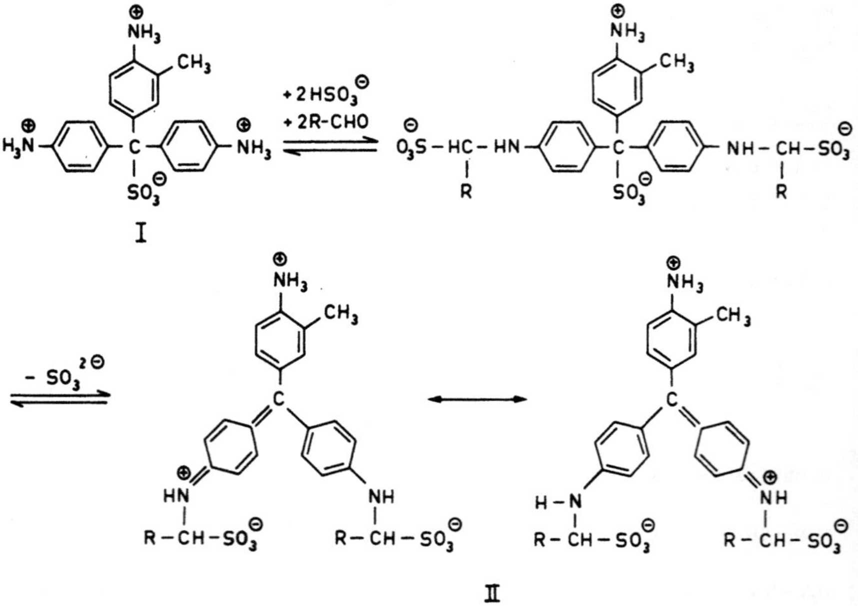

Durchführung: Zu 2 Tropfen oder 50 mg Substanz werden 2 ml Schiffsches Reagenz gegeben und gut geschüttelt. Wasserunlösliche Verbindungen werden in Ethanol (1 ml) gelöst. Eine Blindprobe ist ratsam.

Die Reaktion mit Dimedon (5,5-Dimethylcyclohexan-1,3-dion) ist bei Einhaltung der vorgeschriebenen Bedingungen für Aldehyde spezifisch. Man erhält ein gut kristallisierendes Kondensationsprodukt, das mit verd. Säure in ein ebenfalls gut kristallisierendes Oxo-xanthen-Derivat übergeführt werden kann:

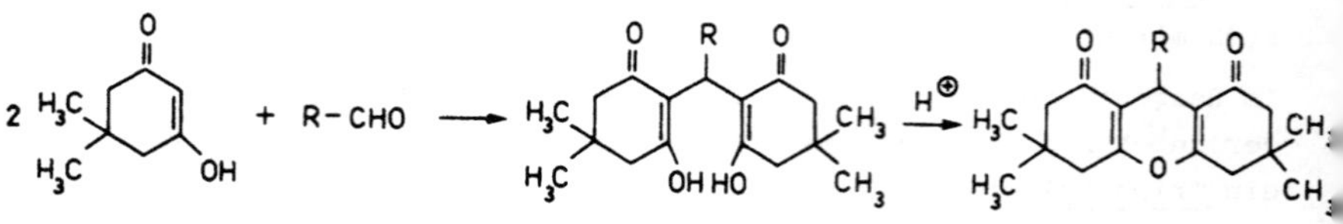

Mehrfunktionelle Gruppen mit einer Carbonylgruppe

Kohlenhydrate wie Ketosen und Aldosen werden u.a. charakterisiert als p-Nitrophenyl-hydrazone und Osazone.

Osazone entstehen durch Umsetzung von Aldosen und Ketosen mit Phenylhydrazin. Der Mechanismus ist noch nicht ganz geklärt:

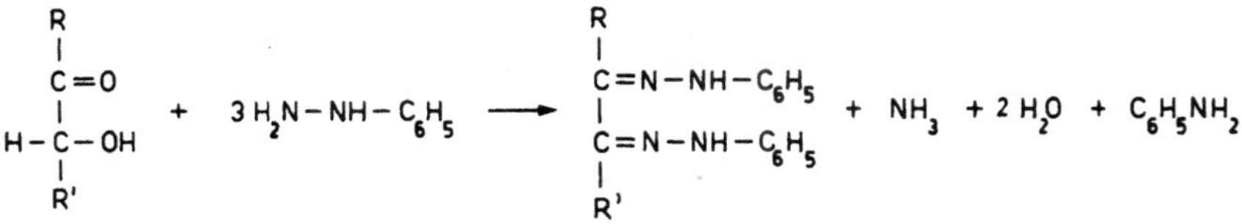

Osazon

α-Hydroxyketone, die das Strukturelement $-\overset{O}{\overset{\|}{C}}-\overset{OH}{\overset{|}{C}H}-$ enthalten, werden durch Triphenyltetrazoliumchlorid zur 1,2-Dicarbonylverbindung oxidiert:

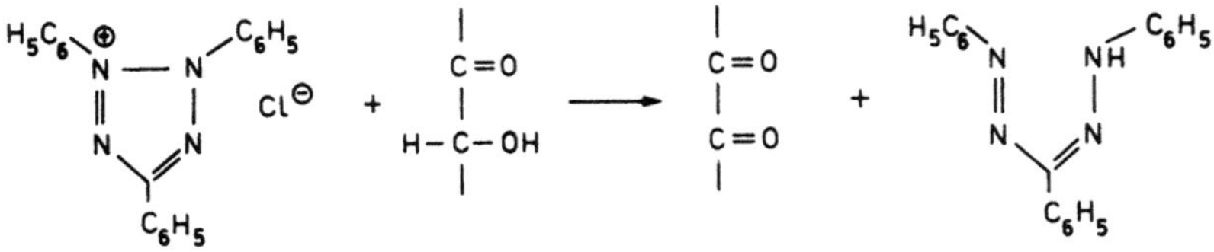

farblos

Triphenylformazan (rot)

1,2-Diketone bilden mit Hydroxylamin Bisoxime, die mit Ni(II)-Ionen rote Chelatkomplexe geben (s.S. 214).

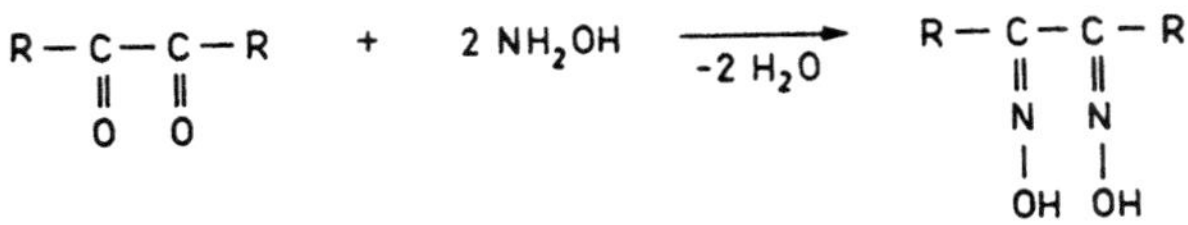

Auch 1,3-Diketone bilden schwerlösliche Chelatkomplexe, z.B. mit Cu^{2+}-Ionen, da sie zur Enolisierung neigen:

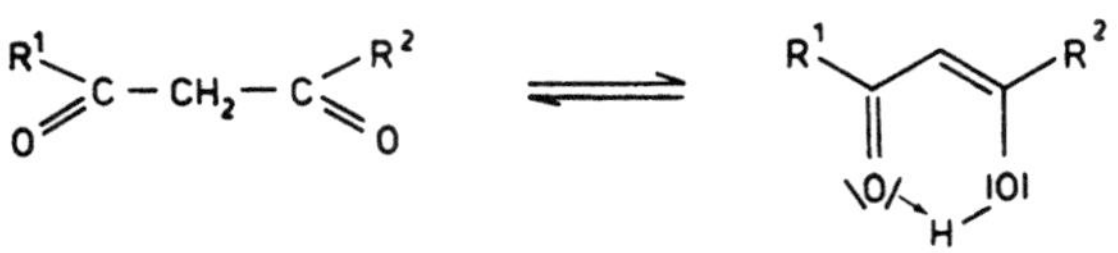

Carbonsäuren und Derivate

Carbonsäuren reagieren ebenso wie Sulfonsäuren sauer und setzen aus verdünnter Na_2CO_3-Lsg. CO_2 frei. Sie lösen sich in wäßriger Alkalihydroxid-Lsg.

Charakterisiert werden sie am besten über ihre Derivate, indem man sie z.B. mit Thionylchlorid ($SOCl_2$) in die entsprechenden Säurechloride überführt, aus denen unmittelbar (Rohprodukte verwendbar) die Amide (z.B. mit NH_3) oder Anilide (z.B. mit $C_6H_5NH_2$) hergestellt werden können:

$$R-\overset{\overset{\large O}{\|}}{C}-OH \xrightarrow{SOCl_2} R-\overset{\overset{\large O}{\|}}{C}-Cl + HCl + SO_2 ,$$

$$R-\overset{\overset{\large O}{\|}}{C}-Cl + H-N\begin{matrix}R^1\\R^2\end{matrix} \longrightarrow R-\overset{\overset{\large O}{\|}}{C}-NR^1R^2 + HCl$$

Zur Identifizierung können ferner Ester verwendet werden. Hierzu dienen die Reaktionen von p-Nitrobenzylchlorid oder p-Bromphenacylbromid mit den Alkalisalzen der Säuren:

$$R-COOH + NaOH \longrightarrow RCOO^{\ominus}Na^{\oplus} + H_2O ,$$

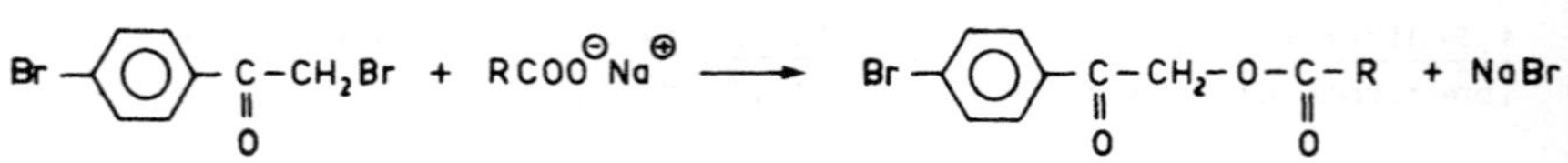

Carbonsäurederivate

Carbonsäure-Derivate, wie Ester, Amide, Anhydride usw. werden oft hydrolysiert und die Spaltprodukte einzeln nachgewiesen.

Carbonsäureanhydride und -halogenide reagieren mit Anilin zu festen Aniliden und können auch so identifiziert werden (vgl. Charakterisierung der Carbonsäuren)

Durchführung: 3 Tropfen der Analysensubstanz (oder 100 mg in 1 ml heißem Toluol gelöst) werden mit 5 Tropfen Anilin umgesetzt. Es wird abgekühlt und das Anilid durch Reiben mit einem Glasstab zur Kristallisation gebracht.

Carbonsäureamide sind meist alkalisch gut verseifbar. Die entstandene Carbonsäure kann aus der Reaktionslösung als p-Bromphenacylester nachgewiesen werden.

Nitrile können alkalisch - oder noch besser - sauer vollständig hydrolysiert werden. Die entstandene Carbonsäure wird als p-Bromacylester nachgewiesen. Alternativ ist die Reduktion, z.B. mit Natrium in Alkohol (*Bouveault-Blanc-Reduktion*) möglich, die zu Aminen führt. Diese lassen sich unmittelbar in Phenylthioharnstoffe überführen.

Carbonsäureester liefern bei der Hydrolyse die entsprechenden Carbonsäuren und Alkohole, die getrennt identifiziert werden.

Alternativen sind die *Umesterung* und die *Aminolyse*: Setzt man einen Ester mit Benzylamin um, so erhält man die Säure als Benzylamid-Derivat. Die Alkoholkomponente wird identifiziert, indem der Ester in einem zweiten Reaktionsansatz mit 3,5-Dinitrobenzoesäure zur Reaktion gebracht wird, wobei der Dinitrobenzoesäureester des Alkohols entsteht. Ester höherer Alkohole müssen evtl. zuvor durch Kochen mit Methanol in die Methylester übergeführt werden. In diesem Fall kann die erhaltene Reaktionslösung direkt der Aminolyse unterworfen werden:

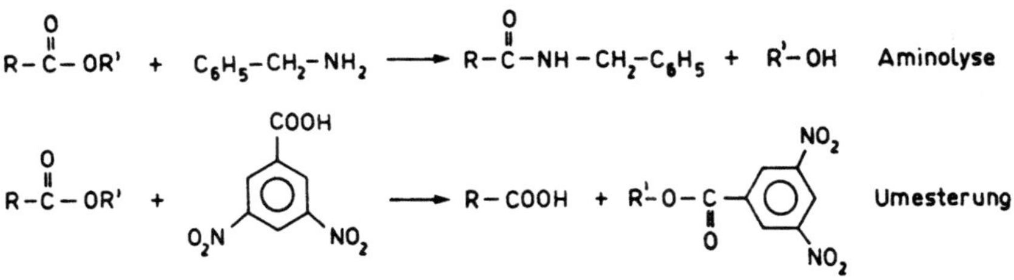

Nachweis von Carbonsäuren und ihren Derivaten mit Hydroxylamin

Freie Carbonsäuren und ihre Salze werden mit $SOCl_2$ in die Säurechloride übergeführt. Carbonsäureester werden mit Kalilauge hydrolysiert und noch in der Reaktionslsg. mit Hydroxylammoniumchlorid versetzt. Säurechloride und Säureanhydride können zum Nachweis direkt verwendet werden.

Bei den Nachweisreaktionen entstehen Hydroxamsäuren, die mit Fe^{3+}-Ionen rot bis violett gefärbte Komplexe bilden. (Beispiel s.S. 160).

Durchführung:

a) Carbonsäureanhydride und -chloride

Diese Verbindungsklassen sind so reaktionsfähig, daß man zur Unterscheidung von den anderen Derivaten alle Reagenzien gemeinsam zugibt. Zu diesem Zweck wird eine 0,5 % ethanolische $FeCl_3$-Lsg. mit wenig Salzsäure angesäuert und warm mit $H_2NOH \cdot HCl$ gesättigt.

1 Tropfen einer etherischen Lösung der Analysensubstanz wird mit 1 - 2 Tropfen des Reagenzes versetzt und langsam zur Trockne eingedampft. Nach Zugabe von etwas Wasser erhält man eine rote Lösung.

b) Carbonsäureester

1 Tropfen einer etherischen Analysenlösung versetzt man mit 1 Tropfen gesättigter ethanolischer Kalilauge und 1 Tropfen gesättigter ethanolischer $H_3NOH^+Cl^-$-Lsg. Die Mischung wird einige Minuten zum Sieden erhitzt und nach dem Abkühlen mit 0,5 M Salzsäure angesäuert. Nach Zugabe von 1 Tropfen einer 5 % $FeCl_3$-Lsg. erhält man eine rote Lösung.

c) Carbonsäuren und ihre Salze

1 Tropfen (oder 50 mg) der Analysensubstanz wird mit 5 Tropfen $SOCl_2$ versetzt und fast bis zur Trockne eingedampft. Danach werden 2 Tropfen einer ges. ethanol. $H_3NOH^+Cl^-$-Lsg. zugesetzt und tropfenweise mit ethanol. Kalilauge alkalisch gemacht. Nach kurzem Erwärmen wird nach dem Abkühlen mit 0,5 M Salzsäure angesäuert und 1 Tropfen 5 % $FeCl_3$-Lsg. zugegeben. Man erhält dunkelrote bis violette Farblösungen.

Beispiel:

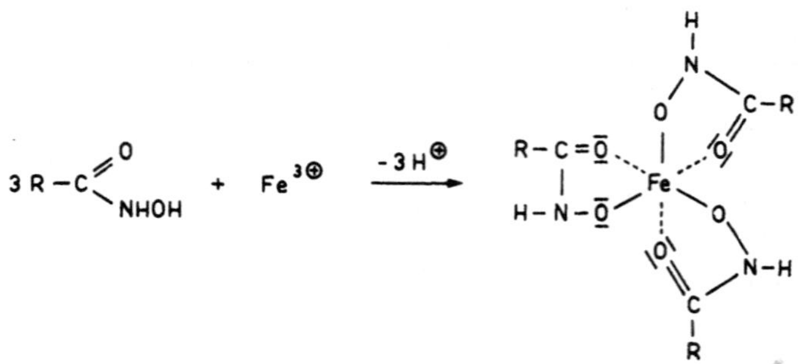

Aminosäuren

Derivate zur Identifizierung erhält man am besten durch Acylieren der Aminogruppe, z.B. mit 3,5-Dinitrobenzoylchlorid. Eine weitere Möglichkeit bietet die Reaktion mit 2,4-Dinitrofluorbenzol (Sangers Reagenz, s.S. 152).

Die Addition an Phenylisothiocyanat wird zur Sequenzanalyse von Proteinen nach Edman verwendet. Das entstehende Hydrolyseprodukt cyclisiert zu einem Phenylthiohydantoin.

Charakteristisch, wenngleich nicht spezifisch, ist die Ninhydrin-Reaktion. Ninhydrin (Triketohydrindenhydrat) dehydriert die Aminosäure zu einer Iminosäure und wird selbst zu einem sekundären Alkohol reduziert. Die Iminosäure zerfällt in den nächst niederen Aldehyd, CO_2 und NH_3. Letzteres kondensiert mit weiterem Ninhydrin zu einem blauvioletten Farbstoff.

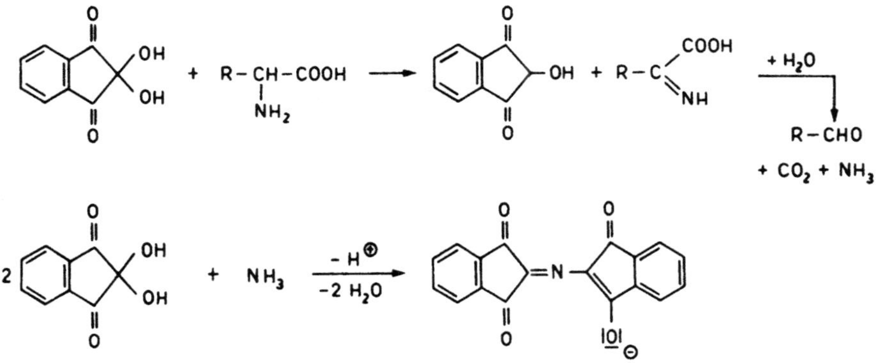

Durchführung: 1,5 mg Analysensubstanz werden in wenig Wasser mit 5 Tropfen einer 1 % wäßrigen Ninhydrinlsg. kurz gekocht. Es entsteht eine blauviolette Lösung.

Eine weitere Nachweismöglichkeit bietet die van Slyke-Reaktion s.S. 154.

Sulfonsäuren und Derivate

Sulfonsäuren werden ähnlich wie Carbonsäuren identifiziert. Nach Überführung in das Säurechlorid mit $SOCl_2$ oder PCl_5 können sie als Sulfonamide charakterisiert werden durch Aminolyse mit NH_3 oder $C_6H_5NH_2$:

$$R-SO_2OH \xrightarrow{PCl_5} R-SO_2Cl \xrightarrow{H_2N-R'} R-SO_2-NH-R'$$

Alternativ werden sie als Salze identifiziert, und zwar durch Fällen mit S-Benzylisothioharnstoffchlorid als S-Benzylisothioharnstoffsulfonate (diese Reaktion ist für Carbonsäuren weniger zu empfehlen):

Durchführung: 1 g des Sulfonats werden in Wasser gelöst und im Eis/Wasser-Bad zu einer Lösung von 1 g Reagenz in Wasser zugegeben. Die erhaltene kristalline Fällung wird aus 50 % Ethanol umkristallisiert.

Sulfonsäurechloride werden am einfachsten als Amide oder Anilide identifiziert.

Sulfonsäureamide werden sauer hydrolysiert und die Hydrolyseprodukte getrennt identifiziert. Primäre Sulfonsäureamide können ferner mit Xanthydrol (9-Hydroxyxanthen) zu N-Xanthylsulfonamiden umgesetzt werden.

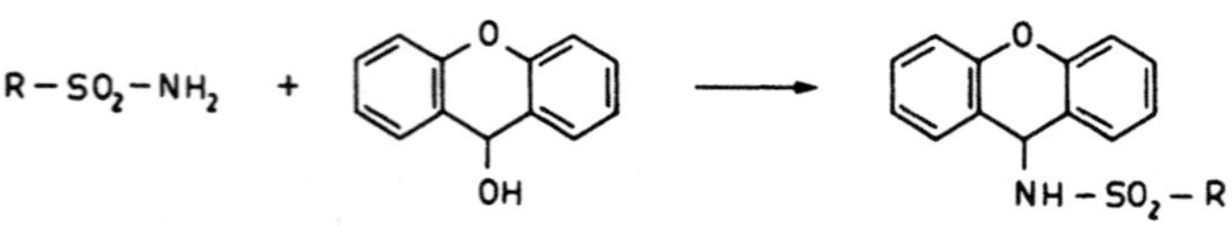

Primäre und sekundäre Sulfonamide lassen sich auch am Stickstoffatom alkylieren:

$$R^1-SO_2-NHR^2 + R^3-Hal \xrightarrow{OH^\ominus} R^1-SO_2-NR^2R^3 + H-Hal$$

2. Grundlagen der quantitativen Analyse

2.1 Analytische Geräte

2.1.1 Waagen

Das wichtigste Gerät des Analytikers ist die Waage, denn zu Beginn jeder quantitativen Analyse erfolgt eine Substanzeinwaage. Von ihrer Präzision hängt entscheidend die Genauigkeit der Analysenergebnisse ab.

Waagetypen

a) Balkenwaage (Hebelwaage)

Bei diesen Waagen ist die Wägung unabhängig vom jeweiligen Standort, da die zu bestimmende Masse mit einer bekannten Masse aus einem Gewichtssatz direkt verglichen wird.

Die wohl bekannteste Waage ist die zweiarmige Hebelwaage mit drei Schneiden und zwei Schalen (Abb. 9).

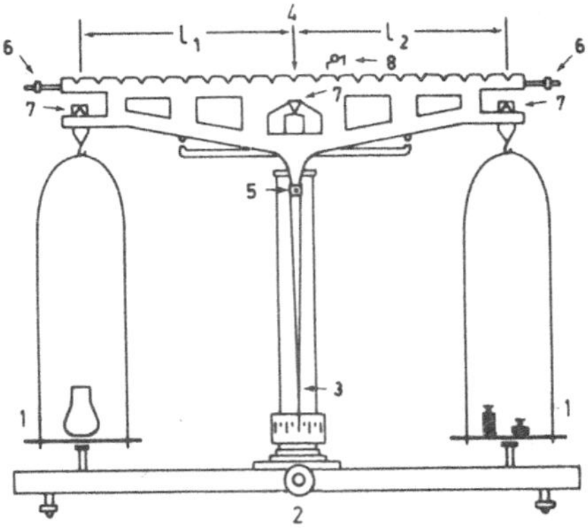

Abb. 9. Zweiarmige Hebelwaage (gleicharmig).
1. Waagschalen (eine für die Gewichte, die andere für die Probe);
2. Arretierung;
3. Balancezeiger;
4. Waagebalken;
5. Empfindlichkeitseinstellung;
6. Nullpunktseinstellung;
7. die drei Schneiden;
8. Reiter (kleines Gewicht)

Der starre Waagebalken liegt mit seiner Mittelschneide auf einem Lager (Pfanne) aus Stahl oder Achat. Er trägt an seinem Ende je eine Waagschale, die ähnlich aufgehängt ist. Dadurch werden Reibungsverluste möglichst klein gehalten. Der Schwerpunkt der Waage muß unterhalb des Drehpunktes liegen, denn nur dann ist ein stabiles Gleichgewicht erreichbar. Dies ist jedoch notwendig, weil die Wägung einen Massenvergleich auf der Grundlage eines Gleichgewichtszustandes darstellt. Hierbei gelten die Hebelgesetze. Da in der Praxis der Gleichgewichtszustand bei unbelasteter Waage nur angenähert erreicht werden kann, müssen die herstellungsbedingten Toleranzen durch Justiergewichte ausgeglichen werden.

Eine weitere Waage, die zunehmend mehr Verwendung findet, ist die einschalige, ungleicharmige Hebelwaage (Abb. 10). Diese Waage wurde entwickelt, um die Zahl der technisch bedingten Wägefehler zu verringern. Sie besitzt nur noch zwei Schneiden, da eine Waagschale durch eine fest angebrachte Gegenmasse am Waagebalken ersetzt wurde. Bei der Messung werden von der immer mit der Höchstlast belasteten Waage die dem Wägegut entsprechenden Massen als "Schaltgewichte" entfernt, bis der Gleichgewichtszustand erreicht ist. Die Wägung findet also immer bei der gleichen Belastung und damit bei gleicher Empfindlichkeit statt. Moderne Waagen haben zur Schonung der Schneiden oft noch eine Vorwägeeinrichtung, mit der das Wägegut grob abgewogen werden kann. Das Ergebnis der Wägung wird häufig auch digital angezeigt.

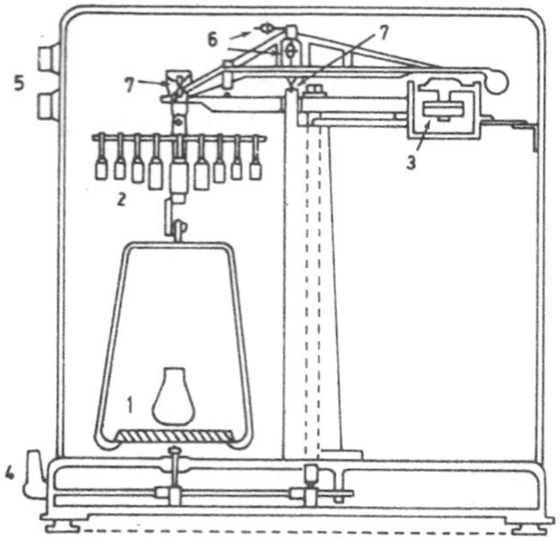

Abb. 10. Einschalige, ungleicharmige Hebelwaage. 1. Waagschale; 2. Schaltgewicht; 3. Gegenmasse (Dämpfung); 4. Arretierung; 5. Drehknöpfe für Schaltgewichte; 6. Empfindlichkeitseinstellung; 7. Schneiden des Waagebalkens

Beide Waagetypen müssen nach Gebrauch arretiert werden, um die Schneiden zu schonen. In der Regel befindet sich die Waage in einem Gehäuse mit Schiebetüren (zur Verhinderung von Luftströmung), dessen Horizontaleinstellung mit Hilfe einer Libelle kontrolliert werden kann.

b) Waagen mit elastischem Meßglied und elektromagnetische Waagen

Diese Waagen sind ortsabhängig, da bei ihnen Gewichte (= Masse · Erdbeschleunigung) kompensiert werden. Sie dienen zur schnellen Wägung im Labor, z.B. als oberschalige Federwaage, oder zur Mikrowägung, z.B. als Elektrowaage, wobei die Meßwerte mit Rechenanlagen weiterverarbeitet werden können.

Bei der "Torsionswaage" wird das die Last ausgleichende Gegenmoment durch die Verdrillung z.B. eines Spannbandes (Abb. 11 a) erzeugt.

Bei der "Elektrowaage" befindet sich eine mit dem Waagebalken verbundene Spule im Luftspalt eines Magnetsystems. Die Auslenkung wird entweder über eine Photozelle registriert oder über induzierte Wechselspannungen mit einem Digitalvoltmeter gemessen. Die einzelnen Hersteller bieten für die elektrische Gewichtskompensation verschiedene Spulensysteme an.

Wichtige Begriffe der Wägetechnik

Die Empfindlichkeit E gibt diejenige Mehrbelastung m einer Waage an, bei der diese noch mit einem bestimmten Ausschlag Δ reagiert.

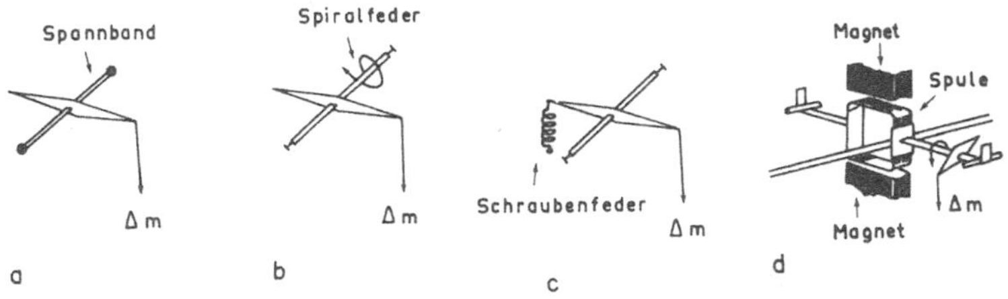

Abb. 11 a-d. Prinzip der Waagen mit elastischen und elektromagnetischen Meßgliedern. a) Spannband; b) und c) Federwaagen; d) Elektrowaage

Hierzu bestimmt man das Verhältnis des Zeigerausschlags zur Masse der Überbelastung, die ihn hervorruft:

$$E = \frac{\Delta}{m} \quad \frac{\text{Skalenteile}}{\text{mg}},$$

Δ = Größe des Ausschlags,
m = Masse der Überbelastung.

Die Empfindlichkeit hängt u.a. ab von der Länge und Masse des Waagebalkens, der Belastung der Waage, vom Abstand Schwerpunkt - Drehpunkt etc.

Genauigkeit heißt die Übereinstimmung der Anzeige einer Waage mit dem tatsächlichen Gewicht des Wägegutes. Sie hängt ab vom relativen Wägefehler des Gerätes und den Meßfehlern des Benutzers.

Relativer Wägefehler nennt man das Verhältnis von Fehlergrenzen zu Höchstlast. Er dient als Gütekennzeichen von Waagen und ist durch die Konstruktion gegeben. Beispiel für die Berechnung der Fehlergrenze (entspricht dem Vertrauensbereich in der Statistik s.S. 187). Eine Mikrowaage mit der Höchstlast 20 g und einem relativen Fehler von $\pm 5 \cdot 10^{-8}$ hat eine Fehlergrenze von $\pm 20 \cdot 5 \cdot 10^{-8}$ g = $\pm 10^{-6}$ g = ± 0,001 mg.

Reproduzierbarkeit (Streuung, entspricht der Standardabweichung in der Statistik, s.S. 165) ist die mittlere Abweichung der Wägeergebnisse jeder Einzelwägung vom Durchschnitt.

Wägebereich heißt der Bereich, innerhalb dessen die Meßwerte von der Waage angezeigt werden. Er ist nicht mit der Höchstlast identisch, da bei dieser noch der Tarierbereich (für Leergut) zu berücksichtigen ist.

Meßfehler werden meist durch den Benutzer verursacht. Die wichtigsten sind: Temperatur des Wägeraumes oder des Wägegutes schwankt, Erschütterungen der Waagen, Abnutzung der Schneiden wegen vergessener Arretierung, ungeeigneter Gewichtssatz, wechselnder Feuchtegrad des Wägegutes, Fehler beim Wägeverfahren, Gewichtsverhältnis Probengefäß : Probe größer als 200 : 1, etc.

Einteilung der Waagen nach ihrer Verwendung

Typ	relat. Wägefehler	bei einer Höchstlast
Feinwaagen	$\pm 10^{-8}$ bis $\pm 5 \cdot 10^{-6}$	von 1 g bis 1 kg
Präzisionswaagen	$\pm 10^{-5}$ bis $\pm 10^{-3}$	von 1 g bis 10 kg
techn. Waagen	$\pm 10^{-4}$ bis $\pm 10^{-3}$	von 100 g bis 5000 kg

Einsatzbereich der Analysenwaagen (Skt = Skalenteile)

Typ	Fehlergrenze	Wägebereich	Empfindlichkeit
Mikrowaage	± 0,001 mg	bis 20 g	Skt/mg ≈ 200
Halbmikrowaage	± 0,01 mg	bis 100 g	Skt/mg ≈ 20
Analysenwaage	± 0,05 mg	bis 200 g	Skt/mg ≈ 10

2.1.2 Volumenmeßgeräte für Flüssigkeiten

Für maßanalytische Bestimmungen müssen Geräte verwendet werden, die eine einwandfreie Volumenmessung gestatten.

Meßkolben sind Standkolben für einen definierten Rauminhalt (Abb. 12). Sie sind für eine bestimmte Temperatur geeicht. Genaue Messungen müssen daher bei dieser Temperatur vorgenommen werden. Bei farblosen Flüssigkeiten werden die Meßkolben soweit gefüllt, bis der tiefste Punkt des Meniskus der Flüssigkeit die Eichmarke berührt. Bei farbigen, undurchsichtigen Lösungen nimmt man den oberen Teil des Meniskus als Bezugsebene. Eine Berücksichtigung des parallaktischen Fehlers ist bei größeren Flüssigkeitsmengen unnötig.

Meßzylinder s.Abb. 13.

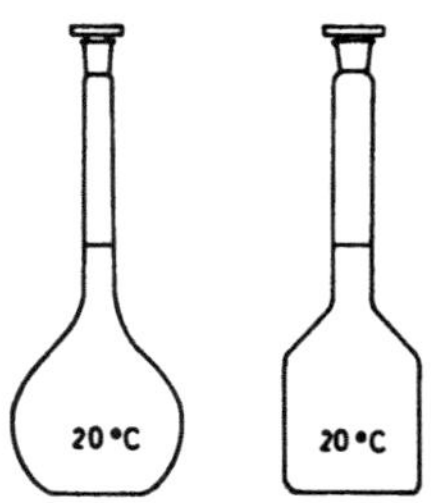

Abb. 12. Meßkolben

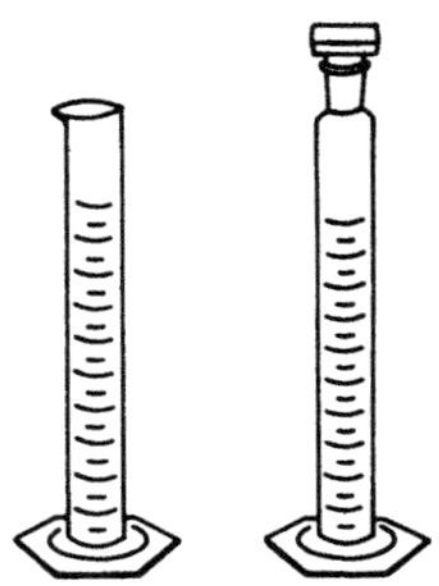

Abb. 13. Meßzylinder

Pipetten (Abb. 14) heißen röhrenförmige, in eine Spitze auslaufende Volumenmeßgeräte für Flüssigkeiten. Man unterscheidet zwischen Vollpipetten und Meßpipetten.

Vollpipetten haben im mittleren Teil eine zylindrische Erweiterung; am oberen Teil des Rohres begrenzt eine Eichmarke das Volumen. Man erhält diese Pipetten für 1, 2, 5, 10, 20, 50, 100 und 200 ml, vgl. Abb. 14 a).

Meßpipetten besitzen eine Graduierung. Durch Anlegen eines leichten Unterdrucks saugt man die abzumessende Flüssigkeit in die Pipette, bis die Flüssigkeit kurz über der Eichmarke steht.

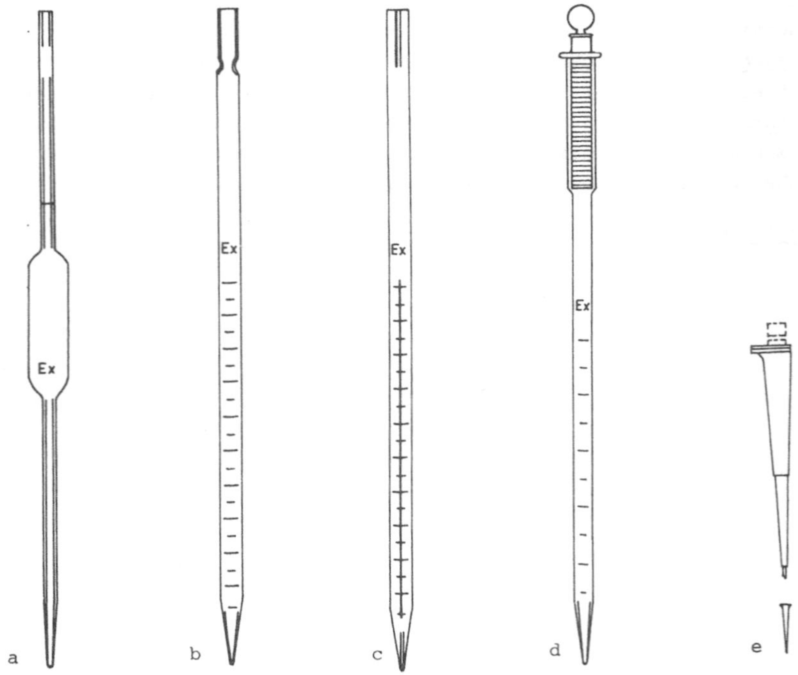

Abb. 14 a-e. Pipetten. a) Vollpipette; b) Meßpipette; c) Meßpipette mit Schellbachstreifen, s. unter Büretten; d) Meßpipette als Kolbenhubpipette; e) Mikroliterpipette
Ex symbolisiert Auslaufpipette

Durch kurzes Belüften läßt man dann soviel auslaufen, bis der Meniskus der Flüssigkeit mit der Eichmarke übereinstimmt. Beim Auslaufenlassen der Flüssigkeit sollte man die Pipettenspitze an die Gefäßwand halten.

Zum Hochsaugen der Flüssigkeit in der Pipette kann man im einfachsten Falle ein Gummibällchen benutzen. Für aggressive Flüssigkeiten gibt es auch Pipetten mit angeschmolzenem Schliffzylinder, in dem sich ein eingeschliffener, beweglicher Kolben befindet. Außer dieser einfachen Anordnung sind zahlreiche Präzisionspipetten im Handel, die selbst im Mikroliterbereich ein schnelles und genaues Pipettieren gestatten.

Beachte: Alle Pipetten sind für eine bestimmte Temperatur geeicht, die jeweils aufgedruckt oder eingraviert ist.

Die einfachen Modelle sind sog. Auslaufpipetten, d.h. sie sind so konstruiert, daß das abgemessene Volumen auch tatsächlich ausläuft. Sie dürfen daher nicht ausgeblasen werden.

Büretten (Abb. 16) sind Meßpipetten mit einem regelbaren Auslauf. Einfache Ausführungen besitzen einen Quetschhahn, bessere Ausführungen haben einen Hahn mit einem Küken aus Glas oder Teflon. Die Verwendung von Teflon macht das Fetten des Kükens überflüssig.

Die *normalen* Büretten haben eine bei 20° C auf 0,1 ml geeichte Skaleneinteilung. *Mikro*büretten sind in 0,01 ml unterteilt. Die Büretten werden gefüllt, bis der Meniskus der Flüssigkeit die Marke 0 ml erreicht hat. Besonders problemlos ist das Füllen bei den sog. *Zulauf*büretten, da sich hier der Nullpunkt automatisch einstellt.

Nach dem Auslauf der benötigten Flüssigkeitsmenge kann man das verbrauchte Volumen direkt ablesen. Um den sog. Nachlauffehler möglichst klein zu halten, wartet man mit dem Ablesen ca. 30 sec. Bei einfachen Büretten ist das genaue Einstellen des Nullpunktes und das Ablesen des verbrauchten Volumens umständlich. Man verwendet daher heute fast ausschließlich Büretten mit dem sog. *Schellbachstreifen* (Abb. 15). Dies ist ein blauer Längsstreifen auf einem mattierten Hintergrund. Durch die Reflexion der beiden Meniskusflächen entsteht eine Einschnürung des blauen Streifens, wenn sich die Augen des Beobachters in der Höhe der Flüssigkeitsoberfläche befinden. Der Schellbachstreifen erlaubt ein genaues Ablesen.

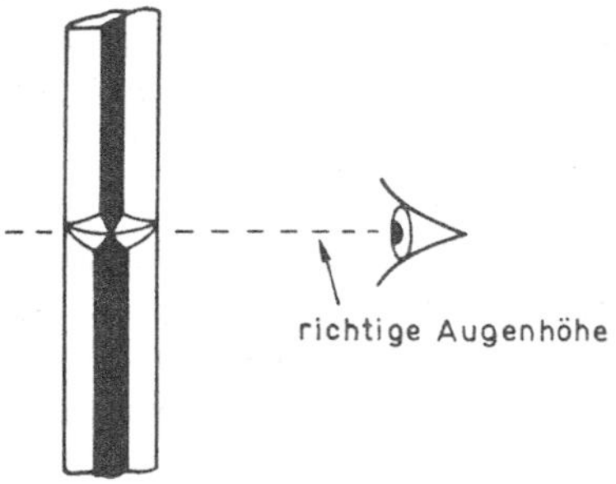

Abb. 15. Wirkungsweise des Schellbachstreifens

Beachte: Bei gefärbten, undurchsichtigen Flüssigkeiten nimmt man den oberen Rand des Meniskus als Bezugsebene. Hierbei muß man sehr genau den *parallaktischen Fehler* berücksichtigen.

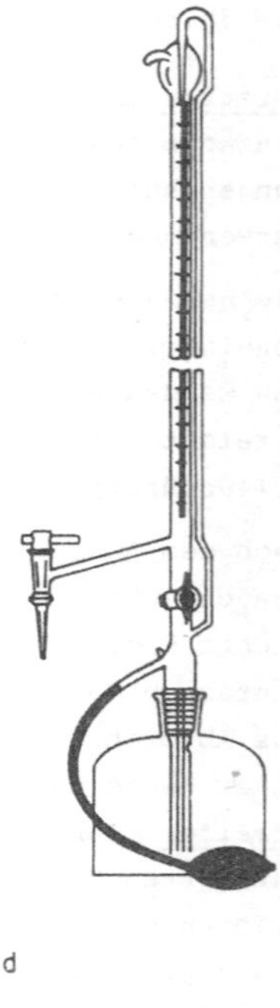

Abb. 16 a-d. Büretten. a) ohne Schellbachstreifen; b) und c) mit Schellbachstreifen; d) Zulaufbürette

Reinigung der Volumenmeßgeräte

Reinigen lassen sie sich mit handelsüblichen Reinigungsmitteln. Weitere Reinigungsmittel sind KOH (fest) + H_2O_2 oder $NaNO_3$ (fest) + heiße konz. H_2SO_4 (Schutzbrille und Schutzhandschuhe benutzen!)

2.2 Konzentrationsmaße

2.2.1 Konzentrationsangaben des SI-Systems

a) Die Stoffmengenkonzentration (Teilchenkonzentration) c_i eines Stoffes i wurde früher *Molarität* genannt und mit M abgekürzt.

Sie wird definiert durch die Gleichung:

$$c_i = \frac{n_i}{V}, \quad \text{SI-Einheit: } mol \cdot l^{-1}; \; V = \text{Volumen.}$$

Die Stoffmengenkonzentration c_i einer Lösung ist die Anzahl Mole n_i des gelösten Stoffes in dem gewählten Volumen der Lösung (z.B. 1 Liter Lösung).

Beispiele: Eine 1 M KCl-Lsg. enthält 1 mol KCl in 1 Liter Lösung. Eine 0,2 M Lsg. von $BaCl_2$ enthält 0,2 mol = 41,6 g $BaCl_2$ in 1 Liter. Die Ba^{2+}-Ionenkonzentration ist 0,2 molar. Die Konzentration der Chlorid-Ionen ist 0,4 molar, weil die Lösung 2 · 0,2 mol Cl^--Ionen im Liter enthält.

b) Zum Unterschied von der Stoffmengenkonzentration (Molarität) ist die *Molalität* einer Lösung die Anzahl Mole des gelösten Stoffes pro 1000 g Lösungsmittel. Sie ist eine temperaturunabhängige Größe. SI-Einheit: $mol \cdot kg^{-1}$. Es handelt sich demnach um die Substanzmenge einer Komponente in einer Lösung, dividiert durch die Masse des Lösungsmittels.

c) Die Äquivalentkonzentration c_{eq} eines Stoffes wurde früher *Normalität* genannt und mit N abgekürzt. Sie wird definiert durch die Gleichung:

$$c_{eq} = \frac{n_{eq}}{V}, \quad \text{SI-Einheit: } mol \cdot l^{-1}.$$

Die Äquivalentkonzentration c_{eq} - bezogen auf 1 Liter Lösung - ist die Äquivalentmenge des gelösten Stoffes in 1 Liter Lösung.

n_{eq} heißt <u>Äquivalentmenge</u> eines Stoffes. Sie ist definiert durch:

$n_{eq} = z \cdot n$, SI-Einheit: mol.

Die <u>Äquivalentzahl</u> $\underline{z}$ gibt bei Ionen ihre Ladungszahl an. Bei definnierten chemischen Reaktionen ist z gleich der Zahl der Elektronen, die zwischen den Reaktionspartnern ausgetauscht werden.

$\underline{n}$ entspricht dem früheren Begriff *Molzahl*. Es ist eine Stoffmenge mit der SI-Einheit mol. Für einen Stoff i mit der Masse m_i und der Molmasse M_i gilt:

$n_i = \frac{m_i}{M_i}$ und damit $n_{eq}(i) = z \cdot n_i$

Ebenso gilt: $c_{eq}(i) = z \cdot c_i$ wegen $c_{eq}(i) = \frac{n_{eq}(i)}{V} = z \cdot \frac{n_i}{V} = z \cdot c_i$

<u>Mit dem Mol als Stoffmengeneinheit ergibt sich daher:</u>

Eine 1 molare Äquivalentmenge ($c_{eq} = 1\ \text{mol} \cdot l^{-1}$)

- einer *Säure* (nach Brönsted) ist diejenige Säuremenge, die 1 mol Protonen abgeben kann,

- einer *Base* (nach Brönsted) ist diejenige Basenmenge, die 1 mol Protonen aufnehmen kann,

- eines *Oxidationsmittels* ist diejenige Substanzmenge, die 1 mol Elektronen aufnehmen kann,

- eines *Reduktionsmittels* ist diejenige Substanzmenge, die 1 mol Elektronen abgeben kann.

Beispiel für die Umrechnung von der alten Angabe *"val"* auf SI-Einheiten: Eine Lösung mit 2 val $\cdot\ l^{-1}$ enthält 2 mol Äquivalente pro Liter, d.h. $c_{eq} = 2\ \text{mol} \cdot l^{-1}$.

Hinweis: Die Meßgröße "Liter" für das Volumen zählt nicht zu den SI-Einheiten, sondern ist eine nichtkohärente, abgeleitete Einheit. Sie ist nach dem Einheitengesetz weiterhin zugelassen und definiert nach: "Ein Liter ist exakt gleich einem Kubikdezimeter ($1\ l = 1\ dm^3$)".

Die kohärente, abgeleitete Einheit für das Volumen ist der Kubikmeter (m^3). Dennoch wird empfohlen, das Liter als bevorzugtes Bezugsvolumen beizubehalten. Dies erleichtert die Umrechnung der früher üblichen Angaben molar bzw. normal, da die Angabe 0,2 molar ≙ 0,2 M jetzt der Angabe $c = 0{,}2\ \text{mol} \cdot l^{-1}$ entspricht. Analog gilt: 0,2 normal ≙ 0,2 N entspricht $c_{eq} = 0{,}2\ \text{mol} \cdot l^{-1}$.

Da in den meisten weiterführenden Lehrbüchern noch die alten Einheiten verwendet werden, haben wir in diesem Buch noch Bezeichnungen wie 2 N oder 2 normal bewußt beibehalten. Sie beziehen sich allerdings bereits auf die vorstehend erläuterte Definition der Äquivalentkonzentration. Die alte Einheit val wird nicht mehr verwendet. Eine ausführliche Beschreibung der neuen Terminologie enthält das Buch von W. Kullbach.

Beispiele:

1. Wieviel Gramm HCl enthält ein Liter einer 1 N HCl-Lösung?

   Gleichungen:

   $n_{eq} = z \cdot n, \quad n = \frac{m}{M}$

   $n_{eq} = 1$, da $c_{eq} = 1\ \text{mol} \cdot l^{-1}$, $V = 1\ l$

   m = gesuchte Masse in g

   M = Molmasse = $36{,}5\ \text{g} \cdot \text{mol}^{-1}$

   z = 1, da ein Molekül HCl ein Proton abgeben kann.

   Berechnung:

   $n_{eq} = z \cdot \frac{m}{M}$

   $1 = 1 \cdot \frac{m}{36{,}5}$

   $m = 36{,}5\ \text{g}$

   Ein Liter einer 1 N HCl-Lösung enthält 36,5 g HCl.

2 a) Wieviel Gramm H_2SO_4 enthält ein Liter einer 1 N H_2SO_4-Lösung?

   Gleichungen:

   $n_{eq} = z \cdot \frac{m}{M}$, $M = 98\ \text{g} \cdot \text{mol}^{-1}$, $z = 2$

   $1 = 2 \cdot \frac{m}{98}$

   $m = 49\ \text{g}$

   Ein Liter einer 1 N H_2SO_4-Lösung enthält 49 g H_2SO_4.

2 b) Wie groß ist die Äquivalentkonzentration einer 0,5 molaren Schwefelsäure in bezug auf eine Neutralisation?

$c_{eq} = z \cdot c_i; \quad c_i = 0{,}5 \text{ mol} \cdot l^{-1}, \quad z = 2$

$c_{eq} = 2 \cdot 0{,}5 = 1 \text{ mol} \cdot l^{-1}$; die Lösung ist einnormal.

3.) Eine NaOH-Lösung enthält 80 g NaOH pro Liter. Wie groß ist die Äquivalentmenge n_{eq}?. Wie groß ist die Äquivalentkonzentration c_{eq}? (= wieviel normal ist die Lösung?)

Gleichungen:

$n_{eq} = z \cdot \frac{m}{M}, \quad m = 80 \text{ g}, \quad M = 40 \text{ g} \cdot \text{mol}^{-1}, \quad z = 1$

$n_{eq} = 1 \cdot \frac{80 \text{ g}}{40 \text{ g} \cdot \text{mol}^{-1}} = 2 \text{ mol}$

$c_{eq} = \frac{2 \text{ mol}}{1 \text{ l}} = 2 \text{ mol} \cdot l^{-1}$

Es liegt eine 2 N NaOH-Lösung vor.

4 a) Wie groß ist die Äquivalentmenge von 63,2 g $KMnO_4$ bei Redoxreaktionen im alkalischen bzw. im sauren Medium (es werden jeweils 3 bzw. 5 Elektronen aufgenommen)?

$n_{eq} = z \cdot n = z \cdot \frac{m}{M}; \quad M = 158 \text{ g} \cdot \text{mol}^{-1}$

Im sauren Medium gilt:

$n_{eq} = 5 \cdot \frac{63{,}2}{158} = 2 \text{ mol}$

Löst man 63,2 g $KMnO_4$ in Wasser zu 1 Liter Lösung, so erhält man eine Lösung mit der Äquivalentkonzentration $c_{eq} = 2 \text{ mol} \cdot l^{-1}$ = 2 N für Reaktionen in saurem Medium.

Im alkalischen Medium gilt:

$n_{eq} = 3 \cdot \frac{63{,}2}{158} = 1{,}2 \text{ mol}$

Die gleiche Lösung hat bei Reaktionen im alkalischen Bereich nur noch die Äquivalentkonzentration $c_{eq} = 1{,}2 \text{ mol} \cdot l^{-1} = 1{,}2$ N.

4 b) Ein Hersteller verkauft 0,02 molare $KMnO_4$-Lösungen. Welches ist der chemische Wirkungswert bei Titrationen?

$$c_{eq} = z \cdot c_i \; ; \; c_i = 0{,}02 \text{ mol} \cdot l^{-1}$$

Im sauren Medium mit z = 5 gilt

$$c_{eq} = 5 \cdot 0{,}02 = 0{,}1 \text{ mol} \cdot l^{-1}$$

Im alkalischen Medium mit z = 3 gilt

$$c_{eq} = 3 \cdot 0{,}02 = 0{,}06 \text{ mol} \cdot l^{-1}$$

Im sauren Medium entspricht eine 0,02 M $KMnO_4$-Lösung also einer 0,1 N $KMnO_4$-Lösung, im alkalischen Medium einer 0,06 N $KMnO_4$-Lösung.

5.) Wie groß ist die Äquivalentmenge von 63,2 g $KMnO_4$ in bezug auf Kalium (K^+)?

$$n_{eq} = 1 \cdot \frac{63{,}2}{158} = 0{,}4 \text{ mol.}$$

Beim Auflösen zu 1 Liter Lösung ist diese Lösung 0,4 N ($c_{eq} = 0{,}4 \text{ mol} \cdot l^{-1}$) in bezug auf Kalium.

6.) Wieviel Gramm $KMnO_4$ werden für 1 Liter einer Lösung mit $c_{eq} = 2 \text{ mol} \cdot l^{-1}$ (d.h. 2 N) benötigt? (Oxidationswirkung im sauren Medium)

$$(1) \quad c_{eq} = \frac{n_{eq}}{V}, \; c_{eq} = 2 \text{ mol} \cdot l^{-1}, \; V = 1 \text{ l}$$

$$(2) \quad n_{eq} = z \cdot \frac{m}{M}, \; z = 5, \; m = ?, \; M = 158 \text{ g} \cdot \text{mol}^{-1}$$

Einsetzen von (2) in (1) gibt:

$$m = \frac{c_{eq} \cdot V \cdot M}{z} = \frac{2 \cdot 1 \cdot 158}{5} = 63{,}2 \text{ g}$$

Man braucht m = 63,2 g $KMnO_4$

7 a) Für die Redoxtitration von Fe^{2+}-Ionen mit $KMnO_4$-Lösung in saurer Lösung ($Fe^{2+} \rightleftharpoons Fe^{3+} + e^-$) gilt:

$$n_{eq} \text{ (Oxidationsmittel)} = n_{eq} \text{ (Reduktionsmittel)},$$

hier: $n_{eq}(MnO_4^-) = n_{eq}(Fe^{2+})$ (1).

7 a) Es sollen 303,8 g $FeSO_4$ oxidiert werden. Wieviel g $KMnO_4$ werden hierzu benötigt?

<u>Für $FeSO_4$ gilt:</u>

$$n_{eq}(FeSO_4) = z \cdot \frac{m}{M}, \; z = 1, \; M = 151{,}9 \; g \cdot mol^{-1}, \; m = 303{,}8 \; g$$

$$n_{eq}(FeSO_4) = 1 \cdot \frac{303{,}8}{151{,}9} = 2 \; mol$$

<u>Für $KMnO_4$ gilt:</u>

$$n_{eq}(KMnO_4) = z \cdot \frac{m}{M}, \; z = 5, \; M = 158 \; g \cdot mol^{-1}, \; m = ?$$

$$n_{eq}(KMnO_4) = 5 \cdot \frac{m}{158}$$

Eingesetzt in (1) ergibt sich:

$$2 = 5 \cdot \frac{m}{158} \quad \text{oder } m = \frac{316}{5} = 63{,}2 \; g \; KMnO_4.$$

7 b) Wieviel Liter einer 1 N $KMnO_4$-Lösung werden für die Titration in Aufgabe 7 a) benötigt?

63,2 g $KMnO_4$ entsprechen bei dieser Titration einer Äquivalentmenge von $n_{eq} = 5 \cdot \frac{63{,}2}{158} = 2$ mol. Die Äquivalentkonzentration der verwendeten 1 N $KMnO_4$-Lösung beträgt $c_{eq} = 1 \; mol \cdot l^{-1}$.

<u>Gleichungen:</u>

$$c_{eq} = \frac{n_{eq}}{V}, \; c_{eq} = 1 \; mol \cdot l^{-1}, \; n_{eq} = 2 \; mol$$

$$V = \frac{2 \; mol}{1 \; mol \cdot l^{-1}} = 2 \; l.$$

<u>Ergebnis:</u> Es werden 2 Liter Titrant gebraucht.

Zusammenfassende Gleichung für die Aufgabe 7 b):

$$c_{eq} = \frac{z \cdot m}{V \cdot M}$$

$$V = \frac{z \cdot m}{c_{eq} \cdot M} = \frac{5 \cdot 63{,}2}{1 \cdot 158} = 2 \; l.$$

8.) Für eine Neutralisationsreaktion gilt die Beziehung:

n_{eq} (Säure) = n_{eq} (Base). (1)

Für die Neutralisation von H_2SO_4 mit NaOH gilt demnach:

n_{eq} (Schwefelsäure) = n_{eq} (Natronlauge) (2)

Aufgabe a): Es sollen 49 g H_2SO_4 titriert werden. Wieviel g NaOH werden hierzu benötigt?

Für H_2SO_4 gilt:

$n_{eq}(H_2SO_4) = z \cdot \frac{m}{M}$, $z = 2$, $m = 49$ g, $M = 98\ g \cdot mol^{-1}$

$n_{eq}(H_2SO_4) = 2 \cdot \frac{49}{98} = 1$ mol

Für NaOH gilt:

$n_{eq}(NaOH) = z \cdot \frac{m}{M}$, $z = 1$, $m = ?$, $M = 40\ g \cdot mol^{-1}$

$n_{eq}(NaOH) = 1 \cdot \frac{m}{40}$

Eingesetzt in die Gleichung (2) ergibt sich:

$1 = 1 \cdot \frac{m}{40}$, $m = 40$ g

Ergebnis: Es werden 40 g NaOH benötigt.

Aufgabe b): Wieviel Liter einer 2 N NaOH-Lösung werden für die Titration von 49 g H_2SO_4 benötigt?

Gleichung:

$c_{eq} = \frac{n_{eq}}{V} = \frac{z \cdot m}{V \cdot M}$, $z = 2$, $m = 49$ g, $V = ?$

$M = 98\ g \cdot mol^{-1}$, $c_{eq} = 2\ mol \cdot l^{-1}$

$$2\ mol \cdot l^{-1} = \frac{2 \cdot 49\ g}{V \cdot 98\ g \cdot mol^{-1}}$$

$$V = \frac{2 \cdot 49}{2 \cdot 98} \cdot 1 = 0{,}5\ l = 500\ ml$$

Ergebnis: Es werden 500 ml einer 2 N NaOH-Lsg. benötigt.

Gehaltsangaben des SI-Systems

a) Der Molenbruch (Teilchengehalt, Stoffmengengehalt, Stoffmengenverhältnis) x ist eine Gehaltsangabe, die sich auf das Verhältnis der Molzahlen aller in einem homogenen Stoffgemisch vorhandenen Moleküle bezieht. Der Molenbruch x_i einer Komponente i ist definiert als das Verhältnis der Molzahl n_i dieser Komponente zur Summe der Molzahlen aller vorhandenen Moleküle:

$$x_i = \frac{n_i}{n_1 + n_2 + n_3 + \ldots} = \frac{n_i}{\sum n_j}\ .$$

Die Summe der Molenbrüche aller Komponenten einer Mischung ist gleich 1:

$$\sum x_i = x_1 + x_2 + x_3 + \ldots = \frac{n_1}{\sum n_j} + \frac{n_2}{\sum n_j} + \ldots = 1.$$

Der Molenbruch ist dimensionslos. Sein hundertfacher Wert wurde früher als Mol-% bezeichnet.

b) Der Massengehalt w_i ist das Verhältnis der Masse m_i einer Komponente zur Summe der Massen aller Komponenten in der Mischung:

$$w_i = \frac{m_i}{m_1 + m_2 + m_3 + \ldots} = \frac{m_i}{\sum m_j}$$

Das Massenverhältnis ist dimensionslos. Es wird jedoch oft angegeben als g/g oder auch als %, ‰ bzw. ppm. Früher war die Angabe Gew.-% (Gewichtsprozent) üblich: *Anzahl Gramm gelöster Stoff in 100 g Lösung* (nicht Lösungsmittel!).

c) Der Volumengehalt χ_i an einer Komponente i ist definiert durch $\chi_i = \frac{V_i}{V}$ mit: V_i = Volumen der Komponente i, V = Summe der Volumina aller Komponenten der Mischung.

Das Volumenverhältnis ist dimensionslos.

Früher war die Angabe Vol.-% (Volumenprozent) üblich: *Anzahl Milliliter gelöster Stoff in 100 ml Lösung* (nicht Lösungsmittel!) mit der Einheit $cm^3/100\ cm^3$.

Beachte weiter, daß im Gegensatz zu früher Gehalt und Konzentration streng unterschieden werden. Gehaltsangaben sind alle dimensionslos. Angaben wie Gew.-% sind grundsätzlich überflüssig, wenn man das zugeordnete Symbol (hier: w_i) verwendet. Unter Konzentration versteht man im Unterschied zum Gehalt den Quotienten aus einer der Größen m, V oder n eines Stoffes i und dem Volumen der Mischphase.

Beachte: Die Volumenkonzentration $\sigma_i = V_i/V^*$ ist lediglich bei *idealen* Systemen gleich dem Volumengehalt. V^* ist das Volumen der Mischphase. Nähere Einzelheiten siehe Lehrbücher der Physikalischen Chemie.

2.2.2 Berechnung der Stoffmengen *bei chemischen Umsetzungen* (stöchiometrische Rechnungen)

Als Beispiel betrachten wir die Umsetzung von Wasserstoff und Chlor zu Chlorwasserstoff nach der Gleichung:

$H_2 + Cl_2 = 2\ HCl$; $\Delta H = -\ 185$ kJ.

Die Gleichung beschreibt die Reaktion nicht nur qualitativ, daß aus einem Molekül Wasserstoff und einem Molekül Chlor zwei Moleküle Chlorwasserstoff entstehen, sondern sie sagt auch:

1 mol ≙ 2,016 g Wasserstoff = 22,414 l Wasserstoff (0° C, 1 bar)
und
1 mol ≙ 70,906 g = 22,414 l Chlor geben unter Wärmeentwicklung von 185 kJ bei $0^\circ C$

2 mol ≙ 72,922 g = 44,828 l Chlorwasserstoff.

Weitere Beispiele:

1. Wasserstoff (H_2) und Sauerstoff (O_2) setzen sich zu Wasser (H_2O) um nach der Gleichung:

   $2\ H_2 + O_2 \longrightarrow 2\ H_2O$ + Energie.

   Frage: Wie groß ist die theoretische Ausbeute an Wasser, wenn man 3 g Wasserstoff bei einem beliebig großen Sauerstoffangebot zu Wasser umsetzt?

   Lösung: Wir setzen anstelle der Elementsymbole die Atom- bzw. Molekülmassen in die Gleichung ein:

   $2 \cdot 2 \ + \ 2 \cdot 16 \ = \ 2 \cdot 18$, oder
   4 g + 32 g = 36 g,

   d.h. 4 g Wasserstoff setzen sich mit 32 g Sauerstoff zu 36 g Wasser um.

   Die Wassermenge x, die sich bei der Reaktion von 3 g Wasserstoff bildet, ergibt sich zu $x = \frac{36 \cdot 3}{4} = 27$ g Wasser. Die Ausbeute an Wasser beträgt also 27 g.

2. Wieviel g Zink müssen in Salzsäure gelöst werden, um 10 g Wasserstoff zu erhalten?

Reaktionsgleichung: $Zn + 2\ HCl \longrightarrow ZnCl_2 + H_2$.

65,38 2,02

Für 2,02 g H_2 braucht man 65,38 g Zn.

Für 10 g H_2 braucht man x g Zn.

$$x = \frac{10 \cdot 65{,}38}{2} = 326{,}9 \text{ g Zn.}$$

3. Wieviel g Chlor werden benötigt, um aus $SbCl_3$ 50 g $SbCl_5$ herzustellen?

Reaktionsgleichung: $SbCl_3 + Cl_2 \longrightarrow SbCl_5$.

70,9 299

70,9 g Chlor braucht man zur Darstellung von 299 g $SbCl_5$. Für 1 g $SbCl_5$ braucht man 70,9/299 g und für 50 g demnach

$$\frac{70{,}9 \cdot 50}{299} = 11{,}85 \text{ g Chlor.}$$

Beachte: Ganz allgemein kann man stöchiometrische Rechnungen dadurch vereinfachen, daß man den Stoffumsatz auf 1 Mol bezieht. Als Beispiel sei die Zersetzung von Quecksilberoxid betrachtet. Das Experiment zeigt:

$$2\ HgO \longrightarrow 2\ Hg + O_2.$$

Schreibt man diese Gleichung für 1 mol HgO, ergibt sich: $HgO \longrightarrow Hg + 1/2\ O_2$. Setzen wir die Atommassen ein, so folgt: Aus 200,59 + 16 = 216,59 g HgO entstehen beim Erhitzen 200,59 g Hg und 16 g Sauerstoff.

Man rechnet also meist mit der einfachsten Formel. Obwohl man weiß, daß elementarer Schwefel als S_8-Molekül vorliegt, schreibt man für die Verbrennung von Schwefel mit Sauerstoff zu Schwefeldioxid anstelle von $S_8 + 8\ O_2 \longrightarrow 8\ SO_2$ vereinfacht: $S + O_2 \longrightarrow SO_2$.

Berechnung der Summenformel

Bei der Analyse einer Substanz ist es üblich, die Zusammensetzung nicht in g, sondern als Massengehalt der Elemente anzugeben.

Beispiel: Wasser, H_2O, besteht zu 2 · 100/18 = 11,11 % aus Wasserstoff und zu 16 · 100/18 = 88,88 % aus Sauerstoff.

Aus diesen Prozentwerten errechnet man die Bruttozusammensetzung (Summenformel, empirische Formel) für die betreffende Substanz.

Beispiel: Gesucht ist die einfachste Formel einer Verbindung, die aus 50,05 % Schwefel und 49,95 % Sauerstoff besteht. Dividiert man die Massengehalte durch die Atommassen der betreffenden Elemente, erhält man die Atomverhältnisse der unbekannten Verbindung. Diese werden nach dem Gesetz der multiplen Proportionen in ganze Zahlen umgewandelt:

$$\frac{50{,}05}{32{,}06} : \frac{49{,}95}{15{,}99} = 1{,}56 : 3{,}12 = 1 : 2.$$

Die einfachste Formel ist SO_2. Weitere mögliche Summenformeln sind $(SO_2)_2$, $(SO_2)_3$ ..... Zur Ermittlung der richtigen Summenformel muß die Molmasse bestimmt werden (vgl. Massenspektrometrie Kap. 5.3.7).

2.2.3 Aktivität

Das Massenwirkungsgesetz gilt streng nur für ideale Verhältnisse wie verdünnte Lösungen (Konzentration $< 0{,}1$ M). Die formale Schreibweise des Massenwirkungsgesetzes kann aber auch für reale Verhältnisse, speziell für konzentrierte Lösungen, beibehalten werden, wenn man anstelle der Konzentrationen die wirksamen Konzentrationen, die sog. Aktivitäten der Komponenten einsetzt. Dies ist notwendig für Lösungen mit Konzentrationen größer als etwa $0{,}1 \text{ mol} \cdot l^{-1}$. In diesen Lösungen beeinflussen sich die Teilchen einer Komponente gegenseitig und verlieren dadurch an Reaktionsvermögen. Auch andere in Lösung vorhandene Substanzen oder Substanzteilchen vermindern das Reaktionsvermögen, falls sie mit der betrachteten Substanz in Wechselwirkung treten können. Die dann noch vorhandene *wirksame Konzentration* heißt *Aktivität a*. Sie unterscheidet sich von der Konzentration durch den Aktivitätskoeffizienten f, der die Wechselwirkungen in der Lösung berücksichtigt:

Aktivität (a) = Aktivitätskoeffizient (f) · Konzentration (c)

$$a = f \cdot c$$

für $c \longrightarrow 0$ wird $f \longrightarrow 1$.

Der Aktivitätskoeffizient f ist stets $\leqslant 1$. Der Aktivitätskoeffizient korrigiert die Konzentration c einer Substanz um einen experimentell zu ermittelnden Wert (z.B. durch Anwendung des Raoultschen Gesetzes).

Formuliert man für die Reaktion AB $\rightleftharpoons$ A + B das MWG, so muß man beim Vorliegen großer Konzentrationen die Aktivitäten einsetzen:

$$\frac{c_A \cdot c_B}{c_{AB}} = K_c \text{ geht über in } \frac{a_A \cdot a_B}{a_{AB}} = \frac{f_A \cdot c_A \cdot f_B \cdot c_B}{f_{AB} \cdot c_{AB}} = K_a.$$

K_a heißt Aktivitätskonstante und stellt die thermodynamische Gleichgewichtskonstante dar.

Ionenstärke

Hat eine beliebige Elektrolytlösung die Konzentration c, und sind u_1 und u_2 die Ladungen der Ionen des Elektrolyten, z_1 und z_2 die Anzahl der Ionen, in die der Elektrolyt zerfällt, so ergibt sich die ionale Gesamtkonzentration zu

$$\Gamma = c(z_1u_1^2 + z_2u_2^2).$$

Sind mehrere Elektrolyte in einer Lösung vorhanden, so muß für jede Ionenart die Teilkonzentration eingesetzt werden, und man erhält:

$$\Gamma = c_1z_1u_1^2 + c_2z_2u_2^2 + c_3z_3u_3^2 + \ldots ; \text{ oder}$$

$$\Gamma = \sum c_iz_iu_i^2.$$

$\sum z_iu_i^2$ ist für einen Elektrolyten eine konstante Größe, für die oft auch w gesetzt wird. Damit ergibt sich die ionale Konzentration zu: $\Gamma = c \cdot w$.

Anmerkung: Um die meßbare Ionenkonzentration zu erhalten, muß diese Konzentration mit dem ("wahren") Dissoziationsgrad α multipliziert werden.

$\Gamma_\alpha = \alpha \cdot c \cdot w$. In echten Elektrolyten ist $\alpha = 1$.

Um einen Vergleich einzelner Elektrolyte zu ermöglichen, führten G. N. Lewis und R. Randall die *Ionenstärke I* ein.

I ist die halbe Summe der Produkte aus den Ionenkonzentrationen und den Quadraten der Ionenladungen.

$$I = 1/2 \sum c_iu_i^2 \text{ oder}$$

$$I = 1/2\, \alpha \cdot c \cdot w = \frac{\Gamma_\alpha}{2}.$$

Werte für w einiger Elektrolyte:

w = 2	6	8	12	20
KCl	$BaCl_2$	$HgSO_4$	$AlCl_3$	$K_4[Fe(CN)_6]$
$NaNO_3$	Na_2CO_3	$CuSO_4$	Na_3PO_4	

Beispiele:

Bei 1,1-wertigen Elektrolyten ist I gleich der Konzentration:

0,01 M NaOH: $I = 1/2\ (0{,}01 \cdot 1^2 + 0{,}01 \cdot 1^2) = 0{,}01$.

In allen übrigen Fällen ergibt sich ein größerer Wert:

0,02 M Na_2SO_4: $I = 1/2\ (0{,}02 \cdot 2 \cdot 1^2 + 0{,}02 \cdot 2^2) = 0{,}06$.

2 M $CuSO_4$ (vollständige Dissoziation vorausgesetzt):

$\Gamma = c_1 \cdot z_1 \cdot u_1{}^2 + c_2 \cdot z_2 \cdot u_2{}^2$

$(z_1 = 1,\ z_2 = 1,\ u_1 = 2,\ u_2 = 2)$.

$\Gamma = 2 \cdot 1 \cdot 4 + 2 \cdot 1 \cdot 4 = 16$

oder mit w: $\Gamma = c \cdot w = 16$.

Aufgabe:

Wie groß ist die Ionenstärke einer Lösung aus 0,5 M Na_2SO_4 und 0,02 M NaCl bei völliger Dissoziation der Salze?

Lösung: w für Na_2SO_4 = 6;
w für NaCl = 2;
$\Gamma = c_1 \cdot w_1 + c_2 \cdot w_2 = 6 \cdot 0{,}5 + 2 \cdot 0{,}02 = 3{,}04$;
$I = \frac{\Gamma}{2} = 1{,}52$.

Ionenstärken 1 - molarer Salzlösungen

Salztypus	I
1,1 (NaCl)	1/2 (1 + 1) = 1
1,2 ($CaCl_2$)	1/2 (4 + 2) = 3
2,2 ($MgSO_4$)	1/2 (4 + 4) = 4
1,4 ($K_4[Fe(CN)_6]$)	1/2 (16+ 4) =10

Mit diesen Zahlen sind die molaren Konzentrationen der Salze zu multiplizieren, wenn man die Ionenstärke der Lösung berechnen will.

Beispiel: 0,02 M $K_4[Fe(CN)_6] \cdot I = 1/2\ (0{,}02 \cdot 4 \cdot 1^2 + 0{,}02 \cdot 4^2) = 0{,}20$.

Ionenaktivität

Für Kationen und Anionen sind Einzelmessungen der Aktivitätskoeffizienten f_+ und f_- in konzentrierter Lösung unmöglich. Man verwendet daher einen mittleren Aktivitätskoeffizienten $f_\pm$ (Tabelle 4). Für einen starken Elektrolyten der Zusammensetzung A_mB_n gilt:

$$f_\pm = \sqrt[m+n]{f_+^m \cdot f_-^n}.$$

Für den Zahlenwert von $f_\pm$ sind die Ladung der Ionen und ihr Radius wichtig. Bei höherer Ladung und in konzentrierter Lösung sinkt er stark ab; s. Tabelle 4.

Tabelle 4. Mittlerer Aktivitätskoeffizient bei 25° C und verschiedenen Molalitäten

Elektrolyt			Molalität		
	0,001	0,01	0,1	1,00	$mol \cdot kg^{-1}(H_2O)$
HCl	0,966	0,904	0,796	0,809	
NaCl	0,965	0,905	0,778	0,657	
KCl	0,961	0,903	0,770	0,604	
$CuSO_4$	0,735	0,408	0,150	0,043	
$ZnSO_4$	0,705	0,390	0,150	0,043	

Für Elektrolyte gleicher Ionenstärke $I \leqslant 10^{-2}$ und gleicher Ionenladung ist der mittlere Aktivitätskoeffizient $f_\pm$ gleich groß, und es gilt:

$$\lg f_\pm = -A \cdot \sqrt{I}.$$

Die Konstante A hängt von der Ionenladung u_+ und u_- ab. Wird diese Abhängigkeit mitberücksichtigt, ergibt sich nach Debye und Hückel:

$$\lg f_\pm = -A' \cdot u_+ \cdot u_- \cdot \sqrt{I}.$$

A' hat für wäßrige Lösungen bei 25°C den Wert 0,51.

Anmerkung: Für verdünnte Lösungen erhält man den individuellen Aktivitätskoeffizienten f mit der Formel:

$$\lg f = -A' \cdot u_i^2 \cdot \sqrt{I}.$$

2.3 Statistische Auswertung von Analysendaten

Fehler können nach ihrer Auswirkung auf den Meßwert grundsätzlich eingeteilt werden in *zufällige* und *systematische* Fehler. Letztere liefern immer ein zu großes oder zu kleines Meßergebnis, z.B. wegen Unzulänglichkeiten im Untersuchungsverfahren, bei den Meßgeräten u.a.; sie ändern sich jeweils mit der Meßmethode. Zufällige Fehler streuen unregelmäßig um einen mittleren Wert und können mit den Methoden der mathematischen Statistik behandelt werden.

Auch dann, wenn alle systematischen Fehler ausgeschaltet sind, sind alle Analysenergebnisse grundsätzlich mit einem Fehler behaftet, durch den sich das Meßergebnis x vom wahren Wert μ unterscheidet, weil stets nur eine begrenzte Anzahl von Messungen vorliegt (Stichprobe).

Als relativen Fehler bezeichnet man den Quotienten $\frac{\mu - x}{x}$; sein Wert mit 100 multipliziert ergibt den prozentualen Fehler.

In der Regel wird man, z.B. aus einer Reihe von n Wägungen, mehrere Meßwerte $x_i = x_1, x_2, \ldots x_n$ erhalten. Der *wahrscheinlichste Wert* für die gesuchte Masse, d.h. die beste Annäherung an den wahren Wert μ, ist dann derjenige Wert, für den die Abweichungen der Einzelmessungen am kleinsten werden.

Am besten erfüllt diese Forderung das arithmetische Mittel, d.h. der Mittelwert $\bar{x}$ der Meßwerte x_i:

$$\bar{x} = \frac{1}{n}(x_1 + x_2 + x_3 + \ldots + x_n) = \frac{1}{n}\sum_{i=1}^{n} x_i \text{ (n = Anzahl der Meßwerte).}$$

Da die Meßwerte x_1 um den Mittelwert $\bar{x}$ streuen, ist die Messung nur innerhalb bestimmter Grenzen reproduzierbar.
Der wahre Wert μ ist meist nicht bekannt, folglich ist auch die wahre Streuung σ im allgemeinen unbekannt. Der *wahrscheinlichste Wert* s für die wahre Streuung σ kann jedoch mit Hilfe der Gleichungen

$$s = \sqrt{\frac{\sum_{i=1}^{n} (x_i - \bar{x})^2}{n - 1}} = \sqrt{\frac{\sum_{i=1}^{n} x_i^2 - \frac{1}{n}\left(\sum_{i=1}^{n} x_i\right)^2}{n - 1}}$$

geschätzt werden, wobei s als Standardabweichung bezeichnet wird (manchmal auch mittlerer Fehler der Einzelmessung genannt).

Die Standardabweichung des Mittelwertes (= mittlerer Fehler des Mittelwertes) F_x wird ermittelt nach:

$$F_x = \sqrt{\frac{\sum_{i=1}^{n} (x_i - \bar{x})^2}{n \cdot (n-1)}}$$

<u>Man benutzt oft zur Darstellung des Ergebnisses E_x einer Messung die Form $E_x = \bar{x} \pm F_x$ und meint damit $\bar{x}$ mit einem mittleren Fehler von $\pm F_x$.</u>

Beispiel: Bei 25 Kohlenstoff-Bestimmungen wurden die in Tabelle 5 angegebenen Kohlenstoffwerte erhalten. Der Mittelwert beträgt $\bar{x}$ = 55,34 %, die Standardabweichungen sind s = 0,19 % und F_x = 0,038 %. Der wahre Wert μ (theoretischer Kohlenstoffgehalt) beträgt μ = 55,29 %.

Tabelle 5. Liste der Kohlenstoffwerte in % bei der Verbrennungsanalyse von N-(4-Methylbenzolsulfonyl)-N'-cyclopentylharnstoff

Analyse Nr.	C-Gehalt %	Analyse Nr.	C-Gehalt %	Analyse Nr.	C-Gehalt %
1	55,62	10	55,23	19	55,37
2	55,20	11	55,61	20	55,45
3	55,13	12	55,73	21	55,19
4	55,41	13	55,08	22	55,32
5	55,54	14	55,49	23	55,28
6	55,34	15	55,01	24	55,21
7	55,44	16	55,57	25	55,34
8	55,17	17	55,27		
9	55,37	18	55,02		

Für das Arbeiten mit wahrscheinlichen Werten, also den Näherungs- oder Schätzwerten $\bar{x}$ und s (und analog mit den wahren Werten μ und σ) kann man zusätzlich einen <u>Vertrauensbereich</u> angeben, innerhalb dessen die genannten Werte ein gewisses Maß an Zuverlässigkeit haben.

Hierzu bedient man sich meist der *<u>Fehlerverteilung nach Gauß</u>* (die eine Normalverteilung der Werte voraussetzt). Die Abweichungen einer zufällig verteilten Größe von ihrem Mittelwert μ werden dabei allgemein durch ein Verteilungsgesetz charakterisiert:

$$y = \frac{1}{\sigma \cdot \sqrt{2\pi}} \cdot e^{-\frac{(x-\mu)^2}{2\sigma^2}}$$

(y = Häufigkeitsdichte, σ = Streuung, σ^2 = Varianz).

Die graphische Darstellung dieses Zusammenhangs ergibt eine <u>Glockenkurve</u> (Abb. 17). Die Funktion ist symmetrisch um μ. Ihre Form ist abhängig von der Größe von σ (Abb. 17 b). Beachte: Für $x \longrightarrow \pm \infty$ gilt $y \longrightarrow 0$; für $x = \mu$ ergibt sich ein Maximum. Die Wendepunkte der Kurve liegen bei $x - \mu = \pm \sigma$, d.h. $x = \mu \pm \sigma$. Die Werte von σ können also direkt aus der Kurve entnommen werden: Es sind die Abszissen der Wendepunkte. y bezeichnet man auch als die *Häufigkeitsdichte* (Wahrscheinlichkeitsdichte) des zugeordneten Wertes x.

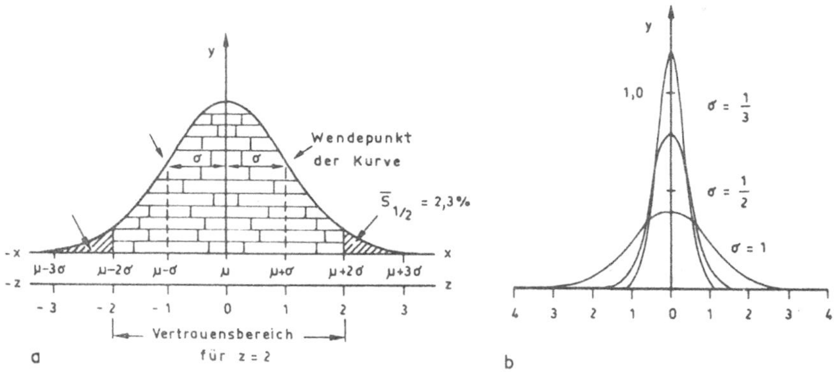

Abb. 17. a) Normalverteilung: $\bar{s}$ = Irrtumswahrscheinlichkeit ; z = Vertrauensbereich (beachte die Symmetrie der Kurve); = Stat. Sicherheit S von 95,4 %. b) Gaussche Fehlerkurven für $\sigma = 1$; $\sigma = 1/2$; $\sigma = 1/3$

<u>Die Wahrscheinlichkeit (statistische Sicherheit), daß ein mit einem Fehler behafteter Meßpunkt innerhalb des Bereiches $\mu - z \cdot \sigma$ bis $\mu + z \cdot \sigma$ zu finden ist, ist durch das Integral der obigen Funktion gegeben.</u> Das betreffende Intervall heißt *Vertrauensbereich*, das Integral Gauss'sches *Fehlerintegral*; es ist in den bekannten Handbüchern tabelliert.

Beispiel:

Aus den in Tabelle 6 angegebenen Werten kann man z.B. entnehmen: Für $z = 2$ liegt im Bereich $\mu \pm 2\sigma$ der wahre Wert μ mit einer Wahrscheinlichkeit von 95,4 % (Abb. 17). Das bedeutet:von 1000 Messungen liegen im Durchschnitt 954 innerhalb der angegebenen Grenzen (in) und 46 außerhalb (in). Die Irrtumswahrscheinlichkeit $\bar{s}$ beträgt also 4,6 % (d.h. auf jede Kurvenhälfte entfallen 2,3 %).

Tabelle 6. Fehlerverteilung

Vertrauensbereich für z	Statist. Sicherheit S	Irrtumswahrscheinlichkeit $\bar{s}$
0,67	50,0 %	50,0 %
1,00	68,3 %	31,7 %
1,96	95,0 %	5,0 %
2,00	95,4 %	4,6 %
2,58	99,0 %	1,0 %
3,00	99,7 %	0,3 %

3. Klassische quantitative Analyse

Gegenstand der quantitativen Analyse ist die quantitative Erfassung der Bestandteile einer "Analysensubstanz"

Die Art der Bestandteile, ihre Konzentrationen, Anforderungen an die Genauigkeit der Bestimmung, apparativer Aufwand u.a. waren der Grund für die Ausarbeitung verschiedener quantitativer Analysenverfahren wie *Gravimetrie*, *Maßanalyse* usw.

Dieses Kapitel ist den sog. *"klassischen"* Analysenverfahren gewidmet.

3.1 Grundlagen der Gravimetrie

Die *Gravimetrie* benutzt zur quantitativen Bestimmung die Massenbestimmung der Reaktionsprodukte von Fällungsreaktionen. Hierbei wird der zu bestimmende Bestandteil der Analysensubstanz in eine *schwerlösliche Verbindung* übergeführt.

Bei den gravimetrisch brauchbaren Fällungsreaktionen handelt es sich vorwiegend um Ionenkombinationen der Art:

$$m\,A^{n+} + n\,B^{n-} \rightleftharpoons A_mB_n.$$

An gravimetrisch brauchbare Reaktionen werden folgende Bedingungen gestellt:

- Gültigkeit der stöchiometrischen Gesetze
- Streng definierte Zusammensetzung des Niederschlags (Fällungsform) bzw. Umwandlung in eine geeignete Wägeform
- Bildung eines schwerlöslichen Niederschlags
- Schnelle und vollständige Abtrennung des Niederschlags von der Lösungsphase

- Die Wägeform soll für den interessierenden Bestandteil einen möglichst kleinen gravimetrischen Faktor besitzen, s.Kap. 3.1.5.
- Der Niederschlag muß für den interessierenden Bestandteil der Analysensubstanz unter den gewählten Bedingungen spezifisch sein.

Anwendungsbereich

Gravimetrische Bestimmungen liegen im mg-Bereich. Sie eignen sich für mittlere und hohe Probengehalte. Ein- und Auswaage sollen dabei nicht wesentlich größer als etwa 200 mg sein.

Vorteile

Gravimetrische Bestimmungen benötigen einen geringen apparativen Aufwand, außerdem entfällt die Eichung von Geräten. Ihre Ergebnisse lassen sich mit hoher Präzision erhalten.

Nachteile

Gravimetrische Bestimmungen brauchen relativ viel Zeit und eignen sich daher nicht für Serienanalysen. Sie sind auch nicht automatisierbar.

Fehlergrenze

Der normale Fehler beträgt ± 0,1 %. In besonderen Fällen wird eine Fehlergrenze von ± 0,01 % erreicht.

Ursachen für systematische Fehler sind: Verwendung unreiner Reagenzien, Verspritzen von Lösung durch unvorsichtiges Hantieren, ungeeignetes Filtermaterial, Nichtbeachtung der Löslichkeitsbeeinflussung, Verwendung von zu viel oder zu wenig Waschflüssigkeit oder auch Wägefehler bei der Ein- und Auswaage.

3.1.1 Gravimetrische Grundoperationen

Die gravimetrischen Grundoperationen bestehen i.a. im Lösen der Analysensubstanz, Fällen eines Niederschlags, Abtrennen des Niederschlags von der flüssigen Phase durch Filtrieren, Auswaschen des Niederschlags, Trocknen und/oder Glühen bis zur Gewichtskonstanz und Auswiegen der Wägeform des Niederschlags.

Lösen

Nur in wenigen Fällen sind die Analysensubstanzen in Wasser leicht löslich. Die Möglichkeiten, eine Substanz für die Durchführung einer quantitativen Analyse in Lösung zu bringen, sind im Prinzip die gleichen, wie sie bei der Durchführung qualitativer Analysen in Kap. 1.1.2.5 und 1.1.2.6 beschrieben wurden.

Die Analysensubstanz wird zerkleinert und pulverisiert. Hierbei ist auf eine gute Durchmischung zu achten.

In einem Wägegläschen wird eine genaue Einwaage (durch Differenzwägung) gemacht. Die Substanzmassen liegen zwischen 100 mg und 1 g.

Die eingewogene Substanz wird restlos in ein geeignetes Becherglas überführt. Sie muß vollständig aufgelöst werden. Das geeignete Lösungsmittel wird in Parallelversuchen herausgefunden.

Gelöst wird meist in der Wärme (Sandbad). Um einen Substanzverlust durch Verspritzen zu vermeiden, und um eine Verunreinigung der Probe weitgehend auszuschließen, bedeckt man das Becherglas mit einem Uhrglas. Erhitzt man die Lösung zum Sieden, muß ein Siedeverzug vermieden werden. Man kann dazu einen Glasstab in die Lösung eintauchen.

Sind Teile der Analysensubstanz unlöslich, wird mit der gesamten Analysensubstanz ein Aufschluß durchgeführt. Tabelle 7 enthält eine Auswahl.

Die erkaltete Schmelze muß vollständig aus dem Tiegel entfernt werden. Abb. 18 zeigt hierzu eine einfache Vorrichtung. Manchmal ist es sinnvoll, die flüssige Schmelze durch Drehen mit der Tiegelzange auf die Tiegelwand zu verteilen. Der heiße Tiegel wird dann vorsichtig in ein Becherglas mit kaltem Wasser getaucht (abgeschreckt). Dadurch springt die Schmelze meist von der Wandung mehr oder weniger vollständig ab.

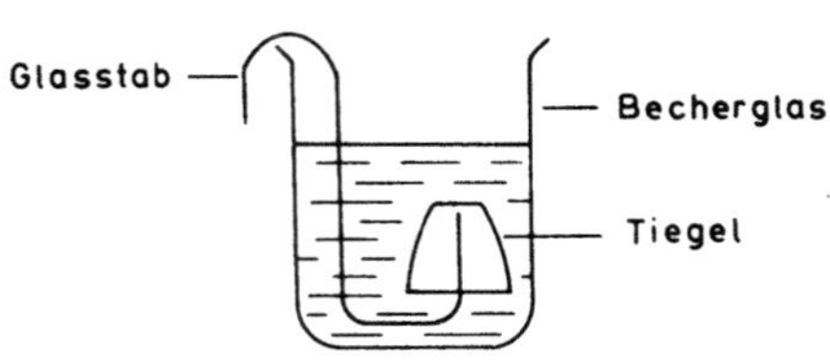

Abb. 18. Vorrichtung zum Auflösen von Schmelzkuchen

Tabelle 7. Aufschlußmethoden für quantitative Analysen

Substanz	Aufschluß		Durchführung
Silicate	$Na_2CO_3 + K_2CO_3$ (1 : 1) 5-6fache Menge	Soda-Pottasche-Aufschluß (basischer Aufschluß)	20 min schmelzen (Rotglut) Ni-, Pt-Tiegel 1000° C
	$CaCO_3 + NH_4Cl$ (3 : 1) 5-6fache Menge	Aufschluß nach Smith	30 min schmelzen, > 1100°C (dunkle Rotglut) Pt-Fingertiegel
$BaSO_4$ $SrSO_4$ $CaSO_4$	$Na_2CO_3 + K_2CO_3$ (1 : 1) 5-6fache Menge	Soda-Pottasche-Aufschluß	20 min schmelzen (Rotglut) Pt-Tiegel, 1000° C
Oxide wie Al_2O_3 TiO_2	$KHSO_4$ 5-6fache Menge	saurer Aufschluß	30 min schmelzen Pt-Tiegel mögl. tiefe Temperatur
SnO_2	$Na_2CO_3 + S$ (1 : 1) 5-6fache Menge	Freiberger Aufschluß	30 min schmelzen Porzellantiegel 1000° C
Silberhalogenide	Zn + verd. H_2SO_4		30 min im Becherglas erhitzen
Fluoride	abrauchen mit konz. H_2SO_4		Pt-Tiegel
Cyanide (komplexe Cyanide)	für Kationen: abrauchen mit konz. H_2SO_4 für Anionen: kochen mit Na_2CO_3		
Sulfide	$Na_2CO_3 + KNO_3$ (3:2)	oxidierender Aufschluß	20 min schmelzen, Ni-, Porzellantiegel, 600-700°

Fällen

Über die Vorgänge beim *Fällen* eines Niederschlags wird in Kap. 3.1.4 berichtet.

Beachte: Um Verunreinigungen von außen zu vermeiden, muß das Gefäß, das den gefällten Niederschlag enthält, abgedeckt werden (z.B. mit einem Uhrglas).

Trennen - Filtrieren

Die Abtrennung des interessierenden Niederschlags von der flüssigen Phase (Mutterlauge) geschieht in der Gravimetrie in der Regel durch *Filtrieren,* seltener durch *Zentrifugieren.* Man verwendet zum Filtrieren *Filterpapiere* mit geringem und bekanntem Aschengehalt. Sie sind in verschiedenen Porengrößen erhältlich. Grobkristalline Niederschläge werden mit weitporigem, "weichem" Papier, feinkristalline Niederschläge mit engporigem, "hartem" Papier abfiltriert.

Durchführung (Abb. 19):

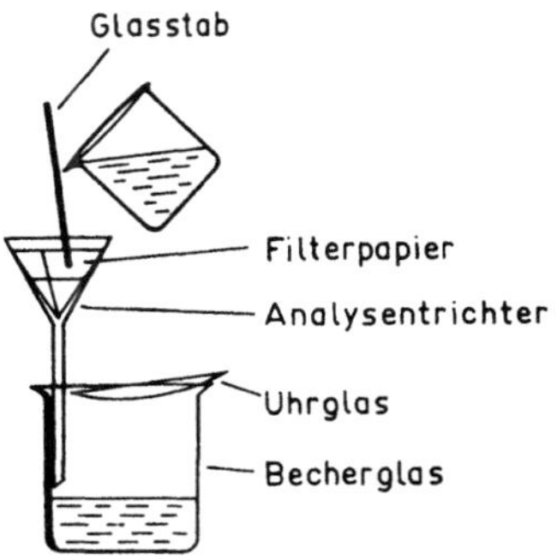

Abb. 19. Anordnung zur Filtration mit Papierfilter

Vorbereitung zur Filtration

Das eingelegte Papierfilter (Rundfilter) wird mit Wasser angefeuchtet und so eingelegt, daß es glatt an der Wandung des Trichters anliegt; es darf keine Luft angesaugt werden. Der Rand des eingelegten Papierfilters soll ca. 1 cm unterhalb des Trichterrandes liegen. Um die Saugwirkung der Flüssigkeitssäule im überlangen Trichterhals zu verstärken, soll der Hals die Wand des Becherglases berühren. Die Flüssigkeitssäule muß dabei frei abfließen können.

Beachte: Vor dem Ende der Filtration soll der Nd. nicht trocken laufen.

Überführen einer Lösung oder Suspension in das Filter

Zur sicheren Überführung lenkt man den Flüssigkeitsstrahl an einem Glasstab entlang aus dem Becherglas in das Filter. Niederschlagsreste werden sorgfältig ausgespült, festhaftende Reste mit einem Gummiwischer abgelöst. Das Ausgießen der Flüssigkeit läßt sich vereinfachen, wenn man unter die Nase des Becherglases etwas Fett bringt.

Um die Filtriergeschwindigkeit zu erhöhen, läßt man den Nd. erst absitzen und gießt zuerst die Hauptmenge der überstehenden Flüssigkeit auf das Filter (dekantieren).

Lösen von Niederschlägen aus Papierfiltern

Löst man einen Nd. aus einem Papierfilter, so muß gründlich nachgewaschen werden, da manche Substanzen stark festgehalten werden. Anstelle des Papierfilters kann man oft einen *Glasfiltertiegel* (bis ca. 450° C) oder einen *Porzellanfiltertiegel* benutzen.

Tabelle 8 enthält eine Zusammenstellung von verschiedenen Filterarten.

Tabelle 8. Zusammenstellung von Filterarten

Art des Filters		Porenweite in µm		Verwendung
Papierfilter	weich	1,5 - 5		gelartiger Nd.
Papierfilter	mittel	1,5 - 5		
Papierfilter	gehärtet	1,5 - 5		feinster Nd.
Glasfiltertiegel	0	230		grobkörniger Nd.
Glasfiltertiegel	1	110		grobkörniger Nd.
Glasfiltertiegel	2	50		feinkörniger Nd.
Glasfiltertiegel	3	30		feinkörniger Nd.
Glasfiltertiegel	4	8		feiner Nd.
Glasfiltertiegel	5	3,4		feinster Nd.
Porzellanfiltertiegel	A3	≈ 8-10	(Grobfilter)	feiner Nd.
	A2	≈ 7- 8	(Mittelfilter)	feiner Nd.
	A1	≈ 6	(Feinfilter)	feinster Nd.
(Ultrafilter)		0,05 - 0,1		

Anmerkung: Auf einigen Glasfiltertiegeln findet man noch die Bezeichnungen G 0, G 1, G 2 usw. von "Geräteglas 20" und D 0, D 1, D 2 von "Duranglas 50".

Mit dem Glas- und Porzellanfiltertiegel wird die Filtration im Wasserstrahlvakuum durchgeführt. Abb. 20 zeigt eine geeignete Anordnung.

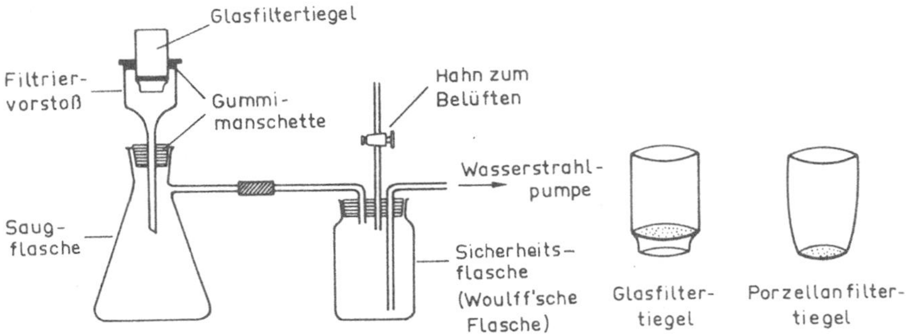

Abb. 20. Anordnung zur Filtration mit Vakuum

Auswaschen

Das Auswaschen des Niederschlags zur Entfernung der Mutterlauge muß mit großer Sorgfalt erfolgen.

Um ein Auflösen des Niederschlags zu verhindern, werden der Waschflüssigkeit oft besondere Zusätze zugegeben, die dann bei der Nachbehandlung, z.B. beim Trocknen oder Glühen, entfernt werden können.

Auch gleichionige (niederschlagseigene) Zusätze im Waschwasser können in vielen Fällen die Lösungstendenz eines Niederschlags beim Auswaschen vermindern, s. hierzu Kap. 3.1.2.

Die Waschflüssigkeit wird nicht auf einmal, sondern in mehreren Portionen zugegeben; dies verbessert die Waschwirkung beträchtlich.

In vielen Fällen ist es unerläßlich, nach jedem Waschvorgang das Filtrat qualitativ auf Inhaltsstoffe zu prüfen, um den Waschprozeß im richtigen Zeitpunkt abbrechen zu können. Da man in den meisten Fällen Wasser als Lösungsmittel und als Waschflüssigkeit verwendet, kann man dieses gelegentlich durch Nachwaschen mit Ethanol oder Aceton verdrängen. Dies führt dann zu einer beträchtlichen Verkürzung der Trockenzeit.

Trocknen, Veraschen, Glühen

Bei manchen Bestimmungen genügt es, den mit einem Glasfiltertiegel abgetrennten Niederschlag durch Trocknen in seine Wägeform überzuführen.

Die Trocknung kann z.B. im Vakuum erfolgen, im Exsikkator mit geeigneten Trockenmitteln (Tabelle 9) oder bei Substanzen, die nicht wärmeempfindlich sind, in einem Trockenschrank oberhalb 100° C.

Tabelle 9. Trockenmittel für die Trocknung im Exsikkator

Substanz	Wassergehalt in mg pro Liter Luft nach dem Trocknen bei 25° C
$CaCl_2$ gekörnt	0,14 - 0,25
CaO	0,2
NaOH (geschmolz.)	0,16
MgO	0,008
$CaSO_4$ (wasserfrei)	0,005
konz. H_2SO_4	0,003 - 0,3
Silicagel	$\approx$ 0,001
P_4O_{10}	< 0,000025

In sehr vielen Fällen muß der Niederschlag in einem Platin- oder Porzellantiegel geglüht werden, um in die Wägeform überführt zu werden. Die Höhe der Temperatur und die Dauer des Glühvorganges bis zur Gewichtskonstanz hängen von der Substanz ab. Einzelheiten müssen der jeweiligen Arbeitsvorschrift entnommen werden.

Veraschen

Wird bei der Filtration ein Papierfilter verwendet, wie z.B. bei der Filtration eines sehr feinkristallinen Niederschlags wie $BaSO_4$, so muß das Papier vor dem Glühen verascht werden. Man kann dies getrennt von der Hauptmenge des Niederschlags durchführen (z.B. über einem Porzellantiegel an einem Platindraht). Im allgemeinen bringt man jedoch das Filterpapier mit Inhalt in einen Porzellantiegel, trocknet Papier und Inhalt sorgfältig, um ein Verspritzen der Substanz zu vermeiden, und erhitzt den Tiegel in einem sog. Muffelofen langsam auf höhere Temperaturen. Ab einer bestimmten Temperatur verbrennt das Papier zu Asche. Anschließend wird der Tiegel mit einem Deckel verschlossen und entsprechend der Vorschrift geglüht.

Anmerkung: Der Porzellantiegel kann auch mit einem Bunsenbrenner oder Gebläse geglüht werden.

3.1.2 Löslichkeit

In der Gravimetrie versucht man den interessierenden Bestandteil einer Analysensubstanz in einen schwerlöslichen Niederschlag überzuführen. Die Löslichkeit von Niederschlägen und ihre Beeinflussung ist daher für die Durchführung gravimetrischer Bestimmungen von großer Bedeutung. Die Löslichkeit eines Niederschlags begrenzt nämlich die kleinste noch bestimmbare Substanzmenge.

<u>Löslichkeit</u> nennt man die *maximale* Menge eines Stoffes, die ein Lösungsmittel bei einer bestimmten Temperatur aufnehmen kann. Die Löslichkeit entspricht der *Höchst-* oder *Sättigungskonzentration.*

Die Angabe der Löslichkeit kann erfolgen in

a) mol · l^{-1} *Lösung* (Molarität oder molare Löslichkeit);

b) mol/1000 g *Lösungsmittel* (Molalität);

c) Gewichtsprozent; man gibt an, wieviel g lösungsmittelfreie Substanz in *100 g Lösung* enthalten sind.

zu c): Ist die Löslichkeit L eines Salzes bei 20° C z.B. 30 g in 100 g *Lösung,* errechnet sich die Stoffmenge x, die in *100 g Lösungsmittel* gelöst ist, zu:

$$x = \frac{100 \cdot L}{100 - L} = 42{,}85 \text{ g.}$$

Beachte: Die Löslichkeit einer Substanz wird immer auf die gesättigte Lösung über einem Bodenkörper bezogen.

Eine Einteilung von Substanzen entsprechend ihrer Löslichkeit zeigt Tabelle 10.

Tabelle 10. (aus dem Europäischen Arzneibuch EuAB)

Bezeichnung	Ungefähre Anzahl Volumenteile Lösungsmittel für 1 Gewichtsteil Substanz				
sehr leicht löslich	weniger als	1	Teil		
leicht löslich	von	1	Teil	bis	10 Teile
löslich	über	10	Teile	bis	30 Teile
wenig löslich	über	30	Teile	bis	100 Teile
schwer löslich	über	100	Teile	bis	1 000 Teile
sehr schwer löslich	über	1 000	Teile	bis	10 000 Teile
praktisch unlöslich	mehr als	10 000	Teile		

<u>Einfluß der Temperatur auf die Löslichkeit</u>

Für die Abhängigkeit der Löslichkeit L von der Temperatur gilt:

$$\frac{d \ln L}{dT} = \frac{\Delta H_L}{R \cdot T^2};$$

R = allgemeine Gaskonstante; T = absolute Temperatur; ΔH_L = Lösungsenthalpie.

Da die Auflösung eines Salzes exotherm *oder* endotherm sein kann, nimmt entsprechend dem Vorzeichen von ΔH_L die Löslichkeit mit steigender Temperatur zu *oder* ab.

Tabelle 11 zeigt die Löslichkeit einiger Substanzen in Abhängigkeit von der Temperatur.

Die graphische Darstellung der Löslichkeit in Abhängigkeit von der Temperatur sind die sog. Löslichkeitskurven, s. Abb. 21.

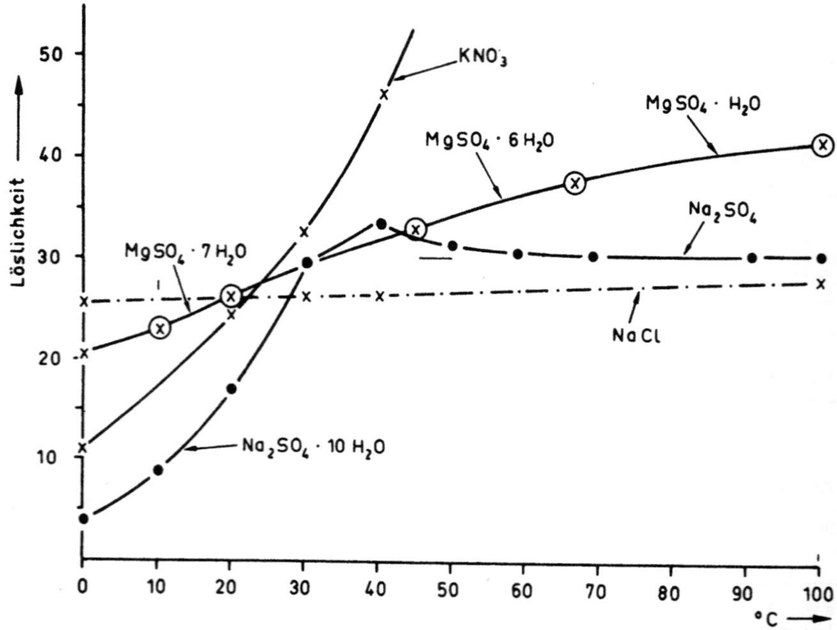

Abb. 21. Temperaturabhängigkeit der Löslichkeit einiger Salze.
L = g/100 g Lösung

Tabelle 11 . Löslichkeit einiger Salze in Abhängigkeit von der Temperatur in g/100 g Lösung

Verbindung	0° C	20° C	30° C	40° C	100° C
NaCl	26,28	26,39	26,51	26,68	28,15
Na_2SO_4	4,5	16,1	28,8	32,5	29,9
Na_2CO_3	6,6	17,8	29,0	33,2	31,1
$MgSO_4$	20,5	26,2	29,0	31,3	40,6
KNO_3	11,6	24,1	31,5	46,2	71,1
$AgNO_3$	53,5	68,3	73,8	77,0	90,1

Tabelle 11 (Fortsetzung)

Verbindung	20°C	100°C
AgCl	$1,5 \cdot 10^{-4}$	$2,2 \cdot 10^{-3}$
AgBr	$1,3 \cdot 10^{-5}$	$3,7 \cdot 10^{-4}$
$Ca(OH)_2$	$1,2 \cdot 10^{-1}$	$6,0 \cdot 10^{-2}$
$Mg(OH)_2$	$8,5 \cdot 10^{-4}$	$4,0 \cdot 10^{-3}$
$CaSO_4$	$2,0 \cdot 10^{-1}$	$6,5 \cdot 10^{-2}$
$SrSO_4$	$1,2 \cdot 10^{-2}$	$1,8 \cdot 10^{-2}$
$BaSO_4$	$2,4 \cdot 10^{-4}$	$3,9 \cdot 10^{-4}$
$PbSO_4$	$4,4 \cdot 10^{-3}$	$6,0 \cdot 10^{-3}$

Anmerkung: Ca-Citrat ist ausnahmsweise in kaltem Wasser leicht löslich, aber in heißem schwer löslich.

Erläuterung der Löslichkeitskurven

Änderungen in der Kristallform und im Kristallwassergehalt lassen sich manchmal am Kurvenverlauf gut erkennen.

$$Na_2SO_4 \cdot 10\ H_2O \xrightarrow{>32^\circ C} Na_2SO_4.$$

$MgSO_4$ hat drei Umwandlungspunkte:

$$MgSO_4 \cdot 12\ H_2O \xrightarrow{>1,8^\circ C} MgSO_4 \cdot 7\ H_2O \xrightarrow{>48^\circ C} MgSO_4 \cdot 6\ H_2O \xrightarrow{>70^\circ C} MgSO_4 \cdot H_2O.$$

In der Gravimetrie sind nur *schwerlösliche Elektrolyte* und *Komplexe* von Interesse. Über die Bildung von Komplexen s. Kap. 3.1.3.

Um Fragen nach der Fällungsmöglichkeit und der Löslichkeit eines schwerlöslichen Elektrolyten beantworten zu können, muß man das Löslichkeitprodukt kennen.

Löslichkeitsprodukt (Ableitung)

Als Beispiel betrachten wir die Fällung und Auflösung von AgCl. Für sie gilt: $Ag^+ + Cl^- \rightleftharpoons AgCl$. Interessiert man sich für die Dissoziation von AgCl, schreibt man zweckmäßigerweise die Reaktionsgleichung für die Dissoziation auf: $AgCl \rightleftharpoons Ag^+ + Cl^-$. Da AgCl ein schwerlösliches Salz ist, liegt das Gleichgewicht auf der linken Seite.

Wendet man auf die Dissoziation das Massenwirkungsgesetz an, dann ergibt sich:

$$\frac{a_{Ag^+} \cdot a_{Cl^-}}{a_{AgCl}} = K_a \quad \text{oder} \quad a_{Ag^+} \cdot a_{Cl^-} = a_{AgCl} \cdot K_a = Lp_{AgCl}$$

a_{AgCl} ist die Aktivität von gelöstem AgCl (nicht vom Bodenkörper).

Allgemein gilt für die Gleichung: $AB \rightleftharpoons A^+ + B^-$

$$Lp_{AB} = a_{A^+} \cdot a_{B^-} \quad \text{oder} \quad Lp_{AB} = c_{A^+} \cdot c_{B^-} \cdot f_{A^+} \cdot f_{B^-}$$

(mit $a = f \cdot c$).

In einer *gesättigten* Lösung (mit Bodenkörper) ist a_{AgCl} konstant, weil zwischen dem gelösten AgCl und dem festen AgCl des Bodenkörpers ein dynamisches, heterogenes Gleichgewicht besteht. Man kann daher für das Produkt $a_{AgCl} \cdot K_a$ die *neue* Konstante Lp_{AgCl} schreiben. Die neue Konstante ist gleich dem "Ionenprodukt" von Ag^+ und Cl^-; sie heißt *Löslichkeitsprodukt*.

Für eine gesättigte Lösung von AgCl gilt:

$$a_{Ag^+} \cdot a_{Cl^-} = Lp_{AgCl} = 1{,}1 \cdot 10^{-10}\ \text{mol}^2 \cdot l^{-2}\ (\text{bei } 20^\circ\text{C})$$

und

$$a_{Ag^+} = a_{Cl^-} \approx 10^{-5}\ \text{mol} \cdot l^{-1}.$$

Wird das Löslichkeitsprodukt überschritten, d.h. $a_{Ag^+} \cdot a_{Cl^-} > 10^{-10}\text{mol}^2 \cdot l^{-2}$, so fällt solange AgCl aus, bis die Gleichung wieder stimmt. Umgekehrt kann man formulieren:

Ein Niederschlag kann ausfallen, wenn das Löslichkeitsprodukt überschritten wird.

Erhöht man nur *eine* Ionenkonzentration, so kann man bei genügendem Überschuß das Gegenion quantitativ aus der Lösung ausfällen.

Ist z.B. beim Fällen von Ag^+ mit Cl^- $a_{Cl^-} = 10^{-1}\text{mol} \cdot l^{-1}$, so ergibt sich: $a_{Ag^+} = 10^{-10}/10^{-1} = 10^{-9}\text{mol} \cdot l^{-1}$.

Die Fällung von Ag^+ ist damit *quantitativ!*

Beachte: Mit einem geringen Überschuß an Fällungsmittel erzielt man in den meisten Fällen die besten Ergebnisse. Ein großer Überschuß an gleichionigem Zusatz (niederschlagseigene Ionen) führt häufig zu unerwünschten Folgereaktionen, wie z.B. Komplexbildung.

Beispiel: AgCl ist in überschüssiger Salzsäure als $[AgCl_2]^-$ merklich löslich.

Das Löslichkeitsprodukt Lp eines schwerlösl. Elektrolyten A_mB_n ist definiert als das Produkt seiner Ionen-Aktivitäten in gesättigter Lösung: $A_mB_n \rightleftharpoons m\,A^+ + n\,B^-$

$$Lp = (a_{A^+})^m \cdot (a_{B^-})^n \qquad \text{Einheit: } (mol \cdot l^{-1})^{m+n}$$

a_{A^+} und a_{B^-} : Ionenaktivitäten in $mol \cdot l^{-1}$

- Das Löslichkeitsprodukt gilt für alle schwerlöslichen Elektrolyte.
- Starke Elektrolyte gehorchen zwar nicht dem Massenwirkungsgesetz; für eine qualitative Deutung läßt sich das MWG jedoch mit genügender Genauigkeit anwenden.
- Der Einfachheit wegen wird anstatt mit Aktivitäten häufig mit den Konzentrationen gerechnet.

Löslichkeitsprodukte von schwerlöslichen Salzen bei 20 °C. $Lp = (a_{A^+})^m \cdot (a_{B^-})^n$ in $(mol \cdot l^{-1})^{m+n}$; a_{A^+}, a_{B^-} = Ionenaktivität

AgCl	$1{,}1 \cdot 10^{-10}$	$BaCrO_4$	$2{,}4 \cdot 10^{-10}$	$Mg(OH)_2$	$1{,}2 \cdot 10^{-11}$
AgBr	$4{,}8 \cdot 10^{-13}$	$PbCrO_4$	$1{,}8 \cdot 10^{-14}$	$Al(OH)_3$	$1{,}4 \cdot 10^{-19}$
AgI	$1{,}5 \cdot 10^{-16}$	$PbSO_4$	$2 \cdot 10^{-8}$	$Fe(OH)_3$	$4{,}7 \cdot 10^{-38}$
AgCN	$4 \cdot 10^{-12}$	$BaSO_4$	$1{,}1 \cdot 10^{-10}$	ZnS	$4{,}5 \cdot 10^{-24}$
Hg_2Cl_2	$2 \cdot 10^{-18}$			CdS	$8 \cdot 10^{-27}$
$PbCl_2$	$1{,}7 \cdot 10^{-5}$			PbS	$4 \cdot 10^{-28}$
				Ag_2S	$1{,}6 \cdot 10^{-49}$
				HgS	$3 \cdot 10^{-53}$

Fällungsgrad

Der Fällungsgrad α ist ein Maß für das Ausmaß der Fällung. Sind C_a die Anfangskonzentration des zu bestimmenden Ions im Volumen V_a und C_e die Endkonzentration im Volumen V_e, so gilt:

$$\alpha = 1 - \frac{C_e \cdot V_e}{C_a \cdot V_a} \; ; \quad \frac{C_eV_e}{C_aV_a} \text{ ist der noch gelöste Anteil des Ions.}$$

Für gravimetrische Bestimmungen soll der Fällungsgrad 0,999 ≙ 99,9 % erreichen.

Löslichkeit eines Elektrolyten

Die *Löslichkeit eines Elektrolyten* ist durch die Größe seines Löslichkeitsproduktes gegeben.

Beispiel: AgCl, $Lp_{AgCl} = 10^{-10}\ mol^2 \cdot l^{-2}$.

Da aus AgCl beim Lösen (Dissoziieren) gleichviel Ag^+-Ionen und Cl^--Ionen entstehen, ist bei Verwendung der Konzentrationen: $[Ag^+] = [Cl^-] = 10^{-5}\ mol \cdot l^{-1}$.

Die Löslichkeit von AgCl ist $L_{AgCl} = [Ag^+] = 10^{-5}\ mol \cdot l^{-1} = 1{,}43\ mg \cdot l^{-1}$ AgCl.

Für die größenordnungsmäßige Berechnung der *molaren Löslichkeit c* eines Elektrolyten A_mB_n eignet sich folgende allgemeine Beziehung:

$$c_{A_mB_n} = \sqrt[m+n]{\frac{Lp_{A_mB_n}}{m^m \cdot n^n}} \quad \text{und genauer} \quad c_{A_mB_n} = \sqrt[m+n]{\frac{Lp_{A_mB_n}}{m^m \cdot n^n \cdot f_A^m \cdot f_B^n}}$$

$c_{A_mB_n}$ = molare Löslichkeit der Substanz A_mB_n in $mol \cdot l^{-1}$.

Beispiele:

1 : 1-Elektrolyt: AgCl

$$Lp_{AgCl} = 10^{-10} mol^2 \cdot l^{-2}$$
$$c_{AgCl} = 10^{-5}\ mol \cdot l^{-1};$$

2 : 1-Elektrolyt: $Mg(OH)_2$:

$$Lp_{Mg(OH)_2} = a_{Mg^{2+}} \cdot (a_{OH^-})^2 = 10^{-12}\ mol^3 \cdot l^{-3}$$
$$c_{Mg(OH)_2} = 10^{-4{,}2}\ mol \cdot l^{-1} = 6{,}3 \cdot 10^{-5}\ mol \cdot l^{-1}.$$

Löslichkeitsbeeinflussung durch Zusatz von Ionen

In *reinem* Wasser gilt: Die Löslichkeit eines Elektrolyten wächst mit zunehmender Ionenstärke; s. hierzu S. 182.

In Lösungen treten jedoch Löslichkeitsbeeinflussungen auf.

Löslichkeitsbeeinflussung durch einen Zusatz von gleichen Ionen:

Um den Einfluß deutlich zu machen, betrachten wir die Fällung von AgCl aus $AgNO_3$ mit NaCl.

Mit $Lp_{AgCl} = a_{Ag^+} \cdot a_{Cl^-}$ und C für die Konzentration von NaCl in der Lösung berechnet sich die Löslichkeit L von AgCl beim Zusatz von NaCl nach der Formel:

$$L_{AgCl} = -\frac{C}{2} + \sqrt{\frac{C^2}{4} + Lp_{AgCl}}$$

Für C = 0 ergibt sich damit: $L_{AgCl} = \sqrt{Lp_{AgCl}}$.

Für C » Lp wird L_{AgCl} = 0. Dieser Grenzwert wird jedoch nicht erreicht, weil *kein* Salz absolut unlöslich ist.

Mit steigender Ionenkonzentration machen sich interionische Wechselwirkungen bemerkbar und diese erhöhen wieder die Löslichkeit (Komplexbildung).

Löslichkeitsbeeinflussung durch einen Zusatz von Fremdionen:
Fremdionen beeinflussen durch interionische Wechselwirkungen den *Aktivitätskoeffizienten* der interessierenden Ionen. Nach einer von Debye und Hückel angegebenen Formel gilt für die Abhängigkeit des Aktivitätskoeffizienten f_a von der Ionenstärke I und damit von der Konzentration an Fremdionen:

$$\lg f_a = -A \cdot n_i^2 \cdot \sqrt{I},$$

n_i = Wertigkeit der betreffenden Ionen,
A = Konstante
I = Ionenstärke s.S. 182

Bei starken Elektrolyten gilt für die Löslichkeit L:

$$L \cdot f_a = \sqrt{Lp} \quad \text{oder} \quad L = \frac{\sqrt{Lp}}{f_a}.$$

Da Lp für eine bestimmte Temperatur konstant ist, wächst die Löslichkeit, wenn der Wert des Aktivitätskoeffizienten kleiner wird.

Beachte: Ist kein Reaktionspartner an einer anderen Gleichgewichtsreaktion beteiligt, so gilt: *Die Löslichkeit eines Elektrolyten wird durch den Zusatz gleicher Ionen verringert und durch den Zusatz von Fremdionen erhöht.*

3.1.3 Komplexbildung

Viele Metalle reagieren mit Lewis-Basen wie H_2O, NH_3, OH^-, CN^-, Halogeniden oder Chelat-Liganden unter Bildung von Komplexverbindungen.

Bei der *komplexometrischen Titration* (Kap. 3.11) wird die Komplexbildung zur maßanalytischen Bestimmung von Kationen benutzt. In der *Gravimetrie* kann die Komplexbildung in einigen Fällen auch eine Trennung von Kationen ermöglichen, wenn diese verschieden stabile Komplexe bilden.

Ein Beispiel ist die Trennung von Cu/Cd mit H_2S. Aus einer cyanidhaltigen Lösung fällt nur gelbes CdS; der Kupfercyanidkomplex wird unter diesen Bedingungen nicht zerstört ("maskiertes" Kupfer).

In vielen Fällen kann sich eine Komplexbildung auch nachteilig für eine quantitative Fällung auswirken. Ein Beispiel ist die Bildung von $[AgCl_2]^-$ aus AgCl in salzsaurer Lösung.

Komplexbildungsreaktionen sind *Gleichgewichtsreaktionen*. Fügt man z.B. zu festem AgCl eine wäßrige NH_3-Lsg., so geht AgCl in Lösung, weil sich ein wasserlöslicher Diammin-Komplex bildet:

$$AgCl + 2\,NH_3 \rightleftharpoons [Ag(NH_3)_2]^+ + Cl^-.$$

Die Anwendung des Massenwirkungsgesetzes auf die Komplexbildung liefert:

$$\frac{[[Ag(NH_3)_2]^+]}{[AgCl][NH_3]^2} = K = 10^8; \qquad \lg K = 8$$
$$pK = -\lg K = -8.$$

K heißt <u>Stabilitätskonstante.</u> Ihr reziproker Wert ist die Dissoziationskonstante oder Komplexzerfallskonstante.

Ein *großer* Wert für K bedeutet, daß das Gleichgewicht auf der rechten Seite der Reaktionsgleichung liegt, daß also der Komplex *stabil* ist.

Tabelle 12 enthält die Komplexstabilitätskonstanten für einige Beispiele.

<u>Auswirkung unterschiedlicher Komplexstabilität</u>

Gibt man zu einem Komplex ein Molekül oder Ion hinzu, das imstande ist, mit dem Zentralteilchen einen stärkeren Komplex zu bilden, so werden die ursprünglichen Liganden aus dem Komplex herausgedrängt:

$$[Cu(H_2O)_4]^{2+} + 4\,NH_3 \rightleftharpoons [Cu(NH_3)_4]^{2+} + 4\,H_2O.$$

hellblau — tiefblau

Für den Amminkomplex ist $K \approx 10^{13}$ bzw. $\lg K \approx 13$.

Das $[Cu(NH_3)_4]^{2+}$-Kation ist also stabiler als das $[Cu(H_2O)_4]^{2+}$-Kation.

Beachte: Die Bildung bzw. Dissoziation von Komplexen kann auch in mehreren Schritten (stufenweise) erfolgen.

Beispiel: $[Cr(H_2O)_6]^{3+}$; $[Cr(H_2O)_5Cl]^{2+}$; $[Cr(H_2O)_4Cl_2]^+$.

Tabelle 12. Stabilitätskonstanten einiger Komplexe (20° C)

Verbindung	lg K	Verbindung	lg K
$[Ag(NH_3)_2]^+$	8	$[Co(CN)_6]^{4-}$	19
$[Ag(S_2O_3)_2]^{3-}$	13	$[AlF_6]^{3-}$	20
$[Cu(NH_3)_4]^{2+}$	≈ 13	$[Fe(CN)_6]^{3-}$	31
$[CuCl_4]^{2-}$	6	$[Co(NH_3)_6]^{3+}$	35
$[Zn(CN)_4]^{2-}$	17		
$[HgI_4]^{2-}$	30		
$[Al(OH)_4]^-$	30		

Die Stabilitätskonstanten von *Chelatkomplexen* sind in Kap. 3.11.2 angegeben.

3.1.4 Niederschlagsbildung

Mechanismus der Niederschlagsbildung

Auf S. 200 haben wir gesehen, daß ein schwerlöslicher Elektrolyt erst dann aus einer Lösung ausfallen kann, wenn sein *Löslichkeitsprodukt* erreicht ist. Meist tritt aber auch dann noch kein Niederschlag auf; es entsteht vielmehr ein *metastabiler Zustand*, in dem die Lösung mehr gelösten Stoff enthält, als zur Sättigung erforderlich ist. Man spricht dann von einer Übersättigung der Lösung.

Die Bildung der (neuen) festen Phase aus der Lösung ist also gehemmt. Um dies zu vermeiden, hat man für die Durchführung von Fällungsreaktionen entsprechende Arbeitsvorschriften erarbeitet. Zweckmäßigerweise unterscheidet man beim Fällungsvorgang (Niederschlagsbildung) folgende formale Teilschritte:

Keimbildung

Bei einer bestimmten Übersättigung bilden sich in einer Lösung sog. *Keime*, (kleine Teilchen der festen Phase). Die Keimbildung kann homogen (spontan) oder heterogen erfolgen.

Bei der *homogenen* Keimbildung treten gelöste Ionen oder Moleküle zu größeren Aggregaten zusammen. Die Zahl der Keime hängt stark von der Konzentration der Ionen oder Moleküle in der Lösung ab.

Aus konzentrierten Lösungen fallen feinteiligere Niederschläge aus als aus verdünnten Lösungen.

Die *heterogene* Keimbildung geht von kleinen Fremdstoffteilchen (Fremdkeimen) aus, an die sich Ionen oder Moleküle z.B. durch Adsorption anlagern, bis ein Keim entstanden ist.

Viele Fremdkeime verursachen oft einen feinkörnigen Niederschlag.

Die Fremdkeime können Staubteilchen sein. Man kann sie künstlich in die Lösung einbringen in Form von kleinen Kriställchen der gleichen Substanz oder auch von Fremdsubstanzen. Diesen Vorgang nennt man "*Impfen*".

Die Fremdkeime können auch z.B. durch Kratzen mit einem Glasstab an der Gefäßwand aus dem Glasstab oder dem Gefäß erzeugt werden. Die Niederschlagsbildung läßt sich auch durch Erschüttern der Lösung, z.B. mit Ultraschall, einleiten.

Kristallwachstum

Das Kristallwachstum ist eine sehr komplexe Erscheinung. Einflußgrößen sind u.a. Diffusionseffekte, Struktureigenschaften, Fremdionen.

Günstig für eine Vergrößerung der Kristallkeime und damit für die Bildung größerer Kristalle ist oft ein längerfristiges Erwärmen oder Stehenlassen der Lösung an einem warmen Ort. Eine solche "Vergröberung" des Niederschlags gelingt manchmal auch durch kurzes Aufkochen.

Reinheit und Filtrierbarkeit eines Niederschlags hängen wesentlich von der Größe der Kristalle ab.

Alterung

Alle Vorgänge, bei denen Veränderungen der chemischen und/oder physikalischen Eigenschaften eines Niederschlags mit der Zeit eintreten, nennt man Alterung des Niederschlags. Manchmal ändert sich dabei die Hydration und es treten Kondensationen ein. Auch Erscheinungen, die man als Reifung und Rekristallisation bezeichnet, sind Alterungsvorgänge.

Reifung

Die kleinen Kristalle eines Niederschlags enthalten im allgemeinen viele Fehlstellen und Kristallfehler und befinden sich nicht im thermodynamischen Gleichgewicht mit der Lösung. Sie haben auch eine größere Freie Enthalpie der Oberfläche als große Kristalle.

Die Kristalle sind um so kleiner und um so stärker gestört, je höher die Übersättigung der Lösung ist. Bei abnehmender Übersättigung gehen - nach Ostwald - kleine Kristalle in Lösung und große wachsen weiter. Dieser Vorgang, den man Reifung nennt, verursacht ebenfalls eine Vergröberung des Niederschlags.

Rekristallisation heißt die Erscheinung, daß *nach* Beendigung des Kristallwachstums ein Stoffaustausch zwischen dem Kristall und der darüberstehenden Lösung stattfindet. Zahl und Größe der Kristalle bleiben dabei meist unverändert. Bei der Rekristallisation gehen bestimmte Teile der Kristalle in Lösung und scheiden sich an anderen, energetisch günstigeren Stellen wieder ab; dabei werden Kristallfehler beseitigt. Meist erfolgt auf diese Weise auch eine gewisse *Selbstreinigung* der Kristalle.

Alterungsprozesse lassen sich u.a. durch Temperaturerhöhung und/ oder Stehenlassen des Niederschlags über längere Zeit an einem warmen Ort beschleunigen. Sie bringen häufig auch eine Verbesserung des Niederschlags.

Mitfällung

Von Mitfällung spricht man, wenn bei Fällungsreaktionen Fremdionen oder Lösungsmittelmoleküle (= Mikrokomponente) den gefällten Niederschlag verunreinigen. Verursacht wird die Mitfällung durch *Mischkristallbildung, Adsorption* oder *Einschluß* (Okklusion).

Eine Mischkristallbildung wird begünstigt, wenn Hauptbestandteil und Mikrokomponente ähnliche Ionenradien und gleiche Ladungen haben.

Beim Einschluß kann die Mikrokomponente zuerst an die Hauptkomponente adsorbiert sein oder mit ihr chemisch reagieren. Beim anschließenden Kristallwachstum wird sie dann von der Hauptkomponente umhüllt.

Nachfällung

Scheidet sich aus einem Stoffgemisch nach der Fällung des interessierenden Stoffes beim Stehenlassen in der Mutterlauge ein weiterer Nd. ab, so spricht man von Nachfällung.
Beispiel: MgC_2O_4 wird durch CaC_2O_4 nachgefällt.

3.1.5 Berechnung der Analysenwerte

Die Berechnung gravimetrischer Analysen beruht auf der rechnerischen Auswertung der Reaktionsgleichung, die der jeweiligen Fällung zugrunde liegt.

In vielen Fällen ist die Form, in der ein Ion gefällt wird (Fällungsform), verschieden von der Form, in der es zur Auswaage gebracht wird (Wägeform).

Beispiel: Al^{3+} wird als wasserhaltiges $Al(OH)_3$ gefällt (Fällungsform) und anschließend durch Glühen bis zur Gewichtskonstanz in Al_2O_3 (Wägeform) übergeführt.

Beispiel für die Berechnung von Analysenwerten

Gesucht wird der Schwefelgehalt einer Schwefelverbindung.

Der Schwefel in der Verbindung wird zu SO_4^{2-} oxidiert und als $BaSO_4$ quantitativ gefällt und ausgewogen.

Einwaage: 0,240 g Analysensubstanz

Auswaage: 0,130 g $BaSO_4$ (Molmasse M: 233,42)

In der Auswaage von 0,130 $BaSO_4$ ist der gesamte S (M : 32) der Analysensubstanz enthalten. Die Masse m_S des S in der Auswaage beträgt folglich

$$m_S = 0{,}13 \cdot \frac{32}{233{,}42} = x \text{ g}$$

Bezogen auf die Einwaage von 0,24 g Analysensubstanz ist dies ein Massengehalt von

$$\frac{100 \cdot x}{0{,}24} = \frac{100 \cdot 0{,}13}{0{,}24} \cdot \frac{32}{233{,}42} = 7{,}4 \text{ \% S},$$

d.h. die eingewogene Substanz enthält 7,4 % Schwefel.

Vereinfachung der Rechnung mit Auswerteformel:

Der Faktor für die Umrechnung von $BaSO_4$ auf S, der analytische oder gravimetrische Faktor F, ist, wie aus der Gleichung ersichtlich, der Wert des Massenverhältnisses:

$$F = \frac{m(S)}{m(BaSO_4)} = \frac{32}{233{,}4} = 0{,}1373.$$

Er gibt an, daß 1 g $BaSO_4$ genau 0,1373 g S enthält.

Obige Rechnung vereinfacht sich damit zu

$$m_S = F \cdot m_{BaSO_4} = 0{,}1373 \cdot 0{,}13 = 0{,}0178 \text{ g}$$

Für die Ermittlung des Massengehaltes gilt

$$\text{\% S} = \frac{100 \cdot \text{Auswaage}}{\text{Einwaage}} \cdot F = \frac{100 \cdot 0{,}13}{0{,}24} \cdot 0{,}1373 = 7{,}4 \text{ \%}$$

Die Faktoren F sind häufig wie folgt tabelliert oder angegeben z.B. als $F_{Fe} = 0{,}3622$:

gesucht	gefunden	Faktor F
S	$BaSO_4$	0,1373
Fe	Fe_2O_3	0,6995

Hinweis: Beachte bei der Berechnung des Faktors die stöchiometrischen Verhältnisse. Im Fall des Fe enthält Fe_2O_3 2 Atome Fe, d.h. $F_{Fe} = \frac{m(Fe)}{m(Fe_2O_3)} = \frac{2 \cdot M(Fe)}{M(Fe_2O_3)} = 0{,}6995$

Empirischer Faktor

Ist die Zusammensetzung eines Niederschlags unbekannt, unter den Fällungsbedingungen aber konstant, so kann man durch eine Reihe von Testanalysen einen sog. empirischen Faktor $F_{emp.}$ bestimmen.

Fehler

Bei einer gravimetrischen Bestimmung ist der *relative Fehler* proportional dem Faktor, proportional dem absoluten Fehler bei der Einwaage und umgekehrt proportional dem absoluten Fehler bei der Auswaage.

Daraus folgt, daß ein kleiner gravimetrischer Faktor den relativen Fehler verringert.

Über Wägefehler s.S. 185.

3.2 Gravimetrische Analysen mit anorganischen Fällungsreagenzien

Die genauen Arbeitsvorschriften finden sich z.B. im "Lehrbuch der Angewandten Chemie", Bd. III von G.O.Müller, Hirzel-Verlag, Leipzig.

$BaCl_2$ fällt SO_4^{2-}-Ionen aus HCl-saurer Lösung in der Siedehitze als $BaSO_4$: $Ba^{2+} + SO_4^{2-} \rightleftharpoons BaSO_4$. Molmasse: 233,43; $F_{SO_4^{2-}} = 0{,}4115$. Fällungsform = Wägeform.

$BaCl_2$ fällt auch CrO_4^{2-}-Ionen aus essigsaurer, mit Acetat gepufferter Lösung: $Ba^{2+} + CrO_4^{2-} \rightleftharpoons BaCrO_4$; $F_{CrO_4^{2-}} = 0{,}4579$; $F_{Cr} = 0{,}2053$.

Beachte: Diese Fällung gelingt nur bei Abwesenheit von SO_4^{2-}!

$AgNO_3$ dient zur Bestimmung von Cl^-, Br^-, I^-, CN^-, SCN^- als AgCl, AgBr usw. Die Fällungsform ist stets die Wägeform. Schwermetalle stören die Fällungen.

Durch Lichteinwirkung entsteht elementares Silber.

H_2SO_4: Verd. H_2SO_4 fällt Ba^{2+}-Ionen als $BaSO_4$ und Pb^{2+}-Ionen als $PbSO_4$.

(1) $BaCl_2 + H_2SO_4 \rightleftharpoons BaSO_4 + 2\ HCl$. Die Lösung der Analysensubstanz läßt man in der Siedehitze zu der Schwefelsäure langsam zulaufen.

Beachte: Fe^{3+}, NO_3^-, ClO_3^- werden mitgefällt; freie HCl und HNO_3 lösen den Niederschlag.

(2) $Pb(NO_3)_2 + H_2SO_4 \rightleftharpoons PbSO_4 + 2\ HNO_3$. Bei dieser Fällung muß die sehr umfangreiche Arbeitsvorschrift eingehalten werden.

Na_2HPO_4 bzw. *$(NH_4)_2HPO_4$* wird zur Bestimmung von Mg^{2+} und Mn^{2+} verwendet. Unter den Reaktionsbedingungen entsteht aus dem Natriumsalz das entsprechende Ammoniumsalz.

(1) Zur Bestimmung von Mn^{2+} wird die schwach salzsaure Lösung der Analysensubstanz mit NH_4Cl, Na_2HPO_4 und Ammoniak versetzt. Der Niederschlag wird geglüht, wobei $Mn_2P_2O_7$ entsteht:

$$MnSO_4 + (NH_4)_2HPO_4 + NH_3 + H_2O \longrightarrow Mn(NH_4)PO_4 \text{ u.a.}$$

$$2\ Mn(NH_4)PO_4 \xrightarrow{\Delta} Mn_2P_2O_7 \text{ (Wägeform)};\ F_{Mn} = 0{,}3871.$$

(2) Die Bestimmung von Mg^{2+} ähnelt in ihrer Durchführung derjenigen von Mn^{2+}. Die Wägeform ist $Mg_2P_2O_7$ $F_{Mg} = 0{,}2185$.

Beachte: Alle Kationen, mit Ausnahme der Alkali-Ionen, stören die Bestimmungen durch Phosphatbildung.

Ammoniumsulfid kann zur Fällung von Mn^{2+}, Ni^{2+}, Co^{2+}, Zn^{2+} benutzt werden. Die Kationen werden als Sulfide gefällt und können danach in die Wägeform übergeführt werden.

Im Falle von Mn^{2+} ist MnS auch die Wägeform. $F_{Mn} = 0{,}6314$.

Schwefelwasserstoff. Mit H_2S lassen sich in *saurer* Lösung viele Metallionen als Sulfide fällen; s. hierzu auch Kap. 1.1.6.4. Häufig wird ein Metallion als Sulfid gefällt und anschließend in eine günstigere Wägeform übergeführt.

Beispiele: $Ni^{2+} + S^{2-} \longrightarrow$ NiS (Fällungsform). NiS kann in Königswasser gelöst und als Diacetyldioxim-Komplex ausgewogen werden.
Cu^{2+} kann als CuS gefällt und durch Glühen in CuO als Wägeform übergeführt werden.

Für die Bestimmung von Antimon eignet sich Sb_2S_3 auch als Wägeform. Antimon(V)-sulfid geht beim Glühen ebenfalls in Sb_2S_3 über.

Tabelle 13. Organische Fällungsreagenzien

Verbindung	Struktur	Molekülmasse	Bestimmbare Elemente
α-Nitroso-β-naphthol	$C_{10}H_7O_2N$ 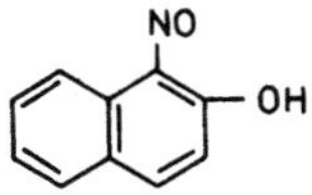	173,06	Pd, Co
α-Nitro-β-naphthol	$C_{10}H_7O_3N$ 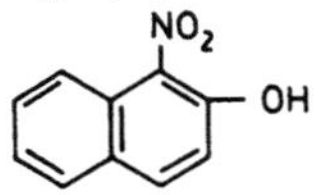	189,06	Co
Benzoinoxim (Cupron)	$C_{14}H_{13}O_2N$ 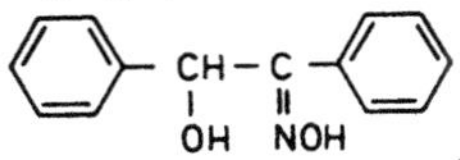	227,1	Cu
Salicylaldoxim	$C_7H_7O_2N$ 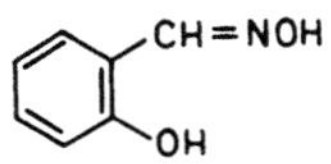	137,06	Pb, Cu
Cupferron	$C_6H_9O_2N_3$ 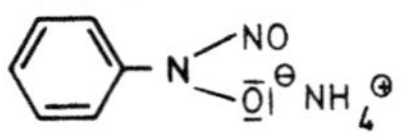	155,16	Bi, Cu, Th, Fe, Ti, Zn, Ga, Nb
8-Hydroxychinolin (Oxin)	C_9H_7ON 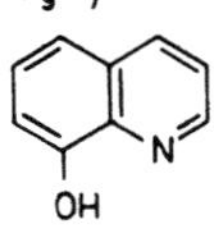	145,05	Pb, Tl, Bi, Cu, Sn, Pd, Mo, Ce, Zr, Th, Fe, Mn Co, Ni, Ti U,Al,Be,Zn, In,Ga,W,Mg
Thionalid	$C_{12}H_{11}ONS$ 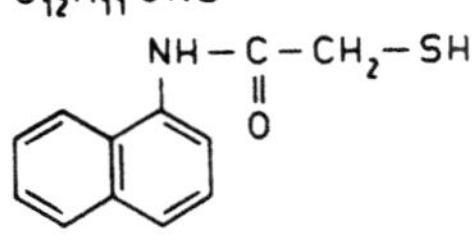	217,27	Ag, Bi, Cu Hg, Sn, As, Sb
Dithizon	$C_{13}H_{12}N_4S$ 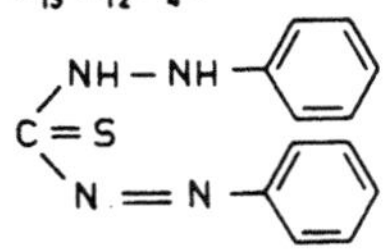	256,32	Pb

Tabelle 13 (Fortsetzung)

Verbindung	Struktur	Molekülmasse	Bestimmbare Elemente
Mercaptobenzthiazol	$C_7H_5NS_2$ 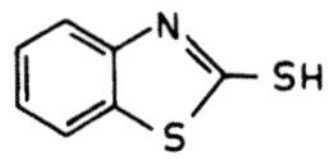	167,2	Pb, Bi, Cu Cu, Cd, Au
Anthranilsäure	$C_7H_7O_2N$ 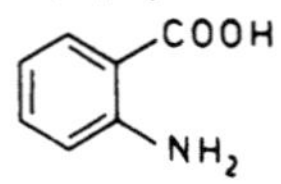	137,06	Cd, Zn
Chinaldinsäure	$C_{10}H_7O_2N$ 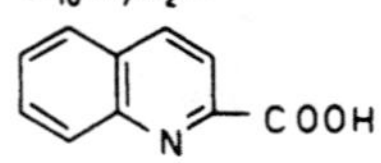	173	Cu, Cd, U, Zn
Pyridinkomplexe	$[Me^{II}Py_2](SCN)_2$		Hg, Cu, Cd, Co, Ni, Zn
Pyrogallol	$C_6H_6O_3$ 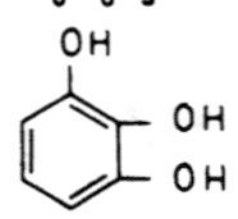	126,5	Bi, As, Sb
EDTA, s.Kap. 3.11.2	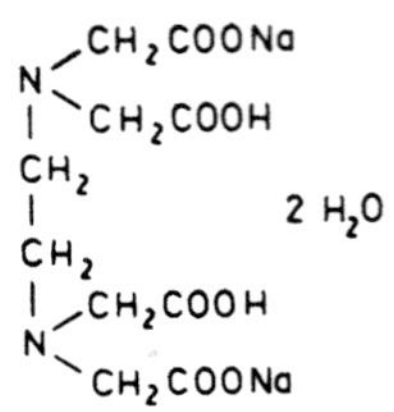	372,25	Mg, Ca, Ba, Ni, Co, Cd, Mn, Zn, Wasserhärte

Die Fällung mit H_2S eignet sich wegen der unterschiedlichen Löslichkeitsprodukte vieler Metallsulfide und der pH-Abhängigkeit der S^{2-}-Konzentration in vielen Fällen auch für Trennprobleme.

Nachteilig bei der Fällung mit H_2S sind die Erscheinungen, die als Mitfällung und Nachfällung bezeichnet werden.

Thioacetamid, CH_3CSNH_2, eignet sich anstelle von gasförmigem H_2S zur Sulfidfällung in saurer Lösung. Bei seiner Verwendung entfällt die Geruchsbelästigung, und die Niederschläge sind meist körniger und deshalb besser filtrierbar als bei der Fällung mit gasförmigem H_2S.

Reaktionsgleichung: $H_3C\text{-}C(=S)\text{-}NH_2 + 2\,H_2O \xrightarrow{H^+} H_3C\text{-}COO^- + NH_4^+ + H_2S.$

Thioharnstoff, $(NH_2)_2CS$ kann ebenfalls als Reagenz zur Sulfidfällung eingesetzt werden.

$$H_2N\text{-}C(=S)\text{-}NH_2 + H_2O \xrightarrow{H^+} H_2N\text{-}C(=O)\text{-}NH_2 + H_2S$$

und beim Erhitzen: $H_2N\text{-}C(=O)\text{-}NH_2 \xrightarrow{H_2O} CO_2 + 2\,NH_3.$

3.3 Gravimetrische Analysen mit organischen Fällungsreagenzien

Für gravimetrische Analysen eignen sich auch eine Vielzahl von organischen Fällungsreagenzien. Häufig sind sie spezifischer und empfindlicher als die "klassischen" Reagenzien. Es ist ein besonderer Vorteil dieser Reagenzien, daß die gebildeten Verbindungen wegen der großen Molmasse der Fällungsmittel meist einen sehr günstigen gravimetrischen Faktor für das gesuchte Kation haben.

Tabelle 13 zeigt eine Auswahl an organischen Fällungsreagenzien (nach G.O. Müller).

Spezielle Beispiele für Fällungsreaktionen

Diacetyldioxim (Dimethylglyoxim) bildet mit Ni^{2+}-Ionen einen schwerlöslichen Komplex:

$$2\ \begin{array}{l} CH_3\text{-}C{=}NOH \\ \quad\ | \\ CH_3\text{-}C{=}NOH \end{array} + Ni^{2+} \longrightarrow Ni(C_4H_7O_2N_2)_2 = \text{Wägeform,}$$

$$F_{Ni} = 0{,}2032.$$

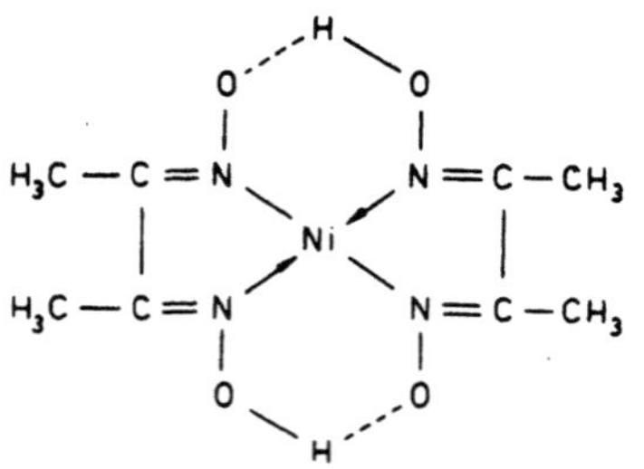

eine mögliche Grenzstrukturformel

Die Fällung erfolgt in der Siedehitze aus einer ammoniakalischen oder essigsauren Lösung mit einer 1 %-igen alkoholischen Lösung von Diacetyldioxim.

Mit diesem Reagens gelingt auch die Trennung von Ni^{2+} von Fe^{3+}, Mn^{2+}, Zn^{2+}, Co^{2+}, Cr^{3+}.

Pd^{2+}-Ionen geben in salzsaurer Lösung einen gelben Niederschlag.

8-Hydroxychinolin (Oxin) und einige seiner Derivate eignen sich zur quantitativen Bestimmung von zahlreichen Kationen, s. Tabelle 13
Es bilden sich z.B. mit Me^{2+}-Ionen folgende Komplexe:

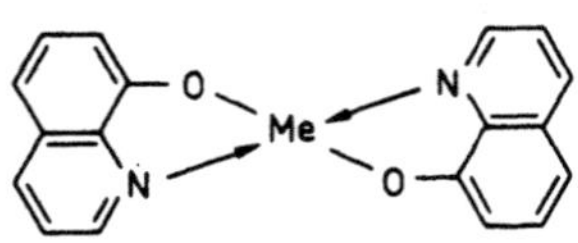

Alle Komplexe enthalten Kristallwasser, mit Ausnahme derjenigen, die Al, Ga, Bi, Tl und Pb als Zentralion besitzen.

Beachte: Bei der Fällung muß der in der Arbeitsvorschrift angegebene pH-Wert genau eingehalten werden.

Natriumtetraphenylborat (Kalignost) bildet im pH-Bereich von 4 bis 5 mit K^+, NH_4^+, Rb^+, Cs^+ schwerlösliche farblose Niederschläge, in denen Na^+ gegen das jeweils interessierende Kation ausgetauscht ist. Die Fällungsform ist gleichzeitig Wägeform:

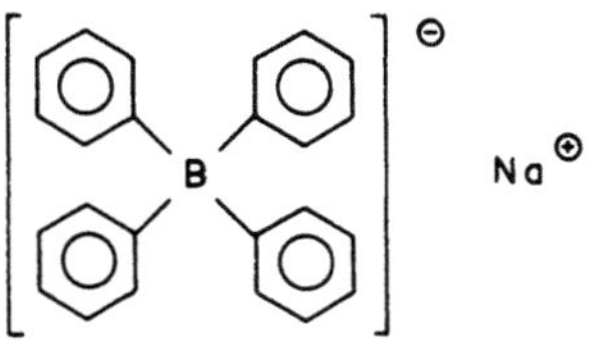

Elektrogravimetrie s. Kap. 4.2

3.4 Grundlagen der Maßanalyse

Bei der *Maßanalyse* (Titrimetrie, volumetrische oder titrimetrische Analyse) ermittelt man die Masse des zu bestimmenden Stoffes *(= Titrand, Probe)* durch eine Volumenmessung. Man mißt nämlich die Lösungsmenge eines geeigneten Reaktionspartners *(= Titrator, Titrant)*, die bis zur vollständigen Gleichgewichtseinstellung einer eindeutig ablaufenden Reaktion verbraucht wird.

Der Vorgang heißt *Titration*, die Operation *Titrieren*.

Das Ende der Titration ist am sog. *Äquivalenzpunkt* erreicht.

Definition:

Äquivalenzpunkt ("stöchiometrischer Punkt", theoretischer Endpunkt) *heißt derjenige Punkt bei einer Titration, an dem sich äquivalente Mengen von Titrant und Probe miteinander umgesetzt haben.*

Der Äquivalenzpunkt muß entweder direkt sichtbar sein oder auf irgendeine Weise eindeutig angezeigt (indiziert) werden können.

Oft gibt man anstelle des Äquivalenzpunktes den sog. *Endpunkt* der Titration an. Der Endpunkt soll dabei möglichst mit dem Äquivalenzpunkt zusammenfallen.

Definition:

Endpunkt einer Titration heißt derjenige Punkt, bei dem sich eine bestimmte ausgewählte Eigenschaft der Lösung (z.B. Farbe, pH-Wert usw.) *deutlich ändert.*

Beachte: Für maßanalytische Bestimmungen eignen sich nur Reaktionen, die sehr schnell, praktisch vollständig und ohne Nebenreaktionen ablaufen.

Verwendungsbereich der Maßanalyse

Für maßanalytische Verfahren bieten sich viele Einsatzmöglichkeiten. Sie eignen sich besonders zur Bestimmung mittlerer und hoher Gehalte.

Ihr Vorteil ist der häufig geringe apparative Aufwand, die schnelle Arbeitsweise und ihre Eignung zur Automatisierung.

Titrationskurven

Werden Änderungen bestimmter Eigenschaften des Systems Probe/Titrant als Funktion des Umsetzungsgrades (= Titrationsgrades) in ein kartesisches Koordinatenkreuz eingetragen, erhält man *Titrationskurven*. Sie können über den gesamten Reaktionsverlauf während der Titration Auskunft geben.

Definition:
Der *Titrationsgrad* τ ist definiert als der Quotient aus der Gesamtkonzentration des Titranten und der Gesamtkonzentration der Probe:

$$\tau = \frac{c_{Titrant}}{c_{Probe}}; \quad c = \text{Gesamtkonzentration.}$$

Fehlermöglichkeiten bei Maßanalysen

Bei der Maßanalyse können eine ganze Reihe *systematischer* Fehler auftreten:

- Eichfehler der Volumenmeßgeräte,
- Temperaturfehler bei Abweichungen von der Eichtemperatur,
- Ablesefehler (Ursache: Parallaxe, gefärbte Lösung),
- Ablauffehler (zu kurze Auslaufzeit aus der Bürette). Vor der Endablesung soll man ca. 1 Minute warten, damit die Lösung in der Bürette von der Wand vollständig abfließen kann.
- Benetzungsfehler bei viskosen Lösungen oder fettiger Bürettenwand,
- Tropfenfehler.

Anmerkung: Da ein Tropfen aus einer Bürette ca. 0,03 ml entspricht, wird meist gegen Ende der Titration mehr Titrant zugegeben, als bis zum Erreichen des Äquivalenzpunktes erforderlich ist. Dieser *Tropfenfehler* ist daher fast unvermeidlich.

Beachte: Um den Fehler bei Titrationen klein zu halten, soll das Volumen der Probe klein, ihre Konzentration groß und dem Titranten angepaßt sein. Die Konzentration der Probe wird zweckmäßigerweise so gewählt, daß 20 - 30 ml von dem Titranten verbraucht werden.

3.4.1 Maßlösungen, Urtitersubstanzen

Für maßanalytische Bestimmungen verwendet man Reagenzlösungen, die eine bestimmte Konzentration haben. Diese Lösungen heißen *Maßlösungen*.

Molare Lösungen enthalten 1 Mol Substanz im Liter Lösung. SI-Einheit: $mol \cdot l^{-1}$.

Äquivalentlösungen (Normallösungen)

Zum Begriff Äquivalentkonzentration ("Normalität") und Äquivalentmenge, s. Kap. 2.2.1

Eine einnormale Lösung = 1 N Lösung eines Reagenzes enthält 1 Äquivalent des Reagenzes in einem Liter Lösung. SI-Einheit: $mol \cdot l^{-1}$.

Im allgemeinen verwendet man einfache Werte für die Äquivalentkonzentration ("Standard-Konzentrationswerte") wie c_{eq} = 0,01; 0,1; 0,2; 1; 2; .... $mol \cdot l^{-1}$, d.h. 0,01 N (= N/100; 0,1 N (= N/10); 0,2 N (N/5); ..... Lösungen.

Vorteil der Äquivalentlösungen

Äquivalentlösungen haben einen ganz bestimmten Gehalt bzw. Konzentration und damit einen genau bekannten *Wirkungswert (= Titer)*.

Für Äquivalentlösungen gilt bei einfachen Reaktionen wie Neutralisationen:

Gleiche Volumina von Lösungen gleicher Äquivalentkonzentration enthalten äquivalente Stoffmengen.

Herstellung von Äquivalentlösungen *auf direktem Weg*

Zur *direkten* Herstellung der Äquivalentlösung eines bestimmten Reagenzes wird die Äquivalentmenge oder ein dezimaler Bruchteil davon genau abgewogen, in einen Meßkolben gebracht und mit Wasser gelöst. Bei 20° C (Eichtemperatur des Meßkolbens) wird mit Wasser bis zur Eichmarke aufgefüllt und die Lösung anschließend gut durchmischt. Es ist zweckmäßig, die Einwaage so zu wählen, daß man möglichst einfache Rechenwerte bekommt, z.B. eine 0,1 N; 0,2 N oder 0,01 N Lösung.

Die direkte Herstellung ist nur möglich, wenn folgende Voraussetzungen erfüllt sind:

- Das Reagenz muß absolut rein sein, d.h. seine Zusammensetzung muß seiner Form entsprechen.
- Das Einwiegen muß mit großer Genauigkeit erfolgen können. Die Substanz muß sein: nichtflüchtig, nicht hygroskopisch, sauerstoffunempfindlich, und sie darf kein CO_2 aus der Luft aufnehmen.
- Der Titer der Lösung muß über einen angemessen langen Zeitraum konstant bleiben (Titerkonstanz).

Beispiele für geeignete Reagenzien sind: NaCl, $AgNO_3$, Na_2CO_3 (krist.), $Na_2C_2O_4$, $K_2Cr_2O_7$, $KBrO_3$.

Herstellung von Äquivalentlösungen auf *indirektem* Wege

Wenn das Reagenz die vorstehend genannten Voraussetzungen nicht erfüllt, ist es notwendig, genaue Äquivalentlösungen auf indirektem Weg herzustellen.

In diesem Falle macht man eine Substanzeinwaage (man versuche, wie bei der direkten Herstellung einfache Rechenwerte zu bekommen) und füllt wie beschrieben ihre Lösung auf das Volumen des Meßkolbens auf. Man bestimmt nun den Titer durch eine Titration eines genau abgemessenen Teils der Lösung, entweder

a) mit einer genau bekannten Äquivalentlösung oder

b) mit der Lösung einer sog. *Urtitersubstanz*.

Diesen Vorgang nennt man *Einstellen der Lösung* oder *Titerstellung*.

Urtitersubstanzen sind absolut reine und beständige Verbindungen, die sich ohne Schwierigkeiten genau einwiegen lassen.

Beispiele für Urtitersubstanzen:

NaCl für $AgNO_3$-Lösungen,
Na_2CO_3 (krist.) für Säuren wie Salzsäure und H_2SO_4,
$KHCO_3$ für Säuren,
As_4O_6 (Tetraarsenhexoxid) für Lösungen von I_2, KIO_3, Ce(IV), $KBrO_3$,
$Na_2C_2O_4$ und $H_2C_2O_4 \cdot 2\,H_2O$ für $KMnO_4$-Lösungen,
$KBrO_3$,
I_2 für $Na_2S_2O_3$-Lsg.,
$K_2Cr_2O_7$ für $Na_2S_2O_3$-Lsg.,
Zn (metallisch) für EDTA-Lsg.,
Kaliumhydrogenphthalat für $HClO_4$-Lsg. in Eisessig.

Titerstellung

Zur Erleichterung der Berechnung bei der Auswertung versucht man, einfache Dezimalwerte für die Äquivalentkonzentration ("Standard-Konzentrationswerte") wie c_{eq} = 0,01; 0,1; 1, 2 ..... mol · l^{-1} zu erhalten. Bei der Herstellung von Äquivalentlösungen auf direktem Weg läßt sich das sehr einfach durch eine entsprechende Einwaage erreichen. Wählt man den indirekten Weg, wird man in der Regel keine ganzzahligen Konzentrationen erhalten, also z.B. 0,09987 oder 0,1013 statt 0,1 mol · l^{-1}. Auch bei unbeständigen Lösungen wie z.B. $KMnO_4$-Lösungen erhält man zwangsläufig keine ganzzahligen Konzentrationswerte.

Bei nicht ganzzahligen Konzentrationswerten wird die Abweichung von ganzzahligen Konzentrationswerten durch einen *Korrekturfaktor* (Normalfaktor, Normierfaktor) f berücksichtigt.

$$\underline{f} = \frac{c_{eq}(i)}{c^*_{eq}(i)}$$

$c_{eq}(i)$ ist die tatsächliche Äquivalentkonzentration des Stoffes i, die experimentell durch Titration bestimmt wurde.

$c^*_{eq}(i)$ ist hier der angestrebte dezimale Standard-Konzentrationswert des Stoffes i, der in die Auswerteformel eingeht.

Im obigen Beispiel mit $c_{eq}(i)$ = 0,1013 mol · l^{-1} ist:

$$f = \frac{c_{eq}(i)}{c^*_{eq}(i)} = \frac{0,1013}{0,1} = 1,013$$

Man spricht dann von einer 0,1 N Lösung mit dem Faktor f = 1,013.

Bei *Einzelbestimmungen* ist der Faktor entbehrlich. Man rechnet hier besser mit der tatsächlichen Äquivalentkonzentration c_{eq} = 0,1013 mol · l^{-1} anstatt mit c_{eq} = 0,1 mol · l^{-1} · 1,013

Bei *Reihenbestimmungen* ist es zweckmäßig, zur Vermeidung von Rechenfehlern eine *Auswerteformel* zu verwenden. Diese arbeitet mit ganzzahligen Standard-Konzentrationswerten und dem Korrekturfaktor. Alternativ kann man auch die Konzentration der Maßlösung durch Verdünnen auf dezimale Werte bringen, um die Auswertung zu erleichtern.

Hinweis:

- Über die Analyse ist ein Protokoll zu führen.

Beispiel: Einwaage : x g, in 100 ml aufgelöst,
davon 20 ml entnommen: (x/100/20)

Verbrauch:y ml 0,1 N Lösung (f = 0,xx)

Rechenbeispiel für die Titerstellung mit einer Urtiter-Substanz

Bestimmt werden soll der Normierfaktor f einer *ungefähr* 0,1 N H_2SO_4-Lösung.

Man wiegt eine bestimmte Menge Na_2CO_3 (wasserfrei) genau ab, löst sie in destilliertem Wasser, gibt einen geeigneten Indikator hinzu und titriert mit der zu bestimmenden H_2SO_4-Lsg. bis zum Farbumschlag.

Beispiel

Vorlage: 0,240 g Na_2CO_3 (M : 106 $g \cdot mol^{-1}$) in ca. 400 ml H_2O
Indikator: Methylorange
Verbrauch an Titrant: 42,3 ml

Für die Neutralisations-Reaktion gilt:

$$n_{eq}(H_2SO_4)_t = n_{eq}(Na_2CO_3)_v$$

t steht für Titrant,
v steht für Vorlage (Probe)

Mit den Gleichungen aus Kap. 2.2.1 erhält man:

$$c_{eq}(t) \cdot V_t = z_v \frac{m_v}{M_v}$$

$$c_{eq}(t) \cdot 0{,}0423\ l = 2 \cdot \frac{0{,}242\ g}{106\ g \cdot mol^{-1}}$$

$$c_{eq}(t) = \frac{2 \cdot 0{,}242}{106 \cdot 0{,}0423} \frac{mol}{l} = 0{,}107\ mol \cdot l^{-1}$$

Für den gesuchten Normierfaktor ergibt sich:

$$f = \frac{c_{eq}}{c^*_{eq}} = \frac{0{,}1079}{0{,}1} = 1{,}079$$

Bei dem Titranten handelt es sich somit um eine 0,1 N Lösung (c_{eq} = 0,1 $mol \cdot l^{-1}$) mit dem Faktor f = 1,079.

3.4.2 Berechnung der Analysen

Die rechnerische Auswertung von Maßanalysen ist bei der Verwendung von Äquivalentlösungen sehr einfach. Aus dem Verbrauch an Lösung kann man unmittelbar die äquivalente Menge der zu bestimmenden Substanz berechnen.

Beispiele hierzu finden sich auf den Seiten 260, 265 und 302.

Ausführliche Berechnung bei Einzelbestimmungen

Im Äquivalenzpunkt sind äquivalente Mengen beider Reaktionspartner umgesetzt worden.

Es gilt: $n_{eq}(\text{Probe}) = n_{eq}(\text{Titrant})$ oder

$$z_v \cdot \frac{m_v}{M_v} = c_{eq}(t) \cdot V_t$$

v kennzeichnet die Vorlage (Probe)

t kennzeichnet den Titrant

Daraus folgt:

$$m_v(\text{mg}) = \frac{1}{z_v} \cdot c_{eq}(t) \cdot V_t \cdot M_v \quad \frac{\text{mol} \cdot \text{ml} \cdot \text{mg}}{\text{ml} \cdot \text{mmol}}$$

Die Masse m_v des gesuchten Stoffes ergibt sich in mg, wenn der Verbrauch V_t an Titrant in ml gemessen, die Äquivalentkonzentration $c_{eq}(t)$ des Titranten in $\text{mmol} \cdot \text{ml}^{-1}$ (statt in $\text{mol} \cdot \text{l}^{-1}$) und die Molmasse M_v des gesuchten Stoffes in $\text{mg} \cdot \text{mmol}^{-1}$ (statt in $\text{g} \cdot \text{mol}^{-1}$) angegeben wird.

Beachte: z_v ist die Äquivalentzahl für den zu titrierenden Stoff in der Vorlage. Sie ist für verschiedene Titranten gleich, sofern sie die gleiche Wirkung ausüben. Wenn z.B. alle Titranten Cr(III) zu Cr(VI) oxidieren, ist z stets 3.

Ist die Einwaage der Analysensubstanz bekannt, läßt sich auch der Massengehalt an dem gesuchten Stoff angeben:

$$\% = \frac{m_v \cdot 100}{\text{Einwaage}} \quad \frac{\text{mg}}{\text{mg}}$$

Vereinfachte Berechnung bei Reihenanalysen und Einzelbestimmungen

Die Auswertung einer Titration bei Reihenanalysen und häufig wiederkehrenden Analysen wird durch den bereits erwähnten Normierfaktor f und das *maßanalytische Äquivalent k* erleichtert.

k ist ein stöchiometrischer Umrechnungsfaktor für die Maßanalyse (analog zu dem gravimetrischen Faktor s.S. 208).

Für die Bestimmung von Eisen findet man z.B. in den Handbüchern folgende Angaben:

1 ml 0,1 N $KMnO_4$	≙ 5,585 mg Fe oder k = 5,585 mg/ml
1 ml 0,1 N $K_2Cr_2O_7$	≙ 5,585 mg Fe oder k = 5,585 mg/ml
1 ml 0,1 N $Na_2S_2O_3$	≙ 5,585 mg Fe oder k = 5,585 mg/ml
1 ml 0,1 N Komplexon III	≙ 5,585 mg Fe oder k = 5,585 mg/ml

Die Berechnung von m_v bei bekanntem Umrechnungsfaktor k und bekanntem Normierfaktor f erfolgt dann nach

$$m_v = V_t \cdot f \cdot k$$

Voraussetzung ist natürlich, daß der Titrant den k entsprechenden Standard-Konzentrationswert (hier 0,1 N) hat. Bei Angabe des Verbrauchs V_t an Titrant in ml erhält man die Masse m_v des gesuchten Stoffes in mg.

Ermittlung des maßanalytischen Umrechnungsfaktors k

Der Umrechnungsfaktor k läßt sich leicht mit der vorstehend abgeleiteten Gleichung finden:

$$m_v = \frac{1}{z_v} \cdot c_{eq}(t) \cdot V_t \cdot M_v$$

Im Falle der Eisenbestimmung ($Fe^{2+} - e^- \longrightarrow Fe^{3+}$) gilt für eine 0,1 N Lösung:

$$z_v = 1,\ c_{eq}(t) = 0,1\ \text{mmol} \cdot \text{ml}^{-1},\ V_t = 1\ \text{ml},\ M_v = 55,85\ \text{mg} \cdot \text{mol}^{-1}$$

$$m_v = \frac{1}{1} \cdot 0,1 \cdot 1 \cdot 55,85 = 5,585\ \text{mg}$$

Für eine 0,1 N Maßlösung ist demzufolge k = 5,585 mg/ml. k ist für alle Titranten gleich groß, wenn sie den gleichen Standard-Konzentrationswert (hier 0,1 N) haben und die gleiche Wirkung (hier z = 1) ausüben. Bei den obigen Oxidationsmitteln bedeutet das die Oxidation Fe(II) $\longrightarrow$ Fe(III), im Falle des Komplexon III, die Bildung eines 1 : 1-Komplexes.

3.4.3 Indikatoren

Indikatoren sind Stoffe, die durch eine Farbänderung den Endpunkt einer Titration anzeigen. Derartige Farbindikatoren lassen sich bei verschiedenen maßanalytischen Methoden einsetzen, so z.B. bei der Komplexometrie, der Acidimetrie und der Oxidimetrie.

Anmerkung: Der Farbumschlag des Indikators läßt sich besser erkennen, wenn man mehrere Proben hintereinander titriert. Bei der ersten Probe wird der Endpunkt angenähert bestimmt. Die zweite Titration erlaubt dann die genaue Bestimmung.

Säure-Base-Indikatoren

Säure-Base-Indikatoren sind organische Farbstoffe, die durch Protonierung bzw. Deprotonierung eine Farbänderung erfahren. Sie verhalten sich wie schwache Brönsted-Säuren bzw. -Basen.

Die Säure-Base-Indikatoren gehören verschiedenen chemischen Gruppen an. Die bekanntesten sind:

a) Azofarbstoffe

Beispiel: Methylorange

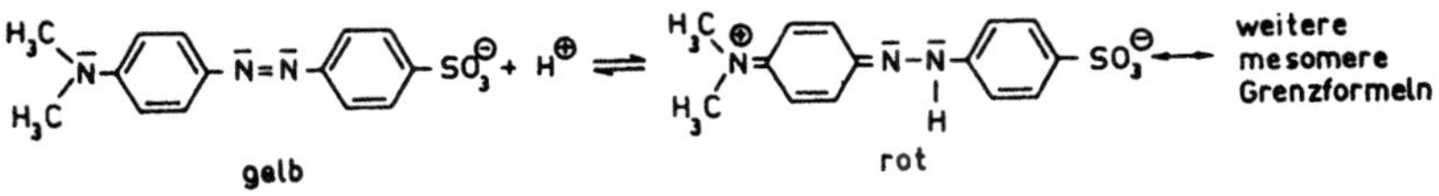

Hierzu gehören weiterhin: Alizaringelb, Dimethylgelb, Metanilgelb, Methylrot, Sudan III.

b) Sulfonphthaleine

Beispiel: Phenolrot

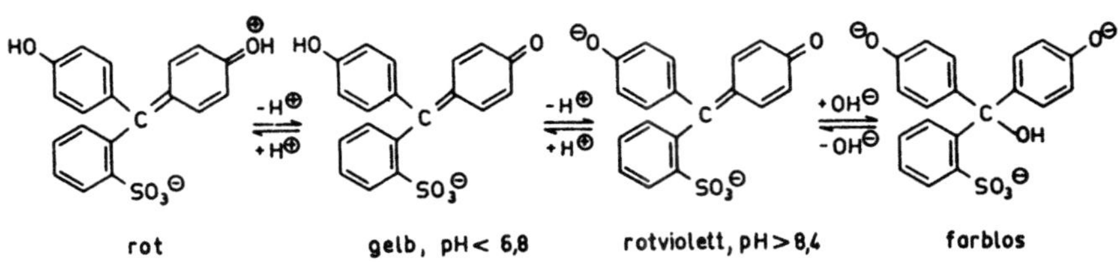

Hierzu gehören weiterhin: Bromkresolgrün, Bromkresolpurpur, Bromphenolblau, Bromthymolblau, Kresolrot, Naphtholbenzein, Phenolrot, Thymolblau.

c) Phthaleine

Beispiel: Phenolphthalein

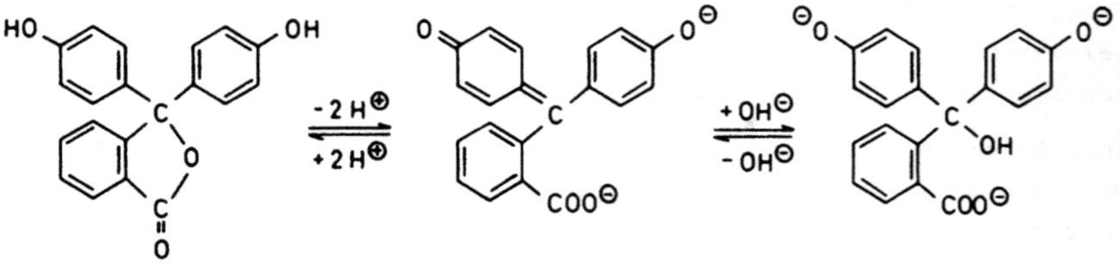

farblos rot farblos

Hierzu gehört weiterhin: Thymolphthalein.

Redoxindikatoren

Redoxindikatoren sind organische Farbstoffe, die durch Oxidation bzw. Reduktion ihre Farbe verändern. Sie sind nur dann bei Redoxtitrationen nicht erforderlich, wenn die an der Hauptreaktion beteiligten Stoffe selbst Farbänderungen bewirken (Manganometrie) bzw. gefärbte Anlagerungsverbindungen bilden (Iodometrie).

Beispiele:

Ferroin

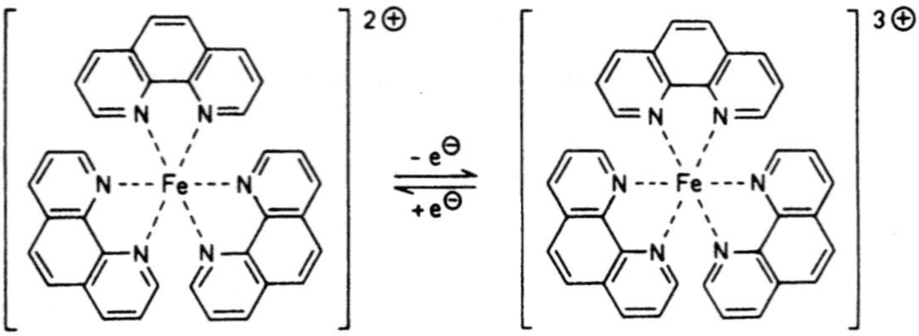

rot blau

Diphenylamin

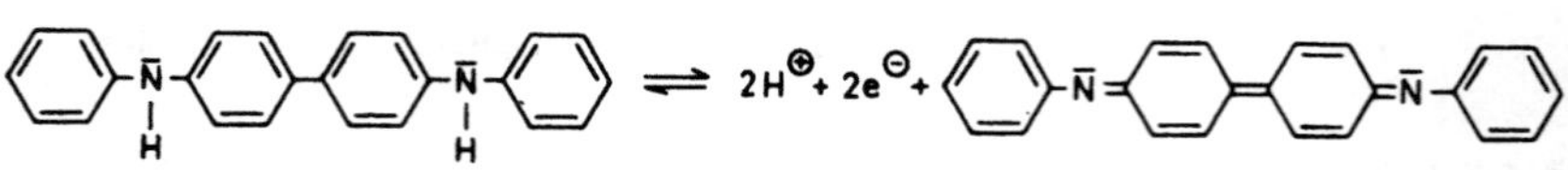

Metall-Indikatoren

Metall-Indikatoren sind organische Farbstoffe, die mit Metallionen Chelatkomplexe bilden und dabei eine Farbänderung erfahren.

Sie werden zur Endpunktsanzeige bei komplexometrischen Titrationen eingesetzt.

Beispiel: Eriochromschwarz T

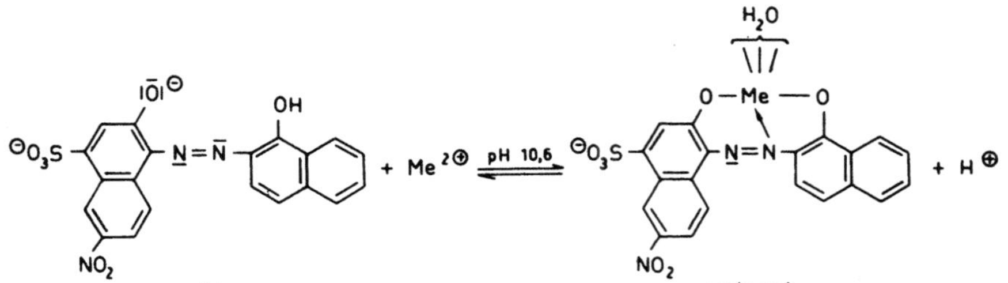

blau
1

weinrot
2

Dieser Indikator wird unter Zusatz von Methylorange als Eriochromschwarz-T-Mischindikator eingesetzt, da der Farbumschlag dieser Mischung besser sichtbar ist. Form 1 wird mit Methylorange grün, Form 2 wird rot.

Weitere Metallindikatoren sind: Calcon, Calcein, Methylthymolblau und Xylenylorange.

Einfarbige und zweifarbige Indikatoren

Unter den oben aufgeführten Indikatoren kann man unabhängig von ihrem Einsatzgebiet 2 Gruppen unterscheiden:

1. Einfarbige Indikatoren (z.B. Phenolphthalein) sind nur in einer der möglichen Formen gefärbt, in der anderen Form farblos.
2. Zweifarbige Indikatoren liegen in beiden Formen gefärbt, jedoch in verschiedenen Farben vor.

Umschlagsintervall

Zur genauen Betrachtung des Indikatorumschlages von zweifarbigen Säure-Base-Indikatoren bedienen wir uns des Massenwirkungsgesetzes.

Wenn wir HIn für die Indikatorsäure und In^- für die korrespondierende Base schreiben, gilt:

$$HIn + H_2O \rightleftharpoons H_3O^+ + In^-;$$

hieraus folgt nach dem MWG:

$$K_{S_{HIn}} = \frac{[H_3O^+] \cdot [In^-]}{[HIn]}$$; $[H_2O]$ kann als konstant angesehen werden und ist in K_S enthalten (s. Kap. 3.5.3).

umgeformt ergibt sich: $[H_3O^+] = K_{s_{HIn}} \cdot \frac{[HIn]}{[In^-]}$

und logarithmiert: $pH = pK_{s_{HIn}} + \lg \frac{[In^-]}{[HIn]}$ (I).

Es werden die Konzentrationen verwendet. Der Einfluß des Aktivitätskoeffizienten kann hier vernachlässigt werden, da Indikatoren nur in kleinen Konzentrationen eingesetzt werden.

Bei Betrachtung von Gleichung (I) sieht man, daß $pH = pK_{s_{HIn}}$ wird, wenn $[In^-] = [HIn]$ ist (da lg 1 = o).

Der Indikatorumschlag muß also beim $pH \approx pK_{s_{HIn}}$ erfolgen!

Die Erfahrung zeigt aber, daß bei zweifarbigen Indikatoren der Indikatorumschlag ein pH-Intervall umfaßt. Das ergibt sich aus der Tatsache, daß eine Farbänderung für das Auge schon dann sichtbar wird, wenn das Verhältnis $HIn/In^- = 1/10$ ist und erst dann beendet ist, wenn $HIn/In^- = 10/1$ beträgt. Für das Umschlagsintervall ergibt sich also eine Breite von 2 pH-Einheiten: $pH = pK_{s_{HIn}} \pm 1$, da lg 1/10 = -1 und lg 10 = 1 ist.

Abb. 22 gibt die Umschlagsintervalle einiger wichtiger Säure-Base-Indikatoren an.

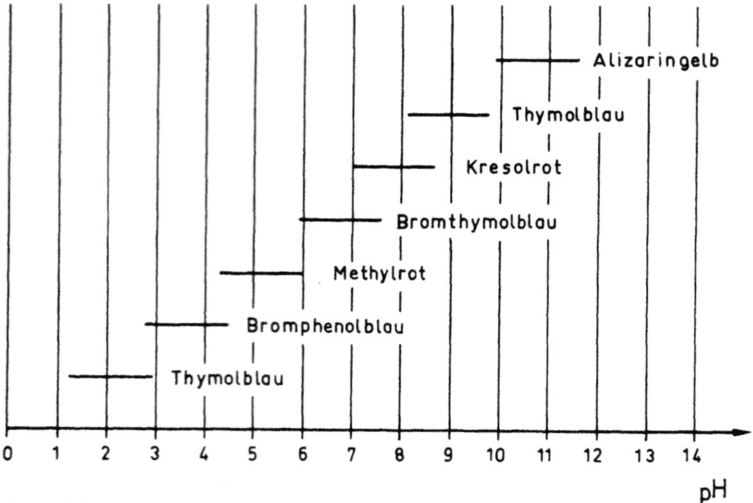

Abb. 22. Umschlagsintervalle von Indikatoren

Tabelle 14. Umschlagsintervalle von Indikatoren

Indikator	Umschlags-intervall	Farbumschlag sauer	Farbumschlag alkalisch	Bereitung
Dimethylgelb	2,9 - 4,0	rot	gelb	0,1 % in Wasser
Bromphenolblau	3,0 - 4,6	gelb	blau	0,04 % in Ethanol
Methylorange	3,1 - 4,4	rot	gelb	0,1 % in Wasser
Methylrot	4,2 - 6,3	rot	gelb	0,2 % in 6o % Ethanol
Phenolphthalein	8,2 -10,0	farblos	rot	0,1 % in 70 % Ethanol
Thymolphthalein	9,3 -10,6	farblos	blau	0,1 % in 90 % Ethanol
Tashiro	4,0 - 6,0	rotviolett	grün	80 ml 0,05 % Methylrot +40 ml 0,1 % Methylenblau

Völlig analog läßt sich das Umschlagsintervall von zweifarbigen Metall-Indikatoren herleiten. Das Dissoziationsgleichgewicht lautet hier:

$$InMe^{n+} \rightleftharpoons Me^{n+} + In.$$

Aus dem MWG ergibt sich dann analog:

$$pMe^{n+} = pK_{In} + \lg \frac{[In]}{[InMe^{n+}]} \qquad (II).$$

pMe^{n+} = - $\lg[Me^{n+}]$ (= Metallexponent),

K_{In} = Dissoziationskonstante des Metall-Indikator-Komplexes.

Danach liegt der Umschlagspunkt bei $pMe \approx pK_{In}$, das Umschlagsintervall liegt zwischen $pMe = pK_{In} - 1$ und $pMe = pK_{In} + 1$. Statt zwei pH-Einheiten umfaßt das Intervall hier also zwei pMe-Einheiten.

Auch bei zweifarbigen Redoxindikatoren läßt sich eine analoge Beziehung herstellen. Aus der Nernstschen Gleichung ergibt sich:

$$E = E^o + \frac{0{,}059}{n} \lg \frac{[Ox]}{[Red]} \qquad (III).$$

E = Potential, E^o = Normalpotential des Indikators, n = Anzahl der beim Redoxvorgang verschobenen Elektronen, Ox = oxidierte Form des Indikators, Red = reduzierte Form des Indikators.

Für das Potential beim Umschlagspunkt gilt also $E \approx E^o$; das Umschlagsintervall liegt zwischen $E = E^o - \frac{0{,}059}{n}$ und $E = E^o + \frac{0{,}059}{n}$.

Aus diesen Betrachtungen wird sichtbar, daß alle zweifarbigen Indikatoren ein jeweils spezifisches Umschlagsintervall haben, dessen Lage nicht konzentrationsabhängig ist. Entscheidend für die Lage des Intervalls ist je nach Indikatortyp die Dissoziationskonstante bzw. das Normalpotential des Indikators. Hierin liegt ein großer Vorzug der zweifarbigen Indikatoren.

Bei einfarbigen Indikatoren ist dagegen der Umschlagspunkt von der Konzentration des Indikators abhängig.

Beispiel: Phenolphthalein.

Titrieren wir eine Säure mit einer Base gegen Phenolphthalein, so ist der Umschlagspunkt dann erreicht, wenn eine bestimmte, für das Auge gerade sichtbare, Konzentration von rotgefärbten Phenolphthalein-Molekülen vorliegt. Erhöhen wir jetzt die Indikatorkonzentration in einer zweiten Titration auf die 10-fache Menge, so ist nur eine zehnfach kleinere prozentuale Umsetzung des Indikators zum gefärbten Molekül erforderlich, um die gleiche absolute Anzahl an gefärbten Teilchen und damit eine sichtbare Farbänderung zu erhalten. Das bedeutet nach Gleichung (I), daß sich der Umschlags-pH um eine Einheit erniedrigt. Wenn $[In^-]$ um eine Zehnerpotens kleiner wird, so wird der Logarithmus des Quotienten um den Betrag 1 größer, d.h. der pH fällt um eine Einheit.

Indikatorbedingte Fehler

Ein durch den Indikator bedingter Fehler tritt dann auf, wenn der Farbumschlag des Indikators nicht mit dem eigentlichen Äquivalenzpunkt der Titration zusammenfällt. Dieser Fehler ist um so größer, je mehr der $pK_{s_{HIn^-}}$ bzw. E^o-Wert des Indikators vom pH, pMe bzw. E-Wert am Äquivalenzpunkt abweicht. Oft mangelt es an geeigneten Indikatoren, um diesen Fehler möglichst gering zu halten.

Eine weitere Fehlerquelle liegt in der Konkurrenzreaktion des Indikators mit dem Titranten. Der Indikator verbraucht am Ende der Titration einen Teil des Titranten, um die farbverändernde Reaktion einzugehen. Dieser Fehler läßt sich durch den Einsatz kleiner Indikatorkonzentrationen sehr gering halten.

Ein indikatorbedingter Fehler kann auch durch die Konzentrationsabhängigkeit des Umschlagspunktes bei einfarbigen Indikatoren entstehen (s.o.). *Zweifarbige Indikatoren sind daher vorzuziehen.*

Maßanalytische Verfahren

Die Einteilung der maßanalytischen Verfahren richtet sich nach den Reaktionstypen: Säure-Base-Titration, Redox-Titration, Fällungs-Titration, komplexometrische Titration.

3.5 Säure-Base-Titrationen (Neutralisationstitrationen, Acidimetrie/Alkalimetrie)

3.5.1 Theorie der Säuren und Basen

Die Vorstellungen über die Natur der Säuren und Basen haben sich im Laufe der Zeit zu leistungsfähigen Theorien entwickelt (s. hierzu HT 193).

Säure-Base-Theorie von Brönsted

Säuren sind - nach Brönsted (1923) - *Protonendonatoren* (Protonenspender). Das sind Stoffe oder Teilchen, die H^+-Ionen abgeben können, wobei ein Anion A^- (= Base) zurückbleibt. *Beispiele:* Salzsäure, HNO_3, H_2SO_4, CH_3COOH, H_2S. Außer diesen Neutralsäuren gibt es auch Kation-Säuren und Anion-Säuren, s.u.

Beachte: Diese Theorie ist nicht auf Wasser als Lösungsmittel beschränkt (s. Kap. 3.7.)

Basen sind *Protonenacceptoren*. Das sind Stoffe oder Teilchen, die H^+-Ionen aufnehmen können. *Beispiele:* $NH_3 + H^+ \rightleftharpoons NH_4^+$; $Na^+OH^- + HCl \rightleftharpoons H_2O + Na^+ + Cl^-$.

Kation-Basen und Anion-Basen s.u.

Salze sind Stoffe, die in festem Zustand aus Ionen aufgebaut sind. *Beispiele:* NaCl, NH_4Cl.

Eine Säure kann ihr Proton nur dann abgeben, d.h. als Säure reagieren, wenn das Proton von einer Base aufgenommen wird. Für eine Base liegen die Verhältnisse umgekehrt. Die saure oder basische Wirkung einer Substanz ist also eine Funktion des jeweiligen Reaktionspartners, denn Säure-Base-Reaktionen sind Protonenübertragungsreaktionen (Protolysen). Säuren und Basen nennt man daher auch *Protolyte*.

Protonenaufnahme bzw. -abgabe sind reversibel, d.h. bei einer Säure-Base-Reaktion stellt sich ein Gleichgewicht ein. Es heißt Säure-Base-Gleichgewicht oder *Protolysengleichgewicht:* $HA + B \rightleftharpoons BH^+ + A^-$, mit den Säuren: HA und BH^+ und den Basen: B und A^-. Bei der Rückreaktion wirkt A^- als Base und BH^+ als Säure. Man bezeichnet A^- als die zu HA *korrespondierende* (konjugierte) Base. HA ist die zu A^- *korrespondierende* (konjugierte) Säure. HA und A^- nennt man ein *korrespondierendes* (konjugiertes) *Säure-Base-Paar*.

Für ein Säure-Base-Paar gilt: Je leichter eine Säure (Base) ihr Proton abgibt (aufnimmt), d.h. je stärker sie ist, um so schwächer ist ihre korrespondierende Base (Säure).

Die Lage des Protolysengleichgewichts wird durch die Stärke der beiden Basen (Säuren) bestimmt. Ist B stärker als A^-, so liegt das Gleichgewicht auf der rechten Seite der Gleichung.

Beispiel:

$$HCl \rightleftharpoons H^+ + Cl^-$$

$$NH_3 + H^+ \rightleftharpoons NH_4^+$$

$$HCl + NH_3 \rightleftharpoons NH_4^+ + Cl^-$$

allgemein:

$$\text{Säure 1} + \text{Base 2} \rightleftharpoons \text{Säure 2} + \text{Base 1}.$$

Die konjugierten Säure-Base-Paare sind:

HCl/Cl^- bzw. (Säure 1/Base 1),

NH_3/NH_4^+ bzw. (Base 2/Säure 2).

Kation-Säuren entstehen durch Protolysenreaktionen beim Lösen bestimmter Salze in Wasser. *Beispiele* für Kation-Säuren sind das NH_4-Ion und hydratisierte, mehrfach geladene Metallkationen:

$$NH_4^+ + H_2O + Cl^- \rightleftharpoons H_3O^+ + NH_3 + Cl^-;\ pK_{s_{NH_4^+}} = 9{,}21;$$

$$[Fe(H_2O)_6]^{3+} + H_2O + 3\,Cl^- \rightleftharpoons H_3O^+ + [Fe(OH)(H_2O)_5]^{2+} + 3\,Cl^-;$$

$$pK_{s_{[Fe(H_2O)_6]^{3+}}} = 2{,}2;$$

$$[Al(H_2O)_6]^{3+} + H_2O + 3\,Cl^- \rightleftharpoons H_3O^+ + [Al(OH)(H_2O)_5]^{2+} + 3\,Cl^-.$$

In allen Fällen handelt es sich um Kationen von Salzen, deren Anionen schwächere Basen als Wasser sind, z.B. Cl^-, SO_4^{2-}. Die Lösungen von hydratisierten Kationen reagieren um so stärker sauer, je kleiner der Radius und je höher die Ladung, d.h. je größer die Ladungsdichte des Metallions ist.

Kation-Basen

Betrachtet man die Reaktion von $[Fe(OH)(H_2O)_5]^{2+}$ oder $[Al(OH)(H_2O)_5]^{2+}$ mit Wasser, so verhalten sich die Kationen wie eine Base. Man nennt sie daher auch Kation-Basen. Es sind also Kationen, die Protonen aufnehmen. Ein Beispiel ist auch das $N_2H_5^+$-Kation:

$$N_2H_5^+ + H_2O \rightleftharpoons N_2H_6^{2+} + OH^-$$

$N_2H_6^{2+}$ ist eine Kationsäure!

Beachte:

<u>Anion-Säuren</u> sind protonenabgebende Anionen wie z.B. HSO_4^- und $H_2PO_4^-$:

$$HSO_4^- + H_2O \rightleftharpoons H_3O^+ + SO_4^{2-},$$
$$H_2PO_4^- + H_2O \rightleftharpoons H_3O^+ + HPO_4^{2-}.$$

<u>Anion-Basen</u>

Es gibt auch Salze, deren Anionen infolge einer Protolysenreaktion mit Wasser H^+-Ionen aufnehmen. Es sind sog. Anion-Basen. Die stärkste stabile Anion-Base in Wasser ist OH^-. Weitere *Beispiele:*

$$ClO_4^- + H_2O \rightleftharpoons HClO_4 + OH^-;\ pK_{b_{ClO_4^-}} = 23{,}0;$$
$$SO_4^{2-} + H_2O \rightleftharpoons HSO_4^- + OH^-;\ pK_{b_{SO_4^{2-}}} = 12{,}08;$$
$$CH_3COO^- + H_2O \rightleftharpoons CH_3COOH + OH^-;\ pK_{b_{CH_3CO_2^-}} = 9{,}25;$$
$$CO_3^{2-} + H_2O \rightleftharpoons HCO_3^- + OH^-;\ pK_{b_{CO_3^{2-}}} = 3{,}6;$$
$$S^{2-} + H_2O \rightleftharpoons HS^- + OH^-;\ pK_{b_{S^{2-}}} = 1{,}1.$$

<u>Ampholyte</u>

Ampholyt heißt eine Substanz, die sowohl Protonen abgeben als auch aufnehmen kann. Welche Funktion ein Ampholyt ausübt, hängt vom Reaktionspartner ab. *Beispiele:* Wasser (H_2O), Aminosäuren (H_2N-R-COOH) und Protolysenprodukte mehrwertiger Säuren wie HCO_3^{2-}, $H_2PO_4^-$, HSO_4^- usw.

<u>Reaktionsmöglichkeiten eines Ampholyten mit H_2O als Reaktionspartner</u>:

$$\text{Ampholyt} + H_2O \rightleftharpoons b + H_3O^+ \ \text{(Reaktion als Säure)},$$
$$\text{Ampholyt} + H_2O \rightleftharpoons s + OH^- \ \text{(Reaktion als Base)},$$
$$\text{Ampholyt} + \text{Ampholyt} \rightleftharpoons s + b \ \text{(Autoprotolyse)}.$$

(s bzw. b sind Symbole für konjugierte Säure bzw. Base; s = Amph.H^+ b = Amph.$^-$).

3.5.2 Aciditäts- und Basizitätskonstante (Säuren- und Basenkonstante)

Betrachten wir die Reaktion einer Säure HA mit H_2O und wenden darauf das Massenwirkungsgesetz an, ergibt sich

$$HA + H_2O \rightleftharpoons H_3O^+ + A^-; \qquad \frac{[H_3O^+] \cdot [A^-]}{[HA] \cdot [H_2O]} = K.$$

Solange mit verdünnten Lösungen der Säure gearbeitet wird, kann man $[H_2O]$ als konstant annehmen und in die Gleichgewichtskonstante K einbeziehen, die dann einen anderen Wert erhält:

$$\frac{[H_3O^+] \cdot [A^-]}{[HA]} = K \cdot [H_2O] = K_s. \text{ (Manchmal auch } K_a\text{, a von acid)}$$

Für die Reaktion der Base B mit H_2O ergeben sich analoge Beziehungen:

$$B + H_2O \rightleftharpoons BH^+ + OH^-; \qquad \frac{[BH^+] \cdot [OH^-]}{[H_2O] \cdot [B]} = K'$$

und $$\frac{[BH^+] \cdot [OH^-]}{[B]} = K' \cdot [H_2O] = K_b.$$

Die Konstanten K_s bzw. K_b heißen Säuren- bzw. Basenkonstante. Sie sind ein *Maß für die Stärke* einer Säure bzw. Base. Symbolisiert man den negativen dekadischen Logarithmus allgemein mit einem kleinen p, erhält man die häufig benutzten pK_s- bzw. pK_b-Werte:

$$pK_s = -\lg K_s \quad \text{und} \quad pK_b = -\lg K_b$$

In Wasser gilt zwischen den pK_s- und pK_b-Werten *korrespondierender* Säure-Base-Paare die Beziehung:

$$pK_s + pK_b = 14$$

Tabelle 15 enthält ausgewählte Beispiele für starke und schwache Säure-Base-Paare. Daraus geht hervor:

Starke Säuren haben pK_s-Werte < 1, und starke Basen haben pK_b-Werte < 0, d.h. pK_s-Werte > 14.

In wäßrigen Lösungen starker Säuren und Basen reagiert die Säure oder Base praktisch vollständig mit dem Wasser, d.h. $[H_3O^+]$ bzw. $[OH^-]$ ist gleich der Gesamtkonzentration der Säure bzw. Base.

Tabelle 15 . Starke und schwache Säure-Base-Paare

pK_s		Säure ←		korrespondierende	→ Base		pK_b
-9	sehr	$HClO_4$	Perchlorsäure	ClO_4^-	Perchlorat-ion	sehr	23
-3	starke Säure	H_2SO_4	Schwefelsäure	HSO_4^-	Hydrogensulfation	schwache	17
-1,76		H_3O^+	Oxoniumion+)	H_2O	Wasser+)	Base	15,76
1,92	Die Stärke der Säure nimmt ab ↓	H_2SO_3	Schweflige Säure	HSO_3^-	Hydrogensulfition	Die Stärke der Base nimmt zu ↓	12,08
1,92		HSO_4^-	Hydrogensulfation	SO_4^{2-}	Sulfation		12,08
1,96		H_3PO_4	Orthophosphorsäure	$H_2PO_4^-$	Dihydrogenphosphation		12,04
4,76		HAc	Essigsäure	Ac^-	Acetation		9,25
6,52		H_2CO_3	Kohlensäure	HCO_3^-	Hydrogencarbonation		7,48
7		HSO_3^-	Hydrogensulfition	SO_3^{2-}	Sulfition		7
9,25		NH_4^+	Ammoniumion	NH_3	Ammoniak		4,75
10,4	sehr	HCO_3^-	Hydrogencarbonation	CO_3^{2-}	Carbonation	sehr	3,6
15,76	schwache	H_2O	Wasser+)	OH^-	Hydroxidion+)	starke	-1,76
24	Säure	OH^-	Hydroxidion	O^{2-}	Oxidion	Base	-10

+) Mit $[H_2O] = 55{,}5\ mol \cdot l^{-1}$. Bei der Ableitung von K_w über die Aktivitäten ist $pK_s(H_2O) = 14$ und $pK_s(H_3O^+) = 0$.

Bei schwachen Säuren und Basen kommt es nur zu unvollständigen Protolysen. Es stellt sich ein Gleichgewicht ein, in dem alle beteiligten Teilchen in meßbaren Konzentrationen vorhanden sind.

Mehrwertige (mehrprotonige, mehrbasige) Säuren sind Beispiele für mehrstufig dissoziierende Elektrolyte. Sie können ihre Protonen *schrittweise* abgeben (übertragen). Für jede einzelne Protolysenreaktion gibt es eine Säurenkonstante K_s und einen entsprechenden pK_s-Wert. Der K_s-Wert der gesamten Protolysenreaktion ist gleich dem *Produkt* der K_s-Werte der einzelnen Schritte, und der pK_s-Wert ist die *Summe* der einzelnen pK_s-Werte.

Beispiel: Phosphorsäure

$$H_3PO_4 + H_2O \rightleftharpoons H_3O^+ + H_2PO_4^-;$$

$$K_{s_1} = \frac{[H_3O^+] \cdot [H_2PO_4^-]}{[H_3PO_4]} = 1{,}1 \cdot 10^{-2}; \quad pK_{s_1} = 1{,}96;$$

$$H_2PO_4^- + H_2O \rightleftharpoons H_3O^+ + HPO_4^{2-};$$

$$K_{s_2} = \frac{[H_3O^+] \cdot [HPO_4^{2-}]}{[H_2PO_4^-]} = 6{,}1 \cdot 10^{-8}; \quad pK_{s_2} = 7{,}21;$$

$$HPO_4^{2-} + H_2O \rightleftharpoons H_3O^+ + PO_4^{3+};$$

$$K_{s_3} = \frac{[H_3O^+] \cdot [PO_4^{3-}]}{[HPO_4^{2-}]} = 4{,}7 \cdot 10^{-13}; \quad pK_{s_3} = 12{,}32.$$

Bei einer Lösung von H_3PO_4 spielt die dritte Protolysenreaktion praktisch keine Rolle. Im Falle einer Lösung von Na_2HPO_4 ist auch pK_{s_3} maßgebend.

Protolysegrad α

Für die Protolysenreaktion:

$$HA + H_2O \rightleftharpoons H_3O^+ + A^-$$

gilt:

$$\alpha = \frac{\text{Konzentration protolysierter HA-Moleküle}}{\text{Konzentration der HA-Moleküle vor der Protolyse}}$$

mit c = Gesamtkonzentration HA und
$[HA]$, $[H_3O^+]$, $[A^-]$, den Konzentrationen von
HA, H_3O^+, A^- im Gleichgewicht ergibt sich:

$$\alpha = \frac{c - [HA]}{c} = \frac{[H_3O^+]}{c} = \frac{[A^-]}{c}.$$

Man gibt α entweder in Bruchteilen von 1 (z.B. 0,5) oder in Prozenten (z.B. 50 %) an.

Das Ostwaldsche Verdünnungsgesetz lautet für die Protolyse:

$$\frac{\alpha^2 \cdot c}{1 - \alpha} = K_s$$

Für starke Säuren ist $\alpha \approx 1$ (bzw. 100 %).

Für schwache Säuren ist $\alpha \ll 1$ und die Gleichung vereinfacht sich zu:

$$\alpha = \sqrt{\frac{K_s}{c}}$$

Daraus ergibt sich:

Der Protolysengrad einer schwachen Säure wächst mit abnehmender Konzentration c, d.h. zunehmender Verdünnung.

Beispiel: 0,1 M CH_3COOH: α = 0,013; 0,001 M CH_3COOH : α = 0,125.

3.5.3 Ionenprodukt des Wassers

Wasser, H_2O, ein Ampholyt, ist in ganz geringem Maße dissoziiert:

$$H_2O \rightleftharpoons H^+ + OH^-$$

H^+-Ionen (Protonen) sind wegen ihrer hohen Ladung im Verhältnis zur Größe in wäßriger Lösung nicht existenzfähig. Sie liegen solvatisiert vor: H_3O^+, $H_5O_2^+$, $H_7O_3^+$, $H_9O_4^+ = H_3O^+ \cdot 3\ H_2O$ usw. Der Einfachheit halber verwendet man nur das erste Ion H_3O^+ (= Hydronium-Ion).

Man formuliert die Dissoziation von Wasser meist als Autoprotolyse:

$$H_2O + H_2O \rightleftharpoons H_3O^+ + OH^- \quad \text{(Autoprotolyse des Wassers)}$$

Das Massenwirkungsgesetz lautet für diese Reaktion:

$$\frac{[H_3O^+] \cdot [OH^-]}{[H_2O]^2} = K \quad \text{oder} \quad [H_3O^+] \cdot [OH^-] = K \cdot [H_2O]^2 = K_W$$

$$K_{(293\ K)} = 3,26 \cdot 10^{-18}$$

Da die Eigendissoziation des Wassers außerordentlich gering ist, kann die Konzentration des undissoziierten Wassers als nahezu konstant angenommen und gleich der Ausgangskonzentration $[H_2O]$ = 55,4 $mol \cdot l^{-1}$ gesetzt werden. 1 Liter H_2O wiegt bei 20°C 998,203 g. Dividiert man durch 18,01 $g \cdot mol^{-1}$, ergeben sich für $[H_2O]$ 55,4 $mol \cdot l^{-1}$. Mit diesem Zahlenwert für $[H_2O]$ ergibt sich:

$$[H_3O^+] \cdot [OH^-] = 3,26 \cdot 10^{-18} \cdot 55,4^2\ mol^2 \cdot l^{-2}$$
$$= 1 \cdot 10^{-14}\ mol^2 \cdot l^{-2} = K_W$$

Die Konstante K_W bezeichnet man als das Ionenprodukt des Wassers (Autoprotolysenkonstante).

Für $[H_3O^+]$ und $[OH^-]$ gilt: $[H_3O^+] = [OH^-] = \sqrt{10^{-14}\ mol^2 \cdot l^{-2}}$

$= 10^{-7}\ mol \cdot l^{-1}$

Anmerkungen: Der Zahlenwert von K_W ist abhängig von der Temperatur. Für genaue Rechnungen muß man statt der Konzentrationen die Aktivitäten verwenden.

Mit p als Symbol für den negativen dekadischen Logarithmus erhält man pK_W anstelle von K_W und damit handlichere Werte:

$pK_W = -\lg K_W,$

$pK_W = 14$ (bei 22° C)

Die Abhängigkeit des Ionenproduktes des Wassers von der Temperatur zeigt Tabelle 16.

Tabelle 16. Zahlenwerte von K_W und pK_W in Abhängigkeit von der Temperatur

Temperatur ° C	K_W	pK_W
0	$0{,}13 \cdot 10^{-14}$	14,89
10	$0{,}36 \cdot 10^{-14}$	14,45
20	$0{,}86 \cdot 10^{-14}$	14,07
22	$1{,}00 \cdot 10^{-14}$	14,00
25	$1{,}27 \cdot 10^{-14}$	13,90
30	$1{,}89 \cdot 10^{-14}$	13,73
50	$5{,}6 \cdot 10^{-14}$	13,25
100	$74{,}0 \cdot 10^{-14}$	12,13

Zwischen dem Ionenprodukt des Wassers (K_W) und der Säuren- und Basenkonstante eines Stoffes in Wasser besteht die Beziehung:

$K_s \cdot K_b = K_W$ bzw. $pK_s + pK_b = pK_W$.

In Worten heißt dies: Das *Produkt* aus der Säurenkonstante und der Basenkonstante eines konjugierten Säure-Base-Paares ist gleich dem Ionenprodukt des Wasser, bzw. die Summe von pK_s und pK_b eines konjugierten Säure-Base-Paares ist gleich pK_W.

3.5.4 pH-Wert

Auf S. 236 hatten wir bei der Autoprotolyse des Wassers gesehen, daß in Wasser die Konzentration der H_3O^+-Ionen gleich der Konzentration der OH^--Ionen ist: $[H_3O^+] = [OH^-] = 10^{-7}\ mol \cdot l^{-1}$.

Wasser reagiert also bei Zimmertemperatur neutral, d.h. weder sauer noch basisch.

Man kann auch allgemein sagen: Eine wäßrige Lösung reagiert dann *neutral*, wenn in ihr die Wasserstoffionenkonzentration $[H_3O^+]$ den Wert $10^{-7}\ mol \cdot l^{-1}$ hat.

Für den negativen dekadischen Logarithmus der Wasserstoffionenkonzentration hat man aus praktischen Gründen das Symbol pH (von potentia hydrogenii) eingeführt. Den zugehörigen Zahlenwert bezeichnet man als den pH-Wert oder als das pH einer Lösung:

$$pH = -lg\ [H_3O^+]$$

Beachte: Korrekt formuliert ist der pH-Wert der mit -1 multiplizierte Wert des dekadischen Logarithmus der Aktivität der Wasserstoff-Ionen: $pH = -lg\ a_{H_3O^+}$. In der Praxis rechnet man jedoch meist mit der Wasserstoffionenkonzentration $[H_3O^+]$. Wir schließen uns in diesem Buch dem allgemeinen Brauch an.

Eine *neutrale* Lösung hat den pH-Wert 7 (bei 22°C).

In *sauren* Lösungen überwiegen die H_3O^+-Ionen und es gilt:

$$[H_3O^+] > 10^{-7}\ mol \cdot l^{-1} \quad \text{oder} \quad pH < 7.$$

In *alkalischen* (basischen) Lösungen überwiegen die OH^--Ionen. Hier ist:

$$[H_3O^+] < 10^{-7}\ mol \cdot l^{-1} \quad \text{oder} \quad pH > 7.$$

Schreibt man für die Konzentration der OH^--Ionen ihren negativen dekadischen Logarithmus: $pOH = -lg\ OH^-$, kann man das *Ionenprodukt von Wasser* als Summe von pH und pOH schreiben (s.S. 237).

$$pH + pOH = pK_W$$

Mit dieser Gleichung kann man über die OH^--Konzentration basischer Lösungen auch ihren pH-Wert errechnen. Tabelliert ist meist nur der pH-Wert.

Tabelle 17. pH- und pOH-Werte von Säuren und Basen (Auswahl)

pH		pOH
0	1 N starke Säure, z.B. 1N HCl, $[H_3O^+]=10^0=1$, $[OH^-]=10^{-14}$	14
1	0,1N starke Säure, z.B. 0,1 N HCl, $[H_3O^+]=10^{-1}$, $[OH^-]=10^{-13}$	13
2	0,01N starke Säure, z.B. 0,01 N HCl, $[H_3O^+]=10^{-2}$, $[OH^-]=10^{-12}$	12
•		•
•		•
•		•
•		•
7	Neutralpunkt, reines Wasser, $[H_3O^+] = [OH^-] = 10^{-7}$ mol · l^{-1}	7
•		•
•		•
•		•
•		•
12	0,01N starke Base, z.B. 0,01N NaOH, $[OH^-]=10^{-2}$, $[H_3O^+]=10^{-12}$	2
13	0,1N starke Base, z.B. 0,1 N NaOH, $[OH^-]=10^{-1}$, $[H_3O^+]=10^{-13}$	1
14	1 N starke Base, z.B. 1N NaOH, $[OH^-] = 10^0$, $[H_3O^+] = 10^{-14}$	0
pH		pOH

Berechnung von pH-Werten

pH-Wert von starken Säuren

Eine starke Säure reagiert praktisch vollständig mit H_2O, d.h. das Gleichgewicht der Protolysenreaktion liegt vollständig auf der rechten Seite:

$$HA + H_2O \rightleftharpoons A^- + H_3O^+.$$

Läßt man die Autoprotolyse von H_2O unberücksichtigt, weil sie hier nicht ins Gewicht fällt, kann man sagen:

$[H_3O^+]$ ist gleich der Gesamtkonzentration C der Säure.

In Formeln: $[H_3O^+] = C$.

Der pH-Wert einer starken Säure ist gleich dem negativen dekadischen Logarithmus der Konzentration der Säure:

$$pH = -\lg C.$$

Beispiel: Gegeben: 0,01 M wäßrige HCl-Lösung; gesucht: pH-Wert.

$$[H_3O^+] = 0{,}01 = 10^{-2}\ \text{mol} \cdot l^{-1};\ pH = 2.$$

Lösungen mehrerer starker Säuren

In diesen Lösungen protolysieren die einzelnen Säuren praktisch unabhängig voneinander. C muß daher durch ΣC ersetzt werden. Dies gilt auch für den Fall, daß eine mehrprotonige starke Säure in allen Stufen gleichstark protolysiert.

pH-Wert von starken Basen

Für den pOH-Wert von starken Basen gilt aus analogen Gründen wie für den pH-Wert von starken Säuren:

$$[OH^-] = C \text{ und } \underline{pOH = -\lg C},$$

wobei C die Gesamtkonzentration der starken Base ist. Der pH-Wert errechnet sich (bei 22° C) über die Gleichung $\underline{pH = 14 - pOH}$.

Beispiel: Gegeben: 0,1 M NaOH; gesucht pH-Wert.

$$[OH^-] = 0{,}1 = 10^{-1} \text{ mol} \cdot l^{-1}; \; pOH = 1; \; [OH^-] \cdot [H_3O] = 10^{-14};$$

$$[H_3O^+] = 10^{-13} \text{ mol} \cdot l^{-1}; \quad pH = 13.$$

Anmerkung: Sind in einer Lösung mehrere starke Basen enthalten, wird C und ΣC ersetzt.

pH-Wert einer schwachen Säure

Schwache Säuren sind nur wenig protolysiert. Das Gleichgewicht der Protolysenreaktion liegt auf der linken Seite:

Säure: $HA + H_2O \rightleftharpoons H_3O^+ + A^-$.

Aus Säure und H_2O entstehen gleichviele H_3O^+- und A^--Ionen, d.h. $[A^-] = [H_3O^+] = x$. Die Konzentration der undissoziierten Säure $c = [HA]$ ist gleich der Anfangskonzentration der Säure C minus x; denn wenn x H_3O^+-Ionen gebildet werden, werden x Säuremoleküle verbraucht. Bei schwachen Säuren ist x gegenüber C vernachlässigbar, und man darf $c \approx [HA] \approx C$ setzen. Hiermit ergibt sich bei der Anwendung des Massenwirkungsgesetzes auf die Protolysenreaktion:

$$K_s = \frac{[H_3O^+] \cdot [A^-]}{[HA]} = \frac{[H_3O^+]^2}{[HA]} = \frac{[H_3O^+]^2}{C - x} \approx \frac{[H_3O^+]^2}{C};$$

$K_s \cdot C = [H_3O^+]^2$; $[H_3O^+] = \sqrt{K_s \cdot C}$; Logarithmieren und multiplizieren mit -1 ergibt:

$pK_s - \lg C = 2 \cdot pH$, und daraus erhält man:

$$pH = \frac{pK_s - \lg C}{2}$$

oder

$$pH = 1/2\ pK_s - 1/2\ \lg C \qquad = 7 - 1/2\ pK_b - 1/2\ \lg C.$$

Beispiel:

Säure: Gegeben: 0,1 M HCN-Lösung. $pK_{s_{HCN}} = 9,4$; gesucht: pH-Wert.

Lösung:

$$C = 0,1 = 10^{-1}\ mol \cdot l^{-1};\ pH = \frac{9,4 + 1}{2} = 5,2.$$

Beachte:

Bei sehr verdünnten schwachen Säuren ist die Protolyse so groß ($\alpha \geqslant 0,62$), daß diese Säuren wie starke Säuren behandelt werden müssen.

Für sie gilt: $pH = -\lg C$

Analoges gilt für sehr verdünnte schwache Basen.

pH-Wert einer schwachen Base

Die Berechnung des pOH-Wertes einer schwachen Base erfolgt analog zur Berechnung des pH-Wertes einer schwachen Säure. C ist jetzt die Anfangskonzentration der Base B.

Base: $B + H_2O \rightleftharpoons BH^+ + OH^-$.

Zur Berechnung des pH-Wertes in der Lösung einer Base verwendet man die Basenkonstante K_b:

$$\frac{[BH^+] \cdot [OH^-]}{[B]} = K_b.$$

$$K_b \cdot [B] = [OH^-]^2 \qquad (\text{mit } [OH^-] = [BH^+]).$$

Durch Logarithmieren, Multiplikation mit -1 und Substitution von [B] durch C ergibt sich daraus:

$$pK_b - \lg C = 2 \cdot pOH,$$

oder

$$pOH = \frac{pK_b - \lg C}{2}$$

Den pH-Wert der Lösung der Base enthält man durch die Beziehung: $pH + pOH = pK_w$ (= 14 für 22° C):

$$pH = 14 - \frac{pK_b - \lg C}{2}$$

oder

$$pH = 7 + 1/2\ pK_s + 1/2\ \lg C$$

Beispiel:

Base: Gegeben: 0,1 M Na_2CO_3-Lösung; gesucht: pH-Wert.

Lösung: Na_2CO_3 enthält das basische CO_3^{2-}-Ion, das mit H_2O reagiert: $CO_3^{2-} + H_2O \rightleftharpoons HCO_3^- + OH^-$. Das HCO_3^--Ion ist die zu CO_3^{2-} konjugierte Säure mit $pK_s = 10,4$.

Aus $pK_s + pK_b = 14$ folgt $pK_b = 3,6$. Damit wird

$$pOH = \frac{3,6 - \lg 0,1}{2} = \frac{3,6 - (-1)}{2} = 2,3 \text{ und } pH = 14 - 2,3 = 11,7.$$

pH-Wert *mehrprotoniger* Säuren

Mehrprotonige Säuren können - entsprechend der Zahl an abdissoziierbaren Protonen - mehrere Protolysenreaktionen eingehen. Sie verhalten sich demnach wie eine Mischung von verschiedenen Säuren. Bei genügend großem Unterschied der K_s- bzw. pK_s-Werte der einzelnen Protolysenreaktionen kann man jede Reaktion für sich betrachten. In vielen Fällen ist nur die *erste* Protolyse von Bedeutung. In diesem Fall bestimmt diese Reaktion den pH-Wert der Lösung. Die Berechnung des pH-Wertes erfolgt entsprechend der jeweiligen Säurestärke nach einer der für Säuren angegebenen Formeln.

pH-Wert eines Ampholyten

Auf Seite 232 hatten wir gesehen, daß in der wäßrigen Lösung eines Ampholyten drei Protolysenreaktionen ablaufen:

1. Ampholyt + $H_2O \rightleftharpoons$ s + OH^-;

$$\frac{[s] \cdot [OH^-]}{[Amphol.]} = K_b \qquad K_b = K_W / K_{s1}$$

(aus: $K_b \cdot K_s = K_W$)

2. Ampholyt + $H_2O \rightleftharpoons$ b + H_3O^+;

$$\frac{[b] \cdot [H_3O^+]}{[Amphol.]} = K_s \qquad K_s = K_{s2}$$

3. Ampholyt + Ampholyt $\rightleftharpoons$ s + b (Autoprotolyse).

Nach Gleichung (1) und (2) läßt sich ein Ampholyt auch als Zwischenprodukt bei der Protolyse einer zwei- oder mehrprotonigen Säure s auffassen. Die Protolyse erfolgt dabei in der Reihenfolge: Säure (s) $\longrightarrow$ Ampholyt $\longrightarrow$ Base (b). Entsprechend erfolgt die Kennzeichnung der K_s-Werte in der rechten Spalte: K_{s1} ist also die Säurekonstante der Reaktion: s + OH^- $\rightleftharpoons$ Ampholyt + H_2O.

Dividiert man K_s (Protolysenreaktion (2)) durch K_b (Protolysenreaktion (1)) und berücksichtigt, daß $[H_3O^+] \cdot [OH^-] = K_W$ ist, ergibt sich:

$$\underline{[H_3O^+] = \sqrt{\frac{K_s}{K_b} \cdot K_W \frac{[s]}{[b]}}}; \qquad pH = -\lg\,[H_3O^+]$$

Eine *Vereinfachung* dieser Gleichung ist möglich, wenn $[H_3O^+]$ und $[OH^-]$ klein sind im Verhältnis zu [s] und [b]. Dies ist der Fall, wenn die Gesamtkonzentration des Ampholyten groß ist. Es überwiegt nun Reaktion (3); damit wird [s] = [b], und man erhält für diesen Sonderfall (Isoelektrischer Punkt):

$$[H_3O^+] = \sqrt{\frac{K_s}{K_b} \cdot K_W}.$$

Werden K_s durch K_{s2} und K_b durch K_W / K_{s1} ersetzt, wird daraus

$$[H_3O^+] = \sqrt{K_{s1} \cdot K_{s2}}$$

und

$$\underline{pH = 1/2\,(pK_{s1} + pK_{s2})}, \text{ für } [s] = [b] \ (\equiv \text{Isoelektrischer Punkt})$$

Isoelektrischer Punkt (I.P.)

Besonders wichtig ist die Kenntnis des I.P. bei Aminosäuren. Wir wählen daher diese Verbindungsklasse als Beispiel.

Aminosäuren H_2N- R -COOH besitzen aufgrund ihrer Struktur sowohl basische als auch saure Eigenschaften. Es ist daher eine intramolekulare Neutralisation möglich, die zu einem sog. Zwitterion führt:

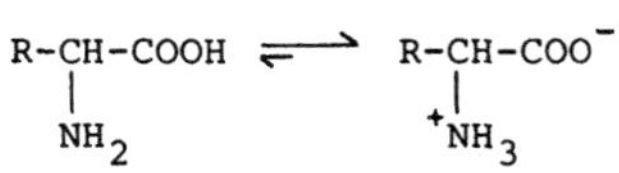

In wäßriger Lösung ist die $-NH_3^+$-Gruppe die "Säuregruppe" einer Aminosäure. Der pK_s-Wert ist ein Maß für die Säurestärke dieser Gruppe.

Der pK_b-Wert einer Aminosäure bezieht sich auf die basische Wirkung der $-COO^-$-Gruppe.

Für eine bestimmte Verbindung sind die Säuren- und Basenstärken nicht genau gleich, da diese von der Struktur abhängen. Es gibt jedoch in Abhängigkeit vom pH-Wert einen Punkt, bei dem die intramolekulare Neutralisation vollständig ist. Dieser wird als <u>isoelektrischer Punkt I.P.</u> bezeichnet. Er ist dadurch gekennzeichnet, daß im elektrischen Feld bei der Elektrolyse keine Ionenwanderung mehr stattfindet und die Löslichkeit der Aminosäuren ein Minimum erreicht. Daher ist es wichtig, bei gegebenen pK_s-Werten den isoelektrischen Punkt I.P. berechnen zu können. Die Formel hierfür lautet - wie oben abgeleitet wurde:

$$\text{I.P.} = 1/2\ (pK_{s1} + pK_{s2}),$$

pK_{s1} = pK_s-Wert der Carboxylgruppe -COOH, pK_{s2} = pK_s-Wert der Aminogruppe $-NH_3^+$. Manchmal findet man anstatt K_s auch K_a (von acid).

Messung von pH-Werten

Eine genaue Bestimmung des pH-Wertes ist potentiometrisch mit der Glaselektrode möglich, s. Kap. 4.1.

Weniger genau ist die Verwendung von Farbindikatoren (pH-Indikatoren); s. hierzu Kap. 3.4.3.

3.5.5 Säure-Base-Reaktionen

Die Umsetzung einer Säure mit einer Base nennt man allgemein *Neutralisationsreaktion*. Hierbei hebt die Säure die Basenwirkung bzw. die Base die Säurenwirkung mehr oder weniger vollständig auf.

Läßt man z.B. äquivalente Mengen wäßriger Lösungen von starken Säuren und Basen miteinander reagieren, so ist das erhaltene Gemisch weder sauer noch basisch, sondern neutral. Es hat den pH-Wert 7. Handelt es sich nicht um starke Säuren und starke Basen, so kann die Mischung einen pH-Wert $\neq$ 7 aufweisen, s. Kap. 3.5.6.

Allgemeine Formulierung einer Neutralisationsreaktion:

$$\text{Säure} + \text{Base} \longrightarrow \text{Salz} + \text{Wasser} + \text{Wärme}.$$

Beispiel: HCl + NaOH

$$H_3O^+ + Cl^- + Na^+ + OH^- \longrightarrow Na^+ + Cl^- + 2\ H_2O$$
$$\Delta H = -57{,}3\ k \cdot mol^{-1}.$$

Die Metall-Kationen und die Säurerest-Anionen bleiben wie in diesem Fall meist gelöst und bilden erst beim Eindampfen der Lösung Salze.

Das Beispiel zeigt deutlich:
Die Neutralisationsreaktion ist eine Protolyse, d.h. eine Übertragung eines Protons von der Säure H_3O^+ auf die Base OH^-.

$$H_2O^+ + OH^- \longrightarrow 2\ H_2O; \quad \Delta H = -57{,}3\ kJ \cdot mol^{-1}.$$

Dies erklärt, weshalb die Reaktionsenthalpie von Neutralisationsreaktionen starker Säuren mit starken Basen unabhängig von der Art der Säuren oder Basen, annähernd gleich ist mit etwa $-57\ kJ \cdot mol^{-1}$.

Ermittelt man die Konzentration von Säuren durch langsame, portionsweise Zugabe von genau eingestellten Laugen, dann spricht man von acidimetrischer Titration. Die maßanalytische Bestimmung von Laugen mit eingestellten Säuren heißt entsprechend alkalimetrische Titration. Meist nennt man beide Verfahren einfach Neutralisationstitrationen.

Über Äquivalenzpunkt und Neutralpunkt s. Kap. 3.6.1.

3.5.6 "Hydrolyse" (Protolyse) von Salzen

Der Ausdruck Hydrolyse sollte nach unserer Meinung ausschließlich für die Reaktion einer *kovalenten* Bindung mit Wasser benutzt werden.

Im folgenden verwenden wir daher den Ausdruck Protolyse auch für die Reaktion von Salzen mit Wasser.

Protolysenreaktionen beim Lösen von Salzen in Wasser
Der pH-Wert von Salzlösungen richtet sich nach dem Protolysegrad. Salze aus einer *starken* Säure und einer *starken* Base wie NaCl reagieren in Wasser *neutral*. Die hydratisierten Na^+-Ionen sind so schwache Protonendonatoren, daß sie gegenüber Wasser nicht sauer reagieren. Die Cl^--Anionen sind andererseits so schwach basisch, daß sie aus dem Lösungsmittel keine Protonen aufnehmen können.

Saure Reaktion zeigt die Lösung eines Salzes aus einer *starken* Säure und einer *schwachen* Base wie z.B. $NH_4^+Cl^-$ (s. hierzu unter Kation-Säuren S. 231):

$$pH = \frac{pK_S - \lg C_{Salz}}{2}$$

Basische Reaktion zeigt die Lösung eines Salzes aus einer *schwachen* Säure und einer *starken* Base wie z.B. $CH_3COO^-Na^+$ (s. hierzu unter Anion-Basen, S. 232):

$$pH = pK_W - pOH; \ pOH = \frac{pK_b - \lg c_{Salz}}{2}$$

Bei der Protolyse von Salzen *schwacher* Säuren und *schwacher* Basen hängt der pH-Wert der Lösung davon ab, welcher Protolysengrad überwiegt.

$K_s > K_b$: Reaktion: sauer
$K_s < K_b$: Reaktion: basisch

Kommt noch die Autoprotolyse zwischen Anion und Kation mit der Konstanten K_{auto} hinzu, werden die Verhältnisse noch komplizierter.

Beispiel: $CH_3CO_2^- + NH_4^+ \rightleftharpoons NH_3 + CH_3COOH$

mit $K_{auto} = \frac{K_s \cdot K_b}{K_W}$

Ist $K_{auto} \gg K_s, K_b$ gilt näherungsweise:

$$[H_3O^+] = \sqrt{K_W \cdot \frac{K_s}{K_b}}.$$

3.5.7 Puffer

pH-Abhängigkeit von Säuren- und Basen-Gleichgewichten

Protonenübertragungen in wäßrigen Lösungen verändern den pH-Wert. Dieser wiederum beeinflußt die Konzentrationen konjugierter Säure/Base-Paare.

Die Henderson-Hasselbalch-Gleichung gibt diesen Sachverhalt wieder. Man erhält sie auf folgende Weise:

$$HA + H_2O \rightleftharpoons H_3O^+ + A^-.$$

Schreiben wir für diese Protolysenreaktion der Säure HA das MWG an:

$$K_s = \frac{[H_3O^+] \cdot [A]}{[HA]}, \text{ mit } K_s = K[H_2O]$$

dividieren durch K_s und $[H_3O^+]$ und logarithmieren anschließend, ergibt sich:

$$-\lg [H_3O^+] = -\lg K_s + \lg \frac{[A^-]}{[HA]},$$

oder $pH = pK_s + lg \frac{[A^-]}{[HA]}$ bzw. $pH = pK_s - lg \frac{[HA]}{[A^-]}$

(Henderson-Hasselbalch-Gleichung)

oder $pH = pK_s + lg \frac{[Salz]}{[Säure]}$ (Dabei ist $[A^-]$ = [Salz] = [Base] und [HA] = [Säure] = [korrespondierende Säure])

Berechnet man mit dieser Gleichung für bestimmte Werte die prozentualen Verhältnisse an Säure und korrespondierender Base (HA/A^-) und stellt diese graphisch dar, entstehen Kurven, die als *Pufferungskurven* bezeichnet werden (Abb. 23 - 25). Abb. 23 zeigt die Kurve für CH_3COOH/CH_3COO^-. Die Kurve gibt die Grenze des Existenzbereichs von Säure und korrespondierender Base an: Bis pH = 3 existiert nur CH_3COOH; bei pH = 5 liegt 63,5 %, bei pH = 6 liegt 95 % CH_3COO^- vor; ab pH = 8 existiert nur CH_3COO^-.

Abb. 24 gibt die Verhältnisse für das System NH_4^+/NH_3 wieder. Bei pH = 6 existiert nur NH_4^+, ab pH = 12 nur NH_3. Will man die NH_4^+-Ionen quantitativ in NH_3 überführen, muß man durch Zusatz einer starken Base den pH-Wert auf 12 erhöhen. Da NH_3 unter diesen Umständen flüchtig ist, "treibt die stärkere Base die schwächere aus". Ein analoges Beispiel für eine Säure ist das System H_2CO_3/HCO_3^- (Abb. 25)

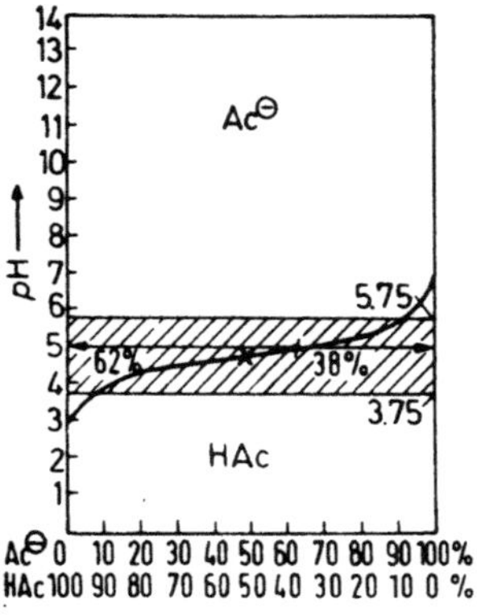

Abb. 23.
HAc: $pH = pK_s = 4{,}75$.
▨ = Pufferbereich

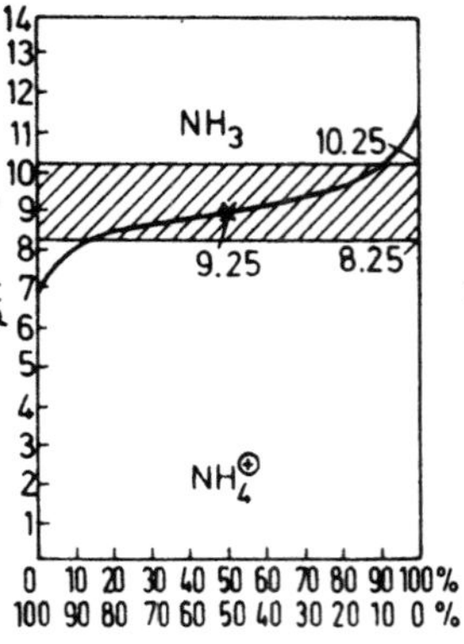

Abb. 24.
NH_4^+: $pH = pK_s = 9{,}25$.
x = pK_s-Wert

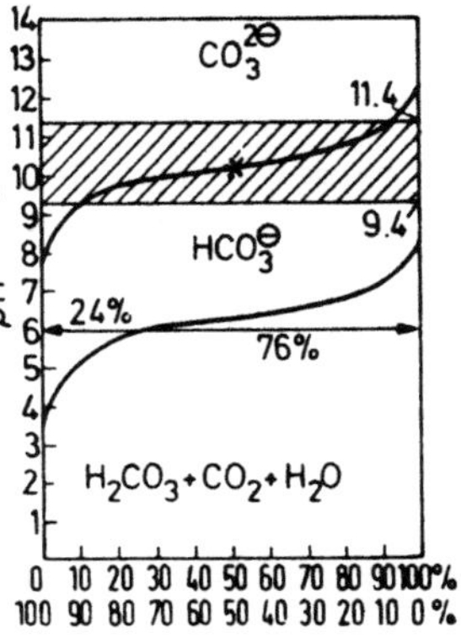

Abb. 25.
HCO_3^-: $pH = pK_s$ =10,40

Bedeutung der Henderson-Hasselbalch-Gleichung:

a) Bei bekanntem pH-Wert kann man das Konzentrationsverhältnis von Säure und konjugierter Base berechnen.

b) bei pH = pK_s ist lg $[A^-]/[HA]$ = lg 1 = 0, d.h. $[A^-] = [HA]$.

c) Ist $[A^-] = [HA]$, so ist der pH-Wert gleich dem pK_s-Wert der Säure. Dieser pH-Wert stellt den Wendepunkt der Pufferungskurven in Abb. 23 - 25 dar!

d) Bei kleinen Konzentrationsänderungen ist der pH-Wert von der Verdünnung unabhängig.

e) Die Gleichung gibt auch Auskunft darüber, wie sich der pH-Wert ändert, wenn man zu Lösungen, die eine schwache Säure (geringe Protolyse) und ihr Salz (konjugierte Base) oder eine schwache Base und ihr Salz (konjugierte Säure) enthalten, eine Säure oder Base zugibt.

Enthält die Lösung eine Säure und ihre korrespondierende Base bzw. eine Base und ihre korrespondierende Säure in etwa gleichen Konzentrationen, so bleibt der pH-Wert bei Zugabe von Säure bzw. Base in einem bestimmten Bereich, dem *Pufferbereich* des Systems, nahezu konstand (Abb. 23 - 25).

Lösungen mit diesen Eigenschaften heißen *Pufferlösungen*, *Puffersysteme* oder *Puffer*.

Eine Pufferlösung besteht aus einer schwachen Brönsted-Säure (Base) und möglichst vollständig dissoziiertem Neutralsalz (z.B. Alkalisalz) der korrespondierenden Base (korrespondierenden Säure). Sie vermag je nach der Stärke der gewählten Säure bzw. Base die Lösung in einem ganz bestimmten Bereich (Pufferbereich) gegen Säure- bzw. Basenzusatz zu *puffern*. Ein günstiger Pufferungsbereich erstreckt sich über je eine pH-Einheit auf beiden Seiten des pK_s-Wertes der zugrundeliegenden schwachen Säure: $\Delta pH = pK_s \pm 1$.

Pufferkapazität (Pufferwert)

Die Kapazität eines Puffers ist die Größe seiner Pufferwirkung. Allgemein bezieht man die Pufferwirkung auf den Zusatz von starker Base und definiert:

Die Pufferwirkung oder Pufferkapazität β ist proportional dem Differentialquotienten aus der Änderung der Konzentration der Base und der Änderung des pH-Wertes: $d[B]/dpH$.

d[B] ist die Menge zugesetzter Basen in mol $\cdot$ l^{-1} Probenlösung

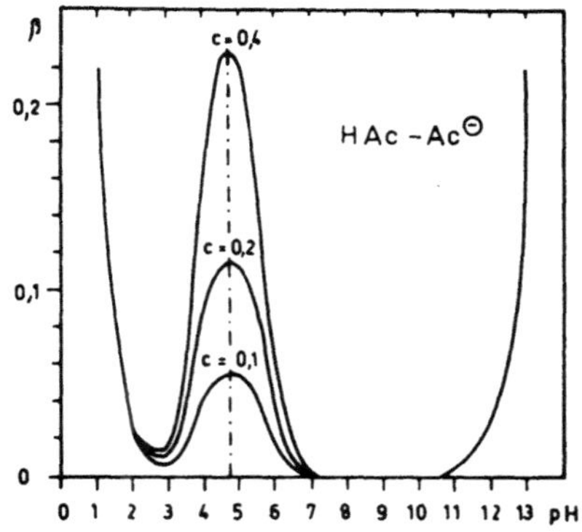

Abb. 26. Pufferkapazität bei äquimolaren Essigsäure-Acetat-Gemischen von verschiedener Gesamtmolarität c

β ist immer positiv, denn Basenzusatz führt zu einer Erhöhung des pH-Wertes; Säurezusatz entspricht dem Verschwinden von Base, d.h. d[B] wird negativ; da aber auch der pH-Wert kleiner wird, ist dpH negativ, und der Differentialquotient bekommt das positive Vorzeichen.

Trägt man β als Funktion von pH auf, erhält man eine Kurve. Im ersten Wendepunkt bei pH = pK_s hat β ein Maximum, im zweiten Wendepunkt, im Äquivalenzpunkt, ein Minimum.

Über die Berechnung von β s. Lehrbücher der Analytischen Chemie.

Eine Pufferlösung hat die Pufferkapazität 1, wenn sich bei Zusatz von 1 mol H_3O^+-Ionen bzw. OH^--Ionen zu einem Liter Pufferlösung der pH-Wert um eine Einheit ändert.

Eine *maximale* Pufferwirkung erhält man für ein molares Verhältnis von Säure zu Salz von 1 : 1. In diesem Fall ist [HA] = $[A^-]$ und pH = pK_s.

Beispiele für Puffersysteme

Pufferlösungen besitzen in der physiologischen Chemie besondere Bedeutung, denn viele Körperflüssigkeiten, z.B. Blut (pH = 7,39 ± 0,05), sind gepuffert. Physiologische Puffersysteme sind z.B. der Bicarbonatpuffer und der Phosphatpuffer.

Bicarbonatpuffer (Kohlensäure-Hydrogencarbonatpuffer):

$$H_2CO_3 \rightleftharpoons HCO_3^- + H^+.$$

H_2CO_3 ist praktisch vollständig in CO_2 und H_2O zerfallen:

$H_2CO_3 \rightleftharpoons CO_2 + H_2O$. Die Kohlensäure wird jedoch je nach Verbrauch aus den Produkten wieder nachgebildet.

Bei der Formulierung der Henderson-Hasselbalch-Gleichung für den Bicarbonatpuffer muß man daher die CO_2-Konzentration im Blut mitberücksichtigen:

$$pH = pK'_{H_2CO_3} + lg \frac{[HCO_3^-]}{[H_2CO_3 + CO_2]},$$

$$\text{mit } K'_{H_2CO_3} = \frac{[H^+][HCO_3^-]}{[H_2CO_3 + CO_2]}$$

K'_s ist die scheinbare Protolysenkonstante der H_2CO_3, die den Zerfall in $H_2O + CO_2$ berücksichtigt.

<u>Phosphatpuffer:</u> Mischung aus $H_2PO_4^-$ (primäres Phosphat) und HPO_4^{2-} (sekundäres Phosphat):

$$H_2PO_4^- \rightleftharpoons HPO_4^{2-} + H^+,$$

$$pH = pK_{H_2PO_4^-} + lg \frac{[HPO_4^{2-}]}{[H_2PO_4^-]}.$$

<u>$CH_3COOH/CH_3CO_2^-$-Gemisch (Essigsäure/Acetat-Gemisch = Acetatpuffer):</u>

<u>a) Säurezusatz:</u> Gibt man zu dieser Lösung etwas verdünnte HCl, so reagiert das H_3O^+-Ion der vollständig protolysierten HCl mit dem Acetatanion und bildet undissoziierte Essigsäure. Das Acetatanion fängt also die Protonen der zugesetzten Säure ab, wodurch der pH-Wert der Lösung konstant bleibt:

$$H_3O^+ + CH_3COO^- \rightleftharpoons CH_3COOH + H_2O.$$

<u>b) Basenzusatz:</u> Gibt man zu der Pufferlösung wenig verdünnte Natriumhydroxid-Lösung NaOH, reagieren die OH^--Ionen mit H^+-Ionen der Essigsäure zu H_2O:

$$CH_3COOH + Na^+ + OH^- \rightleftharpoons CH_3COO^- + Na^+ + H_2O.$$

Da CH_3COOH als schwache Säure wenig protolysiert ist, ändert auch der Verbrauch an Essigsäure durch die Neutralisation den pH-Wert nicht merklich.

Die zugesetzte Base wird von dem Puffersystem "abgepuffert".

<u>Zahlenbeispiel für die Berechnung des pH-Wertes eines Puffers:</u>

<u>Gegeben:</u>

Lösung 1: 1 l Pufferlösung aus 0,1 N Essigsäure CH_3COOH ($pK_s = 4{,}76$) und 0,1 N Natriumacetat-Lösung ($CH_3COO^-Na^+$).

Eine solche Lösung kann man herstellen, indem man z.B. x ml 0,1 N Essigsäure mit x/2 ml 0,1 N NaOH versetzt. Die Essigsäure ist dann zur Hälfte in Natriumacetat übergeführt.

Der pH-Wert des Puffers berechnet sich zu:

$$pH = pK_s + lg \frac{[CH_3COO^-]}{[CH_3COOH]} = 4,76 + lg \frac{0,1}{0,1} = 4,76.$$

Gegeben: Lösung 2: 1 ml einer 1 N Natriumhydroxid-Lsg.

Gesucht: pH-Wert der Mischung aus Lösung 1 und Lösung 2.

Lösung 2 enthält 0,001 mol NaOH. Diese neutralisieren die äquivalente Menge, also 0,001 mol CH_3COOH. Hierdurch sinkt $[CH_3COOH]$ in Lösung 1 von 0,1 mol · l^{-1} auf 0,099 mol · l^{-1} und $[CH_3COO^-]$ in Lösung 1 steigt von 0,1 mol · l^{-1} auf 0,101 mol · l^{-1}.

Der pH-Wert der Lösung berechnet sich zu:

$$pH = pK_s + lg \frac{0,101}{0,099} = 4,76 + lg\ 1,02 = 4,76 + 0,0086$$
$$= 4,7686$$

3.6 Titrationen von Säuren und Basen in wäßrigen Lösungen

3.6.1 Titrationskurven

Kurven von Neutralisationstitrationen erhält man, wenn auf der einen Achse eines Koordinantenkreuzes das Volumen des Titranten oder die Differenz von Säure- und Basekonzentration und auf der anderen Achse der zugehörige pH-Wert aufgetragen werden.

I. Titration einer starken Säure mit einer starken Base und umgekehrt

Berechnung der Titrationskurve

In der wäßrigen Lösung eines Gemisches einer starken Säure HA mit der Gesamtkonzentration C_{HA} und einer Base B mit der Gesamtkonzentration C_B lassen sich folgende Reaktionsschritte unterscheiden:

$$HA \rightleftharpoons A^- + H^+$$
$$B + H^+ \rightleftharpoons BH^+,$$
$$H_2O \rightleftharpoons OH^- + H^+,$$
$$H_2O + H^+ \rightleftharpoons H_3O^+.$$

Bei diesen Reaktionen muß die Summe *aller* gebildeten Basen gleich sein der Summe *aller* gebildeten Säuren.

Es gilt also:

$$[A^-] + [OH^-] = [BH^+] + [H_3O^+]$$

Mit $[A^-] = C_{HA}$ und $[BH^+] = C_B$ (weil starke Säuren und Basen vollständig protolysieren).

folgt:

$$[H_3O^+] = C_{HA} - C_B + C_{OH^-}.$$

Setzt man $[OH^-] = K_W/[H_3O^+]$, erhält man schließlich:

$$[H_3O^+] = \frac{C_{HA} - C_B}{2} + \sqrt{\frac{(C_{HA} - C_B)^2}{4} + K_W}.$$

Beachte: $pH = -lg[H_3O^+]$.

Mit dieser Formel läßt sich eine *exakte* Berechnung des gesamten Kurvenverlaufs durchführen.

Ausgezeichnete Punkte

Ist in der Lösung die Konzentration der Säure gleich der Konzentration der Base, d.h. $C_{HA} = C_B$, dann ist der sog. Äquivalenzpunkt erreicht. In diesem Falle ist die der Probe äquivalente Menge Titrant in der Lösung enthalten. Der Titrationsgrad ist 1 (≡ 100 %-ige Neutralisation).

Der Äquivalenzpunkt ist der *Wendepunkt* der Titrationskurve beim Titrationsgrad 1.

Bei der Titration einer starken Säure (Base) mit einer starken Base (Säure) erfolgt innerhalb eines schmalen Konzentrationsbereichs auf beiden Seiten des Äquivalenzpunktes eine *sprunghafte* Änderung des pH-Wertes.

Die Größe des pH-Sprunges (≡ Steilheit der Kurve) ist abhängig von der *Konzentration* der Protolyte, s. Abb. 28 und von der Temperatur, s.S. 237 . Mit steigender Temperatur wird der pH-Sprung kleiner (≡ Temperaturabhängigkeit von K_W).
Setzen wir $C_{HA} = C_B$ in die Formel für die Berechnung des pH-Wertes ein, erhalten wir einen pH-Wert von 7:

$$[H_3O^+] = \sqrt{K_W} \text{ und } pH = 7 \text{ (für } 22^oC).$$

Der Punkt auf der Kurve für den pH = 7 ist, heißt *Neutralpunkt*, weil die Lösung gleichviele H_3O^+- und OH^--Ionen enthält und daher "neutral" ist.

Definition

Neutralpunkt heißt derjenige Punkt, an dem der pH-Wert = 7 ist.

Beachte: Bei der Titration einer starken Säure mit einer starken Base fallen Äquivalenzpunkt und Neutralpunkt zusammen.

Anmerkung:

Bei geringen Abweichungen vom Neutralpunkt kann man die Titrationskurve mit folgenden einfachen Näherungsformeln berechnen:

$$[H_3O^+] = C_{HA} - C_B \; ; \qquad pH = -\lg[H_3O^+]$$

und

$$[OH^-] = C_B - C_{HA}; \quad pOH = -\lg[OH^-]; \quad pH = 14 - pOH.$$

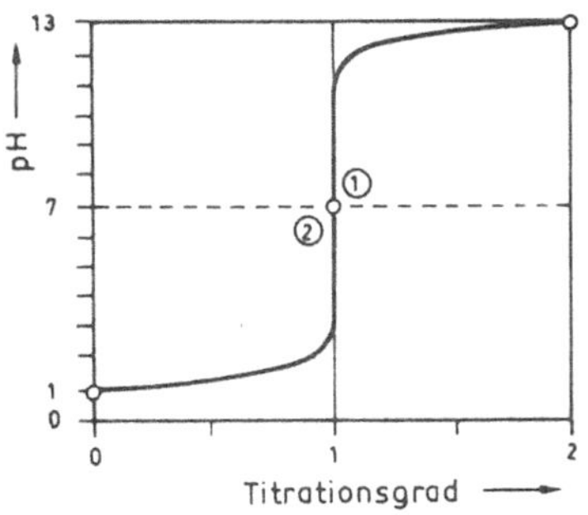

Abb. 27. Titration von sehr starken Säuren mit sehr starken Basen bei Raumtemperatur.
1 = Äquivalenzpunkt;
2 = Neutralpunkt (pH = 7)

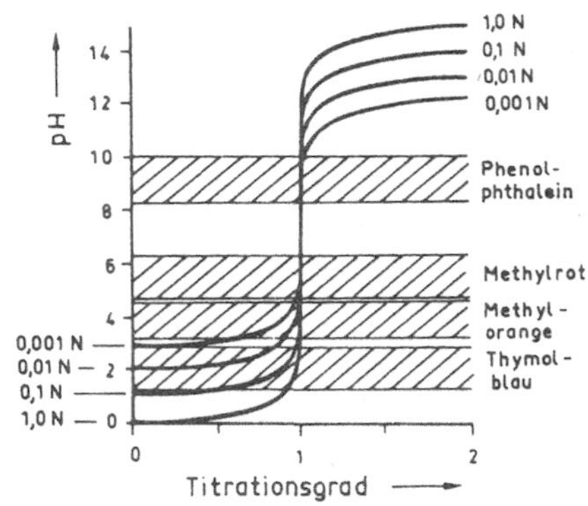

Abb. 28. Titrationskurve von sehr starken Protolyten verschiedener Konzentration; schraffiert sind die Umschlagsgebiete von vier pH-Indikatoren

Graphische Darstellung von Titrationskurven

Trägt man die berechneten pH-Werte der Lösung gegen den Titrationsgrad bzw. gegen das Volumen (in ml) des zugesetzten Titranten auf, erhält man eine *Titrationskurve*.

In der Praxis bestimmt man meist den Säuregehalt (Basengehalt) einer Lösung durch Zugabe einer Base (Säure) genau bekannten Gehalts, indem man die Basenmenge mißt, die bis zum Äquivalenzpunkt verbraucht wird, und die Titration durch Messung des jeweiligen pH-Wertes der Lösung verfolgt. Trägt man die so erhaltenen Wertepaare in ein Achsenkreuz ein und verbindet die Meßpunkte miteinander, erhält man die experimentell ermittelten Titrationskurven. Über die Messung des pH-Wertes s. Kap. 4.1.

Beispiel

0,1 N HCl-Lsg. wird vorgelegt und mit 0,1 N NaOH-Lsg. übertitriert. Die pH-Wert-Änderung wird potentiometrisch verfolgt, s. Kap. 4.1.

Beachte: Die gezeichnete Kurve in Abb. 27 ist idealisiert. In der Praxis fallen Äquivalenzpunkt und Neutralpunkt oft nicht genau zusammen, weil die Lösung nicht ganz CO_2-frei ist.

II. Titration einer schwachen Säure mit einer starken Base

Berechnung der Titrationskurve

Titriert man eine schwache Säure mit einer starken Base, so entsteht außer Wasser ein gelöstes Salz:

Beispiel: $CH_3COOH + NaOH \rightleftharpoons CH_3CO_2^-Na^+ + H_2O$.

Die Lösung einer schwachen Säure und ihres Salzes haben wir auf S. 246 als Puffersystem kennengelernt. Für die Berechnung des pH-Wertes einer solchen Lösung gilt die *Henderson-Hasselbalch-Gleichung:*

$$pH = pK_s + \lg \frac{[\text{Salz}]}{[\text{Säure}]} \quad \text{mit} \quad \frac{[\text{Salz}]}{[\text{Säure}]} = \frac{[A^-]}{[HA]} = \frac{[\text{Base}]}{[\text{korrespond. Säure}]}$$

oder

$$pH = pK_s + \lg \frac{c_b}{c_s} \qquad \text{oder} \qquad pH = pK_s - \lg c_s + \lg c_b$$

(c_b = Konzentration der zugesetzten Base; c_s Konzentration der undissoziierten Säure (=Ausgangskonzentration der Säure minus c_b).

Ausgezeichnete Punkte

Ist in der Lösung die Konzentration des gebildeten Salzes (im Beispiel $CH_3CO_2^-Na^+$) gleich der Konzentration der undissoziierten Säure (CH_3COOH): $c_b = c_s$, so ist gerade die Hälfte der Säure neutralisiert. Für diesen Halbneutralisationspunkt ist: $pH = pK_s$.

Der pH-Wert des <u>Äquivalenzpunktes</u> ergibt sich mit folgender Gleichung:

$$pH = 14 - 1/2\ pK_b + 1/2\ lg\ c_b$$

oder

$$pH = 7 + 1/2\ pK_s + 1/2\ lg\ c_b.$$

c_b ist die Menge der Base, die bis zum Erreichen des Äquivalenzpunktes hinzugefügt werden muß; sie ist damit gleich der Ausgangskonzentration der vorgelegten Säure.

Der Äquivalenzpunkt liegt im alkalischen Gebiet (pH > 7), weil bei der Protolyse des Salzes aus einer schwachen Säure und einer starken Base OH^--Ionen entstehen. Die Gleichung, mit der wir den pH-Wert am Äquivalenzpunkt berechnen können, ist also diejenige, die für schwache Basen abgeleitet wurde.

<u>Graphische Darstellung der Titrationskurve</u>

1 Äquivalenzpunkt
2 Neutralpunkt
3 Halbneutralisationspunkt
$pH = pK_s$
(Titrationsgrad 0,5 ≙ 50 %)

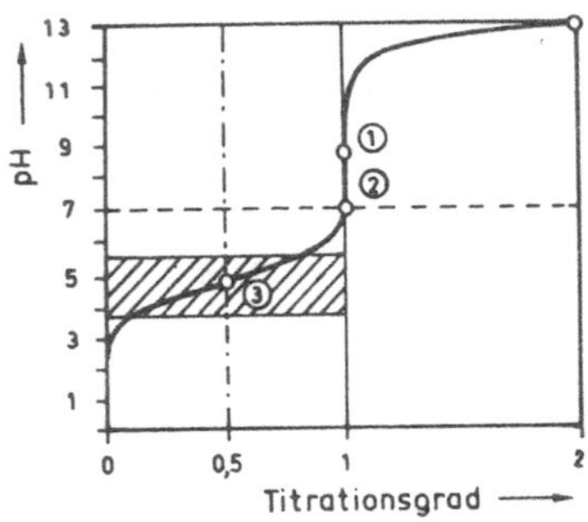

Abb. 29. pH-Diagramm zur Titration einer 0,1 M Lösung von CH_3COOH mit einer sehr starken Base bei Raumtemperatur (idealisierte Kurve). Der Pufferbereich ($pK_s \pm 1$) ist schraffiert

III. Titration einer schwachen Base mit einer starken Säure

<u>Berechnung der Titrationskurve</u>

Für diesen Fall gelten die gleichen Überlegungen wie für die Titration einer schwachen Säure mit einer starken Base.

Der pH-Wert in der Lösung berechnet sich - unter Berücksichtigung von $pK_s = pK_W - pK_b$ - nach folgender Gleichung:

$$pH = pK_W - pK_b - lg\ c_s + lg\ c_b \qquad pK_W = 14 \text{ (s.S. 237).}$$

(c_s ist die Menge der zugesetzten Säure, c_b ist die Anfangskonzentration der Base minus c_s)

Ausgezeichnete Punkte

Neutralpunkt bei pH = 7 für Titrationen bei Raumtemperatur. Halbneutralisationspunkt bei $pH = pK_s$.

Äquivalenzpunkt: Die Protolyse des bei der Titration gebildeten Salzes aus einer schwachen Base und einer starken Säure führt zur Bildung von Protonen. Die Lösung reagiert daher am Äquivalenzpunkt sauer. Der Äquivalenzpunkt liegt im sauren Bereich (pH < 7).

Der pH-Wert des Äquivalenzpunktes berechnet sich nach der Gleichung für schwache Säuren von S. 241.

$$pH = 7 - 1/2\ pK_b - 1/2\ lg\ c_s$$

c_s ist die Menge der zugefügten Säure. Sie entspricht der Anfangskonzentration der vorgelegten Base. Konzentrationsmaß: $mol \cdot l^{-1}$.

Graphische Darstellung

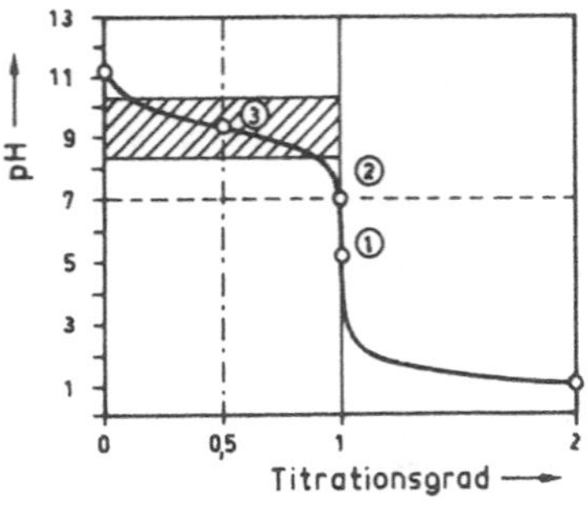

1 Äquivalenzpunkt
2 Neutralpunkt (pH = 7)
3 Halbneutralisationspunkt ($pH = pK_s$)
Titrationsgrad 0,5 ≙ 50 %)
Der Pufferbereich ($pK_b \pm 1$) ist schraffiert

Abb. 30. pH-Diagramm zur Titration einer 0,1 M Lösung von NH_3 mit einer sehr starken Säure bei Raumtemperatur (idealisierte Kurve)

IV. Titrationen schwacher Basen (Säuren) mit schwachen Säuren (Basen)

Diese Titrationen sind im allgemeinen ungeeignet, weil die Titrationskurven im Äquivalenzpunkt stark geneigt sind, wodurch die Bestimmung des Äquivalenzpunktes ungenau wird.

V. Titration mehrwertiger Basen und Säuren mit unterschiedlichen pK_s*- bzw.* pK_b*-Werten*

Die Berechnung der Titrationskurven ist wesentlich komplizierter als in den vorangehenden Fällen, weil in der Lösung ungleich viel mehr Protolysengleichgewichte vorliegen.

Einen besseren Einblick in die Konzentrationsverhältnisse schwacher Protolyte erlaubt die *doppelt logarithmische Darstellung* der Titrationskurven (= Hägg-Diagramme).

Nähere Einzelheiten s. Fachliteratur.

Graphische Darstellung

Ein Beispiel für Titrationskurven mehrprotoniger Säuren zeigt die Abb. 31. Für jede einzelne Protolysenreaktion erhält man eine Titrationskurve, die sich zu einer Gesamtkurve zusammensetzen.

Beachte: Die Säuren (Basen) werden in der Reihenfolge abnehmender Säurenstärke (Basenstärke) neutralisiert.

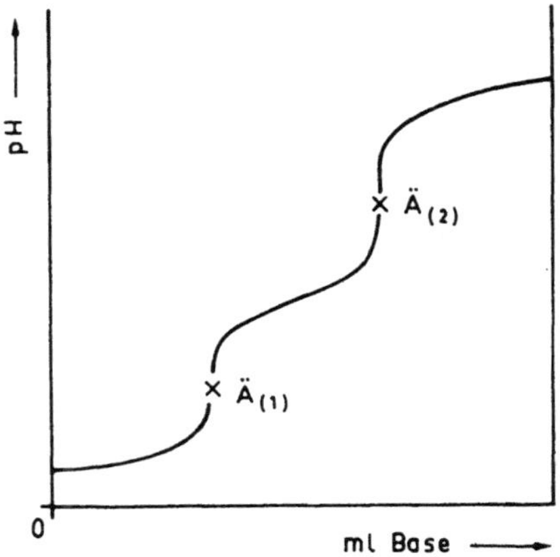

Abb. 31. Titrationskurve einer zweiprotonigen Säure mit einer starken Base. $Ä_{(1)}$ ist der Äquivalenzpunkt der stärkeren Säure

Der pH-Wert für den 1. Äquivalenzpunkt der zweiprotonigen Säure H_2b berechnet sich nach folgender Gleichung:

$$pH_{\ddot{A}(1)} = 1/2\ pK_{s1} + 1/2\ pK_{s2}.$$

pK_{s1} und pK_{s2} sind die Säurenexponenten der ersten und zweiten Protolysenreaktion. *Beispiel:* H_2CO_3, S. 262.

VI. Titration einer schwachen und einer starken Säure mit einer starken Base

VII. Titration einer schwachen und einer starken Base mit einer starken Säure

Auf beide Fälle lassen sich die Verhältnisse bei mehrwertigen Basen und Säuren übertragen.

3.6.2 Endpunkte der Titrationen

Endpunkt einer Titration heißt der Punkt, bei dem sich eine ausgewählte Eigenschaft der Lösung deutlich ändert. Eine genaue Titration verlangt, daß Endpunkt und Äquivalenzpunkt möglichst eng beieinander liegen.

Die Endpunktsbestimmung bei einer Neutralisationsreaktion ist mit einem geeigneten Farbindikator oder elektrochemisch möglich.

Kolorimetrische Endpunktsbestimmung

Für die Auswahl eines geeigneten Farbindikators muß man den Verlauf der Titrationskurve, besonders in der Gegend um den Äquivalenzpunkt, kennen.

Für die Titration starker Säuren (Basen) mit starken Basen (Säuren) eignen sich Indikatoren mit einem Umschlagsgebiet zwischen demjenigen von *Phenolphthalein* und *Methylorange*, vgl. Abb. 28.

Für die Titration einer schwachen Base mit einer starken Säure kann man *Methylrot* verwenden.

Für die Titration einer schwachen Säure mit einer starken Base empfiehlt sich *Phenolphthalein*.

Elektrochemische Endpunktsbestimmung

Die elektrochemische Indikation des Äquivalenzpunktes ist wesentlich genauer als die kolorimetrische. Sie ist auch in trüben, gefärbten und sehr verdünnten Lösungen möglich. Über die einzelnen Methoden s. Kap. 4.

Beachte: Je steiler der Kurvenverlauf und je größer die Änderung des pH-Wertes im Äquivalenzpunkt ist, um so genauer wird das erhaltene Analysenergebnis sein.

3.6.3 Titrationsmöglichkeiten (Abschätzung anhand vorgegebener pK-Werte)

Titration von Säuren

Mit zunehmenden pK_s-Werten wird die sprunghafte Änderung des pH-Wertes im Äquivalenzpunkt kleiner.

Ab $pK_s = 9$ ist die genaue Indikation des Äquivalenzpunktes unmöglich, s. hierzu Abb. 32.

Anstelle der Säuren mit $pK_s > 7$ kann man die konjugierte Base titrieren.

Titration von Basen

Ab etwa $pK_b > 7$ ist kein auswertbarer pH-Sprung vorhanden.

Anstelle der Basen mit $pK_b > 7$ kann man die konjugierte Säure titrieren.

Allgemeine Bemerkungen: Der Wendepunkt einer Titrationskurve, der dem Äquivalenzpunkt entspricht, weicht um so mehr vom Neutralpunkt (pH = 7) ab, je schwächer die Säure oder Lauge ist. Bei der Titration schwacher Säuren liegt er im alkalischen, bei der Titration schwacher Basen im sauren Gebiet. Der Sprung im Äquivalenzpunkt, d.h. die größte Änderung des pH-Wertes bei geringster Zugabe von Reagenzlösung, ist um so kleiner, je schwächer die Säure bzw. Lauge ist.

Die Größe des pH-Sprunges nimmt mit steigender Temperatur ab; die Steilheit der Titrationskurve nimmt mit abnehmender Konzentration ab. Durch Verändern des Protolysencharakters durch geeignete Zusätze läßt sich der Titrationsbereich für Säuren und Basen erweitern. Kap. 3.6.4. bringt hierfür zahlreiche Beispiele wie die Titration von H_3BO_3 oder auch NH_4^+.

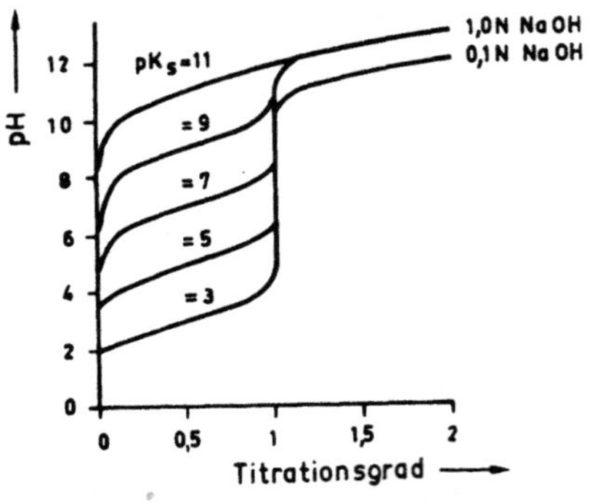

Abb. 32. Titrationskurven von Säuren mit verschiedenen pK_s-Werten (nach Analytikum)

3.6.4. Anwendungsbeispiele

3.6.4.1 Titration starker Säuren

1 ml 0,1 N NaOH ≙ 3,6465 mg HCl
≙ 4,8033 mg H_2SO_4
≙ 6,3016 mg HNO_3

Starke Säuren werden meist mit Natronlauge titriert. Aufgrund des großen pH-Sprungs hat die Wahl des Indikators keinen großen Einfluß auf die Lage des Titrationsendpunktes. Für Salzsäure, H_2SO_4 und HNO_3 kann man Methylorange oder Methylrot als Indikator verwenden. Ihre Umschlagsintervalle liegen im schwach sauren Bereich. Für Toluolsulfonsäure und für Trichloressigsäure kann man Phenolphthalein nehmen. Es wird im schwach alkalischen Bereich farbig.

Beispiel: Gehaltsbestimmung einer konz. H_2SO_4-Lösung
1,1954 g einer konz. H_2SO_4-Lösung werden in einen Meßkolben pipettiert und genau bis zur Eichmarke für 250 ml aufgefüllt. Mit einer Pipette werden genau 25 ml (aliquoter Teil) von der Lösung in einen Erlenmeyerkolben eingefüllt. Diese Lösung wird auf ca. 150 ml verdünnt; (beachte: n_{eq} des aliquoten Teils bleibt dabei gleich!)

Titriert wird mit einer 0,1 N NaOH-Lsg. mit f = 1,015, d.i. ein Titrant mit $c_{eq} = 0{,}1015\ mol \cdot l^{-1}$.
Verbrauch: 23,15 ml

Berechnung des Gehalts:

a) $m_v = \frac{1}{z_v} \cdot c_{eq}(t) \cdot V_t \cdot M_v = 1/2 \cdot 0{,}1015 \cdot 23{,}15 \cdot 98$

$= 115{,}13\ mg$

m_v bezieht sich auf den aliquoten Teil von 25 ml. Im Meßkolben mit 250 ml Inhalt sind: $115{,}13 \cdot \frac{250}{25} = 1151{,}3$ mg enthalten.

Der Gehalt der konz. H_2SO_4-Lösung ist somit:

$$\frac{1151,3 \cdot 100}{1195,4} = 96,2\ \%\ H_2SO_4.$$

b) Berechnung mit Titer f und Umrechnungsfaktor k:

$f = 1,015;\quad k = 4,9\ mg \cdot ml^{-1}$ für 0,1 N NaOH

$m_v = k \cdot f \cdot V_t\ =\ 4,9 \cdot 1,015 \cdot 23,15 = 115,13$ für den aliquoten Teil.

Phosphorsäure

1 ml 0,1 N NaOH ≙ 9,8 mg H_3PO_4 (eine Stufe ⟶ NaH_2PO_4)
≙ 4,9 mg H_3PO_4 (zwei Stufen)

Phosphorsäure kann als dreibasige Säure in mehreren Schritten ihre Protonen abgeben, s.S. 234.

Die dazugehörigen pK_s-Werte sind: $pK_{s1} = 1,96$, $pK_{s2} = 7,21$, $pK_{s3} = 12,32$.

In der ersten Protolysenreaktion ist Phosphorsäure also eine starke, in der zweiten eine schwache Säure. Das dritte Proton ist unter normalen Titrationsbedingungen nicht zu erfassen. Titriert man also H_3PO_4 mit Natronlauge, so erhält man 2 Äquivalenzpunkte. Der pH-Wert des 1. Äquivalenzpunktes entspricht dem pH-Wert einer NaH_2PO_4-Lösung, der sich aus der Gleichung

$pH = 1/2\ (pK_{s1} + pK_{s2})$ berechnen läßt, s.S. 243.

Die entsprechenden Werte eingesetzt ergibt:

$$pH_{(1)} = 1/2\ (1,96 + 7,21) = 4,40.$$

Zur Indikation erweisen sich hier also Methylrot oder Methylorange als sinnvoll, die in diesem Bereich ihr Umschlagsintervall haben. Für den pH-Wert beim 2. Äquivalenzpunkt gilt dementsprechend:

$$pH_{(2)} = 1/2\ (pK_{s2} + pK_{s3})$$

$$pH_{(2)} = 1/2\ (7,21 + 12,32) = 9,76.$$

Hierfür ist z.B. Thymolphthalein ein geeigneter Indikator. Für den zweiten Äquivalenzpunkt läßt sich auch Phenolphthalein einsetzen, das schon bei pH 8,2 bei der angewandten Konzentration eine sichtbare Rosafärbung hervorruft. Der Farbumschlag erfolgt hier also zu früh, deshalb setzt man Natriumchlorid zu.

Dadurch wird die Ionenstärke der Probenlösung so stark erhöht, daß die Protolyse von HPO_4^{2-} zurückgedrängt und der pH-Wert erniedrigt wird.

Anmerkung: Zur Stufe des tertiären Phosphats kann man gelangen, wenn man die neutralisierte Lösung von $H_2PO_4^-$ mit 40 %-iger $CaCl_2$-Lösung versetzt, zum Sieden erhitzt und dann auf 14° C abkühlt:

$$2\ H_2PO_4^- + 3\ Ca^{2+} \longrightarrow Ca_3(PO_4)_2 + 4\ H^+$$

Die Protonen können mit NaOH gegen Phenolphthalein bei 14°C titriert werden. Genauigkeit ca. 2 %.

3.6.4.2 Titration schwacher Säuren

Prinzipiell gilt dabei, daß der Äquivalenzpunkt bei der Titration mit starken Laugen im schwach alkalischen Gebiet liegt (s.S. 254 und 246) und dementsprechend der Indikator zu wählen ist.

Organische Säuren

Die Acidität vieler organischer Säuren reicht aus, um im wäßrigen Milieu mit ausreichender Genauigkeit titriert zu werden.

Das Problem liegt in der oft schlechten Löslichkeit der Säure im wäßrigen Milieu.

Zu den schwachen organischen Säuren gehören die meisten Carbonsäuren wie z.B. Essigsäure und Salicylsäure, die gegen Phenolphthalein mit NaOH-Lsg. titriert werden können. Zur Verbesserung der Löslichkeit der Salicylsäure verwendet man 70 %-iges Ethanol als Lösungsmittel.

$$1\ ml\ 0{,}1\ NaOH \triangleq 5{,}9046\ mg\ CH_3CO_2^-\ \text{oder}\ 6{,}0054\ mg\ CH_3COOH$$

Kohlensäure

Die beiden pK_s-Werte der Kohlensäure sind $pK_{s1} = 6{,}52$ und $pK_{s2} = 10{,}4$. Titriert man also mit NaOH, wird nur das erste Proton erfaßt. Der pH-Wert am Äquivalenzpunkt ist dann:

$$pH = 1/2\ (pK_{s1} + pK_{s2}) = 1/2\ (6{,}52 + 10{,}4) = 8{,}46.$$

Phenolphthalein ist also ein geeigneter Indikator. Nach der ersten Titration bis zur Rosafärbung gibt man in einem zweiten Ansatz die gesamte Menge NaOH auf einmal zu, um ein Entweichen von CO_2 zu verhindern.

Tritt jetzt noch eine Entfärbung des Indikatros ein, kann weitere NaOH bis zur bleibenden Rosafärbung zugegeben werden. Die Genauigkeit der zweiten Titration ist also größer als die der ersten, die nur den Zweck hat, die für die zweite Titration erforderliche Menge NaOH zu ermitteln.

Auch als zweiprotonige Säure kann H_2CO_3 titriert werden, wenn das entstehende Carbonat aus der Lösung entfernt und damit das Gleichgewicht verschoben wird. Dies geschieht durch einen Zusatz von Barytwasser:

$$Ba(OH)_2 + H_2CO_3 \longrightarrow BaCO_3 + 2\ H_2O.$$

Borsäure

1 ml 0,1 N NaOH ≙ 6,184 mg H_3BO_3
≙ 3,482 mg B_2O_3
1 ml 0,1 N HCl ≙ 7,764 mg $B_4O_7^{2-}$

Die Säurekonstante der Protolysenreaktion liegt bei etwa $K_s \approx 10^{-10}$. Eine direkte Titration ist also aufgrund der geringen Säurenstärke schwer möglich. Durch Zusatz von vicinalen Alkoholen - wie z.B. Mannit oder Sorbit - bildet sich ein Ester. Anschließend erfolgt eine Säure-/Base-Reaktion nach Lewis, bei der eine Brönstedt-Säure entsteht, die sich wie eine mittelstarke Säure (K_s=1,91·10^{-5}) verhält:

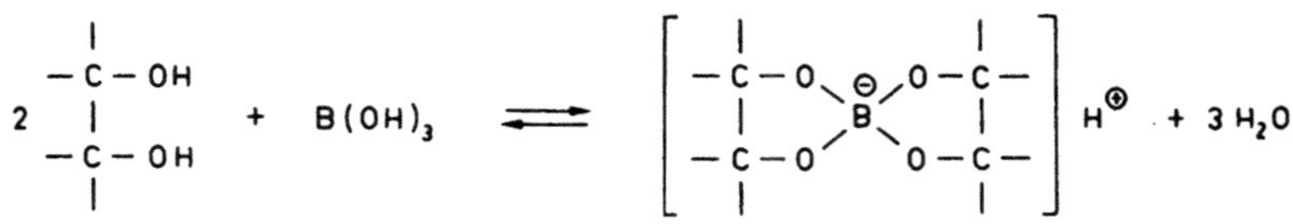

Diese einprotonige Säure läßt sich mit NaOH gegen Phenolphthalein titrieren. Auf die gleiche Weise kann auch Borax acidimetrisch titriert werden (s.S. 269).

Kationsäuren

Salze schwacher ungeladener Basen bilden Kationsäuren (HB^+), die acidimetrisch titriert werden können. Hierbei wird durch den Zusatz einer starken Base wie z.B. NaOH die schwächere Base B freigesetzt, d.h. aus ihrem Salz verdrängt:

$$BH^+ + OH^- \longrightarrow B + H_2O.$$

Deshalb spricht man bei diesem Verfahren auch von *Verdrängungstitration*. Kationsäuren sind z.B. Ammoniumsalze und Alkaloidsalze.

Titration von Ammoniumsalzen

NH_4Cl wird als Kationsäure mit NaOH gegen Phenolphthalein titriert. Die Acidität des NH_4^+-Ions ist allerdings so gering ($pK_s = 9,38$), daß eine direkte Titration nicht mit genügend großer Genauigkeit durchführbar ist. Durch Zusatz von überschüssigem Formaldehyd bildet sich Hexamethylentetramin (Urotropin) und somit aus jedem mol NH_4^+ ein mol H_3O^+ (s. Reaktionsgleichung), das mit NaOH gegen Phenolphthalein erfaßt wird:

$$4\ NH_4^+ + 6\ CH_2O \longrightarrow (CH_2)_6N_4 + 4\ H_3O^+ + 2\ H_2O.$$

Dieses Verfahren wird als "Formoltitration" bezeichnet.

Anionsäuren

Saure Salze (Hydrogensalze) von mehrprotonigen Säuren können als Säuren titriert werden, wenn die noch vorhandenen Protonen eine ausreichende Acidität aufweisen. Ein Beispiel hierfür ist das Dihydrogenphosphatanion:

$$H_2PO_4^- \rightleftharpoons HPO_4^{2-} + H^+.$$

Die Acidität des $H_2PO_4^-$-Ions reicht für eine acidimetrische Titration aus. Näheres hierzu s. S. 261.

3.6.4.3 Titration starker Basen

Sowohl Alkalihydroxide als auch quartäre Ammoniumhydroxide gehören zu den starken Basen. Auch hier ist wie bei der Titration starker Säuren der pH-Sprung sehr groß, so daß ein breites Spektrum geeigneter Indikatoren zur Verfügung steht.

Natriumhydroxid

a) ohne Carbonatgehalt

1 ml 0,1 N HCl ≙ 4,00 mg NaOH

1 ml 0,1 N HCl ≙ 5,611 mg KOH

b) Alkalihydroxide enthalten, bedingt durch ihre Reaktion mit dem Kohlendioxid der Luft, Carbonat als Verunreinigung. Durch ein Titrationsverfahren in zwei Stufen läßt sich die freie OH^--Konzentration ermitteln.

Man titriert zunächst mit Salzsäure gegen Phenolphthalein. Hierbei laufen zwei Reaktionen ab:

1. $OH^- + H_3O^+ \longrightarrow 2\ H_2O$
2. $CO_3^{2-} + H_2O^+ \longrightarrow HCO_3^- + H_2O.$

Anschließend wird mit Salzsäure gegen Methylorange-Mischindikator das HCO_3^- zu Kohlendioxid und Wasser umgesetzt:

$$HCO_3^- + H_3O^+ \longrightarrow 2\ H_2O + CO_2 \quad .$$

Diese 2. Titration dient zur Berechnung des Carbonat-Gehalts, wobei für 1 mol des ursprünglichen Carbonats 1 mol Protonen verbraucht werden. Zur Berechnung der OH^--Konzentration ist der Verbrauch der 1. Titration abzüglich des Verbrauchs der 2. Titration zugrundezulegen, da ja beim 1. Titrationsschritt ein Teil der Protonen für die Bildung des HCO_3^- verbraucht wird.

Man kann auch schon vor der 1. Titration Bariumhydroxid zusetzen. Es bildet sich eine Fällung von Bariumcarbonat:

$$Ba(OH)_2 + CO_3^{2-} \longrightarrow BaCO_3 + 2\ OH^-.$$

Nach der 1. Titration gegen Phenolphthalein bildet sich also kein HCO_3^-, da die Fällung an der Reaktion nicht teilnimmt. Die 2. Titration erfolgt gegen Bromphenolblau und erfaßt die Bariumcarbonat-Fällung, die in schwach saurer Lösung zu Kohlendioxid und Wasser reagiert:

$$BaCO_3 + H_3O^+ \longrightarrow CO_2 + H_2O + Ba^{2+}.$$

Hier werden also 2 mol Protonen für 1 mol Carbonat verbraucht.

Beispiel: Gehaltsbestimmung einer KOH-Lösung

2,1521 g KOH-Lsg. werden in einen Meßkolben pipettiert und genau bis zur Eichmarke für 500 ml aufgefüllt. Mit einer Pipette werden genau 50 ml (aliquoter Teil) von der Lösung in einen Erlenmeyer-Kolben eingefüllt. Diese Lösung wird auf ca. 150 ml verdünnt. Titriert wird mit 0,1 N HCl-Lösung mit f = 1.000, das ist ein Titrant mit $c_{eq} = 0{,}1000\ mol \cdot l^{-1}$. Verbrauch: 19,23 ml.

Berechnung des Gehalts:

a) $m_v = \frac{1}{z_v} \cdot c_{eq}(t) \cdot V_t \cdot M_v = 1 \cdot 0{,}1 \cdot 19{,}23 \cdot 56{,}11 = 107{,}9$ mg(für den aliquoten Teil).

Bezogen auf den Meßkolben sind $107{,}9 \cdot \frac{500}{50} = 1079$ mg enthalten.

Der Gehalt der KOH-Lösung ist somit $\frac{1079 \cdot 100}{2152{,}1} = 50{,}14$ % KOH.

b) Berechnung mit Normierfaktor f und Umrechnungsfaktor k:

$f = 1{,}000$, $k = 5{,}61\ mg \cdot ml^{-1}$ für 0,1 N HCl

$m_v = k \cdot f \cdot V_t = 5{,}61 \cdot 1{,}0 \cdot 19{,}23 = 107{,}9$ für den aliquoten Teil.

3.6.4.4 Titration schwacher Basen

Titriert man eine schwache Base mit einer starken Säure, so liegt der Äquivalenzpunkt im schwach sauren Bereich. Der Indikator ist dementsprechend zu wählen.

Ammoniak

Man kann Ammoniaklösungen mit Salzsäure direkt gegen Methylrot-Mischindikator titrieren. Abweichend von diesem Verfahren kann man zuerst einen Überschuß an 0,1 N Salzsäure zur Probe zugeben und anschließend mit 0,1 N NaOH-Lsg. gegen Methylrot-Mischindikator zurücktitrieren. Der Vorteil dieses Verfahrens gegenüber der direkten Titration liegt darin, daß ein Entweichen des flüchtigen Ammoniaks während der Titration durch die Umsetzung zu NH_4Cl verhindert wird.

Da der Fehler durch Verdunstung nur bei konzentrierter NH_3-Lsg. von Belang ist, kann man für die verdünnten NH_3-Lösungen auch das direkte Verfahren anwenden.

Stickstoff-Bestimmung nach Kjeldahl

(für Ammoniumsalze, Salpetersäure, Nitrate, Nitrite, organische Substanzen)

1 ml 0,1 N HCl oder H_2SO_4	≙ 1,4008	mg N
	≙ 1,7032	mg NH_3
	≙ 1,8040	mg NH_4^+
	≙ 6,2008	mg NO_3^-

Um den Stickstoffgehalt zu bestimmen, führt man den Stickstoff in NH_3 bzw. NH_4^+ über und treibt ihn in der abgebildeten Apparatur mit überschüssiger verd. (2N) NaOH-Lsg. als gasförmiges NH_3 aus. Man absorbiert das NH_3-Gas in einer Vorlage, die mit überschüssiger, genau abgemessener 0,1 N HCl-Lösung beschickt ist. Anschliessend titriert man die überschüssige Säure mit 0,1 N NaOH-Lsg. gegen Phenolphthalein zurück. Der Indikator wird bereits zu Beginn der Destillation zugegeben. Damit wird sichergestellt, daß in der Vorlage stets ein Säureüberschuß vorhanden ist.

Beachte: Liegt der Stickstoff nicht als NH_4^+ vor, muß er darin umgewandelt werden.

HNO_3, NO_3^-:

a) *saurer Aufschluß.* Die Probenlösung wird im Kjeldahlkolben mit ca. 5 g "ferrum reductum" und 10 ml H_2SO_4 (1 : 2) versetzt. Im offenen Kolben wird ca. 20 min zum Sieden erhitzt (Sandbad).

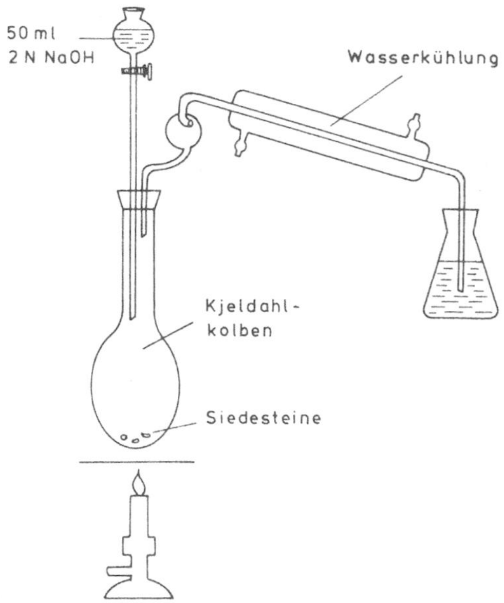

Abb. 33. Kjeldahl-Apparatur

Nach dem Abkühlen wird mit 100 ml Wasser verdünnt, und der Kolben an die Apparatur angeschlossen.

b) *alkalischer Aufschluß*. Die Probenlsg. wird im Kjeldahl-Kolben auf ca. 100 ml gebracht, mit 2 g "Devardascher Legierung" (50 % Cu, 45 % Al, 5 % Zn) versetzt und an die Apparatur angeschlossen. Durch den Tropftrichter werden 50 ml 2 N NaOH-Lsg. zugegeben. Nachdem man ca. 1 Stunde schwach erhitzt hat, beginnt man mit der Destillation.

Organische Stickstoffverbindungen (Amino-, Nitro-, Cyanverbindungen)
Die Substanz löst man im Kjeldahl-Kohlen unter Erwärmen in ca. 15 ml Phenolschwefelsäure (20 g P_4O_{10} in 50 ml konz. H_2SO_4 + 4 g Phenol in wenig konz. H_2SO_4. mit konz. H_2SO_4 auf ein Volumen von ca. 100 ml bringen). Der abgekühlten Lsg. werden 1-2 g $Na_2S_2O_3$ zugesetzt. Anschließend gibt man 10 ml konz. H_2SO_4 zu und als Katalysator einen Tropfen Hg. Man erhitzt ca. 2-3 Stunden bis fast zum Sieden. Wenn die Lsg. klar ist, wird der Kolben an die Apparatur angeschlossen. Durch den Tropftrichter werden ca. 100 ml Wasser und dann ca. 80 ml 6 N NaOH langsam zugefügt und destilliert.

Alkaloide

Die Alkaloide liegen zum größten Teil als Salze vor, wie z.B. als Nitrate, Sulfate oder Hydrochloride. Diese können entweder als Kationsäuren mittels der Zweiphasentitration bestimmt werden (s. S. 263), oder ihre Anionen werden im wasserfreien Medium als Base (s. Kap. 3.7) titriert.

Alkaloide können aber auch, wenn sie frei vorliegen, wie Chinin als schwache Basen in wäßriger Lösung titriert werden. Die wichtigsten Indikatoren sind Methylrot bei stärker basischen und Dimethylgelb bzw. Methylorange bei schwächer basischen Alkaloiden.

Da die freien Alkaloidbasen oft schlecht wasserlöslich sind, ist ein Zusatz von Ethanol erforderlich. Zu beachten ist, daß sich durch diesen Zusatz die Dielektrizitätskonstante des Lösungsmittels verkleinert und deshalb die Basenkonstanten der schwachen Basen erniedrigt werden.

Anionbasen

Anionen können durch Säuren protoniert werden und stellen deshalb Brönstedbasen dar. Hierzu gehören z.B. die Anionen, die häufig in Alkaloidsalzen zu finden sind. Diese werden im wasserfreien Medium mit Perchlorsäure in Eisessig titriert (Kap. 3.7.) Anionbasen, die im wäßrigen Milieu titriert werden, sind Carbonat, Hydrogencarbonat und Borax.

Carbonat

1 ml 0,1 N HCl ≙ 3,0006 mg CO_3^{2-}
≙ 2,2006 mg CO_2

Carbonat ist eine zweiwertige Base, die im schwach sauren Milieu zu Kohlendioxid und Wasser protoniert wird.
Vorteilhaft benutzt man Salzsäure und titriert gegen Methylorange bzw. gegen Methylorange-Mischindikator.

Bei unlöslichen Carbonaten gibt man zuerst einen Überschuß an 0,1 N Säure zu, verkocht das CO_2 und titriert die Säure mit 0,1 N NaOH zurück.

Titrationsbeispiel

Wieviel Na_2CO_3 enthalten 500 ml einer unbekannten Sodalösung?

Analog dem Beispiel S. 265 entnimmt man 25 ml und titriert mit einer Schwefelsäurelösung gegen Methylorange als Indikator.

Verbrauch: 1,057 ml einer Schwefelsäure mit c_{eq} = 0,1079 mol • l^{-1}.
Verdünnung: 500 : 25 = 40

$m_V = \frac{1}{2} \cdot 0{,}1079 \cdot 1{,}057 \cdot 106 \cdot 40 = 241{,}9$ mg

<u>Borax</u>

1 ml 0,1 N HCl ≙ 7,764 mg $B_4O_7^{2-}$

Das Tetraborat-Anion, das in seiner kristallinen Struktur folgender Formel entspricht,

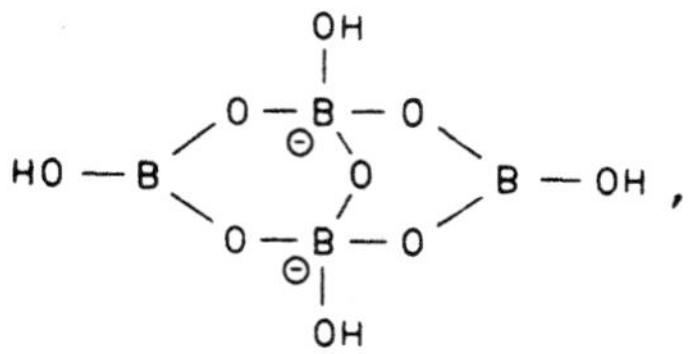

kann als zweiwertige Anionbase mit Salzsäure gegen Methylrot titriert werden. Hierbei entstehen 4 mol Borsäure. Man kann auch das gleiche Verfahren wie zur Bestimmung der Borsäure anwenden (s. dort), da Borax leicht zu Borsäure hydrolysiert.

3.6.4.5 Simultantitrationen

Alkalihydroxide neben Carbonat, S. 264

Phosphatgemische, S. 269

3.6.4.6 Bestimmung von Carbonsäurederivaten

<u>Ester</u> (Beispiel Acetylsalicylsäure):

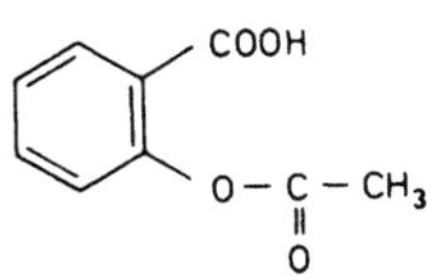

Wie aus der Formel ersichtlich ist, enthält Acetylsalicylsäure sowohl eine Estergruppe als auch eine freie Carboxylgruppe. Da die Estergruppe bei Lagerung durch Luftfeuchtigkeit partiell hydrolysiert werden kann, enthält die Substanz geringe Mengen freier Salicylsäure. Zur Ermittlung der Konzentration freier Salicylsäure ist eine getrennte Titration beider funktioneller Gruppen erforderlich.

Zuerst wird die in Ethanol gelöste Probe mit NaOH gegen Phenolphthalein titriert. Acetylsalicylsäure ist eine mittelstarke Säure ($K_s = 3{,}27 \cdot 10^{-4}$), deren Äquivalenzpunkt im schwach alkalischen Gebiet liegt. Bei diesem ersten Titrationsschritt wird nur die freie Carboxylgruppe erfaßt.

Durch Zusatz einer bestimmten überschüssigen Menge eingestellter NaOH-Lsg. zur neutralisierten Probe und durch 15-minütiges Kochen unter Rückfluß, erzielt man eine vollständige Hydrolyse der Esterfunktion. Das überschüssige NaOH kann dann mit Salzsäure titriert werden. Der Laugenverbrauch der zweiten Titration ist der Menge reiner Acetylsalicylsäure äquivalent. Der Verbrauch der ersten Bestimmung erfaßt alle freien Carboxylgruppen, also auch die der evtl. vorhandenen freien Salicylsäure. Aus der Differenz beider Titrationen kann man somit den Grad der Verunreinigung der Substanz ersehen.

3.7 Titrationen von Säuren und Basen in nichtwäßrigen Lösungen

3.7.1 Physikalisch-chemische Grundlagen

Die in Kap. 3.5.1. besprochene Säure-Base-Theorie von Brönsted läßt sich zwanglos auf Neutralisationsreaktionen in nichtwäßrigen Systemen anwenden. Die Neutralisation verläuft auch in diesem Fall als Protonenaustauschreaktion (Protolyse) unter Bildung neuer Säuren und Basen.

Man beachte aber beim Vergleich mit dem Lösungsmittel Wasser, daß der pH-Wert nur für Wasser definiert ist. Die Angabe eines pH-Wertes z.B. in einem organischen Lösungsmittel wie Acetonitril ist lediglich eine rein formale Übertragung dieses Ausdrucks. pH-Wert-Messungen in verschiedenen Lösungsmittelsystemen können daher i.a. nicht miteinander kombiniert oder korreliert werden.

Bei speziellen Reaktionen ist die Säure-Base-Theorie nach Lewis von Vorteil, da sie das Verhalten von Säuren und Basen in protonenfreien Systemen erklärt: Säure = Elektronenpaaracceptor, Base = Elektronenpaardonator; vgl. hierzu HT 193.

Bedeutung der Dielektrizitätskonstante

Beim Auflösen einer ionischen Verbindung hängt es von der Dielektrizitätskonstante des Lösungsmittels ab, in welchem Ausmaß die elektrostatische Wechselwirkung zwischen den entgegengesetzt geladenen Ionen vermindert wird. Lösungsmittel mit niedriger Dielektrizitätskonstante haben dabei den Nachteil, daß sie die Neigung von Ionen begünstigen, sich zu solvatisierten *Ionenpaaren* zu assoziieren. So findet man z.B. bei der Titration von Carbonsäuren in Lösungsmitteln mit sehr niedrigen Dielektrizitätskonstanten bei der potentiometrischen Endpunktsbestimmung zwei Potentialsprünge, die mit der Neigung der Carbonsäuren zur Dimerisierung erklärt werden.

Wie bereits erwähnt, können Säuren und Basen verschieden geladen sein (Kap.3.5.1). Demzufolge wirkt sich ein Wechsel des Lösungsmittels (≙ Wechsel des Dielektrikums) verschieden aus.

Bei der Protolyse von Säuren können folgende Fälle unterschieden werden:

1. $NH_4^+ + H_2O \rightleftharpoons NH_3 + H_3O^+$,

2. $CH_3COOH + H_2O \rightleftharpoons CH_3COO^- + H_3O^+$,

3. $HSO_4^- + H_2O \rightleftharpoons SO_4^{2-} + H_3O^+$,

$$\text{Säure}_1 + \text{Base}_2 \rightleftharpoons \text{Base}_1 + \text{Säure}_2.$$

Im Fall 1 sind die Reaktionspartner neutral oder positiv geladen. Es findet keine Coulombsche Wechselwirkung statt. Die Protolyse wird in erster Linie von der Basizität des Lösungsmittels, weniger von der Dielektrizitätskonstante bestimmt.

Im Fall 2 wird die Dissoziation der Essigsäure u.a. aufgrund der Coulombschen Anziehungskräfte vermindert. Die Acidität nimmt zu (bzw. ab), wenn wir ein Lösungsmittel mit hoher (bzw. niedriger) Dielektrizitätskonstante verwenden. Dementsprechend nimmt die Coulombsche Wechselwirkung ab (bzw. zu).

Im Fall 3 gilt das gleiche wie bei 2, jedoch in stärkerem Maße, da SO_4^{2-} zwei negative Ladungen trägt.

Praktische Auswirkungen sollen am Beispiel der Bernsteinsäure $HOOC\text{-}(CH_2)_2\text{-}COOH$ gezeigt werden: Die beiden Carboxylgruppen können in Wasser ($\varepsilon = 81$) nur gemeinsam titriert werden, in Isopropanol jedoch nacheinander.

Grund: Isopropanol begünstigt die Entstehung von stabilen Ionenpaaren. Bei der Titration in Isopropanol liegt am Halbneutralisationspunkt z.B. ein saures Salz vor wie $M^+ \ ^-OOC-(CH_2)_2-COOH$, das ausreichend stabil ist, um titriert zu werden. Das H-Atom der Carboxylgruppe in diesem Salz ist weniger acid als in dem ungeladenen Säuremolekül $HOOC-(CH_2)_2-COOH$.

In Wasser wird dagegen die Bildung und Trennung von Ionen begünstigt. Die Dissoziation des gebildeten Salzes und der Säure wird dadurch so erleichtert, daß die Unterschiede in der Acidität titrimetrisch nicht mehr erfaßt werden können.

Die Stärke von Säuren und Basen

Eine Säure kann nur als Säure wirken, wenn ein Protonenacceptor vorhanden ist. Als solcher kann z.B. das Lösungsmittel LH fungieren. Dann gilt für die Protolyse einer

Säure: $AH + LH \rightleftharpoons A^- + LH_2^+$, (1)

Base: $B + LH \rightleftharpoons BH^+ + L^-$. (2)

LH_2^+ ist das solvatisierte Proton. Die entsprechende Protolysenkonstante läßt sich, wie auf S. 233 beschrieben, über das Massenwirkungsgesetz ableiten. Dies gilt vor allem für protische Lösungsmittel (Kap.3.7.2) mit *relativ hoher* Dielektrizitätskonstante wie Wasser, Ethanol etc. In nichtwäßrigen Lösungsmitteln mit *kleiner* Dielektrizitätskonstante liegen demgegenüber selbst starke Elektrolyte als Ionenpaare vor. Das bedeutet: In unpolaren Lösungsmitteln können auch *starke* Säuren bzw. Basen nur *schwach* dissoziiert vorliegen.

In diesen Fällen ist es daher erforderlich, zwischen der zuerst erfolgenden Ionisation einer Substanz und ihrer nachfolgenden Dissoziation im Lösungsmittel zu unterscheiden.

a) Basen

Betrachten wir z.B. die Lösung einer Base B in wasserfreier Essigsäure (Eisessig) CH_3COOH (abgekürzt AcOH):

$$\text{AcOH} + \text{B} \rightleftharpoons \underset{\text{I}}{\text{AcOH}\cdot\text{B}} \rightleftharpoons \underset{\text{II}}{\text{AcO}\cdots\text{H}\cdots\text{B}} \rightleftharpoons \underset{\text{III}}{\text{AcO}^-\cdot\text{HB}^+} \rightleftharpoons \underset{\text{IV}}{\text{AcO}^- + \text{BH}^+}.$$

Zunächst entsteht ein lockeres Addukt I. Danach bildet sich eine H-Brückenbindung II aus, die zu der Ionisation eines AcOH-Moleküls und des Basenmoleküls unter Bildung eines Ionenpaares führt (III, Protolyse).

Dieses Ionenpaar ist zunächst noch von einer Solvat-Hülle aus Essigsäuremolekülen umgeben. Die vollständige Dissoziation IV erfolgt dadurch, daß sich Solvensmoleküle zwischen die Ionen schieben, so daß schließlich selbständige, solvatisierte Ionen (Protolysenprodukte) vorliegen.

Die Gesamtaciditätskonstante (Säurekonstante) K_s bzw. Gesamtbasizitätskonstante (Basenkonstante) K_b setzt sich daher aus einer Ionisationskonstante der Säure $K_{I(S)}$ bzw. Base $K_{I(B)}$ und der Dissoziationskonstante K_D des Ionenpaares zusammen:

$$K_s = \frac{K_{I(S)} \cdot K_D}{1 + K_{I(S)}} \; ; \quad K_b = \frac{K_{I(B)} \cdot K_D}{1 + K_{I(B)}}$$

Für das vorstehende Beispiel gilt:

a) Ionisationskonstante

$$K_{I(B)} = \frac{[BH^+CH_3COO^-]}{[B]}$$

Gleichgewicht: $AcOH + B \rightleftharpoons AcO^- \cdot HB^+$

[AcOH] wird als Lösungsmittel in K_I einbezogen.

b) Dissoziationskonstante

$$K_{D(B)} = \frac{[BH^+]\;[CH_3COO^-]}{[BH^+CH_3COO^-]} \qquad \text{Gleichgewicht III} \rightleftharpoons \text{IV.}$$

c) Gesamtbasizitätskonstante

$$K_b = \frac{[BH^+]\;[CH_3COO^-]}{[B] + [BH^+CH_3COO^-]}$$

b) Säuren

Ein Beispiel für eine Säure ist das Titrationsmittel $HClO_4$ in Eisessig:

$$HClO_4 + CH_3COOH \rightleftharpoons CH_3COOH_2^+ \cdot ClO_4^- \rightleftharpoons CH_3COOH_2^+ + ClO_4^-.$$

a) Ionisationskonstante

$$K_{I\,(HClO_4)} = \frac{[CH_3COOH_2^+ \cdot ClO_4^-]}{[HClO_4]}$$

$[CH_3COOH]$ wird als Lösungsmittel in K_I einbezogen.

b) Dissoziationskonstante

$$K_{D\ (HClO_4)} = \frac{[CH_3COOH_2{}^+]\ [ClO_4{}^-]}{[CH_3COOH_2{}^+ \cdot ClO_4{}^-]}$$

c) Gesamtaciditätskonstante

$$K_s = \frac{[CH_3COOH_2{}^+]\ [ClO_4{}^-]}{[HClO_4] + [CH_3COOH_2{}^+ClO_4{}^-]}$$

3.7.2 Lösungsmittel und ihre Einflüsse

Einteilung von nichtwäßrigen Lösungsmitteln

Auf der Grundlage der Säure-Base-Theorie von Brönsted können nichtwäßrige Lösungsmittel in folgende Gruppen eingeteilt werden:

a) Aprotische Lösungsmittel sind inert und enthalten kein abspaltbares Proton. *Unpolare* aprotische Lösungsmittel haben eine kleine Dielektrizitätskonstante.

Beispiele: Benzol (C_6H_6), Chloroform ($CHCl_3$), Methylenchlorid (CH_2Cl_2).

Polare aprotische Lösungsmittel sind z.B. Acetonitril CH_3CN, Dimethylsulfoxid $(CH_3)_2SO$, Dimethylformamid $(CH_3)_2NCHO$.

b) Protogene Lösungsmittel sind saure Substanzen, die ionisiert sind und leicht Protonen abgeben. Sie haben i.a. eine große Dielektrizitätskonstante, und ihr Ionenprodukt ist größer als dasjenige von Wasser.

Beispiele: Essigsäure $2\ CH_3COOH \rightleftharpoons CH_3CO_2H_2{}^+ + CH_3CO_2{}^-$;
Ameisensäure $2\ HCOOH \rightleftharpoons HCO_2H_2{}^+ + HCO_2{}^-$.

c) Protophile Lösungsmittel sind basische Substanzen, die leicht Protonen aufnehmen und dabei ionisiert werden. Sie haben i.a. eine große Dielektrizitätskonstante, und ihr Ionenprodukt ist kleiner als dasjenige von Wasser.

Beispiel: Ethylendiamin: $H_2N\text{-}CH_2\text{-}CH_2\text{-}NH_2 + H^+ \rightleftharpoons H_3N^+\text{-}CH_2\text{-}CH_2\text{-}NH_2$.

d) Amphiprote (amphirotische) Lösungsmittel sind Substanzen, die teilweise in Kationen und Anionen dissoziieren. Sie haben meist eine große Dielektrizitätskonstante. Das Ionenprodukt der freien Ionen ist in der Regel kleiner als dasjenige von Wasser.

Amphiprotische Lösungsmittel sind amphoter und können sowohl Protonen aufnehmen als auch abgeben.
Beispiel für amphiprotische Lösungsmittel:
Alkohole R-OH + R-OH $\longrightarrow$ $R\text{-}OH_2^+$ + $R\text{-}O^-$.

Die Lösungsmittel b), c) und d) bilden die Gruppe der protischen Lösungsmittel. Sie zeigen eine merkliche Eigendissoziation in Protonen und Lösungsmittelanionen.

Eine *andere* Einteilung faßt die verwendeten Lösungsmittel in zwei Gruppen zusammen. Der Bezugspunkt ist Wasser, das als neutral betrachtet wird. Danach unterscheidet man:

(1) Aprotische (inerte) Lösungsmittel. Sie besitzen eine kaum meßbare Eigendissoziation. Dazu gehören *saure* Lösungsmittel wie Nitromethan, Nitroethan und *neutrale* wie Aceton, Benzol, Dioxan, Chloroform, Acetonitril oder *basische* wie Dimethylformamid, Pyridin, Dimethylsulfoxid.

(2) Amphiprotische Lösungsmittel. Sie weisen eine merkliche Eigendissoziation auf.

Sauer sind Essigsäure, Ameisensäure, Trifluoressigsäure, Phenol.
Neutral sind Wasser, Methanol, Ethanol, Ethylenglykol.
Basisch sind Butylamin, Ethylendiamin, flüssiges Ammoniak.

Die Eignung eines Lösungsmittels zur Durchführung einer Titration kann abgeschätzt werden aus dem Wert seiner Dielektrizitätskonstante und den nachfolgend besprochenen Eigenschaften.

Nivellierung und Differenzierung

Bei der Protolyse (Gleichung 1 und 2 S. 272) treten besondere Verhältnisse ein, wenn die Gleichgewichtsreaktion stark auf die Seite der ionisierten Produkte verschoben ist. Es sind dann nämlich an die Stelle der eigentlichen starken Säure HA bzw. Base B weitgehend das *Lyonium-Kation* LH_2^+ bzw. das *Lyat-Anion* L^- des Lösungsmittels LH getreten. Diese stellen aber die stärksten Säuren und Basen dar, die in dem jeweiligen Lösungsmittel überhaupt auftreten können.

So sind z.B. verdünnte wäßrige Lösungen von $HClO_4$, H_2SO_4 oder HCl in etwa gleich stark, da sich praktisch quantitativ Hydronium-Ionen bilden. In einem wäßrigen Gemisch dieser starken Säuren sind die jedoch tatsächlich vorhandenen Unterschiede in der Säurestärke nicht mehr meßbar: Sie sind ausgeglichen oder nivelliert.

Zur Bestimmung des Unterschieds in der Säurenstärke darf man daher nicht Wasser (ε=81) benutzen, sondern man muß ein Lösungsmittel mit einer niedrigeren Dielektrizitätskonstanten und einer höheren Acidität wählen, wie z.B. Essigsäure ($\varepsilon = 6$). Hierin sind die Unterschiede der einzelnen Säurenstärken wieder meßbar: Sie sind differenziert.

Diese Effekte lassen sich auch rechnerisch erfassen:
Die Protolysenkonstante der Säure HA_1 sei 10^4, die der Säure HA_2 sei 10^2. Berechnet man die Hydroniumkonzentration einer jeweils 0,1 M wäßrigen Lösung, so erhält man:

$$[H_3O^+] \text{ von } HA_1 = 0{,}099\,999 \text{ mol}\cdot l^{-1}$$

$$[H_3O^+] \text{ von } HA_2 = 0{,}099\,9 \text{ mol}\cdot l^{-1}$$

Dies bedeutet, daß beide Säuren praktisch gleich stark sind. Verwendet man ein Lösungsmittel mit einer Basizität, die z.B. 10^6 mal kleiner ist, dann betragen die Protolysenkonstanten von HA_1 jetzt 10^{-2} und von HA_2 10^{-4}. Daraus ergibt sich:

$$[H_3O^+] \text{ von } HA_1 = 0{,}027 \text{ mol}\cdot l^{-1}$$

$$[H_3O^+] \text{ von } HA_2 = 0{,}0037 \text{ mol}\cdot l^{-1}$$

Der differenzierende Effekt kann verschiedene zusammenhängende Ursachen haben. Von Bedeutung sind spezielle Wechselwirkungen zwischen Lösungsmitteln und gelöstem Stoff, Acidität bzw. Basizität des Lösungsmittels sowie die Dielektrizitätskonstante.

Homokonjugation - Heterokonjugation

In protischen Lösungsmitteln werden die Anionen infolge Ionen-Dipol-Wechselwirkung und H-Brückenbindung solvatisiert. Kationen werden i.a. weniger stark solvatisiert. In polaren aprotischen Lösungsmitteln gilt umgekehrt:

Die Anionen werden weniger stark solvatisiert, weil keine Wasserstoffbrücken ausgebildet werden können.

Bildet ein Anion A^- Assoziate mit seiner konjugierten Säure HA, spricht man von *Homokonjugation*. Reagiert A^- mit einem anderen Donator HR ($HR \neq HA$), nennt man dies *Heterokonjugation*:

$$A^- + n\,HA \rightleftharpoons A(HA)_n^-,$$

$$A^- + HR \rightleftharpoons (AHR)^- \quad \text{und} \quad A^- + 2\,HR \rightleftharpoons A(HR)_2^-.$$

In beiden Fällen handelt es sich um eine Assoziation über Wasserstoffbrücken.

Durch diese Reaktionen wird A^- in solchen Lösungsmitteln stabilisiert, die keine Wasserstoffbrücken ausbilden können und eine kleine Dielektrizitätskonstante haben.

Protolyse

Außer dem Nivellierungseffekt können auch unerwünschte Protolysenreaktionen die Verwendung von protischen Lösungsmitteln LH einschränken:

$$A^- + LH \rightleftharpoons AH + L^-,$$
$$BH^+ + LH \rightleftharpoons LH_2^+ + B.$$

Dabei reagiert das Lösungsmittel mit dem bei der Neutralisation gebildeten Salz. Wenn die Gleichgewichte nicht mehr auf der linken Seite liegen, ist es nicht möglich, einen scharfen Endpunkt bei der Titration zu erhalten. *Beispiel:* Titration von Phenol in Wasser oder Ethanol, von aromatischen Aminen in Wasser oder Dimethylformamid.

Aprotische Lösungsmittel gehen i.a. keine Protolysen ein. Sie haben aber andere Nachteile: schlechte Lösungseigenschaften für Salze, starkes Zurückdrängen der Dissoziation, geringe Leitfähigkeit der Lösung. Letzteres ist z.B. ungünstig für die Potentiometrie.

Zusammenfassung

Die Lösungsmittel für Säure-Base-Titrationen müssen unter Verwendung der einschlägigen Monographien, Handbücher, Arbeitsvorschriften etc. für jedes Problem ausgewählt werden. Hierfür gelten folgende allgemeine Gesichtspunkte:

Tabelle 18. Wirkung der Lösungsmittel auf den gelösten Stoff

Inerte Lösungsmittel	Saure oder basische Lösungsmittel
Zur Ionisation fähige Verbindungen dissoziieren in inerten Lösungsmitteln nicht. Die Säuren- oder Basenstärke bleibt erhalten, es tritt jedoch kein Nivellierungseffekt auf; die Stärke schwacher Säuren oder Basen wird nicht gesteigert.	In sauren oder basischen Lösungsmitteln tritt Ionisation des gelösten Stoffes und (in geringem Maße) auch Dissoziation auf. Er bildet mit dem Lösungsmittel ein Assoziat; demzufolge ändert sich der saure oder basische Charakter (er wird meist gesteigert und nivelliert).

Tabelle 18 (Fortsetzung)

Inerte Lösungsmittel	Saure oder basische Lösungsmittel
Es bilden sich keine Lösungsmittelkationen und -anionen; das Lösungsmittel nimmt am Neutralisationsprozeß nicht teil.	Das Lösungsmittel fördert die Beweglichkeit des Protons durch Bildung von Lösungsmittelanionen oder -kationen, d.h. es nimmt am Neutralisationsprozeß teil. Die Reaktionsprodukte sind ein Salz und das Lösungsmittelmolekül.
Die Nucleophilie der titrierten oder titrierenden Base muß stärker sein als diejenige der dem Säure-Titriermittel oder der titrierten Säure entsprechenden Base.	Das Lösungsmittel muß eine schwächere Säure oder Base sein als die titrierte Säure oder Base.
In manchen Fällen muß mit besonderen Indikatoren gearbeitet werden.	Viele der üblichen Indikatoren und Elektroden können zur Endpunktsbestimmung verwendet werden.
Potentiometrische Titrationen können in unpolaren Lösungsmitteln nur unter Zugabe von Leitsalzen durchgeführt werden.	

3.7.3 Titration schwacher Basen

Zur Titration wasserunlöslicher schwacher Basen werden meist saure, protonenspendende Lösungsmittel verwendet (Tabelle 19).

Tabelle 19. Geeignete Lösungsmittel für die Bestimmung von Basen

Inerte Lösungsmittel (in der Reihenfolge der wachsenden Dielektrizitätskonstanten):

n-Hexan, Cyclohexan, Dioxan, Tetrachlorkohlenstoff, Benzol, Chloroform, Chlorbenzol, Methylisobutylketon, Methylethylketon, Aceton, Acetonitril

Saure oder amphiprotische Lösungsmittel (in der Reihenfolge der abnehmenden Acidität):

Ameisensäure, Essigsäure, Propionsäure, Nitromethan, Nitrobenzol, Ethylenglykol, Propylenglykol, 2-Ethoxyethanol (Cellosolve), Isopropanol

Bemerkung: Bei der Titration von Basen wird das 1,4-Dioxan als inertes Lösungsmittel betrachtet.

Für die Auswahl eines Lösungsmittels gelten allgemein folgende Gesichtspunkte:

1. Das Lösungsmittel darf weder mit der zu bestimmenden Substanz noch mit der Maßlösung reagieren (außer Solvatation etc.).

2. Die zu bestimmende Substanz muß in dem Lösungsmittel löslich sein (Mindestkonzentration 0,01 N).

3. Der Äquivalenzpunkt sollte potentiometrisch oder mittels Indikator bestimmbar sein.

4. Das Lösungsmittel muß leicht zu reinigen sein.

Beispiel für die Titration von Basen in *Eisessig* mit Perchlorsäure

Eisessig war das erste organische Lösungsmittel, das bei der Bestimmung schwacher Basen eingesetzt wurde. Es wird auch heute noch wegen seiner guten Lösungseigenschaften häufig verwendet.

a) Starke und mittelstarke Basen

$$C_6H_5NH_2 + CH_3COOH \rightleftharpoons C_6H_5NH_3^+ + CH_3COO^-.$$

Die Reaktion mit dem Lösungsmittel erhöht indirekt die Basenstärke. Bei Basengemischen hebt die nivellierende Wirkung des Eisessigs die Basizitätsunterschiede weitgehend auf. Titriert wird das gebildete Acetat mit Acetoniumperchlorat in Eisessig:

$$CH_3COO^- + C_6H_5NH_3{}^+ + CH_3COOH_2^+ClO_4^- \rightleftharpoons C_6H_5NH_3^+ClO_4^- + 2\ CH_3COOH.$$

b) Schwache Basen

Schwache Basen bilden nur in untergeordnetem Maße Acetoniumsalze. Bei der Titration entstehen unmittelbar die Perchlorate:

$$RNH_2 \cdots CH_3COOH + CH_3COOH_2^+ClO_4^- \rightleftharpoons RNH_3^+ClO_4^- + 2\ CH_3COOH.$$

Titrationen in Acetanhydrid

Sehr schwache Basen werden häufig in Acetanhydrid bestimmt. Man muß dabei beachten, daß Acetanhydrid ein gutes Acetylierungsmittel z.B. für Amine wie Anilin ist.

Berücksichtigt man die Eigendissoziation des Acetanhydrids gemäß:

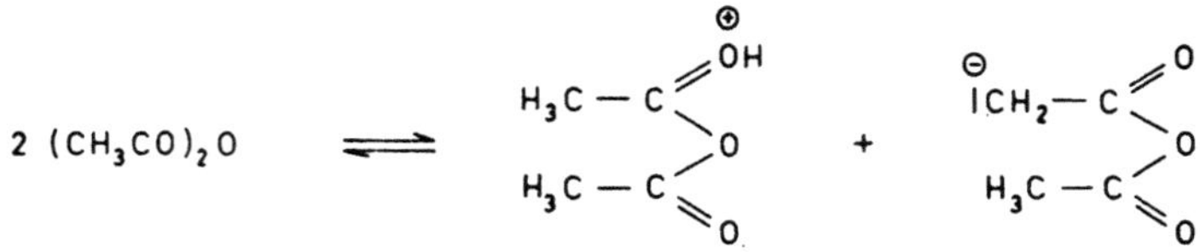

dann ergibt sich für die Reaktion einer Base B mit Acetanhydrid:

$$B + (CH_3CO)_2O \rightleftharpoons BH^{\oplus} + {}^{\ominus}|CH_2-\underset{\underset{O}{\|}}{C}-O-\underset{\underset{O}{\|}}{C}-CH_3$$

und für die Neutralisation bei der Titration mit Perchlorsäure in Eisessig:

$$CH_3-\underset{\underset{O}{\|}}{C}-O-\underset{\underset{O}{\|}}{C}-\overline{C}H_2^{\ominus} + CH_3COOH_2^{\oplus} \rightleftharpoons (CH_3CO)_2O + CH_3COOH$$

Titrationen in Lösungsmittelgemischen, die Benzol enthalten

Manchmal ist es erforderlich, Lösungsmittelgemische bei einer Titration zu verwenden. Gründe hierfür sind z.B. geringe Löslichkeit der Analysensubstanz, Niederschlagsbildung während der Titration. Manchmal sollen auch solvatisierende Eigenschaften des einen mit den inerten bzw. differenzierenden Eigenschaften des anderen Lösungsmittels gekoppelt werden.

Benzol hat keine nivellierenden Eigenschaften und wird daher u.a. in Mischungen mit Eisessig oder Acetanhydrid verwendet. Allerdings muß man berücksichtigen, daß sich wegen seiner niedrigen Dielektrizitätskonstante und seiner schlechten Solvatationseigenschaften leicht Assoziate bilden, die bei der Potentiometrie stören können.

Äquivalentlösungen (Normallösungen)

Wegen ihrer hohen Säurenstärke wird meist Perchlorsäure in Eisessig oder Dioxan verwendet, daneben benutzt man noch Sulfonsäuren wie Methan- und p-Toluol-sulfonsäure.

Titerstellung

Als Standardsubstanz dienen u.a. Kaliumhydrogenphthalat $KHC_8H_4O_4$, das sehr rein erhältlich ist und zur Bestimmung in heißem Eisessig gelöst werden muß, Tris-hydroxymethyl-aminomethan $(HOCH_2)_3CNH_2$ und Diphenylguanidin $(C_6H_5NH)_2C{=}NH$.

Endpunktsanzeige

Der Endpunkt der Titration kann i.a. mit den bekannten Methoden bestimmt werden. Auch bei Verwendung von Indikatoren ist es üblich, mit Hilfe einer potentiometrischen Messung den pK-Wert zu bestimmen, um einen geeigneten Indikator auswählen zu können.

Das wichtigste Verfahren ist wohl die Potentiometrie mit der Glaselektrode. Ihr Anwendungsbereich hängt bei sehr kleinen pK-Werten stark von der Leistungsfähigkeit des Anzeigegerätes ab.

Weniger häufig benutzt werden Konduktometrie, Amperometrie u.a.

Falls ausgearbeitete Vorschriften vorliegen, ist eine Endpunktsbestimmung mit Indikatoren (visuell, photometrisch bzw. kolorimetrisch) eine recht einfache Methode. Häufig verwendet werden für Basenbestimmungen: Kristallviolett, Malachitgrün, Neutralrot, Dibenzalaceton, Chinaldinrot und Eosin.

Anwendungsbeispiele

Viele schwache Basen werden mit Perchlorsäure in Eisessig titriert. Es handelt sich entweder um organische Substanzen mit basischem Stickstoff, wie Coffein, Nicotinsäureamid, Codein, Aminophenazon, oder um organische bzw. anorganische Anionen, wie Saccharin-Na, NO_3^- in Pilocarpinnitrat, SO_4^{2-} in Atropinsulfat. Cl^--Ionen, die in vielen Alkaloidsalzen vorhanden sind (Morphin·HCl, Chinin·HCl, Cocain·HCl), können auch in Eisessig wegen zu schwacher Basizität nicht scharf titriert werden. Hier hilft ein Zusatz von überschüssigem Quecksilberacetat zur Probenlösung: Es bildet sich undissoziiertes Quecksilberdichlorid und eine äquivalente Menge an freiem Acetat, das anschließend titriert wird:

$$2\ Cl^- + Hg(CH_3COO)_2 \rightleftharpoons HgCl_2 + 2\ CH_3COO^-.$$

3.7.4 Titration schwacher Säuren

Hierfür verwendet man protonenaufnehmende basische Lösungsmittel (s. Tabelle 20).

Beispiel für eine Titration in n-Butylamin

Butylamin ist CO_2-empfindlich, es muß daher mit N_2-Gas als Schutzgas gearbeitet werden. Butylamin ist eine stärkere Base als Dimethylformamid (s.u.) und daher für noch schwächere Säuren als dieses brauchbar. Es nivelliert Säuren, die stärker als Carbonsäuren sind:

$$C_6H_5OH + C_4H_9NH_2 \rightleftharpoons C_6H_5O^- + C_4H_9\overset{+}{N}H_3$$

Titriert wird das Anion mit Tetrabutylammoniumhydroxid ($R = C_4H_9$):

$$C_4H_9\overset{+}{N}H_3 + C_6H_5O^- + R_4\overset{+}{N}\ OH^- \rightleftharpoons C_4H_9NH_2 + H_2O + C_6H_5O^-\ R_4\overset{+}{N}$$

Tabelle 20. Geeignete Lösungsmittel für die Bestimmung von Säuren (und Säureanalogen)

Inerte Lösungsmittel (in der Reihenfolge wachsender Dielektrizitätskonstanten):

Benzol, Toluol, Chlorbenzol, Methylisobutylketon, Methylethylketon, Aceton, Acetonitril.

Basische oder amphiprotische Lösungsmittel (in der Reihenfolge abnehmender Basizität):

Ethylendiamin, n-Butylamin, Pyridin, N,N-Dimethylformamid, 1,4-Dioxan, Ethylether, t-Butanol, Isopropanol, n-Propanol, n-Butanol, Ethanol, Methanol, 2-Methoxyethanol (Methylcellosolve), Propylenglykol.

Titration in Dimethylformamid (DMF)

DMF ist ein sehr gutes Lösungsmittel für Säuretitrationen. Nachteilig ist seine Reaktionsfähigkeit vor allem bei der Bestimmung starker Säuren. Titrationsmittel, die Alkohole enthalten, können das Ergebnis verschlechtern (unscharfer Umschlag).

Das DMF-Molekül kann an zwei unterschiedlichen Stellen ein Säureproton aufnehmen.

NMR-Untersuchungen haben gezeigt, daß von den möglichen Strukturen Struktur I bevorzugt wird:

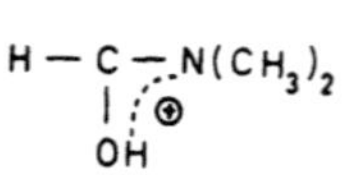

und

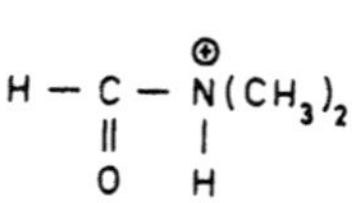

I

II

Äquivalentlösungen (Normallösungen)

Bekannte basische Titriermittel sind Alkalihydroxide wie KOH (fest) in wasserfreiem Methanol oder Ethanol und Alkalimetallalkoholate, z.B. $NaOCH_3$ in Methanol/Benzol.

Meist verwendet man jedoch das käufliche Tetrabutylammoniumhydroxid. Man vermeidet dadurch störende Niederschläge von Alkalisalzen und den sog. Alkalifehler der Glaselektrode (s. Kap. 4.1).

Titerstellung

Die Äquivalentlösungen der Basen werden in der Regel gegen Benzoesäure eingestellt.

Indikatoren

Wichtige Indikatoren für die Bestimmung von Säuren sind: Thymolblau, Azoviolett (p-Nitrophenylazoresorcin), Phenolphthalein (vor allem für DMF), o-Nitranilin und p-Oxyazobenzol.

3.8 Grundlagen der Oxidations- und Reduktionsanalysen

3.8.1 Oxidation und Reduktion

Definition und Diskussion der Begriffe

Reduktion heißt jeder Vorgang, bei dem ein Teilchen (Atom, Ion, Molekül) Elektronen aufnimmt. Hierbei wird die Oxidationszahl des reduzierten Teilchens kleiner.

Reduktion bedeutet also *Elektronenaufnahme*.

Beispiel: $\overset{0}{Cl_2} + 2e^- \rightleftharpoons 2\ \overset{-1}{Cl^-}$.

Allgemein: $Ox_1 + n \cdot e^- \rightleftharpoons Red_1$.

Oxidation heißt jeder Vorgang, bei dem einem Teilchen (Atom, Ion, Molekül) Elektronen entzogen werden. Hierbei wird die Oxidationszahl des oxidierten Teilchens größer.

Beispiel: $\overset{0}{Na} \rightleftharpoons \overset{+1}{Na^+} + e^-$.

Allgemein: $Red_2 \rightleftharpoons Ox_2 + n \cdot e^-$.

Oxidation bedeutet *Elektronenabgabe*.

Ein Teilchen kann nur dann Elektronen aufnehmen (abgeben), wenn diese von anderen Teilchen abgegeben (aufgenommen) werden. Reduktion und Oxidation sind also stets miteinander gekoppelt:

$Ox_1 + n \cdot e^- \rightleftharpoons Red_1$ konjugiertes *Redoxpaar* Ox_1/Red_1

$Red_2 \rightleftharpoons Ox_2 + n \cdot e^-$ konjugiertes *Redoxpaar* Red_2/Ox_2

$Ox_1 + Red_2 \rightleftharpoons Ox_2 + Red_1$ Redoxsystem

$\overset{0}{Cl_2} + 2\ Na \rightleftharpoons 2\ Na^+ + 2\ Cl^-$

Zwei miteinander kombinierte Redoxpaare nennt man ein *Redoxsystem*.

Reaktionen, die unter Reduktion und Oxidation irgendwelcher Teilchen verlaufen, nennt man *Redoxreaktionen* (Redoxvorgänge). Ihre Reaktionsgleichungen heißen Redoxgleichungen.

Allgemein kann man formulieren: *Redoxvorgang = Elektronenverschiebung.*

3.8.2 Redoxreaktionen

Aufstellung von Redoxgleichungen; Gesetz der Elektroneutralität

Die formelmäßige Wiedergabe von Redoxvorgängen wird erleichtert, wenn man zuerst für die Teilreaktionen (Halbreaktionen, Redoxpaare) formale Teilgleichungen schreibt. Die Gleichung für den gesamten Redoxvorgang erhält man dann durch Addition der Teilgleichungen.

Da Reduktion und Oxidation stets miteinander gekoppelt sind, gilt:

Die Summe der Ladungen (auch der Oxidationszahlen) und die Summe der Elemente muß auf beiden Seiten einer Redoxgleichung gleich sein!

Ist dies nicht unmittelbar der Fall, muß durch Wahl geeigneter Koeffizienten (Faktoren) der Ausgleich hergestellt werden.

Vielfach werden Redoxgleichungen ohne die Begleit-Ionen vereinfacht angegeben = Ionengleichungen.

Beispiele für Redoxpaare: $Na/\overset{+1}{Na}{}^+$; $2\ Cl^-/Cl_2$; $\overset{+2}{Mn}{}^{2+}/\overset{+7}{Mn}{}^{7+}$; $\overset{+2}{Fe}{}^{2+}/\overset{+3}{Fe}{}^{3+}$.

Beispiele für Redoxgleichungen:

Verbrennen von Natrium in Chlor

1) $\overset{0}{Na} - e^- \longrightarrow \overset{+1}{Na}{}^+ \quad |\cdot 2$

2) $\overset{0}{Cl_2} + 2e^- \longrightarrow 2\ \overset{-1}{Cl}{}^-$

1) + 2) $2\ \overset{0}{Na} + Cl_2 \longrightarrow 2\ \overset{+1}{Na}\overset{-1}{Cl}$

Verbrennen von Wasserstoff in Sauerstoff

1) $\overset{0}{H_2} - 2e^- \longrightarrow 2\ \overset{+1}{H}{}^+ \quad |\cdot 2$

2) $\overset{0}{O_2} + 4e^- \longrightarrow 2\ \overset{-2}{O}{}^{2-}$

1) + 2) $2\ \overset{0}{H_2} + \overset{0}{O_2} \longrightarrow 2\ \overset{+1}{H_2}\overset{-2}{O}$

Reaktion von Permanganat-MnO_4^-- und Fe^{2+}-Ionen in saurer Lösung

$$1)\quad \overset{+7}{Mn}O_4^- + 8\,H_3O^+ + 5\,e^- \longrightarrow \overset{+2}{Mn}{}^{2+} + 12\,H_2O$$

$$2)\quad \overset{+2}{Fe}{}^{2+} - 1\,e^- \longrightarrow \overset{+3}{Fe}{}^{3+} \qquad |\cdot 5$$

$$1) + 2)\quad \overset{+7}{Mn}O_4^- + 8\,H_3O^+ + 5\,\overset{+2}{Fe}{}^{2+} \longrightarrow 5\,\overset{+3}{Fe}{}^{3+} + \overset{+2}{Mn}{}^{2+} + 12\,H_2O$$

Bei der Reduktion von $\overset{+7}{Mn}O_4^-$ zu $\overset{+2}{Mn}{}^{2+}$ werden 4 Sauerstoffatome in Form von Wasser frei, wozu man 8 H_3O^+-Ionen braucht. Deshalb stehen auf der rechten Seite der Gleichung 12 H_2O-Moleküle.

Ein *Redoxvorgang* läßt sich allgemein formulieren:

$$\underset{\text{(Oxidationsmittel)}}{\text{Oxidierte Form}} + \text{Elektronen} \underset{\text{Oxidation}}{\overset{\text{Reduktion}}{\rightleftharpoons}} \underset{\text{(Reduktionsmittel)}}{\text{Reduzierte Form}}$$

3.8.3 Redoxpotentiale (Standardpotentiale und Normalpotentiale)

Läßt man den Elektronenaustausch einer Redoxreaktion so ablaufen, daß man die Redoxpaare (Teil- oder Halbreaktionen) räumlich voneinander trennt, sie jedoch elektrisch und elektrolytisch leitend miteinander verbindet, ändert sich am eigentlichen Reaktionsvorgang nichts.

Ein Redoxpaar bildet zusammen mit einer "*Elektrode*" (Elektronenleiter), z.B. einem Platinblech zur Leitung der Elektronen, eine sog. *Halbzelle* (Halbkette). Die Kombination zweier Halbzellen nennt man eine *Zelle, Kette, galvanische Zelle, galvanisches Element* oder Volta-Element.

Bei Redoxpaaren Metall/Metall-Ion kann das betreffende Metall als Elektrode dienen (Metallelektrode).

Ein Beispiel für eine aus Halbzellen aufgebaute Zelle ist das Daniell-Element (Abb. 34).

Die Reaktionsgleichungen für den Redoxvorgang im Daniell-Element sind:

Anodenvorgang:	$Zn \rightleftharpoons Zn^{2+} + 2\,e^-$	
Kathodenvorgang:	$Cu^{2+} + 2\,e^- \rightleftharpoons Cu$	
Redoxvorgang:	$Cu^{2+} + Zn \rightleftharpoons Zn^{2+} + Cu$	

oder in Kurzschreibweise (f = fest):

$$Zn(f)/Zn^{2+}$$
$$Cu^{2+}/Cu(f)$$
$$Zn(f)/Zn^{2+}//Cu^{2+}/Cu(f)$$

Die Schrägstriche symbolisieren die Phasengrenzen; doppelte Schrägstriche trennen die Halbzellen.

In der Versuchsanordnung erfolgt der Austausch der Elektronen über die Metallelektroden Zn bzw. Cu, die leitend miteinander verbunden sind. Die elektrolytische Leitung wird durch das Diaphragma D hergestellt. D ist eine semipermeable Wand und verhindert eine Durchmischung der Lösungen von Anoden- und Kathodenraum. Anstelle eines Diaphragmas wird oft eine Salzbrücke ("Stromschlüssel") benutzt. Ein Durchmischen von Anolyt und Katholyt muß verhindert werden, damit der Elektronenübergang zwischen der Zn- und Cu-Elektrode über die leitende Verbindung erfolgt.

Bei einem "Eintopfverfahren" scheidet sich Kupfer direkt an der Zinkelektrode ab.

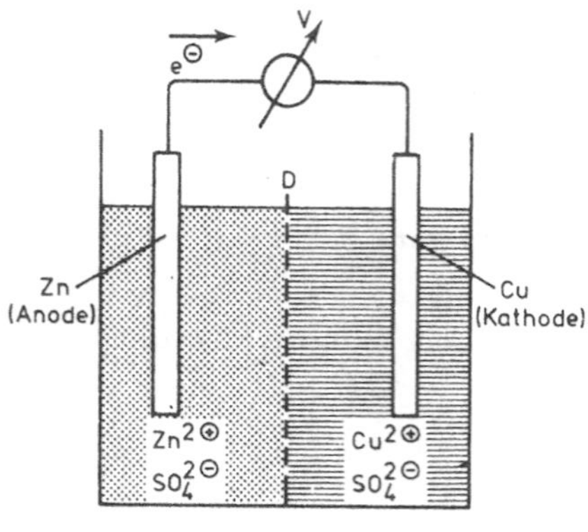

D = Diaphragma;
V = Voltmeter
$\overrightarrow{e^{\ominus}}$ = Richtung der Elektronenwanderung

Als Kathode wird diejenige Elektrode bezeichnet, an der Elektronen in die Elektrolytlösung eintreten. An der Kathode erfolgt die Reduktion.
An der Anode verlassen die Elektronen die Elektrolytlösung. An der Anode erfolgt die Oxidation.

Abb. 34. Daniell-Element

Schaltet man nun zwischen die Elektroden in Abb. 34 ein Voltmeter, so registriert es eine Spannung (Potentialdifferenz) zwischen den beiden Halbzellen. Die stromlos gemessene Potentialdifferenz einer galvanischen Zelle wird elektromotorische Kraft (EMK, ΔE) genannt. Sie ist die *maximale* Spannung der Zelle. Die Existenz einer Potentialdifferenz in Abb. 34 zeigt: Ein Redoxpaar hat unter genau fixierten Bedingungen ein ganz bestimmtes elektrisches Potential, das *Redoxpotential* E.

Die Redoxpotentiale von Halbzellen sind die Potentiale, die sich zwischen den Komponenten eines Redoxpaares ausbilden, z.B. zwischen einem Metall und der Lösung seiner Ionen. Sie sind einzeln nicht meßbar, d.h. es können nur Potential*differenzen* bestimmt werden.

Messung von Redoxpotentialen

Kombiniert man eine Halbzelle mit einer geeigneten (standardisierten) Halbzelle, so kann man das Einzelpotential der Halbzelle in bezug auf das Einzelpotential (Redoxpotential) dieser Bezugs-Halbzelle (Bezugselektrode) in einem *relativen* Zahlenmaß bestimmen.

Als standardisierte Bezugselektrode hat man die *Normalwasserstoffelektrode* (Abb. 35) gewählt und ihr willkürlich das Potential *Null* zugeordnet.

Die Normalwasserstoffelektrode ist eine Halbzelle. Sie besteht aus einer Elektrode aus Platin (mit elektrolytisch abgeschiedenem, fein verteiltem Platin überzogen), die bei 25° C von Wasserstoffgas unter einem konstanten Druck von 1 bar umspült wird. Diese Elektrode taucht in die wäßrige Lösung einer Säure mit $a_{H_3O^+} = 1$ ein (Abb.35); dies ist z.B. eine 2M HCl-Lösung.

Die Normalwasserstoffelektrode ist eine Wasserstoffelektrode (s.S. 291), für die *Normalbedingungen* eingehalten werden.

Anmerkungen

Standardbedingungen sind gegeben, wenn alle Reaktionsteilnehmer die Aktivität 1 haben. Gase haben dann die Aktivität 1, wenn sie unter einem Druck von 1,013 bar stehen. Für reine Feststoffe und reine Flüssigkeiten ist die Aktivität gleich 1.

Standardpotential heißt ein Potential, das unter Standardbedingungen gemessen wurde.

Normalbedingungen sind gegeben, wenn zu den Standardbedingungen als weitere Bedingung die Temperatur von 25° C hinzukommt.

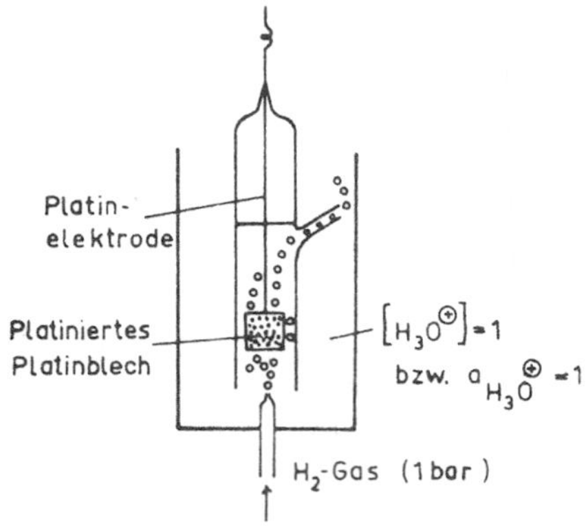

Elektrodenvorgang:

$H_2 \rightleftharpoons 2\ H^{\oplus} + 2\ e^{\ominus}$

$2\ H^{\oplus} + 2\ H_2O \rightleftharpoons 2\ H_3O^{\oplus}$

Abb. 35. Normalwasserstoffelektrode

Werden die Potentialdifferenzmessungen mit der Normalwasserstoffelektrode unter Normalbedingungen durchgeführt, so erhält man die Normalpotentiale E^o der betreffenden Redoxpaare. Es sind die EMK-Werte von Zellen, die aus einem Redoxpaar und der Normalwasserstoffelektrode bestehen und unter Normalbedingungen gemessen werden. Das Potential der Normalwasserstoffelektrode wird dabei Null gesetzt.

Redoxpaare, die Elektronen abgeben, wenn sie mit der Normalwasserstoffelektrode kombiniert werden, erhalten ein negatives Normalpotential zugeordnet. Sie wirken gegenüber dem Redoxpaar H_2/H_3O^+ reduzierend.

Redoxpaare, deren oxidierte Form (Oxidationsmittel) stärker oxidierend wirkt als das H_3O^+-Ion, bekommen ein positives Normalpotential.

Ordnet man die Redoxpaare nach steigendem Normalpotential, erhält man die elektrochemische Spannungsreihe (Redoxreihe) (Tabelle 21)

K Ca Na Mg Al — Mn Zn Cr Fe Cd Co Ni Sn Pb — H_2

Leichtmetalle (unedel) — Schwermetalle (unedel)

Cu Ag Hg — Au Pt

Halbedelmetalle — Edelmetalle

Tabelle 21. Redoxreihe ("Spannungsreihe") (Ausschnitt)

Ox (oxidierte Form)					Red (reduzierte Form)	E^o Normalpotential
Li^+	+	e^-		⇌	Li	-3,03
K^+	+	e^-			K	-2,92
Ca^{2+}	+	$2\ e^-$			Ca	-2,76
Na	+	e^-			Na	-2,71
Mg^{2+}	+	$2\ e^-$			Mg	-2,40
Zn^{2+}	+	$2\ e^-$			Zn	-0,76
S	+	$2\ e^-$			S_2^-	-0,51
Fe^{2+}	+	$2\ e^-$			Fe	-0,44
● $2\ H_3O^+$	+	$2\ e^-$			$2\ H_2O + H_2$	0,00
Cu^{2+}	+	e^-			Cu^+	+0,17
Cu^{2+}	+	$2\ e^-$			Cu	+0,35
O_2	+	$2\ H_2O$	+ $4\ e^-$		$4\ OH^-$	+0,40*
I_2	+	$2\ e^-$			$2\ I^-$	+0,58
Fe^{3+}	+	e^-			Fe^{2+}	+0,75
CrO_4^{2-}	+	$8\ H_3O^+$	+ $3\ e^-$		$12\ H_2O + Cr^{3+}$	+1,30
Cl_2	+	$2\ e^-$			$2\ Cl^-$	+1,36
MnO_4^-	+	$8\ H_3O^+$	+ $5\ e^-$		$12\ H_2O + Mn^{2+}$	+1,50
O_3	+	$2\ H_3O^+$	+ $2\ e^-$		$3\ H_2O + O_2$	+1,90

Oxidierende Wirkung nimmt zu ↓ (linke Spalte) — Reduzierende Wirkung nimmt ab ↓ (rechte Spalte)

*Das Normalpotential bezieht sich auf Lösungen vom pH 14 ($[OH^-]=1$). Bei pH 7 beträgt das Potential +0,82 V.

Nernstsche Gleichung

Liegen die Reaktionspartner einer Zelle nicht unter Normalbedingungen vor, kann man mit einer von *W. Nernst* 1889 entwickelten Gleichung sowohl das Potential eines Redoxpaares (Halbzelle) als auch die EMK einer Zelle (Redoxsystem) berechnen.

a) Redoxpaar: Für die Berechnung des Potentials E eines Redoxpaares ($Ox + n \cdot e^- \rightleftharpoons Red$) lautet die Nernstsche Gleichung:

$$E = E^o + \frac{R \cdot T}{n \cdot F} \ln \frac{a_{Ox}}{a_{Red}} \qquad \text{oder} \qquad E = E^o + \frac{R \cdot T}{n \cdot F} \ln \frac{[Ox]}{[Red]}$$

oder

$$E = E^o + \frac{R \cdot T \cdot 2{,}303}{n \cdot F} \lg \frac{[Ox]}{[Red]} \qquad (\text{mit } \ln x = 2{,}303 \cdot \lg x)$$

oder

$$E = E^{o} + \frac{0{,}059}{n} \lg \frac{[Ox]}{[Red]}$$ (mit $T = 298{,}15\ K$, $R = 8{,}314\ J/grad \cdot mol$, $F = 96487\ A \cdot s \cdot mol^{-1}$)

(E^{o} = Normalpotential des Redoxpaares aus Tabelle 21 ; R = Gaskonstante; T = absolute Temperatur; F = Faraday-Konstante; n = Anzahl der bei dem Redoxvorgang verschobenen Elektronen).

a_{Ox} bzw. a_{Red} sind die Aktivitäten, [Ox] bzw. [Red] die Konzentrationen der oxidierten Form (Oxidationsmittel) bzw. reduzierten Form (Reduktionsmittel) des Redoxpaares. Die stöchiometrischen Koeffizienten treten als Exponenten der Aktivitäten bzw. Konzentrationen auf.

Anmerkung: Der Einfachheit wegen wird anstelle der Aktivität oft die Konzentration angegeben. Hierbei muß man jedoch beachten, daß der Aktivitätskoeffizient von der Ionenstärke der Lösung und somit von der Ionenladung abhängt und selbst in verdünnten Lösungen einen von 1 verschiedenen Wert hat.

Beispiele:

1. Gesucht wird das Potential E des Redoxpaares Mn^{2+}/MnO_4^-. Aus Tabelle 21 entnimmt man E^{o} = +1,5 V. Die vollständige Teilreaktion für den Redoxvorgang in der Halbzelle ist:

   $$MnO_4^- + 8\ H_3O^+ + 5\ e^- \rightleftharpoons Mn^{2+} + 12\ H_2O.$$

   Die Nernstsche Gleichung wäre zunächst zu schreiben als

   $$E = 1{,}5 + \frac{0{,}059}{5} \lg \frac{[MnO_4^-] \cdot [H_3O^+]^8}{[Mn^{2+}] \cdot [H_2O]^{12}}.$$

   Die Aktivität des Lösungsmittels in einer verdünnten Lösung ist annähernd gleich 1; mit $[H_2O]^{12} = 1$ erhält man:

   $$E = 1{,}5 + \frac{0{,}059}{5} \lg \frac{[MnO_4^-] \cdot [H_3O^+]^8}{[Mn^{2+}]}$$

Man sieht, daß das Redoxpotential in diesem Beispiel stark pH-abhängig ist.

pH-abhängig sind auch die Potentiale der Redoxpaare H_2/H_3O^+ (Wasserstoffelektrode) und O_2/OH^- (Sauerstoffelektrode). Über die Potentialänderung in Abhängigkeit vom pH-Wert gibt wieder die Nernstsche Gleichung Auskunft.

Redoxpaar H_2/H_3O^+ (Wasserstoffelektrode)

Der Aufbau der Wasserstoffelektrode ist in Abb. 35 beschrieben. Im Gegensatz zur Normalwasserstoffelektrode sind jedoch die Temperatur, die Wasserstoffionenaktivität und der Druck des H_2-Gases (p_{H_2}) frei wählbar.

Für das Potential des Redoxpaares lautet die Nernstsche Gleichung:

$$E = E^o_{H_2/H_3O^+} + \frac{R \cdot T}{2 \cdot F} \ln \frac{a_{H^+}}{\sqrt{p_{H_2}}} = E^o + \frac{R \cdot T}{2 \cdot F} \ln \frac{a^2_{H^+}}{p_{H_2}} .$$

Da das Potential der Wasserstoffelektrode pH-abhängig ist, wurde diese Elektrode früher in der pH-Meßtechnik verwendet.

Beachte: Die Wasserstoffelektrode wird durch geringste Sauerstoffspuren vergiftet. Sie kann nicht eingesetzt werden in Lösungen, die starke Oxidations- oder Reduktionsmittel, leicht reduzierbare organische Verbindungen oder Ionen von Metallen enthalten, die ein positiveres Redoxpotential als Wasserstoff besitzen.

Redoxpaar O_2/OH^- (Sauerstoffelektrode)

Die Sauerstoffelektrode besteht - analog zur Wasserstoffelektrode - aus einem platinierten Platinblech, das von Sauerstoffgas mit einem bestimmten Druck umspült wird und in eine Lösung mit OH^--Ionen eintaucht. Die potentialbestimmende Reaktion ist: $1/2\ O_2 + H_2O + 2\ e^- \rightleftharpoons 2\ OH^-$. Bei Verwendung der Gleichung $K_W = a_{H^+} \cdot a_{OH^-}$ (Ionenprodukt des Wassers) kann man a_{OH^-} durch a_{H^+} ausdrücken. Für das Potential des Redoxpaares ergibt sich damit:

$$E = E^o_{O_2/OH^-} + \frac{R \cdot T}{2 \cdot F} \ln a^2_{H^+} \sqrt{p_{O_2}}$$ (p_{O_2} ist der Druck des Sauerstoffs).

Anmerkung: Aufgrund von Überspannungseffekten ist das Potential der Sauerstoffelektrode schlecht reproduzierbar.

Unter *Überspannung* (≡ irreversible Polarisation) η versteht man i.a. die Differenz zwischen dem Potential V_e einer Elektrode bei Stromfluß und dem berechneten Redoxpotential (Gleichgewichtspotential) V_o: $\eta = V_e - V_o$. Die Größe von η hängt ab: von der Art und Konzentration des Elektrolyten, der Art und Oberflächenbeschaffenheit des Elektrodenmaterials, der Stromdichte (Stromstärke/Elektrodenoberfläche), vom Druck, der Temperatur und von der verwendeten Meßmethode.

Besonders große Werte für η beobachtet man bei der Abscheidung von Gasen und bei der kathodischen Metallabscheidung.

b) Redoxsystem: $Ox_2 + Red_1 \rightleftharpoons Ox_1 + Red_2$.

Für die EMK (ΔE) eines Redoxsystems ergibt sich aus der Nernstschen Gleichung

$$\Delta E = E_2^o + \frac{R \cdot T \cdot 2{,}303}{n \cdot F} \lg \frac{[Ox_2]}{[Red_2]} - E_1^o - \frac{R \cdot T \cdot 2{,}303}{n \cdot F} \lg \frac{[Ox_1]}{[Red_1]}$$

oder

$$\Delta E = E_2^o - E_1^o + \frac{R \cdot T \cdot 2{,}303}{n \cdot F} \lg \frac{[Ox_2] \cdot [Red_1]}{[Red_2] \cdot [Ox_1]}$$

E_2^o bzw. E_1^o sind die Normalpotentiale der Redoxpaare Ox_2/Red_2 bzw. Ox_1/Red_1.

Beispiel:

Wie groß ist die EMK der Zelle (Redoxsystem) Ni/Ni^{2+} (0,01 M)// Cl^- (0,2 M)/Cl_2 (1 bar)/Pt?

Lösung:

In die Redoxreaktion geht die Elektrizitätsmenge 2 · F ein:

$Ni + Cl_2 \longrightarrow Ni^{2+} + 2\,Cl^-$.

n hat deshalb den Wert 2. Die EMK der Zelle unter Normalbedingungen beträgt:

$$\Delta E^o = E^o_{(Cl^-/Cl_2)} - E^o_{(Ni/Ni^{2+})} = +1{,}36 - (-0{,}25) = +1{,}61\ V.$$

Daraus folgt:

$$\Delta E = E^o + \frac{0{,}059}{2} \lg \frac{[Cl_2]\ [Ni]}{[Ni^{2+}][Cl^-]^2} = +1{,}61 + \frac{0{,}059}{2} \lg \frac{1 \cdot 1}{0{,}01 \cdot 0{,}2^2}$$

$$= 1{,}61 + 0{,}10 = 1{,}71\ V.$$

Hinsichtlich $[Cl_2]$ und [Ni] beachte die Normierungsbedingung S. 287.

3.8.4 Elektroden

3.8.4.1 Bezugselektroden

In der Praxis benutzt man anstelle der Normalwasserstoffelektrode andere, für die Praxis einfachere Bezugselektroden, deren Potential auf die Normalwasserstoffelektrode bezogen ist. Besonders bewährt haben sich *Elektroden 2. Art*.

Das sind Anordnungen, in denen die Konzentration der potentialbestimmenden Ionen durch die Anwesenheit einer schwerlöslichen, gleichionigen Verbindung festgelegt ist. Durch geeignete Wahl der Elektrodenkomponenten erhält man genau definierte, sehr konstante und gut reproduzierbare Elektrodenpotentiale.

Beispiele:

Kalomelelektrode

Abb. 36 zeigt eine einfache, für den Dauergebrauch geeignete Anordnung.

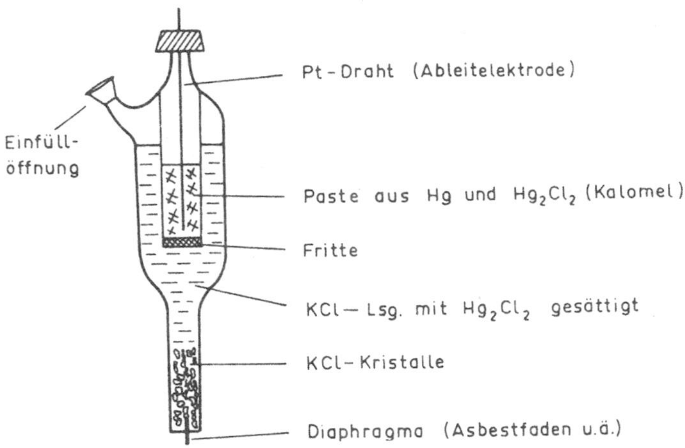

Abb. 36. Prinzipieller Aufbau einer Kalomelelektrode (GKE)

Der potentialbestimmende Vorgang ist: $Hg_2^{2+} + 2\ e^- \rightleftharpoons 2\ Hg$.
Für das Potential dieser Elektrode gilt:

$$E = E^o_{Hg/Hg_2^{2+}} + \frac{R \cdot T}{2F} \ln a_{Hg_2^{2+}} \; .$$

Da die Lösung an Hg_2Cl_2 gesättigt ist, ist $a_{Hg_2^{2+}}$ gemäß dem Löslichkeitsprodukt ($Lp_{Hg_2Cl_2} = a_{Hg_2^{2+}} \cdot a^2_{Cl^-}$) von a_{Cl^-} abhängig, und es gilt daher:

$$E = E^{o} + \frac{R \cdot T}{2F} \ln Lp_{Hg_2Cl_2} - \frac{R \cdot T}{2F} \ln a^2_{Cl^-} \quad \text{oder}$$

$$E = E^{o'} - \frac{R \cdot T}{F} \ln a_{Cl^-} \quad \text{mit} \quad E^{o'} = E^{o} + \frac{R \cdot T}{2F} \ln Lp.$$

In der Praxis finden folgende Kalomelelektroden Verwendung:

0,1 NKE (mit 0,1 N KCl-Lsg), E = 0,3337 V,
NKE (mit 1 N KCl-Lsg), E = 0,2807 V,
GKE (gesättigt an KCl), E = 0,2415 V.

(Die Potentialwerte sind gegen die Normalwasserstoffelektrode bei 25° C gemessen).

Die GKE ist die in wäßriger Lösung am meisten benutzte Bezugselektrode, weil sie leicht herzustellen ist und ein gut reproduzierbares Potential besitzt.

Ein Nachteil der Kalomelelektrode ist ihre starke Temperaturabhängigkeit (wegen der unterschiedlichen Löslichkeit von KCl). Bei der NKE beträgt die Potentialänderung ca. 1 mV pro °C.

Beachte: In nichtwäßrigen Lösungen ist die Kalomelelektrode nur beschränkt einsatzfähig.

Silber-Silberchlorid-Elektrode

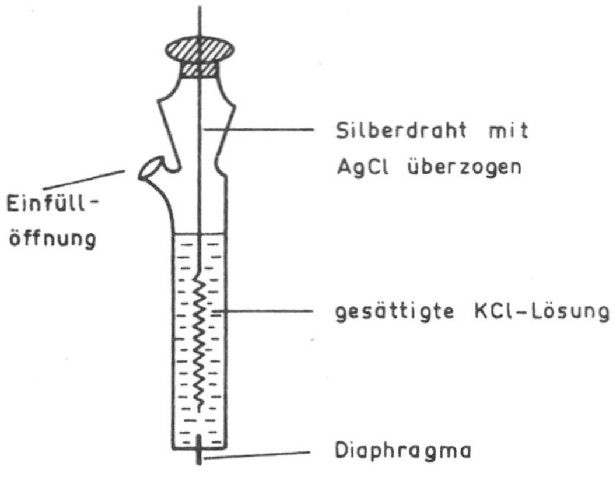

Abb. 37. Prinzipieller Aufbau einer Silber-Silberchlorid-Elektrode

Die potentialbestimmende Reaktion ist: $Ag^+ + e^- \rightleftharpoons Ag$. Für das Potential gilt:

$$E = E^0_{Ag/Ag^+} + \frac{R \cdot T}{F} \ln a_{Ag^+}; \qquad E^0_{Ag/Ag^+} = +0,81 \text{ V.}$$

Die Aktivität der Ag^+-Ionen a_{Ag^+} wird über das Löslichkeitsprodukt von AgCl durch die Aktivität der Cl^--Ionen bestimmt.

Anwendungsbereich:
Die Ag/AgCl-Elektrode ist bis 130° C einsetzbar. S^{2-}-haltige Lösungen vergiften die Elektrode durch Bildung von Ag_2S.

Quecksilbersulfat-Elektrode
Im Aufbau gleicht sie der Kalomelektrode, wenn man Hg_2Cl_2 durch Hg_2SO_4 und KCl durch 0,1 N H_2SO_4, 1 N H_2SO_4 oder gesättigte K_2SO_4-Lsg. ersetzt. Für das Potential der Elektrode gilt:

$$E = E^0_{Hg/Hg^{2+}} + \frac{R \cdot T}{2F} \ln a_{SO_4^{2-}}; \quad E^0_{Hg/Hg^{2+}} = +0,641 \text{ V.}$$

Für 25° C und 1 N H_2SO_4-Lsg. ist E = +0,682 V; für die gesättigte K_2SO_4-Lsg. findet man bei 25°C E = +0,650 V.

3.8.4.2 Meßelektroden (Indikatorelektroden)

Meßelektroden heißen Anordnungen, die sich zur Messung von Potentialdifferenzen (= Spannungen) und Spannungsänderungen eignen. Sie müssen dem jeweiligen Problem angepaßt werden.

Beispiele:

Metallelektroden bestehen aus einem Metall, das in die Lösung seiner Ionen eintaucht. *Beispiel:* Ag-Draht in einer Lösung von Ag^+-Ionen.

Redoxelektroden sind Meßelektroden, bei denen die Elektrode als Medium für den Elektronenaustausch dient. Sie nimmt ein Potential an, das in Vorzeichen und Größe durch die Redoxreaktionen in der Umgebung der Elektrode verursacht wird. Taucht z.B. ein Platinblech in eine wäßrige Lösung mit Fe^{2+}- und Fe^{3+}-Ionen, so ist das Platinblech an dem Redoxvorgang $Fe^{2+} \rightleftharpoons Fe^{3+} + e^-$ unbeteiligt.

Chinhydronelektrode
Ein Platinblech taucht in eine wäßrige Lösung von Chinhydron (Additionsverbindung aus Chinon und Hydrochinon im Molverhältnis 1 : 1).

Für die Reaktion

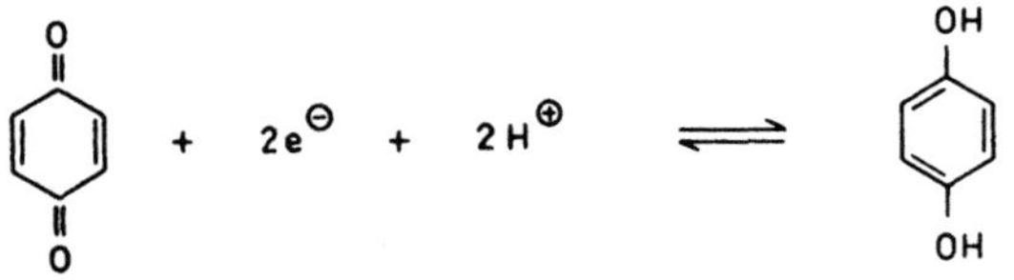

ergibt sich an dem Platinblech ein gut reproduzierbares Potential von:

$$E = E^{o} + \frac{R \cdot T}{2F} \lg \frac{a_{Chinon} \cdot a^{2}_{H^{+}}}{a_{Hydrochinon}}$$

Da man $a_{Chinon} = a_{Hydrochinon}$ setzen kann, ist E nur noch pH-abhängig.

Die Chinhydron-Elektrode eignet sich daher als Indikatorelektrode in der pH-Meßtechnik.

Wasserstoffelektrode, s.S. 291

Glaselektrode s.S. 348

Polarisierbare und unpolarisierbare Elektroden

Polarisierbare Elektroden sind Elektroden, die bei Stromdurchgang Veränderungen erfahren, die zur Ausbildung eines galvanischen Elements führen. Die EMK dieses Elements ist der angelegten Spannung (Klemmenspannung, Polarisierspannung) entgegengerichtet und vermindert mehr oder weniger stark den Stromfluß durch die Elektrode. Die Erscheinung heißt *Polarisation*.

Meist unterscheidet man zwischen *reversibler Polarisation* (chemische Polarisation und Konzentrationspolarisation) und *irreversibler Polarisation* (s. Überspannung).

Die chemische Polarisation oder Abscheidungspolarisation entsteht dadurch, daß durch die Elektrolysenprodukte ein galvanisches Element aufgebaut wird. Die Konzentrationspolarisation wird durch eine Konzentrationskette hervorgerufen. Sie bildet sich, wenn durch die elektrochemischen Vorgänge in der unmittelbaren Umgebung der Elektrode Konzentrationsunterschiede auftreten.

Vermindern lassen sich derartige Polarisationserscheinungen im Falle der Konzentrationspolarisation durch Erhöhung der Temperatur und Rühren.

Bei der chemischen Polarisation hilft oft eine Vergrößerung der Elektrodenoberfläche oder Verwendung eines hochfrequenten Wechselstroms.

Unpolarisierbare Elektroden zeigen keine Behinderung des Stromflusses. Bereits bei beliebig kleiner Klemmenspannung fließt ein Strom.

3.9 Redoxtitrationen (Oxidimetrie)

Unter einer Redox-Titration versteht man ein maßanalytisches Verfahren, dem eine Redoxreaktion zugrundeliegt.

Bei einer Redox-Titration wird ein Oxidations- oder Reduktionsmittel als *Titrant* verwendet.

Möglich ist eine Redox-Titration immer dann, wenn die Probe oxidierende oder reduzierende Eigenschaften besitzt. Probleme können z.B. dadurch entstehen, daß sich ein Redoxgleichgewicht sehr langsam einstellt, Reaktionsverzögerungen auftreten, die nicht durch Katalyse beseitigt werden können, oder daß Sekundärreaktionen einen reversiblen Reaktionsablauf verhindern.

Oxidationsmittel für die Maßanalyse sind: $KMnO_4$, I_2, $Ce(SO_4)_2$, $KBrO_3$, $K_2Cr_2O_7$

Von diesen Substanzen werden Äquivalentlösungen hergestellt und hiermit oxidierbare Stoffe titriert.
Beispiele: Fe^{2+}, Mn^{2+}, SO_3^{2-}, As^{3+}, Sb^{3+}, Sn^{2+}

Reduktionsmittel werden nur selten benutzt; statt dessen wird *indirekt* gearbeitet: Läßt man z.B. die zu bestimmende Substanz auf das leicht oxidierbare KI einwirken, so wird eine dem Oxidationsmittel äquivalente Menge I_2 freigesetzt. Dieses kann mit $Na_2S_2O_3$-Lsg. titriert werden.

3.9.1 Titrationskurven

Berechnung von Titrationskurven

Eine Berechnung von Titrationskurven ist nur bei einfachen Redoxreaktionen sinnvoll.

Die Grundlage für die Berechnung ist die *Nernstsche Gleichung*, s.S. 289. Mit ihr kann man für verschiedene Konzentrationsverhältnisse der Reaktionspartner die EMK des Redoxsystems berechnen.

Als Beispiel betrachten wir folgende einfache Redoxreaktion:

$$Ox_1 + n \cdot e^- \rightleftharpoons Red_1 \qquad E_1 = E_1^o + \frac{R \cdot T}{n \cdot F} \ln \frac{a_{Ox_1}}{a_{Red_1}}$$

$$Red_2 \rightleftharpoons Ox_2 + n \cdot e^- \qquad E_2 = E_2^o + \frac{R \cdot T}{n \cdot F} \ln \frac{a_{Ox_2}}{a_{Red_2}}$$

$$Ox_1 + Red_2 \rightleftharpoons Ox_2 + Red_1 \qquad K = \frac{a_{Ox_2} \cdot a_{Red_1}}{a_{Red_2} \cdot a_{Ox_1}}$$

Bei dieser Reaktion ist Ox_1 das Oxidationsmittel für Red_2. Während der Titration wird solange Ox_1 zu der Lsg. zugegeben, bis alles Red_2 in Ox_2 übergeführt ist.

Ist dies der Fall, haben wir den *Äquivalenzpunkt* erreicht.

Beachte: Bei Redoxtitrationen mißt man die Differenz des Potentials einer Meßelektrode und des Potentials einer Bezugselektrode.

Beeinflußt wird diese Potentialdifferenz (EMK) durch die Konzentrationsverhältnisse der Redoxpaare Ox_1/Red_1 und Ox_2/Red_2. Da das Potential der Bezugselektrode konstant und sein Wert bekannt ist, kann man anstelle der Potentialdifferenz der Zelle (Meßelektrode/Bezugselektrode) das Potential an der Meßelektrode berechnen.

Das Potential am Äquivalenzpunkt

Das Potential am Äquivalenzpunkt $E_Ä$ berechnet sich mit der Formel:

$$E_Ä = \frac{E_1^o + E_2^o}{2}$$

Für die allgemeine Reaktion $a\ Ox_1 + b\ Red_2 \rightleftharpoons a\ Red_1 + b\ Ox_2$ gilt entsprechend:

$$E_Ä = \frac{a\ E_1^o + b\ E_2^o}{a + b}$$

Beachte: In der Nähe des Äquivalenzpunkts wird eine starke Potentialänderung beobachtet. Diese Änderung ist um so größer, je größer der Unterschied zwischen E_1^o und E_2^o ist.

Der Äquivalenzpunkt ist der Wendepunkt der Kurve beim Titrationsgrad 1.

Das Potential vor und nach dem Äquivalenzpunkt

Zu Beginn der Titration wird das Potential durch das Redoxpotential der Probe bestimmt (in unserem Beispiel E_2), weil man annehmen darf, daß der Titrant vollständig verbraucht wird. Ab einem Konzentrationsverhältnis $Ox_2 : Red_2 > 10^3$ wird das Potential durch den Titrant mitbestimmt.

Nach dem Äquivalenzpunkt ist das Potential des Titranten potentialbestimmend.

Abb. 38 zeigt die graphische Darstellung einer berechneten Titrationskurve.

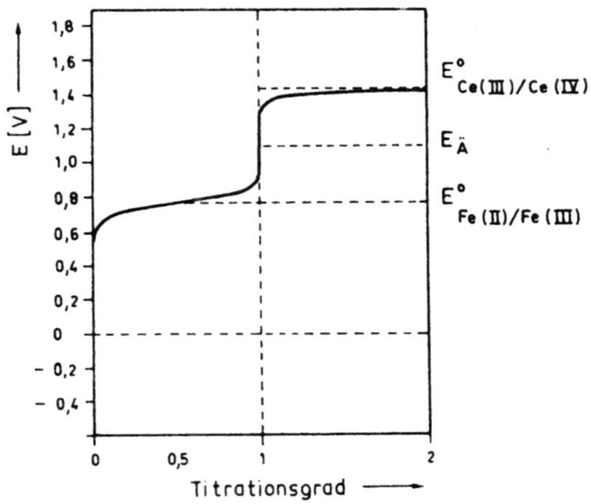

Abb. 38. Kurve der Titration von Fe^{2+}- mit Ce^{4+}-Ionen

3.9.2 Endpunkte der Titration

Der Endpunkt bei Redoxtitrationen kann kolorimetrisch oder elektrochemisch bestimmt werden.

Beispiele für kolorimetrische Endpunktsbestimmung:

Manganometrie

Bei der Manganometrie reicht die Farbe des MnO_4^--Anions unmittelbar nach Überschreitung des Äquivalenzpunkts aus, um diesen zu indizieren.

Iodometrie

Der Endpunkt bei iodometrischen Titrationen kann dadurch indiziert werden, daß nach Zusatz einer Stärkelösung geringste Iod-Mengen an der intensiv blauen Farbe einer Iod-Stärke-Einschlußverbindung erkannt werden können.

Beispiel für potentiometrische Bestimmung s. Kap. 3.10.3.

Redoxindikatoren

Bei vielen Redoxtitrationen werden sog. Redoxindikatoren verwendet. Dies sind Substanzen, deren reduzierte Form eine andere Farbe hat als die oxidierte Form. Häufig sind die Verhältnisse dadurch komplizierter, daß die Lage des Umschlagsbereichs pH-abhängig ist.

Die Auswahl des Indikators erfolgt so, daß sein Umschlagspotential möglichst nahe beim Äquivalenzpunkt liegt.

Zweifarbige, reversible Redoxindikatoren

Diphenylamin, s.S. 224. Der Umschlag erfolgt bei ca. E = +0,76 V.

Diphenylaminsulfonsäure. Sehr scharfer Umschlag von farblos nach rotviolett bei E > +0,83 V.

o-Diphenylaminocarbonsäure (N-Phenylanthranilsäure). Umschlag von farblos in hellrot oder hellrotviolett bei E = +1,08 V.

Eisen(II)-orthophenanthrolin-Ion ("Ferroin-Ion"). Das tiefrot gefärbte komplexe Ion besteht aus drei Molekülen Orthophenanthrolin ($C_{12}H_8N_2$) und einem Fe^{2+}-Ion. Durch Oxidation entsteht ein blaugefärbtes Komplex-Ion mit Fe^{3+}. Das Umschlagspotential beträgt E = +1,20 V (Formel s.S. 224).

Weitere Beispiele sind die Triphenylmethanfarbstoffe Eriogrün, Erioglaucin und Setoglaucin.

Irreversible Indikatoren wie Methylorange und Styphninsäure werden durch überschüssigen Titrant (z.B. BrO_3^-) oxidativ zerstört.

Beispiele für elektrochemische Endpunktsbestimmung: s. Kap. 3.10.3.

3.9.3 Anwendungsbeispiele

3.9.3.1 Manganometrie

Bei der Manganometrie wird eine wäßrige Lösung von Kaliumpermanganat zur Oxidation des zu titrierenden Stoffes eingesetzt. Das Redoxpotential ist pH-abhängig.

Im alkalischen bis neutralen Milieu:

$$MnO_4^- + 3\ e^- + 2\ H_2O \longrightarrow MnO_2 + 4\ OH^-,\ E^o = 0{,}58\ V \qquad (I)$$

$$Mn^{7+} + 3\ e^- \longrightarrow Mn^{4+}.$$

Im stark sauren Milieu:

$$MnO_4^- + 5\ e^- + 8\ H_3O^+ \longrightarrow Mn^{2+} + 12\ H_2O \qquad (II)$$

$$Mn^{7+} + 5\ e^- \longrightarrow Mn^{2+},\ E^o = 1{,}5\ V.$$

Titrationen mit Kaliumpermanganat werden in den meisten Fällen im stark sauren Bereich vorgenommen, da hier die Oxidationskraft am größten ist. Hinzu kommt die Einfachheit der Endpunktsbestimmung: Das MnO_4^--Ion hat im Gegensatz zum farblosen Mn^{2+}-Ion eine intensiv violette Farbe, die schon bei einer Konzentration von 10^{-6} $mol \cdot l^{-1}$ sichtbar ist. Der Titrationsendpunkt wird angezeigt durch eine bleibende Rosafärbung, hervorgerufen durch einen geringen Überschuß von nicht reduziertem Kaliumpermanganat.

Arbeitet man im alkalischen bis neutralen Milieu (Gl. I), entsteht schon während der Titration eine gefärbte Fällung von MnO_2, die die Endpunktserkennung stört.

Einstellung von 0,1 N $KMnO_4$-Lsg.

Zur Einstellung von 0,1 N $KMnO_4$-Lsg. kann man Oxalsäure als Urtitersubstanz verwenden. Vereinfacht dargestellt verläuft die Umsetzung bei der Titration nach folgender Gleichung:

$$5\ C_2O_4^{2-} + 2\ MnO_4^- \longrightarrow 10\ CO_2 + 2\ Mn^{2+} + 8\ H_2O.$$

Die Titration wird bei einer Temperatur von ca. 80° C in schwefelsaurer Lösung durchgeführt.

Zu Beginn läuft die Reaktion langsamer ab als im weiteren Verlauf der Titration, da das entstehende Mn^{2+} die Reaktion katalysiert.

Für die Berechnung des Faktors ist zu beachten, daß Oxalsäure 2 mol Kristallwasser enthält.

Ein anderer Urtiter ist $(NH_4)_2Fe(SO_4)_2 \cdot 6\ H_2O$ (Mohrsches Salz).

Berechnungsbeispiel
Wie groß ist die Masse an Natriumoxalat, wenn bei der Titration in schwefelsaurer Lösung 72,5 ml 0,1 N $KMnO_4$-Lsg. verbraucht werden? Zur Titration benutzt man die Rotfärbung durch überschüssiges $KMnO_4$ als Indikator. $KMnO_4$ ist ein Oxidationsmittel, d.h. für Oxalat gilt die Reaktionsgleichung

$$C_2O_4^{2-} \longrightarrow 2\ CO_2 + 2\ e^-$$

$m_v = 1/2 \cdot 0{,}1 \cdot 72{,}5 \cdot 134 = 486$ mg

Alternative Lösung mit dem Umrechnungsfaktor k = 6,7 mg/ml für 0,1 N $KMnO_4$:

$m_v = 1 \cdot 6{,}7 \cdot 72{,}5 = 486$ mg

Normierfaktor f = 1, da eine exakt 0,1 N $KMnO_4$-Lsg. verwendet wurde.

Spezielle manganometrische Bestimmungen

Titrationsbeispiele

Wasserstoffperoxid

1 ml 0,1 N $KMnO_4$ ≙ 1,701 mg H_2O_2. Konzentrierte und verdünnte Wasserstoffperoxidlösungen können auch manganometrisch bestimmt werden. Die Umsetzung verläuft in schwefelsaurer Lösung nach folgender Gleichung:

$$2\ MnO_4^- + 5\ H_2O_2 + 6\ H_3O^+ \longrightarrow 2\ Mn^{2+} + 5\ O_2 + 14\ H_2O.$$

Beachte: H_2O_2 (Oxidationsstufe von Sauerstoff: -1) wird hier zu O_2 (Oxidationsstufe von Sauerstoff: 0) oxidiert, ist also selbst das Reduktionsmittel. Die Äquivalentzahl z ist folglich 2.

Wie groß ist der H_2O_2-Gehalt einer unbekannten Lösung?

2,1053 g der unbekannten Lsg. werden abgewogen, im Meßkolben auf genau 100 ml aufgefüllt.

Ein aliquoter Teil von 20 ml wird entnommen und - nach Ansäuern mit verd. Schwefelsäure - mit 0,1 N $KMnO_4$-Lsg. mit f = 1,020 titriert.

Verbrauch: 22,15 ml

Verdünnung: 100:20 = 5

k = 1,7 mg/ml für 0,1 N $KMnO_4$

$m_v = 1{,}02 \cdot 1{,}7 \cdot 22{,}15 \cdot 5 = 192{,}04$ mg H_2O_2

oder

$$\frac{192{,}04 \cdot 100}{2105{,}3} = 9{,}12\ \%\ H_2O_2$$

Elementares Eisen

1 ml 0,1 N $KMnO_4$ ≙ 5,585 mg Fe

Fe kann man durch Schütteln mit einer heißen $CuSO_4$-Lsg. lösen:

$$Fe + Cu^{2+} \longrightarrow Cu + Fe^{2+}.$$

Das Gleichgewicht liegt dabei auf der rechten Seite, da $E^o_{Cu/Cu^{2+}}$ größer ist als $E^o_{Fe/Fe^{2+}}$. Die gelösten Fe^{2+}-Ionen werden nach der Filtration der Lösung und Zugabe von Schwefelsäure manganometrisch bestimmt:

$$5\ Fe^{2+} + MnO_4^- + 8\ H_3O^+ \longrightarrow 5\ Fe^{3+} + Mn^{2+} + 12\ H_2O.$$

Den Endpunkt der Titration erkennt man an der bleibenden Orangefärbung, einer Mischfarbe aus dem Gelb des Fe^{3+}-Ions und dem Violett des MnO_4^--Ions.

Eine Unterdrückung der Fe(III)-Färbung ist durch den Zusatz von Phosphorsäure möglich (Bildung von $FePO_4$).

Fe^{2+}

1 ml 0,1 N $KMnO_4$ ≙ 5,585 mg Fe

Die salzsaure Probenlsg. wird mit ca. 10 ml "Reinhardt/Zimmermann-Lösung" versetzt und unter Rühren mit $KMnO_4$ titriert.

Die Reinhardt/Zimmermann-Lösung verhindert die Oxidation von Salzsäure zu Chlor. Zusammensetzung:

100 ml reine H_3PO_4 (d = 1,3), 60 ml H_2O, 40 ml H_2SO_4 (d = 1,84) werden zu 20 g $MnSO_4 \cdot 7\ H_2O$ in 100 ml H_2O gegeben.

Fe^{3+}

Fe^{3+} wird mit $SnCl_2$ in der Siedehitze reduziert. Überschüssige Sn^{2+}-Ionen werden in der Kälte mit $HgCl_2$ ($Sn^{2+} + 2\ Hg^{2+} \longrightarrow Sn^{4+} + Hg_2^{2+}$) beseitigt. Fe^{2+} wird wie oben titriert.

Fe^{2+} neben Fe^{3+}

Es werden nebeneinander zwei Titrationen durchgeführt. Fe^{2+} wird direkt titriert. Fe^{3+} wird über den Gesamtgehalt der Lösung an Fe ermittelt.

Oxalat, Oxalsäure

1 ml 0,1 N $KMnO_4$ ≙ 4,4011 mg $C_2O_4^{2-}$
≙ 4,5019 mg $H_2C_2O_4$

Die Probenlösung wird, falls Beimischungen stören, mit Ca^{2+}-Ionen versetzt. Die Ca-Fällung ist vollständig in schwach ammoniakalischer Lösung, bei Anwesenheit von NH_4Cl und in der Siedehitze. Die Fällung wird in heißer H_2SO_4 (1 : 1) gelöst. Es wird in der Wärme titriert.

Ca-Salze

1 ml 0,1 N $KMnO_4$ ≙ 2,004 mg Ca oder 2,804 mg CaO. Calcium wird als Oxalat gefällt und dann über Oxalat indirekt bestimmt; s. Oxalat!

Natriumnitrit

1 ml 0,1 $KMnO_4$ ≙ 2,3004 mg NO_2^-, 2,3508 mg HNO_2

Natriumnitrit kann manganometrisch titriert werden. Die Umsetzungsgleichung der Titration lautet:

$$5\ NO_2^- + 2\ MnO_4^- + 6\ H_3O^+ \longrightarrow 5\ NO_3^- + 2\ Mn^{2+} + 9\ H_2O.$$

Im Unterschied zum üblichen Verfahren wird hier eine bekannte Menge einer 0,1 N $KMnO_4$-Lsg. vorgelegt, die mit H_2SO_4 (1 : 1) angesäuert ist. Die Probenlösung erhält man dadurch, daß man eine bestimmte Menge $NaNO_2$ abwiegt und in einem bekannten Volumen Wasser löst. Diese Lösung läßt man aus der Bürette zu der ca. 40° C warmen $KMnO_4$-Lsg. bis zur Entfärbung zulaufen, wobei die Bürettenspitze direkt in die Lösung eintauchen soll.

Dieses umgekehrte Verfahren ist hier vorzuziehen, da in saurer Lösung flüchtige HNO_2 entsteht, die sich in der Wärme zersetzt:

$$2\ HNO_2 \longrightarrow H_2O + NO_2 + NO.$$

Reaktion mit Luftsauerstoff: $NO + 1/2\ O_2 \longrightarrow NO_2$.

Es sei darauf hingewiesen, daß die cerimetrische Bestimmung gegenüber dieser Methode genauere Ergebnisse liefert.

3.9.3.2 Cerimetrie

Als oxidierendes Reagenz dienen bei der Cerimetrie Ce^{4+}-Ionen, die durch Elektronenaufnahme in die dreiwertigen Ce^{3+}-Ionen übergehen:

$$Ce^{4+} + e^- \longrightarrow Ce^{3+}.$$

Das Redoxpotential ist abhängig vom Anion des Ce-Salzes. Bei pH = 1 gilt für die Normalpotentiale:

$$Ce(SO_4)_2:\ E^o = 1{,}44\ V,$$
$$Ce(NO_3)_4:\ E^o = 1{,}61\ V,$$
$$Ce(ClO_4)_4:E^o = 1{,}70\ V.$$

Die Äquivalentlösung kann man mit Ammoniumcer(IV)-sulfat oder mit Ammoniumcer(IV)-nitrat herstellen.

Die Cerimetrie bietet gegenüber der Manganometrie mehrere Vorteile. So hat die Äquivalentlösung eine höhere Titerbeständigkeit, da sie unempfindlich ist gegenüber Luftsauerstoff. Ce^{4+} setzt aus salzsaurer Lösung kein elementares Chlor frei; es entfällt auch das Problem mit den verschiedenen Wertigkeitsstufen, da nur ein Elektronenübergang von Ce^{4+} nach Ce^{3+} erfolgt.

Ein Nachteil gegenüber $KMnO_4$ ist die Notwendigkeit eines Indikators. Ce^{4+} ist zwar schwach gelb und Ce^{3+} farblos, die Farbintensität reicht jedoch nicht zur Erkennung eines scharfen Umschlags aus. Als Indikatoren verwendet man deshalb Ferroin oder Diphenylamin.

Einstellung der 0,1 N-Ammoniumcer(IV)-nitrat-Lösung

Als Urtitersubstanz wird As_2O_3 verwendet. Als Indikator dient Ferroin. Zuerst wird As_2O_3 in NaOH-Lsg. zu Natriumarsenit gelöst:

$$As_2O_3 + 6\ NaOH \longrightarrow 2\ Na_3AsO_3 + 3\ H_2O.$$

Das Arsenit (As(III) wird dann zu Arsenat (As(V)) mit Ce^{4+} in H_2SO_4-saurer Lösung oxidiert:

$$AsO_3^{3-} + 2\ Ce^{4+} \longrightarrow AsO_4^{3-} + 2\ Ce^{3+}.$$

As(III) zeigt sowohl gegenüber Ce^{4+} als auch gegenüber $KMnO_4$ eine Oxidationsresistenz; deshalb setzt man zweckmäßigerweise bei der Einstellung gegen As_2O_3 eine geringe Menge OsO_4 als Katalysator zu.

Spezielle cerimetrische Bestimmungen

Eisen(II)-sulfat

1 ml 0,1 N $Ce(SO_4)_2$ ≙ 5,585 mg Fe

Eisen(II)-salze können partiell durch Luftsauerstoff zu Eisen(III)-salzen oxidiert werden. Um eine Verfälschung des Titrationsergebnisses zu verhindern, ist es also erforderlich, den Luftsauerstoff vor Zugabe des Eisen(II)-salzes aus der Probenlösung zu entfernen. Man erreicht dies, indem zu einer wäßrigen H_3PO_4/H_2SO_4-Lösung Natriumhydrogencarbonat hinzugegeben wird. Das hierbei freiwerdende CO_2 verdrängt den Luftsauerstoff weitgehend aus der Lösung.

Die Titration mit Ammoniumcer(IV)-nitrat-Lösung läßt sich wie folgt beschreiben: $Fe^{2+} + Ce^{4+} \longrightarrow Fe^{3+} + Ce^{3+}$.

Indikator ist Ferroin.

Natriumnitrit

1 ml 0,1 N $Ce(SO_4)_2$ ≙ 4,6008 mg NO_2^-

Aus den oben genannten Gründen (s.Kap. "Manganometrie, Natriumnitrit") wird auch hier die angesäuerte Cer(IV)-sulfat-Lösung vorgelegt und mit Natriumnitrit, das in 100 ml Wasser gelöst wurde, titriert:

$$NO_2^- + 2\ Ce^{4+} + H_2O \longrightarrow NO_3^- + 2\ Ce^{3+} + 2\ H^+.$$

Der Indikator Ferroin wird erst kurz vor dem Verschwinden der gelben Farbe des Ce^{4+}-Ions zugesetzt.

Zinkstaub

Zinkstaub enthält neben elementarem Zink Verunreinigungen durch ZnO und Spuren anderer Metalle. Da er hauptsächlich als Reduktionsmittel Verwendung findet, ist es u.U. sinnvoll, seine reduzierende Wirkung quantitativ zu erfassen und nicht etwa den oxidierten Zinkanteil mitzubestimmen.

Das Zink wird in Wasser unter Zusatz von einem Überschuß an Ammoniumeisen(III)sulfat gelöst:

$$Zn + 2\ NH_4Fe(SO_4)_2 \longrightarrow ZnSO_4 + (NH_4Fe)_2(SO_4)_3,$$

Da $E^{o}_{Fe^{2+}/Fe^{3+}}$ größer ist als $E^{o}_{Zn/Zn^{2+}}$, löst sich der Zinkstaub unter Oxidation zu Zn und reduziert hierbei Fe^{3+} zu Fe^{2+}. Anschliessend wird Fe^{2+} in schwefelsaurer Lösung cerimetrisch bestimmt (Reaktionsgleichung s. Eisen(II)-sulfat). Als Indikator verwendet man z.B. Ferroin.

3.9.3.3 Iodometrie

Iod läßt sich leicht zu Iodid reduzieren:

$$I_2 + 2\,e^- \rightleftharpoons 2\,I^-,\ E^o = 0{,}535\ V.$$

Die Reversibilität dieses Vorgangs kann man mit dem relativ niedrig liegenden Normalpotential erklären.

Ist das Redoxpotential eines Stoffes niedriger als das der Iodlösung, so wird das Iod von diesem Stoff zu Iodid reduziert. Liegt das Redoxpotential des Stoffes höher als das der Iodlösung, so kann Iodid zu Iod oxidiert werden.

Es sind also sowohl Oxidations- als auch Reduktionsmittel iodometrisch titrierbar.

Die relativ geringe Wasserlöslichkeit des Iods wird durch Zugabe von Kaliumiodid stark erhöht, da sich das gut lösliche I_3^--Ion bildet:

$$I^- + I_2 \longrightarrow I_3^-.$$

Der Endpunkt muß indiziert werden, weil die gelbe Farbe von I_3^- für eine genaue Erkennung des Umschlagspunktes nicht ausreicht. Als Indikator bietet sich Stärke an.

Beachte: Oxidationen und Reduktionen mit I_2 bzw. I^- sind Zeitreaktionen. Nach der Zugabe von I_2 bzw. KI muß die Probenlösung ca. 10 min. stehen bleiben. Gelegentlich schüttelt oder rührt man die Lsg. Wegen der Oxidation von I^- zu I_2 durch Sauerstoff und Licht, wird die Lösung in einem verschlossenen Schliff-Erlenmeyer im Dunkeln aufbewahrt.

Herstellung der Stärke-Lösung

1 g lösliche Stärke und 5 mg HgI_2 (dient zur Konservierung der Lösung), werden mit wenig kaltem Wasser aufgeschlämmt, mit Wasser auf ca. 500 ml Volumen verdünnt und ca. 5 min. gekocht. Die kalte Lsg. wird filtriert. Für 100 ml Probenlösung nimmt man ca. 2 ml Stärke-Lösung.

Betrachtung der beiden möglichen iodometrischen Titrationsverfahren

a) Bestimmung von Reduktionsmitteln: Ein Reduktionsmittel reduziert Iod zu Iodid. Hierzu gibt man eine eingestellte Iodlösung so lange zur Probe, bis mit Stärke eine bleibende Blaufärbung eintritt. Die bis zu diesem Punkt verbrauchte Iodmenge ist der Menge an Reduktionsmittel äquivalent. Der erste Tropfen Äquivalentlösung, der überschüssiges Iod enthält, verursacht die bleibende Iod-Stärke-Reaktion.

Eine andere Methode zur Bestimmung von Reduktionsmitteln ist die indirekte Titration: Man gibt einen Überschuß eingestellter Iodlösung zur Probenlösung und titriert den Überschuß mit $Na_2S_2O_3$ (Formel s. Abschn. b) zurück. Die Differenz zwischen eingesetzter Iodlösung und verbrauchter $Na_2S_2O_3$-Lsg. entspricht dem Iodverbrauch durch das zu bestimmende Reduktionsmittel.

Beispiele: H_2S, SO_3^{2-} ($SO_3^{2-} + I_2 + H_2O \longrightarrow SO_4^{2-} + 2\,H^+ + 2\,I^-$)

b) Bestimmung von Oxidationsmitteln: Hier wird ein Überschuß an Kaliumiodid (1-2 g KI) zur Probe gegeben. Das in der Probenlösung enthaltene Oxidationsmittel oxidiert eine ihm äquivalente Menge Iodid zu Iod. Die freigesetzte Iodmenge wird anschließend mit eingestellter $Na_2S_2O_3$-Lsg. wieder zu Iodid reduziert: $I_2 + 2\,S_2O_3^{2-} \longrightarrow S_4O_6^{2-} + 2\,I^-$.

Auch hier erfolgt die Endpunktsanzeige durch Zugabe von Stärkelösung. Man titriert bis zum Verschwinden der blauen Färbung, bis also kein elementares Iod mehr vorhanden ist.

Ein Nachteil des Verfahrens b) ist die starke pH-Abhängigkeit der Umsetzung von I_2 mit $S_2O_3^{2-}$. Diese Reaktion läuft nur im sauren bis neutralen Milieu ab. Im stark alkalischen Milieu disproportioniert Iod in Iodid und Hypoiodid. Da Hypoiodid ein höheres Oxidationspotential besitzt als Iod, wird in alkalischer Lösung das Thiosulfat nicht nur bis zum Tetrathionat, sondern partiell bis zum Sulfat oxidiert; deshalb ist hier keine eindeutige Umsetzung mehr gewährleistet.

Für 0,1 N Iod-Lösungen liegt die untere Grenze bei pH = 7,6, für 0,01 N Iod-Lösungen bei pH = 6,5.

Salze, die mit Wasser OH^- bilden, wie z.B. $CH_3CO_2^-$ ($CH_3CO_2^- + H_2O \rightleftharpoons CH_3COOH + OH^-$), dürfen daher nicht in nennenswerter Konzentration vorhanden sein.

Einen Ausweg bietet die Titration des Iods mit arseniger Säure; dabei wird diese in alkalischer Lösung zu Arsenat oxidiert und Iod zu Iodid reduziert:

$$I_2 + AsO_3^{3-} + 2\ OH^- \rightleftharpoons 2\ I^- + AsO_4^{3-} + H_2O.$$

Herstellung der Maßlösungen

<u>Bereitung einer 0,1 N Iod-Lösung</u>

20 - 25 g reines KI werden in ca. 40 ml Wasser gelöst und 12,7 - 12,8 g I_2 hinzugefügt. Diese Mischung wird in einem verschlossenen Meßkolben solange geschüttelt, bis alles I_2 gelöst ist. Anschliessend wird die Lösung auf 1 Liter aufgefüllt, der Faktor bestimmt und in einer braunen Flasche kalt aufbewahrt.

Anmerkung: Um Fehler zu vermeiden, werden zum Ansäuern der Probenlösung nur verdünnte Lösungen von Salzsäure, H_2SO_4 oder HNO_3 verwendet. Um jede Oxidation von I^- zu I_2 beim Ansäuern auszuschliessen, kann man auch mit Eisessig ansäuern.

<u>Einstellung einer 0,1 N-Iod-Lösung</u>

Häufig nimmt man die Einstellung gegen As_2O_3 in gepufferter Lösung vor. As_2O_3 wird in 1 N NaOH zum Arsenit (AsO_3^{3-}) gelöst. Nach der Neutralisation mit Salzsäure wird eine bestimmte Menge Natriumhydrogencarbonat hinzugefügt. Das so gelöste Arsenit wird mit 0,1 N Iod-Lösung titriert. Hierbei oxidiert Iod Arsenit zu Arsenat, s.o.
1 ml 0,1 N Iod-Lösung ≙ 4,946 mg As_2O_3
Das Gleichgewicht dieser Reaktion liegt in alkalischer und fast neutraler Lösung auf der rechten Seite. Arbeitet man in stark saurer Lösung, verschiebt es sich auf die linke Seite.

Gelegentlich nimmt man die Einstellung der 0,1 N Iod-Lösung auch gegen Natriumthiosulfat vor. Dieses Verfahren liefert jedoch ungenauere Ergebnisse, da Natriumthiosulfat keine Urtitersubstanz ist.

<u>Bereitung einer 0,1 N $Na_2S_2O_3$-Lösung</u>

Man wiegt ungefähr 0,1 mol $Na_2S_2O_3 \cdot 5\ H_2O$ (M = 248,183) $\approx$ 25 g reinstes Natriumthiosulfat ab und verdünnt mit Wasser auf 1 Liter.

Nach etwa acht Tagen ermittelt man den genauen Titer der Lösung, die in einer braunen Flasche gegen Lichteinwirkung geschützt werden muß. Zur Haltbarmachung der Lösung wird in der Literatur empfohlen, 1 g Pentanol oder 0,1 g $Hg(CN)_2$ pro Liter Lösung zuzusetzen.

Einstellung einer 0,1 N $Na_2S_2O_3$-Lösung

Die Einstellung kann mit reinstem Iod, $K_2Cr_2O_7$, $KMnO_4$ oder besser KIO_3 vorgenommen werden. KIO_3 wird in schwach saurer Lösung mit überschüssigem KI zu I_2 reduziert, das mit $Na_2S_2O_3$ titriert wird. $IO_3^- + 5\ I^- + 6\ H_3O^+ \longrightarrow 3\ I_2 + 9\ H_2O$. Man wiegt ca. 0,1 g KIO_3 genau ab, löst in ca. 200 ml H_2O, fügt ca. 1 g KI hinzu, säuert mit verd. HCl an und titriert mit $Na_2S_2O_3$-Lsg.

1 ml 0,1 $Na_2S_2O_3$-Lsg. ≙ 3,567 mg KIO_3.

Spezielle iodometrische Verfahren

a) Bestimmung von Reduktionsmitteln

Ascorbinsäure

In saurer Lösung wird Ascorbinsäure (1) von Iod zu Dehydroascorbinsäure (2) oxidiert:

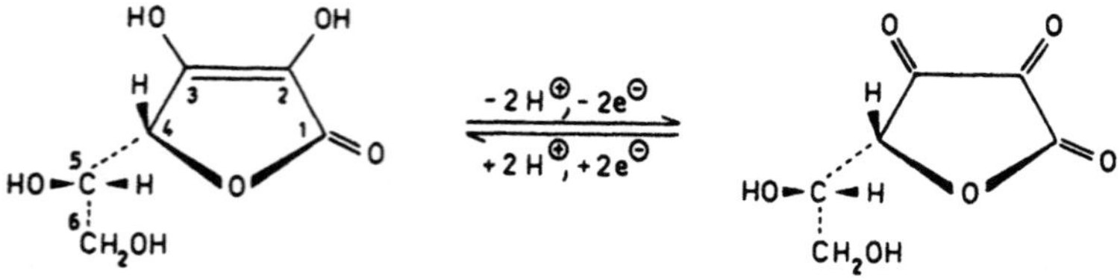

1 Ascorbinsäure

2 Dehydroascorbinsäure

Der Zusatz der Stärkelösung hat einen schleppenden Umschlag zur Folge, da der an Stärke gebundene Iodanteil nur schwer reduzierbar ist.

Anmerkung:

Weil Ascorbinsäure eine schwache Säure ist, kann sie auch gegen Phenolphthalein mit Natronlauge titriert werden.

b) Bestimmung von Oxidationsmitteln

Reduzierbare Stoffe (Oxidationsmittel), die iodometrisch titriert werden können, sind z.B. MnO_4^-, Chlorate, Bromate, Iodate, Periodate, AsO_4^{3-}, Fe^{3+}, Cu^{2+}, H_2O_2, Peroxide, Perborate, Hexacyanoferrat(III).

Chlorate

10 ml der Chloratlösung werden in einem Schlifferlenmeyer mit etwa 1 g KBr und 20 ml konz. Salzsäure vermischt und verschlossen ca. 10 min. stehen gelassen. Man fügt ca. 30 ml 0,2 N KI-Lsg. hinzu, verdünnt und titriert das durch Br_2 freigesetzte Iod mit $Na_2S_2O_3$.
($ClO_3^- + 6\ Br^- \xrightarrow{H_3O^+} 3\ Br_2 + \dots$; $Br_2 + 2\ KI \longrightarrow I_2 + 2\ Br^-$).

1 ml 0,1 N $Na_2S_2O_3$-Lösung ≙ 2,0242 mg $KClO_3$,
≙ 1,391 mg ClO_3^-.

Iodate / Periodate

$$IO_3^- + 5\ I^- \xrightarrow{H_3O^+} 3\ I_2 + \text{Wasser}$$

$$IO_4^- + 7\ I^- \xrightarrow{H_3O^+} 4\ I_2 + \text{Wasser}$$

Etwa 0,1 g KIO_3 (KIO_4) wird mit 3 g KI in ca. 200 ml Wasser gelöst und mit 20 ml 2 N HCl vermischt.

1 ml 0,1 $Na_2S_2O_3$-Lösung ≙ 3,567 mg KIO_3, 2,932 mg HIO_3
≙ 2,399 mg HIO_4

Weitere Beispiele s. Spezialliteratur.

Zur Wasserbestimmung nach Karl Fischer s. Kap. 4.

Formaldehyd

Formaldehyd wird in alkalischer Lösung titriert, da hier das durch Disproportionierung entstehende Hypoiodid ein höheres Redoxpotential hat als freies Iod:

$$I_2 + 2\ OH^- \rightleftharpoons IO^- + I^- + H_2O \qquad (I).$$

Das Hypoiodid oxidiert Formaldehyd zu Ameisensäure nach der Gleichung:

$$CH_2O + IO^- + OH^- \longrightarrow HCOO^- + I^- + H_2O \qquad (II).$$

Man gibt also einen Überschuß an Iod zum Formaldehyd in alkalischer Lösung. Nach der Umsetzung (Gl. II) säuert man an, so daß durch Komproportionierung (Umkehrung von Gl. I) aus dem überschüssigen IO^- und dem I^- wieder elementares Iod entsteht; dieses wird mit Thiosulfat gegen Stärke titriert.

Weitere Reduktionsmittel, die iodometrisch bestimmt werden können: H_2S, Sulfide, Sulfite, $Na_2S_2O_3$, Hydrazin, As(III)-, Sb(III)-, Sn(II)-, Hg(I)-Verbindungen.

1 ml 0,1 N Iodlösung ≙ 3,7455 mg As, 6,088 mg Sb; 5,935 mg Sn;
≙ 20,059 mg Hg

Zur As(III)-Bestimmung s.S. 309. (Titerstellung der Iodlsg.).

Die Sb(III)- und Sn(II)-Bestimmung können analog zur As(III)-Bestimmung erfolgen.

Hg(I)-Verbindungen werden in Gegenwart von überschüssigem KI in $[HgI_4]^{2-}$ übergeführt. Zweckmäßigerweise verwendet man überschüssige Iodlösung und titriert den unverbrauchten Anteil mit $Na_2S_2O_3$ zurück.

3.9.3.4 Bromometrie

Brom hat ein Redoxpotential von $E^{o}_{Br_2/2Br^-} = 1{,}07$ V und kann deshalb als Oxidationsmittel wirken; außerdem lassen sich mit Brom leicht elektrophile Substitutionen an aktivierten Aromaten durchführen. Diese beiden chemischen Reaktionen können bei definierten chemischen Umsetzungen zu Gehaltsbestimmungen herangezogen werden. Da Bromlösungen keine hohe Titerbeständigkeit haben, erzeugt man elementares Brom während der Titration, indem man zur sauren Probenlösung, die überschüssiges Brom enthält, eingestellte $KBrO_3$-Lsg. zutropfen läßt. Durch Konproportionierung entsteht eine äquivalente Brommenge: $BrO_3^- + 3\ Br^- + 6\ H^- \longrightarrow 3\ Br_2 + 3\ H_2O$.

Die Endpunktsbestimmung erfolgt auf zwei verschiedenen Wegen. Einmal wird eine genau bekannte überschüssige $KBrO_3$-Menge zugegeben (Bestimmung a) - c)), so daß nach der Reaktion überschüssiges Brom in der Probenlösung vorhanden ist. Danach gibt man Kaliumiodid zu. Aufgrund des höheren Redoxpotentials des Broms oxidiert dieses das Iodid in äquivalenter Menge zu elementarem Iod, welches mit Thiosulfat bestimmt werden kann (s. Kap. Iodometrie).

Eine andere Methode ist die Endpunktsbestimmung mit einem Indikator (Bestimmung d)). Dieser wird durch überschüssiges Brom reversibel bzw. irreversibel oxidiert und erfährt hierdurch eine Farbveränderung. Der Indikator ist Ethoxychrysoidin.

Eine Einstellung der 0,1 N $KBrO_3$-Lsg. ist nicht notwendig, da Kaliumbromat selbst eine Urtitersubstanz darstellt.

Bromometrische Titrationen mit iodometrischer Endpunktsbestimmung

a) Bestimmung von aromatischen Aminen

Aromatische Amine lassen sich leicht mit Brom elektrophil substituieren, da durch den + M-Effekt der Aminogruppe der Aromat in o- und p-Stellung aktiviert ist.

Die Titration erfolgt - wie oben beschrieben - in saurer Lösung, indem man durch Konproportionierung überschüssiges Brom herstellt, das mit dem Amin reagiert. Der Überschuß setzt dann Iod aus zugesetztem Kaliumiodid frei, das mit Thiosulfat bestimmt wird.

Allgemeine Reaktionsgleichung:

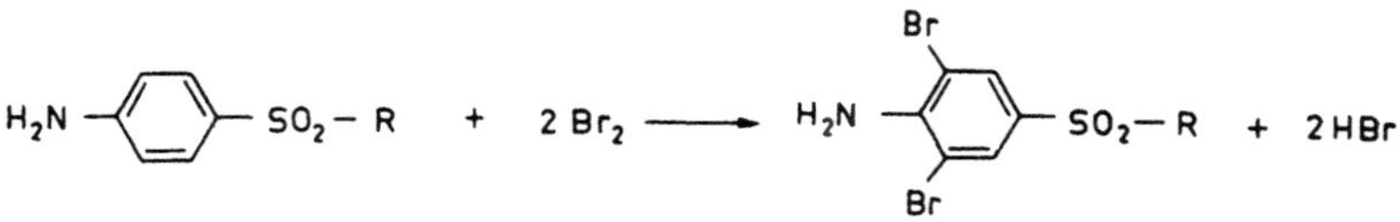

Diese Umsetzung gilt für:

$R = -NH_2$: Sulfanilamid = Sulfanilyl-amin,

R = 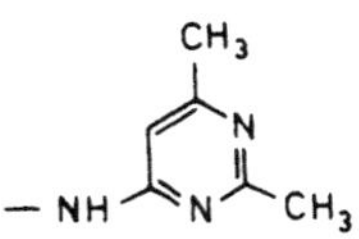

Sulfisomidin = 2,4-Dimethyl-6-(sulfanilyl-amino)-pyrimidin,

R = 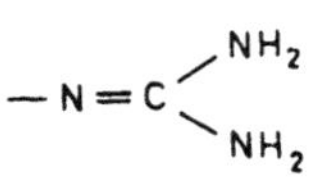

Sulfaguanidin = Sulfanilyl-guanidin

b) Bestimmung von Phenolen

Auch Phenole lassen sich leicht aufgrund des +M-Effektes der Hydroxylgruppe in o- und p-Stellung elektrophil substituieren.

Phenol

Sowohl die p- als auch die beiden o-Stellungen sind frei. Es entsteht also primär 2,4,6-Tribromphenol (1), das sich mit überschüssigem Brom zu 2,4,4,6-Tetrabrom-2,5-cyclohexadien (2) weiter umsetzt:

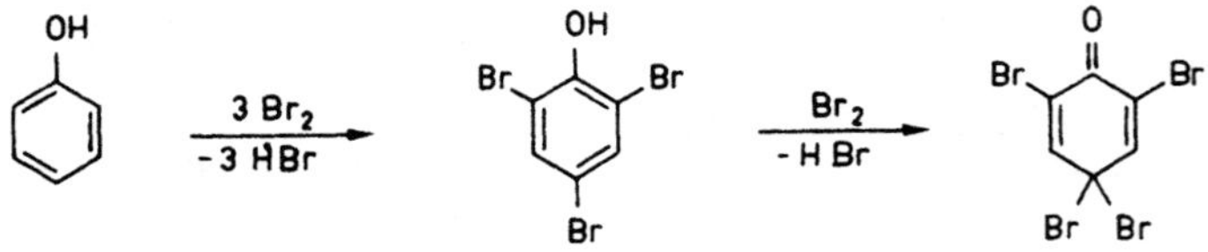

1 2

Bei Zugabe von Kaliumiodid entsteht wieder das Produkt (1), da (2) mit Iodid Iodbromid abspaltet, welches mit Iodid zu elementarem Iod reagiert:

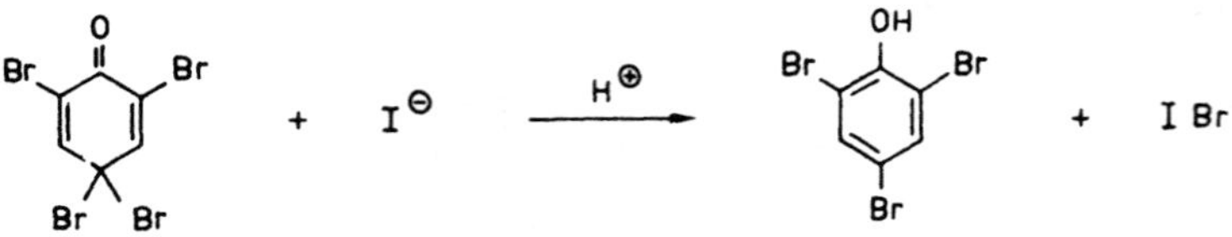

$$IBr + I^- \longrightarrow I_2 + Br^-.$$

Nach Beendigung der Titration ergibt sich ein Verbrauch von 3 mol Brom.

Resorcin

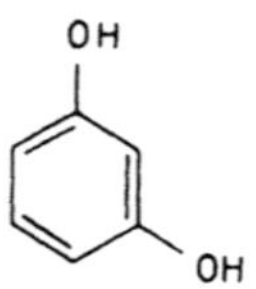

1,3-Dihydroxy-benzol

Durch Bromierung entsteht hier zuerst 2,4,6-Tribromresorcin (1), das sich weiter zu 2,4,4,6,6,-Pentabrom-1-cyclohexen-3,5-dion (2) umsetzt. Bei Zugabe von KI entsteht wieder (1), so daß sich der Gesamtverbrauch am Ende der Titration auf 3 mol Brom beläuft:

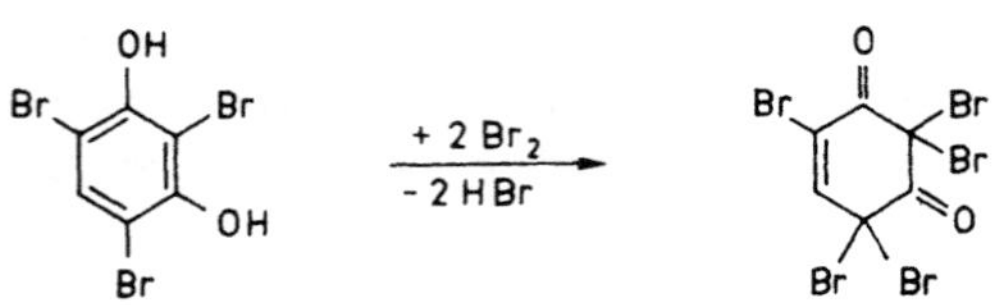

1 2

3.9.3.5 Kaliumdichromat

$K_2Cr_2O_7$ hat ein Normalpotential von $E^o = +1{,}36$ V und ist demnach in saurer Lösung ein starkes Oxidationsmittel:

$$Cr_2O_7^{2-} + 14\ H_3O^+ + 6\ e^- \rightleftharpoons 2\ Cr^{3+} + 21\ H_2O$$

$K_2Cr_2O_7$ läßt sich durch mehrmaliges Umkristallisieren aus heißem Wasser und Trocknen bei 130° C leicht titerrein erhalten. Aus diesem Grunde ist bei der Herstellung von Äquivalentlösungen keine Faktorbestimmung erforderlich.

4,9032 g $K_2Cr_2O_7$ werden genau eingewogen, im Meßkolben aufgelöst und auf ein Volumen von einem Liter aufgefüllt. Die so hergestellte 0,1 N $K_2Cr_2O_7$-Lsg. ist unbegrenzt haltbar.

Endpunkterkennung

Probleme bei der Titration mit $K_2Cr_2O_7$ macht die Erkennung des Endpunkts.

Man kann sich der "Tüpfelmethode" bedienen s. hierzu S. 320. Bei der Titration von Fe^{2+} tüpfelt man z.B. mit ($K_4[Fe(CN)_6]$-freiem) $K_3[Fe(CN)_6]$ als "Tüpfelindikator".

Fe, Fe^{2+}

1 ml 0,1 N $K_2Cr_2O_7$ ≙ 5,585 mg Fe

Neben der manganometrischen Titration kann man Fe^o oder Fe^{2+} mit $K_2Cr_2O_7$ bestimmen. Fe^o (Eisenpulver) wird in H_2SO_4 zu $FeSO_4$ gelöst und dann mit $K_2Cr_2O_7$-Lösung zu Fe^{3+} oxidiert. Der Endpunkt ist mit $K_3[Fe(CN)_6]$ als Tüpfelindikator oder mit Diphenylamin-Schwefelsäure indizierbar (Umschlag nach tiefviolett).

3.9.3.6 Kaliumbromat

Kaliumbromat ist im sauren Milieu ein gutes Oxidationsmittel. Es wird über mehrere Stufen bis zum Bromid reduziert:

$$BrO_3^- + 6\ H^+ + 6\ e^- \longrightarrow Br^- + 3\ H_2O.$$

Mit Hilfe dieser Reaktion lassen sich einige Reduktionsmittel im sauren Milieu titrieren, wie Verbindungen von As(III), Sb(III), Sn(II), Cu(I), Tl(I) oder auch Hydrazin.

Bromat reagiert z.B. mit Arsenit: $BrO_3^- + 3\ AsO_3^{3-} \longrightarrow Br^- + 3\ AsO_4^{3-}$.

Nach Umsetzung der gesamten Arsenmenge entsteht aus überschüssigem Bromat und dem entstandenen Bromid durch Konproportionierung elementares Brom, das wie bei bromometrischen Bestimmungen durch einen Indikator angezeigt werden kann.

Als Indikatoren eignen sich Farbstoffe wie Methylrot, Methylorange, Chinolingelb. Sie werden von dem Brom irreversibel zersetzt. Da der Zersetzungsprozeß eine gewisse Zeit erfordert, fügt man die $KBrO_3$-Lsg. gegen Ende der Titration langsam hinzu und gibt einen weiteren Tropfen Indikator zu. Die Titration wird vorteilhaft bei 40 - 60° C durchgeführt.

$KBrO_3$ ist eine Urtitersubstanz. Es läßt sich durch mehrmaliges Umkristallisieren aus heißem Wasser und Trocknen bei 180° C titerrein erhalten. Zur Bereitung einer 0,1 N $KBrO_3$-Lsg. wiegt man 2,7835 g $KBrO_3$ ein und füllt auf einen Liter auf.

Beispiel: $\underline{As^{3+}}$: 1 ml 0,1 N $KBrO_3$ ≙ 3,7455 mg As
≙ 4,9455 mg As_2O_3

$\underline{Sb^{3+}}$: 1 ml 0,1 N $KBrO_3$ ≙ 6,088 mg Sb
≙ 7,288 mg Sb_2O_3

$\underline{Bi^{3+}}$: 1 ml 0,1 N $KBrO_3$ ≙ 6,966 mg Bi
≙ 1,553 mg Bi_2O_3

3.9.3.7 Periodat

$\underline{NaIO_4}$ reagiert mit allen vicinalen Hydroxylgruppen unter oxidativer Spaltung der dazwischenliegenden C-C-Bindungen (Malaprade-Reaktion). Primäre alkoholische Gruppen werden hierbei zu Formaldehyd, sekundäre zu Ameisensäure oxidiert. Das Periodat wird zu Iodat reduziert. Am Beispiel des Glycerins läßt sich diese Reaktion verdeutlichen:

$$\begin{matrix} CH_2OH \\ | \\ CHOH \\ | \\ CH_2OH \end{matrix} + 2\,IO_4^{\ominus} \longrightarrow 2\,H_2C{=}O + HCOOH + 2\,IO_3^{\ominus} + H_2O$$

Die Reaktion findet in saurer und neutraler Lösung statt.

Der Verbrauch an Periodat, das im Überschuß zugesetzt wird, kann auf zwei Wegen ermittelt werden:

a) In saurer Lösung gibt man nach der Titration einen Überschuß KI hinzu, wobei IO_4^- und entstandenes IO_3^- mit I^- zu elementarem Iod konproportionieren:

$$IO_4^- + 7\ I^- + 8\ H_3O^+ \longrightarrow 4\ I_2 + 12\ H_2O,$$

$$IO_3^- + 5\ I^- + 6\ H_3O^+ \longrightarrow 3\ I_2 + 9\ H_2O.$$

Weiter wird ein Blindversuch mit Periodat-Lösung durchgeführt. Aus der Differenz zwischen Haupt- und Blindversuch läßt sich dann die verbrauchte Periodatmenge berechnen.

Diese Methode ist relativ ungenau; deshalb gibt man meist Methode b) den Vorzug.

b) In HCO_3^--gepufferter Lösung wird nur Periodat durch I^- zu IO_3^- reduziert, da das Potential von IO_3^- bei diesem pH für die weitere Reaktion nicht ausreicht:

$$IO_4^- + 2\ I^- + H_2O \longrightarrow IO_3^- + I_2 + 2\ OH^-.$$

Das entstandene elementare Iod wird durch Arsenit zu Iodid reduziert:

$$I_2 + AsO_3^{3-} + 2\ OH^- \longrightarrow 2\ I^- + AsO_4^{3-} + H_2O.$$

Überschüssiges Arsenit kann mit Iodlösung gegen Stärke titriert werden.

Dieses Verfahren wendet man auch bei Sorbit und Ethylenglykol an.

3.9.3.8 Hypoiodid

Hypoiodid hat ein höheres Redoxpotential als Iod und läßt sich deshalb zur oxidimetrischen Bestimmung von Stoffen einsetzen, die mit Iod nicht mehr zu oxidieren sind. Ein Beispiel ist die Titration von Formaldehyd.

Hypoiodid entsteht beim Alkalischmachen von Iodlösung durch Disproportionierung. Der Überschuß an Iod kann nach dem Ansäuern wieder mit Thiosulfat zurücktitriert werden. (Näheres hierzu s.S. 307.)

3.10 Fällungstitrationen

Voraussetzung für eine Fällungstitration ist ein eindeutig verlaufender Fällungsvorgang, bei dem eine schwerlösliche Verbindung entsteht. Außerdem muß der Äquivalenzpunkt mit hinreichender Genauigkeit angezeigt werden können.

Über die theoretischen Grundlagen von Fällungsreaktionen Kap. 3.1.4.

Beachte: Eine Fällungstitration ist um so genauer, je größer die Anfangskonzentration der Probe und je kleiner das Löslichkeitsprodukt des Niederschlags ist.

3.10.1 Titrationskurven

Die näherungsweise Berechnung von Titrationskurven soll für die Fällung von Ag^+-Ionen (Probe) mit Cl^--Ionen (Titrant) gezeigt werden.

Das Löslichkeitsprodukt von AgCl ist: $[Ag^+] \cdot [Cl^-] = 10^{-10} mol^2 \cdot l^{-2} = Lp_{AgCl}$.

Mit dem Metallionenexponenten $pMe^{n+} = -\lg[Me^{n+}]$ erhält man für eine *reine*, an AgCl *gesättigte* Lösung: $pAg^+ = 1/2\ pLp_{AgCl} = 5{,}0$.

Im Äquivalenzpunkt gilt:

(1) $[Ag^+] = [Cl^-]$ oder $pAg^+ = 1/2\ pLp = 5$.

Setzt man der einen, an AgCl gesättigten Lsg. c $mol \cdot l^{-1}$ Cl^--Ionen zu, so gilt, falls man die Cl^--Ionen vernachlässigt, die nach $AgCl \rightleftharpoons Ag^+ + Cl^-$ entstehen: $[Cl^-] = c_{Cl^-}$ und $[Ag^+] = Lp/c_{Cl^-}$.

Nach Überschreiten des Äquivalenzpunktes berechnet sich der pAg^+ in grober Näherung nach der Gleichung:

(2) $pAg^+ = pLp_{AgCl} + \lg c_{Cl^-}$.

Fügt man der reinen, an AgCl gesättigten Lösung Ag^+-Ionen der Konzentration c_{Ag^+} zu, so gilt, bei Vernachlässigung der durch Dissoziation aus AgCl entstehenden Ag^+-Ionen: $[Ag^+] = c_{Ag^+}$.

Vor dem Erreichen des Äquivalenzpunktes berechnen sich die pAg^+-Werte in grober Näherung nach der Gleichung:

(3) $pAg^+ = -\lg c_{Ag^+}$.

Die mit diesen Gleichungen erhaltenen pAg^+-Werte werden in der Nähe des Äquivalenzpunktes ungenau, weil man hier die Dissoziation des Niederschlags nicht mehr vernachlässigen darf.

Allgemeine Formel:

Betrachten wir die allgemeine Gleichung: $A^+ + B^- \rightleftharpoons AB$, und bezeichnet a den *Überschuß* und C_a die *Gesamtkonzentration* einer Ionenart a in der Lösung, so gilt:

I. C_a = a + Ionenkonzentration aus dem Gleichgewicht $AB \rightleftharpoons A^+ + B^-$.

Die Konzentration der im *Unterschuß* in der Lösung vorhandenen Ionenart ist gleich der Löslichkeit L von AB. L errechnet sich mit der Formel:

II. $L = \frac{a}{2} \pm \sqrt{\frac{a^2}{4} + Lp_{AB}}$, mit $(a + L) \cdot L = Lp_{AB}$.

Graphische Darstellung

Trägt man die mit den Gleichungen (1), (2), (3) oder (I) und (II) berechneten pMe-Werte gegen den jeweiligen Titrationsgrad (Umsetzungsgrad) in ein kartesisches Achsenkreuz ein, erhält man eine Titrationskurve, deren Form Abb. 39 entspricht.

Der Wendepunkt der Kurve beim Titrationsgrad 1 ist der Äquivalenzpunkt.

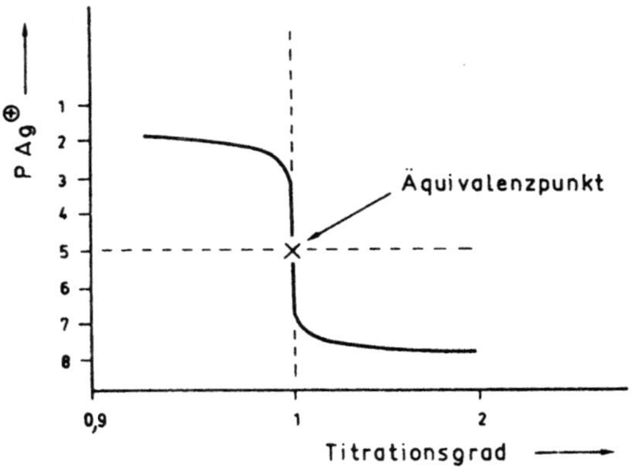

Abb. 39. Berechnete Kurve der Titration von Ag^+-Ionen mit Cl^--Ionen

Beachte:

- Die sprunghafte Änderung des Metallionenexponenten im Äquivalenzpunkt ist um so größer, je kleiner das Löslichkeitsprodukt des Niederschlags ist.
- Nur die Titrationskurven von 1 : 1-Elektrolyten zeigen rechts und links vom Äquivalenzpunkt einen symmetrischen Verlauf.

3.10.2 Endpunkte der Titrationen

Zur Endpunktsbestimmung bei Fällungstitrationen eignen sich besonders *elektrochemische Methoden*, wie sie in Kap. 4 beschrieben sind.

Einfach, aber zeitraubend und ungenau ist es, den Endpunkt durch Beobachtung der Ausflockung des Niederschlags zu ermitteln. Man muß hierbei bis zum sog. *"Klarpunkt"* titrieren.

In stark getrübten Lösungen kann der Endpunkt gelegentlich durch "*Tüpfeln*" erkannt werden: Bei der Titration von Zn^{2+}-Ionen mit $K_4[Fe(CN)_6]$-Lsg. entnimmt man der Reaktionslösung gegen Ende der Titration mehrmals einen klaren Tropfen und prüft mit $UO_2(NO_3)_2$-Lösung, ob eine bräunliche Färbung die Bildung von $(UO_2)_2[Fe(CN)_6]$ und damit überschüssiges $K_4[Fe(CN)_6]$ anzeigt *("Tüpfel-Reaktion")*.

Häufig benutzt man auch die Bildung eines gefärbten Niederschlags oder einer gefärbten löslichen Verbindung zur Indikation des Äquivalenzpunktes. So fügt man der Reaktionslösung bei der Bestimmung von Cl^- und Br^- mit Ag^+-Ionen nach *Mohr* CrO_4^{2-}-Ionen zu. Die Überschreitung des Äquivalenzpunktes wird am Auftreten von rotem Ag_2CrO_4 erkannt. Ein weiteres Beispiel ist die Bestimmung von Ag^+-Ionen mit SCN^--Ionen nach *Volhard* mit $FeCl_3$ als Indikator.

Auch Adsorptionsindikatoren werden zur Indikation des Äquivalenzpunktes verwendet. Anwendungsbeispiele sind die Bestimmung von Cl^-, Br^-, I^-, SCN^- nach *K. Fajans* mit Eosin oder Fluorescein als Indikator.

3.10.3 Anwendungsbeispiele

Bestimmung des Silbers, der Cyanide und des Thiocyanats nach *Volhard*

1 ml 0,1 N $AgNO_3$-Lösung ≙ 2,602 mg CN^-
≙ 3,545 mg Cl^-
≙ 5,808 mg SCN^-

1 ml 0,1 N $AgNO_3$-Lösung ≙ 7,991 mg Br^-
≙ 12,690 mg I^-

Hinweis:

Die verwendeten Maßlösungen sollten, wenn irgendmöglich, gekauft werden, da ihre Bereitung und Einstellung nicht ohne Probleme ist.

Die $AgNO_3$-Lösung ist lichtempfindlich und muß daher in einer braunen Schliff-Flasche aufbewahrt werden.

Ag^+-Ionen können nach *Volhard* im salpetersauren Milieu mit SCN^--Ionen titriert werden. Hierbei scheidet sich schwerlösliches Silberthiocyanat ab:

$$Ag^+ + SCN^- \rightleftharpoons AgSCN \quad .$$

Zur Ermittlung des Äquivalenzpunktes wird $NH_4Fe(SO_4)_2$ zur Probenlösung zugesetzt, da Fe^{3+} - mit SCN^--Ionen - eine blutrote Färbung gibt. Die Konzentrationsverhältnisse werden so gewählt, daß die erste für das Auge wahrnehmbare Färbung auftritt, wenn $[SCN^-] = 10^{-5}$ mol · l^{-1} ist. Das Löslichkeitsprodukt von Silberthiocyanat ist $Lp_{AgSCN} \approx 10^{-12}$ $mol^2 \cdot l^{-2}$, so daß der Äquivalenzpunkt der Titration bei $[Ag^+] = [SCN^-] = 10^{-6}$ mol · l^{-1} liegt. Kurz nach Überschreiten dieses Äquivalenzpunktes reicht damit die Thiocyanatkonzentration zur Bildung eines sichtbaren Farbkomplexes aus.

Die gleiche Reaktion kann auch zur Bestimmung von SCN^--Ionen herangezogen werden. Hier wird zur SCN^--Lsg. ein Überschuß 0,1 N $AgNO_3$-Lsg. gegeben und das überschüssige Ag^+ mit 0,1 N SCN^--Lösung gegen $NH_4Fe(SO_4)_2$ zurücktitriert.

Die Titration von CN^--Ionen mit $AgNO_3$ wirft dagegen die gleichen Probleme auf, wie die Bestimmung von Chlorid nach *Volhard* s.u. Die Durchführung kann in gleicher Weise erfolgen. Auch die Korrektur beträgt wie bei der Chlorid-Bestimmung 0,7 %.

Argentometrie der Halogenide nach Mohr, Volhard und Fajans

Titration der Halogenide nach *Volhard*

Die Titration der Halogenide nach *Volhard* ist analog der Titration der Pseudohalogenide (s.o.). Zuerst wird ein Überschuß 0,1 N $AgNO_3$-Lsg. zur HNO_3-sauren Halogenid-Lösung gegeben, um das Halogenid als Silbersalz auszufällen. Der Überschuß an Ag^+-Ionen wird dann mit SCN^--Lösung gegen $NH_4Fe(SO_4)_2$ zurücktitriert. Die Differenz zwischen dem ersten und letzten Verbrauch ist der Halogenid-Menge äquivalent.

Bei der Titration von Br^- und I^- bestehen keine Schwierigkeiten. Hier kann die zweite Titration ohne vorherige Abtrennung der Silberhalogenid-Fällung vorgenommen werden. Bei der Titration von I^- ist nur zu beachten, daß der Zusatz von Fe^{3+}-Ionen erst nach der vollständigen Fällung des Iodids erfolgen darf, da sonst das dreiwertige Eisen Iodid zu Iod oxidiert.

Die Titration von Cl^- ist problematisch, da bei Anwesenheit eines Bodenkörpers von AgCl bei der zweiten Titration ein zu hoher Verbrauch beobachtet wird. Vergleicht man die Löslichkeitsprodukte der beiden Silbersalze ($Lp_{AgSCN} = 6{,}8 \cdot 10^{-13}$ $mol^2 \cdot l^{-2}$ und $Lp_{AgCl} = 1{,}1 \cdot 10^{-10}$ $mol^2 \cdot l^{-2}$), so sieht man, daß bei der Thiocyanatzugabe ein Teil des schon gefällten AgCl wieder in Lösung geht:

$$AgCl + SCN^- \rightleftharpoons AgSCN + Cl^-.$$

Vermeidet man dies durch Abfiltrieren der AgCl-Fällung vor der Zugabe von SCN^-, so wird trotzdem die berechnete Chloridmenge zu groß, da die AgCl-Fällung an der Oberfläche Ag^+-Ionen adsorbiert. Ein Abzug von 0,7 % von der berechneten Chloridmenge gleicht diesen Fehler aus.

Auf die Abtrennung des AgCl-Niederschlags kann man verzichten, wenn man Toluol oder Nitrobenzol zusetzt. Hierdurch wird der Niederschlag umhüllt und eine Adsorption von Silberionen weitgehend verhindert.

Titration der Halogenide nach *Mohr*

Bei der Bestimmung von Chlorid und Bromid nach *Mohr* wird zur Endpunktsbestimmung ausgenutzt, daß Ag^+ mit Chromat-Ionen einen rotbraunen Niederschlag bildet. Die Probenlösung wird mit 0,1 N $AgNO_3$-Lsg. versetzt, bis die gesamte Halogenidmenge als Silbersalz ausgefällt ist. Danach bildet sich rotes $Ag_2Cr_2O_4$. Wichtig ist dabei, daß die Bildung einer sichtbaren farbigen Fällung nahe am Äquivalenzpunkt eintritt. Am Beispiel des Chlorids läßt sich dies erläutern:

Die Löslichkeitsprodukte der auftretenden Fällungen sind:

$$Lp_{AgCl} = [Ag^+] \cdot [Cl^-] = 1{,}1 \cdot 10^{-10}\ mol^2 \cdot l^{-2}$$

$$Lp_{Ag_2CrO_4} = [Ag^+]^2 \cdot [CrO_4{}^{2-}] = 2 \cdot 10^{-12}\ mol^3 \cdot l^{-3}$$

Am Äquivalenzpunkt gilt für die Silberkonzentration $[Ag^+] = [Cl^-] = 1,1 \cdot \sqrt{10^{-10}} \approx 10^{-5}$ mol $\cdot$ l^{-1}

Die Kaliumchromatkonzentration ist z.B. bei der NaCl-Titration etwa $1 \cdot 10^{-2}$ mol $\cdot$ l^{-1} (2 ml einer 5 %-igen Kaliumchromat-Lösung zu 50 ml Probenlösung). Die Ag^+-Konzentration, von der ab Silberchromat ausfällt, beträgt dann

$$[Ag^+]^2 = \frac{Lp_{Ag_2CrO_4}}{[CrO_4^{2-}]}$$

$$[Ag^+] = \sqrt{\frac{Lp_{Ag_2CrO_4}}{[CrO_4^{2-}]}} = \sqrt{\frac{2 \cdot 10^{-12}}{10^{-2}}} = \sqrt{2 \cdot 10^{-10}} = 1,41 \cdot 10^{-5} \text{ mol} \cdot l^{-1}.$$

Daraus folgt, daß kurz nach dem Überschreiten des Äquivalenzpunktes ($[Ag^+] = 10^{-5}$ mol $\cdot$ l^{-1}) das Löslichkeitsprodukt von $Ag_2Cr_2O_4$ überschritten ist.

Die Löslichkeitsverhältnisse bei der Bromid-Titration nach *Mohr* erlauben es ebenfalls, eine analytische Bestimmung von Br^- mit ausreichender Genauigkeit durchzuführen. Diese Voraussetzung ist bei Iodid nicht mehr gegeben. Hier tritt eine sichtbare Fällung erst bei einer Ag^+-Konzentration ein, die ca. 2000 mal größer als am Äquivalenzpunkt ist. Demnach ist dieses Verfahren zur Iodidbestimmung nicht geeignet.

Ein Nachteil der sonst recht genauen Titration nach *Mohr* ist die hohe *pH-Empfindlichkeit* der Reaktion. Sie kann nur im neutralen Bereich durchgeführt werden, da im alkalischen Milieu Ag_2O ausfällt und sich im sauren Bereich Dichromat bildet nach der Gleichung:

$$2\, CrO_4^{2-} + 2\, H^+ \rightleftharpoons Cr_2O_7^{2-} + H_2O.$$

$Cr_2O_7^{2-}$ bildet aber mit Ag^+-Ionen keinen farbigen Niederschlag am Äquivalenzpunkt.

Bestimmung der Halogenide nach *Fajans*

Das Prinzip der argentometrischen Endpunktsbestimmung nach *Fajans* ist die Verwendung von *Adsorptionsindikatoren*. Titriert man Cl^- mit Ag^+-Ionen, so adsorbiert zunächst das ausfallende AgCl die zu Beginn der Titration überschüssigen Chloridionen und lädt sich positiv auf. Nach Überschreiten des Äquivalenzpunktes ist die Konzentration der Silberionen größer als die Chloridkonzentration, so daß die Fällung durch Adsorption von Ag^+ eine positive Ladung annimmt. Als Indikator zugesetztes Fluorescein-Na lagert sich nach Erreichen des Äquivalenzpunktes an die positiv geladene Fällung an. Hierdurch entsteht eine Farbänderung von gelbgrün nach rosa, die ihre Ursache in der Deformation der Elektronenhülle hat:

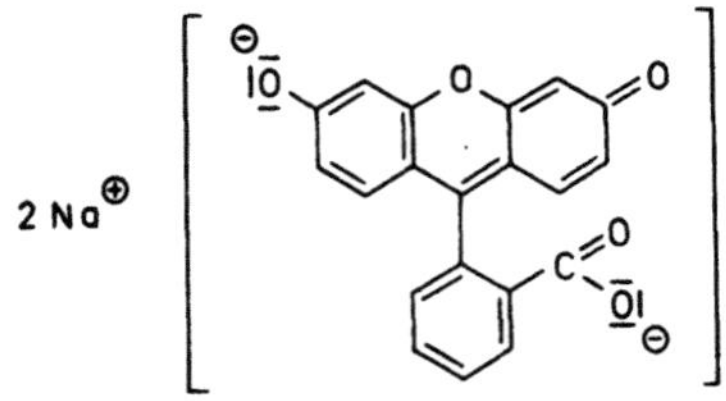

Fluorescein-Natrium

Bestimmung organisch gebundener Halogene nach der Freisetzung aus der Substanz

Auch organisch gebundene Halogene lassen sich nach der Spaltung der Halogen-C-Bindung als Ionen mit den oben aufgeführten Verfahren quantitativ bestimmen. Die Abtrennung vom organischen Rest wird durch *alkalische Verseifung* oder durch *oxidative Zerstörung* des organischen Restes durchgeführt.

Die sich anschließende Titration des freigesetzten Halogenids erfolgt hier nach der Methode von *Volhard* (s.o.).

a) Halogenbestimmung nach hydrolytischer Abtrennung

Hexachlorocyclohexan (Gammexan)

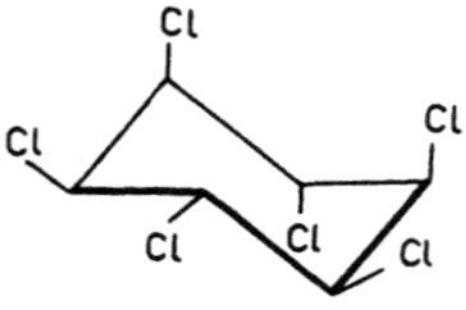

Die Hydrolyse gelingt in ethanolischer KOH durch längeres Erhitzen unter Rückfluß. Dabei werden 3 Moleküle HCl abgespalten, und es entsteht ein Gemisch von isomeren Trichlorbenzolen. Die anschließende Bestimmung des Cl^- nach *Volhard* wird nach Ansäuern der Lösung unter Zusatz von Toluol durchgeführt.

b) Halogenbestimmung nach oxidativer Zerstörung des organischen Restes

Bromidbestimmung

Das organisch gebundene Brom wird zunächst mit alkalischer $KMnO_4$-Lösung unter oxidativer Zerstörung des organischen Restes zu BrO^- und BrO_3^- oxidiert. Bromat, Hypobromid und das wegen des alkalischen Milieus entstandene MnO_2 müssen dann zu Bromid bzw. Mn^{2+} reduziert werden. Dies geschieht durch Zusatz von Natriumsulfit und Ansäuern. Der größte Teil des erforderlichen Sulfits muß vor dem Ansäuern zugesetzt werden, um die Bildung von flüchtigem elementarem Brom zu verhindern. Nach dem Ansäuern wird zur vollständigen Reduktion tropfenweise Sulfit-Lösung bis zur Entfärbung zugesetzt und das entstandene Bromid nach *Volhard* unter Toluolzusatz titriert.

3.11 Komplexometrische Titrationen (Chelatometrie)

Bei der komplexometrischen Titration nutzt man Konzentrationsänderungen durch Komplexbildung für die maßanalytische Bestimmung. Voraussetzung für die Brauchbarkeit einer Komplexbildungsreaktion ist, daß sich mit *großer* Geschwindigkeit in *einem* Reaktionsschritt *stabile* und *lösliche* Komplexe bilden. Mit Ausnahme der Bestimmung von Halogeniden mit Hg^{2+}-Ionen *(Mercurimetrie)* oder der Bestimmung von CN^- mit Ag^+-Ionen als $[Ag(CN)_2]^-$ werden für komplexometrische Titrationen ausschließlich Chelat-Komplexe verwendet. Man spricht deshalb auch von *Chelatometrie* und *chelatometrischer Titration*.

Die Grundlagen der Komplexbildung wurden in Kap. 3.1.3 behandelt.

Bei der Verwendung von Aminopolycarbonsäuren (s. Tabelle 22) werden bei der Komplexbildung Protonen frei, wie am Beispiel der Reaktion von EDTA (H_2Y^{2-}) mit Me^{2+} gezeigt werden soll:

$$Me^{2+} + H_2Y^{2} \rightleftharpoons [MeY]^{2-} + 2\,H^+.$$

Damit die Protonen das Gleichgewicht nicht nach links verschieben, und weil viele metallspezifische Indikatoren pH-empfindlich sind, muß der Lösung der Probe ein Puffer zugesetzt werden.

3.11.1 Chelatbildner

Besonders stabile Komplexe entstehen mit Liganden, die gleichzeitig mehr als eine Koordinationsstelle besetzen können. Die Liganden heißen *mehrzähnige* (mehrzählige) Liganden oder *Chelat-Liganden* und die entsprechenden Komplexe *Chelatkomplexe.*

Tabelle 22 enthält ausgewählte Beispiele für verschiedene Chelatliganden. Abb. 40 zeigt ein Beispiel für einen Chelatkomplex.

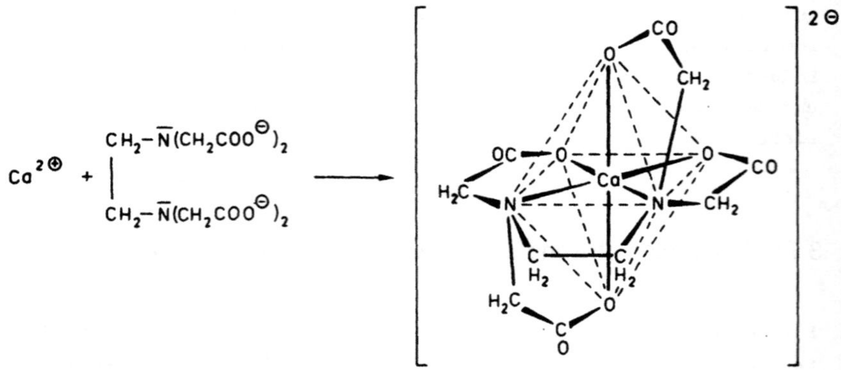

Abb. 40. Struktur des $[Ca(EDTA)]^{2-}$-Komplexes

Schwarzenbach (1945) hat gezeigt, daß sich die verschiedenen Aminopolycarbonsäuren (s. Tabelle 22) für die Chelatometrie besonders gut eignen. Am häufigsten verwendet wird Dinatriumethylendiamintetraacetat = *EDTA.* Diese Substanz erfüllt *alle* Bedingungen, die an einen chelatometrischen Titrant gestellt werden. Sie ist gut wasserlöslich, reagiert mit genügend hoher Geschwindigkeit und bildet mit zahlreichen Kationen stabile und leichtlösliche Komplexe.

Beachte: Die Komplexbildung tritt mit den meisten mehrwertigen Kationen im Verhältnis 1 : 1 ein. Bei der Chelatometrie arbeitet man daher mit *molaren* Lösungen.

Tabelle 22. Mehrzähnige Liganden (Chelat-Liganden) (Auswahl)

Zweizähnige Liganden

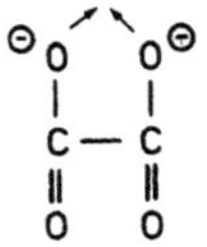

Oxalat-Ion

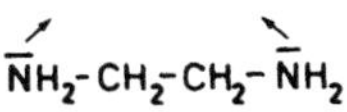

Ethylendiamin (en)

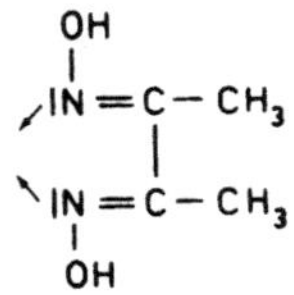

Diacetyldioxim

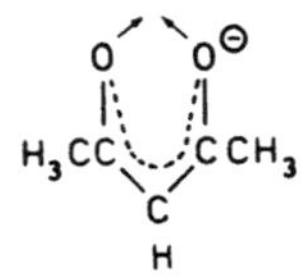

Acetylacetonat-Ion ($acac^{\ominus}$)

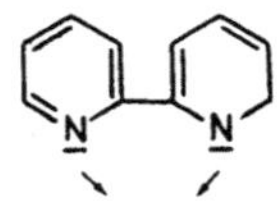

2,2'-Dipyridyl (dipy)

Dreizähniger Ligand

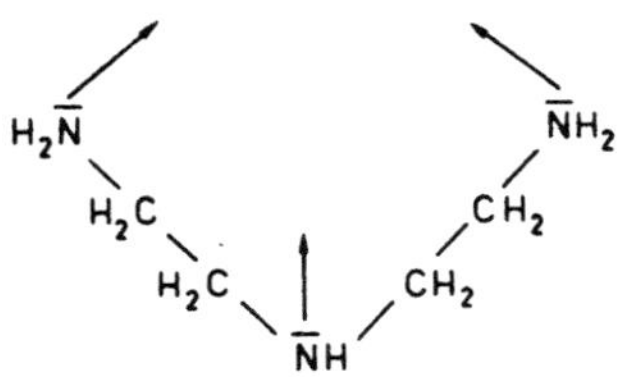

Diethylentriamin (dien)

Vierzähniger Ligand

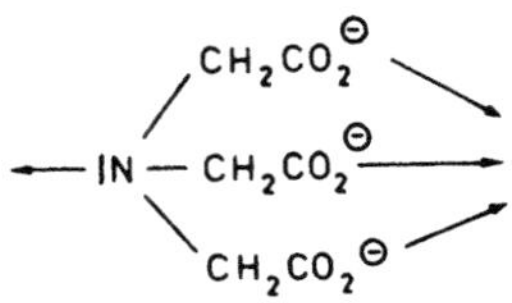

Anion der Nitrilotriessigsäure, NTE; (z.B. Komplexon I, Titriplex I, Idranal I); Molmasse 191,14

$H_2N-(CH_2)_2-NH-(CH_2)_2-NH-(CH_2)_2-NH_2$
Triethylentetramin

Fünfzähniger Ligand

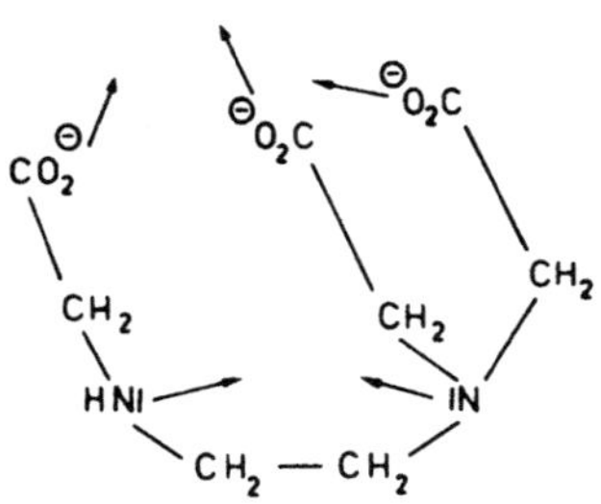

Anion der Ethylendiamintriessigsäure

Sechszähniger Ligand

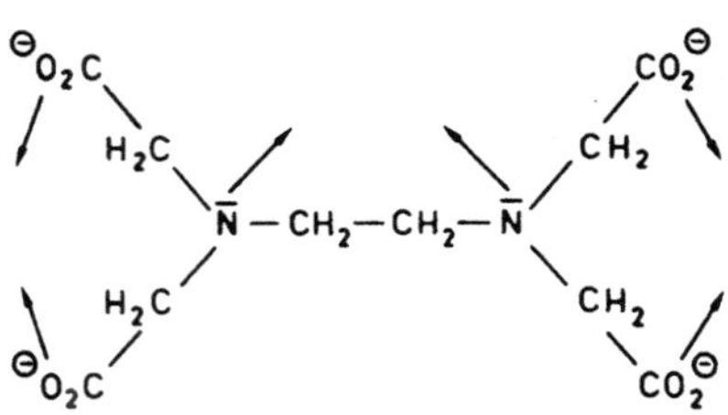

Anion der Ethylendiamintetraessigsäure, EDTE, H_4Y
(z.B. Komplexon II, Titriplex II, Idranal II); Molmasse 292,24

Tabelle 22 (Fortsetzung)

Das *Dinatriumsalz der EDTE*, das Dinatriumethylendiamintetraacetat H_2Y^{2-} 2 Na^+ ist z.B. als Komplexon III, Titriplex III oder Idranal III im Handel. EDTA enthält zwei Moleküle Kristallwasser; Molmasse 372,24. Die wäßrige Lösung von EDTA reagiert sauer.

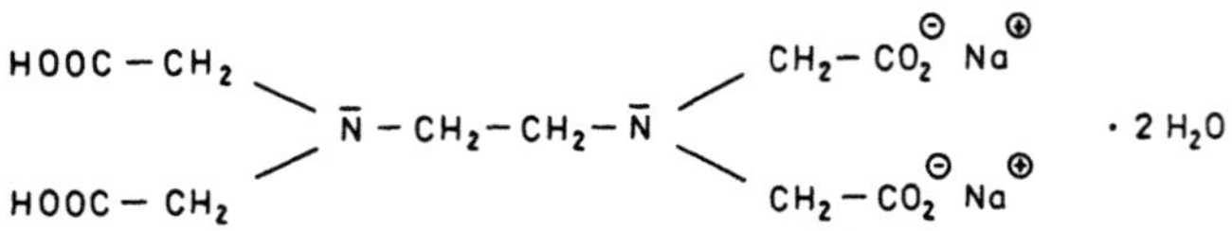

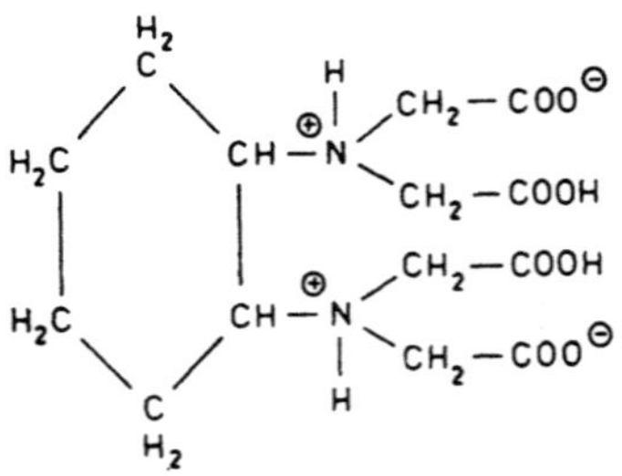

1,2-Diaminocyclohexantetraessigsäure (z.B. Komplexon IV, Idranal IV, Molmasse 346,33)

Die Pfeile deuten die freien Elektronenpaare an, die die Koordinationsstellen besetzen.

In Lösung liegen die Aminopolycarbonsäuren als Betaine vor, wie am Beispiel der 1,2-Diaminocyclohexantetraessigsäure gezeigt wird.

3.11.2 *Titrationsmöglichkeiten mit Dinatriumethylendiamintetraacetat (EDTA)*

Die Titrationsmöglichkeiten lassen sich aus der Größenordnung der Stabilitätskonstanten der Chelatkomplexe abschätzen.

Tabelle 23 enthält die Logarithmen der Stabilitätskonstanten lg K von 1:1-Komplexen von EDTA mit einigen ausgewählten Kationen.

Beachte: Je größer der Wert von lg K ist, um so stabiler ist der entsprechende Chelatkomplex.

Tabelle 23. Logarithmen der Stabilitätskonstanten K von 1:1-Komplexen von EDTA mit verschiedenen Kationen bei 20° C (nach *Schwarzenbach*); pK = -lg K!

Kation	lg K	Kation	lg K
Be^{2+}	≈ 9	V^{2+}	12,7
Mg^{2+}	8,7	V^{3+}	25,9
Ca^{2+}	10,7	VO^{2+}	18,8
Sr^{2+}	8,6	VO_2^+	18,1
Ba^{2+}	7,8	Mn^{2+}	13,8
Ra^{2+}	7,1	Fe^{2+}	14,3
Al^{3+}	16,1	Fe^{3+}	25,1
Sc^{3+}	23,1	Co^{2+}	16,3
Y^{3+}	18,1	Ni^{2+}	18,6
La^{3+}	15,5	Pd^{2+}	18,5
Au^{3+}	17,0	Cu^{2+}	18,8
Eu^{2+}	7,7	Ag^{+}	7,3
Lu^{3+}	19,8	Zn^{2+}	16,5
UO_2^{2+}	≈ 10	Cd^{2+}	16,5
U^{4+}	25,5	Hg^{2+}	21,8
Pu^{3+}	18,1	Ga^{3+}	20,3
Am^{3+}	18,2	In^{3+}	24,9
Ti^{3+}	21,3	Tl^{+}	5,3
Zr^{4+}	29,5	Tl^{3+}	21,5
		Sn^{2+}	22,1 (?)
		Pb^{2+}	18,0
		Bi^{3+}	27,9

3.11.3 Titrationsendpunkte

Die Indikation des Äquivalenzpunktes ist auch hier elektrometrisch durchführbar.

Meist verwendet man jedoch in der Chelatometrie metallspezifische Indikatoren, wie z.B. Murexid, Brenzkatechinviolett oder Eriochromschwarz T, Phthaleinpurpur.

Diese Indikatoren bilden mit den zu bestimmenden Metallionen ebenfalls Chelatkomplexe. Sie sind jedoch weniger stabil als die Komplexe der Metallionen mit den Chelatliganden, mit denen die Titration erfolgt. Am Äquivalenzpunkt liegen die freien Indikatoren vor.

Weil der freie und der komplexgebundene Indikator verschiedene Farben besitzen, wird der Äquivalenzpunkt durch einen Farbumschlag angezeigt.

Beachte: Die metallspezifischen Indikatoren sind pH-empfindlich und zeigen in Abhängigkeit vom pH-Wert verschiedene Farben.
Beispiel: Eriochromschwarz T (H_2In^-):

$$H_2In^- \underset{+H^+}{\overset{-H^+}{\rightleftharpoons}} HIn^{2-} \underset{+H^+}{\overset{-H^+}{\rightleftharpoons}} In^{3-}$$

wein-rot	pH = 6,3	tief-blau	pH = 11,5	orange

Im pH-Bereich < 6 polymerisiert Eriochromschwarz T und wird gelbbraun.

In alkalischer Lösung ist der Indikator sehr oxidationsempfindlich. Wäßrige oder alkoholische Lösungen müssen täglich neu angesetzt werden. Ungefähr 14 Tage haltbar ist folgende Lösung: 0,2 g Eriochromschwarz T werden in 15 ml Triethanolamin und 5 ml wasserfreiem Ethanol gelöst.

Murexid zeigt bei Zusatz besonders vom Ca^{2+}-Ionen bei pH 12 einen deutlichen Farbumschlag von blauviolett nach rot.

Lösungen des Indikators sind höchstens zwei Tage haltbar!
Verfahrensweise: (a) Murexid und NaCl werden im Verhältnis 1 : 1 verrieben und fest der Lösung zugesetzt. (b) 0,5 g Murexid werden mit Wasser aufgeschlämmt. Es wird dann jeweils die überstehende Lsg. abdekantiert und zur Titration benutzt. Der Rückstand kann dann erneut aufgeschlämmt werden usw.

Phthaleinpurpur (Metallphthalein) ist in Lösung bei pH 7 bis 10 schwach rosa gefärbt. Bei Zusatz von Ba^{2+}, Sr^{2+} ändert sich die Farbe nach tiefviolett. Verbessern läßt sich der Farbumschlag durch Zusatz von ca. 30 ml Ethanol auf ca. 100 ml Probenlösung.

Bereitung: 0,1 g Phthaleinpurpur werden in 2 ml konz. Ammoniak-Lsg. gelöst und mit aqua dest. auf ca. 100 ml aufgefüllt! Haltbarkeit der Lösung ca. 7 Tage.

3.11.4 Komplexometrische Arbeitsweisen

Auch bei der komplexometrischen Titration kennt man verschiedene Ausführungsformen:

Direkte Titration

Bei diesem Verfahren titriert man die Metallionen *direkt* mit dem Titrant. Um günstige Arbeitsbedingungen während der Titration zu garantieren, stellt man mit einer Pufferlösung (käuflich) einen genügend hohen pH-Wert ein. Das Ausfallen von Metallhydroxiden verhindert man durch Zusatz von sog. *Hilfskomplexbildnern* wie Ammoniak, Citrat, Tartrat usw.

Die mit den Hilfskomplexbildnern entstandenen Komplexe müssen natürlich weniger stabil sein als die interessierenden Chelatkomplexe.

Beispiele: Bestimmung von Mg^{2+}, Zn^{2+}, Cd^{2+} mit EDTA gegen Eriochromschwarz T; Co^{2+}, Ni^{2+}, Cu^{2+} mit EDTA gegen Murexid; Fe^{3+} mit EDTA gegen 5-Sulfosalicylsäure; Ca^{2+} gegen Calcein; Sr^{2+}, Ba^{2+} gegen Phthaleinpurpur (Metallphthalein).

Rücktitration

Steht für eine direkte Titration kein geeigneter Indikator zur Verfügung, ist die Reaktionsgeschwindigkeit zu klein oder läßt sich das Metall nicht in Lösung halten, benutzt man die sog. Rücktitration: Man fügt zu der Probe eine Lösung bekannter Konzentration eines geeigneten Komplexbildners hinzu. Bei kleiner Reaktionsgeschwindigkeit wird die Reaktionslösung erhitzt. Nach dem Erkalten der Lösung titriert man den überschüssigen Komplexbildner mit einem geeigneten Kation zurück. Der Komplex dieses Kations muß natürlich weniger stabil sein als der Komplex des zu bestimmenden Kations.

Beachte: Rücktitrationen sind mit einem größeren Fehler behaftet als direkte Titrationen, weil mehr Meßvorgänge erforderlich sind.

Beispiele: Bestimmung von Ni^{2+}, Al^{3+}, Hg^{2+}, Co^{2+}

Substitutionstitrationen

Diese Methode nutzt ebenfalls die unterschiedliche Stabilität von Komplexen aus. Man stellt zuerst z.B. mit EDTA und Mg^{2+}- oder Zn^{2+}-Ionen die Komplexe $[Mg\ Y]^{2-}$ bzw. $[Zn\ Y]^{2-}$ her. Diese läßt man mit einem Kation reagieren, das mit EDTA einen stabileren Komplex bildet.

Die durch die Reaktion freigesetzten Mg^{2+}- bzw. Zn^{2+}-Ionen werden anschließend mit EDTA zurücktitriert.

Allgemeine Formulierung dieser Substitution:

$$Me^{2+} + [Mg\ Y]^{2-} \rightleftharpoons [Me\ Y]^{2-} + Mg^{2+}.$$

Beispiele: Bestimmung von Mn^{2+}, Ca^{2+}.

Beachte: Die Stabilitätskonstanten der Komplexe müssen sich hinreichend unterscheiden. Ist dies nicht der Fall, liegen beide Kationen in der Lösung in unterschiedlicher Menge nebeneinander vor.

Mg^{2+}-Ionen lassen sich meist leichter als Zn^{2+}-Ionen substituieren.

Indirekte Titration

Anionen und Kationen, die selbst keine Chelatkomplexe bilden, können manchmal *indirekt* chelatometrisch bestimmt werden.

Beispiele für *Kationen*

Na^+-Ionen werden quantitativ in Natriumzinkuranylacetat, $NaZn(UO_2)_3 \cdot (CH_3CO_2)_9 \cdot 6\,H_2O$, übergeführt; anschließend wird in dem Niederschlag das Zn^{2+}-Kation gleichsam als "Ersatzkation" für Na^+ chelatometrisch bestimmt.

Ag^+-Ionen reagieren mit $[Ni(CN)_4]^{2-}$-Ionen und setzen quantitativ die Ni^{2+}-Ionen frei. Diese können mit EDTA direkt gegen Murexid bestimmt werden. Die Ni^{2+}-Ionen sind die Ersatzkationen für die Ag^+-Ionen.

Beispiele für *Anionen*

SO_4^{2-}-Ionen werden mit überschüssigem $BaCl_2$ gefällt. Die überschüssigen Ba^{2+}-Ionen werden chelatometrisch bestimmt. Die SO_4^{2-}-Konzentration berechnet sich aus der Differenz.

CN^-, SCN^-, Cl^-, Br^-, I^-, $[Fe(CN)_6]^{4-}$ werden mit einem Kation im Überschuß umgesetzt, das mit den zu bestimmenden Ionen stabilere Komplexe liefert als mit einem Chelatliganden. Der Überschuß des Kations wird anschließend chelatometrisch bestimmt.

PO_4^{3-} läßt sich bestimmen, wenn man es mit NH_3-Lsg. und Mg^{2+} in $Mg(NH_4)PO_4 \cdot 6\,H_2O$ überführt und die überschüssigen Mg^{2+}-Ionen chelatometrisch zurücktitriert.

3.11.5 Titrationskurven

Die näherungsweise Berechnung der Titrationskurve für die Titration von z.B. Me^{2+}-Ionen mit EDTE (YH_4) gelingt, wenn man den pMe^{2+}-Wert ($pMe^{2+} = -\lg[Me^{2+}]$) für die einzelnen Kurvenstücke mit den Gleichungen a), b) und c) berechnet:

a) $pMe^{2+} = \lg(C_{Me} - C_Y)$: Kurvenstück *vor* dem Äquivalenzpunkt,
b) $pMe^{2+} = 1/2(\lg C_{Me} - \lg K_E)$: Kurve *im* Äquivalenzpunkt,

c) $pMe^{2+} = \lg C_{Me} - (\lg K_E - \lg(C_Y - C_{Me}))$: Kurve **nach** dem Äquivalenzpunkt.

pMe^{2+} ist die Gesamtkonzentration des nicht an den Chelatliganden gebundenen Metalls.

C_{Me} ist die Gesamtkonzentration des Metalls in der titrierten Lösung, also freie und komplexgebundene Ionen: $C_{Me} \approx [Me^{2+}] + [[MeY]^{2-}]$.

C_Y ist die Gesamtkonzentration des Chelatliganden in der titrierten Lösung, also freies und gebundenes EDTE: $C_Y \approx [YH_2]^{2-} + [[MeY]^{2-}]$.

$$K = \frac{[[MeY]^{2-}]}{[Me^{2+}][Y^{4-}]} \;;\; (Me^{2+} + Y^{4-} \rightleftharpoons [MeY]^{2-}).$$

Der Wert der Stabilitätskonstanten K ist pH-abhängig. Weil EDTE eine mehrwertige schwache Säure ist, können nämlich in wäßriger Lösung YH_4, YH_3^-, YH_2^{2-}, YH^{2-} und Y^{4-} nebeneinander vorliegen. Wegen dieser pH-Abhängigkeit ersetzt man K durch die *effektive* oder *scheinbare Komplexstabilitätskonstante* K_E.

Im allgemeinen ist $K_E < K$, denn es gilt:

$$K_E = \frac{K}{k_1 \cdot k_2}$$

k_1 berücksichtigt den Anteil der Y^{4-}-Ionen in der wäßrigen Lsg. von YH_4 bei einem bestimmten pH-Wert. Nur im stark alkalischen Gebiet ist $k_1 = 1$, sonst ist $k_1 > 1$.

k_2 berücksichtigt den Anteil des nicht komplexgebundenen Me^{2+}-Ions an der Gesamtkonzentration des Metalls in der Lsg., wobei man beachten muß, daß Lösungsmittelmoleküle (z.B. H_2O oder OH^-) und/oder Hilfskomplexliganden (wie NH_3) die Metallionen teilweise komplex binden. Im allgemeinen gilt: $k_2 > 1$.

Graphische Darstellung der Titrationskurven

Berechnet man mit den Formeln a), b) und c) den pMe^{2+}-Wert (Metallionenexponent) und trägt die erhaltenen Werte gegen den jeweiligen Titrationsgrad $\tau = C_Y/C_{Me}$ in ein Koordinatenkreuz ein, erhält man Titrationskurven, die derjenigen in Abb. 41 ähnlich sind.

Beachte: Vor der Titration ist $C_Y = 0$ und $pMe^{2+} = \lg C_{Me}$. Beim Titrationsgrad $\tau = 2$ (d.i. $C_Y = 2\,C_{Me}$) ist $pMe^{2+} = -\lg K_E$.

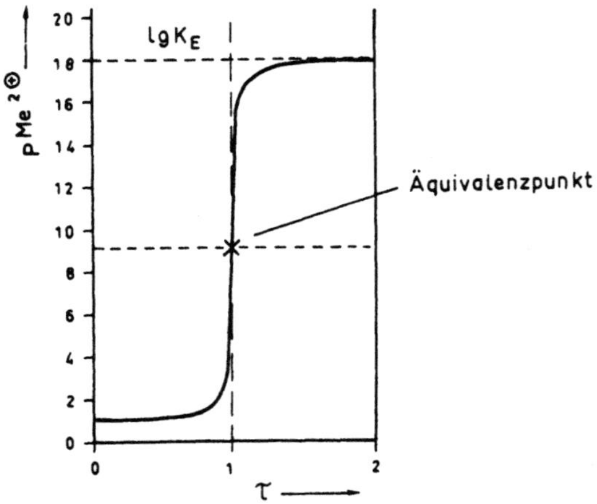

Abb. 41. Berechnete Kurve für die Titration einer 0,1 N Me^{2+}-Lsg. mit EDTE

3.11.6 Anwendungsbeispiele mit EDTA

Arbeitshinweise:

- EDTA ist ein weißes, körniges Pulver, leichtlöslich in Wasser. Die Lsg. hat einen pH-Wert von 4,8. Die Lsg. wird in einer Polyethylenflasche aufbewahrt. Vor der Einwaage wird das Salz bei ca. 80° C getrocknet: ≙ $Na_2H_2C_{10}H_{12}O_8N_2 \cdot 2\ H_2O$ (372,24). Trocknet man bei 130° C, verliert die Substanz ihr Kristallwasser.
- Bei Erwärmen auf mind. 50° C verläuft die Komplexbildung sehr schnell.
- Für komplexometrische Titrationen ist reinstes Wasser zu verwenden.
- Wird in einer Lösung mit mehreren Metall-Ionen nur eine Ionensorte bestimmt, müssen die anderen komplexiert (maskiert) werden. Komplexierungsmittel: KCN (für Zn, Cd, Hg^{2+}, Cu, Ag, Ni, Co); NaF (für Al, Ti^{4+}); Triethanolamin (für Al, Fe^{3+}).
- Die benötigten Pufferlösungen sind käuflich.
- Zur eigenen Herstellung von Pufferlösungen kann man wie folgt verfahren:

  pH 8 bis 11: wäßrige Lösungen von 1 M NH_3 und NH_4Cl getrennt aufbewahren und nach Bedarf mischen.

pH 10: 70 g NH_4Cl werden in 570 ml konz. NH_3-Lösung aufgelöst und mit Wasser auf 1 Liter aufgefüllt.

pH 11 bis 13: 1 N NaOH-Lösung

3.11.6.1 Bestimmung einzelner Kationen

a) Direkte Titration

Bi

1 ml 0,1 M EDTA-Lsg. ≙ 20,898 mg Bi
Bismut bildet einen sehr stabilen EDTA-Komplex, wie die Stabilitätskonstante lg K_{BiY^-} = 27,94 zeigt. Demnach kann Bismut komplexometrisch in stark saurem Milieu titriert werden.
Indikator: Xylenolorgange oder Methylthymolblau

Ca

1 ml 0,1 M EDTA-Lsg. ≙ 4,008 mg Ca
Der Ca-EDTA-Komplex ist nicht sehr stabil (lg $K_{CaY^{2-}}$ = 10,7). Die Titration erfolgt deshalb in alkalischer Lösung. Meist titriert man gegen Calcon, wobei zuerst die größte Menge der Ca^{2+}-Ionen bei saurem pH erfaßt und anschließend bei alkalischem pH bis zum Äquivalenzpunkt titriert wird. Dies verhindert ein Ausfallen von $Ca(OH)_2$.

Hat man keinen geeigneten Indikator zur direkten Ca-Titration, verfährt man wie folgt: Zur Probenlsg. gibt man eine bestimmte Menge 0,1 N $ZnSO_4$-Lsg. zu. Bei der Titration erfaßt man zuerst die Ca-Ionen, dann die Zn^{2+}-Ionen; danach schlägt der zugegebene Chromschwarz-Mischindikator um. Eine Voraussetzung für dieses Vorgehen ist, daß der Zn-EDTA-Komplex weniger stabil ist als der entsprechende Ca-Komplex. Die Stabilitätskonstanten lg $K_{CaY^{2-}}$ = 10,7 und lg $K_{ZnY^{2-}}$ = 16,5 stimmen hiermit nicht überein. Da man aber in ammoniakalischer Lösung arbeitet und der Zn-Ammin-Komplex stabiler als der Ca-Ammin-Komplex ist, wird die scheinbare Stabilitätskonstante des Zn-EDTA-Komplexes kleiner als die des Ca-Komplexes, so daß die Titration in der beschriebenen Weise durchführbar ist.

Cu

1 ml 0,1 M EDTA-Lsg. ≙ 6,354 mg Cu
Die Stabilitätskonstante des Cu-EDTA-Komplexes ist lg $K_{CuY^{2-}}$ = 18,8. Die Titration wird gegen Murexid in ammoniakalischem Milieu durchgeführt.

Der pH-Wert sollte nicht über 8 liegen, da dann geringe Mengen von Erdalkalien nicht stören können. Man gibt soviel Ammoniak zu, daß sich das intermediär gebildete Hydroxid gerade wieder auflöst. Anschließend kann mit EDTA-Lsg. bis zum Farbumschlag von Orange nach Violett titriert werden.

Mg

1 ml 0,1 M EDTA-Lsg. ≙ 2,432 mg Mg

Die Stabilität des Mg-EDTA-Komplexes ist relativ niedrig ($\lg K_{MgY^{2-}}$ = 8,7). Einen scharfen Umschlagspunkt erhält man im ammoniakalischen Milieu (pH = 10) gegen Eriochromschwarz-T-Mischindikator.

Pb

1 ml 0,1 M EDTA-Lsg. ≙ 20,719 mg Pb

Blei läßt sich direkt im schwach sauren Milieu titrieren, da sein EDTA-Komplex relativ stabil ist ($\lg K_{PbY^{2-}}$ = 18,04). Man titriert deshalb im essigsauren, mit Hexamethylentetramin (Urotropin) gepufferten Milieu gegen Xylenylorange. Der Zusatz von Hexamethylentetramin bewirkt einen sehr deutlichen Indikatorumschlag von rot nach gelb. Dieses Verfahren ist selektiver als eine Bestimmung im alkalischen Bereich.

Man kann auch direkt titrieren. Der Indikator ist Methylthymolblau. Die Titration erfolgt hier in ammoniakalischer Lösung. Deshalb ist ein Zusatz von Kaliumnatriumtartrat erforderlich, um durch Bildung eines Weinsäure-Komplexes die Fällung von $Pb(OH)_2$ bei diesem pH zu verhindern.

Zn

1 ml 0,1 M EDTA-Lsg. ≙ 6,537 mg Zn

Man bestimmt Zn^{2+} in essigsaurer, mit Hexamethylentetramin gepufferter Lösung (s.Blei) gegen Xylenylorange. Diese sehr selektive Titration ist bei diesem pH aufgrund des mittelstarken Zn-EDTA-Komplexes ($\lg K_{ZnY^{2-}}$ = 16,3) möglich.

Die Zinkoxid-Bestimmung gelingt im ammoniakalischen Milieu gegen Chromschwarz-Mischindikator.

b) Rücktitration

Al

Aluminium bildet einen mittelstarken EDTA-Komplex ($\lg K_{AlY^-}$ = 16,1). Da Aluminium im alkalischen Bereich Hydroxokomplexe bildet, kann hier die Reaktion mit EDTA verzögert werden.

Man säuert deshalb die Probenlösung mit Salzsäure an und gibt einen Überschuß EDTA-Lösung hinzu. Anschließend wird die vorher neutralisierte Lösung zur Umsetzung evtl. vorhandener Hydroxokomplexe kurz erhitzt. Das überschüssige EDTA titriert man mit 0,05 M $Pb(NO_3)_2$-Lsg. zurück, nachdem man mit Hexamethylentetramin gepuffert hat. Der Indikator ist Xylenylorange.

c) Titration von Quecksilber

Hg

Für Quecksilber, das mit lg $K_{HgY^{2-}}$ = 21,8 einen sehr stabilen EDTA-Komplex bildet, ist für die Titration im sauren Milieu kein geeigneter Indikator vorhanden. Bei der Bestimmung wird ein Überschuß an EDTA-Lsg. zugesetzt, der im ammoniakalischen Milieu gegen Eriochromschwarz-Mischindikator mit $ZnSO_4$-Lsg. zurücktitriert wird. Anschließend setzt man Kaliumiodid zu. Da *Hg* mit I^- einen stabileren Komplex als mit EDTA bildet, wird die dem *Hg* äquivalente EDTA-Menge wieder freigesetzt und kann nun mit $ZnSO_4$-Lsg. titriert werden:

$$[HgY]^{2-} + 4\ I^- \longrightarrow [HgI_4]^{2-} + Y^{4-}.$$

Mit diesem Verfahren wird der störende Einfluß der Fremdionen weitgehend ausgeschaltet, der bei einer einfachen Rücktitration auftreten kann.

Anstelle von Iodidionen kann man auch Natriumthiosulfat zusetzen. Dieses setzt ebenfalls das an Quecksilber gebundene EDTA frei:

$$[HgY]^{2-} + 2\ S_2O_3^{2-} \longrightarrow [Hg(S_2O_3)_2]^{2-} + Y^{4-}.$$

3.11.6.2 Simultantitration von Kationen

Bestimmung der Gesamthärte von Wasser

Die Gesamthärte von Wasser setzt sich zusammen aus der Mg- und der Ca-Härte. Zur Bestimmung der Gesamthärte ist eine Titration bei pH 10 gegen Erio T als Indikator möglich, wobei sowohl *Mg* als auch *Ca* zusammen erfaßt werden, da sich ihre EDTA-Komplexe in der Stabilitätskonstante nicht sehr unterscheiden.

Zur getrennten Bestimmung der Ca- und Mg-Härte bringt man die Lsg. vorher mit NaOH auf einen pH-Wert über 12. Hierbei fällt Mg^{2+} als $Mg(OH)_2$ aus. Jetzt setzt man Murexid als Indikator zu und titriert das Ca^{2+} mit EDTA.

Die Indikatorzugabe sollte erst nach dem Alkalisieren erfolgen, damit der Farbstoff nicht an der Fällung adsorbiert wird. Die Ca-Werte, die man erhält, sind oft zu niedrig, da Ca^{2+} teilweise mitgefällt wird. Nach Erreichen des Umschlagspunktes geht ein Teil wieder in Lösung, so daß man erneut EDTA zugeben kann und auf diese Weise eine genügend große Genauigkeit erzielt.

Anschließend bestimmt man bei einem anderen Teil der Probenlsg. bei pH 10 die Gesamthärte. Der Mg-Anteil läßt sich aus der Differenz zwischen der 1. und 2. Bestimmung errechnen.

Raney-Nickel

Raney-Nickel ist eine Legierung aus 50 % Ni und 50 % Al. Die Einzelbestimmung eines der beiden Metalle ist nur durch Maskierung des anderen möglich. Zunächst wird die Legierung in Salzsäure zu Ni^{2+} und Al^{3+} gelöst.

1. Bestimmung des Al-Anteils

Man gibt zur sauren Lösung einen Überschuß EDTA und fügt KCN im Überschuß zu. Die CN^--Ionen maskieren das Nickel, da der entstehende $[Ni(CN)_4]^{2-}$-Komplex stabiler ist als der Ni-EDTA-Komplex. Die Rücktitration des überschüssigen EDTA erfolgt bei pH 10, weil hier die CN^--Konzentration aufgrund der Deprotonierung von HCN größer ist. Man titriert den Überschuß mit 0,1 $MgCl_2$-Lsg. gegen Chromschwarz-Mischindikator zurück, da eine Zn^{2+}-Lsg. wegen der Bildung von $[Zn(CN)_4]^{2-}$ ungeeignet ist. Eine direkte Titration des Aluminiums im alkalischen Milieu ist aufgrund der entstehenden Hydroxokomplexe nicht durchführbar.

2. Bestimmung des Ni-Anteils

1 ml 0,1 M EDTA-Lsg. = 5,689 mg Ni.

Die Titration des Ni-Anteils erfolgt bei pH = 10. Vor dem Alkalischmachen wird ein Überschuß Triethanolamin zur Maskierung des Aluminiums zugegeben. Es bildet sich ein Chelatkomplex folgender Struktur:

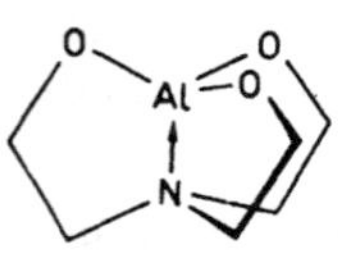

Als Indikator bei dieser direkten Ni-Bestimmung verwendet man Murexid.

3.11.6.3 Indirekte Titration von Kationen und Anionen

Na

Natrium kann mit einem Überschuß Zinkuranylacetat-Lsg. als $NaZn(UO_2)_3 \cdot (CH_3COO)_9 \cdot 6\ H_2O$ gefällt werden; man läßt 12 Std. im Eisbad stehen. Der filtrierte und ausgewaschene Nd. wird in verd. Salzsäure aufgenommen. Um das Zink bei pH 10 mit EDTA gegen Erio T titrieren zu können, muß zuvor das Uranylion als Carbonatokomplex mit $(NH_4)_2CO_3$-Lsg. maskiert werden. Das so titrierte Zink ist der Natrium-Menge äquivalent.

Ag

Eine direkte Titration des Silbers gegen einen Indikator ist nicht durchführbar, da der Ag-EDTA-Komplex eine zu geringe Stabilität aufweist ($\lg K_{AgY^{3-}} = 7,2$). Eine indirekte Titration dagegen ist möglich. Hierzu wird eine mit NH_3/NH_4Cl gepufferte Lösung hergestellt und ein Überschuß Kaliumtetracyanoniccolat $K_2[Ni(CN)_4]$ zugegeben. Da die Stabilität von $[Ni(CN)_4]^{2-}$ bedeutend kleiner als die von $[Ag(CN)_2]^-$ ist, erfolgt eine nahezu quantitative Austauschreaktion:

$$2\ Ag^+ + [Ni(CN)_4]^{2-} \rightleftharpoons 2\ [Ag(CN)_2]^- + Ni^{2+}.$$

Das freigesetzte Nickel kann dann gegen Murexid mit EDTA-Lsg. titriert werden. Die Ammoniakzugabe ist erforderlich, um eine Ausfällung von Nickelcyanid durch Bildung eines Nickel-Amminkomplexes zu verhindern.

SO_4^{2-}

1 ml 0,1 M EDTA-Lsg. ≙ 13,736 mg Ba

Die komplexometrische Sulfat-Bestimmung kann auf verschiedenen Wegen erfolgen.

1. Das Sulfat wird mit überschüssiger eingestellter $BaCl_2$-Lsg. gefällt, der Niederschlag abfiltriert und das überschüssige Ba^{2+} gegen Phthaleinpurpur-Mischindikator titriert. Ein Nachteil dieser Methode liegt darin, daß man $BaSO_4$ nur sehr schwer stöchiometrisch rein fällen kann. Außerdem stören Fremdionen die Titration.

2. Das Sulfat wird quantitativ mit $BaCl_2$-Lsg. gefällt; der Niederschlag wird abfiltriert, ausgewaschen und mit überschüssiger ammoniakalischer EDTA-Lsg. gelöst. Der Überschuß EDTA kann mit eingestellter Zn-Salz-Lsg. titriert werden.

3. Eine weitere Methode ist die Fällung des Sulfats als $PbSO_4$, das besser stöchiometrisch rein zu erhalten ist als $BaSO_4$. Die grössere Löslichkeit des $PbSO_4$ reduziert man durch Zugabe von Alkohol zur Probenlösung. Der Niederschlag wird dann analog zu Methode 2. weiter verarbeitet.

CN^-

Die zu bestimmende Cyanid-Lösung wird in einen Überschuß an $NiSO_4$-Maßlösung, die zuvor mit NH_3/NH_4Cl gepuffert wurde, eingebracht. Hierbei bildet sich $[Ni(CN)_4]^{2-}$. Das überschüssige Ni^{2+} kann gegen Murexid mit EDTA rücktitriert werden (zur Pufferung s. Titration von Ag^+).

4. Elektroanalytische Verfahren

Elektroanalytische Verfahren nutzen die Konzentrationsabhängigkeit von Vorgängen an Elektroden und zwischen Elektroden für analytische Zwecke.

Sie erlauben meist eine schnelle Arbeitsweise, und die Analysenwerte lassen sich oft mit sehr hoher Genauigkeit bestimmen.

Besonders in trüben, gefärbten oder verdünnten Lösungen sind sie klassischen Analysenmethoden überlegen.

4.1 Grundlagen der Potentiometrie

Unter Potentiometrie versteht man die potentiometrische Indikation des Äquivalenzpunktes bei Titrationen.

4.1.1 Allgemeines

Wie der Name Potentiometrie andeutet, nutzt man bei dieser elektrochemischen Methode Potentialänderungen aus, die durch Konzentrationsänderungen während der Titration an einer Meßelektrode (Indikatorelektrode) auftreten. Potentialänderungen werden aber nur dann beobachtet, wenn sich an der Elektrode ein Redoxvorgang abspielt. Den quantitativen Zusammenhang zwischen Redoxpotential und den Konzentrationen aller an dem Redoxprozeß beteiligten Substanzen beschreibt die Nernstsche Gleichung, s.S. 289.

Einzelpotentiale von Redoxpaaren (Halbzelle, Halbelement, Halbkette) sind nicht meßbar. Man kann nur Potentialdifferenzen (Spannungen) bestimmen. Hierzu muß man immer zwei Redoxpaare zu einer Zelle (Element, Kette) kombinieren. Bei der Potentiometrie kann man als zweites Halbelement eine geeignete Bezugselektrode (Referenzelektrode, Vergleichselektrode) mit konstantem Potential verwenden.

In diesem Falle darf man davon ausgehen, daß sich nur das Potential einer Halbzelle ändert. Durch eine geeignete Meßtechnik kann man das Potential der Vergleichselektrode kompensieren; man registriert dann nur Potentialänderungen an der Meßelektrode.

Trägt man die Potentialänderungen während der Titration gegen das Volumen des im Überschuß zugefügten Titranten auf (man titriert über), erhält man potentiometrisch ermittelte Titrationskurven, die denen in Abb. 27 S. 253, Abb. 31 S. 257, Abb. 32 S. 26o sehr ähnlich sind. Der *Wendepunkt* der Kurve gibt den *Äquivalenzpunkt* an; das zugehörige Potential heißt *Umschlagspotential*.

Bei dieser sog. *Wendepunktmethode* kommt es nur auf Potentialänderungen am Äquivalenzpunkt an; je größer der Potentialsprung, um so genauer ist die Messung.

Ist der Wendepunkt schlecht zu erkennen, kann man auch die 1. Ableitung (dE/dV) der Kurve aufzeichnen; V ist dabei das Volumen des Titranten. Da am Äquivalenzpunkt die Steigung der Kurve am größten ist, besitzt die abgeleitete Kurve im Äquivalenzpunkt ein Maximum, s. Abb. 43.

Anmerkung:
Für Sonderfälle findet auch die sog. *Umschlagsmethode* Anwendung. Hierbei titriert man gegen eine Bezugselektrode, bis das Umschlagspotential erreicht ist. Dieses Potential muß natürlich unter den gleichen Bedingungen bekannt sein. Brauchbar ist die Methode zur Bestimmung der K_s-Werte von Säuren.

Die *Differentialtitrationsmethode* eignet sich für sehr verdünnte Lösungen. Die Messungen haben eine Genauigkeit bis zu 0,003 %. Bei dieser Methode benutzt man für beide Elektroden das gleiche Material und verbindet sie miteinander über ein Galvanometer. Die Bezugselektrode ist drahtförmig ausgebildet und befindet sich in einer Kapillare, die mit der Probenlösung gefüllt ist. Während der Titration bildet sich zwischen beiden Elektroden eine Konzentrationskette aus. Die Stromstärke der Kette wird mit dem Galvanometer verfolgt. Am Äquivalenzpunkt erreichen die Ausschläge des Galvanometerzeigers ihren größten Wert.

4.1.2 Meßanordnung (für die Wendepunktmethode) und *Meßelektroden*

Der Geräteaufbau für eine potentiometrische Titration ist in Abb. 42 angegeben.

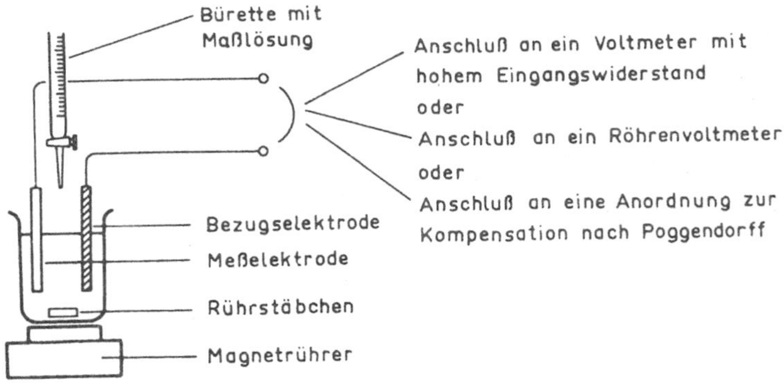

Abb. 42. Meßanordnung für potentiometrische Titrationen

Voraussetzung für exakte Messungen von Potentialdifferenzen (Spannungen) ist die Durchführung der Messungen im stromlosen Zustand. Bei Stromfluß wird nämlich die Elektrode polarisiert; man mißt zu kleine Werte, weil Elektrolysevorgänge die Konzentrationen in der Umgebung der Meßelektrode verändern.

Möglichkeiten zur stromlosen Spannungsmessung bieten ein Voltmeter mit hohem Eingangswiderstand, ein Röhrenvoltmeter oder die Kompensationsschaltung nach Poggendorff.

Über Aufbau und Funktion der verschiedenen im Handel befindlichen Potentiometer siehe die Gebrauchsanleitungen und Gerätebeschreibungen.

Meßelektroden (Indikatorelektroden)

Die Meßelektroden (1. Halbelement) werden dem analytischen Problem entsprechend gewählt. Für Neutralisationsreaktionen benutzt man in der Regel Glaselektroden, s.S. 348. Platinblech-Elektroden werden bei Redoxtitrationen verwendet. Entstehen oder verschwinden während einer Titration Metallionen, so kann man das betreffende Metall als Elektrode einsetzen oder aber eine Platinelektrode mit dem Metall überziehen (durch elektrolytische Abscheidung); man erhält auf diese Weise sog. Metallelektroden.

Die Wasserstoffelektrode, s.S. 291 , wird heute praktisch nicht mehr benutzt.

Bezugs- oder Vergleichselektroden

Als Bezugselektrode (2. Halbelement) kann eine geeignete Elektrode 2. Art benutzt werden, s.S. 293.

Man muß nur darauf achten, daß ihre Bestandteile nicht den Titrationsvorgang stören. So darf man z.B. bei der Chlorid-Bestimmung keine Kalomelektrode ohne einen Elektrolytschlüssel wie z.B. KNO_3 verwenden.

4.1.3 Anwendungsbereiche

Die Potentiometrie eignet sich zur Messung von pH-Werten und zur Indizierung des Äquivalenzpunktes bei Neutralisationstitrationen, Redoxtitrationen und einigen Fällungs- und Komplexbildungsreaktionen. Sie läßt sich in trüben und stark gefärbten Lösungen einsetzen, erlaubt gelegentlich Simultanbestimmungen und liefert meist genauere Werte als die klassischen Methoden.

Brauchbar ist die Methode für Konzentrationen bis 10^{-4} mol · l^{-1}.

4.1.4 Anwendungsbeispiele

Fällungsreaktionen und Komplexbildungsreaktionen

Die Bestimmung des Äquivalenzpunktes bei Fällungs- und Komplexbildungsreaktionen ist dann potentiometrisch indizierbar, wenn mit der Fällung oder Komplexbildung ein Redoxvorgang verknüpft ist. Um dies zu erreichen, kann man z.B. ein an der Reaktion beteiligtes Kation oder Anion zu einem Halbelement ergänzen.

Beispiele:

Bei der *Bestimmung von Cl^-, Br^-, I^-, SCN^-* benutzt man z.B. einen Silberdraht als Meßelektrode, wenn mit $AgNO_3$ titriert wird. In chloridhaltiger Lösung spielt sich dann folgender Vorgang ab: $Ag^+ + e^- \rightleftharpoons Ag$; $Ag + Cl \longrightarrow AgCl + e^-$. Mit einem Sprung der Ag^+-Ionenkonzentration im Äquivalenzpunkt ist auch ein Potentialsprung verbunden.

Fällungstitrationen von *Iodiden* können potentiometrisch indiziert werden, wenn man etwas elementares Iod hinzufügt. Man hat dann das Redoxpaar 2 I^-/I_2 an einer Platinelektrode.

Die Äquivalenzpunktbestimmung ist möglich bei *Bestimmungen von Ca, Cd, Zn, Pb, Ge* mit eingestellter Lösung von $K_4[Fe(CN)_6]$, wenn dieses ca. 1 % $K_3[Fe(CN)_6]$ enthält. Es bilden sich die schwerlöslichen Niederschläge $K_2Zn_3[Fe(CN)_6]_2$, $K_2Cd[Fe(CN)_6]$ usw. Die Potentialänderung, die mit der Konzentrationsänderung der $[Fe(CN)_6]^{4-}$-Ionen verbunden ist, wird mit einem Platindraht als Meßelektrode gemessen.

Bestimmung von F^-*:* Man kann die F^--Ionen mit einer eingestellten Lösung von $FeCl_3$ potentiometrisch titrieren, wenn die Lösung zusätzlich etwa 1 % $FeCl_2$ enthält: $Fe^{3+} + 6\ F^- \longrightarrow [FeF_6]^{3-}$. Im Äquivalenzpunkt wird das Potential, das sich an einer Platinmeßelektrode einstellt, nur durch das Potential des Redoxpaares Fe^{2+}/Fe^{3+} bestimmt.

Die potentiometrische *Bestimmung von* CN^-*-Ionen* gelingt mit Ag^+-Ionen und einem Silberdraht als Meßelektrode. Man beobachtet zwei Potentialsprünge: $Ag^+ + 2\ CN^- \rightleftharpoons [Ag(CN)_2]^-$ (1. Sprung) und $[Ag(CN)_2]^- + Ag^+ \rightleftharpoons Ag[Ag(CN)_2]$ (2. Sprung).

Simultanbestimmungen sind bei Fällungsreaktionen möglich, wenn sich die Löslichkeitsprodukte der schwerlöslichen Niederschläge genügend unterscheiden. Beispiele sind die Trennungen: Cl^-/I^- und Br^-/I^-.

Gelegentlich werden Ungenauigkeiten durch Adsorptionseffekte und Mischkristallbildung verursacht.

Neutralisationsreaktionen (Acidimetrie und Alkalimetrie)
Als Meßelektrode muß eine Elektrode verwendet werden, an der ein Redoxprozeß abläuft, an welchem H_3O^+-Ionen beteiligt sind. Geeignet sind die Wasserstoffelektrode, s.S.291, und die Chinhydronelektrode, s.S. 295; besonders vorteilhaft ist die Glaselektrode, s.S. 348.

Mit einer Änderung des pH-Wertes der Lösung ist eine Potentialänderung verknüpft. Der Potentialsprung ist um so größer, je stärker die zu titrierende Säure oder Base ist. Bei sehr schwachen Säuren oder Basen ist die potentiometrische Indizierung des Äquivalenzpunktes ungenau. Bessere Ergebnisse liefert in diesem Fall die Konduktometrie, s.S. 391.

Beachte: Enthalten die Lösungen auch Oxidationsmittel, können sie nicht potentiometrisch indiziert werden.

Auch in *nichtwäßrigen* Systemen läßt sich die potentiometrische Endpunktsbestimmung durchführen. Ein Beispiel ist die Titration der Anionen von Alkaloidsalzen (z.B. Chininhydrochlorid und Atropinsulfat) in Eisessig mit Perchlorsäure ($HClO_4$). Als Meßelektrode wird die Glaselektrode verwendet (S. 348).

Simultanbestimmungen sind nur dann möglich, wenn sich die Säuren- oder Basenkonstanten der Säuren bzw. Basen um mindestens zwei Zehnerpotenzen unterscheiden (Beispiel: Salzsäure/Essigsäure Abb.44). Dies gilt auch für die Titration der Protonen mehrwertiger Säuren wie Orthophosphorsäure (H_3PO_4) und ihrer primären Salze (wie Natriumdihydrogenphosphat).

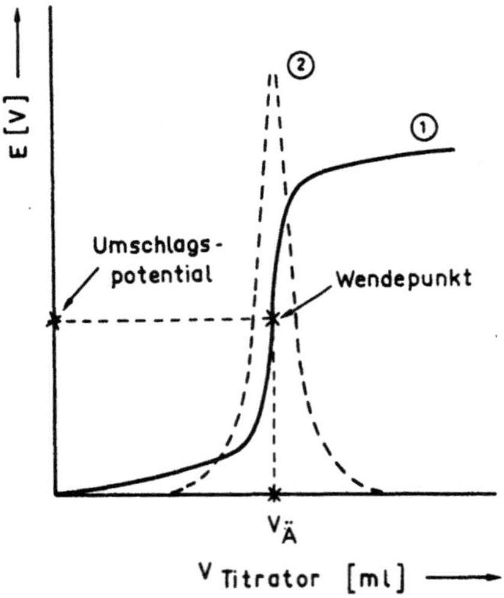

Abb. 43. Kurvenverlauf einer potentiometrisch indizierten Titration einer *starken* Säure mit einer *starken* Base.
Kurve 1 ist die normale Kurve,
Kurve 2 ist die abgeleitete Kurve

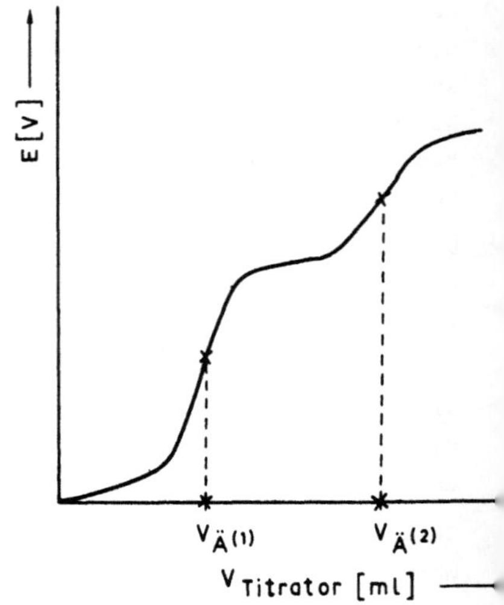

Abb. 44. Kurvenverlauf einer potentiometrisch indizierten *Simultanbestimmung* einer *starken* und einer *schwachen* Säure mit einer *starken* Base.
Beachte: Der 1. Wendepunkt entspricht der starken Säure. Einen ähnlichen Kurvenverlauf ergibt die Titration einer mehrwertigen Säure

$V_Ä$ = Volumen des Titranten am Äquivalenzpunkt
E = Elektrodenpotential in Volt

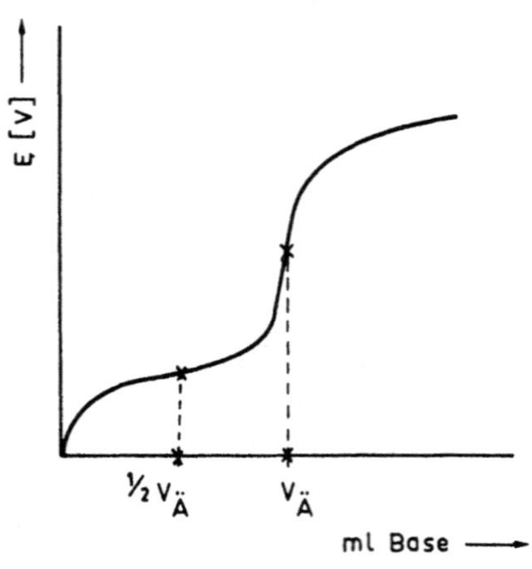

Abb. 45. Kurvenverlauf der Titration einer *schwachen* Säure mit einer *starken* Base. 1/2 $V_Ä$ ist das Titrationsvolumen, das bis zum Titrationsgrad 0,5 (Halbneutralisationspunkt) verbraucht wird

Redoxtitrationen (vgl. Kap. 3.9)

Bei Redoxtitrationen kann der Äquivalenzpunkt potentiometrisch indiziert werden, wenn sich die Normalpotentiale der Redoxpaare, die miteinander reagieren, um mindestens 250 mV unterscheiden. Als Meßelektroden werden Platinelektroden verwendet.

Beispiele gibt es aus der Manganometrie, Cerimetrie, Chromatometrie.

Abb. 46 zeigt die Titrationskurve der Redoxtitration: $5\ Fe^{2+} + MnO_4^- + 8\ H_3O^+ \rightleftharpoons 5\ Fe^{3+} + Mn^{2+} + 12\ H_2O$. Der potentialbestimmende Vorgang vor dem Äquivalenzpunkt ist: $Fe^{2+} \rightleftharpoons Fe^{3+} + e^-$, und der potentialbestimmende Vorgang nach dem Äquivalenzpunkt ist:

$Mn^{2+} + 12\ H_2O \rightleftharpoons MnO_4^- + 8\ H_3O^+ + 5\ e^-$.

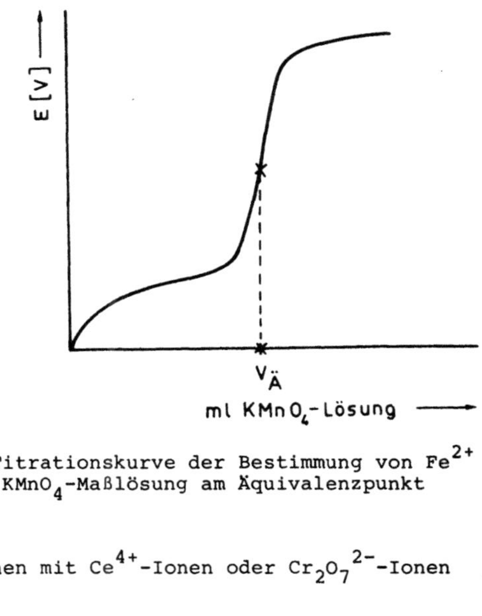

Abb. 46. Potentiometrische Titrationskurve der Bestimmung von Fe^{2+} mit MnO_4^-. $V_Ä$ = Volumen der $KMnO_4$-Maßlösung am Äquivalenzpunkt

Die Titrationen von Fe^{2+}-Ionen mit Ce^{4+}-Ionen oder $Cr_2O_7^{2-}$-Ionen ergeben ähnliche Kurven.

Fe^{3+}-Ionen können vor der potentiometrischen Bestimmung mit H_2SO_3 (angesäuerte Sulfitlösung) zu Fe^{2+}-Ionen reduziert werden.

Weitere Beispiele für Redoxtitrationen finden sich in Kap. 3.9.3.

pH-Messung (potentiometrisch)

1. Glaselektrode

Der pH-Wert kann für den Verlauf chemischer und biologischer Prozesse von ausschlaggebender Bedeutung sein. Elektrochemisch kann der pH-Wert durch folgendes Meßverfahren bestimmt werden: Man vergleicht eine Spannung, die mit einer Elektrodenkombination in einer Lösung von bekanntem pH-Wert gemessen wird, mit der gemessenen Spannung in einer Probenlösung.

Als Meßelektrode wird nahezu ausschließlich die sog. *Glaselektrode* benutzt. Sie besteht aus einem dickwandigen Glasrohr, an dessen Ende eine (meist kugelförmige) dünnwandige *Membran* aus einer besonderen Glassorte angeschmolzen ist. Die Glaskugel ist mit einer Pufferlösung von bekanntem und konstantem pH-Wert gefüllt (*Innen*lösung = Bezugslösung). Sie taucht in die Probenlösung ein, deren pH-Wert gemessen werden soll (*Außen*lösung). Durch Austauschprozesse zwischen den H_3O^+-Ionen und Na^+-Ionen in der Glasmembran entstehen pH-abhängige Potentiale auf der Innen- und Außenseite der Glasmembran. Die Differenz ΔE zwischen dem Potential E_i an der Phasengrenze Glas/Innenlösung und dem Potential E_a an der Phasengrenze Glas/Außenlösung hängt von der Acidität der Außenlösung ab. Zur Messung von ΔE benutzt man eine Meßanordnung, die derjenigen in Abb. 47 a ähnlich ist. In die Außenlösung taucht über eine KCl-Brücke als pH-unabhängige Bezugselektrode eine gesättigte Kalomel-Elektrode (Halbelement Hg/Hg_2Cl_2). In die Glaselektrode fest eingebaut ist als Ableitelektrode z.B. eine Ag/AgCl-Elektrode in 0,1 N HCl-Lsg. Moderne Glaselektroden enthalten oft beide Elektroden zu einem Bauelement kombiniert = Einstabelektrode (Abb. 47 b)

Zusammen mit der Ableitelektrode bilden die Pufferlösung und die Probenlösung eine sog. Konzentrationszelle (Konzentrationskette). Für die EMK der Zelle (ΔE) ergibt sich mit der Nernstschen Gleichung bei $t = 25^\circ$ C:

$$\Delta E = E_a - E_i = 0{,}059 \cdot (pH_i - pH_a)$$

Da die H_3O^+-Konzentration der Pufferlösung bekannt ist, kann man aus der gemessenen EMK den pH-Wert der Probenlösung berechnen bzw. an einem entsprechend ausgerüsteten Potentiometer (pH-Meter) direkt ablesen. Die Glaselektrode stellt eine Konzentrationskette für H_3O^+-Ionen dar.

Beachte: Der gemessene pH-Wert entspricht der Aktivität $a_{H_3O^+}$ und nicht der stöchiometrischen H_3O^+-Konzentration. In stark sauren und stark alkalischen Lösungen werden die Meßwerte durch den sog. *Säure- oder Alkalifehler* verfälscht.

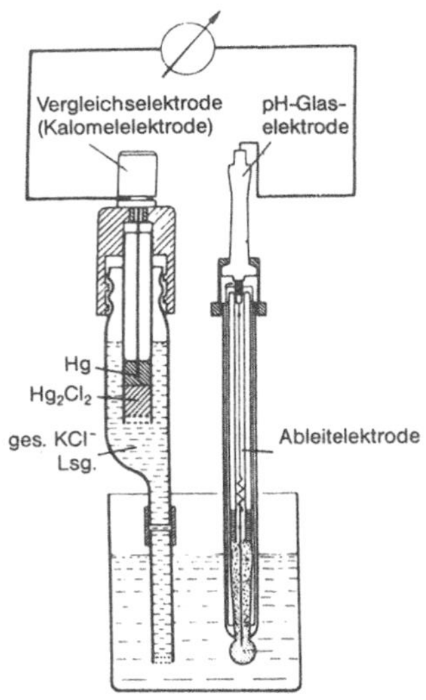

Abb. 47 a). Versuchsanordnung zur Messung von pH-Werten: Kalomel-Elektrode kombiniert mit Glaselektrode

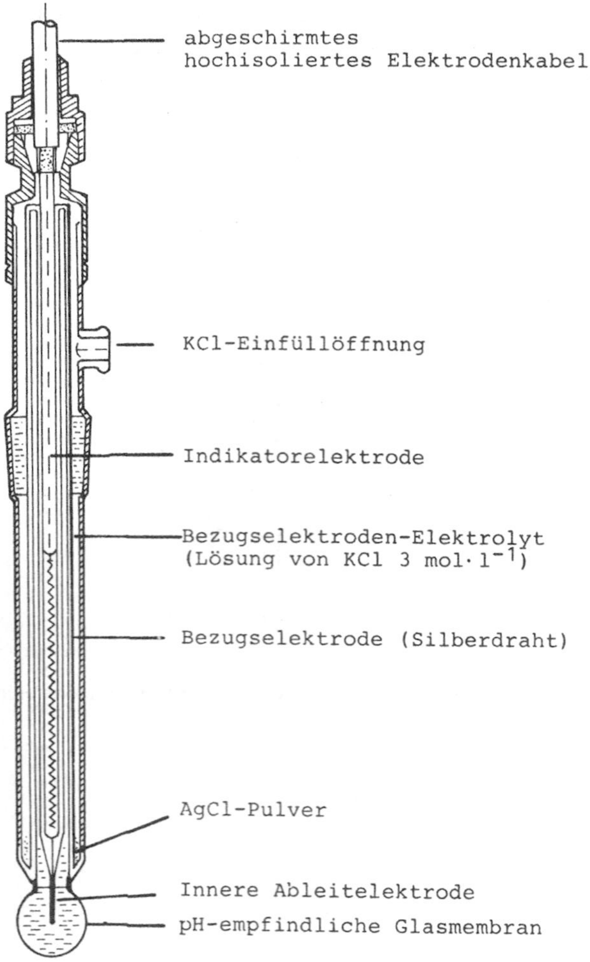

Abb. 47 b). Einstab-Glaselektrode

2. Redoxelektroden

Außer der Glaselektrode gibt es andere Elektroden zur pH-Messung, die im Prinzip alle auf Redoxvorgängen beruhen. Die wichtigsten sind die Wasserstoffelektrode (s.S. 291), die Chinhydronelektrode (s.S. 295) und Metall-Metalloxidelektroden. Praktische Bedeutung haben vor allem die *Antimon-* und die *Bismutelektrode*.

Ihr Potential wird durch die Gleichung

$$Me + OH^- \rightleftharpoons MeOH + e^-$$

bestimmt. Über das Ionenprodukt des Wassers ergibt sich dann der gesuchte Zusammenhang zwischen dem Potential und dem pH-Wert.

Abb. 48 zeigt eine Antimon-Elektrode mit eingebauter Ag/AgCl-Elektrode als Bezugselektrode. Diese Anordnung erlaubt eine pH-Messung zwischen pH = 0,4 und pH = 13.

Das Redoxpaar ist Sb^0/Sb^{3+}. (Bei hohem Sauerstoffdruck entstehen auch Oxide mit Sb(V)).

Metall-Metalloxidelektroden werden vor allem bei technischen Reaktionen für pH-Wert-Messungen benutzt. Die Antimon-Elektrode findet auch zur direkten pH-Wert-Messung in der Blutbahn Verwendung.

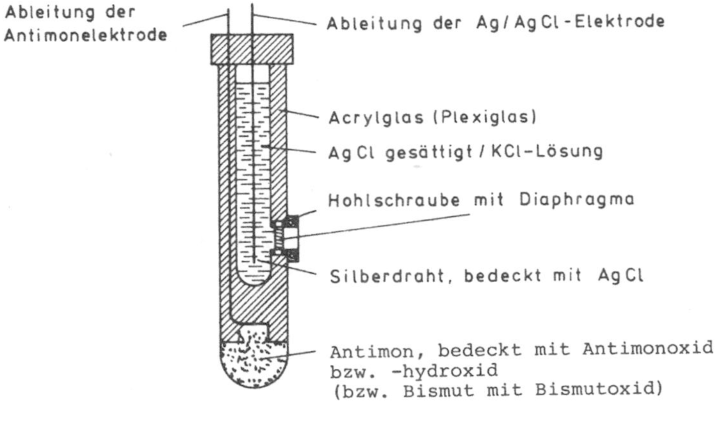

Abb. 48. Antimon-Elektrode mit Ag/AgCl-Elektroden als Bezugselektrode

3. Ionensensitive Elektroden

Ionensensitive (ionenselektive) Elektroden ähneln in ihrem Aufbau der Glaselektrode zur pH-Messung. Die Messungen werden auch auf die gleiche Weise durchgeführt. Man braucht dazu eine ionensensitive Elektrode (Feststoff-Membran- und Flüssig-Membran-Elektrode oder Enzymelektrode), eine gewöhnliche Bezugselektrode und ein pH-Meter.

Die ionensensitive Elektrode ist eine Halbzelle, deren Potential von der Aktivität eines bestimmten Ions abhängt. Anstelle der pH-Skala definiert man eine Ionen-Skala wie z.B. eine pNa^{+}- oder pCN^{-}-Skala. Die zugehörigen Elektroden heißen dann pNa-, pCN-Elektrode. Viele Anionen und Kationen, aber auch Gase wie NH_3, CO_2, SO_2 können *direkt* bestimmt werden. Auch nicht direkt meßbare Ionen oder Neutralsubstanzen werden mit Hilfe der direkt meßbaren Ionen einer *indirekten* Bestimmung zugänglich, wenn sich ihre Aktivität z.B. durch Niederschlagsbildung, Komplexbildung oder biochemische Reaktionen stöchiometrisch ändert.

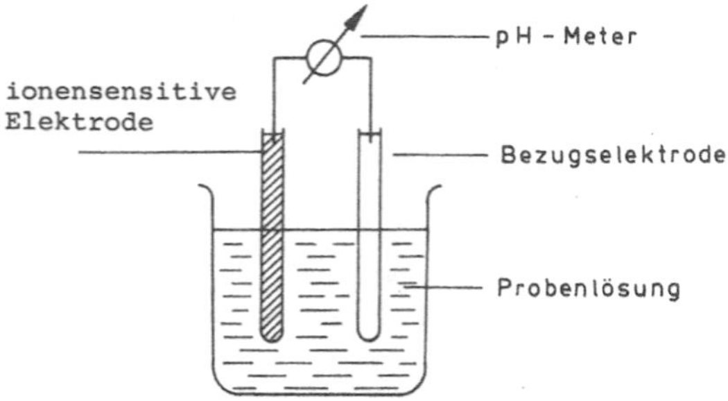

Abb. 49. Meßanordnung für quantitative Bestimmungen mit ionensensitiven Elektroden

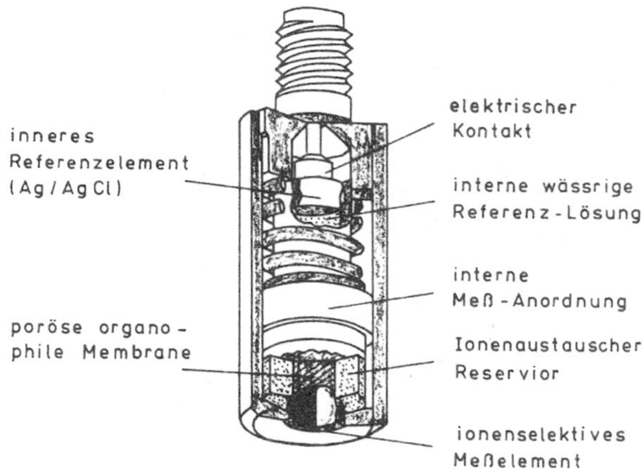

Abb. 50. Aufbau eines Nitratmoduls (Colora)

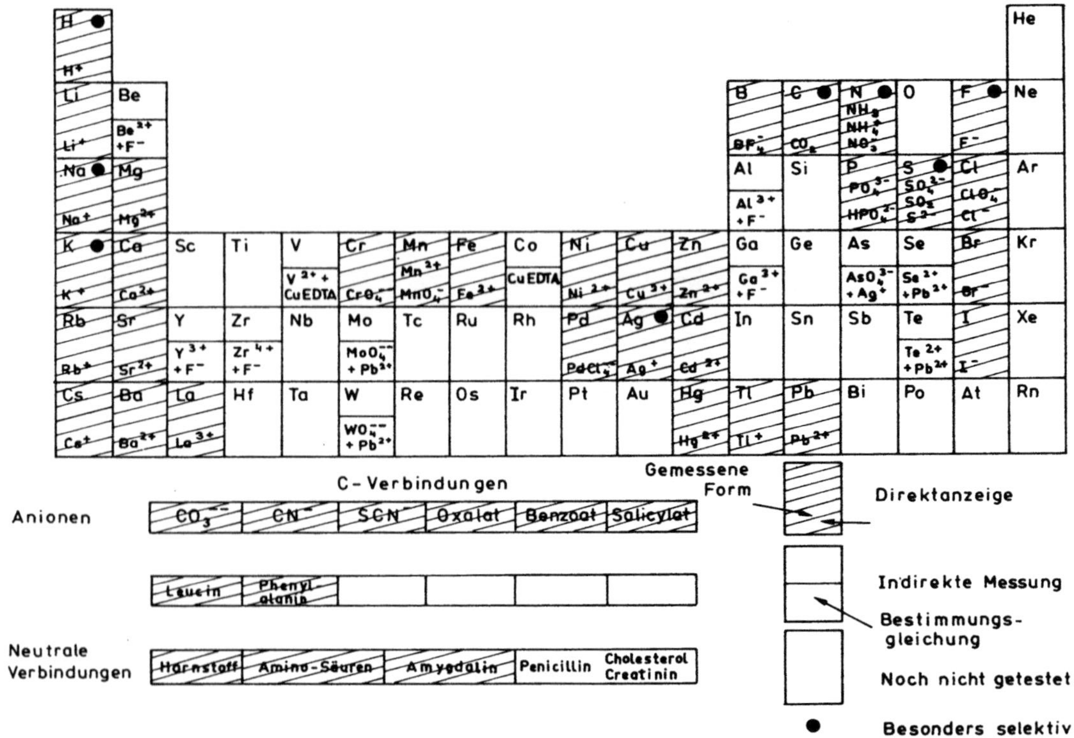

Abb. 51. Überblick über Ionen und Neutralsubstanzen, die bereits 1979 mit ionenselektiven Elektroden bestimmt werden konnten. (Nach Karl Cammann, "Working with ion-selective elektrodes". Springer 1979, Berlin Heidelberg New York)

4.2 Grundlagen der Elektrogravimetrie

4.2.1 Allgemeines

Die *Elektrogravimetrie* ist ein gravimetrisches Analysenverfahren, bei dem die Ausfällung (Abscheidung) eines Metalls aus seiner Salzlösung durch Elektrolyse erfolgt.

Elektrolyse heißt die Zerlegung eines Stoffes durch den elektrischen Strom (Umwandlung elektrischer Energie in chemische Energie). Hierbei werden an der Anode Oxidationen und an der Kathode Reduktionen erzwungen.

Bei der Elektrolyse mit Gleichspannung werden die Metalle meist an der Kathode abgeschieden. Nur in solchen Fällen, in denen sich schlecht haftende Metallüberzüge bilden, wird man die Metalle anodisch oxidieren und an der Anode als Metalloxide abscheiden (*Beispiele:* Pb als PbO_2, Mn als MnO_2).

Elektrogravimetrische Bestimmungen sind "*Absolut-Mengenbestimmungen*". Die Elektrode, an der sich das Metall oder Metalloxid abscheidet, wird vor und nach der Elektrolyse gewogen. Die Gewichtsdifferenz ergibt die abgeschiedene Substanzmenge.

Faradaysche Gesetze (1833/34)

Die Zusammenhänge zwischen der abgeschiedenen Substanzmenge und der verbrauchten Elektrizitätsmenge werden durch die Faradayschen Gesetze quantitativ wiedergegeben.

1. Faradaysches Gesetz

Die Stoffmenge m der elektrolytischen Zersetzungsprodukte ist der Elektrizitätsmenge (elektrische Ladung) Q proportional, die durch die Lösung transportiert wird.

Da die Elektrizitätsmenge Q das Produkt aus der Stromstärke I und der Stromflußzeit t ist, gilt:

$$m = k \cdot I \cdot t = k \cdot Q$$

t wird in Sekunden s angegeben, I in Ampère A und Q in A · s (Ampèresekunden) bzw. Coulomb C.

k ist ein Proportionalitätsfaktor (elektrochemisches Äquivalent). Er gibt an, welche Stoffmenge von der Ladung 1 A · s = 1 C abgeschieden wird. Für Ag: k = 1,118 mg · C^{-1}; für Cu : 0,329 mg · C^{-1}.

2. Faradaysches Gesetz

Die abgeschiedenen Stoffmengen m_1 bzw. m_2 verschiedener Stoffe sind bei gleicher Stromstärke und Zeit proportional dem Quotienten aus molarer Masse M_1 bzw. M_2 und Ladung z_1 bzw. z_2 (z = Äquivalentzahl), *s. auch S. 365*

$$m_1 : m_2 = \frac{M_1}{z_1} : \frac{M_2}{z_2}$$

Um ein Äquivalent, z.B. ein Mol Ionen mit der Ladung (Äquivalentzahl) z = 1 abzuscheiden, sind 96485 A · s (Ampèresekunden=Coulomb) erforderlich.

$$96485 \text{ A} \cdot \text{s} \cdot \text{mol}^{-1} = 1 \text{ F (Faraday)}$$

Für F, die Avogadrosche Zahl $N_A = 6{,}022 \cdot 10^{23} \text{mol}^{-1}$ und die elektrische Elementarladung $e_o = 1{,}6 \cdot 10^{-19} \text{A} \cdot \text{s}$ gilt die Beziehung:

$$F = N_A \cdot e_o.$$

Mit 1 F lassen sich abscheiden: 107,88 g Ag ($Ag^+ + e^- \longrightarrow \overset{o}{Ag}$) oder 63,52/2 = 31,78 g Cu ($Cu^{2+} + 2\, e^- \longrightarrow \overset{o}{Cu}$).

Strom-Spannungskurve bei einer Elektrolyse

Trägt man die bei einer Elektrolyse - mit ansteigender Spannung - gemessenen Wertepaare für die Stromstärke I und die Spannung U in ein Koordinatenkreuz ein, erhält man eine *Strom-Spannungskurve*, die der Kurve in Abb. 52 sehr ähnlich ist, denn die Elektrolysen werden meist mit *polarisierbaren* Elektroden durchgeführt.

Elektrolysen mit polarisierbaren Elektroden

Während der Elektrolyse werden an diesen Elektroden Elektrolyseprodukte abgeschieden oder adsorbiert. An jeder Elektrode bildet sich ein Halbelement aus. Aus beiden Halbelementen entsteht ein *galvanisches Element*, das unter Rückbildung der Edukte einen elektrischen Strom (Polarisationsstrom) liefert. Die Spannung des Elements (Polarisationsspannung) ist der von außen angelegten *Klemmenspannung = Polarisierspannung* entgegengesetzt. Kompensieren sich beide Spannungen, ist die resultierende Spannung und Stromstärke Null.

Anmerkung: der Polarisationsstrom läßt sich nach Abschalten der äußeren Stromquelle beobachten.

Will man nun die Elektrolyse durchführen, muß die von außen angelegte Spannung eine Mindestspannung, die sog. *Zersetzungsspannung* U_Z überschreiten.

Die Zersetzungsspannung U_Z ist zahlenmäßig gleich dem Maximalwert der Polarisationsspannung (EMK) des durch die Elektrolyse aufgebauten galvanischen Elements. Sie hängt u.a. ab von der Art des Elektrolyten, der Temperatur und vom Elektrodenmaterial.

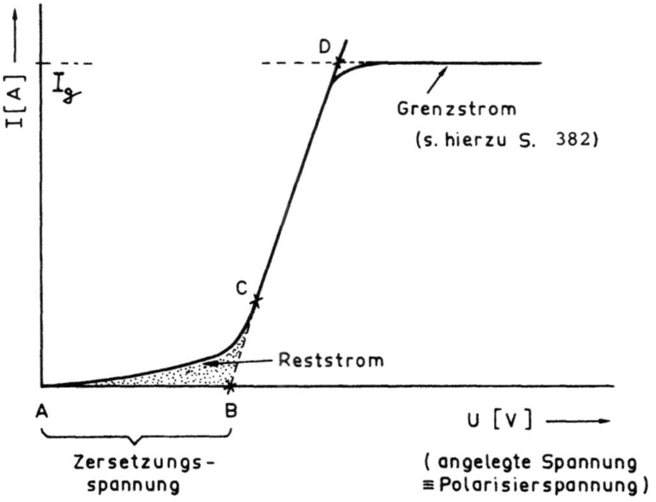

Abb. 52. Strom-Spannungskurve bei einer Elektrolyse an polarisierbaren Elektroden

Für die Elektrolyse lautet das Ohmsche Gesetz: $U = I \cdot R + U_Z$.

Der Widerstand R ist abhängig von der Elektrolytkonzentration, dem Elektrodenabstand, der Elektrodenform und der Temperatur; s. hierzu auch Kap. 4.5.

Die graphische Darstellung ergibt den geraden Teil der Strom-Spannungskurve zwischen den Punkten C und D in Abb. 52.

Die Krümmung in der Kurve (A - C) rührt daher, daß die Stromstärke bis zum Erreichen der Zersetzungsspannung etwas größer ist als Null. Es fließt nämlich ein kleiner *Diffusions*- oder *Reststrom*. Durch diesen Strom werden die Elektrolyseprodukte ersetzt, die von den Elektroden wegdiffundieren. Auf diese Weise wird das Gleichgewicht zwischen polarisierender Spannung und Polarisationsspannung aufrechterhalten.

Wird die Spannung zu hoch, nähert sich die Stromstärke I asymptotisch einem konstanten Wert I_g = Grenzstrom. Der Ionentransport erfolgt jetzt ausschließlich durch Diffusion; vgl. hierzu S. 382.

Ermittlung der Zersetzungsspannung

a) *experimentelle* Ermittlung

Die Auswertung der Strom-Spannungskurve bietet eine Möglichkeit, die Zersetzungsspannung *experimentell* zu bestimmen. Verlängert man nämlich das gerade Kurvenstück bis zum Schnittpunkt mit der Abszisse, so gibt dieser Schnittpunkt (B) den Wert der Zersetzungsspannung an.

b) *Berechnung* der Zersetzungsspannung

Der *theoretische* Wert der Zersetzungsspannung = $(U_Z)_{th}$ ergibt sich aus den Einzelpotentialen des durch die Elektrolyse entstandenen Redoxsystems:

$$|(U_Z)_{th}| = E_{Anode} - E_{Kathode}.$$

Es kommt nur auf den Betrag von U_Z an.

E_{Anode} ist das Potential des Redoxpaares an der Anode, $E_{Kathode}$ ist das Potential des Redoxpaares an der Kathode, jeweils gemessen gegen die Normalwasserstoffelektrode.

Für den Fall, daß die Komponenten des Redoxsystems unter Normalbedingungen (s.S. 287) vorliegen, können die Redoxpotentiale der *elektrochemischen Spannungsreihe* entnommen werden. Man muß jedoch beachten, daß sich die Konzentrationen der Ionen in der Lösung während der Elektrolyse ändern. Damit ändern sich die Redoxpotentiale und die Zersetzungsspannung.

Die Konzentrationsabhängigkeit der Zersetzungsspannung wird durch die *Nernstsche Gleichung* erfaßt, s.S. 289.

Der *tatsächliche* (effektive) Wert der Zersetzungsspannung U_Z weicht meist sehr stark vom theoretischen Wert ab. Schuld daran sind Erscheinungen, die unter den Begriffen *Überspannung* und *Polarisation* zusammengefaßt werden; s. hierzu S. 291.

Bei der Abscheidung von Metallen sind die auftretenden Überspannungen im allgemeinen vernachlässigbar klein.

Beachte: Bei gehemmten Elektrodenvorgängen werden die Überspannungswerte η zu den Redoxpotentialen addiert: $U_Z = (U_Z)_{th} + \eta$.

Rechenbeispiel:
Eine wäßrige $CuSO_4$-Lsg. wird bei 25° C an Platin-Elektroden elektrolysiert.

Die Cu^{2+}-Ionen werden kathodisch zu elementarem Kupfer reduziert. An der Anode entwickelt sich Sauerstoff durch Oxidation von H_2O bzw. der OH^--Ionen:

Anodenvorgang: $H_2O \rightleftharpoons 2\,e^- + 1/2\,O_2 + 2\,H^+$,

Kathodenvorgang: $Cu^{2+} + 2\,e^- \rightleftharpoons Cu$.

Gesamtvorgang: $Cu^{2+} + H_2O \rightleftharpoons Cu + 1/2\,O_2 + 2\,H^+$.

$$E_{Kathode} = E^o_{Cu/Cu^{2+}} + \frac{0{,}059}{2}\lg a_{Cu^{2+}} + (\eta_{Cu})$$

$$E_{Anode} = E^o_{O_2/H_2O} - 0{,}059 \cdot pH + \eta_{O_2} \; ; \quad E^o = 1{,}23$$

Anmerkung: Das Anodenpotential wurde für den Fall berechnet, daß die Platinelektrode von Sauerstoffgas unter dem Druck von 1 bar (Standarddruck) umspült wird (s. Sauerstoffelektrode, S. 291). Bei kleineren Drucken kann Wasser bereits bei niedrigeren Spannungswerten zersetzt werden.

η_{O_2} und η_{Cu} sind die Überspannungen von O_2 bzw. Cu (s.S. 291)
Bei 1 N Säurelösungen an Platinelektroden ist $\eta_{O_2} = 0{,}47$ V.

Im Verlauf der Elektrolyse steigt der pH-Wert und somit das Anodenpotential E_{Anode} um:

$$\Delta E_{Anode} = 0{,}059 \cdot \Delta pH$$

Das Kathodenpotential $E_{Kathode}$ steigt um:

$$\Delta E_{Kathode} = -\frac{0{,}059}{2}\lg \frac{a_{Cu^{2+}}\,(\text{Anfang})}{a_{Cu^{2+}}\,(\text{Ende})}$$

Für den Anstieg der Zersetzungsspannung ergibt sich daraus:

$$\Delta U_Z = 0{,}059 \cdot \left[\Delta pH + \frac{1}{2}\lg \frac{a_{Cu^{2+}}\,(\text{Anfang})}{a_{Cu^{2+}}\,(\text{Ende})}\right].$$

Beachte:
Da die Zersetzungsspannung mit abnehmender Metallionenkonzentration größer wird, muß man die Polarisierspannung (Klemmenspannung) entsprechend erhöhen. Die obere Grenze bildet die Zersetzungsspannung des Lösungsmittels.

Aus diesem Grunde ist es unmöglich, ein bestimmtes Ion quantitativ abzuscheiden.

Für analytische Zwecke begnügt man sich meist mit einer 99,99 %-igen Abscheidung; dies entspricht einem *Fehler von 0,01 %*.

Tabelle 24. Zersetzungsspannungen von 1 N wäßrigen Lösungen (gemessene Werte)

$ZnSO_4$	2,35 V	$Pb(NO_3)_2$	1,52 V
$CdSO_4$	2,03 V	$AgNO_3$	0,70 V
$CuSO_4$	1,49 V		
		HNO_3	1,69 V
		H_2SO_4	1,67 V
		HCl	1,31 V

4.2.2 Trennungen durch Elektrolyse

Allgemeine Bemerkungen

Alle Metalle mit einem *positiveren* Redoxpotential als Wasserstoff sind in *saurer* Lösung elektrolytisch abscheidbar.

Bei einem *negativeren* Potential ist eine Abscheidung möglich bei möglichst hoher Überspannung η_{H_2} und hohem pH-Wert der Lösung (alkalische Lösung) entsprechend der Beziehung:

$$E_H = 0 - 0{,}059 \cdot pH - \eta_{H_2}.$$

Trennungen von Metallen sind möglich, wenn sich ihre Normalpotentiale um *mindestens* 0,4 V voneinander unterscheiden. Die Ionen werden in der Reihenfolge ihrer Zersetzungsspannungen abgeschieden. Das edlere Metall wird jeweils zuerst abgeschieden.

Da sich die Zersetzungsspannung mit der Konzentration ändert, kann man durch künstlich herbeigeführte Konzentrationsänderungen, z.B. durch Fällungs- oder Komplexbildungsreaktionen, die Unterschiede zwischen den Zersetzungsspannungen vergrößern und manchmal sogar die Reihenfolge umkehren.

Trennung durch Simultanabscheidung an Kathode und Anode

Beispiel: Elektrolytische Trennung von Blei und Kupfer

Liegen die Ionen dieser beiden Metalle in Lösung vor, so kann man Pb^{2+} anodisch zu Pb^{4+} oxidieren und als PbO_2 an der Anode abscheiden. Die Cu^{2+}-Ionen werden als elementares Kupfer auf der Kathode abgeschieden.

Trennung durch Wahl der Zersetzungsspannung

Beispiel: Abscheidung von Silber neben Blei

Diese Metalle können auf vielerlei Weise getrennt werden. Eine Möglichkeit ist die Abscheidung von Blei als $PbSO_4$ aus H_2SO_4-saurer Lösung und die anschließende elektrolytische Abscheidung von Silber bei ca. 80° C, 0,1 A und 1,2 V.

Beispiel: Trennung von Cadmium und Cobalt

Aufgrund der Normalpotentiale ist eine elektrolytische Trennung der beiden Metalle in saurer Lösung unmöglich.

Abhilfe: Man macht die Lösung alkalisch und fügt CN^--Ionen hinzu. Von den entstandenen Cyanid-Komplexen ist der Co-Komplex stabiler. Dadurch ist die Co-Konzentration in Lösung geringer als die Konzentration der Cd^{2+}-Ionen. Cobalt ist damit edler geworden als Cadmium, das nun zuerst abgeschieden wird.

Hinweise für die Durchführung von Elektrolysen

Durch Zusatz sog. *Depolarisatoren* läßt sich gelegentlich eine Gasentwicklung unterdrücken.

Entsteht bei der Elektrolyse an der Anode Chlorgas, wird das Elektrodenmaterial angegriffen. Durch Zugabe von Reduktionsmitteln wie Hydrazin läßt sich die Chlorentwicklung meist vermeiden. Oxidationsmittel wie NO_3^- wirken dagegen kathodisch depolarisierend. Besonders dichte Metallüberzüge erhält man bei der Elektrolyse von Komplexsalzlösungen.

Für kathodische Abscheidungen ist oft ein hoher pH-Wert (alkalische oder ammoniakalische Lösung) günstig, falls keine Metallhydroxide ausfallen. Gelöste Hydroxokomplexe eignen sich für elektrolytische Bestimmungen.

Bei der Wahl der Polarisierspannung braucht man meist nur wenige Zehntel Volt über den Anfangswert der Zersetzungsspannung zu gehen. Für die Abscheidung von Kupfer genügt z.B. schon eine Spannungsdifferenz von 0,5 V.

Den *Endpunkt* einer elektrolytischen Abscheidung kann man erkennen z.B. am Spannungsanstieg, am Stromstärkeabfall (mit Potentiostat) oder mit einem qualitativen mikroanalytischen Nachweis. Gelegentlich sieht man das Ende der Abscheidung auch, wenn man einen noch unbedeckten Teil der Elektrode in die Elektrolytlösung eintaucht und dann eine weitere Abscheidung ausbleibt.

Die Herausnahme der Elektroden aus der Elektrolytlösung soll bei eingeschaltetem Strom erfolgen (galvanisches Element!).

Oxidationsempfindliche Abscheidungen müssen unter Inertgasatmosphäre aufbewahrt und ausgewogen werden.

4.2.3 Instrumentelle Anordnung

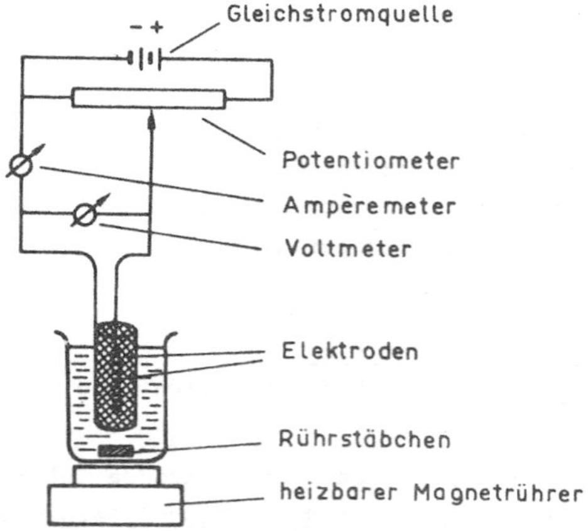

Abb. 53. Instrumentelle Anordnung für die Elektrogravimetrie bei konstantgehaltener Stromstärke

Erläuterung von Abb. 53:
Über einen regelbaren Widerstand R (Potentiometer, s.Abb. 53 wird eine variable Gleichspannung an die Elektroden gelegt. Mit dem Voltmeter kann die Spannung, mit dem Ampèremeter die Stromstärke und damit die Stromdichte kontrolliert werden. Letzteres ist nötig, weil sich bei hohen Stromdichten das Metall oft schwammig abscheidet und dann leicht von der Elektrode abfallen kann. Die Elektroden tauchen in die Elektrolytlösung ein. Diese wird gerührt und auf ca. 60 - 80° C erwärmt. Man erzielt damit einen schnelleren Konzentrationsausgleich. Als Folge davon wird die Elektrolysezeit verkürzt, die Oberflächenbeschaffenheit und manchmal auch die Reinheit des Metallüberzuges verbessert.

Als *Elektrolysezelle* kann ein Becherglas verwendet werden. Bei Gasentwicklung muß ein Verspritzen der Lösung verhindert werden.

Bei dieser einfachen Anordnung steigt gegen Ende der Elektrolyse die Zersetzungsspannung steil an.

Die Polarisierspannung (Klemmen-Spannung) muß entsprechend nachgefahren werden.

Anordnung mit Potentiostat

Für Trennprobleme geeigneter ist eine Anordnung, die anstelle des Potentiometers einen *Potentiostaten* (s.S. 369) enthält. Dieser erlaubt die Einhaltung eines einmal gewählten Spannungswertes. Bei dieser Versuchsanordnung sinkt die Stromstärke von einem anfänglichen Höchstwert gegen Ende der Elektrolyse langsam auf Null ab.

Elektroden

Als Anodenmaterial kommt nur Platin oder eine Platinlegierung wie Pt/Ir infrage.

Die Kathode kann bestehen aus Platin, Gold, Silber, Quecksilber, Kupfer, Tantal u.a.

Zur Abscheidung unedler Metalle schützt man Platinelektroden durch vorherige elektrolytische Abscheidung von Kupfer. Wasserstoff hat zudem an den verkupferten Elektroden eine hohe Überspannung, so daß auch z.B. Cd^{2+}, Ni^{2+} und Co^{2+} in saurer Lösung abgeschieden werden können.

Die Elektrode, an der die Abscheidung erfolgt, ist meist als Drahtnetz, seltener als Platte oder Zylinder ausgebildet. Als Gegenelektrode genügt meist eine Drahtspirale, s. Abb. 56.

Elektrolytische Zersetzung von Anionen

Cl^--Ionen werden entladen, bevor das Lösungsmittel Wasser zersetzt wird. Abhilfe schafft oft ein Zusatz von Hydrazin.

NO_3^--Ionen werden nur bei langen Elektrolysezeiten merklich reduziert ($\longrightarrow$ HNO_2, NO, NH_4^+).

Das *SO_4^{2-}-Ion* wird bei den üblichen Elektrolysebedingungen nicht angegriffen.

4.2.4 Anwendungen

Kathodische Bestimmungen

Beispiele

Abscheidung von *Silber*

Die elektrolytische Abscheidung gelingt z.B. auf folgende Weise:

a) Man versetzt die salpetersaure Lösung mit ca. 5 ml Ethanol, um die Bildung von Ag_2O_2 zu vermeiden und elektrolysiert bei 50 - 60° C, 0,5 A und 1,35 V.

b) Aus schwefelsaurer Lösung (4 Vol% H_2SO_4) kann Silber bei ca. 80° C, 0,1 A und 1,2 V abgeschieden werden.

Anmerkung: Enthält die Lösung HNO_3, muß nach der Zugabe von H_2SO_4 bis zum Auftreten weißer Nebel abgeraucht werden. Der Rückstand wird in heißem Wasser gelöst.

Abscheidung von *Kupfer*

Die salpetersaure Lösung soll 2 - 4 Vol% HNO_3 und 0,15 g $KClO_3$ enthalten, um die Bildung von NO_2 zu unterdrücken. Die Abscheidungsbedingungen sind z.B. 70° C, 0,2 - 0,8 A, 2,4 - 2,5 V.

Abscheidung von *Blei*

100 ml Lösung sollen ca. 10 ml konz. HNO_3 und 5 Tropfen konz. H_2SO_4 enthalten. Bei 60 - 90° C und 0,5 A wird die Hauptmenge abgeschieden. Gegen Ende der Elektrolyse erhöht man auf ca. 1,5 A. Die Elektrolysedauer beträgt unter diesen Bedingungen ca. 60 Minuten.

Abscheidung von *Cadmium*

Die Abscheidung gelingt aus schwefelsaurer, ammoniakalischer und cyanidhaltiger (alkalischer) Lösung.

Abscheidung aus schwefelsaurer Lösung: Die Probenlösung soll etwa 0,5 normal an H_2SO_4 sein. Man fügt ca. 5 g $KHSO_4$ hinzu und elektrolysiert unter Rühren mit 0,7 - 1,5 A und 2,7 V. Eine hohe Stromdichte ist erforderlich, um ein Wiederauflösen von Cadmium zu verhindern.

Anodische Bestimmungen

Bestimmung von *Blei* als PbO_2

Pb^{2+}-Ionen lassen sich anodisch in salpetersaurer Lösung zu PbO_2 oxidieren. Solange die PbO_2-Menge unter 100 mg bleibt, ist der Umrechnungsfaktor auf Pb 0,8662. Größere Mengen PbO_2 sind nur schwer zu entwässern.

Bestimmung von *Mangan* als MnO_2

Mn^{2+}-Ionen lassen sich anodisch zu MnO_2 oxidieren. $E^0_{Mn^{2+}/MnO_2}$ = 1,23 V (in saurer Lösung).

4.3 Grundlagen der Coulometrie

4.3.1 Allgemeines

Coulometrie heißt die Messung von Elektrizitätsmengen. Bei Elektrolysen, die quantitativ und eindeutig ablaufen, besteht ein einfacher Zusammenhang zwischen der Menge der abgeschiedenen (freigesetzten) Elektrolyseprodukte und der - während der Elektrolyse - durch den Stromkreis geflossenen Elektrizitätsmenge. Ist die Elektrizitätsmenge bekannt, kann man auf die Stoffmengen zurückschließen. Die Coulometrie kann daher als genaue quantitative Bestimmungsmethode für viele analytische Probleme benutzt werden.

Grundlagen der Coulometrie sind die *Faradayschen Gesetze*; s. hierzu auch S. 355.

1. Faradaysches Gesetz: $m = k \cdot I \cdot t$ oder mit $Q = I \cdot t$ auch $m = k \cdot Q$.

2. Faradaysches Gesetz: Gleiche Elektrizitätsmengen Q scheiden verschiedene Stoffe im Verhältnis ihrer Äquivalente ab.

Die Zusammenfassung beider Gesetze gibt mit $k = M/z \cdot F$:

$m = \frac{M \cdot Q}{z \cdot F}$; M = Atom- bzw. Molmasse ($g \cdot mol^{-1}$)
z = Äquivalentzahl (elektrochemische Wertigkeit)
F = Faradaysche Konstante = 96 485 $C \cdot mol^{-1}$ (1 C = 1 A · s)

Die Faradayschen Gesetze gelten streng nur für die Entladung oder Umladung von Ionen. Die Schritte, die sich dem Elektronenübergang (Primärvorgang) anschließen, müssen *eindeutig* verlaufen. Bei diesen Sekundärvorgängen handelt es sich um Reaktionen der Teilchen untereinander, Reaktionen mit der Elektrode, dem Elektrolyten, dem Lösungsmittel usw.

Bei der Elektrolyse dürfen also keine unkontrollierten stromliefernden oder stromverbrauchenden Nebenreaktionen stattfinden, und es darf keine Stromwärme auftreten.

Beachte: Voraussetzung für die Anwendung der Faradayschen Gesetze ist eine quantitative Stromausbeute bei der Elektrolyse.

Anmerkung: Stromausbeute ist das Verhältnis von tatsächlich abgeschiedener Stoffmenge zu der nach den Faradayschen Gesetzen berechneten Stoffmenge.

Mißt man die Elektrizitätsmenge (elektrische Ladung) Q durch eine Zeitmessung bei konstanter Stromstärke, spricht man von *galvanostatischer Coulometrie* oder *coulometrischer Titration*.

Die Ermittlung von Q bei konstanter Spannung heißt *potentiostatische Coulometrie* oder *coulometrische Analyse*.

4.3.2 Durchführung coulometrischer Messungen

Elektrolysezellen

Form und Ausrüstung der Elektrolysezellen müssen der gewählten coulometrischen Methode und dem jeweiligen analytischen Problem angepaßt werden.

Die Zellen enthalten eine *Arbeitselektrode*, an der die betreffende Elektrodenreaktion abläuft, eine *Gegenelektrode* und eine *Bezugselektrode*.

Man mißt die Potentialdifferenz zwischen der Arbeitselektrode und der Bezugselektrode, deren Potential konstant und meist bekannt ist.

Wird bei coulometrischen Titrationen der Äquivalenzpunkt elektrometrisch ermittelt, braucht man zusätzlich noch eine *Indikatorelektrode*; über Einzelheiten hierzu s.S. 295.

Die Arbeitselektroden bestehen aus Platin, Platinlegierungen, Gold, Silber, Quecksilber oder Amalgam. Geformt sind sie als Netzzylinder, Spiralen, Drähte, Kügelchen oder Folien. Gelegentlich müssen sie vor Beginn einer Messung vorbehandelt werden.

Die Gegenelektroden (meist als Anode geschaltet) bestehen aus Platin oder Graphit. Verwendet wurden auch Hg_2Cl_2/Hg - und $PbSO_4/Pb$-Halbzellen.

Als Bezugselektroden verwendet man die bekannten Elektroden 2. Art wie die Kalomelelektrode oder die Silber/Silberchlorid-Elektrode.

Um eine 100 %-ige Stromausbeute zu erzielen, muß man verhindern, daß die Elektrolyseprodukte an die jeweilige Gegenelektrode diffundieren. Man erreicht dies durch ein *Diaphragma* zwischen Anoden- und Kathodenraum oder durch eine völlige Trennung der Elektrolyseräume und die Herstellung der elektrolytischen Leitung zwischen ihnen durch einen *Stromschlüssel* (Salzschlüssel). Die Analysenlösung wird in den Raum um die Arbeitselektrode gebracht.

Als Stromschlüssel eignet sich ein U-förmig gebogenes Glasrohr, das beidseitig mit einem Sinterglas- oder Porzellan-Diaphragma verschlossen ist. Das U-Rohr wird mit einer Elektrolytlösung gefüllt, die das Analysenergebnis nicht beeinflußt.

Beispiele für Elektrolytlösungen sind eine wäßrige Lösung von KCl, KNO_3, $(NH_4)_2SO_4$, meist angedickt mit Agar-Agar oder H_2SO_4, aufgesaugt in Kieselgel.

Werden die Elektrodenräume durch ein Diaphragma getrennt, soll der elektrische Widerstand des Diaphragmas höchstens 100 - 250 Ohm betragen. Als Diaphragmenmaterial eignen sich poröse Porzellan- oder Sinterglasmembranen (Frittenplatten). Den Flüssigkeitsspiegel im Raum der Gegenelektrode wählt man etwas höher als denjenigen im Raum der Arbeitselektrode, um eine Diffusion der Analysensubstanz aus dem Raum der Arbeitselektrode zu verhindern.

Die *Elektrolysedauer* läßt sich erheblich verkürzen z.B. durch Rühren der Lösung, Temperaturerhöhung, Verwendung großer Elektrodenoberflächen und kleiner Lösungsvolumina.

Messung von Elektrizitätsmengen

Elektrizitätsmengen lassen sich auf vielerlei Weise messen. Ausschlaggebend für die jeweils benutzte Methode sind die Anforderungen, die an die Genauigkeit der Messung gestellt werden, und der damit verbundene technische Aufwand.

Genaue und präzise Messungen gestattet ein elektronischer *Stromintegrator*.

Eine Möglichkeit zur Ermittlung von Elektrizitätsmengen bietet auch die *Auswertung von coulometrischen I-t-Kurven*. Hierbei zeichnet man die Änderung der Stromstärke I als Funktion der Elektrolysezeit t graphisch auf. Während der Elektrolyse sinkt die Stromstärke von einem Anfangswert I_o bis auf einen Restwert (Grundstromstärke) ab. Für den Abfall gilt die Gleichung:

$$I_t = I_o \cdot \exp\left(-\left(\frac{D \cdot A}{\delta \cdot V}\right) \cdot t\right) = I_o \cdot \exp(-\kappa \cdot t) \qquad \text{mit } \kappa = \frac{D \cdot A}{\delta \cdot V}$$

D = Diffusionskoeffizient, A = Elektrodenoberfläche, δ= Diffusionsschichtdicke an der Arbeitselektrode, V = Volumen, t = Elektrolysezeit, I_o = Stromstärke zur Zeit t = 0, I_t = Stromstärke zur Zeit t). Abb. 54 zeigt eine entsprechende Kurve.

Zur Ermittlung der Elektrizitätsmenge $Q = I \cdot t$ kann man nun entweder die Fläche unter der Kurve integrieren $Q = \int_0^t I(t) \cdot dt$, oder man trägt lg I als Funktion der Zeit auf (Abb. 54). Die Steigung der erhaltenen Geraden ergibt $-\kappa$. Damit läßt sich die gesuchte Elektrizitätsmenge bestimmen. Diese Methode eignet sich für schnelle Messungen, weil man aus wenigen Meßpunkten den Kurvenverlauf konstruieren und auf das Ende der Elektrolyse ($t \rightarrow \infty$) extrapolieren kann.

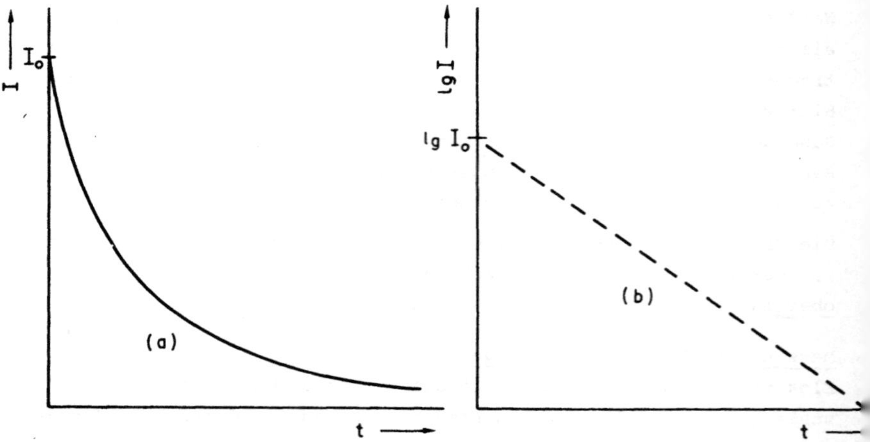

Abb. 54 a und b. Coulometrische I-t-Kurve. a) I aufgetragen gegen t; b) lg I aufgetragen gegen t; $\lg I = \lg I_o - 0{,}434\ \kappa \cdot t$

Genaue Messungen der Elektrizitätsmengen erlauben die sog. *chemischen Coulometer*, die in Reihe zur Meßzelle geschaltet werden.

Chemische Coulometer sind Elektrolysezellen, welche die Bestimmung der Elektrizitätsmenge auf der Grundlage der Faradayschen Gesetze ermöglichen.

Beispiele für chemische Coulometer

Ein in der Praxis häufig benutztes Coulometer ist das *Kupfercoulometer*. Es besteht aus einer Anode aus reinstem Kupfer, einer Kathode aus Kupfer oder Platin und einer Elektrolytlösung, die 125 g $CuSO_4 \cdot 5\ H_2O$, 50 g H_2SO_4 und 50 g C_2H_5OH auf einen Liter Lösung enthält. Die Elektrizitätsmenge wird aus der Gewichtsdifferenz der Kathode vor und nach der Elektrolyse bestimmt.

Dieses Coulometer arbeitet ungenau, weil sich aus den Cu^{2+}-Ionen und dem bereits abgeschiedenen elementaren Kupfer Cu^+-Ionen bilden.

Für Präzisionsmessungen eignet sich das *Silbercoulometer* (Abb. 55): $Ag^+ + e^- \longrightarrow Ag$. Es besteht aus zwei Silber- oder Platinelektroden, die in eine 10 - 20 %-ige neutrale Lösung von $AgNO_3$ oder $AgClO_3$ eintauchen.

Die kathodische Stromdichte soll $< 0{,}02\ A \cdot cm^{-2}$, die anodische Stromdichte $< 0{,}2\ A \cdot cm^{-2}$ sein, und es sollen nicht mehr als 100 mg Ag pro cm^2 Kathodenoberfläche abgeschieden werden.

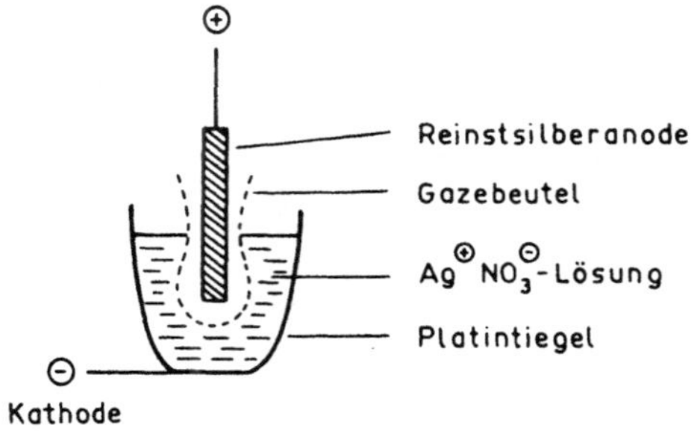

Abb. 55. Skizze eines Silbercoulometers. Die Silbermenge wird aus der Gewichtsdifferenz der Kathode vor und nach der Elektrolyse bestimmt. Der Gazebeutel soll von der Anode abfallendes metallisches Silber auffangen

Sehr genau ist auch das *Iodcoulometer*. Hier wird aus einer KI-Lösung anodisch I_2 abgeschieden, das sich in KI-Lsg. als KI_3 löst. Die abgeschiedene Iodmenge wird mit einer eingestellten $Na_2S_2O_3$-Lsg. oder arseniger Säure titriert. Als Elektroden werden Platinelektroden verwendet.

Potentiostatische Coulometrie (coulometrische Analyse)
Bei dieser Methode wird das Potential der Arbeitselektrode konstant gehalten. Sein Wert entspricht dem Abscheidungspotential der Analysensubstanz. Durch den Zusatz eines indifferenten Leitsalzes im Überschuß wird sichergestellt, daß der Stromtransport in der Lösung ausschließlich durch die Ionen des Leitsalzes erfolgt. Die Analysensubstanz gelangt daher ausschließlich durch *Diffusion* an die Arbeitselektrode. Gemessen wird demzufolge nur der *Diffusionsstrom* (Grenzstrom), s. hierzu S. 358.
Die Diffusionsstromstärke nimmt im Verlauf der Elektrolyse ab, weil die Analysensubstanz elektrolytisch zersetzt wird. Die Elektrolyse ist beendet, wenn die Stromstärke den Wert Null erreicht hat.

Konstanthaltung des Potentials der Arbeitselektrode
Am besten läßt sich das Potential der Arbeitselektrode mit einem elektronisch geregelten *Potentiostaten* konstant halten; Abb. 56 zeigt eine entsprechende Meßanordnung.

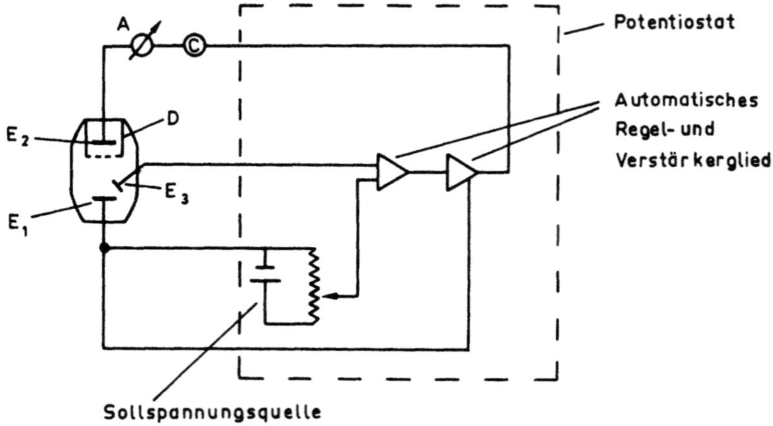

Abb. 56. Prinzipschaltbild für potentiostatische Coulometrie mit einem elektronisch geregelten Potentiostaten (nach Wenking). E_1 = Arbeitselektrode, E_2 = Gegenelektrode, E_3 = Bezugselektrode, A = Galvanometer, C = Coulometer, D = Diaphragma, V = Voltmeter

Arbeitsprinzip des Potentiostaten

Das Potential der Arbeitselektrode E_1 gegen die Bezugselektrode E_3 wird durch ein Hilfspotential kompensiert, das an der "Sollspannungsquelle" mit einem Potentiometer eingestellt wird. Weicht das Potential der Arbeitselektrode während der Elektrolyse von dem Sollwert ab, tritt eine Differenzspannung auf, die über ein automatisches Regel- und Verstärkerglied die zwischen E_1 und E_2 angelegte Spannung so steuert, daß das Potential von E_1 wieder seinen Sollwert erreicht.

4.3.3 Anwendungsbereiche der potentiostatischen Coulometrie

Diese Methode eignet sich zur Bestimmung aller reduzierbaren und oxidierbaren Ionen sowie von polarographisch aktiven organischen Substanzen. Der normale Arbeitsbereich liegt zwischen 10 und 1000 mg. Die sog. *Mikrocoulometrie* erfaßt Substanzmengen < 10 mg. Bei dieser Methode wird die Analysensubstanz als Amalgam angereichert. Bei einem anschließenden inversen Löseprozeß wird die zum Auflösen benötigte Elektrizitätsmenge bestimmt.

Vorteile der Methode

Die Methode eignet sich für Spurenanalysen. Gegenüber der galvanostatischen Coulometrie besitzt sie eine größere Selektivität. So können z.B. Metalle nacheinander bestimmt werden, deren Redoxpotentiale ca. 0,2 V auseinanderliegen.

Anwendungsbeispiele

Reduktionen an Platin- oder Quecksilber-Kathoden.

Metallabscheidungen: Bi, Cd, Co, Cu, Ni, Pb, Zn.

Wertigkeitsänderungen: $CrO_4^{2-} \longrightarrow Cr^{3+}$.

Oxidationen

Abscheidungen von Cl^-, Br^-, I^-, SCN^- an Silber-Anoden.

Wertigkeitsänderungen an Platin-Anoden: $As^{3+} \longrightarrow As^{5+}$; $Fe^{2+} \longrightarrow Fe^{3+}$.

Galvanostatische Coulometrie (coulometrische Titration)

Bei dieser Methode bestimmt man die Elektrizitätsmenge bei konstant gehaltener Stromstärke durch eine *Zeitmessung*; sie ist gleich dem Produkt aus der Stromstärke und der Elektrolysedauer: $Q = I \cdot t$.

Elektrolysiert wird nicht die Analysensubstanz, sondern eine sog. *Hilfssubstanz*.

Die Elektrolyseprodukte reagieren nun ihrerseits mit der Analysensubstanz. Der Titrant *(Hilfstitrant)* wird also erst elektrochemisch erzeugt. Die Indikation des Äquivalenzpunktes ist möglich mit klassischen oder elektrochemischen Methoden wie potentiometrischer Indikation, s.S. 341, amperometrischer Indikation, s.S. 404, Polarisationsspannungsindikation, s.S. 401. Voraussetzung ist allerdings, daß die Anzeige nicht durch das Feld des Generatorstromes gestört wird.

Meßanordnung

Abb. 57 zeigt die Meßanordnung für die galvanostatische Coulometrie. Sie enthält außer der Meßzelle, der Spannungsquelle und dem Galvanometer zwei regelbare Widerstände und eine Uhr.

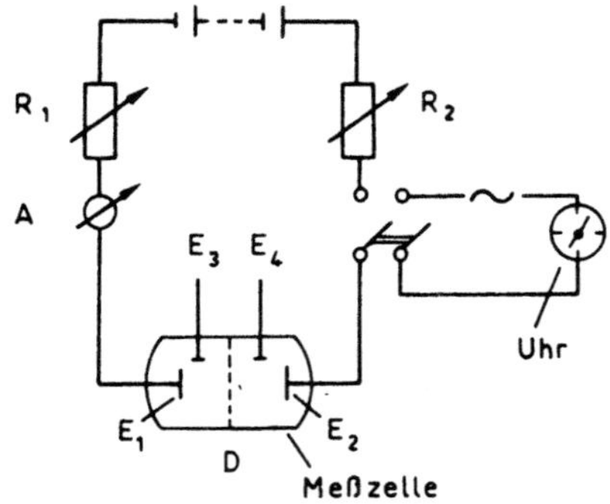

R_1, R_2 sind regelbare Widerstände
A = Galvanometer
E_1 = Arbeitselektrode
E_2 = Gegenelektrode
E_3 = Bezugselektrode bzw. 1. Indikatorelektrode
E_4 = 2. Indikatorelektrode

Abb. 57. Prinzipschaltbild für galvanostatische Coulometrie

Konstanthaltung der Stromstärke

Die Stromstärke läßt sich auf folgende einfache Weise konstant halten: Man arbeitet mit einer hohen Gleichspannung (100 - 200 V). Hierzu wird die Netzspannung gleichgerichtet und elektronisch stabilisiert. In den Stromkreis legt man einen hochohmigen Ballastwiderstand (mehrere Hundert kΩ). Änderungen des Widerstandes der Meßzelle während der Elektrolyse im kΩ-Bereich wirken sich dadurch nicht auf die Stromstärke aus.

Die Stromstärke soll für die Messung etwa 20 mA betragen.

Zeitmessung

Zur Messung der Elektrolysedauer kann man eine Additionsstoppuhr oder besser eine elektrische Synchronuhr benutzen. Letztere kann z.B. über eine magnetische Kupplung gleichzeitig mit dem Generatorstrom ein- und ausgeschaltet werden.

Anwendungsbereiche

Die galvanostatische Coulometrie eignet sich besonders für Redoxtitrationen an luftempfindlichen Ionen wie Ti^{3+}, Fe^{2+}, Cr^{2+}. Sie kann auch bei Neutralisationsanalysen eingesetzt werden.

Vorteile

Die Vorteile liegen darin, daß man keine Maßlösung braucht. Weil sich Elektrizitätsmengen sehr genau bestimmen lassen, ist die Methode den klassischen Verfahren besonders im Mikro- und Submikrobereich überlegen.

Gegenüber der potentiostatischen Coulometrie hat sie den Vorteil, daß in Fällen, in denen keine hohe Selektivität verlangt wird, die Elektrolysedauer kürzer und die Elektrizitätsmengenmessung einfacher ist.

Genauigkeit: Die Methode erlaubt die genaue Bestimmung von Mengen, die im Milli- bis Nanogrammbereich liegen.

Hilfssubstanz und Zwischenreagenz

Anlaß für die Verwendung einer *Hilfssubstanz* ist die Erscheinung, daß im Verlauf der Elektrolyse einer Analysensubstanz, die in geringer Konzentration vorliegt, nur zu Beginn der Elektrolyse die Stromausbeute 100 % beträgt. Während der Elektrolyse verarmt die unmittelbare Umgebung der Elektrode an Analysensubstanz, ein Konzentrationsausgleich ist im wesentlichen nur durch Diffusion möglich, und diese ist u.a. konzentrationsabhängig. Eine unmittelbare Folge davon ist eine Konzentrationspolarisation der Elektrode, die ihrerseits eine quantitative Stromausbeute verhindert.

Fügt man nun der Lösung der Analysensubstanz in relativ hoher Konzentration einen geeigneten Elektrolyten (= Hilfssubstanz) zu, dessen Redoxpotential etwas höher liegt als dasjenige der Analysensubstanz, so spielt sich zunächst der gleiche Vorgang ab, wie oben beschrieben; das Elektrodenpotential steigt jetzt jedoch nur so weit, bis das Abscheidungspotential der Hilfssubstanz erreicht ist. Diese Substanz wird elektrolysiert, und weil sie in hoher Konzentration vorhanden ist, reicht ihre Nachlieferung an die Elektrodenoberfläche durch Diffusion aus, um eine quantitative Stromausbeute zu erzielen.

Als Hilfssubstanz eignet sich ein Elektrolyt, dessen kathodische oder anodische Elektrolyseprodukte mit der Analysensubstanz quantitativ und in eindeutiger Weise reagieren.

Die Elektrolyseprodukte, die für analytische Reaktionen als Titrant verwendet werden, heißen *Zwischenreagenz* (= Hilfstitrant).

In den meisten Fällen finden die Elektrolyse der Hilfssubstanz und die Reaktion der Elektrolysenprodukte mit der Analysensubstanz im gleichen Gefäß statt. In besonderen Fällen lassen sich beide Vorgänge auch voneinander getrennt durchführen. Man verwendet dann eine sog. *Durchflußzelle;* bei dieser fließt die Lösung des Zwischenreagenzes kontinuierlich aus der Elektrolysezelle in das Titriergefäß.

4.3.4 Anwendungsbeispiele

Titration von Säuren und Basen

Säuren und Basen können coulometrisch titriert werden, wenn die benötigten OH^-- und H^+-Ionen durch Elektrolyse einer geeigneten Hilfssubstanz erzeugt werden.

Im Normalfall werden wäßrige Lösungen von Salzen wie KCl oder Na_2SO_4 an indifferenten Elektroden in einer geteilten Zelle elektrolysiert, wobei mit quantitativer Stromausbeute an der Kathode OH^--Ionen und an der Anode H^+-Ionen entstehen.

Enthält die Lösung der Analysensubstanz Stoffe, welche die Elektrolyse der Hilfssubstanz stören, kann man die Elektrolyse und Titration in getrennten Gefäßen durchführen. Den Titranten läßt man dann kontinulierlich in das Titriergefäß fließen. Bei diesem Verfahren treten allerdings Verdünnungsfehler auf.

Beispiel: Die Titration der Säuren H_2SO_4 und Salzsäure gelingt mit wäßriger KCl-Lösung als Hilfssubstanz an einer Pt-Kathode und einer Ag-Anode. Für die Bestimmung des Äquivalenzpunktes eignet sich Bromkresolgrün als Indikator oder die potentiometrische Indikation mit einer Glaselektrode und einer Kalomelelektrode.

Fällungstitrationen

Komplexbildungsreaktionen

Fällungs- und Komplexbildungsreaktionen können coulometrisch durchgeführt werden, wenn das Fällungs- bzw. Komplexbildungsreagenz durch Elektrolyse einer geeigneten Hilfssubstanz gebildet werden kann.

Für die Fällung von Cl^-, Br^- und I^- eignet sich als Zwischenreagenz: Ag^+ oder Hg^{2+}. Für die Bestimmung von S^{2-} läßt sich z.B. Zn^{2+} verwenden.

Redoxtitrationen

Auch Redoxtitrationen können coulometrisch durchgeführt werden. Für sie gelten die gleichen Bedingungen, die schon bei anderen Titrationen besprochen wurden.

Beispiele für Oxidationen

Bestimmung von Eisen durch Oxidation von Fe^{2+} zu Fe^{3+}

Zu der Analysenlösung gibt man Ce^{3+}-Ionen im Überschuß; diese werden an einer Pt-Anode zu Ce^{4+} oxidiert.

Die Ce^{4+}-Ionen oxidieren ihrerseits als Zwischenreagenz die Fe^{2+}-Ionen zu Fe^{3+}-Ionen. Nach Überschreiten des Äquivalenzpunktes können überschüssige Ce^{4+}-Ionen nachgewiesen werden.

Titration von As^{3+}-Ionen durch Oxidation zu As^{5+}

Die Oxidation gelingt mit den Zwischenreagenzien Cl_2, Br_2, I_2, Ce^{4+} oder MnO_4^-.

Arbeitsbedingungen für die Oxidation mit anodisch gebildetem I_2:

0,1 M KI-Lsg. wird mit einem Phosphatpuffer (NaH_2PO_4 + NaOH) auf einen pH-Wert von 8 eingestellt. Elektrolysiert wird in einer geteilten Zelle mit einer Pt-Anode und einer Pt-Kathode (in 1 M H_2SO_4). Die Indikation des Äquivalenzpunktes ist z.B. amperometrisch möglich. Arbeitsbereich: 65 - 1200 µg, Genauigkeit: ± 0,6 µg

oder

0,3 M KI-Lsg. (mit 0,1 M H_3BO_3 und 0,5 M Na_2SO_4) wird in einer Durchflußzelle mit Pt-Elektroden elektrolysiert. Der Äquivalenzpunkt kann z.B. potentiometrisch mit einer Glas- und einer Kalomelelektrode indiziert werden. Arbeitsbereich: mg-Mengen; Genauigkeit: ± 0,1 %

oder

0,4 - 0,5 M KI-Lsg. (mit 0,1 - 0,25 M NaH_2PO_4 und NaOH auf einen pH-Wert von 6,4 - 7 eingestellt) wird in einer geteilten Zelle mit einer Pt-Anode und einer Pt-Kathode in 1 M H_2SO_4 elektrolysiert. Die Erkennung des Äquivalenzpunktes ist nach Stärkezusatz photometrisch möglich. Arbeitsbereich: 8 mg, Genauigkeit: ± 0,15 %; Arbeitsbereich: 40 mg, Genauigkeit: 0,08 %

Beispiele für Reduktionen

Zwischenreagenz	Analytische Reaktion
Fe^{3+}/Fe^{2+}	$Ce^{4+} \longrightarrow Ce^{3+}$; $MnO_4^- \longrightarrow Mn^{2+}$
Ti^{4+}/Ti^{3+}	$Fe^{3+} \longrightarrow Fe^{2+}$; $IO_4^- \longrightarrow IO_3^-$
Cu^{2+}/Cu^+	$BrO_3^- \longrightarrow Br^-$; $CrO_4^{2-} \longrightarrow Cr^{3+}$

4.4 Grundlagen der Polarographie

4.4.1 Allgemeines und instrumentelle Anordnung

Polarographie - im engeren Sinne - ist eine voltammetrische Meßmethode*, bei der mit einer *tropfenden Quecksilberelektrode* als Arbeitselektrode Strom-Spannungs-Kurven aufgenommen und analytisch ausgewertet werden.

Die Grundlagen der Polarographie wurden bereits 1922 von *J.Heyrovský* entwickelt.

Gleichspannungspolarographie

Das Prinzip der Polarographie besteht darin, daß man eine Substanz elektrolysiert, dabei aber die Reaktion nur an *einer* Elektrode, der *Arbeitselektrode*, untersucht.

Abb. 58 zeigt die Prinzipschaltung einer einfachen polarographischen Meßanordnung (=*Polarograph*). Sie besteht aus einer *Gleichspannungsquelle*, einem *Potentiometer*, einem *Galvanometer* und der *Meßzelle*.

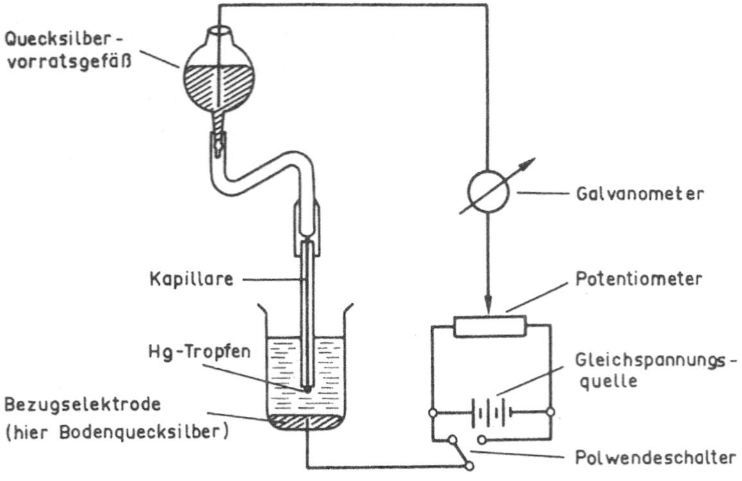

Abb. 58. Prinzipschaltung eines einf. Polarographen mit Quecksilber-Tropfelektrode

*Voltammetrie (von Voltam(pero)metrie) ist die allg. Bezeichnung für Meßmethoden, die sich mit dem Polarisationszustand von Elektroden in Abhängigkeit von Depolarisatoren befassen.

Aufbau der Meßzelle

Die Meßzelle enthält eine *polarisierbare* Arbeitselektrode und eine *unpolarisierbare* Gegenelektrode, die im Zwei-Elektrodensystem gleichzeitig *Bezugselektrode* ist.

Bei einer Drei-Elektrodenanordnung enthält die Zelle zusätzlich eine *Bezugselektrode*.

Arbeitselektrode

Arbeitselektrode heißt die Elektrode, an der eine elektrochemische Reaktion mit dem elektroaktiven Teil der Probensubstanz stattfindet. Sie muß polarisierbar sein. Vgl. hierzu S. 296. Die mögliche Polarisation einer Elektrode ist abhängig von der Elektrodenoberfläche. Kleine Oberfläche bedeutet in der Regel große Polarisation.

(a) Quecksilber-Tropfelektrode

Als Arbeitselektrode besonders für *Reduktionen* eignet sich die tropfende Quecksilberelektrode. Sie besteht aus einer Glaskapillare (0,05 - 0,1 mm innerer Durchmesser) und einem Vorratsgefäß mit Quecksilber. Beide sind mit einem flexiblen Schlauch verbunden. Der untere Teil der Kapillare taucht in die Probenlösung ein. Am Kapillarende tritt tropfenweise Quecksilber aus. Jeder Quecksilbertropfen hängt für einige Sekunden am Kapillarende und steht während dieser Zeit für eine elektrochemische Reaktion zur Verfügung.

Die Tropfzeit ist konstant und beträgt 0,4 bis 6 sec. Die Tropfenfolge läßt sich entweder durch die Höhe des Vorratsgefäßes oder durch kontrolliertes Abschlagen des Quecksilbertropfens (*Rapidpolarographie*) variieren.

Tropfzeit und Ausflußgeschwindigkeit sind Kapillarkonstanten. Mit ihrer Hilfe kann man die Oberfläche einer Tropfelektrode berechnen.

Vorteile der Quecksilber-Tropfelektrode

Die Vorteile liegen darin, daß sich die Elektrodenoberfläche regelmäßig erneuert. Für Elektrodenreaktionen steht somit immer wieder eine neue Elektrodenfläche zur Verfügung. Dies ermöglicht auch bei längerer Elektrolysedauer gut reproduzierbare Ergebnisse.

Nachteile

Die Quecksilbertropfelektrode ist nur in einem Spannungsbereich von -2,6 V (mit Tetraalkylammoniumsalzen als Leitsalz) bis + 0,3 V einsetzbar. Oberhalb von + 0,3 V geht Quecksilber anodisch als Hg_2^{2+} in Lösung.

Enthält die Lösung Anionen, die mit Quecksilber schwerlösliche Niederschläge oder stabile Komplexe bilden, erfolgt die Oxidation noch früher.

(b) Rotierende Platin-Elektrode

Als Arbeitselektrode wird gelegentlich auch eine mit konstanter Geschwindigkeit rotierende Platindraht-Elektrode verwendet. Hierbei ragt ein 0,5 mm dicker Platindraht ca. 4 mm aus einem Glasrohr heraus, in das er eingeschmolzen ist. Die Diffusionsschicht, die sich an der Platindrahtspitze ausbildet, hat eine konstante Dicke, die von der Rotationsgeschwindigkeit abhängt.

Vorteile

Mit dieser Elektrode lassen sich Strom-Spannungskurven auch im positiven Potentialbereich aufnehmen, so daß auch Oxidationsreaktionen untersucht werden können.

Nachteile

Die rotierende Platinelektrode ist wie alle Festelektroden sehr empfindlich gegen "Vergiftung". Nach jeder Messung muß sie gründlich gereinigt werden.

Bezugselektrode - Gegenelektrode

Die Bezugselektrode muß unpolarisierbar sein.

Man kann - wie in Abb. 58 - die Quecksilberschicht am Boden der Meßzelle (= Gegenelektrode) auch gleichzeitig als Bezugselektrode benutzen. Bei einem Oberflächenverhältnis von Arbeitselektrode : Bezugselektrode von etwa 1 : 100 wird diese Elektrode bei Stromfluß nicht polarisiert. Wenn die Lösung an Hg_2^{2+}-Ionen gesättigt ist, ist das Potential dieser Elektrode auch ausreichend stabil.

Beachte: Die Hg_2^{2+}-Ionen entstehen aus dem Bodenquecksilber ($2\,Hg \longrightarrow Hg_2^{2+} + 2\,e^-$), weil ja an der Gegenelektrode ein elektrochemischer Prozeß ablaufen muß, der demjenigen an der Tropfelektrode äquivalent ist.

Zusätzlich zum Bodenquecksilber als Gegenelektrode kann man als *Bezugselektrode* eine Elektrode 2. Art verwenden, wie z.B. die Kalomel- oder Silber/Silberchloridelektrode. Man hat dann eine *Drei*elektrodenanordnung. Mit einer solchen Anordnung lassen sich die Halbstufenpotentiale (s.S. 384) genauer bestimmen, denn das Potential der Bodenquecksilberelektrode ist auch von der Art des Leitsalzes abhängig, s. nächste Seite.

Vorbereitung der Messung

Lösen der Probensubstanz
Die Probensubstanz wird - wenn möglich - in Wasser gelöst. Zum Lösen organischer Substanzen kann man Mischungen von Wasser mit Methanol, Ethanol, Propanol, Aceton, Dioxan u.a. verwenden. Auch nichtwäßrige Lösungsmittel wie Eisessig, Ameisensäure, Acetonitril, Dimethylformamid, flüssiges Ammoniak oder auch konz. H_2SO_4 wurden schon benutzt.

Zugabe von Leitsalz
Vor Beginn der Messung gibt man zu der Lösung einen 50 - 100-fachen Überschuß an *Leitsalz* (Zusatz- oder Grundelektrolyt). Durch das Leitsalz wird der Widerstand der Lösung herabgesetzt und verhindert, daß der *Depolarisator* (= polarographisch aktive Substanz) durch Überführung im elektrischen Feld an die Elektrode gelangt. Die Leitfähigkeit der Lösung wird also ausschließlich durch das Leitsalz verursacht.

Durch den Leitsalzzusatz wird die angelegte Spannung U an den Elektroden mit guter Näherung gleich dem Potential E der polarisierbaren Arbeitselektrode, bezogen auf das Potential der Gegenelektrode, das man manchmal auch willkürlich gleich Null setzt.

Bei der Auswahl des Leitsalzes müssen verschiedene Gesichtspunkte beachtet werden: Es muß sich in dem verwendeten Lösungsmittel ausreichend lösen (etwa 0,1 M), es darf nicht mit dem Quecksilber reagieren, sein Kation soll bei möglichst negativem Potential reduziert werden usw.

Beispiele für Leitsalze: Chloride, Chlorate und Perchlorate der Alkali- und Erdalkalimetalle; Alkalisulfate; Na_2CO_3; Alkalihydroxide; Tetraalkylammoniumsalze; $NaBF_4$.

Lithium-Ionen erlauben einen Potentialbereich bis -2 V, Tetraalkylammoniumsalze bis -2,6 V, bezogen auf die "gesättigte Kalomelelektrode".

Zugabe von Pufferlösungen
Müssen organische Substanzen in gepufferten Lösungen untersucht werden, weil das Redoxpotential vom pH-Wert abhängt, so kann man geeignete Puffersysteme hinzufügen. Es kann dann u.U. auch das Leitsalz aus einem Puffersystem bestehen.

Zugabe von Komplexbildnern

Enthält die Lösung mehrere polarographisch aktive Kationen, deren Halbstufenpotentiale eng beieinander liegen (< 150 mV), kann es u.U. sinnvoll sein, durch Zugabe von Komplexbildnern die elektrochemischen Eigenschaften der Ionen zu verändern.

Sauerstoffstufen, Entlüftung

Die Lösungen müssen vor Beginn der Messung von gelöstem Sauerstoff befreit werden. Man erreicht dies durch Durchblasen von Inertgas wie Stickstoff oder Argon.

Wird der Sauerstoff nicht entfernt, erhält man zwei polarographische Stufen, eine für die Reduktion von O_2 zu H_2O_2 und eine für die Reduktion zu H_2O,

Durchführung der Messung

polarographische Kurven

Enthält die Lösung in der Meßzelle eine Substanz, die sich unter den gegebenen Bedingungen reduzieren läßt (Depolarisator), und ändert man das Potential der Arbeitselektrode schrittweise nach negativen Werten, so beobachtet man in einem bestimmten Potentialbereich einen erhöhten Stromfluß. Trägt man die zwischen Arbeitselektrode und Bezugselektrode gemessenen Stromstärken gegen die zugehörigen Spannungswerte in ein Achsenkreuz ein, erhält man die *polarographische Strom-Spannungskurve* = *Polarogramm* ($U = f(I)$). Abb. 59 a zeigt den prinzipiellen Kurvenverlauf bei einem einfachen Gleichstrompolarogramm. Es besteht vor allem im Diffusionsstrombereich aus einer Vielzahl von Zacken. Die Anzahl der Zacken ist identisch mit der Tropfenzahl. Die Zacken kommen dadurch zustande, daß für jeden Quecksilbertropfen die Stromstärke während seines Wachstums von geringen Werten bis zu einem Maximum ansteigt.

In Abb. 59 b wird durch *Dämpfung* der Registrieranlage eine "glatte" Kurve erhalten. Dies geht natürlich bei kleinen Konzentrationen auf Kosten der Empfindlichkeit.

Beachte: Die Polarogramme sind im kathodischen Bereich aufgenommen; dementsprechend ist der Kurvenverlauf von rechts nach links aufgezeichnet.

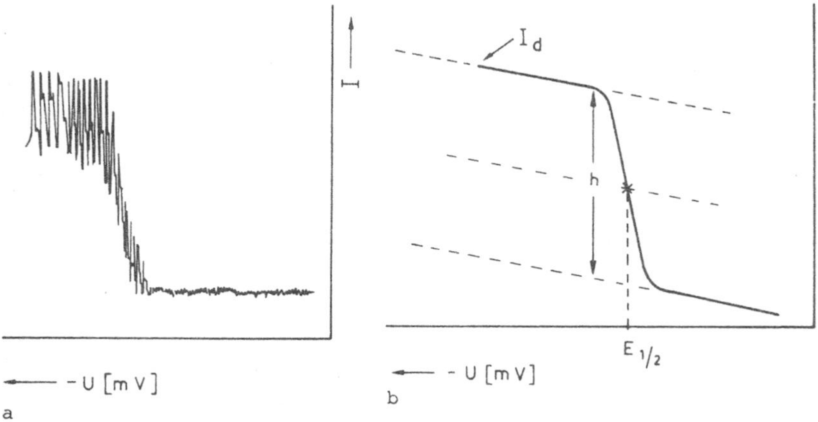

Abb. 59 a u. b. Polarographisch ermittelte Strom-Spannungs-Kurve (a) ohne Dämpfung; (b) mit Dämpfung; h = Stufenhöhe; $E_{1/2}$ = Halbstufenpotential; I_d = Diffusionsstrom; U = angelegte Spannung

Auswertung von Polarogrammen

polarographische Ströme

Die gesamte elektrochemische Reaktion besteht aus mehreren Teilschritten.

Bei der sog. *Durchtrittsreaktion* überschreiten die potentialbestimmenden Ladungsträger die Phasengrenze zwischen Elektronenleiter und Ionenleiter*. Andere Teilschritte sind die *Diffusion* der Teilchen an die Elektrode, die *Adsorption* der Teilchen und/oder ihrer Elektrolyseprodukte an der Elektrode, die *Desorption* der Produkte von der Elektrode und ihre *Diffusion* von der Elektrode weg ins Lösungsinnere, sowie *katalytische Vorgänge* oder *chemische Reaktionen*, die der eigentlichen Durchtrittsreaktion vorgelagert oder nachgelagert sein können oder parallel zu ihr verlaufen.

Der *langsamste* Teilschritt bestimmt die Geschwindigkeit der Gesamtreaktion und damit die Höhe des Stromflusses.

Man spricht deshalb vom sog. *Diffusionsstrom*, von *Adsorptionsströmen*, *katalytischen* und *kinetischen Strömen*.

Wir wollen uns hier nur mit dem Diffusionsstrom näher befassen.

---

*Elektronenleiter = Metall, Ionenleiter = Elektrolytlösung.

Diffusionsstrom I_d oder I_g

Von *Diffusionsstrom* spricht man, wenn die Stromstärke bei der Elektrodenreaktion nur durch die Teilchen eines Depolarisators bestimmt wird, die an die Elektrodenoberfläche diffundieren.

Der Diffusionsstrom heißt gelegentlich auch *Grenzstrom* oder *Diffusionsgrenzstrom*, weil eine Steigerung der Stromstärke über die Stromstärke des Diffusionsstromes hinaus nicht möglich ist. Jedes Teilchen, das zur Elektrode gelangt, reagiert dort sofort, d.h. es können gar nicht mehr Teilchen reagieren, weil die Diffusion der geschwindigkeitsbestimmende Schritt ist; sie begrenzt also die Stromstärke.

Voraussetzung für die Beobachtung des Diffusionsstromes ist allerdings, daß der Teilchentransport durch Ionenwanderung im elektrischen Feld (Migration) ausgeschlossen wird. Man erreicht dies durch Zugabe eines Leitsalzes im Überschuß, s.S. 379.

Die Diffusion von Teilchen in Lösung ist von ihrer Konzentration in der Lösung abhängig. Aus diesem Grunde wird *die Höhe des Diffusionsstromes von der Konzentration der Teilchen bestimmt*, deren Zersetzungsspannung an der Elektrode anliegt.

Der Diffusionsstrom kann daher zur *quantitativen* Bestimmung einer Substanz benutzt werden.

Formelmäßig beschreiben läßt sich die Höhe des Diffusionsstromes für die Quecksilber-Tropfelektrode durch die (vereinfachte) *Ilkovič-Gleichung*:

$$I_d = 0{,}627\ n\ F\ D^{1/2} m^{2/3} t^{1/6} \cdot c$$

κ = Ilkovič-Konstante

oder $$I_d = \kappa \cdot c$$

I_d = Diffusionsstrom (μ A)
n = Anzahl der ausgetauschten Elektronen,
D = Diffusionskoeffizient ($cm^2 \cdot s^{-1}$)
t = Tropfzeit (Zeitabstand der Tropfen) (s)
F = Faraday-Konstante
m = Masse des je Sekunde ausfließenden Quecksilbers $mg \cdot s^{-1}$
c = Konzentration des zu bestimmenden Depolarisators $mol \cdot l^{-1}$

In der angegebenen Form gilt die Ilkovič-Gleichung für den sog. *mittleren* Strom, der von einem Galvanometer oder Schreiber registriert wird.

Die Gleichung enthält die Masse m des je Sekunde ausfließenden Quecksilbers; m ist direkt proportional zur Höhe H des Vorratsbehälters ($m = k'H$). Die Tropfzeit t ist der Höhe H umgekehrt proportional ($t = k''H^{-1}$).

Setzt man diese beiden Beziehungen in die Ilkovič-Gleichung ein, ergibt sich für die Höhe des Diffusionsstromes:

$$\underline{I_d = k\sqrt{H}} \qquad \left(\text{aus } I_d = (k'H)^{2/3}\left(\frac{k''}{H}\right)^{1/6}\right)$$

oder in Worten:

Der Diffusionsstrom I_d ist proportional zur Quadratwurzel aus der Höhe der Quecksilbersäule.

Kapazitätsstrom heißt der geringe Stromfluß, den man registriert, wenn von der Lösung mit Leitsalz, aber ohne Depolarisator, ein Polarogramm angefertigt wird. Er ist von der Größenordnung 10^{-7} $A \cdot V^{-1}$, und bestimmt die Erfassungsgrenze der einfachen Gleichspannungspolarographie. Ab Konzentrationen von etwa 10^{-5} $mol \cdot l^{-1}$ macht es nämlich Schwierigkeiten, die polarographischen Stufen vom Kapazitätsstrom zu unterscheiden.

Die Ursache für die Bildung dieses Stromes ist die Aufladung einer elektrischen Doppelschicht an der Elektrode. Die Oberfläche eines Quecksilbertropfens wirkt mit der sie umgebenden Flüssigkeitsschicht als Kondensator, der Ladung aufnehmen kann. Von den fallenden Quecksilbertropfen wird diese Ladung von der Elektrode wegtransportiert, und es kommt zu einem Stromfluß *(Kapazitätsstrom)**.

Möglichkeiten zur Verringerung des Kapazitätsstromes

Bei der einfachen Gleichspannungspolarographie gelingt die Unterdrückung des Kapazitätsstromes wenigstens teilweise dadurch, daß man ihm im Polarographen einen Strom entgegenschaltet, der mit dem Potential der Arbeitselektrode linear ansteigt. Die Höhe dieses Kompensationsstromes wird experimentell ermittelt.

Über weitere Möglichkeiten zur Unterdrückung bzw. Eliminierung des Kapazitätsstromes s.S. 387, 390.

---

*Wegen der sich stets neu bildenden Tropfenoberfläche ist bei der Quecksilbertropfelektrode die Doppelschicht - summiert über alle Tropfen - größer als bei einer stationären Elektrode.

Erläuterung des Polarogramms in Abb. 59 b

Aus der Kurve sieht man, daß die Stromstärke mit steigender Spannung zuerst langsam ansteigt. In diesem Spannungsbereich wird die Elektrode polarisiert. Dann wird sie depolarisiert durch die Umladung der elektrochemisch aktiven Substanz (Depolarisator). Die Stromstärke wächst in einem realtiv schmalen Spannungsbereich stark an und erreicht dann den Wert der Diffusionsstromstärke (Grenzstromstärke) I_g bzw. I_d.

Den Stromanstieg in dem Polarogramm nennt man eine *polarographische Stufe* oder *Welle.*

Die Höhe der Stufe (h) ist ein Maß für die Konzentration des Depolarisators.

Die Stromstärke *vor* einer Stufe heißt *Grundstrom* (Reststrom).

Das Potential am Wendepunkt der Kurve heißt *Halbstufen-* oder *Halbwellenpotential* $E_{1/2}$. Es entspricht der Spannung für $I = 0{,}5\ I_d$; sein Wert wird durch den ablaufenden Redoxvorgang bestimmt. $E_{1/2}$ ist *konzentrationsunabhängig* und *charakteristisch* für den betreffenden Depolarisator und kann daher zu seiner *qualitativen* Charakterisierung dienen (dies gilt allerdings nur für *reversible* Reaktionen; s. hierzu Lehrbücher der Elektrochemie).

Beachte: Das Halbstufenpotential $E_{1/2}$ ist meist nicht identisch mit dem E^o des betreffenden Redoxpaares (wegen Amalgambildung).

Bestimmung des Halbstufenpotentials

Man verlängert die geraden Teile der S-förmigen Kurve und ermittelt die Gerade, welche den Abstand zwischen den beiden verlängerten Kurvenstücken halbiert. Der Schnittpunkt dieser Geraden mit der Kurve ist der *Wendepunkt* der Kurve. Der zugehörige Wert auf der Spannungsachse ist das Halbstufenpotential, bezogen auf das Potential der verwendeten Bezugselektrode.

Anmerkung: Arbeitet man mit Bodenquecksilber als Bezugselektrode, mißt man das Potential dieser Elektrode gegen eine andere Bezugselektrode mit bekanntem Potential (z.B. Kalomelektrode), oder man gibt zu der Probenlösung eine Tl_2SO_4-Lösung hinzu. Das Halbstufenpotential des Tl^+-Ions ist -0,49 V bezogen auf die N-Kalomelelektrode.

Bestimmung der Stufenhöhe

Man kann die Stufenhöhe aus einem Polarogramm entnehmen, wenn man so verfährt wie in Abb. 59 b.

Einen genaueren Wert erhält man, wenn man einmal die Lösung mit und einmal ohne Depolarisator polarographiert und die Differenz zwischen Grundstrom und Diffusionsstrom mißt.

Konzentrationsbestimmung eines bekannten Depolarisators

Prinzipiell kann man die Konzentration einer Lösung mit der Ilkovič-Gleichung (s.S. 382) berechnen.

In der Praxis wird zweckmäßigerweise ein Eichverfahren benutzt.

So vergleicht man z.B. die Stufenhöhe im Polarogramm der Probenlösung mit der Stufenhöhe im Polarogramm der Eichlösung. Aus dem Verhältnis beider Stufenhöhen errechnet sich die unbekannte Konzentration. Die Aufnahmebedingungen müssen dabei die gleichen sein.

Werden an die Genauigkeit keine großen Forderungen gestellt, kann man auch den Diffusionsstrom im dem Polarogramm der Probenlösung mit dem Diffusionsstrom von Eichlösungen vergleichen.

Bestimmung der Anzahl der übertragenen Elektronen

Die Anzahl n der bei der Elektrodenreaktion übertragenen Elektronen läßt sich für reversible Reaktionen mit folgender Gleichung ermitteln:

$$(E - E_{1/2}) \frac{n}{0{,}059} = \lg \frac{I_d - I}{I}. \qquad \begin{pmatrix} t = 25^{\circ}\,C \\ T = 298\;\;K \end{pmatrix}$$

Trägt man $\lg \frac{I_d - I}{I}$ gegen E auf, ergibt sich eine Gerade. Aus ihrer Steigung kann man n bestimmen.

Polarographische Maxima

Polarographische Kurven zeigen bisweilen sog. Maxima; dies sind reproduzierbare Erhöhungen des Stroms über den zu erwartenden Diffusionsstrom hinaus. Man unterscheidet zwischen Maxima 1. und 2. Art. Vgl. Abb. 60.

Maxima 1. Art

Ihre Ursachen sind Turbulenzen in der Lösungsschicht um den Quecksilbertropfen, die durch Oberflächenspannungseffekte bedingt sind. Durch Zugabe von Stoffen, wie Gelatine, Alkohole, Netzmittel und Kolloide können sie völlig unterdrückt werden.

Maxima 2. Art

Sie erstrecken sich über einen größeren Spannungsbereich und können leicht eine polarographische Stufe vortäuschen.

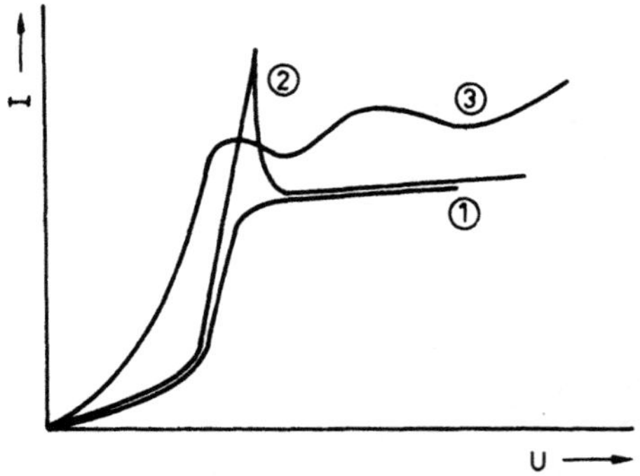

Abb. 60. Polarographische Maxima. 1) Polarogramm ohne Maximum; 2) mit Maximum 1. Art; 3) mit Maximum 2. Art

Ihre Entstehung wird darauf zurückgeführt, daß die ausströmenden Quecksilbertropfen Lösung mitreißen. Sie lassen sich durch Verringern der Ausflußgeschwindigkeit des Quecksilbers oder durch Zugabe oberflächenaktiver Substanzen unterdrücken.

Beachte: Polarographische Maxima erschweren die Auswertung eines Polarogramms. In Sonderfällen, z.B. zur O_2-Bestimmung, werden aber gerade Maxima zur Auswertung benutzt.

Polarogramme von Gemischen

Enthält eine Lösung mehrere polarographisch aktive Substanzen, so bekommt man theoretisch für jede Substanz eine polarographische Stufe.

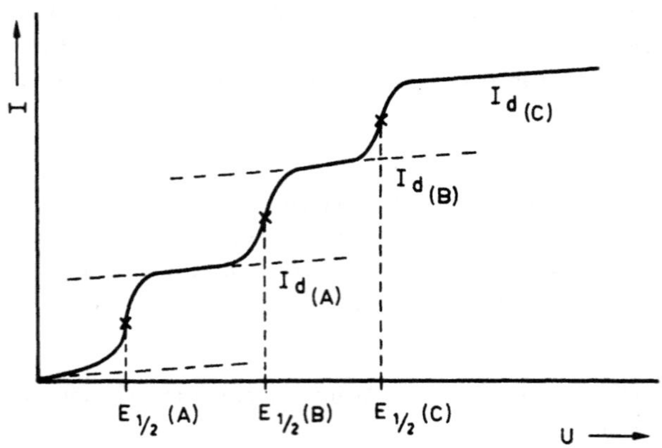

Abb. 61. Polarogramm eines Gemisches aus drei Substanzen A, B und C

Der Diffusionsstrom der vorhergehenden Stufe ist der Grundstrom der folgenden Stufe usw. Begrenzt wird die Nachweismöglichkeit von Mischungen durch das Auflösungsvermögen der benutzten polarographischen Methode. Vgl. hierzu Abb. 61.

Nachweis- und Bestimmungsgrenzen

Die normale Gleichspannungspolarographie ist anwendbar in einem Konzentrationsbereich von 10^{-3} bis 10^{-6} mol· l^{-1}. Normalerweise arbeitet man mit Lösungen im Bereich 10^{-3} - 10^{-4} mol · l^{-1}. Das Auflösungsvermögen liegt bei ca. 150 mV; d.h. liegen die Halbstufenpotentiale zweier Stufen näher zusammen als 150 mV, können sie nicht mehr als getrennte Stufen erkannt werden.

Verbesserungen der einfachen Gleichspannungspolarographie

Seit der Einführung des ersten Polarographen (1925) hat die Aufnahmetechnik erhebliche Verbesserungen erfahren. So werden in kommerziellen Polarographen die Strom-Spannungskurven automatisch aufgenommen. Man hat dazu das Potentiometer mit einem Synchronmotor verbunden, womit sich das Potential an der Arbeitselektrode kontinuierlich ändern läßt. Die Werte für Stromstärke und Spannung werden mit einem Schreiber registriert.

Bis zu zehnmal kürzere Aufnahmezeiten erzielt man mit der sog. *Rapidtechnik*. Hierbei schlägt man den Quecksilbertropfen kontrolliert ab und erreicht damit ganz bestimmte Tropfzeiten. Gleichzeitig lassen sich auf diese Weise Verzerrungen der Kurven vermeiden, die durch zu starke Dämpfung der Registriereinrichtung entstehen.

Eine Verbesserung des Auflösungsvermögens auf etwa 50 mV brachte die *Derivativpolarographie*. Bei dieser Aufnahmetechnik wird die erste Ableitung (dI/dE) des ursprünglichen Polarogramms aufgezeichnet. Anstelle von Stufen erhält man *Peaks*. Die Peakmaxima entsprechen den jeweiligen Halbstufenpotentialen.

Bei der sog. *Tastpolarographie* wird der Stromfluß nur in einem kurzen Zeitintervall gegen Ende des Tropfenlebens, z.B. während der letzten 200 msec, registriert. In diesem Zeitintervall nimmt die Tropfenoberfläche praktisch nicht mehr zu, und das Verhältnis von Diffusionsstrom zu Kapazitätsstrom (s.S. 381) wird dadurch wesentlich günstiger, vgl. hierzu Abb. 62.

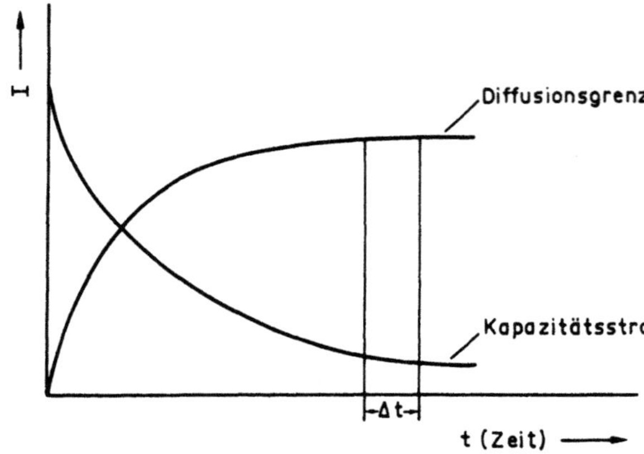

Abb. 62. Vergleich von Diffusions- und Kapazitätsstrom im Verlauf eines Tropfenlebens. Δt ist die Meßzeit bei der Tastpolarographie

Bei der *Pulspolarographie* überlagert man der gleichmäßig ansteigenden Gleichspannung bei jedem Tropfen für ca. 1/25 Sekunden eine zusätzliche Gleichspannung von z.B. 50 mV. Der vor diesen Impulsen fließende Strom wird automatisch kompensiert. Um den durch den Impuls hervorgerufenen zusätzlichen Kapazitätsstrom auszuschalten, mißt man den zusätzlichen Stromfluß nur in der 2. Hälfte der Impulszeit.

Anwendung: Die Methode eignet sich zur Spurenanalyse, da edlere (positivere) Depolarisatoren selbst bei 10^4-fachem Überschuß nicht stören.

Die *Differenz*- oder *Differentialpolarographie* arbeitet mit zwei synchron tropfenden Tropfelektroden. Eine Elektrode taucht in die Lösung des Grundelektrolyten, die andere in die Lösung mit Grundelektrolyt *und* Depolarisator. Mißt man die Differenz der Ströme in Abhängigkeit von der an beiden Elektroden angelegten Spannung, wird auf diese Weise der Kapazitätsstrom eliminiert.

Bei der sog. *Wechselstrompolarographie* wird der gleichmäßig ansteigenden Gleichspannung eine niederfrequente sinusförmige Wechselspannung (1-250 Hz, Amplitude 1 - 60 mV) aufgeprägt. Gemessen wird nun nur der nach seinem Durchtritt durch die Elektrode gleichgerichtete Wechselstrom. Im Bereich der gleichstrompolarographischen Stufen ergeben sich damit Peakkurven, deren Maxima den Halbstufenpotentialen entsprechen. Die Peakhöhen sind konzentrationsabhängig.

Vorteile: Peaks sind leichter zu erkennen als Stufen, das Auflösungsvermögen ist dadurch verbessert. Die Nachweisempfindlichkeit wird bis auf Konzentrationen von 10^{-7} mol · l^{-1} gesteigert. Damit eignet sich die Wechselstrompolarographie vorzüglich für die Spurenanalyse. Abb. 63 zeigt ein Beispiel.

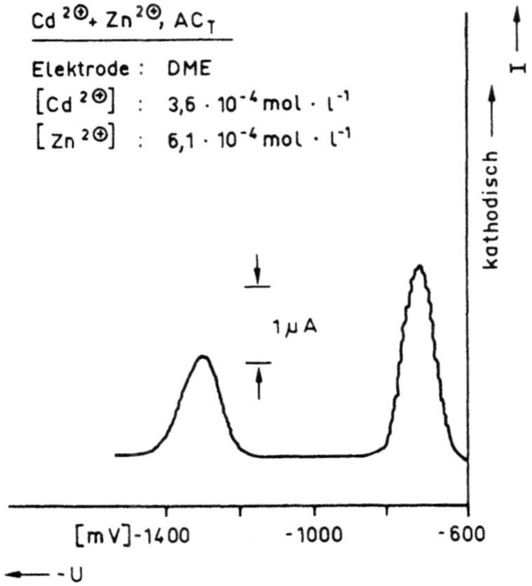

Abb. 63. "Getastetes" Wechselstrompolarogramm (AC_T) einer Lösung mit Cd^{2+}- und Zn^{2+}-Ionen (Firmenschrift von Metrohm); AC = Wechselstrom; T ist das Symbol für Taster; DME = Quecksilber-Tropfelektrode

Anwendungen

Die Polarographie eignet sich zur Bestimmung fast aller anorganischer Kationen und einer größeren Zahl von Anionen. Auch organische Verbindungen mit bestimmten Gruppen wie Carbonylgruppen, Nitrogruppen etc. können polarographisch aktiv sein.
Entsprechend vielfältig sind die Anwendungsmöglichkeiten in der Chemie, Medizin, Pharmazie usw.

Bestimmung von Zink im Insulin

Zink kann in Depot-Insulin-Präparaten polarographisch bestimmt werden, ohne daß die organischen Begleitsubstanzen stören.

Bestimmung von Anthrachinonen
Stoffe, die leicht reduziert werden können, wie Anthrachinone oder Ascaridol, können ebenfalls mit der Polarographie quantitativ erfaßt werden.

Inverse Voltammetrie
Diese Methode benutzt statt der Tropf-Elektrode stationäre Elektroden mit konstanter Oberfläche (aus Hg, Pt, Au, Graphit). Damit eliminiert man den Teil des Kapazitätsstroms, der bei der Tropf-Elektrode durch die Änderung der Oberfläche verursacht wird. Es bleibt nur der Anteil am Kapazitätsstrom I_c übrig, der von der Potentialänderung herrührt. Seine Größe ist der Potentialänderung proportional.

Statt der polarographischen Stufe (im normalen Gleichspannungspolarogramm) erhält man für geeignete Depolarisatoren Spitzenströme I_{sp}. Die Nachweisgrenze der Methode wird bestimmt durch das Verhältnis: $I_{sp}/I_c \sim 1/\sqrt{v}$, wobei v die Geschwindigkeit der Potentialänderung ist. Die Nachweisgrenze liegt bei Konzentrationen von 10^{-6} bis 10^{-7} mol · l^{-1}. Sie läßt sich bis auf Konzentrationen von 10^{-9} bis 10^{-10}mol · l^{-1} verschieben, wenn man den Depolarisator auf der Elektrode elektrolytisch abscheidet (anreichert) und zur genauen Bestimmung wieder elektrolytisch ablöst (= stripping analysis). Gemessen wird der bei der Auflösung der Substanz auftretende Diffusionsstrom. Die Bestimmung erfolgt demnach unter Umkehrung der Strom- und Diffusionsrichtung.

Es gibt auch eine Ausführungsform, die mit einem hängenden Hg-Tropfen arbeitet (*Inverspolarographie*).

Beispiel: Cl^- wird auf einer positiv polarisierten Quecksilberelektrode als Hg_2Cl_2 abgeschieden. Zur Bestimmung von Cl^- wird Hg_2Cl_2 durch Veränderung des Potentials nach negativen Werten wieder zu Hg reduziert. Der Auflösungsstrom steigt zu Anfang linear mit der Anreicherungszeit und strebt dann einem Grenzwert zu.

Anwendung: Spurenanalyse

Beachte: Die Nachweisgrenze wird durch die Reinheit der verwendeten Reagenzien (Leitsalz, Lösungsmittel) mitbestimmt.

4.5 Grundlagen der Konduktometrie

4.5.1 Allgemeines

Unter *Konduktometrie* versteht man die Messung der elektrischen Leitfähigkeit von Elektrolytlösungen

Für den Zusammenhang der Leitfähigkeit eines elektrischen Leiters mit seinem Widerstand R gilt die Beziehung: $\lambda = 1/R$. Der Widerstand R des Leiters hängt von der Natur des Leiters und seinen Dimensionen ab.

Der Widerstand ist der Länge l direkt und dem Querschnitt q des Leiters umgekehrt proportional:

$$R = \rho \frac{l}{q}.$$

Der Proportionalitätsfaktor ρ heißt spezifischer Widerstand. Bezogen wird er auf eine Länge von 1 cm und einen Querschnitt von 1 cm^2.

Der reziproke Wert von ρ heißt die *spezifische Leitfähigkeit* $\varkappa$ oder *Konduktivität*.

Da Elektrolytlösungen bis zu einer bestimmten Spannung dem Ohmschen Gesetz gehorchen, lassen sich die folgenden Beziehungen auf solche Lösungen übertragen.

$$\varkappa = 1/\rho \quad \text{oder} \quad \varkappa = \frac{l}{R \cdot q} \quad [\Omega^{-1} \cdot cm^{-1}] \quad (= S \cdot cm^{-1}); \quad (1\ \Omega^{-1} = 1\ S \text{ Siemens})$$

oder

$$\varkappa = \frac{C}{R} \quad \text{mit} \quad C = \frac{l}{q}.$$

In Elektrolytlösungen bezeichnet l den Elektrodenabstand und q den Querschnitt der Flüssigkeitssäule zwischen den Elektroden, durch die die Leitung erfolgt (wirksame Elektrodenoberfläche).

Der Quotient l/q hat für ein bestimmtes Gefäß mit festangeordneten Elektroden (Meßzelle) bei gleicher Füllhöhe einen bestimmten Wert. Er heißt Widerstandskapazität C der Zelle oder *Zellkonstante*.

Bei Absolutmessungen der Leitfähigkeit muß C experimentell bestimmt werden. Zu diesem Zweck mißt man den Widerstand, den Eichlösungen bekannter Leitfähigkeit in der betreffenden Meßzelle haben (für 1 N KCl-Lsg. ist $\varkappa_{18^\circ} = 0{,}09827\ \Omega^{-1} \cdot cm^{-1}$).

Bezieht man die spezifische Leitfähigkeit $\varkappa$ auf die Äquivalentmenge n_{eq} = 1 mol, so erhält man die *Äquivalentleitfähigkeit* Λ_V:

$$\Lambda_V = \frac{\varkappa \cdot 1000}{N} \quad [\Omega^{-1} \cdot cm^2 \cdot mol^{-1}]$$; N ist die Anzahl Äquivalente in 1000 ml Lösung (Normalität).

Grenzleitfähigkeit Λ_o oder Λ_∞ nennt man die Leitfähigkeit einer Lösung bei unendlicher Verdünnung (Verdünnung ist der reziproke Wert der Konzentration c). Den Grenzwert der Leitfähigkeit erreicht man durch Extrapolation $\lim_{c \to o} \Lambda = \Lambda_\infty$.

Λ_∞ ist für einen Elektrolyten eine charakteristische Größe.
(Tabelle

Beachte: Die spezifische Leitfähigkeit einer Elektrolytlösung ist proportional der Konzentration *aller* freibeweglichen Ionen ($N \cdot \alpha \cdot f_\lambda$) und der Summe der Ionenleitfähigkeiten Λ_K bzw. Λ_A; siehe hierzu Lehrbücher der Physikalischen Chemie!
In Formeln:

$$\varkappa = \frac{N \cdot \alpha \cdot f_\lambda}{1000} (\Lambda_K + \Lambda_A)$$

α = Dissoziationsgrad des Elektrolyten
N = Äquivalentkonzentration in mol/1000 ml (Normalität der Lösung)
Λ_K bzw. Λ_A = Ionenleitfähigkeit der Kationen bzw. Anionen; die Ionenleitfähigkeit ist die Beweglichkeit von 1 mol Ionen, die der Strommenge 1 Faraday entsprechen. Dimension: $[\Omega^{-1} \cdot cm^2 \cdot mol^{-1}]$.
Die Ionenbeweglichkeit ist der Direktweg pro Sekunde auf die Elektrode zu bei einer Feldstärke $1 V \cdot cm^{-1}$.

f_λ = Leitfähigkeitskoeffizient; er berücksichtigt die interionischen Wechselwirkungen zwischen Kationen und Anionen. f_λ ist stets ≤ 1; bei unendlicher Verdünnung ist $f_\lambda = 1$.
Enthält eine Lösung mehrere Elektrolyte gleichzeitig, ist die gesamte Leitfähigkeit gleich der Summe der Einzelwerte.
Durch 1000 wird dividiert, weil man dadurch die Äquivalentkonzentration in $mol \cdot ml^{-1}$ erhält. $\varkappa$ hat somit die Dimension $[\Omega^{-1} \cdot cm^{-1}]$.
Absolutwerte der spezifischen Leitfähigkeit von Lösungen liefern Informationen über Dissoziationskonstanten, Dissoziationsgrad, Hydrolysengrad, Leitfähigkeitskoeffizient, Löslichkeiten usw.

Benutzt man die Konduktometrie zur Indizierung von Äquivalenzpunkten, spricht man von *konduktometrischer Titration* (= Leitfähigkeitstitration).

Konduktometrische Titrationen / Niederfrequenz-Leitfähigkeitsmessungen

Bei der konduktometrischen Titration mißt man die Abhängigkeit der Leitfähigkeit einer Lösung vom Volumen der hinzugefügten Maßlösung.

Die konduktometrische Indikation des Äquivalenzpunktes ist nur dann möglich, wenn sich bei der Titration die Leitfähigkeit der Lösung am Äquivalenzpunkt sprunghaft ändert. Beschränkt wird ihre Anwendung auch dadurch, daß sich die Leitfähigkeit der Lösung *additiv* aus den Einzelleitfähigkeiten aller Ionen in der Lösung zusammensetzt.

Meßanordnung

Die prinzipielle Meßanordnung ist in Abb. 64 skizziert. Sie enthält eine Wechselstromquelle (z.B. Röhrengenerator), die Meßzelle und eine Brückenschaltung nach Wheatstone.

R_V = Vergleichswiderstand (Stöpsel- oder Dekadenrheostat)
N = Nullinstrument
Z = Meßzelle mit Widerstand R_L
R_a, R_b = Teilwiderstände des Gesamtwiderstandes R_G
S = Schleifkontakt

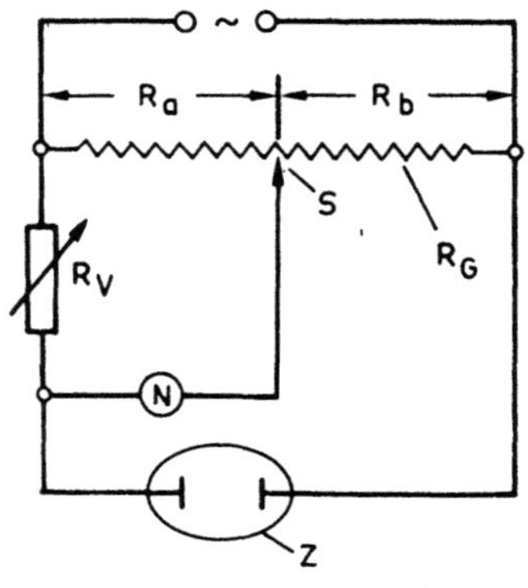

Abb. 64. Prinzipielle Versuchsanordnung für konduktometrische Messungen

Prinzip der Widerstandsmessungen

Da die Leitfähigkeit eines Stoffes gleich seinem reziproken Widerstand ist, bestimmt man die Leitfähigkeit mit einer Widerstandsmessung. Gesucht ist demzufolge der Widerstand der Lösung in der Meßzelle R_L.

Seine Bestimmung erfolgt mit der Brückenschaltung nach Wheatstone durch einen Vergleich mit den bekannten Widerständen R_V (regelbarer Vergleichswiderstand) und den Widerständen R_a und R_b:

$$R_L = R_V \cdot \frac{R_a}{R_b} .$$

Die Widerstände R_a und R_b sind Teilwiderstände des Gesamtwiderstandes R_G. R_G kann u.a. ein homogener, kalibrierter Widerstandsdraht von bekanntem Querschnitt und ca. 1 m Länge sein; er kann auch ein Potentiometer mit linearem Widerstandsverlauf sein. Der Schleifkontakt S wird solange verschoben, bis das Nullinstrument (magisches Auge oder Differenzverstärker mit Oszilloskop) eine Stromlosigkeit in dem Leiterkreis anzeigt. Die Größe von R_V wird so gewählt, daß R_a und R_b etwa gleich groß sind.

Meßzelle für konduktometrische Titrationen

Als Meßzelle kann man ein Glasgefäß mit zwei fest angebrachten Platinblech-Elektroden (1 bis 2 cm^2) benutzen, oder man kann eine Elektrodenkombination in ein beliebiges Glasgefäß eintauchen (Tauchelektrode).

Der Widerstand zwischen den Elektroden soll 100 bis 5000 Ohm betragen; dementsprechend verwendet man in Lösungen mit geringer (großer) Leitfähigkeit große (kleine) Elektroden und macht den Abstand zwischen den Elektroden klein (groß).

Abb. 65. Skizze einer Tauchelektrode für konduktometrische Titrationen

Platinieren von Elektroden

Auf S. 296 hatten wir gesehen, daß die Polarisierbarkeit von Elektroden auch eine Funktion der Elektrodenoberfläche ist. Da man für Leitfähigkeitsmessungen unpolarisierbare Elektroden braucht, versucht man, ihre Oberfläche groß und damit die Polarisierbarkeit klein zu machen. Eine Vergrößerung der Elektrodenoberfläche bis auf das Tausendfache erreicht man durch elektrolytische Abscheidung von fein verteiltem Platin (Platinschwamm, Platinmohr) auf den Pt-Elektroden. Das Verfahren nennt man Platinieren.

Man füllt in die gereinigte Zelle eine Lösung von 3 g H_2PtCl_6 und 25 mg $Pb(CH_3CO_2)_2$ in 100 ml Wasser. Beide Elektroden werden miteinander verbunden und als Kathoden gegen eine zusätzlich eingetauchte Pt-Anode geschaltet. Man elektrolysiert bei 4 Volt und ca. 30 mA ca. 10 Minuten. Anschließend ersetzt man die Lösung durch verd. H_2SO_4 und elektrolysiert erneut einige Minuten. Gereinigt werden die Elektroden dann mit dest. Wasser. Damit die Platinierung ihre Wirksamkeit behält, müssen die Elektroden in dest. Wasser aufbewahrt werden

Durchführung von konduktometrischen Messungen

Um Oberflächenveränderungen an den Elektroden und damit verbundene Konzentrationsänderungen in der Lösung auszuschließen, benutzt man in der Regel für Leitfähigkeitsmessungen eine Wechselspannung. Ihre Frequenz beträgt in konzentrierten Lösungen meist 50 Hz, in verdünnten Lösungen 1000 Hz (= 1 kHz).

Da bei konduktometrisch indizierten Titrationen nur die sprunghafte Änderung der Leitfähigkeit der Lösung am Äquivalenzpunkt interessiert, muß die Widerstandskapazität der Zelle (Zellkonstante) nicht bekannt sein. Ihr Wert muß jedoch während der Messung konstant bleiben. Weil das Volumen der Lösung die Zellkonstante beeinflußt, müssen große Volumenänderungen während der Titration vermieden werden. Man benutzt daher zur Titration konzentrierte Maßlösungen, die man aus Mikrobüretten (0,01 ml Unterteilung) zulaufen läßt. Nach jeder Zugabe von Maßlösung wird die Analysenlösung gerührt.

Genaue Messungen müssen bei konstanter Temperatur durchgeführt werden, weil sich die Äquivalentleitfähigkeit pro $^{\circ}C$ um 1 bis 2 % erhöht. Die "ideale Kurve" erhält man, wenn man die Volumenzunahme (V_{Ende} / V_{Anfang}) bei der Titration berücksichtigt.

Beachte: Bei konduktometrischen Titrationen wird stets über den Äquivalenzpunkt hinaus titriert (übertitriert).

Die Auswertung der Meßergebnisse erfolgt rechnerisch oder graphisch.

Genauigkeit

Die konduktometrische Indikation des Äquivalenzpunktes ist um so genauer, je spitzer der Winkel ist, mit dem sich die Geraden vor und nach dem Äquivalenzpunkt schneiden. Bei genügend spitzen Winkeln (z.B. Neutralisationstitrationen von starken Säuren mit starken Basen) ist die Genauigkeit besser als ± 1 %.

Anwendungsbereiche

Geeignet ist die konduktometrische Indikation des Äquivalenzpunktes bei vielen *Neutralisations-*, *Fällungs-* und *Komplexbildungsreaktionen*, besonders in trüben, gefärbten oder verdünnten Lösungen. Weil die Leitfähigkeit einer Lösung die Summe der Einzelleitfähigkeiten aller Ionen in der Lösung ist, kann sie für keine bestimmte Ionensorte in einer Lösung benutzt werden.

Ihre Anwendung beschränkt sich daher auf die Lösung nur einer Substanz oder aber auf die Bestimmung des Gesamtelektrolytgehaltes der Lösung. Die Methode findet auch Verwendung bei *Reinheitsuntersuchungen*, der *Bestimmung der Wasserhärte* usw. Sie läßt sich relativ leicht automatisieren.

Titrationskurven

Konduktometrische Titrationskurven lassen sich zerlegen in einen Kurvenabschnitt vor dem Äquivalenzpunkt (Reaktionsgerade) und in einen Kurvenabschnitt nach dem Äquivalenzpunkt (Reagenzgerade).

Kurvenabschnitt *vor* dem Äquivalenzpunkt: Man erhält eine steigende oder fallende Gerade, je nachdem, ob sich die Leitfähigkeit der Lösung während der Titration durch den Verbrauch der Probe (Titrand) erhöht oder verringert.

Kurvenabschnitt *nach* dem Äquivalenzpunkt: Die Probe (Titrand) ist jetzt vollständig aufgebraucht. Die Leitfähigkeit der Lösung wird ausschließlich durch den Titranten (Titrator) bestimmt.

Die Steilheit der Geraden hängt davon ab, ob während der Titration Ionen mit großer Grenzleitfähigkeit durch Ionen mit kleinerer Grenzleitfähigkeit ersetzt werden und umgekehrt; sie ist um so größer, je größer die Differenz der Ionenleitfähigkeiten ist.

H_3O^+- und OH^--Ionen besitzen eine ungewöhnlich hohe Grenzleitfähigkeit ("Extraleitfähigkeit"). Sie hängt mit einem besonderen Transportmechanismus = *Tunneleffekt* zusammen.

In der Nähe des Äquivalenzpunktes sind die Kurven meist mehr oder weniger stark gekrümmt. Nicht allzu große Krümmungen können vernachlässigt werden; man kann die beiden Geraden auf beiden Seiten des Äquivalenzpunktes bis zum Schnittpunkt (Äquivalenzpunkt) verlängern.

Die Krümmung der Kurven ist um so geringer, je quantitativer die Reaktion, je geringer die Löslichkeit eines gefällten Niederschlags und je größer die Komplexstabilitätskonstante eines gebildeten Komplexes ist.

Tabelle 25. Grenzleitfähigkeiten [$\Omega^{-1} \cdot cm^2 \cdot mol^{-1}$] in Wasser bei 18° C (Auswahl)

Kation	Λ_∞	Anion	Λ_∞
H_3O^+	314,5	OH^-	173,5
K^+	64,5	1/2 SO_4^{2-}	68,0
NH_4^+	64,5	Br^-	67,6
1/2 Ba^{2+}	55,0	I^-	66,1
Ag^+	54,2	Cl^-	65,5
Na^+	43,4	NO_3^-	61,8
		1/2 CO_3^{2-}	60,5
		F^-	46,7
		$CH_3CO_2^-$	34,6

4.5.2 Prinzipielle Anwendung

Neutralisationstitrationen

Die Abb. 66 und 67 zeigen den prinzipiellen Verlauf von konduktometrischen Titrationskurven bei Neutralisationsreaktionen anhand ausgewählter Beispiele.

Interpretation der Kurvenverläufe in den Abb. 66 und 67

Abb. 66, Kurve a): Der Abfall der Leitfähigkeit bis zum Äquivalenzpunkt rührt daher, daß H_3O^+-Ionen durch Na^+-Ionen ersetzt werden. Die OH^--Ionen der Base reagieren mit H_3O^+-Ionen zu H_2O. Nach dem Äquivalenzpunkt wird die zunehmende Leitfähigkeit durch Na^+-Ionen und vor allem durch überschüssige OH^--Ionen verursacht.

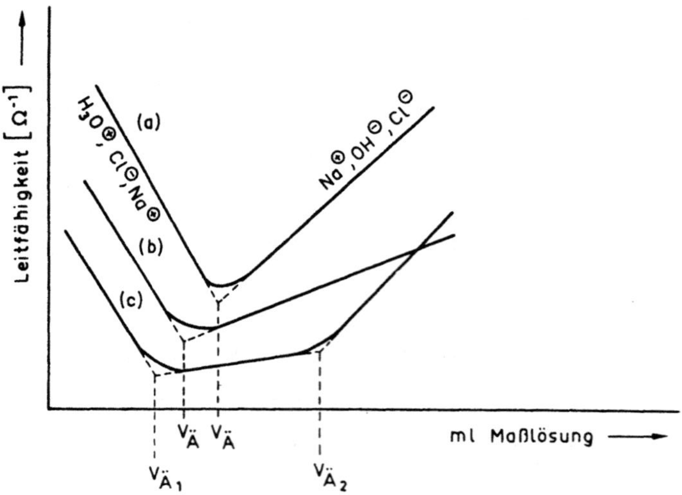

Abb. 66. Konduktometrische Titrationskurven von Neutralisationstitrationen. a) Titration einer starken Säure mit einer starken Base (Beispiel wäßrige HCl + NaOH). b) Titration einer starken Säure mit einer schwachen Base (Beispiel wäßrige HCl + wäßrige NH_3-Lösung). c) Titration einer starken und einer schwachen Säure mit einer starken Base (Beispiel: wäßrige HCl und Essigsäure CH_3COOH mit NaOH). $V_Ä$ = Volumen der Maßlösung bis zum Äquivalenzpunkt

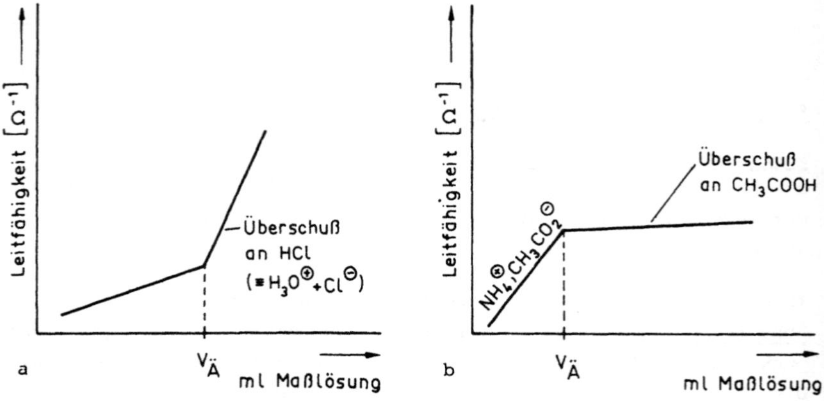

Abb. 67 a u. b. Konduktometrische Titrationskurven der Reaktionen a) $NH_3 + HCl \longrightarrow NH_4^+ + Cl^-$ und b) $NH_3 + CH_3OOH \longrightarrow NH_4^+ + CH_3CO_2^-$

Kurve b): Der gegenüber a) geringere Anstieg des Leitvermögens der Lösung nach Überschreiten des Äquivalenzpunktes kommt von der kleineren Ionenkonzentration (NH_4^+ + OH^-) in wäßriger NH_3-Lösung.

Kurve c): Bis zum *ersten* Äquivalenzpunkt wird die Salzsäure neutralisiert. Bei der sich anschließenden Neutralisation der nur schwach protolysierten Essigsäure steigt die Ionenkonzentration und damit die Leitfähigkeit an. Nach Überschreiten des zweiten Äquivalenzpunktes sorgt überschüssige NaOH für die starke Zunahme der Leitfähigkeit.

Beachte: Bei *mehrwertigen* Säuren sind die Verhältnisse ähnlich; sie können als verschieden starke Säuren betrachtet werden.

Abb. 67, Kurve a): Bis zu Äquivalenzpunkt erhöht sich die Ionenkonzentration und damit die Leitfähigkeit geringfügig (NH_4^+- und Cl^--Ionen). Den steilen Anstieg nach dem Äquivalenzpunkt verursachen die überschüssigen H_3O^+-Ionen.

Kurve b): Der sehr geringe Anstieg der Leitfähigkeit nach dem Äquivalenzpunkt kommt daher, daß die überschüssige Essigsäure nur in geringem Maße protolysiert ist. Dieses Beispiel steht stellvertretend für die Titration *organischer Basen* wie Chinolin oder von Alkaloiden.

Verdrängungsreaktionen

Beispiel: $(NH_4)_2SO_4 + 2\ NaOH \longrightarrow Na_2SO_4 + 2\ NH_3 + 2\ H_2O$.

Bis zum Äquivalenzpunkt sinkt die Leitfähigkeit, weil die NH_4^+-Ionen durch Na^+-Ionen ersetzt werden.

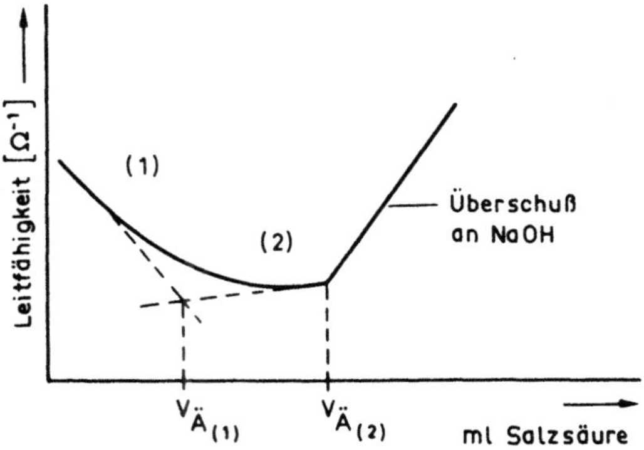

Abb. 68. Konduktometrische Titrationskurve für die Umsetzung von Na_2CO_3 mit wäßriger HCl; $V_{Ä(1)} = V_{Ä(2)}$

Nach Überschreiten des Äquivalenzpunktes bewirken die überschüssigen OH^--Ionen einen starken Anstieg der Leitfähigkeit.

Beispiel: $Na_2CO_3 + HCl \longrightarrow NaHCO_3 + NaCl$ (1),

$NaHCO_3 + HCl \longrightarrow NaCl + CO_2 + H_2O$ (2).

Abb. 68 zeigt den Kurvenverlauf für diese Reaktionen.

Redoxtitrationen

Redoxtitrationen können dann konduktometrisch verfolgt werden, wenn sich die Leitfähigkeit am Äquivalenzpunkt sprunghaft ändert. Dies ist dann der Fall, wenn mit der Titration eine deutliche pH-Änderung verbunden ist.

Beispiel: Iodometrische Titration arseniger Säure:

$$AsO_3^{3-} + I_2 + 3\ H_2O \rightleftharpoons AsO_4^{3-} + 2\ I^- + 2\ H_3O^+ .$$

Beispiel: chromatometrische Bestimmung von Fe^{2+}-Ionen:

$$6\ Fe^{2+} + Cr_2O_7^{2-} + 14\ H_3O^+ \rightleftharpoons 6\ Fe^{3+} + 2\ Cr^{3+} + 21\ H_2O .$$

Komplexometrische Titrationen

Beispiel: Titration von F^--Ionen mit eingestellter $AlCl_3$-Lsg.:

$$6\ Na^+F^+ + AlCl_3 \longrightarrow (Na^+)_3[AlF_6]^{3-} + 3\ Na^+Cl^- .$$

Bis zum Äquivalenzpunkt sinkt die Leitfähigkeit, weil die Anzahl der Ionen abnimmt. Nach Überschreiten des Äquivalenzpunktes bewirkt überschüssiges $AlCl_3$ einen Anstieg.

Fällungstitrationen

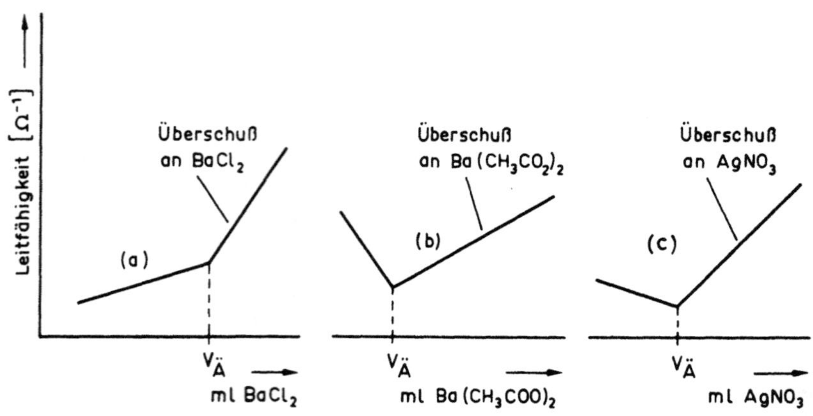

Abb. 69. Konduktometrische Titrationskurven von Fällungstitrationen

Beispiel: $(NH_4)_2SO_4 + BaCl_2 \longrightarrow BaSO_4 + 2\ NH_4Cl$.
Zu dieser Reaktion gehört die Kurve a) in Abb. 69.

Beispiel: $(NH_4)_2SO_4 + Ba(CH_3CO_2)_2 \longrightarrow BaSO_4 + 2\ NH_4^+CH_3CO_2^-$.
Zu dieser Reaktion gehört die Kurve b) in Abb. 69.

Beispiel: $NaCl + AgNO_3 \longrightarrow AgCl + NaNO_3$.
Zu dieser Reaktion gehört die Kurve c) in Abb. 69.

Hochfrequenz-Leitfähigkeitsmessungen
(Oszillometrie, oszillometrische Titration; Hochfrequenz-Titration)

Bei den gewöhnlichen Leitfähigkeitsmessungen tauchen die Meßelektroden in die Elektrolytlösung. Durch diesen galvanischen Kontakt kann es zur Adsorption und somit zu störenden Einflüssen kommen. Man kann nun diese Fehlerquelle vermeiden, wenn man Meßzellen verwendet, bei denen die Elektroden mit dem Elektrolyten nicht in Berührung kommen. Bei der meist benutzten "Kapazitätszelle" (Kondensatorzelle) erfolgt die Stromführung kapazitiv; die Elektroden werden z.B. auf die Meßzelle aufgebracht (z.B. aufgedampfte Metallbeschläge).

Um eine ausreichende Empfindlichkeit zu erreichen, verwendet man einen hochfrequenten Strom (im MHz-Bereich).

Während der Titration ändert sich der Widerstand der Probenlösung und damit auch die Kapazität der Zelle. Diese Änderungen werden zur Indikation von Titrationen genutzt.

Vorteile: Polarisationserscheinungen sind eliminiert. Die Form der Titrationskurve läßt sich durch Variation der Geräteparameter leichter optimieren; somit können Lösungen mit geringer und Lösungen mit hoher Eigenleitfähigkeit gleich gut titriert werden.

Anwendungen: Komplex-, Neutralisations-, Fällungs-Reaktionen

4.6 Grundlagen der Voltametrie

4.6.1 Allgemeines

Voltametrie heißt ein elektrochemisches Indikationsverfahren von Titrationsendpunkten, das die Konzentrationsabhängigkeit von Elektrodenpotentialen bei *konstanter Stromstärke* ausnutzt.

Das Verfahren ist auch bekannt als *voltametrische Titration, Polarisationsspannungstitration, galvanostatische Polarisationstitration, polaro-potentiometrische Titration, Polarovoltrie* oder *potentiometrische Titration bei konstantem Strom.*

Meßanordnung

Es sind verschiedene Ausführungsformen der voltametrischen Indikation beschrieben.

So arbeitet man z.B. mit einer polarisierbaren Elektrode (Quecksilber-Tropfelektrode in ruhender Lösung oder rotierende Platinelektrode in gerührter Lösung) und einer unpolarisierbaren Elektrode (z.B. Kalomelektrode).

Benutzt man *zwei* polarisierbare Elektroden (z.B. Platinbleche von 3 mm^2 Fläche), so kann man entweder die Spannung zwischen beiden Elektroden messen oder zwischen einer Elektrode und einer zusätzlichen Bezugselektrode.

Die Meßanordnung mit zwei polarisierbaren Elektroden ist sehr beliebt. Sie kann auch für Titrationen in *nichtwäßrigen* Lösungen verwendet werden.

Die Prinzipschaltung für diese Meßanordnung ist in Abb. 71 wiedergegeben. Sie entspricht derjenigen für potentiometrische Messungen.

Die Meßanordnung enthält eine stabilisierte Spannungsquelle (10 - 300 V), einen hochohmigen Widerstand (10^6 - $10^7 \Omega$), um den Widerstand der Meßzelle (einige kΩ) vernachlässigbar klein und den Stromfluß konstant zu halten. Damit in Reihe geschaltet ist ein Galvanometer sowie die Meßzelle. Die Spannung an den Elektroden wird mit einem Röhrenvoltmeter gemessen, das mit einem Schreiber verbunden sein kann.

Durchführung der Messung

In die Probenlösung gibt man einen Überschuß an Leitsalz, um sicherzustellen, daß der Stofftransport zur Elektrode nur durch Diffusion erfolgt; s. hierzu S. 379.

Durch Anlegen der Spannung (vorzugsweise Gleichspannung) läßt man einen konstanten Strom mit einer Stärke zwischen 1 und 10 µA fliessen. Die Stromstärke soll dabei viel kleiner sein als die Stärke des Diffusionsgrenzstromes vor Beginn der Titration. Während der Titration mißt man die Potentialdifferenz an den Elektroden gegen das verbrauchte Volumen der Maßlösung.

Der Äquivalenzpunkt wird durch eine sprunghafte Spannungsänderung angezeigt.

Voltametrische Titrationskurven

Abb. 70 zeigt den prizipiellen Verlauf von Titrationskurven bei der Verwendung von zwei polarisierbaren Elektroden.

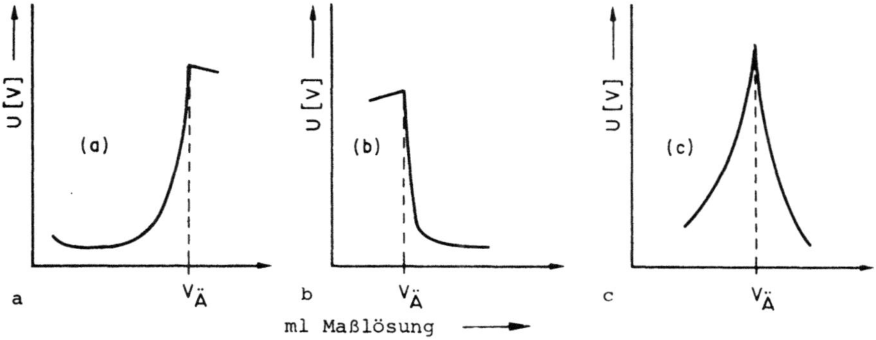

Abb. 70 a-c. Voltametrische Titrationskurven. a) Titration eines reversiblen Systems mit einem irreversiblen System, *Beispiel:* Fe^{2+}/Fe^{3+} mit $Cr_2O_7^{2-}/Cr^{3+}$. b) Titration eines irreversiblen Systems mit einem reversiblen System, *Beispiel:* $S_2O_3^{2-}/S_4O_6^{2-}$ mit I_2/I^-. c) Titration eines reversiblen Systems mit einem reversiblen System, *Beispiel:* Fe^{2+}/Fe^{3+} mit Ce^{3+}/Ce^{4+}. $V_Ä$ ist das verbrauchte Volumen der Maßlösung bis zum Äquivalenzpunkt

Titrierfehler

Der Titrierfehler ist um so größer, je kleiner die Ausgangskonzentration der Probenlösung ist. Er ist um so kleiner, je kleiner die gewählte Stromstärke gegenüber der möglichen Grenzstromstärke vor Beginn der Titration ist.

4.6.2 Prinzipielle Anwendung

Die Methode ist prinzipiell auf solche Umsetzungen anwendbar, an denen wenigstens ein reversibles Ionenpaar beteiligt ist, das an einer Elektrode in einem bestimmten Spannungsbereich oxidierbar oder reduzierbar ist. Sie wird eingesetzt für Endpunktsbestimmungen bei Fällungs-, Komplexbildungs- und Redoxtitrationen.

Vorteile der voltametrischen Titration

Im Vergleich zur potentiometrischen Indikation ist hiermit der Endpunkt im allgemeinen besser zu erkennen. Die Meßzeit ist kürzer. Die Methode ist auf sehr verdünnte Lösungen (Mikromolbereich) anwendbar.

4.7 Grundlagen der Amperometrie

4.7.1 Allgemeines

Die *Amperometrie* ist ein elektrochemisches Verfahren, das fast ausschließlich zur Erkennung von Titrationsendpunkten benutzt wird. Man mißt hierbei die Größe eines Gleichstromes, der durch eine Elektrolytlösung fließt in Abhängigkeit von der Zugabe einer Maßlösung.

Den Endpunkt der Titration erkennt man daran, daß sich der Diffusionsgrenzstrom (s.S. 358) plötzlich ändert. Der Diffusionsgrenzstrom ist nämlich - bei konstanter Spannung gemessen - proportional der Konzentration der elektrochemisch wirksamen Substanz.

Der Endpunkt der Titration fällt meist mit dem Äquivalenzpunkt zusammen.

Man unterscheidet *zwei* Ausführungsformen:

Die *Amperometrie im engeren Sinne* verwendet *eine* polarisierbare und *eine* unpolarisierbare Elektrode. In der Literatur heißt sie gelegentlich *Grenzstromtitration, polarographische Titration* oder *polarometrische Titration.*

Die zweite Ausführungsform arbeitet mit *zwei* polarisierbaren Elektroden. Sie ist bekannt als *biamperometrische Titration, Polarisationsstromtitration* oder *Dead-stop-Methode.*

Amperometrische Titration mit einer polarisierbaren Elektrode

Abb. 71 zeigt die Prinzipschaltung für diese Methode.

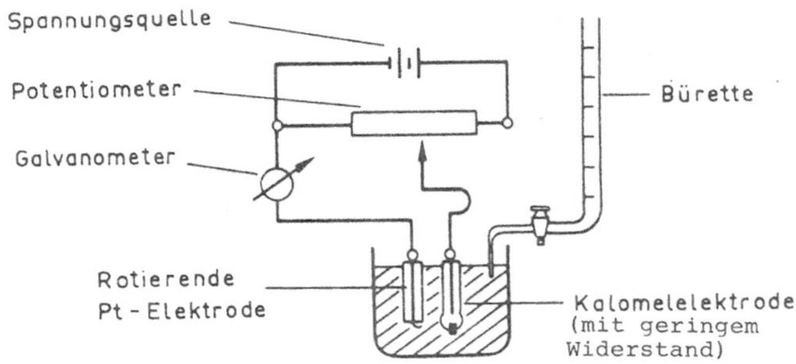

Abb. 71. Prinzipschaltung für amperometrische Titrationen mit *einer* polarisierbaren Elektrode

Instrumentelle Anordnung und Vorbereitung der Messung

Die Meßanordnung ist im Prinzip die gleiche, die für polarographische Untersuchungen benutzt wurde, vgl. S. 376. Führt man die Messung ohne Rühren durch, verwendet man die Quecksilber-Tropfelektrode. Für Messungen in gerührten Lösungen benutzt man unbewegte oder rotierende Platin- oder Graphitelektroden als Arbeitselektroden. Als unpolarisierbare Elektrode nimmt man eine Elektrode 2. Art mit einem geringen Widerstand (ohne Fritte oder eingeschmolzenen Asbestfaden!) s.S. 292.

Messungen mit rotierenden Elektroden werden meist bevorzugt. Bei der Rotation der Elektrode - und evtl. zusätzlicher Rührung - erfolgt eine schnelle Durchmischung der Analysensubstanz und der zugesetzten Reagenzlösung. Durch die Rotation nimmt die Dicke der Diffusionsgrenzschicht ab und als Folge davon die Stromstärke zu. Es treten auch keine Störungen durch Kapazitätsströme auf.

Die konstante Spannung, die man an die Elektroden anlegt, liegt im Grenzstromgebiet der Probenlösung und/oder des Titranten. Man kann sie z.B. dadurch ermitteln, daß man zuerst ein Polarogramm von der Lösung der Probenlösung anfertigt und die Spannung ermittelt, die zur Erreichung des Diffusionsgrenzstromes für die betreffende elektrochemisch wirksame Substanz erforderlich ist.

Ausführung der Endpunktsbestimmung

Man legt eine geeignete Spannung an die Elektroden. Nach definierter Zugabe der Maßlösung (in ml) mißt man die jeweilige Stromstärke (in A), trägt die erhaltenen Wertepaare in ein kartesisches Achsenkreuz ein und erhält zwei Geraden, deren Schnittpunkt den Äquivalenzpunkt angibt.

Es können *drei* verschiedene Kurventypen beobachtet werden,s.Abb. 72. Kurve a) wird erhalten, wenn das Ion, das die Leitfähigkeit verursacht, durch die Titration verbraucht wird.

Kurve b) entsteht, wenn das leitende Ion vom Titranten stammt und durch die Probenlösung solange verbraucht wird, bis der Äquivalenzpunkt erreicht wird. Nach dem Überschreiten des Äquivalenzpunktes wird seine Konzentration in der Lösung größer und dementsprechend steigt die Stromstärke an.

Kurve c) wird beobachtet, wenn die Probenlösung bis zum Äquivalenzpunkt für die Leitfähigkeit bzw. Stromstärke verantwortlich ist. Das Ansteigen der Kurve nach dem Äquivalenzpunkt wird durch die überschüssigen Ionen des Titranten verursacht.

Wie aus Abb. 72 hervorgeht, sind die Kurven in der Umgebung des Äquivalenzpunktes mehr oder weniger stark gekrümmt. Die Krümmung ist um so stärker, je besser die ausgefällte Substanz löslich ist, oder je stärker ein während der Titration gebildeter Komplex dissoziiert.

Verringern läßt sich die Krümmung manchmal dadurch, daß man die Konzentration der Maßlösung um den Faktor 10 konzentrierter macht als die Analysenlösung.

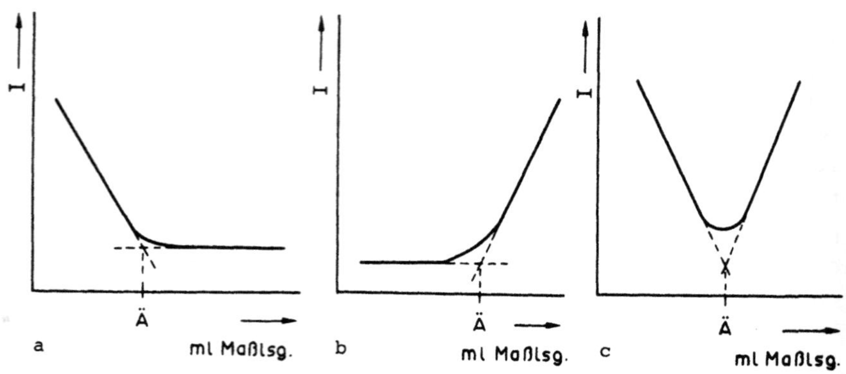

Abb. 72. a) Ein elektrochemisch aktives Teilchen wird mit einem inaktiven Reagenz titriert; b) Eine inaktive Substanz wird mit einem aktiven Reagenz titriert; c) Probenlösung und Titrant sind elektrochemisch aktiv

4.7.2 Prinzipielle Anwendung

Die Anwendung der Amperometrie im engeren Sinne ist hauptsächlich auf die Endpunktsbestimmung bei Fällungs- und Komplexbildungsreaktionen beschränkt.

Vorteile

Ihr Vorteil gegenüber anderen elektrochemischen Indikationsmethoden ist ihre Anwendbarkeit auf große Konzentrationsbereiche bis zur unteren Grenze von 10^{-6}-molaren Lösungen. Im Unterschied zur Konduktometrie stören Ionensorten mit höheren Halbstufenpotentialen nicht. Sie gestattet auch die Bestimmung von Ionen, die keine polarographische Stufe besitzen, wie SO_4^{2-}.

Nachteile

Die Nachteile der Methode liegen darin, daß sie für qualitative Nachweise ungeeignet ist und keine Simultanbestimmung erlaubt.

Genauigkeit

Die Grenze der Genauigkeit ist $\pm$ 0,1 %.

Amperometrie mit *zwei* polarisierbaren Elektroden, biamperometrische Titration, Dead-stop-Titration

Diese Ausführungsform der amperometrischen Titration benutzt anstelle der einen unpolarisierbaren Elektrode eine zweite, zur ersten meist gleichartige, polarisierbare Elektrode. Bis auf diesen Unterschied ist die Prinzipschaltung die gleiche wie die in Abb. 71 angegebene.

Angepaßt an die durchzuführende Titration legt man z.B. an zwei Platin-Elektroden, die in eine gerührte Lösung eintauchen, eine Spannung im Bereich von 10 bis einigen hundert mV und mißt die Änderung der Stromstärke während der Titration.

Der Verlauf der Titrationskurve hängt von der Probenlösung und vom Titranten ab. Da beide Elektroden polarisierbar sind, können Kathode und Anode während der Titration unterschiedlich polarisiert werden.

Beispiele für Titrationskurven

a) Findet z.B. an den Elektroden mit der Probenlösung ein reversibler Prozeß statt, d.h. Reduktion eines Teilchens an der Kathode und Reoxidation dieses Teilchens an der Anode, so fließt ein schwacher Strom. Die Elektroden sind bis zu einem gewissen Grad depolarisiert.

Wird nun durch Zugabe des Titranten (irreversibles System) das reversible System verbraucht, und werden die Elektroden dabei polarisiert, so steigt am Äquivalenzpunkt die Polarisationsspannung sprunghaft an, und die Stromstärke fällt auf einen kleinen Restwert ab.

b) Wird ein reversibles System mit einem reversiblen System titriert, fällt die Stromstärke bis zum Äquivalenzpunkt ab und steigt dann wieder an (Überschuß des Titranten).

c) Werden Kathode und Anode während der Titration unterschiedlich polarisiert, indem z.B. ein kathodischer Depolarisator verbraucht und ein anodischer Depolarisator gebildet wird, dann steigt die Stromstärke erst an, durchläuft beim Titrationsgrad 0,5 ein Maximum und fällt am Äquivalenzpunkt auf Null ab.

d) Häufig ist auch der Fall, daß die geringe Potentialdifferenz an den Elektroden ausreicht, um diese fast vollständig zu polarisieren. In diesem Falle verhindert die Polarisationsspannung solange einen Stromfluß, bis im Endpunkt der Titration ein anodischer oder kathodischer Depolarisator (Ion, Oxidationsmittel, Reduktionsmittel) vorhanden ist. Die Nähe des Endpunktes macht sich durch starke Ausschläge des Galvanometerzeigers mit jedem Tropfen Maßlösung bemerkbar.

Beachte: In allen diesen Fällen haben die Absolutwerte der Stromstärke keinen Einfluß auf die Genauigkeit der Titration. Entscheidend ist nur die sprunghafte Änderung im Äquivalenzpunkt.

Die Stromstärke liegt im µA-Bereich.

Als ***Dead-stop-Titration*** (Tot-Punkt-Titration) bezeichnet man üblicherweise eine biamperometrische Titration bei kleiner angelegter Spannung, bei der man auf die Aufnahme einer Titrationskurve verzichtet und lediglich das sprunghafte Ansteigen oder Abfallen der Stromstärke im Äquivalenzpunkt beobachtet.

Empfindlichkeit der Methode

Die Empfindlichkeit ist sehr hoch. So lassen sich z.B. noch 0,01 µg I_2 in 100 ml Lösung nachweisen.

Anwendungen

Die biamperometrische Titration erlaubt ebenso wie die amperometrische Titration mit einer polarisierbaren Elektrode Endpunktsbestimmungen in gefärbten Flüssigkeiten, Aufschlämmungen, Emulsionen usw. Sie eignet sich auch für Titrationen in nichtwäßrigen Lösungsmitteln.

Anwenden läßt sie sich bei Fällungs-, Komplexbildungs- *und* Redoxreaktionen.

Beispiele

Titration von I_2 mit $S_2O_3^{2-}$-Lsg. ($I_2 + 2\ S_2O_3^{2-} \longrightarrow 2\ I^- + S_4O_6^{2-}$).
In der Iod-Lösung (I_2 in KI-Lsg.) wird durch eine geringe Potentialdifferenz an den Elektroden ein kleiner Stromfluß bewirkt ($I_2 + 2\ e \rightleftharpoons 2\ I^-$). Durch die Zugabe von $S_2O_3^{2-}$-Lsg. ändert sich daran bis zum Äquivalenzpunkt nicht sehr viel. Es werden aber immer mehr $S_2O_3^{2-}$-Ionen zu $S_4O_6^{2-}$ irreversibel oxidiert. Dadurch wird die Kathode immer stärker polarisiert. Am Äquivalenzpunkt ist sie völlig polarisiert (weil kein reduzierbares I_2 mehr vorhanden ist); dies führt zu einem plötzlichen Abfall der Stromstärke.

Indizierung der *Karl-Fischer-Titration*

Titrationen mit *"Karl-Fischer-Lösungen"* benutzt man zur maßanalytischen Bestimmung von Wasser. Besonders elegant gelingt die Endpunktsbestimmung bei dieser Titration mit der Dead-Stop-Methode.

Die Grundlage der Karl-Fischer-Titration bildet die Reaktion von I_2 mit SO_2 in Gegenwart von Wasser nach der Gleichung:

$$I_2 + SO_2 + 2\ H_2O \rightleftharpoons 2\ HI + H_2SO_4.$$

Diese Reaktion wurde bereits von Bunsen gefunden. Karl Fischer benutzte als Lösungsmittel Methanol und setzte Pyridin hinzu, um das Gleichgewicht der Redoxreaktion nach rechts zu verschieben. Dadurch wurde der Reaktionsablauf komplizierter:

$$SO_2 + I_2 + H_2O + 3\ C_5H_5N \longrightarrow 2\ C_5H_5N \cdot HI + C_5H_5N \cdot SO_3 \quad \text{und}$$

$$C_5H_5N \cdot SO_3 + CH_3OH \longrightarrow C_5H_5N \cdot HSO_4CH_3$$

Bestimmung primärer aromatischer Amine

Die Bestimmung primärer aromatischer Amine gelingt mit einer amperometrischen Endpunktsbestimmung. Das Amin wird in saurer Lösung unter Zusatz von KBr mit 0,1 M $NaNO_2$-Lsg. diazotiert. Vor Erreichen des Äquivalenzpunktes sind nur Br^--Ionen in der Lösung; es fließt kein Strom, weil keine Substanz kathodisch reduziert werden kann. Nach Überschreiten des Äquivalenzpunktes ist in der Lösung überschüssiges $NaNO_2$ und Br_2 vorhanden. Diese Substanzen können kathodisch reduziert werden. An der Anode werden NO_2^- und Br^- oxidiert, und jetzt fließt ein elektrischer Strom.

Reaktionsgleichung:

5. Optische und spektroskopische Analysenverfahren

Bei den bisher besprochenen qualitativen und quantitativen Analysenmethoden wurde die zu untersuchende Substanz chemischen Reaktionen unterworfen und damit in ihrer Zusammensetzung oder Struktur verändert. Im Gegensatz dazu erlauben es viele physikalische Analysenmethoden, eine Substanz unverändert, d.h. zerstörungsfrei zu analysieren. Benutzt werden diese Verfahren sowohl zur Identifizierung als auch zur Strukturaufklärung. Sie eigenen sich außerdem für Reinheitsprüfungen, falls sie auf Verunreinigungen einer Probe empfindlich genug reagieren.

In der Regel wird ein Stoff als "rein" bezeichnet, wenn sich seine physikalischen Eigenschaften nach wiederholten Reinigungsprozessen wie Destillieren, Chromatographieren etc. nicht geändert haben. Die noch zulässigen Grenzwerte an Verunreinigungen werden dem Verwendungszweck der Substanz entsprechend gewählt.

5.1 Einfache optische Analysenmethoden

5.1.1 Refraktometrie

Beschreibung des Verfahrens

Refraktometrie heißt die Messung der Brechungsindizes (Brechungszahlen, Brechungswerte) zur Bestimmung der Art und Menge von Probenbestandteilen. Grundlage der Meßmethode ist das *Snellius'sche Brechungsgesetz* (Abb. 73a). Es gibt an, wie einfallendes Licht an der Grenzfläche zweier Medien gebrochen wird. Diese Brechung n (Richtungsänderung) des Lichts ist stark temperaturabhängig und nur für eine bestimmte Farbe (Wellenlänge λ) eine Materialkonstante:

$$n_\lambda^T = \frac{c_1}{c_2} = \frac{\sin \alpha}{\sin \beta} ,$$

c_1 = Lichtgeschwindigkeit im Medium 1 (z.B. Luft),
c_2 = Lichtgeschwindigkeit im Medium 2 (z.B. Flüssigkeit),
α = Einfallswinkel gegen Einfallslot,
β = Austrittswinkel gegen Einfallslot,
T = Temperatur,
λ = Meß-Wellenlänge.

Voraussetzung für eine Meßgenauigkeit von $\pm$ 10^{-4} ist die Temperierung des Refraktometers auf $\pm$ 0,2° C. Temperatur T (meist 20° oder 25° C) und Wellenlänge λ werden als Indizes am Brechungsindex n vermerkt, z.B. n_D^{20} für die Natrium-Linie bei 20° C. Bei dem meist verwendeten Abbe-Refraktometer wird durch ein Kompensationssystem auch bei Verwendung von Tages- oder Kunstlicht der Brechungsindex bei der D-Linie des Natriumlichts (λ_D = 589 nm) erhalten.

Bei flüssigen Proben erfolgt die Bestimmung des Brechungsindexes durch Bestimmung des *Grenzwinkels der Totalreflexion* (Abb. 73b).

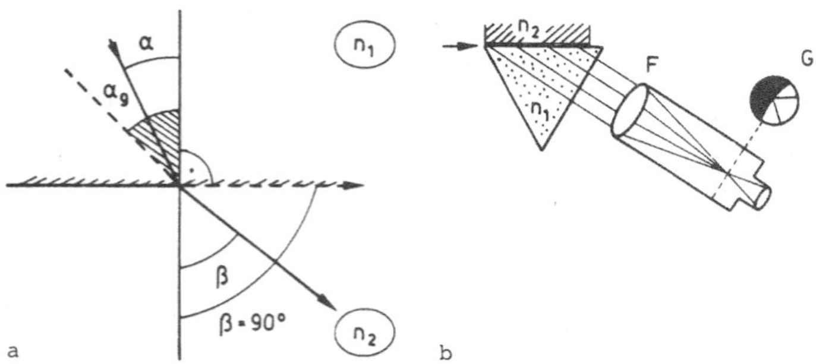

Abb. 73. a) Schema zum Brechungsgesetz. b) Grenzwinkelrefraktometer n_2 Brechungszahl der Probe; n_1 Brechungszahl des Prismas vom Winkel φ; F Fernrohr; G Sehfeld mit Grenzlinie und Fadenkreuz

Beim Einfall eines Lichtstrahls von einem optisch dichteren Medium mit der Brechzahl n_1 auf die Grenzfläche gegen ein optisch dünneres Medium mit der Brechzahl n_2 ($n_2 < n_1$) wird dieser vom Einfallslot weg gebrochen. Bei einem maximalen Austrittswinkel β = 90° tritt der gebrochene Strahl streifend zur Grenzfläche aus (Abb. 73a). Der zugehörige Grenzwinkel α_g ist dann:

$$\frac{\sin \alpha}{\sin 90^\circ} = \frac{n_2}{n_1} \quad \text{oder} \quad \underline{\sin \alpha = \frac{n_2}{n_1}}\,.$$

Bei dem Refraktometer nach Abbe (Prinzip Abb. 73, Ausführung Abb. 74) wird der Lichtweg umgekehrt, d.h. die aus verschiedenen Richtungen kommenden Strahlen verlaufen nach der Brechung innerhalb des in Abb. 73 a schraffierten Winkelbereichs. Die abgelenkten Lichtstrahlen werden im Okular des Refraktometers vereinigt und als Hell-Dunkelgrenze sichtbar. Zusätzlich wird meist eine geeichte Skala eingespiegelt, auf welcher der gesuchte Brechungsindex n_2 direkt abgelesen werden kann (n_1 ist durch das Glasprisma vorgegeben, α wird über den Spiegel S in Abb. 74 gemessen). Die Eichung kann überprüft werden, z.B. mit dest. Wasser(n_D^{20} = 1,333) oder anderen reinen Flüssigkeiten mit bekanntem Brechungsindex.

Durchführung einer Messung

Nachdem man zuvor das Beleuchtungsprisma P_2 hochgeklappt hat, wird ein Tropfen der zu messenden Flüssigkeit auf das Meßprisma P_1 aufgebracht. Man achte darauf, die Oberfläche des Prismas nicht mit scharfkantigen Gegenständen zu zerkratzen (Glasstäbe rundschmelzen oder Plastikröhrchen verwenden). Nach Zuklappen des Prismas P_2 wird der Meßwert durch das Okular abgelesen und das Refraktometer danach gereinigt. Die richtige Temperierung des Gerätes ist gelegentlich zu überprüfen.

Anwendungsbereich

Anwendung findet die Refraktometrie zur Identifizierung und Reinheitsprüfung von Stoffen, daneben auch zur Konzentrationsbestimmung von Stoffgemischen. Der Brechungsindex binärer Mischungen zeigt nämlich eine lineare Abhängigkeit von der Konzentration (Vol-%) der Komponenten (gilt nur bei vernachlässigbarer Volumenänderung!). Meist wird man jedoch Eichkurven aufstellen; diese sind teilweise auch in Handbüchern tabelliert (z.B. für wäßrige Zuckerlösungen).

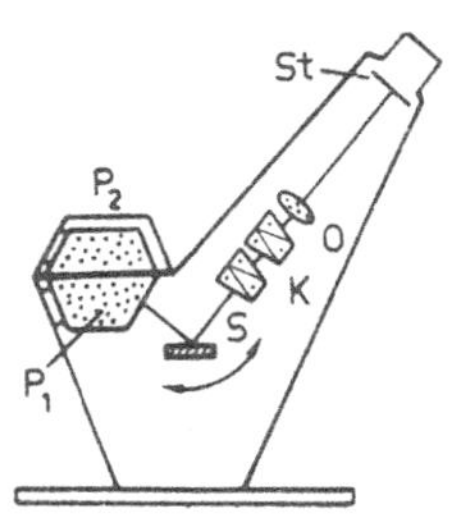

Abb. 74. Abbe-Refraktometer, Bauart Carl Zeiss. P_1 Meßprisma; P_2 Beleuchtungsprisma; S beweglicher Spiegel; K Dispersionskompensator; O Objektiv; St Strichkreuz

5.1.2 Polarimetrie

Polarimetrie nennt man die Messung der Drehung der Polarisationsebene des Lichts zur Konzentrationsbestimmung optisch aktiver Substanzen.

Polarisiertes Licht

Licht kann bekanntlich als transversale elektromagnetische Welle aufgefaßt werden, deren Schwingung senkrecht zu ihrer Fortpflanzungsrichtung erfolgt. Im natürlichen Licht ist keine Schwingungsebene bevorzugt, d.h. die Wellen schwingen unabhängig voneinander in allen möglichen Richtungen. Dabei hat allerdings jeder Wellenzug einen bestimmten Polarisierungszustand:

a) Schwingt der elektrische Vektor der Lichtwelle in einer Ebene, die durch die Ausbreitungsrichtung geht, so heißt die zu ihr senkrechte Ebene Polarisationsebene und das Licht linear polarisiert. Es kann aus zwei zirkular-polarisierten Wellen mit entgegengesetztem Drehsinn und gleicher Amplitude zusammengesetzt werden.

b) Schwingt der elektrische Feldvektor so, daß seine Spitze auf einer Ellipse (bzw. Kreis) läuft, so heißt dieses Licht elliptisch (bzw. zirkular) polarisiert.

Aufbau eines Polarimeters

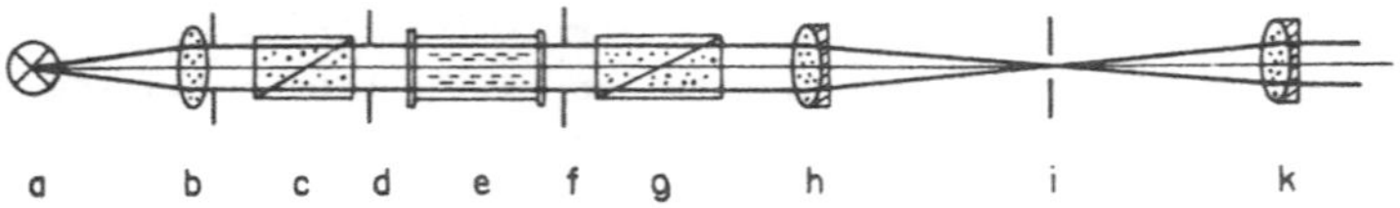

Abb. 75. Strahlengang (Schema) eines einfachen Polarimeters.
a = Lichtquelle; b = Kondensor; c = Polarisator; d, f, i = Blenden; e = Flüssigkeitsküvette; g = Analysator; h = Fernrohrobjektiv; k = Fernrohrokular

In einem Polarimeter (Abb. 75) wird durch einen Polarisator linear polarisiertes Licht aus monochromatischem Licht erzeugt. Dieses tritt durch das sog. Probenrohr, eine mit der Meßlösung gefüllte Küvette, verläßt diese und gelangt durch den drehbaren Analysator in das Meßokular. Enthält die Lsg. eine optisch aktive Verbindung, z.B. D(+)-Glucose, dann wird die Schwingungsebene des polarisierten Lichts im Probenrohr um den Winkel α gedreht (Abb. 76).

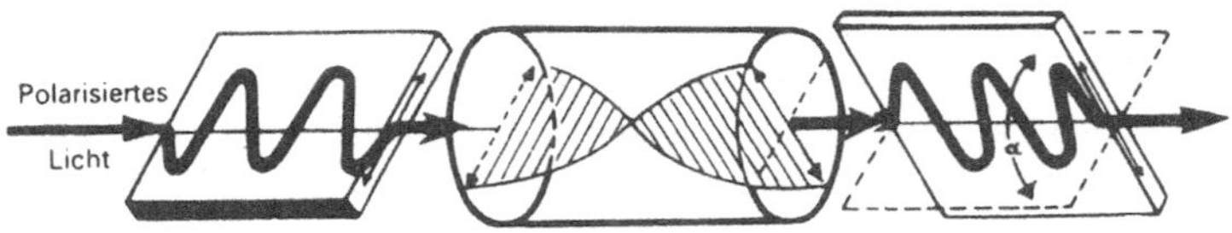

Polarisationsebene des eingestrahlten Lichts — Probe in Lösung (chirales Medium) — Polarisationsebene nach dem Durchgang

Abb. 76. Polarimetrie

Erklärung: Das chirale Medium zerlegt linearpolarisiertes Licht in eine rechts- und eine links-polarisierte Welle mit verschiedener Ausbreitungsgeschwindigkeit. Nach dem Durchgang beträgt die Phasendifferenz der beiden Wellen 2 α. Addition ergibt wieder eine linear polarisierte Welle, deren Schwingungsebene um α gegenüber der ursprünglichen gedreht ist.

Die dadurch hervorgerufene Helligkeitsverminderung des Lichts im Okular kann durch eine entsprechende Drehung des Analysators um α kompensiert werden, womit gleichzeitig der Drehwinkel α bestimmt wird.

Der Drehwinkel α ist abhängig vom Lösungsmittel, der Konzentration c, der Schichtdicke l (meist Küvettenlänge) der durchstrahlten Substanz, der Temperatur T und der Wellenlänge λ. Die letzteren werden als Indizes am Drehwert angegeben. Für die spezifische Drehung einer optisch aktiven Substanz gilt:

$$[\alpha]_{\lambda}^{T} = \frac{[\alpha]_{\lambda}^{T}\ \text{(gemessen)}}{l[\text{dm}] \cdot c[\text{g/ml}]} = \frac{[\alpha]_{\lambda}^{T}\ \text{(gemessen)} \cdot 1000}{l[\text{cm}] \cdot c[\text{g/100 ml}]}.$$

Die *spezifische Drehung* ist die Drehung um α, die man bei 10 cm (= 1 dm) Schichtdicke und der Konzentration 1 g $\cdot$ cm^{-3} Lösung erhält. (Beachte die unterschiedlichen Einheiten in den vorstehenden Gleichungen!)

Als Standardwellenlänge verwendet man meist die Natrium-D-Linie und als Meßtemperatur 20° C, so daß die Angabe des Drehwinkels dann lautet: $[\alpha]_{D}^{20}$. Wegen der Wechselwirkung der zu untersuchenden Verbindung mit dem Lösungsmittel muß nicht nur das verwendete Lösungsmittel, sondern auch die benutzte Konzentration c der Lösung angegeben werden. Man beachte, daß sich der Drehsinn in verschiedenen Lösungsmitteln umkehren kann (Solvatationseffekte!).

Da eine Drehung im *Uhrzeigersinn* um α sowohl einer Rechtsdrehung um α (bzw. $180^\circ + \alpha$) als auch einer Linksdrehung um $180^\circ - \alpha$ entsprechen kann, muß durch eine zweite Messung, z.B. mit halbierter Küvettenlänge oder Konzentration, der Drehsinn gesondert herausgefunden werden. In diesen Fällen erhält man bei Rechtsdrehung (+) entsprechend $\frac{\alpha}{2}$ (bzw. $\frac{\alpha}{2} + 90^\circ$) und bei Linksdrehung (-) analog $90^\circ - \frac{\alpha}{2}$ (bzw. $180^\circ - \frac{\alpha}{2}$).

Bei einem Enantiomeren-Gemisch gibt man seine *optische Reinheit* p an:

$$p = \frac{[\alpha]}{[A]}$$

mit $[\alpha]$ = spez. Drehwert des Gemisches, $[A]$ = spez. Drehwert des reinen Enantiomeren.

Die Messung des Drehwertes α bei verschiedenen Wellenlängen λ ergibt - *als Diagramm aufgetragen* - *die Kurven der sog. Optischen Rotationsdispersion (ORD).* Die Abhängigkeit von λ wird damit begründet, daß sich die Brechungsindizes für rechts- und links-zirkularpolarisiertes Licht verschieden stark ändern. Die ORD-Kurven von zwei Enantiomeren sind spiegelbildlich gleich.

Neben dem Brechungsindex ist auch der Extinktionskoeffizient ε bezüglich rechts- oder links-polarisiertem Licht verschieden. *Die Differenz $\Delta\varepsilon = \varepsilon_{links} - \varepsilon_{rechts}$ nennt man den Circular-Dichroismus (CD).* Trägt man ε gegen λ auf, erhält man Extinktionskurven und, für $\Delta\varepsilon$ gegen λ, die Kurve des Circular-Dichroismus.

5.1.3 Fluoreszenzspektroskopie

Auch die Photolumineszenz von Lösungen, die bei normaler Temperatur als Fluoreszenz in Erscheinung tritt, läßt sich zur qualitativen und quantitativen Analyse nutzen. Nach dem *Gesetz von Stokes* ist die ausgestrahlte Energie bei der Fluoreszenz kleiner als die absorbierte, d.h. das abgestrahlte Licht ist langwelliger als die Anregungsstrahlung. So wird bei der Bestimmung von Riboflavin Licht von 440 nm eingestrahlt und das Fluoreszenzlicht bei 565 nm gemessen. Bei der Betrachtung von Chromatogrammen (s. Kap. 6.3 und 6.2) im UV-Licht arbeitet man bei 254 nm und 365 nm.

5.1.4 Nephelometrie

Bei der Untersuchung von kolloiden Lösungen kann der Faraday-Tyndall-Effekt zur Konzentrationsbestimmung benutzt werden (z.B. Proteinlösungen, Chloridbestimmung als AgCl-Suspension). Er beruht auf der Beugung des in die Lösung eingestrahlten Lichts durch die Teilchen der kolloiden Lösung. Die Intensität des Streulichts hängt u.a. ab von der Größe und Anzahl der Teilchen und kann nach verschiedenen Formeln berechnet werden.

Man unterscheidet zwei Verfahren (Abb. 77): Die Turbidimetrie (Trübungsmessung) mißt die Herabsetzung der Lichtintensität des durch die Lösung tretenden Lichts. Diese (scheinbare) Extinktion beruht jedoch nicht auf einem Absorptionsvorgang, sondern auf der Lichtstreuung.

Die Tyndallometrie (Streuungsmessung) benutzt die Messung der Intensität des Streulichts.

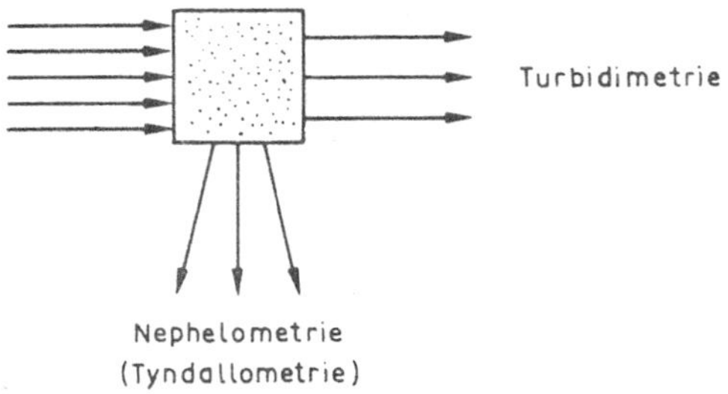

Abb. 77. Prinzip nephelometrischer und turbidimetrischer Messungen

5.2 Molekülspektroskopische Methoden

5.2.1 Gemeinsame Grundlagen von Atom- und Molekülspektren

5.2.1.1 *Das elektromagnetische Spektrum*

Die spektroskopischen Methoden haben sich als sehr hilfreich erwiesen für die Identifizierung, Reinheitsprüfung und die Strukturaufklärung unbekannter Verbindungen.

Sie beruhen in der Regel alle auf dem gleichen Prinzip: Aus dem Gebiet des elektromagnetischen Spektrums werden die für die Erzeugung angeregter Zustände benötigten Frequenzen ausgewählt und die zu untersuchenden Verbindungen damit bestrahlt. Das Ergebnis wird als Emissions-, Absorptions- oder Beugungsdiagramm registriert und ausgewertet.

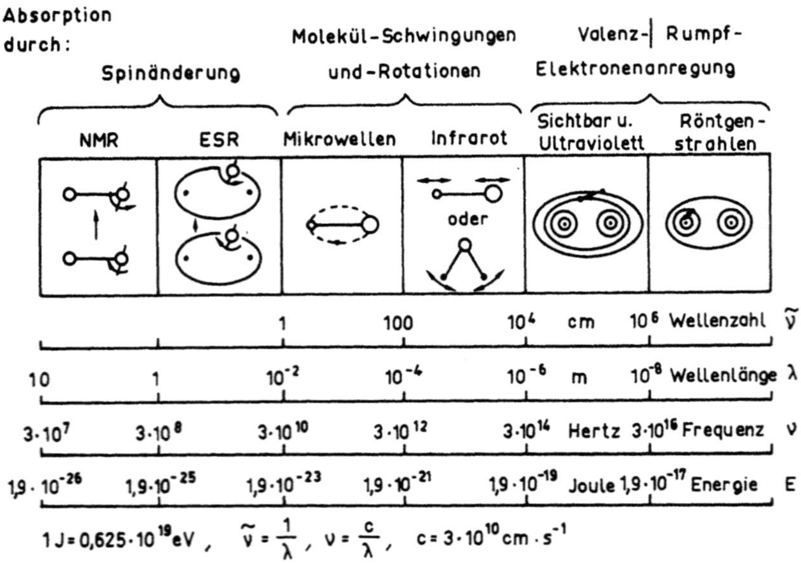

Abb. 78. Gebiete des elektromagnetischen Spektrums

Aus Abb. 78 geht hervor, daß sichtbares Licht aus elektromagnetischen Wellen der Länge 400 - 800 nm besteht. Weißes Licht enthält alle Wellenlängen des sichtbaren Bereichs, monochromatisches (monofrequentes) Licht enthält dagegen nur eine einzige, bestimmte Wellenlänge. Diese entspricht einer bestimmten Farbe (Beispiel: das gelbe Licht der Natriumdampflampe). An das für das menschliche Auge sichtbare Licht schließt sich von etwa 800 - 100 000 nm der infrarote Bereich an, den wir als Wärmestrahlung in gewissem Umfang noch registrieren können. Der Bereich von etwa 10 - 400 nm wird als Ultraviolett-Strahlung bezeichnet; er ist für einige Tiere, wie z.B. Bienen, teilweise sichtbar.

5.2.1.2 *Emission von Energie*

Atome und Moleküle liegen normalerweise im Grundzustand vor, d. i. der Zustand kleinster potentieller Energie. Durch Energiezufuhr können sie angeregt und damit in einen Zustand höherer Energie gebracht werden. Die dabei aufgenommene Energie wird i.a. nach einer gewissen Zeit (etwa 10^{-8} sec) wieder abgegeben, wobei der Grundzustand wieder erreicht wird. Geschieht dies durch Emission von Strahlung, so nennt man das Fluoreszenz. Meist wird nicht nur eine einzige Wellenlänge, sondern ein ganzes Fluoreszenzspektrum abgestrahlt, aus dem man Rückschlüsse über die Schwingungszustände der Elektronen im Grundzustand ziehen kann. Bei einer längeren Lebensdauer der angeregten Zustände (i.a. bis zu mehreren Sekunden) spricht man von Phosphoreszenz. Der übergeordnete Begriff lautet Lumineszenz. Die Anregungsenergie ist für die einzelnen Elemente verschieden groß. Man kann sie für die Außenelektronen gut abschätzen, wenn man die Ionisierungspotentiale der Atome kennt. Diese liegen z.B. bei den Alkali- und Erdalkalimetallen besonders niedrig. Man wird daher erwarten, daß diese leichter anregbar sind als z.B. die Schwermetalle.

Dies kann man in der Tat auch bei den verschiedenen Anregungsverfahren beobachten. So genügt für die Alkali- und Erdalkalimetalle mit ihrem relativ linienarmen Spektrum eine (Bunsenbrenner-)Flamme bei hoher Nachweisempfindlichkeit (Flammenspektroskopie). Zur Anregung verschiedener Schwermetalle werden hingegen elektrische Funkenentladungen (Funkenspektren) oder der elektrische Lichtbogen (Bogenspektren) verwendet. Teilweise versucht man auch, mit besonders heißen Flammen eine Anregung zu erreichen (Actylen/O_2: 3100° C, $(CN)_2/O_2$: 4400° C).

Von Atomen erhält man i.a. ein Linienspektrum mit auseinanderliegenden Linien. Moleküle liefern ein Bandenspektrum mit eng benachbarten Emissionslinien, die von den Meßgeräten nicht mehr einzeln aufgelöst werden können und nur noch als Banden registriert werden.

5.2.1.3 *Absorption von Energie*

Bei der Aufnahme (Absorption) von Energie (z.B. Licht) können nicht nur die Elektronen angeregt werden, sondern auch Molekülschwingungen und/oder Molekülrotationen. Auch ihre Energien sind gequantelt und tragen zur Gesamtenergie des Moleküls bei. Aus Abb. 78 ist zu ersehen, daß eine Änderung der Elektronenenergie mehr Energie erfordert als eine Änderung der Schwingungsenergie und diese wiederum mehr als eine Änderung der Rotationsenergie.

Bei Raumtemperatur befinden sich die Moleküle normalerweise im Elektronengrundzustand. Einstrahlung von Energie führt zu einer entsprechenden Absorption. Dabei werden durch die Einstrahlung von Energie im Bereich der *Radio*wellen Spinänderungen von Elektronen und Nukleonen verursacht (ESR = Elektronenspinresonanz-Spektroskopie, NMR = Kernresonanzspektroskopie). Verwendet man *Mikro*wellen, so reicht ihre Energie aus, um Moleküle zu Rotationen um ihren Schwerpunkt anzuregen. *Infrarotes Licht* (IR) regt zusätzlich Molekülschwingungen an und liefert wertvolle Informationen über die Molekülstruktur. Die energiereichere *Strahlung im sichtbaren (Vis-)* und vor allem im *UV-Bereich* führt darüber hinaus zur Anregung der äußeren Elektronen (Bindungselektronen, freie Elektronenpaare) von Atomen und Molekülen (Elektronenübergänge). Die inneren Elektronen werden in erster Linie durch sehr energiereiche Strahlung (Röntgen-, Gamma-Strahlung) angeregt. Es können auch Bindungen gespalten und Atome bzw. Moleküle ionisiert werden.

Elektronenübergänge in Molekülen sind nur in den optischen Spektren (wie z.B. UV) sichtbar.

Spektren kann man sowohl in Absorption als auch in Emission aufnehmen.

Ein bekanntes Beispiel für die Absorption von Energie ist die sog. Umkehr der Na-Linie (Resonanzabsorption): Strahlt man Glühlicht durch Natriumdampf, so findet man im kontinuierlichen Spektrum zwei dunkle Linien, die mit den Wellenlängen der Na-D-Linien (589,0 und 589,6 nm) übereinstimmen. Praktische Anwendung findet dieser Vorgang bei der Spektralanalyse z.B. von Fixstern- und Planetenatmosphären (Fraunhofersche Linien) oder bei der Atomabsorptionsspektrometrie (s. Kap. 5.3.3).

Man beachte, daß die Lage der Energienieveaus statistisch schwankt und deshalb auch die Spektrallinien nicht unendlich scharf sind. Besonders stark macht sich das bei Festkörpern wie glühenden Metallen (z.B. kontinuierliches Spektrum eines schwarzen Strahlers), aber auch schon bei größeren Molekülen bemerkbar. Bei letzteren findet man häufig nur noch Absorptionsbanden, die z.B. auf Schwingungen von Molekülteilen zurückzuführen sind.

Schwingungen und Rotationen werden meist schon zusammen mit den höherenergetischen Elektronenniveaus angeregt.

Andererseits ist es möglich, zunächst durch Energieabsorption im langwelligen Spektralbereich nur die Molekülrotationen anzuregen (z.B. mit Mikrowellen) und dann, mit abnehmender Wellenlänge und zunehmender Quantenenergie, die anderen Energiezustände (Abb. 78).

Die aufzubringenden Energien können berechnet werden nach $E = h \cdot \nu$ mit $\nu = c/\lambda$ (h = Plancksches Wirkungsquantum, ν = Frequenz, λ = Wellenlänge, c = Lichtgeschwindigkeit).

Je kleiner die Wellenlänge einer Strahlung ist, umso größer ist ihre Frequenz und Energie.

Treten Moleküle in der beschriebenen Weise mit Licht in Wechselwirkung, dann wird die Intensität der elektromagnetischen Welle, die die Energieerhöhung bewirkt hat, geschwächt: Die betreffende Welle wird absorbiert.

5.2.1.4 *Gesetz der Lichtabsorption*

Für die Intensität einer Absorption in den bekannten Spektralbereichen gilt das *Lambert-Beersche Gesetz:*

$$E = \lg \frac{I_o}{I} = \varepsilon \cdot c \cdot d.$$

$E = \lg \frac{I_o}{I}$ heißt Extinktion (optische Dichte) der Probenlösung.

Eine andere Größe ist die Transmission (Durchlässigkeit) D in %:

$D = \frac{I}{I_o} \cdot 100$. E ergibt sich daraus zu $E = \lg \frac{100}{D}$.

I_o und I sind die Intensitäten eines (monochromatischen)Lichtstrahls vor und hinter der absorbierenden Probenlösung. c ist die Konzentration der absorbierenden Substanz in $mol \cdot l^{-1}$, d.h. die Zahl der absorbierenden Teilchen. d ist die Weglänge des Lichtstrahls in der Lösung, d.h. der Durchmesser des Gefäßes (Küvette), das die Probenlösung enthält. d wird in cm gemessen. ε ist der molare Extinktionskoeffizient und damit eine bei der Wellenlänge λ charakteristische Stoffkonstante. Für eine Substanz ist $\varepsilon = 1\ mol^{-1} \cdot cm^{-1} \cdot l$, wenn sie in der Konzentration $1\ mol \cdot l^{-1}$ und der Schichtdicke 1 cm die Intensität von Licht der Wellenlänge λ auf 1/10 schwächt.

Man beachte, daß das genannte Gesetz ($E \sim c$) nur für verdünnte Lösungen ($c < 10^{-2}\ mol \cdot l^{-1}$) streng gilt.

Bei Aufnahme einer Extinktionskurve (Abb. 79) mißt man die Durchlässigkeit bei möglichst vielen Wellenlängen (c, d sind konstant) und trägt ε bzw. lg ε als Ordinate auf. Als Abszisse gibt man λ oder ν oder auch häufig die Wellenzahl $\tilde{\nu} = \frac{1}{\lambda} = \frac{\nu}{c}$ an (c = Lichtgeschwindigkeit.

Bei Vorliegen eines binären Gleichgewichts zweier Komponenten (A + B) setzt sich die Extinktion aus zwei Anteilen zusammen (Abb.79):

$$E = \varepsilon_A \cdot c_A + \varepsilon_B \cdot c_B = \varepsilon_{gesamt} \cdot c_{gesamt}$$

Eine Extinktionsänderung ΔE ist daher nicht mehr einer Konzentrationsänderung $\Delta c_{ges.}$ proportional.

Beim isosbestischen Punkt bei einer bestimmten Wellenlänge mit $\varepsilon_A = \varepsilon_B = \varepsilon_{ges}$ ändert sich ε_{ges} bei einer Konzentrationsänderung nicht. Erhält man umgekehrt bei Variation der Konzentration einen isosbestischen Punkt, kann man auf das Vorliegen eines binären Gleichgewichts schließen (z.B. Lacton - Hydroxysäure).

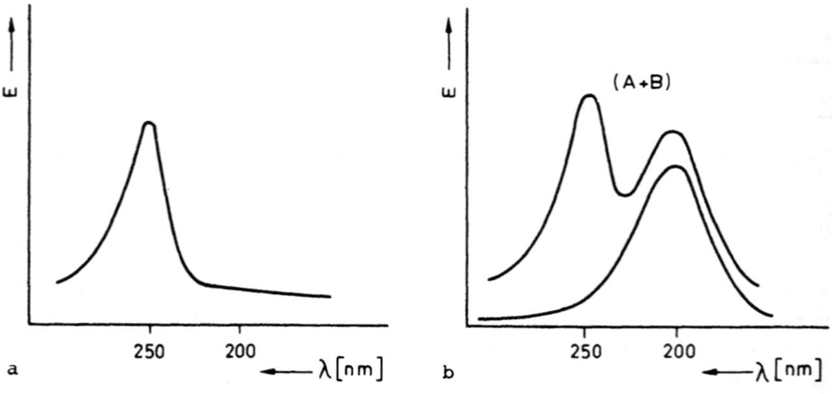

Abb. 79 a u. b. Extinktionskurven der Substanzen A, B und einer Mischung von A und B mit $c_A = c_B$

5.2.2 Absorptionsspektroskopie im ultravioletten und sichtbaren Bereich

5.2.2.1 Molekülanregung

Die Absorptions-Spektroskopie im ultravioletten (UV)- und sichtbaren (Vis)-Bereich wird oft auch als *Elektronenspektroskopie* bezeichnet, da die Energieaufnahme zur Anregung von Elektronen führt. Diese werden von ihrem Grundzustand in höhere Niveaus (angeregter Zustand) angehoben. Infolge statistischer Verteilung und bedingt durch die zusätzliche Anregung von Molekülschwingungen und -rotationen findet man diskrete Absorptionsbanden anstelle von Linien (Bandenspektren). Allerdings führt nicht jeder energetisch mögliche Elektronenübergang zu einer Absorption. Es gelten auch hier die aus der Quantenmechanik bekannten Auswahlregeln. Somit erfolgen nur solche Übergänge, für die gilt: $\Delta L = \pm 1$ (L = Quantenzahl des Bahndrehimpulses). Wichtig ist nun, daß man auch energetisch verbotene Übergänge beobachten kann. Der Grund hierfür ist die Änderung der Symmetrie der Zustände durch Molekülschwingungen oder, z.B. bei aromatischen Verbindungen, durch Substitution.

5.2.2.2 Molekülstruktur und absorbiertes Licht

Im allgemeinen wird man erwarten, daß die Art bzw. Polarisierbarkeit der Elektronensysteme einen wichtigen Einfluß auf ihre Anregbarkeit haben. So absorbieren die σ-Elektronen in C-C- und C-H-Bindungen etwa bei 125 bis 140 nm. Alkane z.B. erscheinen daher für unser Auge farblos. Moleküle mit π-Systemen besitzen leichter anregbare π-Elektronen, und man beobachtet eine Verschiebung der Absorptionsbanden zum sichtbaren Teil des Spektrums. Dadurch erscheinen uns die Substanzen farbig. Derartige ungesättigte Gruppen, die die selektive Absorption beeinflussen, nennt man *Chromophore*. Die Anhäufung von chromophoren Gruppen führt zu einer *Farbvertiefung (Bathochromie)*, d.h. einer Verschiebung der Absorptionsmaxima zu längeren Wellenlängen. Umgekehrt bezeichnet man die Verschiebung nach kürzeren Wellenlängen als *hypsochromen Effekt*. Bestimmte gesättigte Gruppen wie $-NH_2$, -OH, -NHR, $-OCH_3$, die meist an einen Chromophor gebunden sind, werden auch *Auxochrome* genannt. Sie enthalten freie Elektronenpaare (Symbol: n).

Auxochrome Gruppen verstärken die Absorption und weisen einen bathochromen Effekt auf, d.h. sie verändern die Wellenlänge und die Intensität des Absorptionsmaximums.

Tabelle 26. Absorption chromophorer Gruppen

Art	Elektronenübergang (Symbol)	λ_{max} [nm]
σ-Elektronen		
$H_3C - CH_3$	$\sigma \rightarrow \sigma^*$	135
Freie Elektronenpaare		
$H_3C - \overline{\underline{O}}-H$	$n \rightarrow \sigma^*$	177
$H_3C - \overline{\underline{S}}-H$	$n \rightarrow \sigma^*$	195
$H_3C - \overline{\underline{Br}}\vert$	$n \rightarrow \sigma^*$	203
$H_3C - \overline{N}H_2$	$n \rightarrow \sigma^*$	215
$(H_3C)_2C{=}\overline{\underline{O}}$	$n \rightarrow \sigma^*$	166
	$n \rightarrow \pi^*$	279
$H_3C - COOC_2H_5$	$n \rightarrow \pi^*$	207
π-Elektronen (isoliert)		
$(H_3C)_2C{=}C(CH_3)_2$	$\pi \rightarrow \pi^*$	196

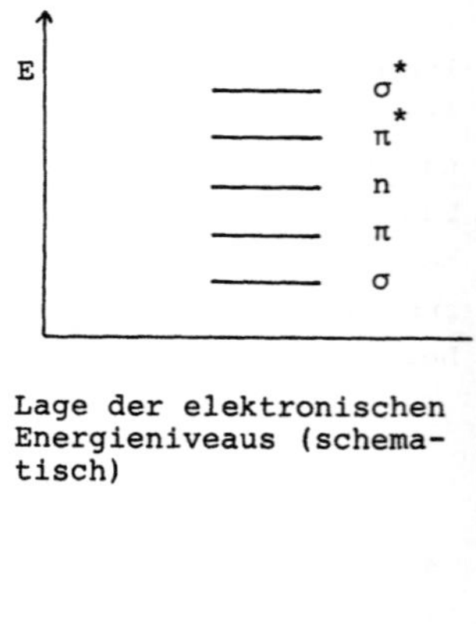

Lage der elektronischen Energieniveaus (schematisch)

Tabelle 26 enthält wichtige chromophore Gruppen und die Lage ihrer Absorptionsmaxima. n bedeutet nichtbindende Elektronen, π, σ bindende Elektronen, π^*, σ^* antibindende Elektronen entsprechend der bekannten Bezeichnungsweise der MO-Theorie. Elektronenübergänge finden statt aus besetzten (bindenden oder nichtbindenden) σ-, π- oder n-Orbitalen in nichtbesetzte π^*- bzw. σ^*-Orbitale. Die erforderliche Wellenlänge ist nach $E = h \cdot \frac{c}{\lambda}$ ein Maß für den Abstand der Energieniveaus. Je kurzwelliger (= energiereicher) die Strahlung ist, desto weiter liegen die Orbitale energetisch auseinander.

Tabelle 27 bringt die Extinktionskoeffizienten ($E = \varepsilon \cdot c \cdot d$) für ausgewählte Verbindungen mit Angabe der Elektronenübergänge und z.T. des langwelligen Maximums.

Bei Carbonyl-Gruppen, z.B. in Aldehyden und Ketonen, können die Übergänge $n \rightarrow \pi^*$ und $\pi \rightarrow \pi^*$ angeregt werden. Die Absorptionsbande ist bei α,β-ungesättigten Carbonyl-Verbindungen infolge Konjugation in den langwelligen Bereich verschoben. Die Absorption konjugierter Doppelbindungen ist im Vergleich zur Absorption isolierter Doppelbindungen ebenfalls nach größerer Wellenlänge verschoben. Bekannte natürliche Polyene sind z.B. Retinol, Carotine, Xanthophylle etc. Abb. 83 zeigt zum Vergleich einige gemessene UV-Spektren.

Tabelle 27. Beispiele für die UV-Spektroskopie

	Beispiel	ε	λ bzw. λ_{max} [nm]	Lösemittel
$>C=O$	$H_3C-C(=O)-CH_3$			
$\pi \rightarrow \pi^*$		900	189	Hexan
$n \rightarrow \sigma^*$		16 000	166	als Gas
$n \rightarrow \pi^*$		15	279	Hexan
$>C=C<$	$H_2C=CH_2$	15 000	162	Heptan
($\pi \rightarrow \pi^*$)	$CH_2=CH-CH=CH_2$	21 000	217	Hexan
	$CH_2=CH-CH=CH-CH=CH_2$	35 000	258	Isooctan
	$CH_3-(CH=CH)_4-CH_3$	76 000	310	Hexan
	$CH_3-(CH=CH)_5-CH_3$	122 000	342	Hexan
	$CH_3-(CH=CH)_6-CH_3$	146 000	380	Hexan
Aromaten	Benzol	60 000	184	Hexan
($\pi \rightarrow \pi^*$)		7 400	203,5	
		204	254	
	Phenol	6 200	210,5	Wasser
		1 450	270	
	Benzoesäure	11 600	230	Wasser
		970	273	
	Anilin	8 600	230	Wasser
		1 430	280	
	Nitrobenzol	10 000	252	Hexan

Die Absorption von Aromaten kann durch ihr Substitutionsmuster stark beeinflußt werden. So bewirken z.B. die freien Elektronenpaare im Phenol und Anilin im Vergleich zum Benzol eine Verschiebung in den langwelligen Bereich ("Rotverschiebung"). Ähnliches gilt für anellierte Ring, wie Abb. 82 zeigt.

5.2.2.3 Meßmethodik

In Abb. 80 ist der prinzipielle Aufbau eines Spektralphotometers wiedergegeben. Das benötigte monochromatische Licht wird durch Zerlegung von polychromatischem Licht an einem Dispersionssystem wie Prismen oder Gittern erhalten, und die verschiedenen Wellenlängen werden durch Drehung des Dispersionssystems am Austrittsspalt vorbeigeführt. Als Lichtquelle dient für den UV-Bereich meist eine Wasserstoff- (evtl. Deuterium-)-Lampe, für den Vis-Bereich eine Glühlampe.

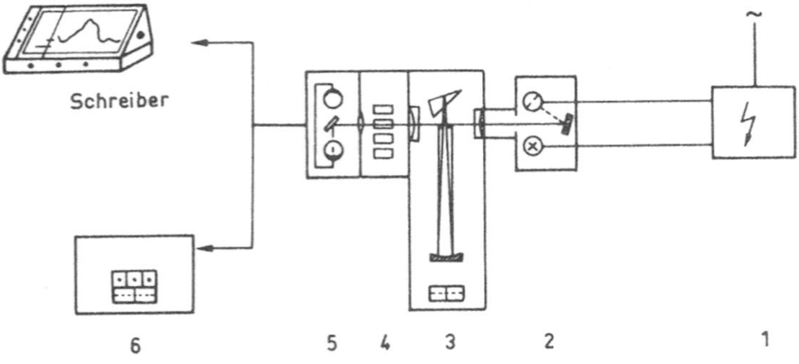

Abb. 80. Schema eines Spektralphotometers. 1. Netzanschluß für Lampen; 2. Leuchte mit Glüh(Vis) - und Deuteriumlampe (UV); 3. Monochromator; 4. Probenwechsler mit vier Küvetten; 5. Empfängergehäuse; 6. Anzeigegerät (digital und Schreiber)

Tabelle 28 enthält eine Reihe von üblichen Lösungsmitteln für die UV-Spektroskopie mit Angabe der unteren Grenze der Wellenlängen (für 1 cm Meßzellen).

Man beachte, daß häufig *Solvationseffekte* auftreten. So beobachtet man bei Verwendung von Ethanol als Lösungsmittel die Maxima meist bei längerer Wellenlänge als in Hexan. Andererseits liegt z.B. λ_{max} für Aceton in Hexan bei 279 nm, in Wasser dagegen bei 264,5 nm.

Tabelle 28. Lösungsmittel für die UV-Spektroskopie

Lösungsmittel	λ_{min} [nm]
n-Hexan	201
Methanol	203
Ethanol (95 %)	204
Cyclohexan	195
Chloroform	237

5.2.2.4 Darstellung der Meßwerte

Aus den gemessenen Extinktionswerten E werden ε oder lgε berechnet. und auf der Ordinate gegen λ oder $\tilde{\nu} = \lambda^{-1}$ aufgetragen. Auch das von einem Schreiber gezeichnete Spektrum muß mit Hilfe des Lambert-Beerschen Gesetzes umgezeichnet werden. Die Vorteile der Verwendung von $\lg \varepsilon = \lg E - \lg d - \lg c$ sind, daß sich schwache Banden gegenüber starken besser abheben, der zeichnerische Wiedergabebereich sehr groß ist und die Form der Kurven gleich bleibt, wenn für c andere Maßeinheiten gewählt werden (z.B. g/l statt mol/l).

5.2.2.5 Auswertung und Anwendung

In der Regel wird man ein Spektrum so auswerten, daß man die Intensität der Banden untersucht. Für eine qualitative Strukturanalyse wird man dann UV-Spektren von Verbindungen mit ähnlichem Chromophor heranziehen, wofür große Spektrensammlungen zur Verfügung stehen. Daneben gibt es Absorptionsregeln, die es erlauben, die Maxima mit Hilfe empirischer Werte zu berechnen. Besonders brauchbare Spektren liefern polyzyklische Aromaten, die nicht nur zur Identifizierung, sondern teilweise auch zur Isomerenanalyse herangezogen werden können. So kann man aus der Lage, der Struktur und der Intensität der Banden oft erkennen, wie groß die Ringsysteme sind oder ob sie linear oder angular anelliert sind (Abb. 81, 82). Quantitative Analysen werden photometrisch meist nur im sichtbaren Bereich durchgeführt, weil im UV-Bereich zahlreiche Verunreinigungen stören. Mit Hilfe von Eichkurven können Gehaltsbestimmungen (z.B. von Vitamin A mit $SbCl_3$ bei λ = 610 - 620 nm) oder auch Reinheitsprüfungen durchgeführt werden.

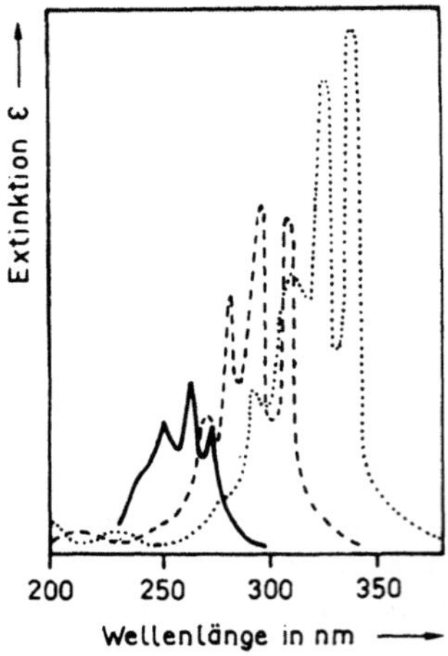

Abb. 81. UV-Spektren konjugierter Polyene. 2,4,6-Octatrien; 2,4,6,8-Decatetraen; 2,4,6,8,10-Dodecapentaen

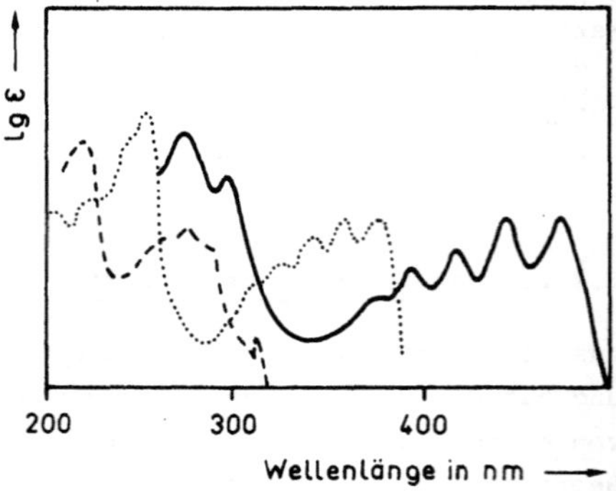

Abb. 82. UV-Spektren polyzyklischer Arene (Naphthalin ----, Anthracen ···, Tetracen —)

Beispiel:

Mit Hilfe des UV-Spektrums soll zwischen den folgenden, einfach ungesättigten Ketonen entschieden werden:

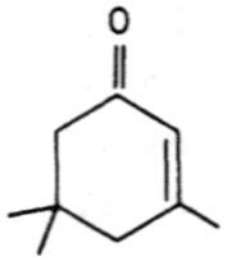

I

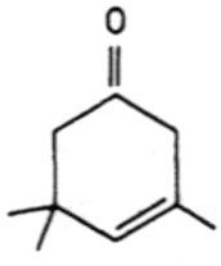

II

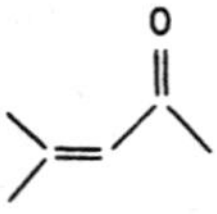

III

Experimentelle Daten zu den beiden Kurvenzügen 1 und 2. Einwaage: 1,47 mg in 10 ml Ethanol; d = 1 cm; Verdünnung bei 1 = keine, bei 2 = 1:24.

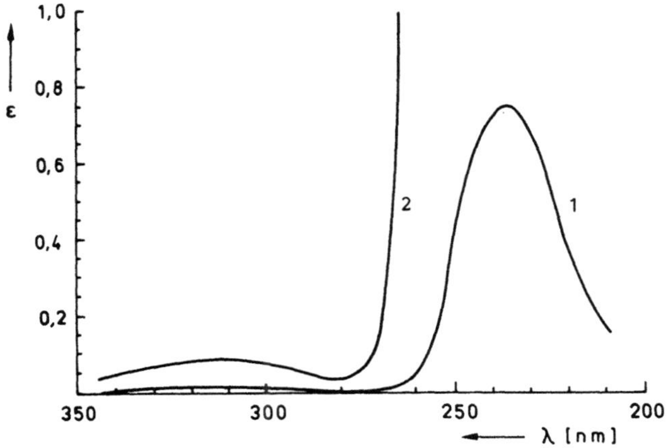

Abb. 83. Probenspektrum

Kurve A ist das umgezeichnete Spektrum aus Abb. 83 (mit lg ε = lg E - lg d - lg c)

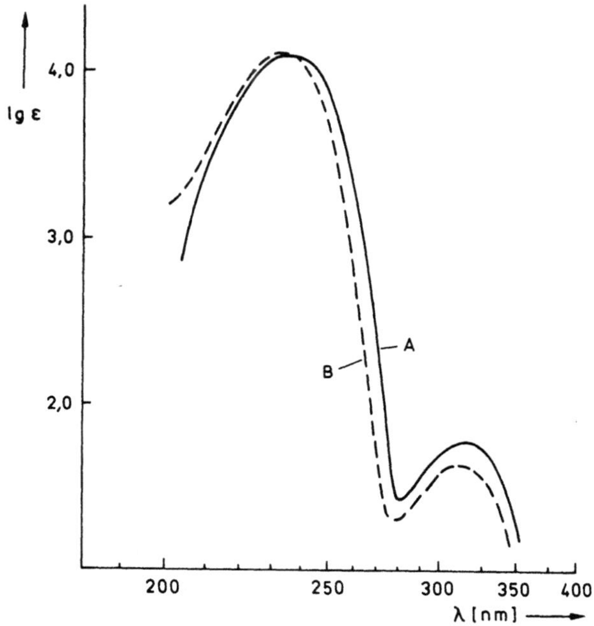

Abb. 84. Umgezeichnetes Probenspektrum

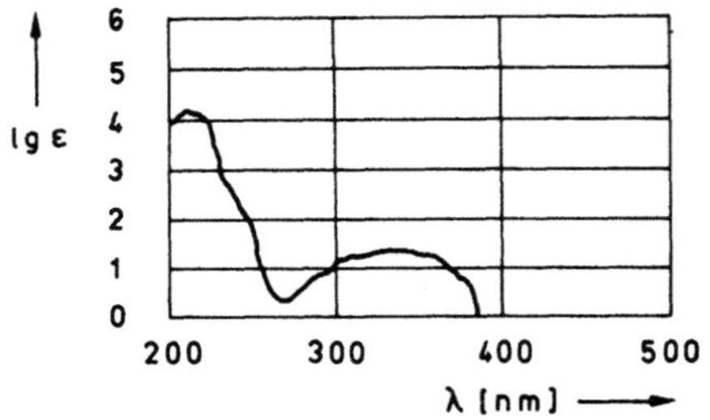

Abb. 85. Vergleichsspektrum (in Hexan) von 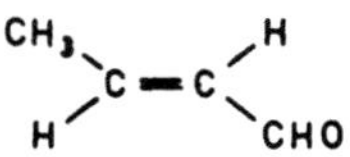

Abb. 83 zeigt das Spektrum einer Substanzprobe, der eine der Strukturformeln I - III zuzuordnen ist. Das Originalspektrum wurde mit Hilfe der angegebenen experimentellen Daten umgezeichnet und hieraus die Kurve A in Abb. 84 erhalten. Das umgezeichnete Spektrum A ist von der molaren Konzentration der vermessenen Lösung unabhängig. Man erkennt deutlich ein starkes Maximum bei λ = 238 nm mit $\varepsilon > 4,2$ sowie ein zweites, schwaches Maximum bei λ = 315 nm mit ε = 1,8.

Die vorgeschlagenen Strukturformeln I - III lassen folgende Spektren erwarten:

I ist ein cyclisches Keton mit konjugierten Chromophoren (Isophoron). Aus Tabellen 26 und 27 ist zu entnehmen, daß hierfür ein starkes Maximum im Bereich von 220 - 260 nm ($\pi \rightarrow \pi^*$) sowie ein schwaches Maximum bei 280 - 340 ($n \rightarrow \pi^*$) auftreten sollte.

II ist ein cyclisches Keton mit isolierten Chromophoren. Es ist eine intensive Bande bei 175 - 195 nm ($\pi \rightarrow \pi^*$) sowie eine schwache im Bereich 270 - 290 nm ($n \rightarrow \pi^*$) zu erwarten.

III ist ein acyclisches Keton mit konjugierten Chromophoren (Mesityloxid). Es sollte eine starke Bande bei 230 - 240 nm ($\pi \rightarrow \pi^*$) sowie bei 310 - 320 nm ($n \rightarrow \pi^*$) eine schwache Bande aufweisen.

Zur weiteren Aufklärung zieht man Vergleichsspektren heran, wie z.B. Abb. 85. Ein Vergleich der vorstehend gemachten Aussagen mit den Spektren Abb. 83 und 84 ergibt, daß I oder III als mögliche Strukturen in Frage kommen. Eine Unterscheidung zwischen diesen beiden Alternativen mittels UV-Spektrum allein ist nicht möglich. (In Abb. 84 zeigt Kurve A das Spektrum der Verbindung III, Kurve B das von I).

Hinweis: Zur Abschätzung der Lage der Maxima werden häufig auch die hier nicht erläuterten empirischen Rechenregeln nach Woodward verwendet.

5.2.3 Absorptionsphotometrie

Die Absorptionsphotometrie ist eine gerätetechnisch vereinfachte Absorptionsspektroskopie, die zur Konzentrationsbestimmung und Reinheitskontrolle von Lösungen, aber auch zum Studium von Reaktionsabläufen benutzt wird. Zur Messung verwendet man dabei weitgehend monochromatisches Licht mit einer Wellenlänge λ , wobei λ in der Nähe des Absorptionsmaximums liegen sollte. Die technisch aufwendigeren Geräte zur Absorptionsspektroskopie können daher auch als Photometer benutzt werden.

Daneben dienen für Routineuntersuchungen häufig einfachere Geräte, die z.B. bei Verwendung von Hg-Lampen als Lichtquellen mit λ = 254, 366 oder 560 nm arbeiten. Als Lichtquellen für den sichtbaren Bereich verwendet man Glühlampen. Die benötigte monochromatische Strahlung wird durch Monochromatoren oder Interferenzfilter erzeugt. Zur Lichtdispersion benutzt man Prismen oder Gitter; die verschiedenen Wellenlängen werden durch einen Austrittsspalt ausgeblendet. Als Strahlungsempfänger dienen das Auge, Photoplatten oder photoelektrische Detektoren wie Photozellen oder Photomultiplier.

Bei den Meßverfahren kann man zwei Methoden unterscheiden. In den Einstrahlgeräten (Abb. 86) werden Lösung und Lösungsmittel nacheinander in den Strahlengang gebracht, bei Zweistrahlgeräten wird das Licht in zwei Bündel gleicher Intensität zerlegt und die Lösungsmittelküvette in den einen, die Probenküvette in den anderen Strahlengang eingeschaltet. Bei beiden Verfahren können eine Photozelle (Einzellenmethode) oder zwei Photozellen (Zweizellenmethode) verwendet werden, wobei das letztere Verfahren die Intensitätsschwankungen der Lichtquelle weitgehend ausgleicht.

Zur Durchführung der Messung bringt man eine saubere gefüllte Küvette in den Strahlengang und läßt das Licht sowohl durch die klare (!) Probenlösung als auch durch das reine Lösemittel fallen. Man achte dabei auf gleiche Arbeitsbedingungen wie Schichtdicke oder Temperatur der Proben und fasse die Küvette nicht an den zu durchstrahlenden Flächen an. Das Gerät mißt die erhaltenen Photoströme; z.T. wird auch das Intensitätsverhältnis direkt ermittelt.

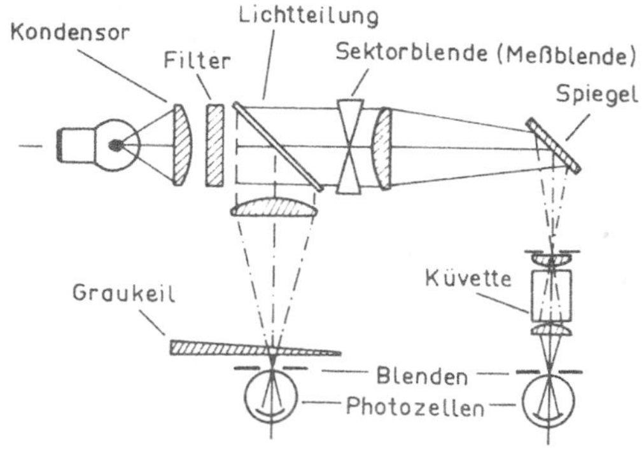

Abb. 86. Schematischer Schnitt durch ein Elektrophotometer. Einstrahlgerät nach der Zweizellenmethode. Der Graukeil dient zum Nullabgleich vor der Messung

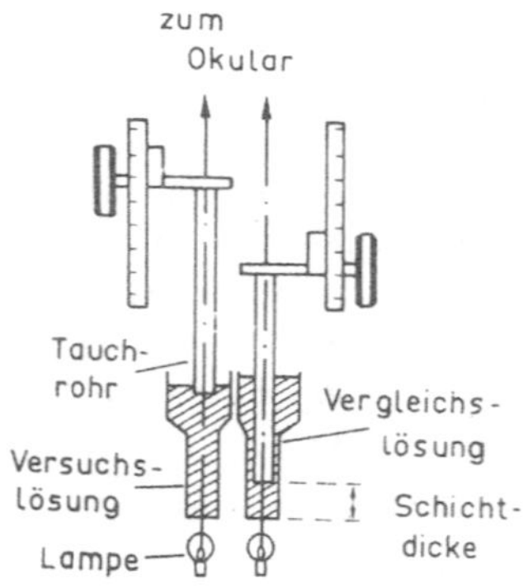

Abb. 87. Schema des Dubosq-Kolorimeters

Die Konzentration der Probenlösung ergibt sich aus dem Vergleich der gemessenen Extinktion mit einer empirischen Eichkurve. Dabei sind ohne weiteres Genauigkeiten von 0,1 % zu erreichen.

5.2.4 Kolorimetrie

Die Kolorimetrie ist eine Absorptionsphotometrie im Bereich des sichtbaren Lichts und dient zur Konzentrationsbestimmung der farbigen Lösung einer Substanz.

Zur Messung verwendet man üblicherweise weißes Licht anstelle von monochromatischem Licht. Als Lichtquellen dienen i.a. Glühlampen, gelegentlich mit vorgesetztem Farbfilter, um einen geeigneten Spektralbereich auszublenden.

Zur Durchführung werden zwei gleiche, in ihrer Schichtdicke veränderbare Küvetten benutzt. Eine enthält eine Standard-Lösung bekannter Konzentration (c_1), die andere eine Lösung des gleichen Stoffes unbekannter Konzentration (c_2). Man schickt nun Licht gleicher spektraler Zusammensetzung durch beide gefärbte Lösungen und variiert die Schichtdicke (d_2) der Probenlsg. so lange, bis ihre gemessene Intensität gleich derjenigen der Standardlsg. (d_1) ist. Die Konzentrationsbestimmung erfolgt also durch Vergleich zweier gefärbter Lösungen.

Die gesuchte Konzentration $c_2 = \frac{c_1 \cdot d_1}{d_2}$ kann berechnet oder einer Eichkurve entnommen werden.

Das einfachste kolorimetrische Verfahren verwendet gefärbte Vergleichslösungen in Reagenzgläsern, deren Gehalt sinnvoll abgestuft ist, und mit denen man die Konzentration im Probenglas vergleicht. Gleiche Farbtiefe gilt dann als Gehaltsgleichheit.

Beim Eintauchkolorimeter (Abb. 87) werden Tauchrohre verwendet, um entsprechende Schichtdickenänderungen zu erreichen.

Kolorimetrische Messungen können natürlich auch mit den technisch aufwendigeren Absorptionsphotometern oder -spektrometern durchgeführt werden.

Als Strahlungsempfänger dient bei den visuellen Verfahren das menschliche Auge. Seine Empfindlichkeit ist stark wellenlängenabhängig (Maximum bei 550 nm) und auch von anderen physiologischen Faktoren beeinflußbar. Unter günstigen Bedingungen beträgt die maximal erreichbare Konzentrationsgenauigkeit $\pm$ 0,5 %, i.a. jedoch 1 - 5 %.

5.2.5 Infrarot-Absorptionsspektroskopie und Raman-Spektroskopie

5.2.5.1 *Molekülanregung*

In einem Molekül sind die Atome nicht starr fixiert, sondern können sich um ihre Ruhelage bewegen. Die verschiedenen Schwingungen eines Moleküls sind Kombinationen von Bewegungen der Atome um ihre Ruhelage. Ihre Frequenz hängt u.a. ab von der Atommasse, der Bindungsstärke zwischen den Atomen und ihrer räumlichen Anordnung im Molekül. Diese Eigenschwingungen können durch infrarotes Licht verstärkt werden, wenn sich während der Schwingung das Dipolmoment, also die Symmetrie der Ladungsverteilung, ändert.

Ein schwingendes Dipol nimmt immer dann Energie auf (Absorption), wenn die Frequenz der Strahlung seiner Eigenfrequenz entspricht (Resonanz).

Neben den Grundschwingungen können auch Oberschwingungen angeregt werden. Verändern sich nur die Bindungswinkel, nicht aber die Atomabstände, spricht man von Deformationsschwingungen, im anderen Fall von Valenzschwingungen. Zusätzlich werden auch die Rotationsschwingungen der Moleküle angeregt, was eine Verbreiterung der IR-Absorptionsbanden zur Folge hat. Abb. 88 zeigt verschiedene Schwingungsmöglichkeiten einer Atomgruppe.

Beim Aufzeichnen eines IR-Absorptionsspektrums wird nacheinander kontinuierlich der Wellenlängenbereich von λ = 2 - 15 µm eingestrahlt ($\hat{=} \tilde{\nu}$ = 5000 - 600 cm^{-1}). Dabei werden allerdings nicht alle Atome eines Moleküls gleichmäßig, sondern verschiedene Atomgruppierungen unterschiedlich stark angeregt. Dies hat zur Folge, daß man aufgrund vieler Vergleichsspektren charakteristische Gruppenfrequenzen für bestimmte Bindungstypen (z.B. -C≡C-) oder funktionelle Gruppen (z.B. >C=O) angeben kann. Umgekehrt lassen sich diese Erfahrungswerte für die Strukturanalyse unbekannter Substanzen verwenden.

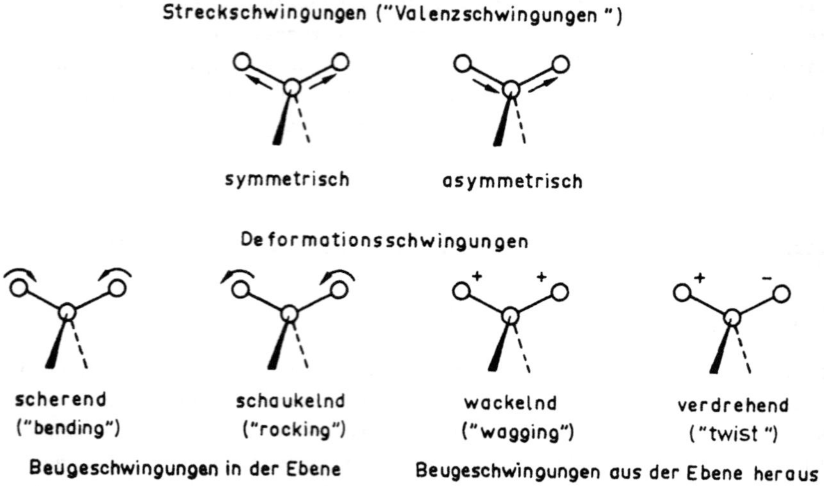

Abb. 88. Schwingungsmöglichkeiten einer Atomgruppe (+ und - deuten Schwingungen senkrecht zur Papierebene an)

Die für bestimmte Verbindungen charakteristischen Wellenzahlen (Gruppenfrequenzen) liegen im Bereich von $\tilde{\nu}$ = 4000 - 1250 cm^{-1} (λ = 2,5 - 8 µm). Absorptionsspektren im Gebiet von 1250 - 600 cm^{-1} sind für organische Moleküle meist so kompliziert, daß dieser Bereich für den Identitätsnachweis herangezogen wird (fingerprint-Gebiet). Man kann aufgrund vieler Erfahrungswerte annehmen, daß zwei Substanzen (z.B. Naturstoff und synthetisierte Verbindung) identisch sind, wenn ihre IR-Spektren in diesem Gebiet völlig übereinstimmen. In Kombination mit der UV-Spektroskopie bietet sich für Benzolderivate die Möglichkeit, im Bereich von 900 - 700 cm^{-1} Aussagen über das Substitutionsmuster am Benzol-Ring zu gewinnen, da die Frequenzen dieser Schwingungen durch die Anzahl der benachbarten H-Atome am Ring bestimmt werden.

5.2.5.2 *Absorptionsbereich*

Die für die Zuordnung zu einer Substanzklasse bzw. funktionellen Gruppe wichtigen Absorptionsbereiche sind in Tabelle 29 angegeben. Abb. 90 und 91 zeigen als Beispiel zwei IR-Spektren, deren Banden zugeordnet sind.

Aromaten und Olefine erkennt man an der =C-H-Valenzschwingung zwischen 3000 und 3100 cm^{-1} und den C-C-Valenz- sowie Gerüstschwingungen von 1200 - 600 cm^{-1}. Für Aromaten findet man noch Valenzschwingungen bei 1600 cm^{-1} und 1500 cm^{-1}. Die C=C-Valenzschwingung der Olefine liegt bei 1600 - 1660 cm^{-1}. Fehlen diese Banden und treten statt dessen Absorptionen zwischen 2800 - 3000 cm^{-1} auf, so handelt es sich um C-H-Valenzschwingungen von Alkanen.

O-H und N-H Gruppen in Alkoholen, Phenolen und Aminen lassen sich durch intensive Banden zwischen 3700 und 3100 cm^{-1} gut erkennen.

Carbonyl-Verbindungen fallen durch intensive Absorption im Bereich von 1900 - 1600 cm^{-1} auf, wobei die Lage der Bande stark von Substituenten am Carbonyl-Kohlenstoff beeinflußt wird.

Tabelle 29. Charakteristische Gruppen- und Gerüstfrequenzen im IR-Gebiet

Wellenzahl (cm^{-1})	Schwingungstyp	Verbindungen
3700...3100	-O-H-Valenz. u. N-H-Valenz. frei u. assoziiert	Alkohole, Phenole, Säuren, Ketoalkohole, Hydroxyester prim. u. sek. Amine u. Amide
3300...3270	≡C-H-Valenz	monosubstituierte Acetylene
3300...2500 (sehr breit)	-O-H-Valenz. (assoziiert)	Carbonsäuren, Chelate
3100...3000	=C-H-Valenz.	Aromaten, Olefine
3000...2800	-C-H-Valenz.	Paraffine, Cycloparaffine
2300...2100	-C≡X-Valenz. (X=C, N, O	Acetylene, Nitrile, Kohlenmonoxid
1900...1600	-C=O-Valenz.	Carbonyl-Verbindungen
1850...1740	-C=O-Valenz.	Carbonsäurehalogenide
1840...1780 1780...1720	-C=O-Valenz.	Carbonsäureanhydride (2 Banden)
1760...1700	-C=O-Valenz.	gesättigte Carbonsäuren
1750...1730	-C=O-Valenz.	gesättigte Carbonsäurealkylester
1730...1710	-C=O-Valenz.	gesättigte Aldehyde und Ketone, α,β-ungesätt. u. aromat. Carbonsäureester
1715...1680	-C=O-Valenz.	α,β-ungesätt. u. aromat. Aldehyde
1690...1660	-C=O-Valenz.	α,β-ungesätt. u. aromat. Ketone
1680...1630	-C=O-Valenz.	prim., sek. u. tert. Carbonsäureamide (Amidbande I)
1660...1600	-C=C-Valenz.	Olefine
1600...1500	-C=C-Valenz.	Aromaten
1650...1620	$-NH_2$-Deform.	prim. Säureamide, Aromaten (Amidbande II)
1650...1580	-N-H-Deform.	prim. u. sek. Amine
1570...1510	-N-H-Deform.	sek. Säureamide (Amidbande II)
1560 / 1518	$-NO_2$-Valenz.	Nitroalkane / Nitroaromaten
1480...1430 1390...1370	$-CH_3$- u. $-CH_2$-Deform.	Kohlenwasserstoffe, Ester usw.
1360...1030	-C-N-Valenz.	Amide, Amine
1335...1310	$-SO_2$-Valenz.	Org. Sulfonyl-Verb.
1290...1050	-C-O-Valenz	Ether, Alkohole, Lactone, Ketale, Acetale, Ester
1200... 600	-C-C-Valenz. Gerüstschwing	Paraffine, Cycloparaffine, Ole fine, Aromaten mit Seitenketten
1000... 950	=C-H-Deform.	Olefine (trans)
915... 905 900... 860 810... 750 725... 680	=C-H-Deform.	1,3-disubstit. Benzole
860... 800	=C-H-Deform.	1,4-disubstit. Benzole
780... 500	-C-Hal-Valenz.	aromat. u. aliphat. Halogen-Verbindungen
770... 735	=C-H-Deform.	1,2-disubstit. Benzole
770... 730 710... 690	=C-H-Deform.	monosubstit. Benzole
730... 670		Olefine (cis)
705... 550	-C-S-Valenz.	Org. Schwefel-Verb. (Mercaptane, Thioether usw.)

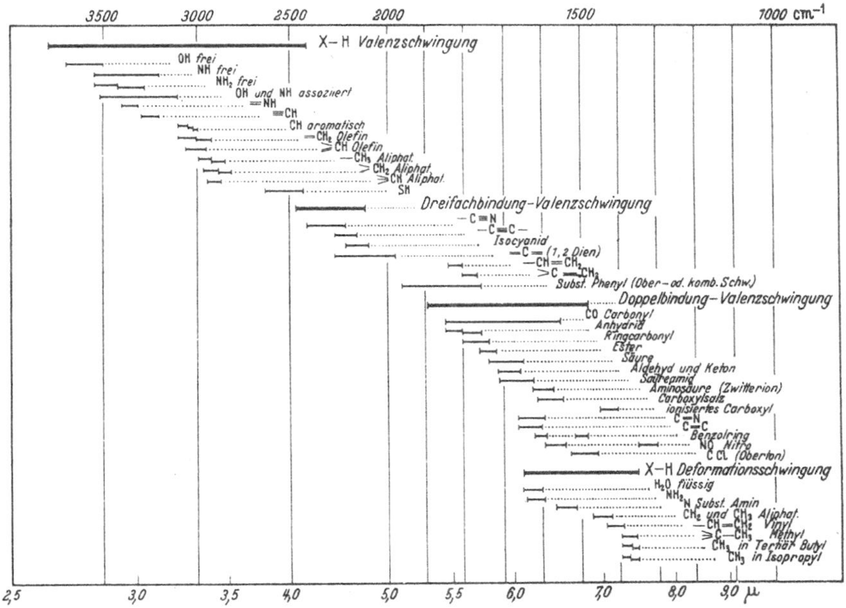

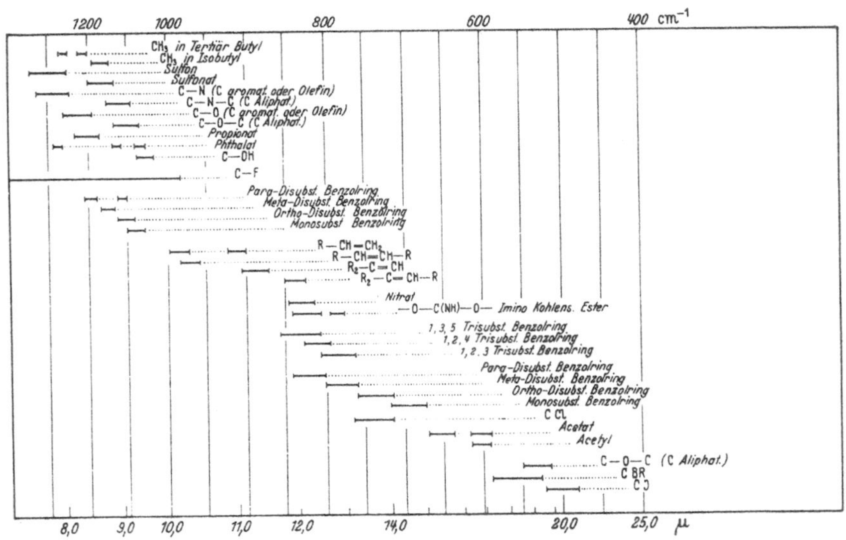

Abb. 89. Übersichtsschema zu Tabelle 29 (aus Kortüm)

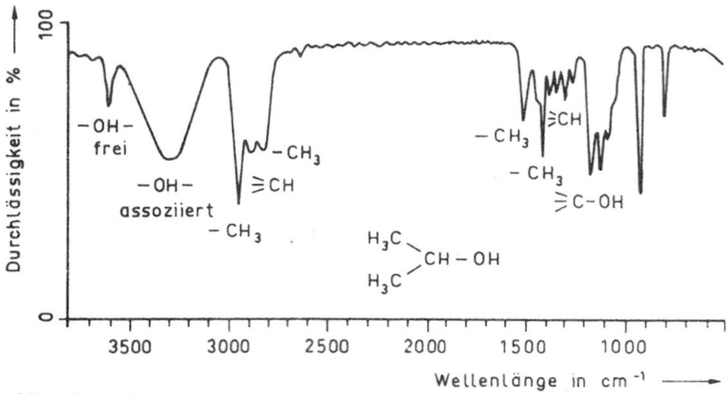

Abb. 90. IR-Spektrum von 2-Propanol, $(CH_3)_2CHOH$

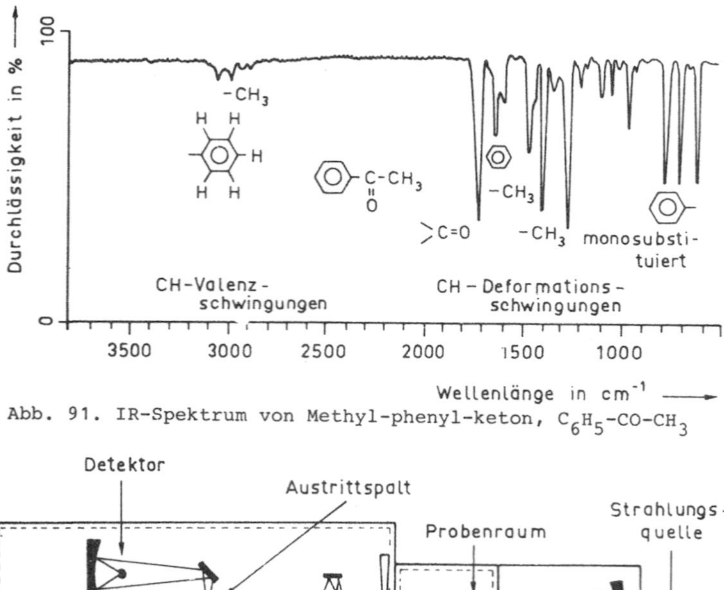

Abb. 91. IR-Spektrum von Methyl-phenyl-keton, C_6H_5-CO-CH_3

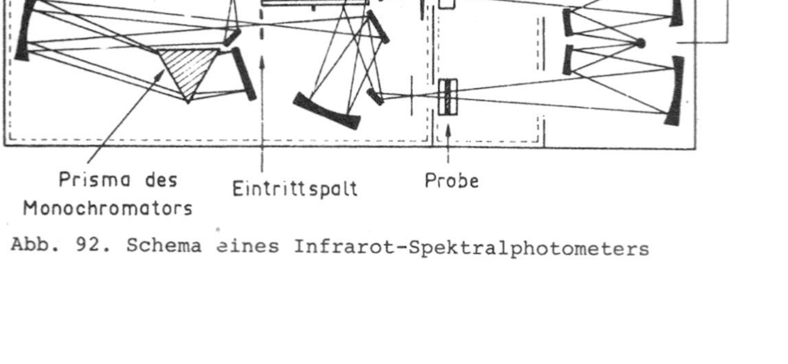

Abb. 92. Schema eines Infrarot-Spektralphotometers

5.2.5.3 *Meßmethodik*

Abb. 92 zeigt das Schema eines (Zweistrahl-)-IR-Spektrometers. Als Strahlungsquelle dient z.B. ein Nernst-Stift (Keramikstab), dessen Licht einen hohen IR-Anteil aufweist. Nach Durchlaufen der Probe wird das polychromatische Licht im Monochromator zerlegt und von einem IR-empfindlichen Detektor registriert. Das Verhältnis der Intensitäten des Meßstrahls I und des ungeschwächten Vergleichsstrahls I_o wird ermittelt und im Meßdiagramm gegen die Wellenzahl $\tilde{\nu}$ aufgezeichnet. Ein so erhaltenes Spektrum zeigen die Abb. 90 und 91.

Mit der IR-Spektroskopie kann eine Verbindung als Gas, als Flüssigkeit, in Lösung oder im festen Zustand untersucht werden. Flüssige Substanzen werden meist zwischen Kochsalzplatten gepreßt, die im Bereich von 4000 - 667 cm^{-1} für IR-Licht durchlässig sind. Feste Substanzen werden in einem Mörser mit Nujol (flüssiger Kohlenwasserstoff), Hostaflon oder Perfluorkerosin verrieben und die Suspension als Paste zwischen NaCl-Platten gepreßt. Man kann aber auch die Verbindung mit wasserfreiem KBr verreiben und in einer Presse zu einer durchscheinenden Pille pressen. Mit diesem Verfahren erhält man meist sehr gute Spektren, die sich ausgezeichnet als Vergleichsspektren eignen. Bei der Verwendung der bekannten Spektrensammlungen muß allerdings auf die oft unterschiedlichen Aufnahmebedingungen geachtet werden. Dazu gehören auch Aufnahmen in Lösung, wozu Lösungsmittel wie CCl_4 (820 - 720, 1560 - 1550 cm^{-1}) oder CS_2 (2400 - 2200, 1600 - 1400 cm^{-1}) verwendet werden. In Klammern sind die Bereiche angegeben, in denen das Lösungsmittel wegen zu großer Eigenabsorption nicht verwendbar ist. Beim Messen ist außerdem darauf zu achten, daß zwei Küvetten verwendet werden, von denen eine mit der Probenlösung und die andere zur Kompensation mit dem Lösungsmittel gefüllt wird. Die erforderlichen Substanzmengen liegen meist im mg-Bereich, bei Mikrotechniken im µg-Bereich.

5.2.5.4 *Anwendungen und Auswertung*

Bei der Strukturanalyse von Verbindungen versucht man, aus den charakteristischen Frequenzlagen der Banden z.B. die Substanzklasse, funktionelle Gruppen oder das Substitutionsmuster (bei Aromaten) zu ermitteln. Für unbekannte Verbindungen stehen zahlreiche Spektrenkataloge zum Vergleich zur Verfügung. Für Reinheitsprüfungen ist die IR-Spektroskopie wegen der komplizierten Bandenmuster oft weniger geeignet.

5.2.6 Raman-Spektroskopie

Voraussetzung für das Auftreten von IR-Absorptionsbanden sind Änderungen im Dipolmoment der absorbierenden Moleküle. Ändert sich die Polarisierbarkeit, d.h. die Deformierbarkeit des Elektronensystems im Molekül, dann treten ebenfalls Absorptionsbanden auf, die Schwingungs- (und Rotations-)-Übergängen zugeordnet werden können. Diese Banden werden als Raman-Linien, ihre Diagramme als Raman-Spektren bezeichnet. Ihre Entstehung läßt sich wie folgt erklären:

Monochromatisches Licht trifft auf eine transparente, gasförmige, flüssige oder feste Substanz. Es wird an einzelnen Molekülen der Substanz gestreut. Das Streulicht enthält neben der Linie des eingestrahlten Primärlichts weitere Linien von kürzerer oder längerer Wellenlänge, die man auch als Antistokessche bzw. Stokessche Linien bezeichnet.

Ein Raman-Spektrum entsteht nun, wenn die eingestrahlten Photonen der Energie $E = h \cdot \nu_o$ mit Molekülen zusammenstoßen. Diese können die Energie $h \cdot \nu_1$ von den Photonen übernehmen, bzw. es kann umgekehrt die gleiche Energie von angeregten Molekülen abgegeben werden. Wir erhalten dann eine Streustrahlung, die man spektral zerlegen und registrieren kann. Das Spektrum enthält die Raman-Linien, die um die Raman-Frequenz $\Delta\nu = \pm \nu_1$ gegenüber ν_o verschoben sind. Die Wellenzahlen liegen meist zwischen 4000 - 100 cm^{-1} und sind charakteristisch für die Schwingungen einzelner Atomgruppen. In einem Molekül mit Symmetriezentrum sind die Schwingungen, die symmetrisch zum Symmetriezentrum erfolgen, IR-inaktiv (= verboten), aber Raman-aktiv. Nichtsymmetrische Schwingungen sind Raman-inaktiv und meist IR-aktiv.

Dies sei am Beispiel des CO_2-Moleküls erläutert:

$\overleftarrow{O} = \overrightarrow{C} = \overleftarrow{O}$		$\overleftarrow{O} = C = \overrightarrow{O}$
asymmetrisch	Valenzschwingung	symmetrisch
verändert	Dipolmoment	unverändert
aktiv	IR-Licht	inaktiv
unverändert	Polarisierbarkeit	verändert
inaktiv	Raman	aktiv

Das Beispiel zeigt, daß sich beide spektroskopische Methoden ergänzen. Abb. 93 bringt zum Vergleich beide Spektren von Cyclohexen.

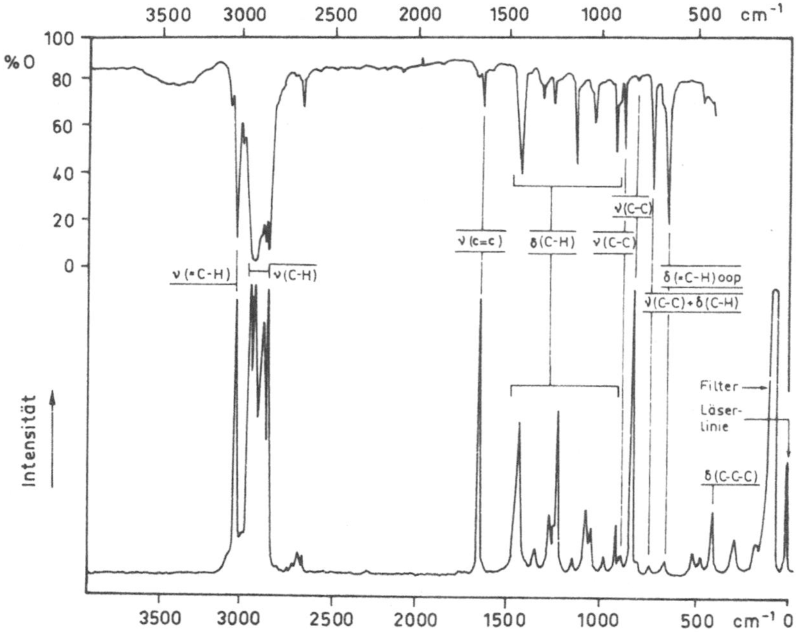

Abb. 93. IR- und Raman-Spektrum von Cyclohexen zum Vergleich

5.2.7 Kernresonanzspektroskopie (NMR, nuclear magnetic resonance)

Aus Abb. 78 ist zu ersehen, daß auch Atomkerne elektromagnetische Strahlung absorbieren können. Voraussetzung für eine Absorption ist, daß die Atomkerne ein magnetisches Moment besitzen, das durch den sog. Kernspin (ähnlich dem Elektronenspin) hervorgerufen wird. Die Kerne verhalten sich daher wie kleine Magnete, wobei die Spinquantenzahl I von der Art und Anzahl der vorhandenen Nucleonen abhängt. Bringt man geeignete Kerne in ein homogenes Magnetfeld, so beginnen diese zu präzedieren (s. Kreiseltheorie der Physik). Das magnetische Kernmoment hat nun verschiedene Orientierungsmöglichkeiten gegen das Magnetfeld mit der magnetischen Feldstärke H_o, die durch I bestimmt werden. Für Kerne wie ^{1}H, ^{13}C, ^{15}N, ^{19}F, ^{31}P gilt $I = 1/2$, d.h. ihr magnetisches Moment kann nur die beiden gleichgrossen, aber entgegengesetzten Werte $+\mu$ und $-\mu$ annehmen. Das bedeutet: Die Kerne können sich entweder parallel ($I = +1/2$) oder antiparallel ($I = -1/2$) zu dem äußeren Magnetfeld einstellen.

<u>Diesen beiden Orientierungen entsprechen zwei Energieniveaus mit unterschiedlicher potentieller Energie.</u>

Der Besetzungsunterschied zwischen beiden Energieniveaus ist gering; der Überschuß im tieferen Niveaus (parallele Einstellung) beträgt ca. 0,0001 %. Durch Absorption von Energiequanten geeigneter Größe lassen sich die Kerne vom tieferen in das höhere Niveau "überführen", von wo aus sie wieder auf das tiefere Niveau zurückfallen (Relaxationserscheinungen). Die <u>Resonanzbedingung</u> ist $\omega_o = 2\pi\nu_o = \gamma \cdot H_o$, mit ν_o = Resonanzfrequenz, γ = gyromagnetisches Verhältnis (Stoffkonstante) = $\frac{2\pi|\mu|}{|I|\,h}$. Bei einem Magnetfeld mit der magnetischen Induktion B von etwa 1 - 8 Tesla (1 Tesla = 10^4 Gauß) liegt die erforderliche Energie im Bereich der Radiofrequenzen (60 - 360 MHz).

<u>Zur Aufnahme eines Spektrums benötigt man ein homogenes Magnetfeld, einen Radiofrequenz-Sender und -Empfänger</u> (Abb. 94).

Heute wird das Spektrometer meist bei konstantem Magnetfeld betrieben und die Senderfrequenz (z.B. für ^1H 60, 90, 270 oder 360 MHz) variiert (frequency-sweep-Verfahren). Größere Geräte arbeiten mit der Puls-Fourier-Transform-Technik (s. Spezialliteratur).

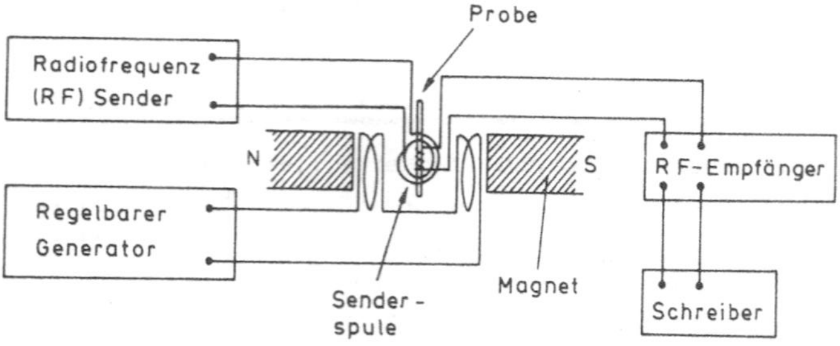

Abb. 94. Schema eines Meßgerätes für die Kernresonanz-Spektroskopie (NMR)

5.2.7.1 *Chemische Verschiebung*

Eine Variation der Resonanzfrequenz bzw. des Feldes ist erforderlich, da Kerne des gleichen Isotops (z.B. ^1H) in Abhängigkeit von ihrer jeweiligen chemischen Umgebung geringe Unterschiede in ihren Resonanzfrequenzen zeigen. Grund hierfür ist, daß die einzelnen

Kerne verschieden stark durch die sie umgebenden Elektronenhüllen gegen das angelegte Magnetfeld abgeschirmt werden. Das Elektronensystem erzeugt nämlich ein Magnetfeld mit der Feldstärke H', welches das angelegte Feld verändert. Die einzelnen Kerne absorbieren daher bei gegebener Frequenz bei verschiedenen Feldstärken $H = H_o - H'$. Die so hervorgerufene Änderung der Feldstärke bzw. der zugehörigen Resonanzfrequenz wird als chemische Verschiebung (chemical shift) bezeichnet. Die Unterschiede der Verschiebung sind nicht besonders groß. Sie hängen von dem untersuchten Kern ab und betragen z.B. für ^1H i.a. nicht mehr als 1000 Hz (für ein 60 MHz-Gerät, d.h. B = 1,4 Tesla).

Abb. 95 zeigt zur Erläuterung das Spektrum von Bromethan. Man erkennt deutlich zwei verschiedene Signal-Gruppen δ_A und δ_B, die Protonen unterschiedlicher chemischer Umgebung zuzuordnen sind. Der Unterschied $\Delta\nu$ der Resonanzfrequenzen der beiden Signale ist dabei von der Stärke des Magnetfeldes abhängig.

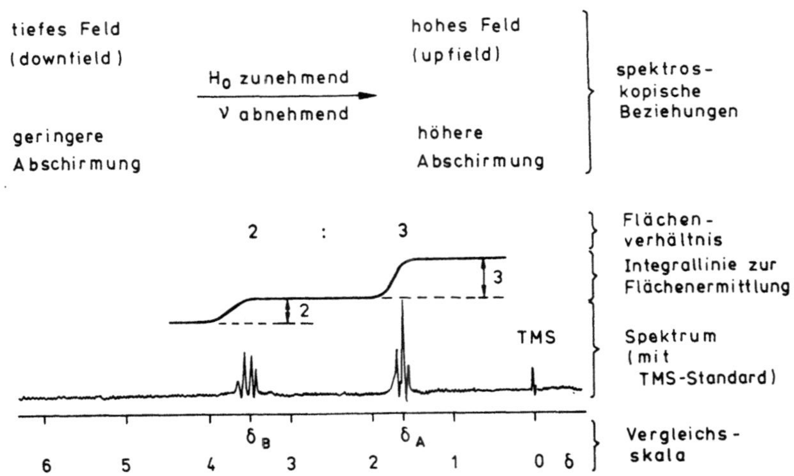

Abb. 95. NMR-Spektrum von Bromethan, CH_3-CH_2-Br, mit Erläuterungen

Zur Auswertung der Spektren hat man daher eine Skala mit feldunabhängigen Einheiten gewählt, wobei man die chemische Verschiebung auf das Resonanzsignal einer Standardsubstanz bezieht (= willkürlicher Nullpunkt), z.B. Tetramethylsilan (TMS) bei ^1H, 85 % H_3PO_4 bei ^{31}P.

Als Maß für die chemische Verschiebung gilt dann die Differenz der Resonanzfrequenz der Probensubstanz ν und des Standards ν_{St}, dividiert durch die jeweilige Senderfrequenz. Für Protonen ergibt sich z.B.

$\delta = \frac{\nu - \nu_{St}}{60} \frac{[Hz]}{[MHz]}$ bei einer Meßfrequenz von 60 MHz. δ ist dimensionslos. Wegen $\frac{[Hz]}{[MHz]} = \frac{[Hz]}{10^6 [Hz]}$ wurden δ-Werte früher in ppm (parts per million) angegeben.

5.2.7.2 Interpretation der Signale

Das ^{1}H-NMR-Spektrum von Bromethan, CH_3CH_2Br (Abb. 96) enthält zwei verschiedene Signale mit den chemischen Verschiebungen δ_A und δ_B. Das bedeutet, daß in Bromethan zwei Arten von Protonen enthalten sein müssen, die verschieden stark durch das angelegte Magnetfeld beeinflußt werden. Da insgesamt aber fünf Protonen im Molekül enthalten sind, können diese offenbar in zwei Gruppen von Protonen aufgeteilt werden, die untereinander gleichwertig sind. Dies steht in Einklang mit der Strukturformel, die eine Methylgruppe mit drei Protonen und eine davon verschiedene Methylengruppe mit zwei Protonen enthält. Man bezeichnet zwei Atome derselben Isotopenart als chemisch äquivalent, wenn sie rotationssymmetrisch zueinander sind. Können sie durch eine Drehspiegelachse ineinander übergeführt werden, so sind sie gegenüber achiralen Reagenzien ebenfalls chemisch äquivalent (denn sie sind enantiotop, vgl. HT 211, Kap. 30.6.4). Zwei Protonen werden als isochron bezeichnet, wenn sie dieselbe chemische Verschiebung aufweisen. Chemisch äquivalente Protonen sind immer isochron. Diastereotope Protonen sind nicht isochron (= anisochron).

Im Beispiel Bromethan sind die Protonen der Methylgruppe rotationssymmetrisch zueinander. Sie sind chemisch äquivalent und isochron. Die Protonen der Methylengruppe können durch eine Drehspiegelachse ineinander übergeführt werden (vgl. HT 211, Kap. 30.2.). Gegenüber den achiralen Radiowellen des NMR-Gerätes sind sie ebenfalls chemisch äquivalent und isochron. Isochrone Gruppen erhalten in den Spektren gleiche Buchstaben.

Beachte: Im NMR-Spektrum können auch zufällige Isochronien auftreten, d.h. isochrone Protonen müssen nicht unbedingt auch chemisch äquivalent sein. Enantiomere haben in achiralen Lösemitteln identische NMR-Spektren.

Beispiele:

CH_3-CH_2-CH_2Br	CH_3-CHBr-CH_3	C_6H_5-CHBr-CH_2Br
a b c	a b a	d c a,b
1-Brompropan	2-Brompropan	1,2-Dibrom-phenyl-ethan
Abb. 96	Abb. 97	Abb. 98

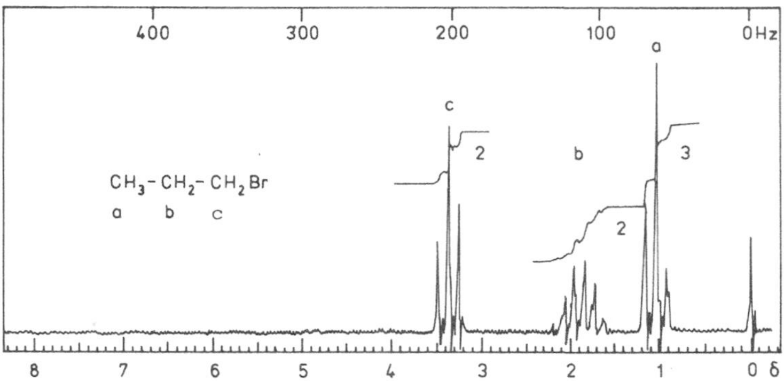

Abb. 96. ^{1}H-NMR-Spektrum von 1-Brompropan. Die Methylgruppe a) erscheint bei hohem Feld und ist durch die H_b-Protonen der vicinalen Methylengruppe in ein Triplett aufgespalten. Die H_b-Protonen treten als Multiplett auf. Am stärksten nach tiefem Feld verschoben sind die H_c-Protonen der CH_2Br-Gruppe, die als Triplett in Erscheinung treten

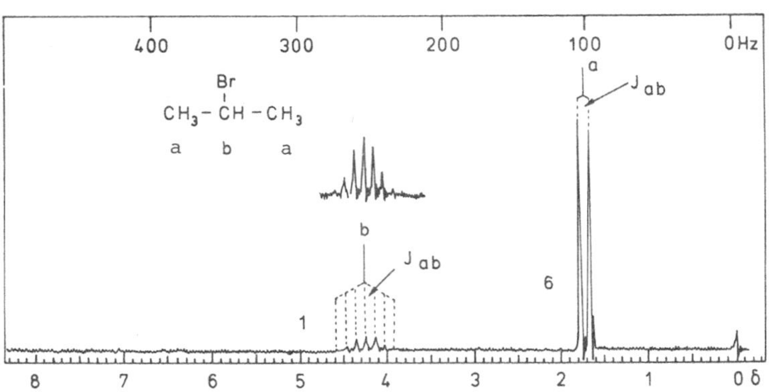

Abb. 97. ^{1}H-NMR-Spektrum von 2-Brompropan. Die Absorption der sechs Methylprotonen H_a erscheint bei hohem Feld und ist durch das Nachbarproton H_b zu einem Dublett aufgespalten. H_b absorbiert bei niedrigerer Feldstärke (induktiver Effekt des Broms) und ist in ein Septett aufgespalten, wobei die beiden äußeren Linien meist nur schwach zu sehen sind

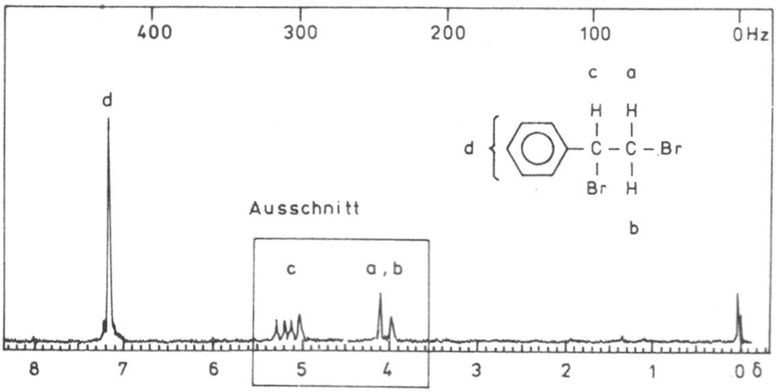

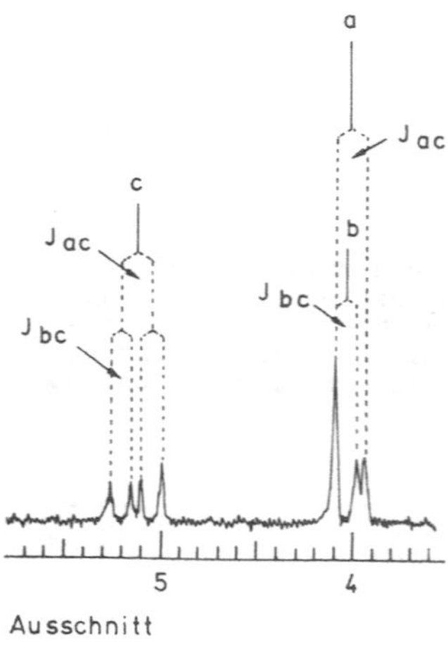

Abb. 98. ^{1}H-NMR-Spektrum von 1,2-Dibrom-1-phenylethan. Die diastereotopen Protonen H_a und H_b ergeben unterschiedliche Signale; sie sind durch H_c zu je einem Dublett aufgespalten (zufällig fallen bei δ = 4,1 Linien der beiden Dubletts zusammen). Das Multiplett ("Dublett von Dubletts") von H_c entsteht durch zweimalige Aufspaltung durch H_a und H_b. Wären H_a und H_b magnetisch äquivalent wie im 1-Brompropan, wären J_{ac} und J_{bc} gleich und H_c würde als Triplett auftreten. Eine (denkbare) Kopplung J_{ab} ist im Spektrum nicht zu erkennen

5.2.7.3 Zuordnung der Signale

Beim Vergleich der Abb. 96 und 98 wird deutlich, daß sich aus der chemischen Verschiebung Anhaltspunkte für das Vorliegen bestimmter funktioneller Gruppen sowie Strukturhinweise entnehmen lassen. So absorbieren z.B. Methylgruppen i.a. bei hohem Feld (sie sind am stärksten abgeschirmt), während Phenylgruppen bei tieferem Feld auftreten, weil sie schwächer gegen das äußere Magnetfeld abgeschirmt wird. Einzelheiten s. Abb. 100.

5.2.7.4 *Intensität der Signale*

Die relative Anzahl äquivalenter Protonen pro Gruppe kann durch Integration der Flächen unter den Signalen ermittelt werden, da die Intensität der Signale proportional der Zahl der H-Atome ist; s. Abb. 95.

5.2.7.5 *Spin-Spin-Kopplung*

Das NMR-Spektrum gibt außer über die Anzahl der Protonen und die durch die chemische Verschiebung zum Ausdruck kommende Art der Protonen (Methyl-, Phenyl- usw.) weitere Informationen.

In Abb. 99 erkennt man deutlich eine Signalaufspaltung für jede der beiden Protonengruppen a und b . Die Feinaufspaltung der Signale beruht darauf, daß auf die betreffende Protonengruppe nicht nur das äußere Meßmagnetfeld, sondern auch zusätzlich das Magnetfeld der benachbarten Protonen wirkt. Dies hat eine Wechselwirkung der Protonen miteinander zur Folge, die Spin-Spin-Kopplung.
Das Ausmaß der Kopplung wird durch die Spin-Spin-Kopplungskonstante J ausgedrückt. Sie beträgt bei Protonen ca. 0 - 20 Hz und ist - im Gegensatz zur chemischen Verschiebung - von der Stärke H_o des Meßfeldes unabhängig.

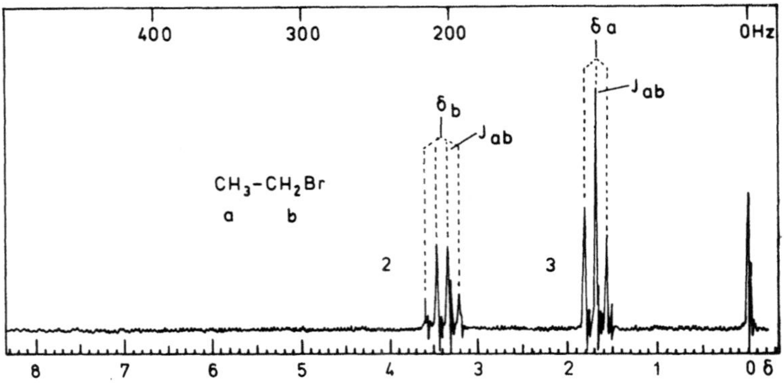

Abb. 99. ^{1}H-NMR-Spektrum von Bromethan

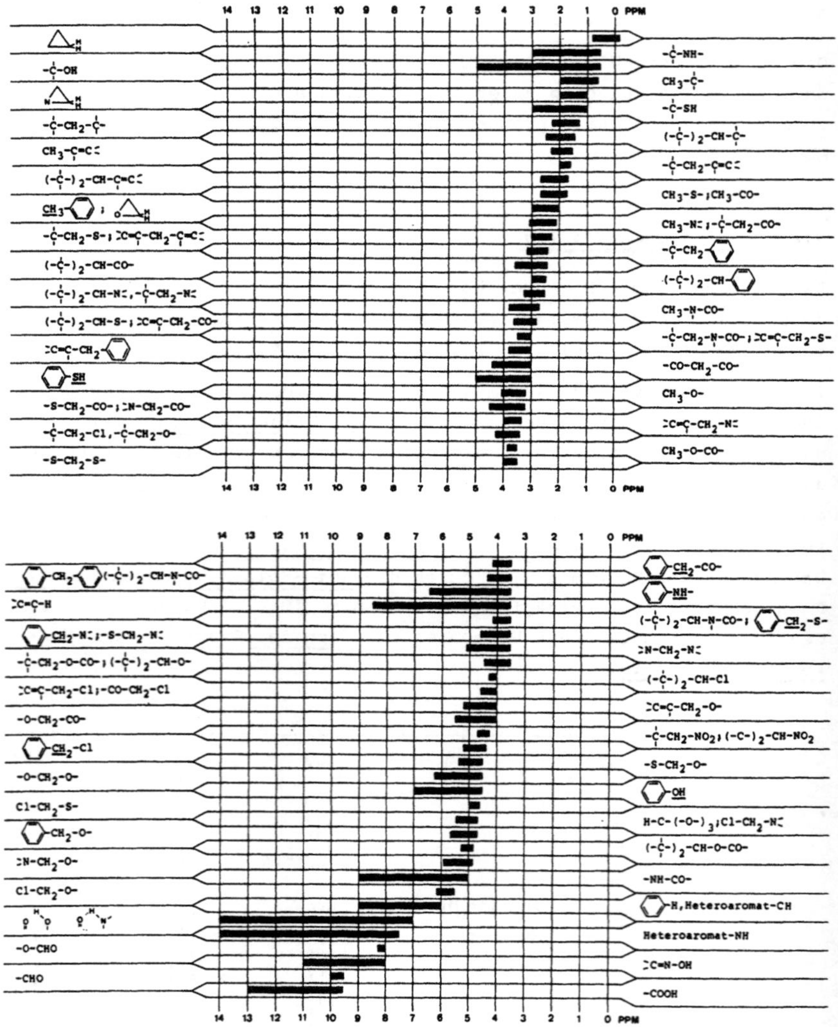

Abb. 100. (Aus Pretsch et al., Springer 1981)

Als magnetisch äquivalent bezeichnet man isochrone Kerne (z.B. Protonen), die in jeweils gleicher Weise mit den Kernen benachbarter isochroner Gruppen koppeln. Im Bromethan sind demnach die drei Methylprotonen magnetisch äquivalent; Gleiches gilt für die zwei Methylenprotonen. Eine Spin-Spin-Kopplung zwischen magnetisch äquivalenten Protonen (z.B. den Methylprotonen untereinander) tritt im Spektrum nicht in Erscheinung.

Im allgemeinen kann man daher davon ausgehen, daß Spin-Spin-Aufspaltungen lediglich durch magnetisch nicht äquivalente, unmittelbar benachbarte (vicinale) Protonen verursacht werden. Beim Bromethan tritt also eine Wechselwirkung zwischen den Methylprotonen und den Methylenprotonen auf. Weitere Beispiele s. Abb. 101 und Abb. 98.

Beachte: Isochrone Protonen können, müssen aber nicht gleiche Kopplungskonstanten mit Nachbargruppen haben.

Beispiel:

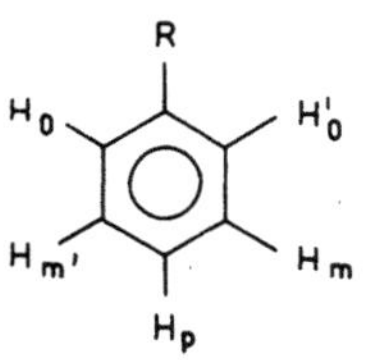

Die Protonen H_o und H_o' haben die gleiche chemische Verschiebung (= isochron), aber verschiedene Kopplungskonstanten in bezug auf H_m. Sie sind also magnetisch nicht äquivalent, obwohl ihre Kupplungskonstanten in bezug auf H_p gleich sind!

5.2.7.6 *Interpretation der Spin-Spin-Aufspaltung*

Wenn die Differenz $\Delta\nu$ der chemischen Verschiebung zweier Signalgruppen ν_1 und ν_2 groß ist im Vergleich zu ihrer Kopplungskonstanten J, d.h. $\Delta\nu \gg J$, handelt es sich um Spektren 1. Ordnung.

Für die Interpretation einfacher Spektren (Spektren 1. Ordnung) gilt: Die Multiplizität Z der Aufspaltung eines Signals (für Kerne mit J = 1/2) berechnet sich zu Z = N + 1, wobei N die Anzahl der benachbarten Kerne ist. In Abb. 99 wird das Signale für die CH_3-Gruppe bei δ = 1,68 demnach durch die benachbarte CH_2-Gruppe in Z = 2 + 1 = 3 Linien, ein Triplett, aufgespalten.

Umgekehrt wird aus dem Signal der CH_2-Gruppe bei δ = 3,4 ein Quartett (mit Z = 3 + 1 = 4), verursacht durch die drei Protonen der Methylgruppe. Die chemische Verschiebungen δ werden dabei von der Mitte des Tripletts (t) bzw. Quartetts (q) aus gemessen. Schreibweise: δ = 1,68 (3H, t, $-CH_3$); 3,4 (2H, q, $-CH_2-$).

Die Intensitätsverteilung der Linien innerhalb der Signalgruppen (Multipletts) läßt sich über die Binominal-Koeffizienten ermitteln. (Pascalsches Zahlendreieck, Tabelle 30). Im Fall des Bromethans gilt für die Methylgruppe folglich ein Verhältnis der Signale wie 1 : 2 : 1.

Tabelle 30. Intensitätsverteilung

Zahl der äquival. direkt benachb. H-Atome	Zahl der erwarteten Peaks i.Spektrum	Verhältnis der Flächen	Bezeichnung
0	1	1	Singulett (s)
1	2	1:1	Dublett (d)
2	3	1:2:1	Triplett (t)
3	4	1:3:3:1	Quartett (q)
4	5	1:4:6:4:1	.
5	6	1:5:10:10:5:1	.
6	7	1:6:15:20:15:6:1	.

Die Linienabstände in Abb. 101 entsprechen den Spinkopplungskonstanten J_{ab} und sind alle gleich, denn die Spin-Spin-Kopplung erfolgt wechselseitig (H_a koppelt mit H_b und umgekehrt).

Die Kopplungskonstante J erlaubt eine Aussage über die Art der Bindungen und die Stereochemie des Moleküls. So gilt für ein C=C-Isomerenpaar immer: $J_{trans} > J_{cis}$. Bei einfachen acyclischen Olefinen ist $J_{cis} \approx 6 - 11$ Hz und $J_{trans} \approx 11 - 18$ Hz. Beim Cyclohexanring findet man $J_{aa} > J_{ee}$ (a = axial, e = äquatorial).

Die Spektren höherer Ordnung ($\Delta\nu \gg J$) müssen einer exakteren Analyse unterzogen werden, wobei man oft zunächst versuchen wird, gem. den vorstehenden Regeln für Spektren erster Ordnung vorzugehen. Da die chemische Verschiebung feldabhängig ist, lassen sich Spektren höherer Ordnung durch die Verwendung von Spektrometern mit höherer magnetischer Induktion (z.B. 7 Tesla) vereinfachen.

Beispiele zur Spin-Spin-Kopplung

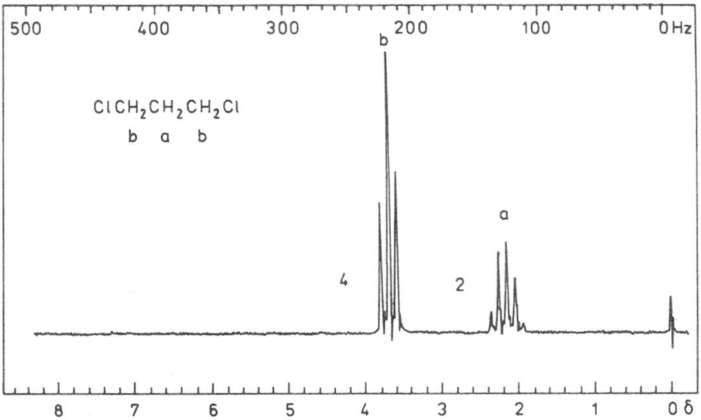

Abb. 101. ^{1}H-NMR-Spektrum von 1,3-Dichlorpropan. $ClCH_2CH_2CH_2Cl$
b a b

Die vier Protonen der beiden CH_2Cl-Gruppen sind magnetisch äquivalent und zur mittleren CH_2-Gruppe direkt benachbart. Wir erwarten also zwei Tripletts mit einem Intensitätsverhältnis von 1:2:1, die exakt übereinander liegen (δ_b = 3,66). Die zentrale CH_2-Gruppe erscheint bei δ_a= 2,1 als Quintett mit einem Intensitätsverhältnis von 1:4:6:4:1, da die Kopplungskonstanten gleich groß sind.

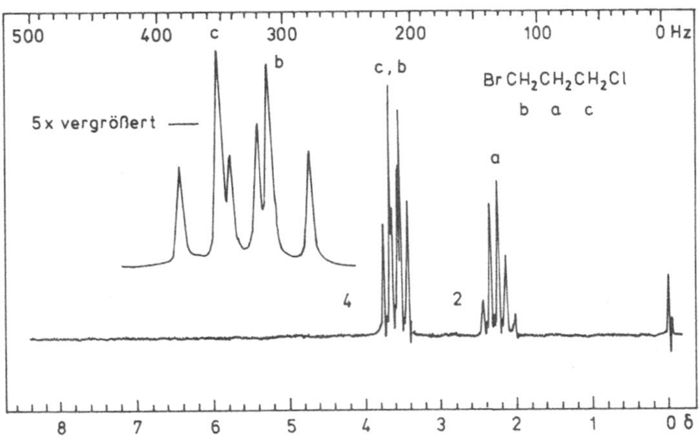

Abb. 102. ^{1}H-NMR-Spektrum von 1-Brom-3-chlorpropan. $BrCH_2CH_2CH_2Cl$
b a c

Erklärung zu Abb. 102:

Die CH_2Cl- bzw. CH_2Br-Gruppen sind magnetisch und chemisch nicht äquivalent. Sie erscheinen jeweils als Triplett bei $\delta_c = 3{,}66$ bzw. $\delta_b = 3{,}54$, überlappen also stark (Unterschied zu Abb. 101). Zufälligerweise sind die Kopplungskonstanten J_{ab} und J_{ac} gleich groß, so daß die zentrale CH_2-Gruppe wie in Abb. 101 als Quintett bei $\delta_a = 2{,}15$ erscheint.

Protonenaustausch

Abschließend sei noch auf eine Besonderheit bei Verbindungen mit leicht abspaltbaren Protonen wie Alkoholen oder Aminen hingewiesen. Diese Protonen treten im Spektrum oft als breite Signale auf, deren Lage variiert und stark von Konzentration und Temperatur abhängig ist. Spin-Spin-Kopplung mit anderen Protonen findet man nur, wenn kein schneller intermolekularer Protonenaustausch erfolgt. Das Spektrum von handelsüblichem Ethanol (Abb. 103) zeigt daher für die CH_2-Gruppe lediglich ein Quartett infolge Kopplung mit der CH_3-Gruppe, da keine Kopplung mit der OH-Gruppe stattfindet.

Bei Zugabe von D_2O zur Probenlsg. findet ein H/D-Austausch statt, und die Signale leicht abspaltbarer Protonen verschwinden. Dadurch wird ein übersichtlicheres Spektrum erhalten: $^2_1H = D$ absorbiert im Resonanzbereich der Protonen bei Aufnahme eines ^1H-NMR-Spektrums nicht. Die H/D-Kopplung ist wesentlich kleiner (ca. 1/6) als eine H/H-Kopplung. Sie stört deshalb bei der Auswertung nicht.

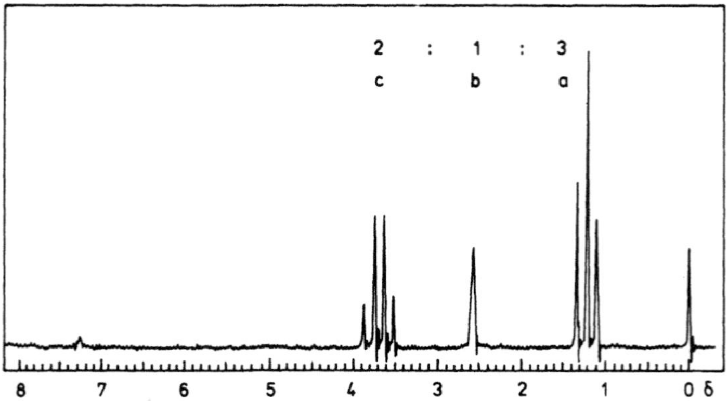

Abb. 103. Ethanol, $\underset{a}{CH_3}-\underset{c}{CH_2}-\underset{b}{OH}$ (stark verdünnt in CCl_4, bei höheren Konzentrationen ist Signal b zu tieferem Feld verschoben als Signal c)

Bei Aufnahme eines Ethanol-Spektrums unter Zugabe von D_2O würde das Signal für die OH-Gruppe in Abb. 103 fehlen, bei im übrigen unveränderten Spektrum.

5.2.7.7 *Messung und Anwendung*

Zur Messung wird eine Lösung der Probensubstanz in einem Meßröhrchen in das Magnetfeld gebracht. Man benötigt etwa 0,5 - 1 ml Lsg., die ca. 1 - 25 mg Substanz enthalten sollte (abhängig von der Stärke des Magnetfelds). Zum Ausgleich von Feldinhomogenitäten läßt man das Röhrchen während der Messung mittels einer Turbine rotieren.

Die Lösungsmittel sollten im Meßbereich möglichst nicht absorbieren. Für die ^1H-NMR-Spektroskopie verwendet man daher deuterierte Lösungsmittel wie $CDCl_3$, C_6D_6 oder perhalogenierte Substanzen wie CCl_4, C_6F_6.

Die NMR-Spektroskopie ist ein äußerst wichtiges Hilfsmittel zur Strukturaufklärung unbekannter Verbindungen, für Konformationsanalysen, zur Bestimmung von Reaktionsmechanismen etc.

Verschiedene Einstrahlungstechniken, wie z.B. Spin-Spin-Entkopplung vereinfachen die Spektren und erleichtern die Auswertung: Bei auf diese Weise entkoppelten Spins erscheint ein Signal nur noch als einzelner, nicht aufgespaltener Peak. In Sonderfällen hilft auch der Einbau von D statt H (Deuterierung) in das Molekül durch Synthese, wenn ein bestimmtes Signal von Interesse ist.

Infolge der Entwicklung neuer Techniken, wie z.B. der Fourier-Transform-Spektroskopie für kleinste Probenmengen und kurze Meßzeiten, oder der Aufnahme von ^{13}C-Spektren ohne Isotopenanreicherung, ist die NMR-Spektroskopie eine zunehmend wichtigere Meßmethode geworden.

5.2.8 *Elektronenspinresonanz-Spektroskopie (ESR)*

Die Eigenrotation von Elektronen, der Elektronenspin, hat ein magnetisches Moment zur Folge. Dieses hat in bezug auf ein äußeres Magnetfeld mehrere energetisch verschiedene Einstellungsmöglichkeiten, denen Energieniveaus entsprechen.

Bringt man ungepaarte Elektronen in ein homogenes Magnetfeld (ähnlich Abb. 94), so können sie durch Einstrahlung geeigneter Energie zur Resonanzabsorption gebracht werden.

Analog zur NMR-Spektroskopie werden dabei Elektronen aus energetisch tieferen in höherliegende Zustände angeregt. Sie relaxieren danach. Zur Anregung von Elektronen verwendet man elektromagnetische Strahlung im Mikrowellenbereich (z.B. 9,5 GHz bei B = 0,35 Tesla), denn das magnetische Moment der Elektronen ist etwa 1000 mal größer als das der Atomkerne.

Ebenso wie bei der NMR-Spektroskopie treten auch hier Feinaufspaltungen der Absorptionsbanden auf, die durch gegenseitige Wechselwirkung der Elektronen mit den magnetischen Momenten benachbarter Atomkerne verursacht werden. Die Lage und Struktur der Signale gestattet oft Aussagen über die Aufenthaltswahrscheinlichkeit eines ungepaarten Elektrons und seine Umgebung, z.B. in Radikalen oder Metallkomplexen.

Beachte: In diamagnetischen Verbindungen kompensieren sich je zwei Elektronen so, daß nach außen hin kein magnetisches Moment beobachtet werden kann. Die ESR-Spektroskopie ist daher auf Substanzen mit ungepaarten Elektronen, wie z.B. paramagnetische Atome, Ionen oder freie Radikale, beschränkt.

5.3 Atom- und Ionenspektroskopie; Röntgenstrukturanalyse

Die im folgenden beschriebenen Analysenmethoden arbeiten nicht zerstörungsfrei. Im Vergleich zur klassischen Naßanalyse sind die benötigten Substanzmengen jedoch sehr gering bei hoher Genauigkeit und Empfindlichkeit der Verfahren.

5.3.1 Flammenphotometrie

Die Flammenphotometrie ist eine Emissionsspektralanalyse, die sich vor allem zur Bestimmung von Elementen eignet. Die zu messende Probe wird als Lösung dosiert in eine Flamme eingesprüht. Diese regt die zu bestimmenden Atome an; ihr Emissionsspektrum wird photoelektrisch gemessen. Der Gehalt der Probe kann dann mit einer Eichkurve ermittelt werden. Für quantitative Messungen erforderlich sind eine konstante Flamme und die Einhaltung günstiger Konzentrationsbereiche für die zu bestimmenden Elemente.

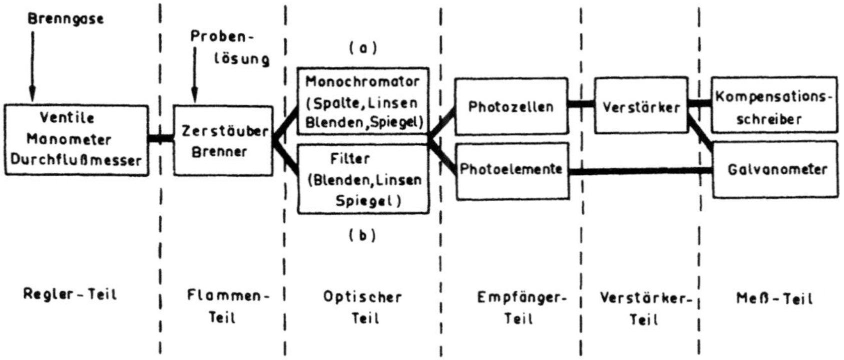

Abb. 104. Bauteile und mögliche Kombinationen eines Flammenphotometers

Die wesentlichen Bauelemente eines Flammenphotometers (Abb. 104) sind: ein fein regulierbarer Brenner, ein Zerstäuber, Filter bzw. Monochromator (zur Zerlegung der emittierten Strahlung), ein Empfänger (meist Photodetektor) und ein Anzeigegerät. Die Auswahl der Flamme richtet sich nach den für die einzelnen Elemente erforderlichen Anregungsenergien. Leuchtgas/Luft liefert Flammentemperaturen von ca. 1800° C, C_2H_2/Luft ca. 2200° C, H_2/O_2 ca. 2800° C und C_2H_2/O_2 ca. 3100° C.

Das Bestimmungsverfahren ist für Alkalimetalle spezifisch; Trennungs- oder Reinigungsoperationen entfallen. Die Erfassungsgrenzen betragen für Li 0,05 (1 - 10), Na 0,002 (1 - 10), K 0,05 (1 - 10), Rb 0,2 (5 - 10), Cs 0,5 (5 - 10), Ca 0,05 (5 - 10), Sr 0,05 (5 - 10) µg/ml. In Klammern wurde jeweils der günstigste Konzentrationsbereich in µg/ml angegeben. Im allgemeinen wird man versuchen, die Eichkurve in den angegebenen Bereich zu legen, weil sie dann meist als Gerade verläuft (mit I = konst · c). Dies ist notwendig, da die Intensität I der Emissionslinien nicht allein von der Konzentration c des zu bestimmenden Elementes in der Analysenlösung abhängt.

5.3.2 Emissions-Spektroskopie

Atome können außer durch Flammen auch mit Hilfe von elektrischen Entladungen angeregt werden, z.B. durch Funkenentladungen und Anregung im Lichtbogen. In neuerer Zeit werden auch Laser zur Anregung verwendet. Es sind sowohl qualitative als auch quantitative Analysen möglich, wobei die Emissions-Spektroskopie besonders für Spurenanalysen geeignet ist (Gehalte von 10^{-3} bis 10^{-6} %, absolute Empfindlichkeit 0,0001 µg je Element). Der Zustand der Probe spielt eine untergeordnete Rolle, weil z.B. mit der Funkenanregung auch schwerlösliches Probenmaterial (z.B. Metalle, Keramik) analysiert werden kann. Es können gleichzeitig mehrere Elemente nebeneinander bestimmt werden.

5.3.3 Atomabsorptionsspektroskopie (AAS)

Bei der AAS wird die Resonanz-Absorption von Strahlung bestimmter Wellenlänge durch Atome benutzt, um die einzelnen Elemente quantitativ zu bestimmen. Die untersuchten Atome befinden sich hauptsächlich im Grundzustand. Das Verfahren ist daher empfindlicher als die Flammenphotometrie.

Beispiele (in Klammern sind die Nachweisgrenzen in µg/ml = ppm angegeben für das Gerät in Abb. 105): As (0,1), Pb (0,03), Cd (0,005), Zn (0,002), Sr (0,001), Hg (0,5).

Meßverfahren (Abb. 105): Es handelt sich im Prinzip um die Lichtabsorption durch Atome im Dampfzustand (vgl. Beispiel Na, S. 420. Die Probe wird in gelöster Form durch ein Zerstäubungssystem z.B. in eine Flamme eingebracht und durch thermische Dissoziation atomisiert. Da die Atome in einem nicht angeregten Grundzustand vorliegen, sind sie in der Lage, diejenige Resonanzstrahlung zu absorbieren, die sie im Anregungszustand selbst emittieren würden. Als Lichtquellen dienen Hohlkathodenlampen, deren Kathode aus dem zu bestimmenden Element hergestellt wurde.

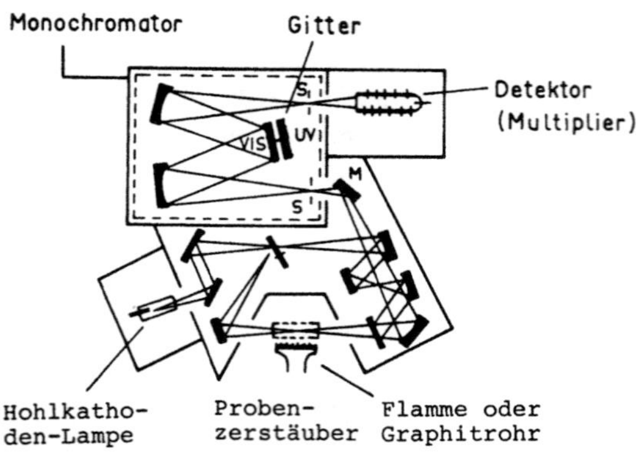

Abb. 105. Schema eines Doppelstrahl-Atomabsorptions-Spektrometers

Bei der Messung schickt man das von der Lampe emittierte Licht mehrfach durch die Flamme, wobei es teilweise absorbiert wird. Mit Hilfe eines Gittermonochromators trennt man dann die für die Auswertung benötigte Resonanzstrahlung von der Störstrahlung. Die Schwächung der Lichtintensität durch die Resonanzabsorption wird gemessen und über eine Eichkurve ausgewertet.

5.3.4 Röntgenfluoreszenzspektroskopie

Hierbei handelt es sich um eine Emissionsspektralanalyse, bei der Röntgenstrahlung als Primärstrahlung zur Anregung der zu bestimmenden Probe benutzt wird (Abb. 106). Durch die Primärstrahlung werden aus den inneren Energieniveaus der Atome Elektronen herausgeschlagen. Die so durch Ionisation entstandenen Lücken werden durch Elektronen aufgefüllt, die von einem äußeren, energiereicheren Niveau auf das innere, energieärmere Niveau "springen". Die freiwerdende Energie wird als Energiequant $h \cdot \nu$ abgestrahlt. (*Sekundäranregung, "Fluoreszenz"*).

Auf diese Weise erhält man ein Röntgenspektrum, das meist aus mehreren voneinander getrennten Liniengruppen besteht, die als K-, L-, M- usw. -Serie bezeichnet werden.

Die Wellenlängen der charakteristischen Strahlung sind entsprechend dem *Mosleyschen Gesetz* von der Ordnungszahl des betreffenden Elements abhängig.

Die spektrale Zusammensetzung der Strahlung wird durch Beugung an einem Kristall bestimmt, indem man diesen um einen Winkel α dreht und mit der Braggschen Gleichung

$$n \cdot \lambda = 2\, d \cdot \sin \alpha$$

n = natürliche Zahl,
d = Abstand der Gitterebenen im Kristall

die einzelnen Wellenlängen λ berechnet (Abb. 106). Die verschiedenen Elemente lassen sich dann mit Hilfe von Tabellen zuordnen. Die quantitative Bestimmung erfolgt über Eichkurven aufgrund der Messung der Strahlungsintensität geeigneter charakteristischer Linien des Spektrums.

Anwendung findet die Methode zur Untersuchung von Festkörpern wie Mineralien, Gläsern oder Legierungen (Metallurgie).

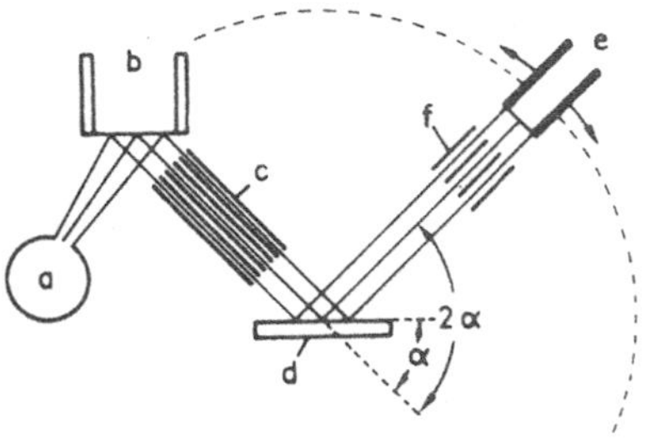

Abb. 106. Röntgenspektrograph. a) Röntgenröhre; b) Präparatehalter; c) Soller-Blende (Kollimator); d) Kristall; e) Detektor; f) Hilfsblende, α Glanzwinkel

5.3.5 Elektronenstrahl-Mikroanalyse (Mikrosonde)

Bei dieser Methode werden Atome einer ebenen Probe durch einen Elektronenstrahl zum Aussenden von Röntgenfluoreszenzstrahlung angeregt. Man kann damit die räumliche Verteilung von Elementen in festen Stoffen bestimmen (zweidimensionale Flächenanalyse) und eine definierte lokale Mikroelementaranalyse vornehmen (Punktschärfe: 1 µm).

5.3.6 Photoelektronenspektroskopie (PE und ESCA)

Die Photoelektronenspektroskopie (PE) mißt die Energie von (Valenz-) Elektronen, die eine Substanz infolge des Photoeffekts emittiert. Dieser kann z.B. durch UV-Strahlung hervorgerufen werden.

Davon zu unterscheiden ist eine Art Auger-Elektronenspektroskopie, bei der die Energie von inneren Elektronen gemessen wird, die aufgrund des Auger-Effektes (innerer Photoeffekt, s. Lehrbücher der Physik) nach vorangegangener Ionisation mit Elektronen- bzw. Röntgenstrahlen auftreten. Die gemessene Energie ist für die Bindungsverhältnisse eines bestimmten Atoms typisch, auch wenn keine Valenzelektronen analysiert werden. Die Methode wird als ESCA (electron spectroscopy for chemical analysis) bezeichnet. Beide Verfahren (PE und ESCA) werden meist in Kombination betrieben und erlauben im Gegensatz zu anderen spektroskopischen Methoden, die Bestimmung der absoluten Lage von Energieniveaus. Sie dienen daher zur experimentellen Überprüfung von theoretischen Rechnungen, Strukturuntersuchungen, Oberflächenanalysen etc.

Für die Ionisation eines Stoffes ist eine bestimmte Mindestanregungsenergie notwendig. Abb. 107 zeigt die verschiedenen Möglichkeiten.

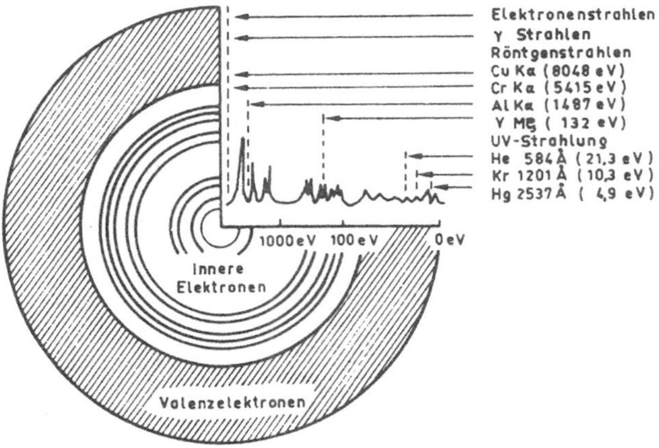

Abb. 107. Anregungsmöglichkeiten eines Elektronenspektrums bei PE und ESCA

5.3.7 Massenspektrometrie (MS)

Bei der Massenspektrometrie wird die zu untersuchende (analysenreine!) Substanzprobe im gasförmigen Zustand im Hochvakuum ionisiert und häufig in viele Molekülbruchstücke zerlegt (fragmentiert). Die benötigte Substanzmenge liegt im µg-Bereich; Festkörper werden im Vakuum verdampft. Meist ionisiert man die Probe durch Beschuß mit Elektronen (aus einem Heizdraht), wodurch man ein positives Molekül-Ion (Radikal-Kation) erhält. Wird dabei mehr Energie auf das Molekül übertragen als zur Ionisierung notwendig ist, dann zerfällt dieses in Bruchstücke (Fragmente). Die geladenen Partikel werden in einem elektrischen Feld beschleunigt, in einem Magnetfeld entsprechend ihrem Masse-Ladungs-Verhältnis (m/e-Wert) getrennt und danach als Massenspektrum registriert. Man erhält es, indem man entweder das Magnetfeld oder die Beschleunigungsspannung variiert. Die Ionen werden nach ihren m/e-Werten aufgefangen und ihre Intensität (= Ionenhäufigkeit, Ionenstrom) aufgezeichnet (Abb. 109). Es gelten die aus der Physik bekannten Gesetze, z.B. $m/e = \frac{H^2 \cdot r^2}{2 \cdot U}$ mit H = Magnetfeldstärke, U = Beschleunigungsspannung, r = Radius der Ionenbahn. Abb. 108 zeigt das Schema eines Massenspektrometers.

Durch geeignete Wahl der Stoßenergie der Elektronen versucht man, ein möglichst charakteristisches, gut interpretierbares und reproduzierbares Fragmentierungsspektrum zu erhalten.

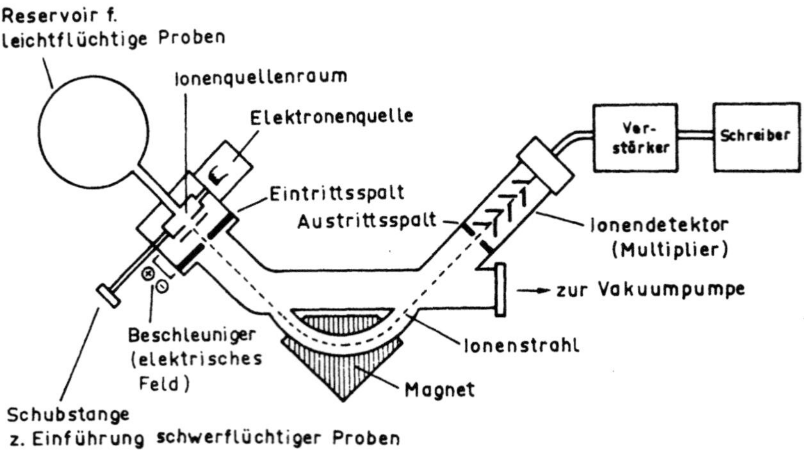

Abb. 108. Schema eines Massenspektrometers (einfach-focussierendes Gerät mit 90° magnetischem Sektor)

Das Massenspektrum wird entweder tabellarisch oder als Strichspektrum wiedergegeben, wobei die Intensität des stärksten Signals (base peak) willkürlich gleich 100 gesetzt wird (Abb. 109, n-Nonan). Das Signal mit der höchsten Massenzahl ist oft der Molekülpeak (parent peak, M^+). Er entspricht der Masse des Molekülions und gibt die exakte Molmasse der Substanz an. Viele Signale sind häufig von kleinen Isotopenpeaks umgeben (z.B. m/e = 129 in Abb. 1o9), die das Isotopenverhältnis der natürlichen Elemente wiederspiegeln (hier durch ^{13}C verursacht) und somit zur Kontrolle der Summenformel dienen können.

Der durch n C-Atome verursachte Isotopenpeak (M^+ + 1) weist eine relative Intensität von n · 1,1 % auf. Im Fall des n-Nonans beträgt (M^+ + 1) etwa 10 % von M^+, woraus folgt, daß maximal 10 : 1,1 = 9 C-Atome im Molekül enthalten sein können.
Elemente wie Kohlenstoff, Chlor, Brom, Schwefel weisen sehr unterschiedliche Isotopenverteilungen auf: Natürlicher Kohlenstoff enthält neben ^{12}C nur etwa 1,1 % ^{13}C, aber Chlor: ^{35}Cl neben 32 % ^{37}Cl, Brom: ^{79}Br neben 98 % ^{81}Br, Schwefel: ^{32}S neben 4,4 % ^{34}S. Ein deutlich sichtbarer (M^+ + 2) Peak deutet daher auf die Anwesenheit von Cl, Br oder S im Molekül hin. Dabei kann oft die Art und Anzahl der Br- und/oder Cl-Atome aus dem *Isotopenverteilungsmuster* entnommen werden, da dieses für die verschiedenen Kombinationen von Br und Cl charakteristisch ist.

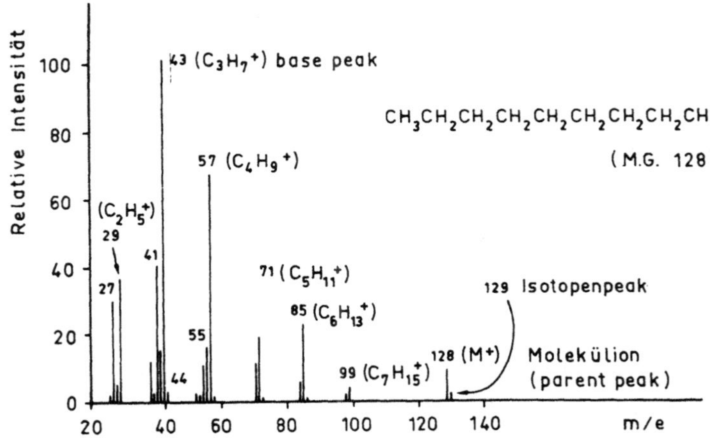

Abb. 109. Massenspektrum von n-Nonan; C_9H_{20}

Bei besonders präzisen Messungen (hochaufgelöste MS) läßt sich aufgrund der Intensitätsverhältnisse die genaue Summenformel des Ions angeben, das einem bestimmten Signal zuzuordnen ist.

Bei Betrachtung des Isotopenpeaks (M^+ + 1) beachte man, daß polare Verbindungen häufig ein Proton anlagern, somit ein Molekül M^+H mit der Masse (M^+ + 1) bilden und damit die Auswertung des Spektrums erschweren.

Die Errechnung der Summenformel wird durch Tabellen erleichtert, die alle möglichen Kombinationen von z.B. C, H, O und N mit ihrer Molmasse auflisten. Auch S-haltige Verbindungen können damit ermittelt werden, da ^{32}S genau die doppelte Atommasse von ^{16}O besitzt.

Neben der Verwendung des Massenspektrums zum Identitätsbeweis wird es meist zur Strukturaufklärung benutzt. Durch geschickte Interpretation des erhaltenen Massenspektrums ist häufig eine in Verbindung mit anderen spektroskopischen Methoden sinnvolle Strukturzuordnung der Ausgangsverbindung möglich. Das Molekül-Ion zerfällt nämlich nicht willkürlich, sondern auf dem energetisch günstigsten Weg. Man erhält daher meist ein typisches Zerfallsspektrum, das oft sog. Schlüsselfragmente enthält. Dies sind Bruchstücke hoher Stabilität, die bevorzugt gebildet werden (Stabilisierung z.B. durch induktive und mesomere Effekte) und zur Orientierung bei der Strukturaufklärung dienen. Im Spektrum des n-Nonans beispielsweise ist $C_3H_7^+$ die häufigste Gruppe.

Die Peak-Differenz von 14 Masseneinheiten zu den anderen Bruchstücken entspricht jeweils einer CH_2-Gruppe.

Bei der Auswertung des MS achte man darauf, daß der Molekülpeak M^+ einer Verbindung alle Elemente enthalten muß, die man auch in den gefundenen Fragmenten zu erkennen glaubt.

5.3.8 Röntgenstrukturanalyse

Während die bisher erwähnten strukturanalytischen Methoden meist kombiniert werden müssen, um eine vollständige exakte Strukturformel zu erhalten, bietet die Röntgenstrukturanalyse die Möglichkeit, ein genaues Abbild einer Molekülstruktur (mit Bindungswinkel und Atomabständen) zerstörungsfrei zu liefern. Die verwandte Neutronenbeugung erlaubt sogar die Lokalisation von Wasserstoffatomen. Nachteilig ist der hohe Aufwand zur Auswertung der Daten sowie die Notwendigkeit, i.a. mit Einkristallen zu arbeiten.

Bei der Röntgenstrukturanalyse wird die genaue räumliche Struktur fester kristalliner Stoffe mit Hilfe von Röntgenstrahlen bestimmt, die an den Gitterbausteinen der Kristalle gestreut werden. Man erhält ein Beugungsbild des dreidimensionalen Atomgitters, da die an verschiedenen Gitterpunkten gebeugten Strahlen miteinander interferieren. Aus Winkellage und Intensität der Interferenzen kann man mit Hilfe mathematischer Transformationen (Fourier-Analyse) ein dreidimensionales Bild des Objekts herstellen. Grundlage der diffraktometrischen Analyse ist das Braggsche Reflexionsgesetz:

$$n \cdot \lambda = 2\,d \cdot \sin \alpha$$

Im Vergleich zur Röntgenfluoreszenzspektroskopie ist dabei λ bekannt, wenn man monochromatische Röntgenstrahlung verwendet. d wird gesucht und α nach verschiedenen Methoden experimentell ermittelt.

Als Ergebnis erhält man nicht nur die Lage der einzelnen Atome, sondern kann auch Angaben über die Elektronendichte im Kristallraum machen.

Strukturanalysen können nicht nur von kleinen Verbindungen, sondern auch von großen biochemisch wichtigen Molekülen wie Proteinen, Nucleinsäuren etc. gemacht werden.

5.4 Strukturbestimmung mit spektroskopischen Methoden

Im folgenden soll anhand von Beispielen aus der organischen Chemie das Zusammenwirken verschiedener Analysenmethoden bei der Ermittlung der Struktur einer unbekannten Substanz gezeigt werden.

5.4.1 Aufgabenstellung und Analysenplanung

Bei der Strukturermittlung unbekannter Verbindungen ist es zweckmäßig, einen bestimmten Weg einzuschlagen. Zunächst prüft man die Löslichkeit der chromatographisch reinen Substanz in den für die jeweilige spektroskopische Methode brauchbaren Lösemitteln und fertigt je nach Vorinformation IR- NMR- UV-oder MS-Spektren an. Zur Untersuchung von Zwischenprodukten bei Synthesen begnügt man sich oft mit IR- oder NMR-Spektren, da diese schnell anzufertigen sind und zahlreiche Strukturinformationen liefern. Bei einfachen Verbindungen genügt statt eines MS-Spektrums oft auch eine Elementaranalyse zur Bestimmung der Summenformel, evtl. in Verbindung mit einer einfachen separaten Molmassebestimmung. Liegt ein MS-Spektrum vor, überprüft man die Summenformel anhand des Spektrums und stellt die Übereinstimmung der errechneten mit der experimentell ermittelten Molmasse sicher.

Aus der Summenformel entnimmt man Anzahl und Art der vorhandenen Heteroatome. Hieraus ergeben sich Hinweise auf die entsprechenden funktionellen Gruppen. Da bei einem Ringschluß oder bei der Einführung einer Doppelbindung (C=C, C=O, N=O usw.) jeweils zwei H-Atome entfallen, läßt sich durch Vergleich der Anzahl der H-Atome mit dem zugrunde liegenden Stammalkan die Anzahl derartiger Struktureinheiten ("Doppelbindungsäquivalente") ermitteln.

Beispiel: Dem Benzol mit der Summenformel C_6H_6 liegt das Stammalkan C_6H_{14} zugrunde (allgemein: C_nH_{2n+2}). Die Differenz beträgt acht H-Atome, d.h. es sind 8 : 2 = 4 Struktureinheiten vorhanden, in diesem Fall 3 C=C und 1 Ring. Die Anzahl Z der Struktureinheiten läßt sich berechnen nach

$$Z = \text{C-Atom} + 1 - \frac{\text{H-Atome}}{2} - \frac{\text{Halogen-Atome}}{2} + \frac{\text{N-Atome(dreiwert.)}}{2}$$

Zweiwertige Atome wie O und S bleiben unberücksichtigt.

Weitere Beispiele:

Struktur	Summen-formel	Z	Struktur-einheiten
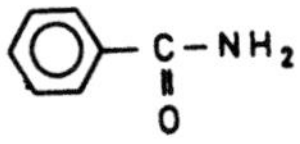	C_7H_7NO	7+1 - 3,5 + 0,5 = 5	3 C=C 1 C=O 1 Ring
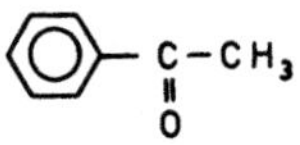	C_8H_8O	9 - 4 = 5	3 C=C 1 C=O 1 Ring
CH_2=$CHCH_2SH$	C_3H_6S	4 - 3 = 1	1 C=C
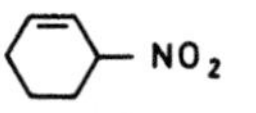	$C_6H_9NO_2$	7 - 4,5 + 0,5 = 3	1 C=C 1 N=O 1 Ring
$CH_3C{\equiv}N$	C_2H_3N	3 - 1,5 + 0,5 = 2	2 aus C≡N
CH_2=CHBr	C_2H_3Br	3 - 1,5 - 0,5 = 1	1 C=C
CH_3-SO_3H	$C_1H_4SO_3$	2 - 2 = 0	-

Haben sich aus der Summenformel somit erste Hinweise auf die Struktur ergeben, analysiert man die Spektren jeweils für sich. Reihenfolge: UV, IR, MS, NMR. Man notiert sich auffallende charakteristische Strukturhinweise einschließlich solcher, die eindeutig auszuschließen sind (z.B. Fehlen einer >C=O-Schwingung im IR). Es ist zweckmäßig, nach jedem Schritt <u>Teil-Strukturformeln</u> aufzuzeichnen, diese mit der Summenformel zu vergleichen und die Art der restlichen Atome festzustellen. Dabei wird man aus dem vorhandenen Datenmaterial häufig mehrere mögliche Strukturen ableiten können. Bei erneuter Überprüfung auf Übereinstimmung mit den Spektrendaten läßt sich ihre Anzahl i.a. auf ein Minimum reduzieren; stereochemische Probleme sollten erst zuletzt angegangen werden.

5.4.2 Auswertung der Spektren

Ein Strukturproblem kann häufig durch geschickte Kombination einzelner Spektraldaten schneller gelöst werden als durch (aufwendige) separate vollständige Spektrenauswertung. Dabei ist es unerläßlich, die so erhaltenen Ergebnisse einer sorgfältigen Endbeurteilung zu unterziehen. Nachfolgend sind charakteristische Aussagemöglichkeiten der einzelnen Analysenverfahren kurz dargestellt.

UV/VIS-Spektrum

Das UV/VIS-Spektrum weist auf die Anwesenheit von Chromophoren, insbesondere von konjugierten Chromophoren hin.

Das Fehlen einer Bande bei $\lambda_{max} \geqslant$ 210 nm zeigt an, daß keine konjugierten Gruppen vorhanden sind. Ketone ohne Konjugation absorbieren schwach bei 280 - 260 nm (lg ε = 1 - 2). Aromatische Verbindungen zeigen (wenigstens) eine starke Absorption bei 210 - 220 nm (lg ε = 2 - 4). Ein einzelner symmetrischer Peak bei $\lambda_{max} \geqslant$ 300 nm (lg ε = 4,3 - 5,2) deutet auf ein Polyen oder ein Enon hin.

Bei Spektren, die mehr als ein λ_{max} enthalten, ist es erforderlich, weiterführende Literatur sowie Vergleichsspektren heranzuziehen.

IR-Spektrum

Im IR-Spektrum lassen sich funktionelle Gruppen relativ sicher zuordnen, wenn man sich bei einer ersten Durchsicht auf charakteristische Bereiche beschränkt. Dazu gehören:

- Die OH- oder NH-Bande, oft durch H-Brückenbindung verbreitert, bei 3100 - 3600 cm^{-1}. Die CH-Bande bei 2900 cm^{-1} erscheint in praktisch allen organischen Verbindungen und ist somit wenig brauchbar.
- Dreifachbindungen (X≡Y) findet man bei 2400 - 2200 cm^{-1}, manchmal nur schwach ausgeprägt. Die kumulierten Bindungen X=Y=Z erscheinen bei 2100 cm^{-1}, oft stärker als X≡Y.
- Carbonylbanden (C=O) liefern bei 1800 - 1550 cm^{-1} (6,4 - 5,5 µm) i.a. ausgeprägte, starke Signale. C=C absorbiert in diesem Bereich nur, wenn es in konjugierten Systemen enthalten ist.

MS-Spektrum

Im Massenspektrum empfiehlt sich die Suche nach Bruchstücken im Bereich von 50 - 100 Masseneinheiten vom Molekülion.

Masseneinheiten wie 15 für CH_3, 17/18 für OH/H_2O, 19/20 für F/HF, 31 für OCH_3, 45 für OC_2H_5 und andere deuten auf gewisse einfache funktionelle Gruppen hin.

NMR-Spektren

Aus einem NMR-Spektrum 1. Ordnung kann man folgende Informationen entnehmen:

- Die Anzahl der H-Atome pro Signal (durch das Integral der Fläche)
- Die Umgebung der H-Atome (durch die chemische Verschiebung)
- Die Anzahl der benachbarten H-Atome (durch die Signal-Aufspaltung)

Absorptionen von gesättigten C-H-Bindungen liegen i.a. bei $\delta < 2$, oft überlappend. Aromatische Protonen erscheinen bei $\delta = 7 - 8$, d.h. bei tieferem Feld und treten meist als Multiplett auf. OH, NH und SH-Protonen findet man häufig als breite Signale an verschiedenen Stellen. Sie können durch Zugabe von D_2O zum Verschwinden gebracht werden, wodurch das Erscheinungsbild des Spektrums bei einer Neuaufnahme oft klarer wird.

Nach Auswertung des Integrals beginnt man am besten mit einer Interpretation der Signale bei $\delta = 0 - 3$ durch Feststellung ihrer chemischen Verschiebung und des Aufspaltungsmusters. Hieraus lassen sich Schlüsse über die Anzahl der benachbarten Protonen ziehen. Besonders leicht sind dabei Methylgruppen zu erkennen: als Singulett ($>N-CH_3$, $-O-CH_3$, $-\overset{|}{\underset{|}{C}}-CH_3$), als Dublett ($>CH-CH_3$) oder Triplett ($-CH_2-CH_3$).

Die Auswertung der Spin-Spin-Kopplungskonstanten erlaubt schließlich sterechemische Aussagen zur Struktur der untersuchten Verbindung.

5.4.3 Praktische Anwendungen

1. Beispiel

Von einer unbekannten Flüssigkeit, die eine negative Baeyer-Probe gegeben hat, sind folgende Daten bekannt:

- Molmasse: 70
- IR-Spektrum: Signale bei 2900 cm^{-1} (3,4 µm, stark, breit); 1450 (6,9 µm stark); 890 (11,2 µm mittel)
- UV-Spektrum: keine nennenswerte Absorption > 200 nm
- NMR-Spektrum: ein Signal bei $\delta = 1,5$ (s)

Interpretation der Daten

Das IR-Spektrum zeigt CH-Valenzschwingungen bei 2900 cm^{-1} und CH-Deformationsschwingungen bei 1450 cm^{-1}. Auch das Signal bei 890 cm^{-1} weist wegen der negativen Baeyer-Probe auf ein Alkan hin.

Das NMR-Spektrum zeigt lediglich ein oder mehrere aliphatische Protonen.

Falls mehrere Protonen vorhanden sind, sind diese entweder äquivalent (vorzugsweise in einem symmetrischen Molekül) oder ihre Signale müßten sich zufällig sämtlich exakt überlagern.

Folgerung: Das IR-Spektrum weist eindeutig auf ein Alkan hin. Das NMR-Spektrum legt ein einfach gebautes, symmetrisches Alkan nahe. Mit der allgemeinen Summenformel C_nH_{2n} für Cycloalkane und der Molmasse 70 folgt für die unbekannte Verbindung: Cyclopentan, C_5H_{10}.

2. Beispiel

Von einer unbekannten festen Substanz sind folgende Daten bekannt:
Summenformel: $C_8H_8N_2$
- IR: 3500 u. 3350 (2,9 u. 3 µm); 3000 (3,3 µm); 2250 (4,45 µm); 1610 (6,2 µm); 1520 (6,6 µm); 1280 (7,8 µm); 815 (12,25 µm) cm^{-1}
- NMR: δ = 3,5 (s, 2H); 3,7 (s verbreitert, 2H); 6,8 (m "Quartett", 4 H)

Interpretation der Daten

1. Schritt: Aus der Summenformel ergibt sich für die Struktur, daß $C_8H_8N_2 \longrightarrow$ Z = 8 + 1 - 4 + 1 = 6 Struktureinheiten vorliegen müssen, also z.B. ein Benzolring (3 C=C, 1 Ring) und dazu 2 C=X oder 1 C≡X. Bei der Entscheidung über die Wahl der Struktureinheiten hilft das NMR-Spektrum. Die Signale bei δ= 6,8 samt Aufspaltungsmuster weisen eindeutig auf ein 1,4-substituiertes Benzol hin. Dies wird bestätigt durch die IR-Signale bei 3000 cm^{-1} (arom. C-H-Valenzschwingung), 1610 und 1520 cm^{-1} (aromat. C=C-Valenzschwingung) und 815 cm^{-1} (C-H-Deformationsschwingung für 1,4 disubstit. Benzole). Daraus ergibt sich als 1. Zwischenergebnis:

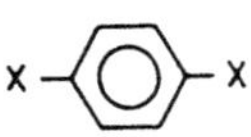

Es liegt ein 1,4-disubstituiertes Benzol vor. Es bleibt als Rest: $C_8H_8N_2 - C_6H_4 = C_2H_4N_2$.

2. Schritt: Die Heteroatome im Molekül deuten auf charakteristische funktionelle Gruppen hin. Einen Hinweis auf eine NH_2-Gruppe gibt das verbreiterte Singulett im NMR-Spektrum bei δ= 3,7 (Bestätigung durch D_2O-Austausch wäre zweckmäßig). Dies wird durch die Signale im IR-Spektrum bei 3500 und 3350 cm^{-1} gestützt, die auf ein primäres Amin hindeuten. Das Signal bei 1280 cm^{-1} spricht ebenfalls für ein aromatisches Amin. 2. Zwischenergebnis: Es liegt vermutlich ein ringsubstituiertes Anilin vor.

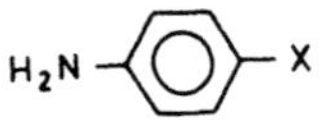

Es bleibt als Rest: $C_8H_8N_2$ - C_6H_6N = C_2H_2N

3. Schritt: Die noch verbleibenden Atome C_2H_2N sind auf eine zweite funktionelle Gruppe aufzuteilen. Diese muß entweder zwei Doppelbindungen oder eine Dreifachbindung aufweisen, da noch zwei Struktureinheiten unterzubringen sind. Das IR-Spektrum deutet auf eine C≡N-Gruppe hin, wofür das Signal bei 2250 cm^{-1} charakteristisch ist.

Somit verbleibt als Rest: C_2H_2N - CN = CH_2,d.i. noch eine Methylengruppe, die im NMR-Spektrum bei δ = 3,5 als Singulett erscheint.

Endergebnis: Die gesuchte Verbindung hat die Struktur

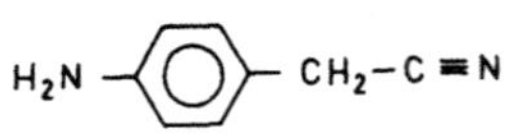

Anmerkung: Mit den hier angegebenen ausgewählten Daten wäre als Lösung auch die Struktur $H_2N-CH_2-C_6H_4-CN$ möglich. Eine Entscheidung über die Struktur erfordert eine genaue Analyse der Originalspektren.

3. Beispiel

Von einer unbekannten Flüssigkeit sind folgende Spektren erhalten worden, deren wesentliche Daten zusätzlich angegeben sind (Abb.110):

- UV (in CH_3OH): λ_{max} = 205 nm mit lg ε = 4,0
- IR (als Film): Signale bei 3025, 1735, 1665, 1280, 1175, 990, 710 cm^{-1}
- MS (mit 70 eV): m/e = 141 (9 % von 140), 140 (M^+), 125 (M^+ - 15), 111 (M^+ - 29), 109 (M^+ - 31), 81 (M^+ - 59).
- NMR (in CCl_4): δ = 1,66 (3H); 2,84 (2H); 3,58 (3H); 5 - 5,7 u. 5,65 (zus. 3H); 6,77 (1H, J = 15,5 Hz)

Interpretation der Daten

1. Schritt: Aus dem UV-Spektrum ergibt sich, daß weder ein Aromat vorliegt, noch konjugierte Doppelbindungen im Molekül enthalten sind. Diese erste Aussage steht in Einklang mit dem IR-Spektrum (Fehlen einer C=C-Ringschwingung bei 1500 - 1600 cm^{-1}) und dem NMR-Spektrum (im Aromatenbereich bei δ= 6 - 8 liegt nur ein Proton mit auffallendem Aufspaltungsmuster). Dem IR-Spektrum (Bereich 3025 und 1665 cm^{-1}) sowie dem NMR-Spektrum (δ = 5 - 7) ist zu entnehmen, daß C=C-Doppelbindungen vorhanden sind, die aufgrund des UV-Spektrums nicht konjugiert sind.

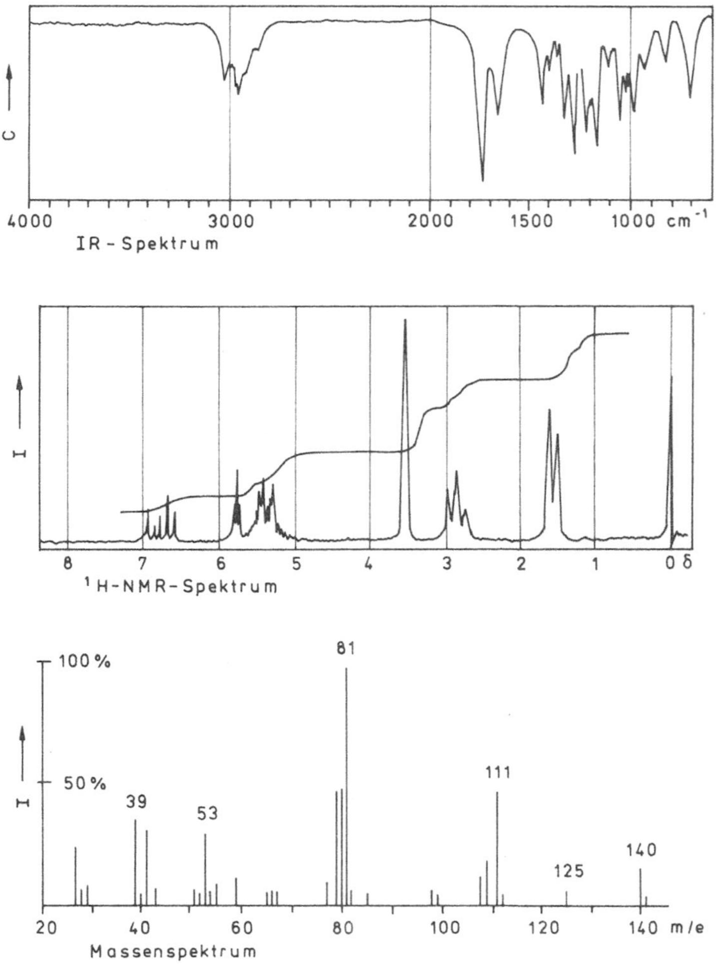

Abb. 110. Spektren zum Beispiel 3 (aus "Analytikum" S. 493)

Das IR-Spektrum enthält eine auffallende Bande bei 1735 cm^{-1}, die eindeutig einer Carbonylgruppe zuzuordnen ist. Ihre Lage weist auf eine α, β-ungesättigte Estergruppe hin. Dies wird durch die C-O-Valenzschwingung bei 1280 cm^{-1} und 1175 cm^{-1} gestützt.

1. Zwischenergebnis: Es handelt sich vermutlich um einen α, β-ungesättigten Carbonsäureester des Typs

$$R - {}^{\beta}CH = {}^{\alpha}CH - \overset{\displaystyle O}{\overset{\|}{C}} - O - R' ,$$

wobei R und R' nicht aromatisch und nicht konjugiert olefinisch sind.

2. Schritt: Das Massenspektrum erlaubt die Aussage: Wegen der geradzahligen Molmasse M = 140 enthält die Verbindung kein oder aber eine geradzahlige Anzahl von N-Atomen. Das Fehlen eines ausgeprägten $(M^+ + 2)$Signals zeigt das Fehlen von Cl-, Br- oder S-Atomen an. Die maximale Zahl der C-Atome ergibt sich aus der Intensität des $(M^+ + 1)$-Signals zu 9 : 1,1 = 8. Aus Tabellenwerken (z.B. Silverstein-Bassler) ermittelt man damit die Summenformel zu $C_8H_{12}O_2$.

Bei einfachen Verbindungen wie in diesem Beispiel findet man die Summenformel auch bei sinnvoller Interpretation charakteristischer Molekülbruchstücke aus dem MS. Das Signal mit m/e = 125 entsteht durch Abspaltung einer CH_3-Gruppe (M = 15). Abspaltung einer C_2H_5-Gruppe (M = 29) führt zu dem Signal bei m/e = 111; dieses ist allerdings unspezifisch. Charakteristisch sind die Signale bei m/e = 109 und m/e = 108 für CH_3O (M = 31) bzw. CH_3OH (M = 32), die beide auf Methylester oder Methylether hinweisen. Durch Abspalten von M = 59, das den Gruppen $C_2H_3O_2$ (Methylester) oder C_3H_7O (Propylester/-ether) zugeordnet werden kann, erhält man einen nicht weiter interpretierbaren Olefinrest mit m/e = 81.

Bei der unbekannten Substanz handelt es sich offenbar um einen Methylester; dies stimmt mit dem IR- und NMR-Spektrum (Signal bei δ = 3,58) völlig überein. Die Substanz enthält daher neben den aus dem MS bekannten 8 C-Atomen wenigstens 2 O-Atome, woraus sich schon eine Teil-Molmasse von 128 errechnet. Die Differenz von 140 - 128 = 12 Masseneinheiten ist daher 12 H-Atomen zuzuordnen, womit sich erneut die Summenformel $C_8H_{12}O_2$ ergibt.

2. Zwischenergebnis: Die untersuchte Verbindung ist ein Methylester mit der Summenformel $C_8H_{12}O_2$. Ergänzter Strukturvorschlag:

$$C_4H_7 - {}^{\beta}CH = {}^{\alpha}CH - \underset{\displaystyle O}{\underset{\|}{C}} - O - CH_3$$

3. Schritt: Aus $C_8H_{12}O_2$ entnimmt man, daß 8 + 1 - 6 = 3 ungesättigte Struktureinheiten vorhanden sein müssen. Die Molekülgruppe C_4H_7 enthält somit noch eine C=C-Doppelbindung, deren Lage aus dem NMR-Spektrum zu ermitteln ist. Zunächst wird das Singulett bei δ = 3,58 mit 3 Protonen aufgrund seiner Lage und Erscheinungsform eindeutig der Methylgruppe des Esters ($-COOCH_3$) zugeordnet. Damit muß das Dublett bei δ = 1 66 mit 3 Protonen einer endständigen Methylgruppe entsprechen, die einer CH-Gruppe benachbart ist ($=CH-CH_3$). Das Signal bei δ = 2,84 mit 2 Protonen (aufgespaltenes Triplett ?) ist aufgrund seiner Lage einer Methylengruppe zuzuordnen, die (wenigstens) einer CH-Gruppe benachbart ist ($=CH-CH_2-$). Die restlichen 4 Protonen bei δ = 5 - 7 sind eindeutig olefinische Protonen.

3. Zwischenergebnis: Die Gruppe C_4H_7 des Methylesters hat folgende Struktureinheiten: $CH_3-CH=$ und $=CH-CH_2-$. Daraus folgt als neuer, verbesserter Strukturvorschlag:

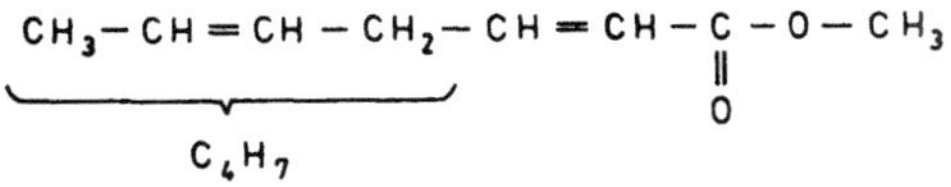

4. Schritt: Zuzuordnen sind noch die Signale der olefinischen Protonen; zusätzlich muß die Stereochemie der Doppelbindungen bestimmt werden. Das Signal bei δ = 6,77 ist aufgrund seiner Lage und seines Aufspaltungsmusters dem Proton am β-C-Atom zuzuordnen. Das Proton am α-C-Atom sowie die Protonen der zweiten Doppelbindung liegen dann bei δ = 5 - 5,7. Die Kopplungskonstante von J = 15,5 Hz zeigt, daß sich das Proton am β-C-Atom in trans-Stellung vom Proton am α-C-Atom befindet. Das IR-Spektrum steht damit in Einklang: Die Bande bei 990 cm^{-1} ist charakteristisch für eine trans-Deformationsschwingung.

Die cis/trans-Zuordnung der zweiten Doppelbindung ist aus diesem NMR-Spektrum kaum möglich. Im IR-Spektrum zeigt jedoch ein Signal bei 710 cm^{-1} eine cis-Deformationsschwingung an, so daß sich folgende Strukturformel ergibt:

Endergebnis:

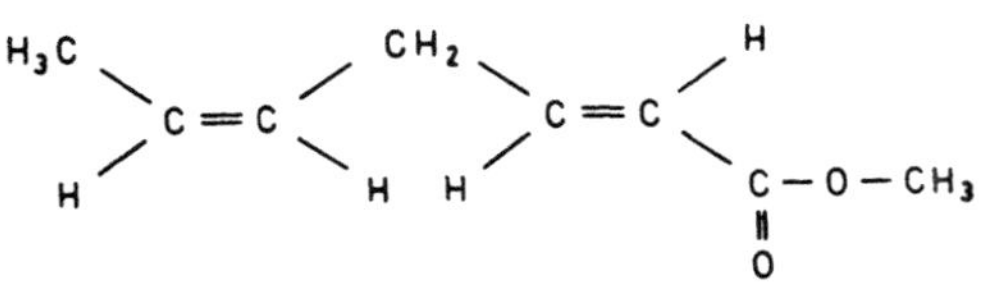

6. Grundlagen der chromatographischen Analysenverfahren

6.1 Prinzip und Mechanismen der Chromatographie; Kenngrößen

Chromatographische Verfahren dienen zur Trennung von Stoffgemischen, zur Anreicherung der einzelnen Komponenten und zu ihrer qualitativen oder quantitativen Bestimmung.

Allen Arten der Chromatographie ist gemeinsam, daß ein Stoffgemisch zwischen zwei Phasen verteilt wird, von denen eine ruht (stationäre Phase), während die andere beweglich ist, die stationäre Phase durchdringt und dabei das Substanzgemisch mitführt. Diese mobile Phase kann flüssig oder gasförmig sein. Übersicht s.Abb. 111.

Die stationäre Phase besteht entweder aus adsorptionsaktivem, feinkörnigem Material *(feste Phase)* oder aus einem mit einer Flüssigkeit beladenen Träger *(flüssige Phase)*.

Die Trennwirkung beruht auf Adsorptions-, Austausch- und Verteilungsvorgängen, die sich auch gegenseitig beeinflussen. Von Bedeutung ist dabei die Polarität der Phasen: Substanzen sind polar, wenn sie ein Dipolmoment haben; Sorbentien heißen polar, wenn sie polare Substanzen bevorzugt festhalten.

6.1.1 Arten der Trennwirkung

a) Verteilungsvorgänge

Bei der Verteilungschromatographie, deren wichtigster Vertreter die *Papier-* *(PC)* und die *Gas-Flüssigkeits-Chromatographie* *(GLC)* sind, ist die Trennwirkung sehr hoch. Die Mengendurchsätze sind jedoch kleiner als bei anderen Verfahren, so daß man sie vorwiegend für analytische Zwecke einsetzt.

Chromatographie

Gas-Chromatographie (GC)			Flüssig(keits)-Chromatographie (LC, liquid chromatography)				
gas-liquid	gas-solid	auf der Säule	liquid-liquid	liquid-solid	ion exchange	bonded phase	exclusion
(GLC)	(GSC)		(LLC)	(LSC)	(IEC)	(BPC)	(EC)
							gel permeation (GPC)
							gel filtration (GFC)
		in der Ebene	paper (PC)	thin layer (TLC)			

Abb. 111. Einteilung und Abkürzungen wichtiger chromatographischer Methoden. Die Vorsilbe HP bedeutet high performance (z.B. in HPTLC)

Ein poröser oder quellfähiger Träger (Cellulose, Kieselgur, Stärke etc.) wird mit einer geeigneten Flüssigkeit beladen (stationäre Phase, Abb. 112) und hält diese auch dann fest, wenn eine damit nicht mischbare Lösung oder ein Trägergas daran vorbeigeführt wird (mobile Phase). Das Substanzgemisch verteilt sich nach dem *Nernstschen Verteilungsgesetz* zwischen den beiden Phasen und wandert in Abhängigkeit von dem Verteilungskoeffizienten k mehr oder weniger schnell mit der strömenden Lösung bzw. dem Gas.

Im Normalfall ist die stationäre Phase stärker polar als die mobile Phase.

$k = \frac{c_1}{c_2}$; c_1 = Konzentration eines Stoffes in der Phase 1; c_2 = Konzentration desselben Stoffes in der Phase 2.

Bedingt durch die Eigenschaften des Trägers spielen allerdings auch Adsorptionseffekte und ggf. ein Ionenaustausch eine gewisse Rolle.

Verteilungs-Chromatographie mit umgekehrter Polarität der Phasen nennt man *Reversed Phase Chromatographie*. Dazu hydrophobiert man das anorganische Trägermaterial z.B. mit einem Silan ("silanisieren") und belädt ("imprägniert") dann mit einer lipophilen Phase (z.B. flüssiges Paraffin). Die mobile Phase muß dann stärker polar sein (z.B. Aceton/Wasser) als die stationäre Phase. Das Verfahren dient zur Trennung von Substanzen, die sich in lipophilen Systemen gut lösen. Der Name "reversed phase" rührt daher, daß die normalerweise stark polaren Kieselgele infolge der Oberflächenbehandlung weitgehend unpolar werden und deshalb unterschiedlich polare Substanzen in - gegenüber polarem Kieselgel - umgekehrter Folge trennen.

Die getrennten Substanzen reichern sich in Zonen an, die im Idealfall scharf und eng begrenzt sind und die stationäre Phase durchwandern (s.S. 481). Im Fall der Papierchromatographie können sie z.B. durch Fluoreszenz im UV-Licht sichtbar gemacht werden, sofern sie keine Eigenfarbe haben.

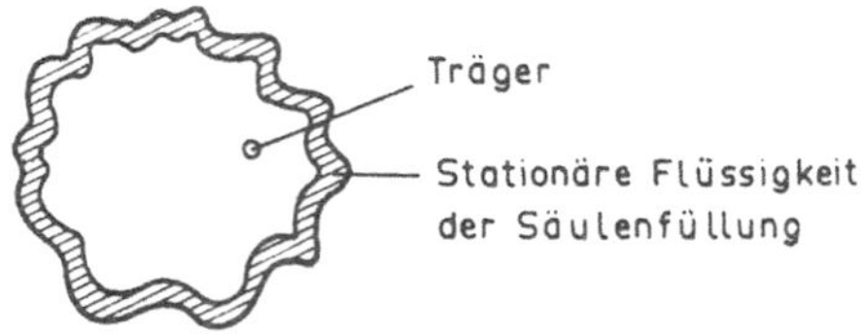

Abb. 112. Stationäre Phase bei der Verteilungschromatographie

Bei der Gaschromatographie werden sie mit geeigneten Detektoren (z.B. Flammenionisationsdetektor) erkannt.

b) Austauschvorgänge

Bei der *Ionenaustausch-Chromatographie* (IEC) stellt sich ein Austauschgleichgewicht zwischen den Ionen in der Lösung und den sogenannten Gegenionen ein, die an eine feste stationäre Phase elektrostatisch gebunden und deshalb austauschbar sind. Die stationäre Phase kann ein Kunststoff mit entsprechenden funktionellen Gruppen (Kunstharzaustauscher) oder ein natürliches bzw. künstlich dargestelltes Silicat (Zeolith, Permutit) sein. Prinzipiell unterscheidet man zwischen Kationen- und Anionen-Austauschern. Die Wanderungsgeschwindigkeit der Ionen wird meist durch den pH-Wert der Lösung bestimmt (mobile Phase).

c) Adsorptionsvorgänge

Adsorptionseffekte werden bei der *Dünnschicht-* (TLC), der *Säulen-* (LSC) und der *Gasadsorptions-Chromatographie* (GSC) zur Trennung ausgenutzt. Adsorption nennt man die Anreicherung einer Substanz an der Oberfläche des festen Füllmaterials, das als Adsorbens oder Adsorptionsmittel bezeichnet wird (= stationäre Phase). Das Lösungsmittel (oder Trägergas), die mobile Phase, darf nur schwach adsorbiert werden, da es sonst die adsorbierenden aktiven Stellen blockieren würde. Die Stärke der Adsorption hängt ab von der Aktivität des Adsorbens, d.h. seiner Affinität zum adsorbierten Stoff (dem Adsorbat), von der Eigenadsorption des Lösungsmittels und von der Löslichkeit der Stoffe in der mobilen Phase. Äußere Faktoren wie Druck und Temperatur spielen für das Trennergebnis vor allem in der Gaschromatographie eine entscheidende Rolle.

Die Lage des Adsorptionsgleichgewichts kann in weitem Umfang durch die Wahl der stationären oder mobilen Phase beeinflußt werden (innere Faktoren). Ein unpolares, lipophiles Adsorbens wie Aktivkohle verhält sich anders als die hydrophilen, polaren Adsorbentien Aluminiumoxid, Kieselgel, Calciumcarbonat, Stärke und Cellulose. Vor allem Wasser wird von diesen besonders fest adsorbiert und desaktiviert daher teilweise das Adsorbens. Beim Aluminiumoxid, das in saurer, neutraler oder basischer Einstellung (entsprechend dem pH-Wert in wäßriger Suspenion) erhältlich ist, unterscheidet man nach dem Wassergehalt verschiedene *Aktivitätsstufen*. Für die Auswahl der mobilen Phase sind vor allem zu beachten: hydrophile bzw. lipophile Eigenschaften der Lösungsmittel sowie ihre Dielektrizitätskonstanten.

Die Lösungsmittel werden in einer eluotropen Reihe angeordnet (Tabelle 31). Die Reihenfolge entspricht ihrem Vermögen, eine adsorbierte Substanz vom Adsorbens zu lösen (zu eluieren, daher auch Elutionsmittel).

Tabelle 31. Eluotrope Reihe (gültig für Al_2O_3 und Kieselgel)

Zunahme der Eluotionswirkung ↓		
	Petrolether	Essigester
	Cyclohexan	2-Butanon
	Schwefelkohlenstoff	Aceton
	Tetrachlorkohlenstoff	Ethanol
	Toluol	Methanol
	Dichlormethan	Wasser
	Chloroform	Eisessig
	Diethylether	
	Acetonitril	
	2-Propanol	

6.1.2 Auswertung der Daten über Kenngrößen

Die Auswertung der Chromatogramme erfolgt so, daß die getrennten Substanzen durch bestimmte Kenngrößen charakterisiert werden. Diese sind für eine große Anzahl von Verbindungen tabelliert und können daher in vielen Fällen zur Identifizierung verwendet werden.

Im allgemeinen beziehen sich die Kenndaten darauf, wie lange eine Substanz braucht, bis sie vom Ausgangspunkt (z.B. Einlaß) zum Endpunkt (z.B. Detektor) gelangt, d.h. wie stark sie zurückgehalten wird (Retention), Abb. 113.

Kenngrößen bei der Gas- und Säulenchromatographie

Als Retentionszeit bezeichnet man in der *Gas- und Säulen-Chromatographie* die Zeit, die vom Start bis zum Auftreten des Substanzmaximums verstrichen ist. Sie ist um die sog. Totzeit zu verringern, die ein Flüssigkeits- oder Gasstrom (mobile Phase) benötigt, um von der Einlaßstelle zum Detektor zu gelangen. Daraus ergibt sich die effektive Retentionszeit t'_R. Bei konstanter Strömungsgeschwindigkeit strömt in dieser Zeit ein bestimmtes Gasvolumen, das sog. effektive Retentionsvolumen V'_R, durch die Säule. Häufig gibt man auch nur die relative Retention in bezug auf einen Standard an, den man der Probe zumischt (effektive Retentionszeit des Standards t_S). Die relative Retention ist dann

$$R_{rel} = \frac{t_R}{t_S} .$$

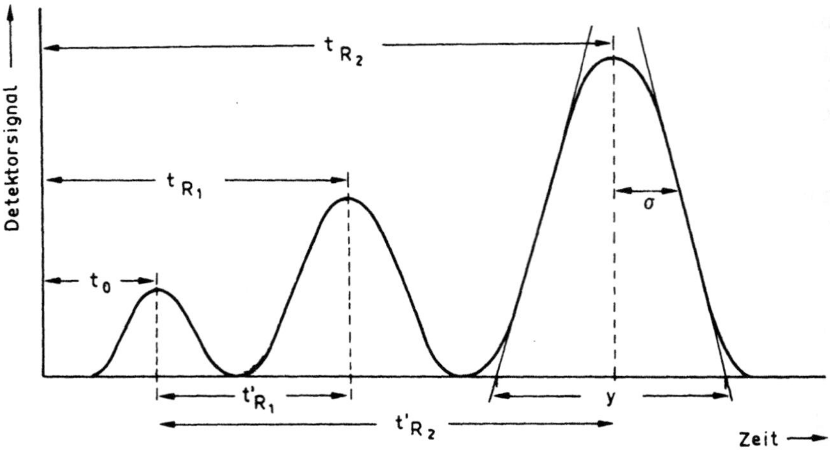

Abb. 113. Erläuterung der wichtigsten Parameter zur Charakterisierung einer Trennung. t_o = Totzeit der Trennsäule (Elutionspeak einer nicht zurückgehaltenen Substanz). t_{R1}, t_{R2} = Retentionszeiten der Komponenten 1, 2, ...; t'_{R1}; t'_{R2} ,......... = effektive Retentionszeiten der Komponenten 1, 2 .....
y = Basisbreite des Peaks (Schnittpunkt der Wendetangenten mit der Null-Linie; σ = Varianz der Gauß-Kurve)

Die Retentionszeiten können bei isothermer Arbeitsweise direkt als Längen aus dem aufgezeichneten Chromatogramm entnommen werden, sofern der Schreiber einen konstanten Papiervorschub hat.

Kenngrößen bei der Papier- und Dünnschicht-Chromatographie

In der *Dünnschicht- und Papierchromatographie* gibt man meist die sog. R_F-Werte an (retention factor, ratio of fronts). Sie werden wie folgt ermittelt:

$$R_F = \frac{\text{Entfernung Start} \longleftrightarrow \text{Substanzfleck (Mitte)}}{\text{Entfernung Start} \longleftrightarrow \text{Lösungsmittelfront}}$$

Die Komponenten eines Substanzgemisches werden auch hier durch ihre Wanderungsgeschwindigkeit charakterisiert. Zur Sicherheit läßt man meist bei einem Chromatogramm eine bekannte Vergleichssubstanz mitlaufen, um Veränderungen der R_F-Werte z.B. durch Temperaturschwankungen, Verunreinigungen des Lösungsmittels, Inhomogenitäten der festen Phase usw. kontrollieren zu können.

Manchmal gibt man daher zusätzlich sog. R_{St}-Werte an. Für diese gilt:

$$R_{St} = \frac{\text{Entfernung Start} \longleftrightarrow \text{Probensubstanzfleck}}{\text{Entfernung Start} \longleftrightarrow \text{Standardsubstanzfleck}}$$

6.1.3 Charakterisierung der Trennleistung bei der Säulen-Chromatographie

Die Trennleistung einer Säule wird durch die Zahl der sog. *theoretischen Böden* angegeben. Ein theoretischer Boden ist eine gedachte Ebene innerhalb einer Säule, bei der sich ein Gleichgewicht zwischen mobiler und stationärer Phase einstellt. Der Begriff "Boden" stammt aus der Destillationstechnik.

Ähnlich wie bei einer Destillation (s.S. 510) die Dampfphase an einer Komponenten angereichert ist, kann bei der Säulenchromatographie auch die mobile Phase bestimmte Komponenten bevorzugt transportieren, so daß schließlich eine Trennung des Substanzgemisches stattfindet.

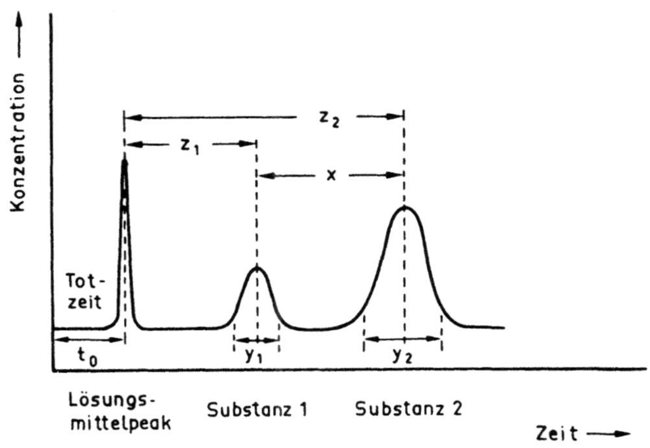

Abb. 114. Trennleistung bei der Säulenchromatographie

Erläuterung zu Abb. 114:

Die Auflösung, d.h. die Trennwirkung, ist gegeben durch

$$R = \frac{x}{(y_1 + y_2)/2} = \frac{2x}{y_1 + y_2}$$

mit x = Strecke zwischen beiden Signalmitten,
y = Basis-Breite der Signale (Schnittpunkte der Nullinie mit den Wendepunktstangenten, vgl. Abb. 113).

Die Zahl N der theoretischen Böden einer Säule ist $N = 16\left(\frac{z}{y}\right)^2$
mit z = Entfernung Substanzpeak ⟷ Lösungsmittelpeak (also Differenz der Elutionszeit des Lösungsmittels und der Komponenten).

Im Idealfall wäre $N = 16\left(\frac{z_1}{y_1}\right)^2 = 16\left(\frac{z_2}{y_2}\right)^2$, d.h. unabhängig von der wandernden Substanz.

Experimentelle Bestimmung der Trennleistung

Das *Höhenäquivalent eines theoretischen Bodens* (HETP: height equivalent to a theoretical plate) ist

$H = \frac{L}{N}$ mit L = Länge der Säule,
N = Anzahl der theoretischen Böden.

Je kleiner H, desto geringer ist die Bandenverbreiterung d und desto besser ist die Trennleistung einer Säule. Bei gegebener Säulenlänge L ist H um so kleiner, je größer N ist. Die Bandenbreite ist von N abhängig und wird vor allem durch drei Parameter A, B, C (Störeffekte) beeinflußt:

A Wanderung von Substanzen durch Poren und Kanäle unterschiedlicher Länge (Umwegeffekt). A hängt von der Partikelgröße ab.

B Molekulardiffusion; diese macht sich vor allem bei kleinen Elutionsgeschwindigkeiten bemerkbar.

C Massentransfer. Bei hohen Durchflußgeschwindigkeiten wird die Gleichgewichtseinstellung zwischen mobiler und stationärer Phase unvollständig sein.

Daraus entwickelte *van Deemter* die nach ihm benannte Gleichung für H:

$$H = A + \frac{B}{v} + C \cdot v$$

mit v = Durchflußgeschwindigkeit, A, B, C = Konstanten.

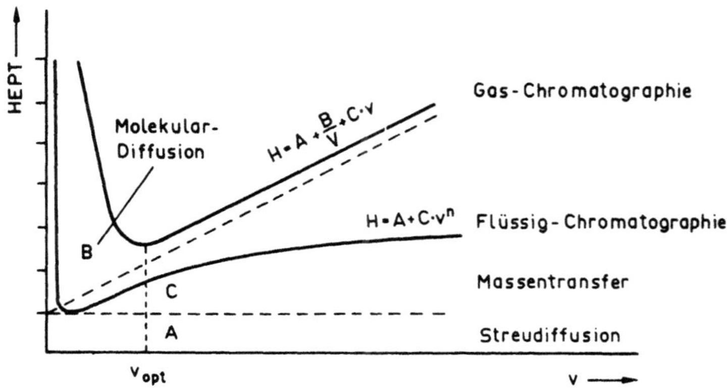

Abb. 115. Graphische Darstellung der *van Deemter*-Gleichung mit den Regionen der Parameter A, B, C

In der Praxis wird H zunächst experimentell bei verschiedenen Durchflußgeschwindigkeiten v ermittelt und dann als Funktion von v graphisch dargestellt (Abb. 115). Man erhält einen Kurvenzug, aus dem sich die optimale Elutionsgeschwindigkeit ermitteln läßt.

6.1.4 Zonenbildung

Bei der praktischen Durchführung einer chromatographischen Trennung stellt man fest, daß die Zonen, in denen die getrennten Substanzen laufen, sich ständig verbreitern.

Der Grund für die Ausbildung von Zonen ist die statistische Verteilung der besprochenen Störeffekte; dabei verlassen die einzelnen Moleküle derselben Substanz die Säule zu verschiedenen Zeiten. Die Verbreiterung kann durch verschiedene Faktoren auf ein Mindestmaß verringert werden, z.B. durch geeignete Wahl von mobiler und stationärer Phase, Auftragen einer möglichst konzentrierten Probe etc.

Abb. 116 zeigt verschiedene Arten der Zonenbildung. Substanz 1 wird stärker adsorbiert und befindet sich größtenteils in der stationären Phase ($c_S > c_L$). Substanz 2 wurde vom Elutionsmittel weitertransportiert ($c_S < c_L$).

I zeigt den Idealfall mit eng begrenzten, scharfen Zonen und guter Trennung beider Substanzen.

II berücksichtigt die statistische Verteilung infolge Diffusion (Glockenkurve).

III zeigt die realen Verhältnisse: Durch die sich ständig wiederholenden Adsorptions-Desorptionsvorgänge treten Konzentrationsänderungen ein. Bei niedriger Konzentration erfolgt eine relativ stärkere Adsorption: es kommt zur Schwanzbildung (*tailing*).

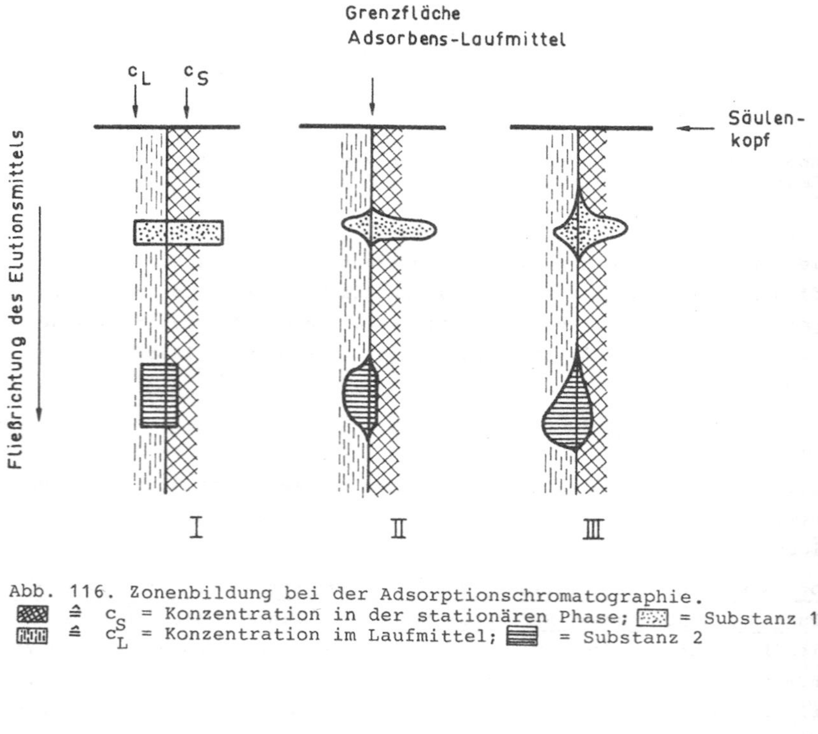

Abb. 116. Zonenbildung bei der Adsorptionschromatographie.
[Symbol] ≙ c_S = Konzentration in der stationären Phase; [Symbol] = Substanz 1
[Symbol] ≙ c_L = Konzentration im Laufmittel; [Symbol] = Substanz 2

6.2 Papierchromatographie (PC)

Die Papierchromatographie verwendet als stationäre Phase reine Cellulose (ohne Leim oder Zusatzstoffe etc.) in Form von Filterpapieren. Die Cellulosefaser ist entweder schon mit Wasser benetzt oder man läßt das wasserhaltige, organische Laufmittel durchsickern, so daß ein Teil des Wassers vom Papier adsorbiert werden kann und mit ihm zusammen die stationäre Phase bildet. Als mobile Phase verwendet man z.B. wasserhaltiges n-Butanol, Phenol oder Kresol.

Für die einzelnen Substanzklassen wie Aminosäuren, Peptide, Zucker, Nucleotide, Phenole, Steroide usw. werden außer den reinen Cellulosepapieren bestimmter Saugfähigkeit und sehr gleichmäßiger Textur auch Spezialpapiere verwendet. Hierzu gehören acetyliertes Papier für Fettsäuren, Aromaten und Insektizide, Carboxylpapier für Aminosäuren u.a.

Die gelöste Substanzprobe (ca. 20 µg je Komponente) wird am sog. Startpunkt als möglichst kleiner Substanzfleck (max. 5 mm) auf dem Papierstreifen aufgetragen und trocknen lassen. Danach wird das Papier in einer Trennkammer in eine mit Laufmittel gefüllte Schale gehängt oder gestellt, z.B. in Form eines Papierrohres.

Hinweis: Grundsätzlich wird immer rechtwinklig zur herstellungsbedingten Faserstruktur chromatographiert, die durch den Wassertropfen-Test ermittelt wird. Ein Wassertropfen breitet sich nämlich ellipsenförmig am stärksten in Faserrichtung aus.

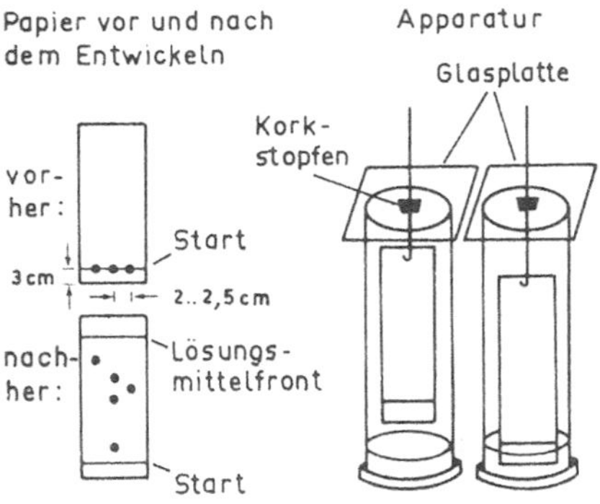

Abb. 117. Aufsteigende PC

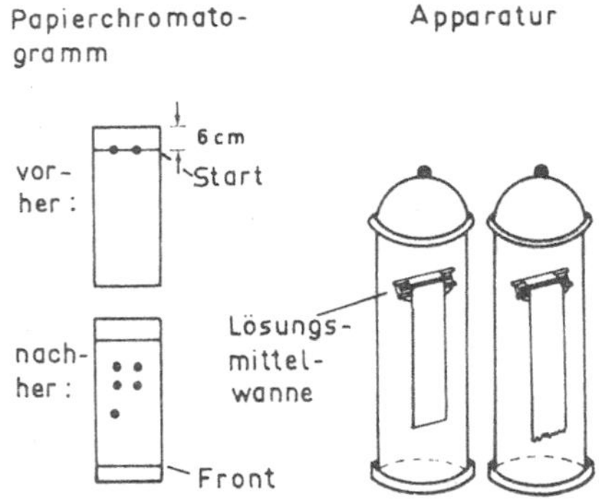

Abb. 118. Absteigende PC

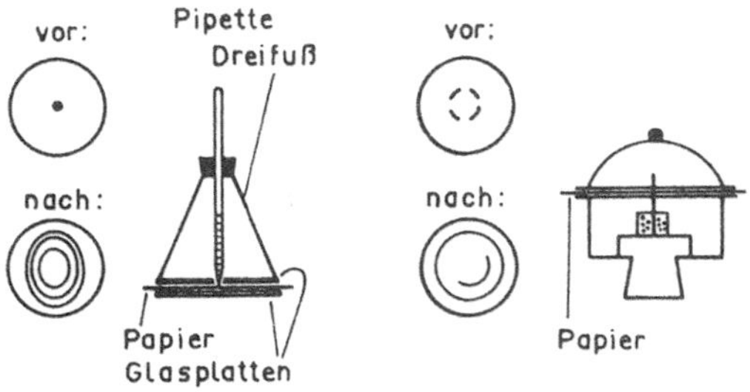

a) Tropfmethode

b) Saugmethode

Abb. 119 a u. b. Zirkulare Papier-Chromatographie

Bei der aufsteigenden Chromatographie läuft die Lösungsmittelfront nach oben (Abb. 117, Papierhöhe bis 30 cm). Da die Schwerkraft den Kapillarkräften entgegenwirkt, nimmt die Sauggeschwindigkeit allmählich immer stärker ab, d.h. die Laufstrecke ist begrenzt.

Diesen Nachteil vermeidet die absteigende Methode (Abb. 118), bei der das Papier über den Rand einer Wanne herabhängt und nur mit seinem oberen Ende in die mobile Phase eintaucht. Die Trennung erfolgt schneller, da die Schwerkraft zusätzlich wirkt. Es gibt keine Begrenzung der Laufstrecke (Durchlaufchromatographie), jedoch muß hier evtl. auf die Angabe eines R_F-Wertes verzichtet werden.

Seltener angewendet wird die radial-horizontale Methode (Zirkularchromatographie). Dabei läuft die mobile Phase von der Mitte eines Rundfilters aus kontinuierlich nach außen (Abb. 119). Das Laufmittel wird von oben aufgetropft (Abb. 119 a) oder mit Hilfe eines Papierdochtes von unten angesaugt (Abb. 119 b).

Bei allen Verfahren darf das Lösungsmittel während der Durchführung der Trennung nicht verdunsten (Reproduzierbarkeit des Ergebnisses!). Man verwendet deshalb geschlossene Apparaturen (meist Glaskammern), deren Atmosphäre mit den Dämpfen des verwendeten Lösungsmittelgemisches gesättigt ist. Das Chromatographie-Papier sollte die Kammerwände nicht berühren (Verfälschung der Ergebnisse durch Kapillareffekte).

Ist die Lösungsmittelfront weit genug gewandert, markiert man sie und läßt das Papier trocknen.

Zum Nachweis der einzelnen Substanzflecken werden diese, sofern sie keine Eigenfarbe haben, mit einem Sprühreagenz besprüht, das mit den Substanzflecken Farbeffekte gibt ("Entwicklung", z.B. mit Ninhydrin bei Aminosäuren). Oft hilft es auch, das Chromatogramm im UV-Licht zu betrachten, falls die Substanzen entsprechend absorbieren. Abb. 120 zeigt ein fertig entwickeltes Chromatogramm.

Quantitative Auswertung

Eine quantitative Auswertung des Chromatogramms ist möglich durch das Auswaschen der Substanz und anschließende Mikroanalyse. Hierzu muß man allerdings mehrere Chromatogramme laufen lassen, um aus einem, z.B. mit Hilfe der Sprühreagenzien, die Lage der Substanzflecken bestimmen zu können.

Man kann aber auch das Chromatogramm mit einem geeigneten Reagenz entwickeln und anschließend mit einem Spektralphotometer die Intensitäten des reflektierten Lichts bzw. der Fluoreszenz-Strahlung ausmessen *(photometrieren)*. Ein anderes Verfahren bestimmt die Durchlässigkeit des Substanzflecks im Vergleich zu einer fleckenfreien Stelle. Die einfachste Methode ist die *Bestimmung der Fleckengröße* mit einem Planimeter oder durch Ausschneiden und Auswiegen entsprechender Papierstücke der Probe und der Vergleichssubstanz. Die Genauigkeit bei diesem Verfahren beträgt etwa 10 %.

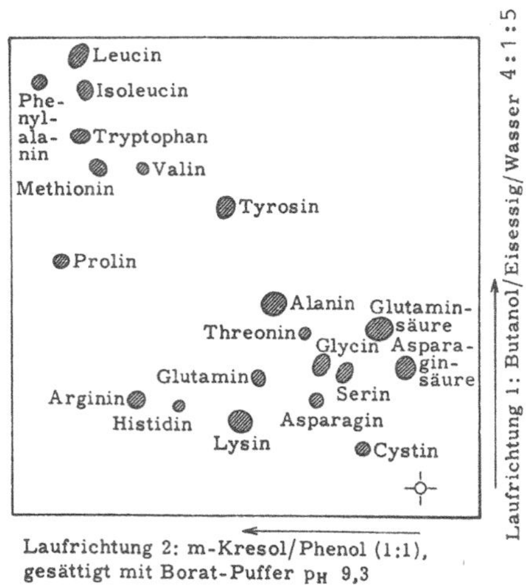

Abb. 120. Zweidimensionale papierchromatographische Trennung von 20 Aminosäuren (nach A.L. Levy und D. Chung; Analytic Chem. 25, 396 (1953))

6.3 Dünnschichtchromatographie (DC)

Die Dünnschichtchromatographie erlaubt die Trennung größerer Substanzmengen, benötigt kürzere Trennzeiten und bringt meist eine bessere Auftrennung eines Gemischs als die Papierchromatographie. Sie ist eine Adsorptionschromatographie, bei der auch Verteilungsgleichgewichte eine Rolle spielen. Die stationäre Phase ist eine Adsorbensschicht, die auf Glasplatten, Aluminium- oder Kunststoff-Folien als Träger aufgebracht wird. Man kann entweder fertig beschichtete Platten kaufen oder mit Hilfe eines Streichgerätes eine ca. 250 um starke Adsorbensschicht selbst auftragen.

Schnellverfahren: Zwei trockene saubere Objektträger werden Rücken an Rücken in eine Adsorbenssuspension getaucht (25 g Kieselgel oder 60 g Aluminiumoxid in ein Gemisch aus 65 ml $CHCl_3$ und 35 ml CH_3OH). Man zieht sie langsam heraus, läßt kurz abtropfen, trennt und läßt 5 min trocknen. Die Kanten werden ausgeglichen, indem man eine geringe Menge Adsorbens entfernt.

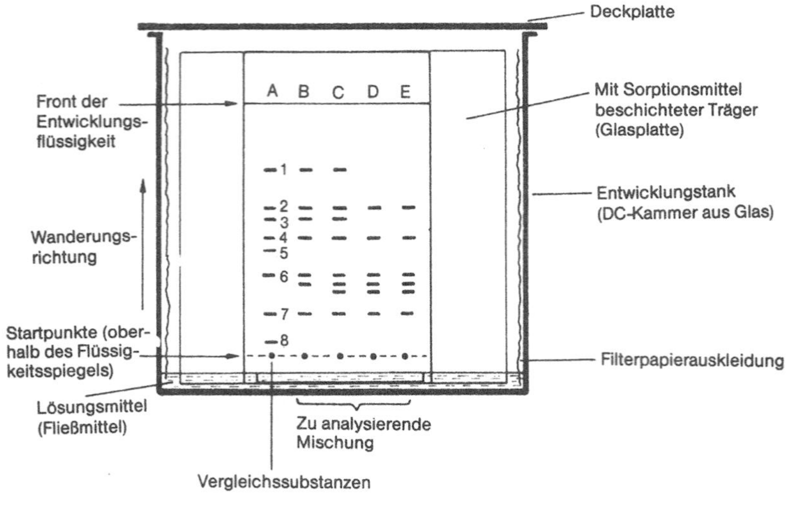

Abb. 121. Dünnschicht-Chromatographie von Acylglycerinen auf Kieselgel, das mit $AgNO_3$ imprägniert ist (wegen der Wechselwirkung mit Ag^+ laufen die ungesättigten Verbindungen langsamer). A = Synthetisches Gemisch, B = Schweineschmalz, C = Kakaobutter, D = Baumwollsamenöl, E = Erdnußöl. Die Flecken sind (1) Tristearin, (2) 2-Oleodistearin, (3) 1-Oleo-distearin, (4) 6-Triolein, (7) Trilinolein und (8) Monostearin

Die Variationsbreite für das Adsorbens ist sehr groß. Es gibt verschiedene Adsorbentien wie Kieselgele, Aluminiumoxide, Cellulose, Polyamide usw., die teilweise mit einem Fluoreszenzindikator versehen sind. Auf derart beschichteten Platten werden bei Bestrahlung mit UV-Licht (λ = 254 nm) alle Substanzen sichtbar, die oberhalb 230 nm absorbieren (unabhängig von einer evtl. Eigenfluoreszenz).

Die Substanzproben werden analog zur Papierchromatographie an einem Ende einer Platte aufgetragen.

Praktische Hinweise für 20 cm Platten: Startlinie ca. 15 mm vom unteren Plattenrand, Probenabstand mind. 10 mm, Probenmenge 0,5 - 3 µg in 1 - 3 µl Lösung, Substanzfleckdurchmesser max. 3 mm. Zum Auftragen genügt ein fein ausgezogenes Schmelzpunktröhrchen, wobei die Sorptionsschicht nicht beschädigt werden sollte. Nach dem Antrocknen wird die Platte in einem Entwicklungstank, meist einem Glasgefäß, mit dem Laufmittel in Berührung gebracht (Abb. 121). "Entwickeln" heißt in diesem Fall die Trennung der Probe mit Hilfe des Lösungsmittels (mobile Phase). Es können, unter Beachtung der eluotropen Reihe, die gleichen Laufmittel wie in der Papierchromatographie verwendet werden.

Schnelltest zur Wahl von Laufmittel und Adsorbens: In der Mitte eines punktförmigen Probenflecks läßt man etwas Lösungsmittel aus einer fein ausgezogenen Pipette ausfließen, bis sich eine Fläche von ca. 15 mm Durchmesser gebildet hat. Dabei sollte sich das Gemisch in ringförmige Substanzzonen trennen. Andernfalls variiert man die Polarität des Lösungsmittels, indem man vom weniger zum höher polaren fortschreitet.

Die Entwicklung wird beschleunigt, wenn man den Luftraum der Kammer mit Lösungsmitteldämpfen sättigt. Dies geschieht am einfachsten durch ein eingebrachtes Filterpapier (Abb. 121). Eine optimale Trennung ist meist nach einer Fließmittellaufstrecke von ca. 10 cm erreicht. Die Lösungsmittelfront wird nach dem Herausnehmen der Platte aus der Kammer sofort markiert, da das Lösungsmittel rasch verdunstet.

Die meistbenutzte Methode ist die aufsteigende Chromatographie. Weitere Verfahren wie Mehrfach-Entwicklung, Stufentechnik, zweidimensionale Trennungen (analog Abb. 120) oder Gradienten-Techniken sind in den bekannten Handbüchern beschrieben.

Die qualitative (R_F-Werte) und quantitative Auswertung geschieht analog zur Papierchromatographie.

Auch für die Sichtbarmachung verwendet man neben UV-Licht die bekannten Sprühreagenzien, mit denen viele Substanzen charakteristische Farbreaktionen geben. Im Labor sind mit Ioddampf gesättigte Glasgefäße (Iodkammern) sehr beliebt (es bilden sich gefärbte Iod-Komplexe). Üblich ist auch das Besprühen mit Schwefelsäure und damit das Verkohlen der Substanzen.

Da viele Farbflecke nicht beständig sind, empfiehlt es sich, sie mit einer Nadel zu umreißen, wodurch die Dokumentation erleichtert wird.

Die Dünnschichtchromatographie findet als einfache, schnelle und preiswerte Standardmethode für Substanztrennungen in praktisch allen analytischen Gebieten der Naturwissenschaften und Medizin Anwendung.

Präparative Dünnschichtchromatographie

Für die Trennung größerer Substanzmengen wurden aus den analytischen Trennmethoden verschiedene präparative Trennverfahren entwickelt. Hierzu gehören die präparative Gaschromatographie, die präparative Dünnschichtchromatographie und die Säulenchromatographie.

Bevor man einen präparativen Trennversuch unternimmt, macht man meist mit einer kleinen Substanzprobe einen Vorversuch auf einer Dünnschichtplatte und wählt nach dem Ergebnis des Vorversuchs Laufmittel und Adsorbens für die Trennung in größerem Maßstab aus.

Die präparative Dünnschichtchromatographie verwendet Sorptionsmittelschichten von 1,5 - 2 mm Dicke ("Dickschichtchromatographie) und Trägerplatten von 20 - 100 cm Länge (bei 20 cm Breite). Die Entwicklungsdauer ist kürzer als bei der Säulenchromatographie. Die mit den getrennten Substanzen beladenen Sorptionsmittelschichten werden nach der Entwicklung von der Glasplatte abgekratzt und mit geeigneten Lösungsmitteln eluiert.

Die aufzutrennende Probenmenge kann bei einer Plattengröße 20 x 20 cm bis zu 1 g betragen.

6.4 Säulenchromatographie (SC)

Für Probenmengen ab 1 g wird häufig die Säulen-Adsorptionschromatographie eingesetzt. Der Trennvorgang erfolgt hierbei in einem Rohr, in dem sich eine feste stationäre Phase befindet, die von einer flüssigen mobilen Phase durchdrungen wird.*

Arbeitstechnik

Im allgemeinen verwendet man als Trennsäule ein senkrecht stehendes Glasrohr mit einem Verhältnis Länge : Durchmesser $\gg$ 20 : 1. Der untere Teil des Rohres wird verengt und ist mit einem (möglichst ungefetteten) Hahn versehen, um den Lösungsmitteldurchfluß regulieren zu können (Abb. 122). Zuerst wird ein Glaswollepfropfen eingebracht - sofern keine Glasfritte eingeschmolzen ist -, um ein Herausfliessen des Adsorbens zu verhindern. Watte ist weniger brauchbar, da z.B. zugesetzte optische Aufheller die Auswertung über ein Photometer stören können. Das Adsorbens wird meist im Elutionsmittel (Laufmittel) aufgeschlämmt und als Suspension in die senkrecht stehende Säule von oben eingefüllt. Dabei läßt man das Laufmittel teilweise langsam auslaufen, um das Absetzen des Adsorbens zu beschleunigen. Die Suspension muß klumpen- und blasenfrei sein (evtl. mit Ultraschall entgasen). Man rechnet mit wenigstens 50 - 100 g Adsorbens pro g Probe. Feinere Körnung erhöht die Trennwirkung (kürzere Säulen), erfordert jedoch einen höheren Laufmitteldruck. Bei portionsweiser Zugabe füllt man Schichthöhen von ca. 10 cm ein, wobei man leicht gegen die Säule klopft, die zu max. 2/3 mit Adsorbens gefüllt wird. Beachte die Volumenvergrößerung bei der Herstellung von Kieselgel-Suspensionen! Die Zugabe der nächsten Portion muß erfolgen, bevor sich die erste vollständig abgesetzt hat, da sich sonst störende Schichten bilden.

Die fertige Säulenfüllung muß frei sein von Luftblasen und Rissen und sollte möglichst gleichmäßig gefüllt sein. Sie darf auch nicht trockenlaufen, d.h. sie muß stets mit Lösungsmittel bedeckt sein.

Übliche Adsorbentien sind verschiedene Aluminiumoxide und Kieselgele. Für die Lösungsmittel gilt die bekannte eluotrope Reihe.

**Anmerkung:* Auch bei anderen Verfahren wie Gaschromatographie, Ionenaustausch- und Gelchromatographie werden Säulen zur Trennung benutzt, ohne daß sie speziell als Säulenchromatographie bezeichnet würden.

Die Adsorbentien werden mit verschiedenen Porendurchmessern (Körnung) geliefert, Aluminiumoxide ferner als neutral (pH 7,5), basisch (pH 9,0) oder sauer (pH 4,0). Kieselgele haben in 10 % wäßr. Suspension pH-Werte von 5,5 - 7,5. Die Aktivität der Oberflächen kann durch Zugabe von Wasser vermindert werden. Tabelle 32 zeigt, wie sich verschiedene Aktivitäten (nach Brockmann) einstellen lassen. Tabelle 33 gibt einen Überblick über die Reihenfolge der Aktivität verschiedener Materialien. Die Wahl der drei wichtigsten Faktoren wird durch die Dreiecksregel in Abb. 123 erleichtert.

Käufliche Fertigsäulen erleichtern eine Reproduzierbarkeit der Trennung und können mehrfach verwendet werden. Das zu trennende Gemisch wird in möglichst konzentrierter Form mit Hilfe einer Pipette auf eine Filterpapierscheibe aufgetragen, welche die Adsorbensfüllung nach oben abschließt. Alternativ stellt man sich eine Suspension aus Probenlösung und Adsorbens her, womit man vorsichtig die Säulenfüllung überschichtet. Anschließend läßt man das Laufmittel behutsam nachlaufen und regelt die Auslaufgeschwindigkeit mit dem Hahn.

Die Lösung des Substanzgemisches strömt als mobile Phase unter dem Einfluß der Schwerkraft über das Adsorbens. Die einzelnen Komponenten werden je nach ihrer Affinität zum Lösungsmittel und zur stationären Phase verschieden stark adsorbiert. Sie wandern daher im Laufe der Zeit als Zonen verschieden schnell durch die Säule. Die am schwächsten adsorbierte Substanz erscheint zuerst am Säulenende im Eluat. Dieses wird (z.B. mit automatischen Fraktionssammlern) in Fraktionen geeigneter Größe aufgefangen.

Durchflußgeschwindigkeit: 1 - 5 ml pro cm^2 Rohrquerschnitt pro Stunde.

Tabelle 34 gibt die Reihenfolge an, in der verschiedene Verbindungsklassen i.a. eluiert werden, in Abhängigkeit von der Polarität ihrer funktionellen Gruppe.

Bei UV-absorbierenden Stoffen können die einzelnen Fraktionen mit einem Durchflußphotometer registriert werden. Andere Substanzen müssen z.B. mittels Dünnschichtchromatographie in den einzelnen Fraktionen getrennt nachgewiesen werden.

Falls die eluierende Kraft des eingesetzten Lösungsmittels nicht ausreicht, verwendet man gemäß der *eluotropen Reihe* zusammengesetzte Laufmittelgemische *(fraktioniertes Auswaschen)*.

Anwendungsbereich

Die Säulenchromatographie wird meist zur Auftrennung von Substanzgemischen, manchmal aber auch zur Abtrennung von Verunreinigungen benutzt. Bei geeigneter Wahl von Adsorbens und Laufmittel bleiben die Verunreinigungen auf der Säule hängen, und die reine Substanz befindet sich im Eluat.

Tabelle 32. Erforderliche Wasserzugabe in % für bestimmte Aktivitätsstufen

Stufe	Wasser-Gehalt [%] Al_2O_3	Kieselgel
I	-	-
II	3	10
III	6	12
IV	10	15
V	15	20

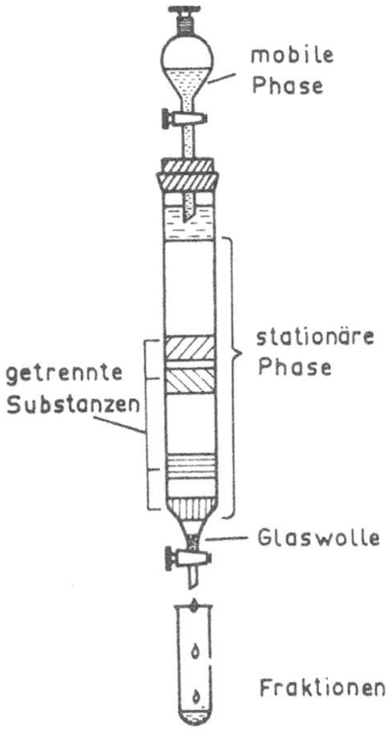

Abb. 122. Säulenchromatographie

Tabelle 33. Verschiedene Adsorbentien

Cellulose	niedrig	
Stärke		
Zucker	↓	
Calciumsulfat		Zunahme der Aktivität
Kieselgel		
Florisil (Magnesiumsilikat)		
Magnesiumoxid		
Aluminiumoxid		
Aktivkohle (aktiviert)	hoch	

Tabelle 34. Elution verschiedener Verbindungen

Kohlenwasserstoffe	leicht	
Olefine		
Ether	↓	
Halogenverbindungen		Zunahme der Adsorption = Abnahme der Elutionsgeschwindigkeit
Aromaten		
Ketone		
Aldehyde		
Ester		
Alkohole, Amine, Merkaptane		
Säuren und starke Basen	schwer	

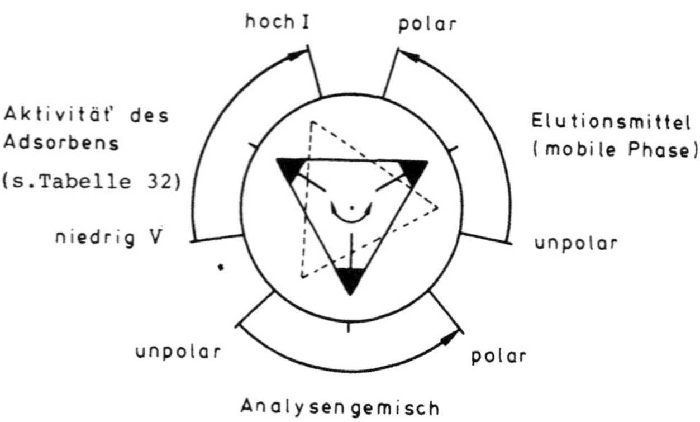

Abb. 123. Orientierungsschema zur Adsorptions-Chromatographie.

Das Dreieck ist in der Mitte drehbar. Man gibt eine Größe vor und stellt eine Ecke hierauf ein. Die beiden anderen Ecken zeigen dann auf die gesuchten Eigenschaften der übrigen Komponenten.

6.5 Gaschromatographie (GC)

Die Gaschromatographie ist ein Verfahren zur Trennung von Gemischen, die gasförmig vorliegen oder vollständig verdampft werden können. Als mobile Phase dient ein Gas (H_2, He, N_2, Ar, CO_2), das als Trägergas den Stofftransport übernimmt und durch eine Trennsäule (Durchmesser 1 - 20 mm, Kapillarsäulen 0,2 - 1 mm) aus Metall, Glas oder Kunststoff (Länge: 0,3 - 30 m) strömt. Die Säule enthält die stationäre Phase.

Im Falle der *Gas-Adsorptionschromatographie* ist dies ein Festkörper mit adsorptiv wirksamer Oberfläche wie Kieselgel, Aktivkohle, Aluminiumoxid, Molekularsiebe oder Harze verschiedener Porenweite ("Poropak").

Bei der *Gas-Flüssigkeitsverteilungschromatographie* handelt es sich um eine Flüssigkeit (Squalan, Siliconöle, Ester, Glykole etc.) auf einem indifferenten Träger (Abb. 112, S. 475). Dieser kann ein saugfähiges Füllmaterial (Kieselgur, Tone) oder die Kapillarwand selbst sein (Flüssigkeitsfilm bei Kapillarsäulen).

Die erforderlichen Trennsäulen sind käuflich, können aber mit viel Erfahrung auch selbst hergestellt werden. Bekannte Trägermaterialien sind: Chromosorb G, P, W, die aus geglühtem Kieselgur hergestellt werden, Chromosorb T aus Teflonfasern und Carbopack C aus graphitisiertem Kohlenstoff. Die Träger können vorbehandelt werden: NAW = non acid washed, AW = acid washed, KOH washed, DMCS = Dimethyldichlorsilan behandelt etc. Die Vorbehandlung verringert i.a. die Aktivität des Trägers. Die kleineren Korngrößen (0,125 - 0,150 mm) verwendet man meist für kürzere Säulen. Für längere Säulen sind oft Fraktionen mit 0,180 - 0,250 mm besser geeignet.

Die Auswahl der Trennflüssigkeiten erfolgte früher nach der Faustregel: a) inert, b) Dampfdruck $<$ 0,5 Torr bei der beabsichtigten Arbeitstemperatur und c) ähnliche Polarität wie die Analysensubstanz. Heute wird die Trennphase in zunehmendem Maße anhand von experimentell ermittelten Kennwerten ausgewählt (z.B. mit Hilfe der Rohrschneider-oder Mc Reynolds-Konstanten). Bei diesen Kennwerten handelt es sich um die Differenz im Retentionsindex für verschieden polare Verbindungen wie Benzol, Butanol, Nitropropan, Pyridin usw. Dazu läßt man diese Substanzen über die unpolare Standardphase Squalan laufen und zum Vergleich über andere stationäre Phasen wie Ester, Glykole etc. und ermittelt die Retentionsindices.

Die daraus erhaltenen Kennwerte sind charakteristisch für die einzelnen chemischen Substanzklassen in bezug auf eine bestimmte Trennphase. Beim Arbeiten mit den tabellierten Kennwerten bedeutet ein hoher Wert z.B. der Konstanten für Benzol, daß die betreffende Substanzklasse - hier die Aromaten - von der Trennphase stark zurückgehalten wird.

Arbeitstechnik (Abb. 124)
Die Substanzprobe wird in einem heizbaren Probenkopf aufgegeben, darin, falls erforderlich, verdampft und vom Gasstrom durch die Säule geführt. Flüssigkeiten werden z.B. mit einer Injektionsspritze durch ein Septum in den Probenkopf gespritzt. In der Säule verteilt sich die Substanz entsprechend den Verteilungskoeffizienten zwischen Gas und Flüssigkeit und wird mehr oder weniger stark adsorbiert.

Die so getrennten Komponenten werden am Ende der Trennsäulen mit Hilfe eines Detektors registriert. Die Arbeitstemperatur (0° - 400^oC) richtet sich nach dem Trennproblem: Sie kann entweder konstant gehalten (*isotherme Arbeitsweise*) oder nach einem frei wählbaren Programm variiert werden. Die auswechselbaren Säulen sind daher meist in einen heizbaren Thermostaten ("Ofen") eingebaut.

Mit den Detektoren werden Änderungen in den physikalischen Eigenschaften der Gase gemessen, die durch mitgeführte Probensubstanzen verursacht werden, wie z.B. Änderungen der *Wärmeleitfähigkeit* (Nachweisgrenze 10^{-9} g/ml). Häufig wird auch die Ionisation der Moleküle *(Ionenstrom)* in einer H_2-Flamme gemessen (Flammenionisationsdetektor, FID, Nachweisgrenze 10^{-12} g/ml). Die Meßergebnisse werden auf einem Papierstreifen als Ausschläge (Banden, Peaks) registriert.

Jede Analyse erfordert grundsätzlich Vergleichsmessungen mit einer bekannten Standardsubstanz. Auf diese Weise erhält man die relativen Retentionszeiten, die für viele Substanzen tabelliert sind.

Für die quantitative Auswertung der Chromatogramme werden meist die Flächen unter den Signalen (Peaks) integriert und miteinander verglichen. Mit Hilfe von automatischen Probengebern können reproduzierbar genau dosierte Mengen von einer Substanz eingegeben werden.

Die wichtigste Anwendung der Gaschromatographie liegt in der Reinheitsprüfung und Identifizierung von Stoffen. Die hohe Trennwirkung des Verfahrens ist der Grund, weshalb sie in immer stärkeren Maße auch als präparative Trennmethode verwendet wird (geringer Zeitbedarf, gleichzeitige Ausführung qualitativer und quantitativer Analysen).

Berechnung der Ausbeute mittels innerem Standard

Die Berechnung erfolgt mit Hilfe folgender Auswerteformeln:

$$m_i = \frac{F \cdot A_{ip} \cdot Z_s \cdot m_t}{E_p \cdot A_{sp}} \qquad F = \frac{A_s \cdot E_i}{A_i \cdot E_s}$$

Erläuterung der Formelgrößen und praktische Vorgehensweise

1. Schritt: Zunächst isoliert man eine kleine Menge der interessierenden Verbindung i zur Bestimmung des stoff- und gerätespezifischen Faktors F in bezug auf die Standardsubstanz s. Zur Berechnung benötigt man die Substanzeinwaagen E sowie die Flächen A der Peaks aus dem Chromatogramm.

2. Schritt: Man wiegt jeweils eine kleine Probe (E_i bzw. E_s) der interessierenden und der Standard-Substanz aus, mischt gut und injiziert die erforderliche Menge in die Säule. Aus dem Chromatogramm erhält man die Flächen A_i bzw. A_s und kann somit F berechnen.

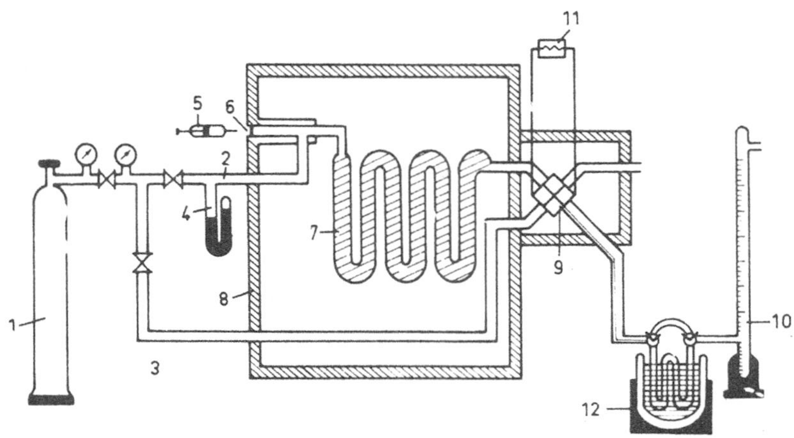

Abb. 124. Schema einer Apparatur zur Gas-Chromatographie.
1. Trägergasflasche; 2. Trägergas; 3. Vergleichsgas; 4. Manometer; 5. Proben-Injektionsspritze; 6. Proben-Aufgabevorrichtung, heizbar; 7. Trennsäule; 8. Säulenraum; thermostatisierbar; 9. Detektor (hier Wärmeleitfähigkeitsmeßzelle); 10. Strömungsmesser; 11. Schreiber; 12. Kühlfalle für präparative Gas-Chromatographie

3. Schritt: Eine Probe E_p des Substanzgemisches der Gesamtmasse m_t, das die Verbindung i enthält, wird ausgewogen, eine bestimmte Menge Z_s des Standards wird zugewogen, gut gemischt und eine Probe in die Säule injiziert (auf gleiche Arbeitsbedingungen wie bei der Bestimmung von F achten). Die Flächen A_{ip} und A_{sp} der interessierenden Verbindung bzw. des Standards werden aus dem Chromatogramm entnommen und damit m_i berechnet.

m_i ist die Masse der Verbindung i in der Gesamtmasse m_t des Gemisches; man achte auf die richtigen Maßeinheiten!

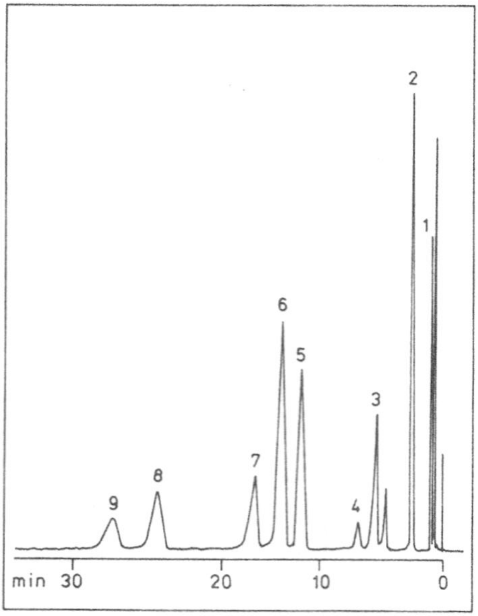

Zuordnung der Signale:

1 o-Fluoranilin
2 p-Fluoranilin
3 Anilin
4 o-Chloranilin
5 o-Bromanilin
6 m-Chloranilin
7 p-Chloranilin
8 m-Bromanilin
9 p-Bromanilin

Abb. 125 Beispiel für eine GC-Trennung verschiedener Aniline
Säule: 5 % Zinkstearat auf Chromosorb G (AW-DMCS, 80 - 100 mesh)
Glassäule 2 m, Ø 3 mm, Temperatur: 140° C; FID-Detektor

6.6 Hochleistungsflüssigkeitschromatographie (HPLC)

Die Hochleistungsflüssigkeitschromatographie (HPLC - high performance liquid chromatography) ist eine Methode zur schnellen Trennung von Substanzen unter milden Bedingungen und mit hoher Trennschärfe. Im Unterschied zur Gaschromatographie dient als mobile Phase eine Flüssigkeit, in der das zu trennende Gemisch löslich sein muß. Die HPLC erlaubt daher die Trennung von Verbindungen, die wegen zu *geringer Flüchtigkeit* oder *thermischer Labilität* gaschromatographisch nicht analysiert werden können.

Verwendet werden meist *Trennsäulen* aus Edelstahl mit einem inneren Durchmesser von 2 - 6 mm, um auch die Trennung von Mikromengen zu erreichen. Die benötigten Substanzmengen liegen je nach Trennproblem im Mikrogramm- bis Nanogramm-Bereich. Selbstverständlich sind auch präparative Trennungen möglich.

Als Sorptionsmittel dient ein sehr *feinkörniges Trägermaterial* (Partikelgröße etwa 10 µm, enger Korngrößenbereich), möglichst druckstabil. Wegen des damit verbundenen hohen Strömungswiderstandes muß die Fließgeschwindigkeit der mobilen Phase durch einen hohen *Eingangsdruck* (10 - 400 bar) erhöht werden. Die Strömungsgeschwindigkeiten liegen zwischen 0,1 und 5 $cm \cdot sec^{-1}$.

Die Säulen sind 20 - 100 cm lang und können auch hintereinander geschaltet werden. Die Trennzeiten pro Analyse sind ähnlich wie in der Gaschromatographie, wenn kurze Säulen verwendet werden.

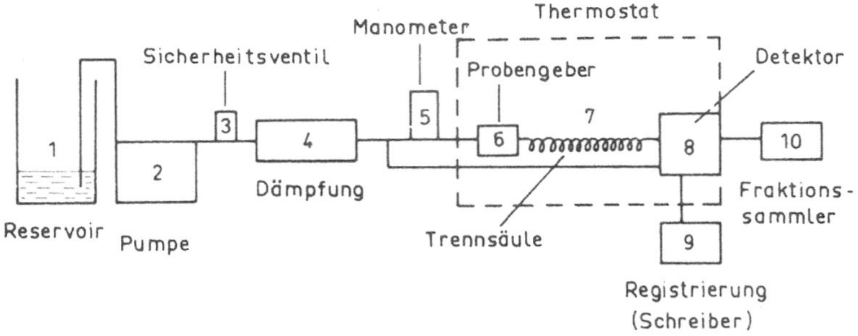

Abb. 126. Aufbau einer Apparatur für HPLC

Die Zahl der theoretischen Böden bei einer analytischen Säule (25 cm, Partikelgröße 10 µm) liegt bei etwa 3000.

Je nach Säulenfüllmaterial kann die HPLC eingesetzt werden zur Gelchromatographie, Ionenaustauschchromatographie, Adsorptionschromatographie oder Verteilungschromatographie.

6.7 Ionenaustauscher (IEC)

Ionenaustauscher sind Substanzen, die im Kontakt mit Elektrolytlösungen Ionen aufnehmen und im Austausch äquivalente Mengen anderer Ionen (mit gleichem Vorzeichen) abgeben können. Sie sind wegen ihrer hohen Reinheit und der Möglichkeit, sie für den jeweiligen Verwendungszweck passend herzustellen, zur Lösung vieler Trennprobleme geeignet.

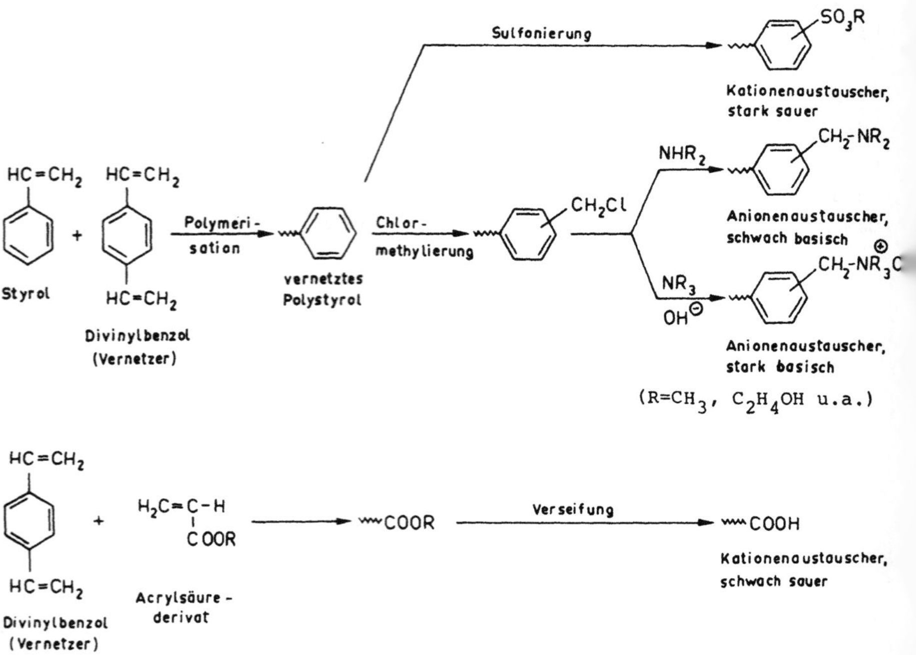

Abb. 127. Herstellung der wichtigsten Kunstharz-Ionenaustauscher

Ionenaustauscher bestehen aus einem Grundgerüst (Matrix) und aktiven Gruppen (Abb. 127). Die dreidimensional aufgebaute Matrix ist der Träger von Festionen, d.h. sie trägt eine positive oder negative Überschußladung und bedingt die Unlöslichkeit des Ionenaustauschers in den üblichen Lösungsmitteln.

Die Festionen sind fest mit dem Grundgerüst verbunden. Im Fall der mineralischen Austauscher (Zeolithe, Permutite) handelt es sich um Alkali-Alumosilicate, in deren Kristallgitter dreiwertige Metall-Ionen (z.B. Al^{3+}) anstelle von Silicium eingebaut sind. Die dadurch hervorgerufenen negativen Überschußladungen werden durch positive Gegenionen kompensiert, die relativ frei beweglich sind und somit den austauschbaren Bestandteil der aktiven Gruppen darstellen.

Ionenaustauscher sind demnach Polyelektrolyte, die reversibel äquivalente Mengen gelöster Ionen gleicher Ladung austauschen gegen gleichsinnig geladene Gegenionen der aktiven Gruppen des Austauschers. Der Austausch erfolgt bis zur Einstellung eines Gleichgewichtszustands, der von verschiedenen Faktoren wie Selektivität des Austauschers, Ionenkonzentration, Temperatur etc. abhängt.

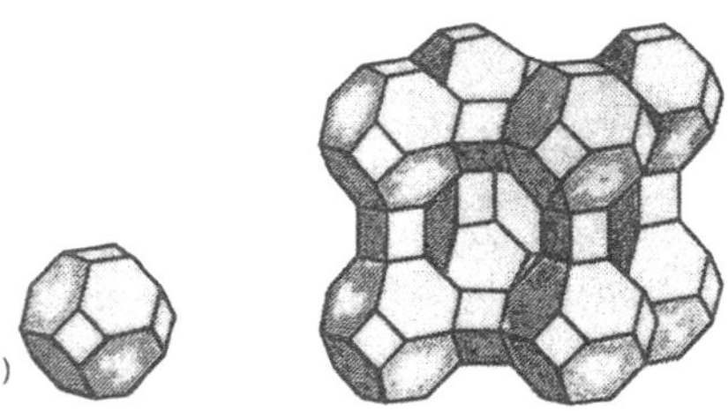

Abb. 128. Grundbaustein des Siebtyps A (Chem.Ztg. 95, T 123 (1971)

Die Na-Form des Zeolithtyps A hat die Summenformel $Na_{12}[(AlO)_{12}](SiO_2)_{12}\cdot n\,H_2O$ und im Strukturbild die Form eines Kubus mit je einer Öffnung definierten Durchmessers (hier 0,42 nm) in jeder der sechs Seiten (Abb. 128).

Kunstharz-Ionenaustauscher bestehen aus einem hochpolymeren, räumlichen Netzwerk aus Kohlenwasserstoffketten, an das die ladungstragenden aktiven Gruppen (Festionen) über Atombindungen fest gebunden sind (Abb. 127)

Im Fall eines Kationenaustauschers ist die aktive Gruppe eine anionische Gruppe (wie z.B. $-SO_3^-H^+$, $-COO^-H^+$, $-PO_3^{2-}2H^+$) mit abdissoziierbarem Kation (H^+, Na^+ usw.).

Man unterscheidet schwachsaure Kationenaustauscher (z.B. Carboxylgruppen) und solche mit stark sauren aktiven Gruppen wie Sulfonsäuregruppen.

Bei den Anionenaustauschern enthalten stark basische Sorten quartäre Ammoniumgruppen ($-NR_3^+$) als aktive Gruppen, die ihr Gegenion austauschen können. Schwach basische Austauscher haben Aminogruppen, die freie Säuren anlagern können, wobei die Säureanionen reversibel festgehalten werden.

Unter der Selektivität eines Austauschers versteht man die bevorzugte Aufnahme einer bestimmten Ionensorte. Innerhalb einer Ionenklasse bevorzugt der Austauscher das hydratisierte Ion mit dem kleineren Radius. Für stark saure Kationenaustauscher gilt z.B. folgende Reihe: $Li^+ < H^+ < Na^+ < NH_4^+ < K^+ < Mg^{2+} < Ca^{2+} < Al^{3+}$. Für stark basische Anionenaustauscher gibt es eine ähnliche Reihe: $OH^- < F^- < Cl^- < Br^- < NO_3^- < HSO_4^- < I^-$. Die Selektivität eines Austauschers für zwei Ionen A und B wird durch die Gleichgewichtskonstante K der Austauschreaktion $\nu A + \mu \bar{B} \rightleftharpoons \nu \bar{A} + \mu B$ wiedergegeben ($\bar{B}$ bzw. $\bar{A}$ sind die am Austauscher gebundenen Gegenionen):

$$K = \frac{[\bar{A}]^{\nu} \cdot [B]^{\mu}}{[A]^{\nu} \cdot [\bar{B}]^{\mu}} \qquad \nu,\ \mu = \text{Wertigkeit der Ionen.}$$

Beachte: K ist keine Stoffkonstante; sie hängt von der Beladung des Austauschers ab.

Das Aufnahmevermögen eines Austauschers wird als Austauschkapazität bezeichnet. Es entspricht der Gesamtmenge der zum Austausch zur Verfügung stehenden Gegenionen und wird meist angegeben in $mmol \cdot g^{-1}$ (bezogen auf 1 g feuchten Austauscher). Bei schwach sauren oder basischen Austauschern ist die Kapazität pH-abhängig. Unabhängig von der Art und Wertigkeit der Gegenionen ist die Kapazität eigentlich nur für kleine anorganische Ionen bei Kunstharz-Austauschern.

Unter der Austauschaktivität versteht man den Anteil (Prozentsatz) an austauschaktiven Gruppen eines Austauschers, der in einer austauschfähigen Form (OH^-- bzw. H^+-Form) vorliegt. Falls die experimentell gefundene Austauschaktivitat im Vergleich zur Austauschkapazität zu gering ist, z.B. durch häufigen Gebrauch des Austauschers, muß dieser regeneriert werden.

Arbeitstechnik

Die praktische Anwendung der Ionenaustauscher geschieht wie in der Säulenchromatographie in einem Glasrohr mit regulierbarem Auslauf oder analog zur Dünnschichtchromatographie durch Ausstreichen dünner Schichten auf Glasplatten. Das Elutionsmittel, wäßrige Pufferlösungen oder organische Lösungsmittel, läßt man durch die Austauscherschicht strömen, wobei die Säule bzw. Platte stufenweise beladen wird. Vor jedem erneuten Gebrauch führt man in der Regel einen *Regenerierungsprozeß* durch. Hierunter versteht man die Zurückführung des Ionenaustauschers in seine Ausgangsform (H^+-, Na^+-Form etc.). Als Regenerierungsmittel (s. Tabelle 35) dienen meist verd. Salzsäure, verd. NaOH- und verd. NaCl-Lösungen; danach wird mit dest. Wasser bis zur Neutralität gewaschen.

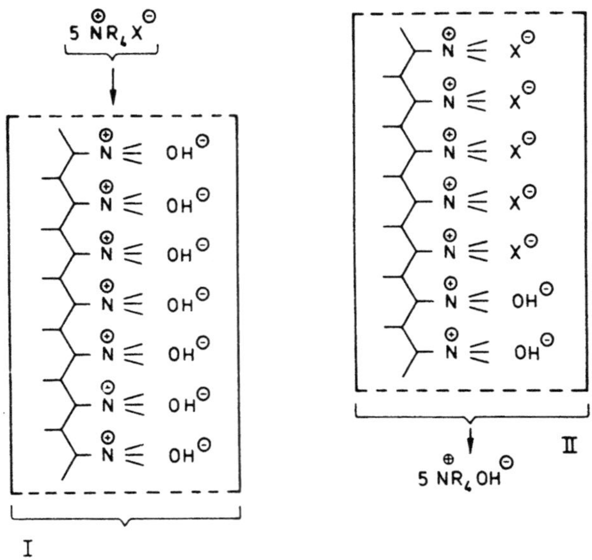

Abb. 129. Säule mit Anionenaustauscher. I = vor dem Ionenaustausch, II = nach dem Ionenaustausch

Abb. 129 zeigt schematisch das Austauschverfahren bei der Gehaltsbestimmung eines Ammoniumsalzes. Man erkennt, daß das Anion X^- gegen die äquivalente Menge OH^--Ionen ausgetauscht wurde, die anschließend titriert werden kann.

Ionenaustauscher werden vielseitig verwendet, so z.B. bei der Wasserenthärtung, Reinigung von Naturstoffen, für analytische Zwecke, aber auch großtechnisch, z.B. zur Gewinnung der Seltenen Erden.

Funktionsablauf beim Ionenaustausch

Das für den Ionenaustausch charakteristische Prinzip der reversiblen Adsorption erlaubt auch die Trennung verschieden stark geladener Moleküle, wie z.B. von Proteinen oder Nucleinsäuren. Die Trennung der Substanzgemische erfolgt dadurch, daß die einzelnen Komponenten nacheinander abgelöst werden. Dies ist immer dann möglich, wenn sie sich in ihren elektrischen Eigenschaften so unterscheiden, daß sie verschieden stark an den Austauscher gebunden werden.

Die Arbeitsschritte sind in Abb. 130 schematisch dargestellt:

1. Der Ionenaustauscher ist im Gleichgewicht mit den Gegenionen (o)
2. Zugabe der Probe, deren Komponenten (▲, ■) vom Austauscher gebunden werden, unter Freisetzung der Gegenionen (o)
3. Selektive Desorption der einen Komponenten (▲) durch die Ionen (●) des Puffers
4. Selektive Desorption der anderen Komponenten (■) z.B. nach Erhöhung des pH-Wertes
5. Regeneration des Austauschers

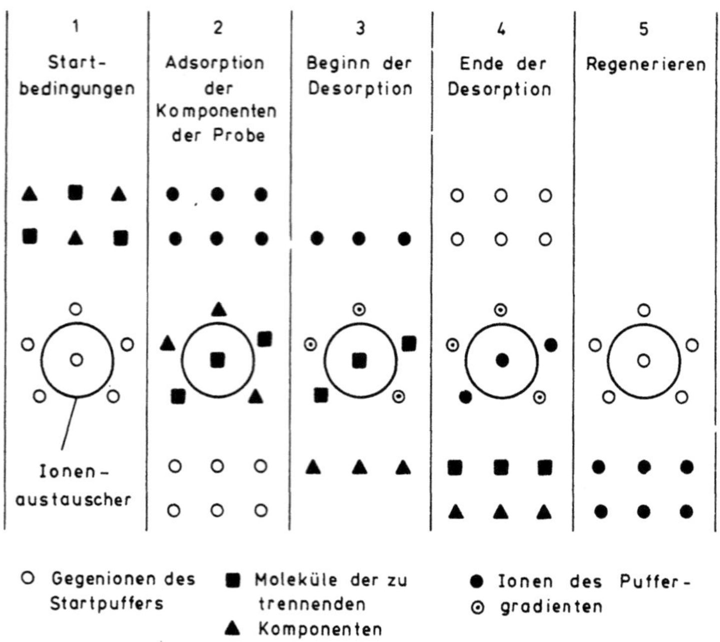

Abb. 130. Wirkungsweise eines Ionenaustauschers

Tabelle 35. Regeneriermittel für verschiedene Ionenaustauschertypen zur Überführung in eine gewünschte Ionenform

Ionenaustauscher-Typ	Gewünschte Ionenform	Regeneriermittel	Erforderliche Liter Regeneriermittel pro 1 Liter Ionenaustauscher
Kationenaustauscher stark sauer	H^+ Na^+	HCl 6 % NaCl 10 %	3,0 2,5
Kationenaustauscher schwach sauer	H^+	HCl 3 %	2,5
Anionenaustauscher stark basisch	OH^- Cl^-	NaOH 4 % NaCl 6 %	2,5 2,5
Anionenaustauscher schwach basisch	freie Base	NaOH 4 %	2,0

6.8 Gelchromatographie (Gelpermeationschromatographie)

Diese vor allem in der Biochemie und Naturstoffchemie angewandte chromatographische Methode nutzt die Größenunterschiede der zu trennenden Teilchen zur Trennung aus.

Ähnliche Methoden, die Größenunterschiede ausnutzen, sind z.B. die Dialyse mit Hilfe von semipermeablen Membranen, deren Porenstruktur nur für kleine Moleküle durchlässig ist. Auch die bereits erwähnten Zeolithe, die sich synthetisch mit definierter Porenweite herstellen lassen, werden zur Trennung in der Gaschromatographie oder zum Entwässern von Lösungsmitteln (Molekularsieb, Porenweite 0,4 nm) eingesetzt.

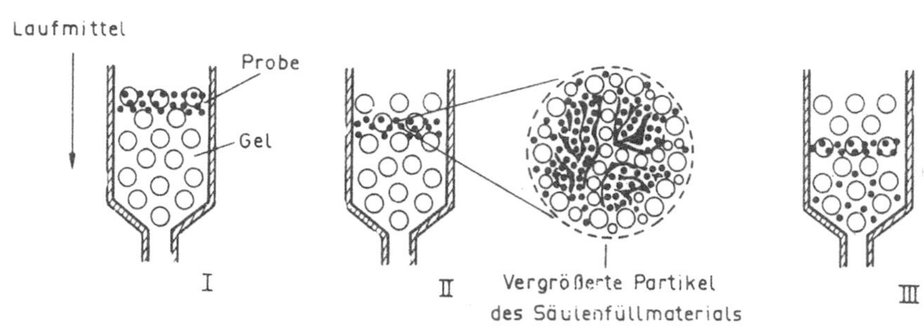

Abb. 131. Verlauf einer Gelfiltration an einem granulierten Gel

Für die *Flüssigkeits-Molekularchromatographie* werden jedoch Produkte benötigt, die einen hohen Siebeffekt bei schwachen Ionenaustausch- und Adsorptionseigenschaften zeigen. Dazu verwendet man heute u.a. Stärke, Agargele und mit Acrylamid vernetzte Polystyrolgele. Die bekanntesten sind wohl die Dextrangele. Dextran, ein Polysaccharid aus Glucose-Einheiten, wird mit Epichlorhydrin zu einem wasserunlöslichen Makropolymer vernetzt.

Arbeitstechnik

Entsprechend den Angaben der Hersteller wählt man ein geeignetes Gel nach Material und Körnung aus, läßt es in Wasser quellen und füllt die Suspension in eine geeignete (Glas-)Säule. Hierfür sind besonders die käuflichen Chromatographierohre geeignet, die mit weiteren Geräten wie Pumpen, Misch- und Vorratsgefäßen, Detektoren u.a. zu kompletten Chromatographiesystemen zusammengesetzt werden können. Die gefüllte Säule wird mit dem Laufmittel äquilibriert (ins Gleichgewicht gebracht), indem man das 2 - 3-fache des Gesamtvolumens V_t an Elutionsmittel durchlaufen läßt. Anschließend wird das zu trennende Substanzgemisch aufgegeben in einer Menge von 0,5 - 4 % von V_t. Die Elution der getrennten Substanzen wird häufig mit einem UV-Durchflußphotometer verfolgt und mit einem Schreiber registriert.

Allgemeine theoretische Betrachtungen zur Gelchromatographie

Bei der Elution erscheinen die einzelnen Komponenten nacheinander in der Reihenfolge abnehmender Molekülgröße, d.h. die größten Moleküle (mit der höchsten Molmasse) werden zuerst eluiert (Abb. 131). Erklärt wird dieser Vorgang durch das sog. *Ausschlußkonzept*. Danach enthält das Gel *Poren* definierter Größe. Die größeren Moleküle können nicht in das Innere der Gelmatrix eindringen und werden daher vom Lösungsmittel rascher fortgeführt als kleinere diffusionsfähige Moleküle. Somit erscheinen alle Moleküle, deren Molekülgröße (und damit Molmasse) außerhalb der *Ausschlußgrenze* liegt, praktisch gleichzeitig im Eluat. Das hierfür benötigte Elutionsvolumen V_e ist das Ausschlußvolumen V_o (entspricht t_o in Abb. 114, S. 479).
Für *große* Moleküle gilt also: $V_e = V_o$.
Mittelgroße Moleküle dringen demgegenüber etwas in das Gel ein. Ihnen steht für diese Diffusion ein Teil des Volumens der Gelporen zur Verfügung. Bezeichnet man dieses Volumen der Gelporen als das innere Volumen V_i (Abb. 133), dann gilt für mittelgroße Moleküle

$V_e = V_o + K_d \cdot V_i$, wobei $K_d \cdot V_i$ der für die Diffusion verfügbare Volumenanteil ist.

Kleinere Moleküle durchdringen die gesamte Gelmatrix und dringen dabei *unterschiedlich* stark in das Gel ein. Sie können dadurch voneinander getrennt werden. Für sie gilt: $V_e = V_o + V_i$. Entscheidend für eine gute Trennung ist dabei das innere Volumen V_i. Für jede Komponente wird ein bestimmtes Elutionsvolumen V_e zum Auswaschen aus der Säule benötigt.

Analog den R_f-Werten gibt man bei der Gelchromatographie die Werte für K_d (d = distribution) oder K_{av} (av = available) an (Abb. 132). V_e, V_o und V_t lassen sich für eine Substanz leicht experimentell bestimmen.

Muß man nur sehr große von sehr kleinen Molekülen trennen, spricht man oft von Gelfiltration; überstreicht das zu trennende Gemisch einen großen Fraktionsbereich, nennt man es Gelchromatographie.

Variationsmöglichkeiten und Anwendungen

Die Porenweite und damit die Ausschlußgrenze kann durch den Vernetzungsgrad des Dextrangels beeinflußt werden. Ein starker Vernetzungsgrad bedeutet ein geringes Quellvermögen, kleinere Porenweite und Ausschlußgrenze bei kleinerer Molekülmasse. Eine weitere Beeinflussung der Trennleistung ist über die Partikelgröße der Gelkörner möglich.

Quellmittel können außer Wasser bzw. wäßrige Pufferlösungen auch organische Lösungsmittel sein. Um diese verwenden zu können, ist es zweckmäßig, die freien Hydroxylgruppen des Dextrangels partiell zu acetylieren.

Die Gelchromatographie läßt sich außer zu Trennungen auch zur *Abschätzung von Molmassen* verwenden, da eine Korrelation zwischen den Elutionsdaten und der Molmasse (eigentlich der Molekülgröße) hergestellt werden kann. Hierzu ist es jedoch erforderlich, für die verwendete Chromatographiesäule mit bekannten Substanzen eine Eichkurve zu erstellen. Die gefundenen Werte sind um so besser, je ähnlicher die Strukturen der Eichsubstanzen und der zu bestimmenden Verbindungen sind (Beispiel: Globuläre Proteine). Eine wichtige Anwendung dieses Verfahrens ist die Bestimmung der *Molmassenverteilung* in synthetischen Hochpolymerengemischen.

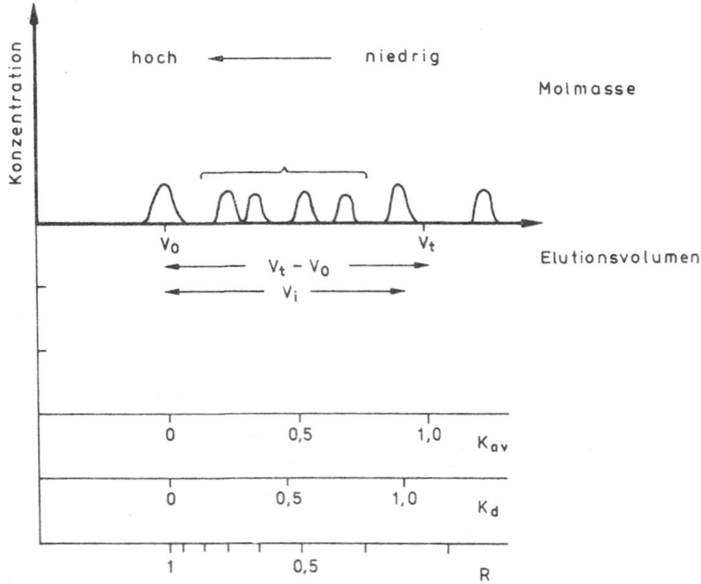

$$K_{av} = \frac{V_e - V_0}{V_t - V_0}$$

$$K_d = \frac{V_e - V_0}{V_t - V_0 - V_m} = \frac{V_e - V_0}{V_i}$$

R = Retentionskoeffizient = V_0 / V_e

Abb. 132. Elutionsdiagramm mit einigen Kennwerten

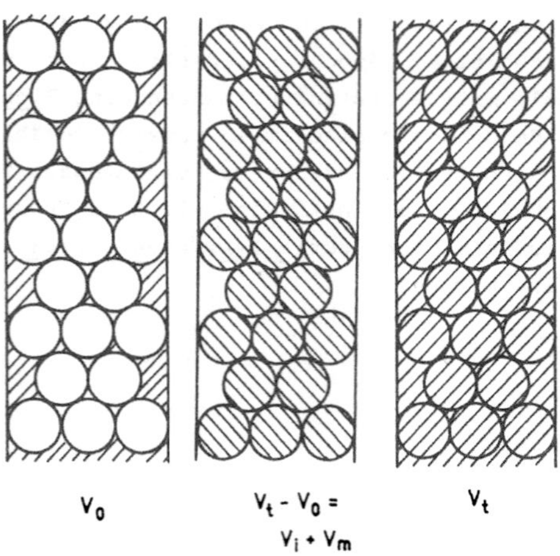

Gesamtvolumen $V_t = V_o + V_i + V_m$

V_o=Volumen zwischen den Gel-körnern

V_i=Lösungsmittelvolumen innerhalb der Gelpartike[l]

V_m=Volumen der Gelmatrix

Abb. 133. Schematische Dar-stellung der Gelvolumina

6.9 Affinitätschromatographie

Die Affinitätschromatographie (biospezifische Adsorption) ist eine Reinigungsmethode speziell für biologische Substanzen. Sie nutzt spezifische Wechselwirkungen zwischen affinen Reaktionspartnern, die miteinander Komplexe bilden können. Ein Beispiel ist die Komplexbildung zwischen einem Enzym und seinem Inhibitor.

Arbeitstechnik (Abb. 134)
Bindet man einen Reaktionspartner, den sog. Effektor, an einen wasserunlöslichen Träger, erhält man ein "Affinitätsharz". Füllt man dieses in eine Chromatographiesäule und läßt die Lösung eines Substanzgemisches, das den zum Effektor affinen Reaktionspartner enthält, durch die Säule fließen, so wird der Reaktionspartner festgehalten, und die Begleitsubstanzen laufen ungehindert durch. Durch Zerstörung des Komplexes (z.B. durch Änderung des pH-Wertes) läßt sich der affine Reaktionspartner anschließend eluieren und so rein isolieren.

Für die Enzymreinigung können als Effektoren verwendet werden:
Coenzyme, reversible Inhibitoren, gruppenspezifische Reagenzien u.a.

Effektoren in der Immunologie sind Haptene, Antigene, Antikörper.

Bei den Trägern handelt es sich u.a. um die Cellulosederivate Aminohexyl-Cellulose (AHC) und succinylierte Aminohexyl-Cellulose (SAHC):

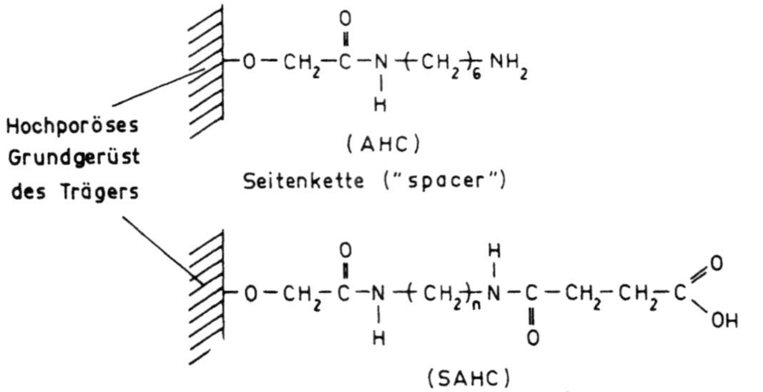

Abb. 134. Trägerharz

Die hochporösen Träger enthalten an ihren relativ langen Seitenketten funktionelle Gruppen wie $-NH_2$ und -COOH. Diese reagieren mit den Effektoren und bilden das Affinitätsharz. Die Seitenketten halten den Effektor vom Grundgerüst des Trägers entfernt, damit er sterisch ungehindert mit seinem affinen Reaktionspartner in Wechselwirkung treten kann.

Grundprinzip der Affinitätschromatographie:

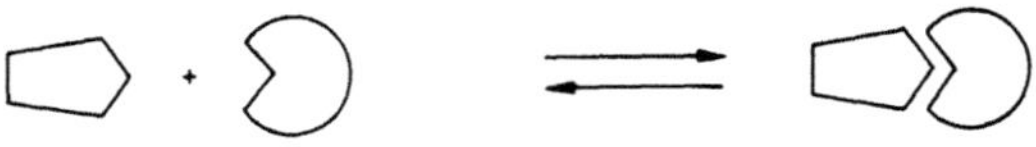

Einzelschritte

a) Fixierung des Effektors am Träger

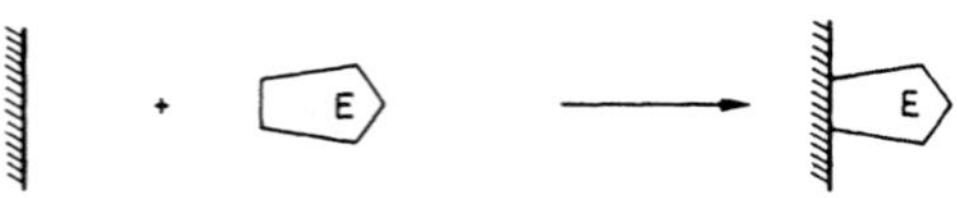

Affinitätsharz

b) Zugabe des Substanzgemisches und Adsorption des affinen Reaktionspartners

c) Desorption der gewünschten Substanz

Abb. 135. Affinitätschromatographie

7. Reinigung und Trennung von Verbindungen

7.1 Charakterisierung von Verbindungen durch Schmelz- und Siedepunkt

Neben der Angabe spektroskopischer, optischer und chromatographischer Daten dienen vor allem Schmelz- und Siedetemperatur zur Charakterisierung reiner Substanzen.

7.1.1 *Schmelztemperatur*

Die Begriffe Schmelztemperatur, Schmelzpunkt und Festpunkt (Schmp., Fp.) werden im gleichen Sinne verwendet. Sie bezeichnen die Temperatur, bei der ein Stoff vom festen in den flüssigen Aggregatzustand übergeht. Reine Stoffe haben i.a. einen scharfen Schmelzpunkt. Verunreinigungen können ihn beträchtlich herabsetzen. Zers. bedeutet Zersetzung.

Zur Bestimmung des Schmelzpunktes wird meist ein Kapillarröhrchen benutzt, das einseitig zugeschmolzen ist und etwa 3 mm hoch mit der zu prüfenden Substanz gefüllt wird. Das gefüllte Schmelzpunktröhrchen wird dann in einem Flüssigkeitsbad oder Metallblock mit Thermometer und Beobachtungslupe langsam erwärmt (1 - 2° C pro min bis kurz unterhalb des Fp.)

7.1.2 *Siedetemperatur*

Die Begriffe Siedetemperatur, Siedepunkt und Kochpunkt (Sdp., Kp.) werden im gleichen Sinne verwendet. Der Siedepunkt ist die Temperatur, bei der der Dampfdruck einer Flüssigkeit 760 Torr = 1,013 bar erreicht. Er ist druckabhängig und wird meist bei der Destillation mitbestimmt.

Die Angabe eines Siedebereiches anstelle des Siedepunktes ist sinnvoll, weil für die untersuchten Substanzen, z.B. infolge von Verunreinigungen, oft kein exakter Siedepunkt angegeben werden kann. Der Siedebereich ist der auf 1,013 bar korrigierte Temperaturbereich, innerhalb dessen die Substanz (oder ein bestimmter Teil davon) unter den vorgeschriebenen Bedingungen überdestilliert

7.2 Trennung und Reinigung von Lösungen

7.2.1 Destillation

Bei der Destillation wird eine flüssige Stoffmischung verdampft (Abb. 136). Die Komponenten verflüchtigen sich in der Reihenfolge ihrer Siedepunkte und werden anschließend wieder kondensiert. Besteht das Gemisch z.B. aus zwei Komponenten, ist im Dampf diejenige mit dem höheren Dampfdruck (niedrigeren Siedepunkt) angereichert. Diese Zusammensetzung der Gasphase bleibt im Kondensat erhalten. Es hat demnach im Vergleich zur ursprünglichen Mischung in gewissem Ausmaß eine Stofftrennung stattgefunden.

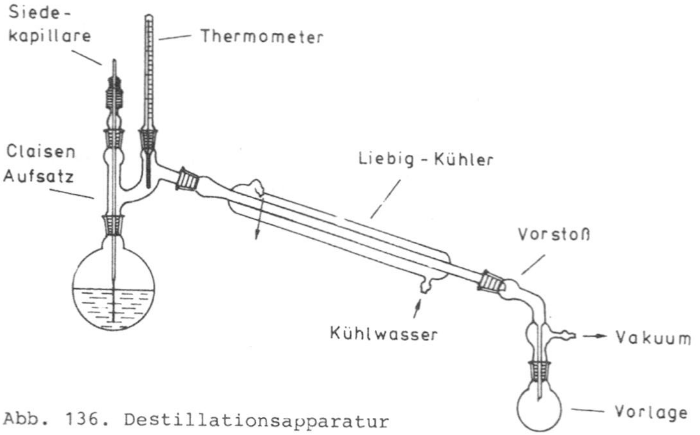

Abb. 136. Destillationsapparatur

Destilliert man das Kondensat erneut, wird man eine weitere Auftrennung des Substanzgemisches erreichen (fraktionierte Destillation). Nachteilig ist dabei der große Zeitbedarf für die mehrfache Wiederholung dieser Reinigungsoperation.

Zum schnellen und substanzschonenden Abdestillieren größerer Mengen Lösemittel wird meist der Rotationsverdampfer verwendet (Abb. 137). Der rotierende Destillationskolben verhindert zum einen Siedeverzüge, zum anderen bildet sich ein dünner Flüssigkeitsfilm aus, der rasch verdampft und ständig wieder erneuert wird.

1 = Antrieb
2 = Stativ
3 = Dampfdurchführungsrohr
4 = Verdampferkolben
5 = NS-Klammer
6 = Auffangkolben
7 = Kugelschliffklammer
8 = Diagonal-Flansch-Kühler
9 = Überwurfmutter
10= Einleitrohr

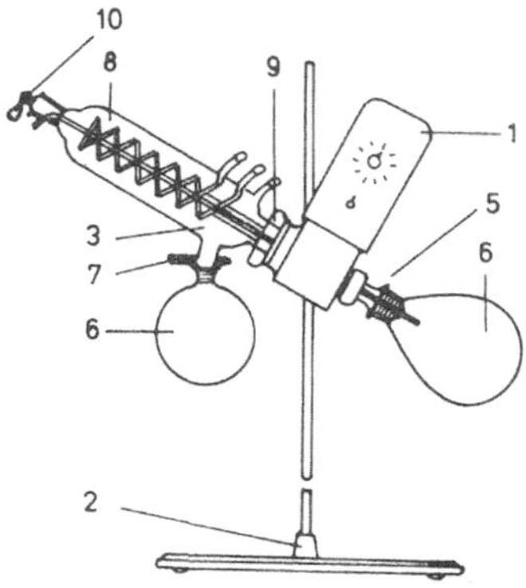

Abb. 137. Rotationsverdampfer

7.2.2 Rektifikation

Bei der Rektifikation mit Destillierkolonnen führt man das wiederholte Verdampfen und Kondensieren in einem Arbeitsgang durch. Dabei werden ein Teil des Kondensats und das Dampfgemisch im Gegenstrom zueinander geführt. Beide Phasen vermischen sich unter Wärme- und Stoffaustausch in mehreren aufeinander folgenden Stufen und werden wieder getrennt, bis sich am Kopf der Kolonne der leichter siedende Anteil und am Boden der Kolonne der schwerer siedende Anteil angereichert hat.

Bei den in der Technik am meisten eingesetzten Bodenkolonnen (Abb. 138) vermischen sich Dampf und Kondensatrücklauf nur auf den einzelnen Böden, die fest mit dem Kolonnenrohr verbunden sind. Auf jedem Boden findet quasi eine einfache Destillation statt.

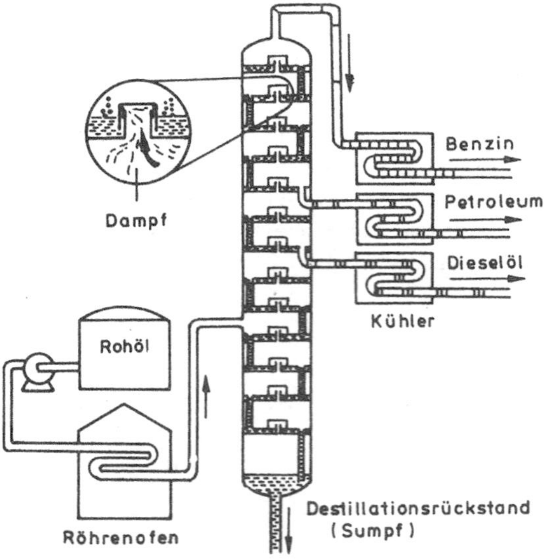

Abb. 138. Fraktionierkolonne für Erdöl (Glockenbodenkolonne)

Je größer die Anzahl der Böden, umso besser die Trennleistung der Kolonne, umso höher aber auch der Energiebedarf.

Im Labor werden meist Glasrohre mit verschiedenen Flüllkörpern (Abb. 141) oder Ablaufnasen (Vigreux-Kolonne, Abb. 140) verwendet. Beides dient der Vergrößerung der Austauschfläche zwischen aufsteigendem Dampf und herabströmendem Kondensat. Es ist zweckmäßig, die Kolonnen zur Wärmeisolierung mit Aluminiumfolie zu umkleiden.

7.2.3 Azeotrope Destillation; Wasserdampfdestillation

Die Wasserdampfdestillation ist ein Spezialfall der *azeotropen Destillation:* Azeotrope Gemische zeigen gleiche Siedetemperaturen; Dampf und Flüssigkeit haben die gleiche Zusammensetzung. Dabei gilt das *Raoultsche Gesetz:* Zwei nicht mischbare Flüssigkeiten sieden dann gemeinsam, wenn die Summe ihrer Einzeldampfdrucke gleich dem äußeren Luftdruck ist. Das bedeutet, daß die Siedetemperatur des Gemisches tiefer liegt als die der einzelnen Komponenten. So siedet z.B. das System Wasser/Benzol bei 69° C, während Benzol bei 80° C und Wasser bei 100°C sieden.

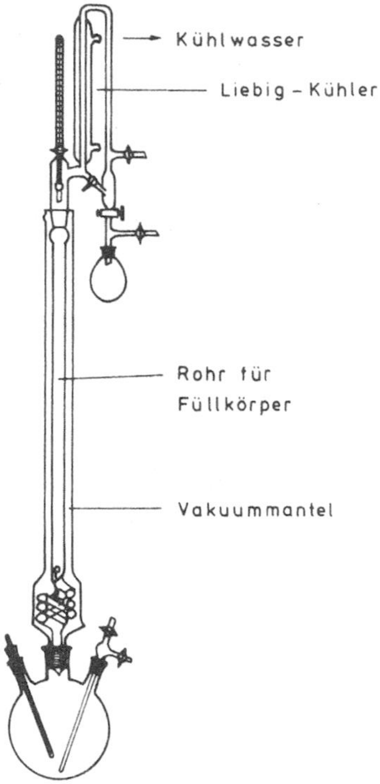

Abb. 139. Füllkörperkolonne

Abb. 140. Vigreux-Kolonne

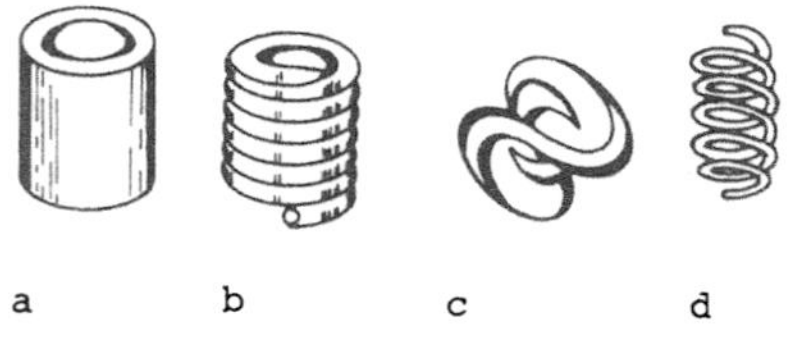

Abb. 141 a-d. Füllkörper-Formen. a) Glasring (Raschig-Ringe); b) Wendeln; c) Sattelkörper; d) Spirale

Es ist daher möglich, temperaturempfindliche Substanzen oder Stoffe mit sehr hohem Siedepunkt mit Wasserdampf schonend abzudestillieren. Der Wasserdampf kann durch einen Dampfentwickler erzeugt werden. Bei kleinen Mengen genügt die Zugabe von Wasser in den Destillationskolben.

Falls bei der Destillation ein *heterogenes Azeotrop* auftritt, wie im Fall Benzol/Wasser, hat lediglich die Gasphase eine konstante Zusammensetzung, während das erhaltene Kondensat zwei flüssige Phasen zurückbildet.

Man kann daher in Umkehrung des Verfahrens Benzol zu einer Flüssigkeit zusetzen, um Wasser daraus zu entfernen. So bildet Ethanol mit Wasser ein konstant siedendes Gemisch, ein *homogenes Azeotrop*, das destillativ nicht trennbar ist. Setzt man dem 96 %-igen Ethanol jedoch Benzol als "Wasserschlepper" zu, erhält man ein ternäres Azeotrop vom Siedepunkt 65° C, das zum Entwässern des Ethanols dienen kann.

Auch das im Laufe einer Umsetzung entstandene Reaktionswasser kann auf diese Weise entfernt werden, um das Gleichgewicht zu verändern. Hierzu verwendet man sogenannte Wasserabscheider (Abb. 142), in denen sich das Kondensat in die beiden Phasen Wasser und Schleppmittel trennt. Letzteres fließt im Kreislauf in den Destillationskolben zurück, während das Wasser in einem graduierten Sammelrohr verbleibt.

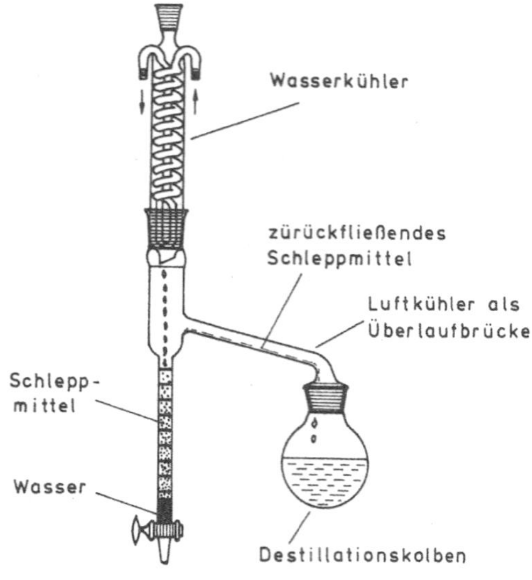

Abb. 142. Wasserabscheider (graduiert) mit aufgesetztem Kühler und Destillationskolben

7.3 Reinigung von festen Stoffen

7.3.1 Kristallisation

Die wichtigste Reinigungsmethode für feste Stoffe ist die Kristallisation. Dazu wird die verunreinigte Substanz in der Wärme in einem geeigneten Lösungsmittel gelöst und heiß filtriert. Das Filtrat läßt man abkühlen, wobei die Substanz reiner auskristallisiert. Verunreinigungen bleiben in der Mutterlauge zurück, sofern sie nicht schon bei der Filtration entfernt wurden. Das Lösungsmittel ist so auszuwählen, daß es keine chemische Reaktion mit der Substanz eingeht, möglichst leicht wieder zu entfernen ist und sein Siedepunkt 10 - 20 Grad unter dem Schmelzpunkt der Substanz liegt. Gefärbte Verunreinigungen lassen sich häufig dadurch entfernen, daß man die Substanzlösung kurzzeitig mit wenig Aktivkohle, Aluminiumoxid oder anderen Adsorptionsmitteln aufkocht und heiß filtriert. Die ausgeschiedenen Kristalle werden nach dem Abtrennen von der Mutterlauge gewaschen und getrocknet. Danach bestimmt man ihren Schmelzpunkt.

7.3.2 Sublimation

Feste Stoffe können manchmal auch durch Sublimation gereinigt werden (Abb. 143). Dabei geht die Substanz vom festen direkt in den dampfförmigen Zustand über und wird aus dem Dampf durch Abkühlen als Feststoff wieder abgeschieden. Der flüssige Zustand wird dabei übergangen. Sublimation kann sowohl bei Normaldruck als auch im Vakuum erfolgen.

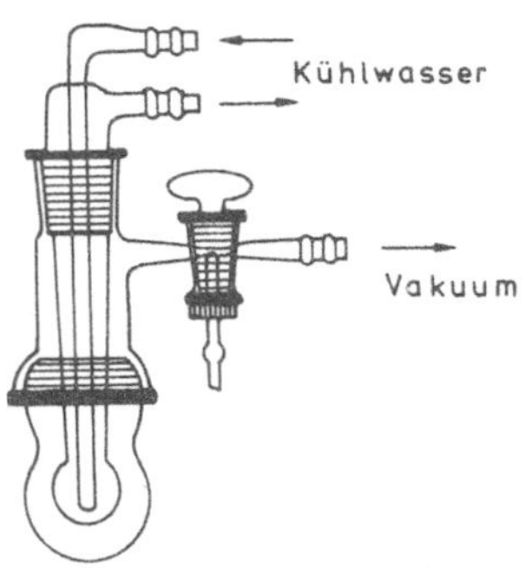

Abb. 143. Sublimationsapparat mit Schliffverbindung

Eine bekannte Anwendung in der Biochemie ist die Gefriertrocknung (Lyophilisation) von wässrigen Lösungen. Diese werden soweit abgekühlt, bis sie gefroren sind. Im Vakuum saugt man bei Zimmertemperatur die Verbindung mit dem höchsten Dampfdruck - i. a. das Wasser - ab. Die getrocknete Substanz bleibt als lockeres Pulver zurück. Die Temperatur steigt dabei nicht über 0° C, da die für die Sublimation des Wassers aufzuwendende Sublimationswärme ein Schmelzen des Eises verhindert.

7.4 Extraktion

Unter Extrahieren versteht man das Herauslösen eines oder mehrerer Stoffe aus einem festen Gemisch oder einer Lösung.

a) Festkörper
Zum Extrahieren gut löslicher Substanzen genügt es oft, das Gemisch mit einem Lösungsmittel unter Rühren aufzukochen. Bei wenig löslichen Verbindungen verwendet man Extraktoren (Abb. 146). Diese bestehen aus einem Rundkolben mit dem siedenden Lösungsmittel, aufgesetztem Extraktor mit dem Gemisch und einem Rückflußkühler. Das Lösungsmittel wird im Rückflußkühler kondensiert, tropft von dort auf das Substanzgemisch und löst die gesuchte Substanz. Die Lösung läuft in den Rundkolben zurück, aus dem reines Lösungsmittel verdampft werden kann.

b) Lösungen
Gelöste Substanzen können am einfachsten durch Ausschütteln im Scheidetrichter extrahiert werden (Abb. 147). Dieser enthält die Lösung und ein damit nicht mischbares Extraktionsmittel. Die zu extrahierende Substanz verteilt sich beim Schütteln gem. dem Nernstschen Verteilungsgesetz zwischen beide Phasen. Nach dem Trennen der Phasen und dem Trocknen des Extraktionsmittels verdampft man das Extraktionsmittel und erhält so die gesuchte Substanz.

Arbeitshinweis: Man schüttelt mehrmals mit kleinen Mengen Extraktionsmittel aus (und nicht nur einmal mit einer großen Menge). Nach jedem Schütteln ist zur Druckentlastung der Hahn kurz zu öffnen, wobei man den Auslauf nach oben vom Körper weghält. Zum Ablassen der Phasen ist vorher der Verschlußstopfen zu entfernen.

Bei geringen Unterschieden in den Verteilungskoeffizienten von Substanzen läßt sich eine Trennung durch einmaliges Ausschütteln nur schwer erreichen. Beim *multiplikativen Verteilungsverfahren* führt man diese Operation in automatisch arbeitenden Geräten mehrfach nacheinander durch und kann so Substanzgemische quantitativ trennen.

Zur kontinuierlichen Extraktion von Lösungen dienen *Perforatoren* (Flüssig-Flüssig-Extraktoren, Abb. 144 u. 145). Diese arbeiten so, daß eine Phase feinverteilt durch die andere hindurchströmt (ähnlich dem Extraktor).

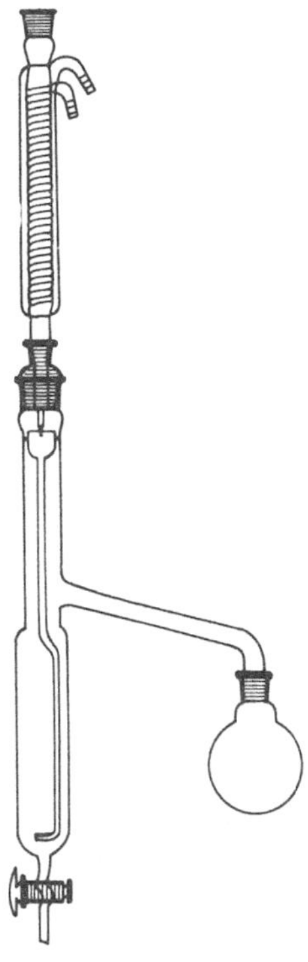

Abb. 144. Perforator für spezifisch leichte Extraktionsmittel

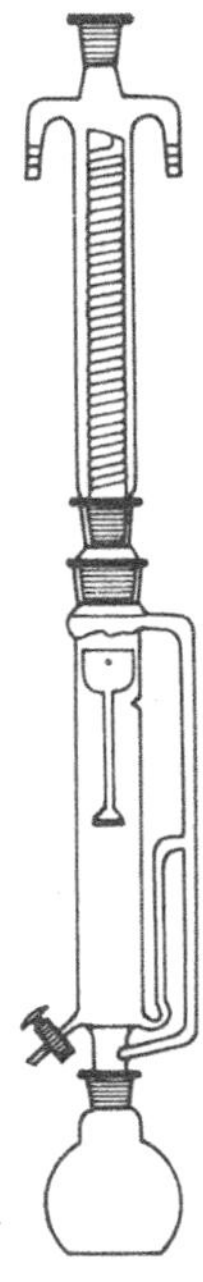

Abb. 145. Perforator für spezifisch schwere Extraktionsmittel

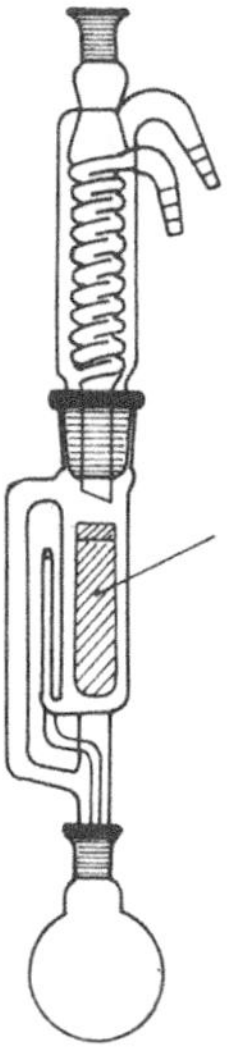

Abb. 146 Soxhlet-Extraktor

Abb. 147. Scheidetrichter

7.5 Trennung aufgrund kinetischer Effekte

In der Biochemie und Naturstoffchemie ist es häufig notwendig, höhermolekulare Verbindungen wie Glykoside oder Proteine und Kolloide zu trennen. Außer den bekannten chromatographischen Methoden, insbesondere der Gelchromatographie, bedient man sich hierzu kinetischer Trennverfahren.

7.5.1 Dialyse

Die Dialyse ist ein physikalisches Verfahren zur Trennung gelöster niedermolekularer von makromolekularen oder kolloiden Stoffen. Sie beruht darauf, daß makromolekulare oder kolloiddisperse (10 - 100 nm) Substanzen nicht oder nur schwer durch halbdruchlässige Membranen ("Ultrafilter", tierische, pflanzliche oder künstliche Membranen) diffundieren.

Die Dialysegeschwindigkeit v, d.h. die Abnahme der Konzentration des durch die Membran diffundierenden molekulardispers (0,1-3 nm) gelösten Stoffes pro Zeiteinheit ($v = -dc/dt$), ist in jedem Augenblick der Dialyse der gerade vorhandenen Konzentration c proportional: $v = \lambda \cdot c$, (λ = Dialysekoeffizient). λ hat bei gegebenen Bedingungen (Temperatur, Flächengröße der Membran, Schichthöhe der Lösung, Konzentrationsunterschied auf beiden Seiten der Membran) für jeden gelösten Stoff einen charakteristischen Wert.

Für zwei Stoffe A und B mit der Molekülmasse M_A bzw. M_B gilt die Beziehung:

$$\frac{\lambda A}{\lambda B} = \sqrt{\frac{M_B}{M_A}}$$

Abb. 148 zeigt einen einfachen Dialyseapparat (Dialysator). Die echt gelösten (molekulardispersen) Teilchen diffundieren unter dem Einfluß der Brownschen Molekularbewegung durch die Membran und werden von dem strömenden Außenwasser abgeführt.

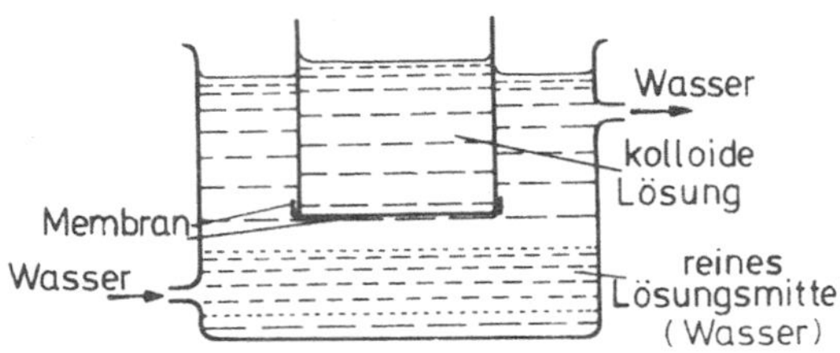

Abb. 148. Dialyse

7.5.2 Ultrazentrifugation (Sedimentation)

Man verwendet eine Zentrifuge sehr hoher Beschleunigung (bis etwa 10^6 g, 1 g = 9,8 $msec^{-2}$). Sie ermöglicht, das Verhalten von Teilchen in einem vorgegebenen Schwerefeld und unter konstanten äußeren Bedingungen wie Druck und Temperatur zu beobachten. Die Sedimentationsgeschwindigkeit während des Zentrifugierens wird meist zur Bestimmung der Molmasse M benutzt, wofür folgende Gleichung gilt:

$$M = \frac{R \cdot T \cdot s}{D \cdot (1 - V \cdot \rho)} ;$$

R = Gaskonstante
D = Diffusionskoeffizient
ρ = Dichte des Lösungsmittels
T = Temperatur
s = Sedimentationskonstante,
V = partielles spezifisches Volumen der gelösten Substanz.

V, ρ, D und s werden aus den experimentellen Daten bestimmt.

Bei einer Abänderung des Verfahrens, dem Sedimentationsgleichgewicht, wird die Drehzahl (und damit g) so gewählt, daß sich Sedimentation und Diffusion gerade kompensieren. Hierfür gilt:

$$M = \frac{2 \cdot R \cdot T \cdot \ln c_2/c_1}{\omega^2 \cdot (x_2^2 - x_1^2) \cdot (1 - V \cdot \rho)}$$

mit $c_{1,2}$ = Konzentrationen in den Abständen $x_{1,2}$ vom Rotationszentrum, ω = Winkelgeschwindigkeit des Rotors.

Außer zur *Molmassenbestimmung* werden Ultrazentrifugen benutzt, um *Molmassenverteilungen* zu ermitteln, d.h. man kann Substanzgemische fraktionieren. Gleichzeitig gewinnt man eine Aussage über Reinheit, Einheitlichkeit und Mengenverteilung der zu untersuchenden Substanzprobe.

7.5.3 Elektrophorese

Hierunter versteht man die Wanderung von geladenen Teilchen in einem elektrischen Feld. Sie werden aufgrund ihrer unterschiedlichen Beweglichkeit und Ladung voneinander getrennt und können dadurch charakterisiert bzw. analytisch bestimmt werden. Man arbeitet dabei entweder in einer Meßlösung, die beiderseits an eine Pufferlösung angrenzt (freie Elektrophorese) oder die Meßlösung ist auf ein mit Pufferlösung getränktes Trägermaterial aufgetragen (Träger-Elektrophorese). Letzteres hat den Vorteil, daß die einzelnen Zonen (Puffer-Meßlösung-Puffer) besser gegeneinander abzugrenzen sind und sich die Fronten durch Diffusionsvorgänge kaum vermischen. Allerdings machen sich dabei Adsorptions- und Kapillareffekte zusätzlich bemerkbar. Beweglichkeit und Trennschärfe lassen sich auch durch Variation des pH-Wertes verändern, weil dadurch die Eigenladungen der zu trennenden Substanzen verändert werden. Dabei muß man allerdings vermeiden, in die Nähe des isoelektrischen Punktes zu kommen, weil die Teilchen evtl. durch Ausflocken unbeweglich werden können.

Die trägerfreie Elektrophorese wird heute nur noch verwendet, wenn die Gefahr besteht, daß die Probe mit Trägermaterial verunreinigt wird oder der Kontakt mit ihr, z.B. bei Proteinen zu irreversiblen Veränderungen führt. Eine leistungsfähige Methode ist die Ablenkungselektrophorese (Abb. 149), die mit einer vertikal strömenden Probenlösung arbeitet. Diese fließt in eine Pufferlösung ein, die sich zwischen zwei senkrecht stehenden parallelen Glasplatten im rechten Winkel zu den Kraftlinien eines Gleichstromfeldes bewegt. Die Ionen werden dann aus der Strömungsrichtung des Puffers um einen bestimmten Winkel abgelenkt und am unteren Ende der Platten getrennt aufgefangen. Der Ablenkungswinkel ist für jede Substanz verschieden und abhängig z.B. von der Strömungsgeschwindigkeit und der Beweglichkeit der Teilchen.

Als Träger dienen bei der Träger-Elektrophorese Cellulose-Filterpapiere, Kunstfaserpapier u.a. Diese sind jedoch ebenso wie bei der Papierchromatographie inzwischen von der Dünnschicht-Elektrophorese abgelöst worden, die z.B. mit normalen DC-Platten arbeitet. Die Mikrozonen-Elektrophorese verwendet Celluloseacetatfolien und erreicht bei hoher Trenngeschwindigkeit gute Trennwerte bei einer Nachweisgrenze von 1 - 2 µg. Verwendet man Stärke oder Polyacrylamid als Träger, dann wirken diese zusätzlich als Molekularsiebe (vgl. Gelchromatographie). Diese Gel-Elektrophorese wird auch als Disk-Elektrophorese (Abb. 150) bezeichnet, weil man den Träger diskontinuierlich aufbaut. Das zu trennende Substanzgemisch (z.B. Proteine) wird im *Sammelgel* zu einer schmalen Startzone aufkonzentriert, in der die einzelnen Proteine nach ihrer Beweglichkeit hintereinander angeordnet sind. Im anschließenden *Trenngel* findet dann die eigentliche Zonen-Elektrophorese statt, wobei die Proteine durch die verschiedenen Porengrößen der Gelmatrix nach Molekül-Ladung, -Größe und -Gestalt getrennt werden. Sie können danach durch Anfärben mit Farbstoffen sichtbar gemacht werden.

Bei der sog. Immuno-Elektrophorese (Abb. 151) kombiniert man die Elektrophorese mit einer serologischen Nachweismethode, nämlich der Ausflockungs(Präzipitats)-Reaktion zwischen Antigen und Antikörper. Beim Verfahren nach Grabar/Williams wird ein Proteingemisch zunächst elektrophoretisch getrennt. In den Träger läßt man entsprechende Antikörper eindiffundieren, die beim Zusammentreffen mit ihrem spezifischen Antigen ausfallen und als dünne, leicht gekrümmte "Präzipitatsbanden" in Erscheinung treten.

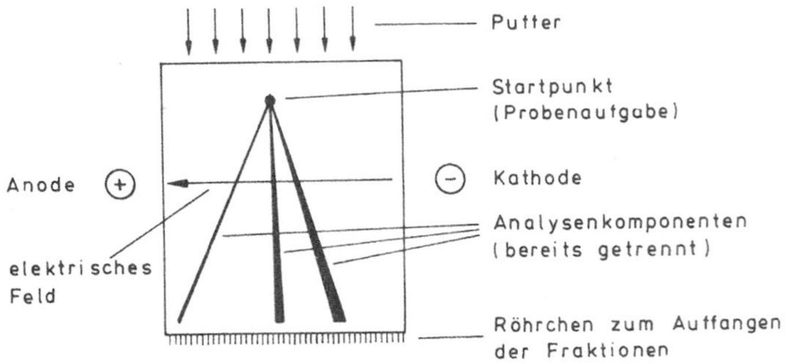

Abb. 149. Ablenkungselektrophorese

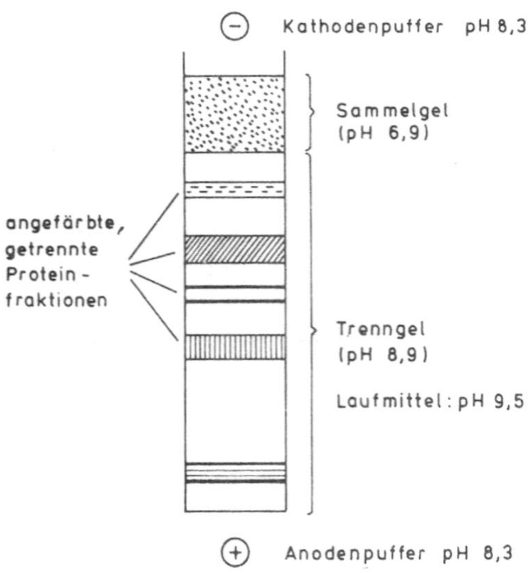

Abb. 150. Gel-Elektrophorese mit den pH-Werten für ein "Standard" Disc-System

(A): Vergleichssubstanz

(B): Analysenprobe

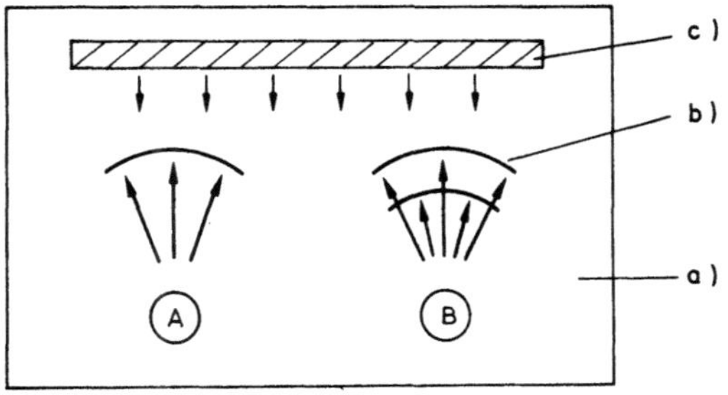

Abb. 151. Immunoelektrophorese a-c.
a) Träger; b) Präzipitatsbanden in der Diffusionszone; c) Rinne mit Antiserum (wird erst nach der Elektrophorese angelegt)

8. Literaturnachweis und weiterführende Literatur

Kapitel 1

Qualitative anorganische Analyse

Ackermann, G.: Einführung in die qualitative anorganische Halbmikroanalyse. Leipzig: VEB Deutscher Verlag für Grundstoffindustrie 1968

Bock, R.: Aufschlußmethoden der anorganischen und organischen Chemie. Weinheim: Verlag Chemie

Donald, J., Pietrzyk u. Clyde W. Frank: Analytical chemistry. New York, London: Academic Press, 1974

Feigl, F.: Tüpfelanalyse. Frankfurt/M.: Akademische Verlagsgesellschaft

Fresenius, W., Jander, G.: Handbuch der analytischen Chemie. Berlin, Heidelberg, New York: Springer

Friks, J., Getrost, H.: Organische Reagenzien für die Spurenanalyse. Darmstadt: Firmenschrift E. Merck, 1975

Geilmann, W.: Bilder zur qualitativen Mikroanalyse anorganischer Stoffe. Weinheim: Verlag Chemie

Hofmann, H., Jander, G.: Qualitative Analyse. Berlin, New York: de Gruyter

Jander, G., Blasius, E.: Lehrbuch der analytischen und präparativen anorganischen Chemie. Stuttgart: Hirzel

Köster-Pflugmacher, A.: Qualitative Schnellanalyse der Kationen und Anionen. Berlin, New York: de Gruyter, 1976

Medicus, L., Goehring, M.: Qualitative Analyse. Dresden, Leipzig: Steinkopff

Müller, G.-O.: Lehrbuch der Angewandten Chemie, Bd. I. Leipzig: Hirzel

Okáč, A.: Qualitative analytische Chemie. Leipzig: Akademische Verlagsgesellschaft, 1960

Riesenfeld, E., Remy H.: Anorganisch-Chemisches Praktikum. Zürich: Rascher, 1956

Qualitative organische Analyse

Ehrenberger, F., Gorbach, S.: Methoden der organischen Elementar- und Spurenanalyse. Weinheim: Verlag Chemie, 1973

Firmenschrift E. Merck: Reagenzien für die organische Gruppenanalyse. Darmstadt

Houben-Weyl-Müller: Methoden der organischen Chemie. Bd. II. Stuttgart: Thieme

Huber, W.: Chemischer Nachweis funktioneller organischer Gruppen in Analytiker-Taschenbuch, Bd. II. Berlin, Heidelberg, New York: Springer, 1981

Hünig, S., Musso, H.: Nachweis funktioneller Gruppen in organischen Verbindungen, Manuskript. Marburg, 1969

Organikum Berlin: VEB Deutscher Verlag der Wissenschaften

Staudinger, H.: Anleitung zur organischen qualitativen Analyse. Berlin, Göttingen, Heidelberg: Springer

Kapitel 2, 3 und 4

Gravimetrie

Maßanalyse

Elektroanalytische Verfahren

Analytikum: Methoden der analytischen Chemie und ihre theoretischen Grundlagen. Leipzig VEB Deutscher Verlag für Grundstoffindustrie

Anorganikum. Berlin: VEB Deutscher Verlag der Wissenschaften

Becke-Goehring, M., Fluck, E.: Einführung in die Theorie der Quantitativen Analyse. Dresden: Steinkopff

Biltz, H., Biltz, W.: Ausführung quantitativer Analysen. Stuttgart: Hirzel

Brdička, R.: Grundlagen der physikalischen Chemie. Berlin: VEB Deutscher Verlag der Wissenschaften

Böhme, H., Hartke, K.: Kommentar zum Deutschen Arzneibuch. 7. Ausg. 2. Aufl. Stuttgart: Wissenschaftliche Verlagsgesellschaft und Frankfurt: Govi-Verlag, 1973

Böhme, H., Hartke, K.: Kommentar zum Europäischen Arzneibuch, Bd. I, II. Stuttgart: Wissenschaftliche Verlagsgesellschaft und Frankfurt: Govi-Verlag, 1976

Cordes, J.F.: Das neue internationale Einheitensystem. Naturwissenschaften 59, 177 (1972)

Cordes, J.F.: Meßgrößen und Einheiten in der technischen Chemie. Z. Klin. Chem. Klin. Biochem. 12, 180 (1974)

Danzer, Kl., Than, E., Molch, D.: Analytik. Leipzig: Akademische Verlagsgesellschaft Geest & Portig, 1976

Firmenschrift E. Merck: Komplexometrische Bestimmungsmethoden mit Titriplex. Darmstadt

Gyenes, J.: Titrationen in nicht-wäßrigen Medien. Stuttgart: Enke, 1970

Hägg, G.: Die theoretischen Grundlagen der analytischen Chemie. Basel: Birkhäuser, 1962

Huber, W.: Titrationen in nicht-wäßrigen Lösungsmitteln, Frankfurt: Akademische Verlagsgesellschaft, 1964

Jander, G., Jahr, K. F., Knoll, H.: Maßanalyse. Berlin, New York: de Gruyter

Kullbach, W.: Mengenberechnungen in der Chemie. Weinheim: Verlag Chemie, 1980

Kunze, U.R.: Grundlagen der quantitativen Analyse. Stuttgart: Georg Thieme, 1980

Latscha, H.P., Klein, H.A.: Chemie, Basiswissen. Berlin, Heidelberg, New York: Springer

Leichnitz, K.: Prüfröhrchen Taschenbuch. Lübeck: Drägerwerk 1982

Müller, G.-O.: Lehrbuch der Angewandten Chemie, Bd. II: Chemisch-mathematische Übungen. Bd. III: Quantitativ-anorganisches Praktikum. Leipzig: Hirzel, 1975

Näser, K.H.: Physikalisch-chemische Meßmethoden. Leipzig: VEB Deutscher Verlag für Grundstoffindustrie, 1970

Näser, K.H.: Physikalische Chemie. Leipzig: VEB Deutscher Verlag für Grundstoffindustrie, 1974

Näser, K.H.: Physikalisch-chemische Rechenaufgaben. Leipzig: VEB Deutscher Verlag für Grundstoffindustrie, 1978

Nylén, P., Wigren, N.: Einführung in die Stöchiometrie. Darmstadt: Steinkopff

Poethke, W.: Praktikum der Maßanalyse. Zürich, Frankfurt: Deutsch, 1973

Schwarzenbach, G., Flaschka, H.: Die komplexometrische Titration. Stuttgart: Enke, 1965

Seel, F.: Grundlagen der analytischen Chemie. Weinheim: Verlag Chemie

Vogel, A.I.: Quantitative Inorganic Analysis. London, New York, Toronto: Longmans, Green and Co., 1951

Wittenberger, W.: Rechnen in der Chemie. Wien: Springer

Wittenberger, W.: Chemische Laboratoriumstechnik. Wien: Springer, 1973

Kapitel 4 (speziell)

Elektroanalytische Verfahren

Abrahamczik, E.: Potentiometrische und kondutometrische Titration. In: Methoden der organischen Chemie. Houben-Weyl, Bd. III, S. 135.

Abresch, K., Claasen, I.: Coulometrische Analyse. Weinheim: Verlag Chemie, 1961

Abresch, K., Büchel, E.: Die coulometrische Analyse. Angew. Chem. 74, 685 (1962)

Analytiker-Taschenbuch, Bd. II. Berlin, Heidelberg, New York: Springer, 1981

Cammann, K.: Working with Ion-Selective Electrodes. Berlin, Heidelberg, New York: Springer 1979; Analytiker-Taschenbuch, Bd. I; Springer, 1979

Cruse, K., Huber, R.: Hochfrequenztitration. Weinheim: Verlag Chemie, 1957

Ebel, S., Parzefall, W.: Experimentelle Einführung in die Potentiometrie. Weinheim: Verlag Chemie, 1975

Ebert, H.: Elektrochemie. Würzburg: Vogel, 1972

Fachlexikon, ABC Chemie. Frankfurt/M., Thun: Verlag Harri Deutsch, 1976

Graue, G.: Coulometrie. Chem.Lab. Betr. 13 (1962)

Hamann, C.H., Vielstich, W.: Elektrochemie I und II. Weinheim: Verlag Chemie

Heyrovský, J.: Polarographisches Praktikum. Berlin: Springer

Heyrovský, J., Zuman, P.: Einführung in die praktische Polarographie. Berlin: VEB Verlag Technik

Kortüm, G.: Lehrbuch der Elektrochemie. Weinheim: Verlag Chemie

Koryta, J., Dvořák, J., Boháčkova, V.: Lehrbuch der Elektrochemie. Berlin, Heidelberg, New York: Springer, 1975

Lohmann, F.: Die coulometrische Analyse und ihre Anwendungen. Chem. Techn. 13, 668 (1961)

Meiters, L.: Polarographie techniques. Interscience Publ. New York 1955

Neumüller, O.-H.: Basis-Römpp. Stuttgart: Franckhsche Verlagsbuchhandlung, 1977

Nürnberg, H.W.: Elektroanalytical Chemistry. London, New York: Wiley, 1974

Schmidt, H., v. Stachelberg, M.: Neuartige polarographische Methoden. Weinheim: Verlag Chemie

Stock, J.T.: Amperometrische Titration. New York; Interscience Publishers

Trobisch, K.H.: Die coulometrische Titration. Chem. Techn. 6, 649 (1957)

Vetter, K.J.: Coulometrie. In: Ullmanns Enzyklopädie der technischen Chemie, Bd. 2/1, S. 618 (1961)

Kapitel 5

Optische und spektroskopische Analysenverfahren

Zusammenfassungen (s. vorstehende Literatur): Näser, K.H., Brdička, R.; Houben-Weyl; Organikum; Ullmann; Analytikum; Danzer, Than und Molch

Bergert, K.-H., Pruggmayer, D.: Möglichkeiten der instrumentellen Analytik. Darmstadt: G-I-T-Verlag, 1973

Clerc, Th., Pretsch, E.: Kernresonanzspektroskopie. Frankfurt: Akademische Verlagsgesellschaft 1973

Friebolin, H.: NMR- und ESR-Spektroskopie, in Ullmann, 4. Auflage, Bd. 5

Gerson, F.: Hochauflösende ESR-Spektroskopie. Weinheim: Verlag Chemie, 1967

Günther, H.: NMR-Spektroskopie. Stuttgart: Thieme

Günzler, H., Böck. H.: IR-Spektroskopie. Weinheim: Verlag Chemie, 1975

Kortüm, G.: Kolorimetrie, Photometrie und Spektroskopie. Berlin, Heidelberg, New York: Springer, 1955

Kortüm, G.: Reflexionsspektroskopie. Berlin, Heidelberg, New York: Springer, 1969

Pretsch, Clerc, Seibl, Simon: Strukturaufklärung organischer Verbindungen. Berlin, Heidelberg, New York: Springer 1976

Silverstein, R.M., Bassler, G.C.: Spectrometric identification of organic compounds. New York: Wiley, 1967

Ternay, A.L.: Contemporary organic chemistry. Philadelphia: Saunders, 1979

Williams, D., Fleming, I.: Spektroskopische Methoden in der organischen Chemie. Stuttgart: Thieme, 1971

Zschunke, A.: Kernmagnetische Resonanzspektroskopie in der organischen Chemie. Berlin: Akademie-Verlag, 1971

Kapitel 6

Chromatographische Methoden

Analytikum: Leipzig: VEB Deutscher Verlag für Grundstoffindustrie, 1974

Brewer, J.M., Pesce, A.J., Ashworth, R.B.: Experimentelle Methoden in der Biochemie. Stuttgart: Fischer, 1977

Determann, H.: Gelchromatographie. Berlin, Heidelberg, New York: Springer, 1967

Engelhardt, H.: Hochdruckflüssigkeitschromatographie. Berlin, Heidelberg, New York: Springer, 1975

Firmenschriften u.a. von E. Merck, Darmstadt; Deutsche Pharmacia GmbH, Frankfurt; Waters GmbH, Königstein/Ts.; Riedel-de Haën AG, Seelze/Hannover

Kaiser, R.: Chromatographie in der Gasphase I - IV. Mannheim: Bibliograph. Inst., 1960 - 1965

Schwedt, G.: Chromatographische Trennmethoden. Stuttgart: Thieme, 1979

Stahl, E.: Dünnschichtchromatographie. 1. u. 2. Aufl. Berlin, Heidelberg, New York: Springer, 1967

Ullmanns Enzyklopädie der technischen Chemie. München: Urban & Schwarzenberg, 1969

Wittenberger, W.: Chemische Laboratoriumstechnik. Wien: Springer, 1973

9. Abbildungsnachweis

Analytikum: VEB Deutscher Verlag für Grundstoffindustrie, Leipzig, 1971 32

Christen, H.R.: Grundlagen der organischen Chemie. Aarau, Frankfurt/M.: Sauerländer-Salle, 1968 78, 88

Engelhardt, H.: Hochdruck-Flüssigkeits-Chromatographie. Berlin, Heidelberg, New York: Springer, 1975 113, 126

Fachzeitschrift für das Laboratorium. Darmstadt: G-I-T-Verlag, 1973 105, 92, 108

Kortüm, G.: Kolorimetrie, Photometrie und Spektroskopie. 3. Aufl. Berlin, Göttingen, Heidelberg: Springer, 1955 87, 89

Organikum: VEB Deutscher Verlag für Grundstoffindustrie, Leipzig, 1971 117, 118, 119

Ullmann: Enzyklopädie der technischen Chemie. München, Berlin: Urban u. Schwarzenberg, 1961 74, 75, 104, 106

Weitere Abbildungen stammen aus den Büchern "Chemie für Mediziner" von H.P. Latscha und H.A. Klein, "Chemie für Pharmazeuten" von H.P. Latscha, H.A. Klein und R.Mosebach, "Parmazeutische Analytik" von H.P.Latscha, H.A.Klein und J.Kessel und "Chemie Basiswissen I und II von H.P.Latscha und H.A.Klein, alle Springer-Verlag, sowie aus Vorlesungsskripten von H.P.Latscha. Sie wurden mit z.B. erheblichen Veränderungen den im Literaturnachweis aufgeführten Lehrbüchern und Monographien entnommen.

10. Sachverzeichnis

Anhang

- Maßeinheiten
- Ausgewählte funktionelle Gruppen
- Tabelle zur NMR-Spektroskopie
- Charakteristische Gruppen- und Gerüstfrequenzen im IR-Gebiet
- Periodensystem der Elemente

Maßeinheiten

Das Internationale Einheitensystem (Système International d'Unités, SI) wurde am 2. 7. 1970 durch das "Gesetz über Einheiten im Meßwesen" in der Bundesrepublik eingeführt. Die ergänzende Ausführungsverordnung trat am 5. 7. 1970 in Kraft. Nachfolgend sind die wichtigsten neuen Maßeinheiten zusammen mit den Umrechnungsfaktoren für einige ältere Einheiten angegeben.

1. *Basiseinheiten des SI-Systems und der Atomphysik*

Größe	Einheit	Zeichen
Länge	Meter	m
Masse	Kilogramm	kg
Zeit	Sekunde	s
Stromstärke	Ampère	A
Temperatur	Kelvin	K
Lichtstärke	Candela	cd
Stoffmenge	Mol	mol
Energie	Elektronenvolt	eV
Teilchenmasse	atomare Masseneinheit	u

2. *Abgeleitete Einheiten*

Größe	Einheit	Zeichen	Einheitengleichung	Umrechnung
Kraft	Newton	N	$m \cdot kg \cdot s^{-2}$	1 kp = 9,81 N
				1 dyn = 10^{-5}N
Druck	Pascal	Pa	$m^{-1} \cdot kg \cdot s^{-2}$	1 Torr= 1,333 mbar
	Bar	bar	(1 bar = 10^5Pa)	1 mmHg= 1,333 mbar
				1 atm = 1,013 bar
Wärmemenge				
Arbeit	Joule	J	$m^2 \cdot kg \cdot s^{-2}$	1 erg = 10^{-7}J
Energie				1 cal = 4,187 J
Leistung	Watt	W	$m^2 \cdot kg \cdot s^{-3}$	1 kcal·h^{-1}=1,163 W
				1 PS = 735,49 W

Maßeinheiten

Aus Gründen der Zweckmäßigkeit wurde die Celsiustemperatur beibehalten. Für sie gilt: t in Grad Celsius (°C) = T-273,15 in Kelvin (K). Das Gradzeichen (°) entfällt bei der Einheit Kelvin.

Während das Liter als Volumeneinheit weiterhin zulässig ist (1 l = 1 dm^3) soll die Längeneinheit Å in Meter angegeben werden: 1 Å = 10^{-10}m = 100 pm = 10^{-1}nm.

Um bei der Verwendung von Basiseinheiten nicht ständig mit Zehnerpotenzen arbeiten zu müssen, werden die Meßgrößen mit Vorsilben versehen, die nachfolgend aufgeführt sind.

Faktor	Bezeichnung	Kurzzeichen	Faktor	Bezeichnung	Kurzzeichen
10^{-18}	Atto-	a	10^{-1}	Dezi-	d
10^{-15}	Femto-	f	10^{1}	Deka-	da
10^{-12}	Pico-	p	10^{2}	Hekto-	h
10^{-9}	Nano-	n	10^{3}	Kilo-	k
10^{-6}	Mikro-	µ	10^{6}	Mega-	M
10^{-3}	Milli-	m	10^{9}	Giga-	G
10^{-2}	Zenti-	c	10^{12}	Tera-	T

Ergänzende Literatur: J.F. Cordes: Das neue internationale Einheitensystem. Naturwissenschaften *59*, 177-182 (1972)

Maßeinheiten

Masse: Einheit Kilogramm, kg. 1 kg = 1000 g. 1 g = 1000 mg.
1 g = 10^{-3} kg; 1 mg = 10^{-3} g; 1 µg = 10^{-3} mg = 10^{-6} g;
1 ng = 10^{-3} µg = 10^{-6} mg = 10^{-9} g; 1 pg = 10^{-12} g

Volumen: Einheit Kubikmeter, m^3. 1 m^3 = 1000 dm^3 = 1000 l.
1 l = 1000 ml.
1 l = 10^{-3} m^3; 1 ml = 10^{-3} l; 1 µl = 10^{-3} ml = 10^{-6} l
1 nl = 10^{-3} µl = 10^{-6} ml = 10^{-9} l; 1 pl = 10^{-12} l

Vorsatzzeichen: m = milli ... 10^{-3} n = nano ... 10^{-9}
µ = mikro ... 10^{-6} p = pico ... 10^{-12}

Konzentrationen häufig benutzter Säuren und Basen

Bezeichnung (abgekürzt)		Gehalt Gewichts-prozent	Molarität $mol \cdot l^{-1}$	Äquivalent-konzentration $mol \cdot l^{-1}$
rauchende	HCl	38	12,5	12,5
konz.	HCl	25	8	8
verd.	HCl	7	2	2
konz.	HNO_3	65	14	14
verd.	HNO_3	12	2	2
konz.	H_2SO_4	96	18	36
verd.	H_2SO_4	9	1	2
verd.	CH_3COOH	12	2	2
konz.	NaOH	40	14	14
verd.	NaOH	7,5	2	2
konz.	NH_3	25	13,5	13,5
verd.	NH_3	3,5	2	2

Ausgewählte funktionelle Gruppen

Verbindungsklasse	Funktionelle Gruppe	Beispiel, übl. Name	Lösl. in H_2O Dichte g/cm^3	typische Reaktionen
Alkan	–	$CH_3CH_2CH_2CH_2CH_3$ n-Pentan	unlöslich 0,63	Oxidation Substitution
Alken	$>C=C<$	$CH_3CH_2CH_2CH=CH_2$ 1-Penten	unlöslich 0,64	Addition Reduktion Oxidation
Alkin	$-C\equiv C-$	$CH_3CH_2CH_2C\equiv CH$ 1-Pentin	unlöslich 0,69	Addition Reduktion
Aromat	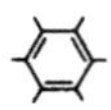	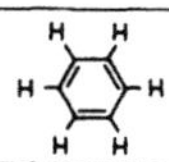 Benzol	wenig löslich 0,88	Substitution
Halogenalkan	$-\overset{\vert}{\underset{\vert}{C}}-X$ (X = F, Cl, Br, I)	CH_3CH_2Br Bromethan (Ethylbromid)	wenig löslich 1,46	Substitution Eliminierung
Alkohol	$-\overset{\vert}{\underset{\vert}{C}}-OH$	CH_3CH_2OH Ethanol	unbegrenzt löslich 0,78	Oxidation Substitution Eliminierung Säure-Base
Ether	$-\overset{\vert}{\underset{\vert}{C}}-O-\overset{\vert}{\underset{\vert}{C}}-$	$CH_3CH_2OCH_2CH_3$ Diethylether (Ether)	wenig löslich 0,71	Substitution
Amin	$-\overset{\vert}{\underset{\vert}{C}}-\underset{\vert}{N}-$	$CH_3CH_2CH_2CH_2NH_2$ n-Butylamin	unbegrenzt löslich 0,76	Substitution Säure-Base
Aldehyd	$-\overset{O}{\overset{\Vert}{C}}-H$	$CH_3CH=O$ Acetaldehyd	unbegrenzt löslich 0,78	Oxidation Reduktion Addition Substitution
Keton	$-\overset{\vert}{\underset{\vert}{C}}-\overset{O}{\overset{\Vert}{C}}-\overset{\vert}{\underset{\vert}{C}}-$	$CH_3\underset{\underset{O}{\Vert}}{C}CH_3$ Aceton	unbegrenzt löslich 0,79	Reduktion Addition Substitution
Carbonsäure	$-\overset{O}{\overset{\Vert}{C}}-OH$	CH_3COOH Essigsäure	unbegrenzt löslich 1,05	Säure-Base Substitution
Carbonsäurechlorid	$-\overset{O}{\overset{\Vert}{C}}-Cl$	CH_3COCl Acetylchlorid	Hydrolyse 1,10	Substitution Reduktion
Carbonsäureester	$-\overset{O}{\overset{\Vert}{C}}-O-\overset{\vert}{\underset{\vert}{C}}-$	$CH_3COOCH_2CH_3$ Essigsäureethylester	wenig löslich 0,90	Substitution Reduktion
Carbonsäureamid	$-\overset{O}{\overset{\Vert}{C}}-\overset{\vert}{N}-$	CH_3CONH_2 Acetamid	löslich 0,99	Substitution Reduktion
Nitril	$-C\equiv N$	CH_3CN Acetonitril	unbegrenzt löslich 0,78	Addition Reduktion

Tabelle zur NMR-Spektroskopie:
Chemische Verschiebung für Protonen in funktionellen Gruppen

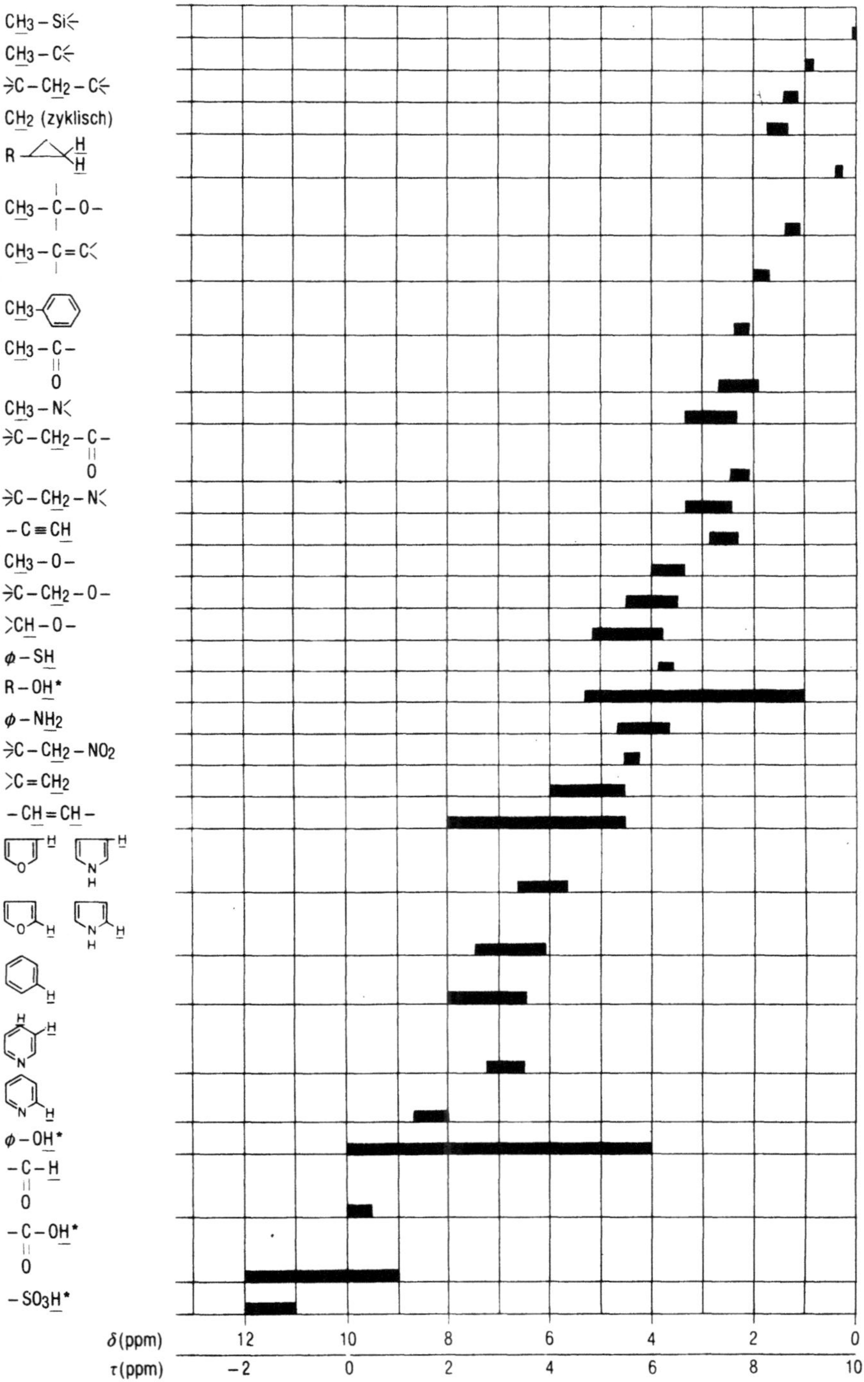

* Variiert wegen H-Brückenbindung und Austauscheffekten
3. Umschlagseite aus E. D. Becker, High Resolution NMR, Academic Press N. Y. 1969, S. 65

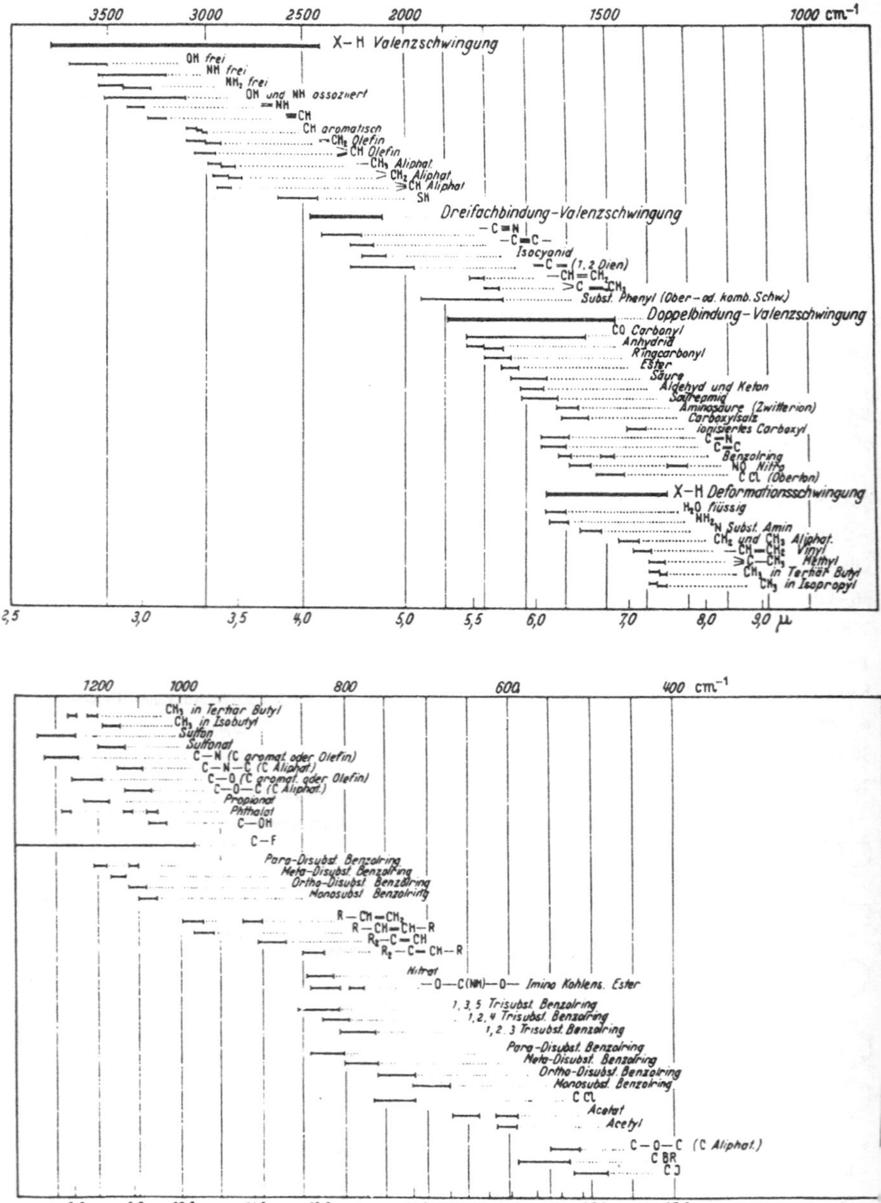

Charakteristische Gruppen- und Gerüstfrequenzen im IR-Gebiet (aus Kortüm)

Periodensystem der Elemente

© Springer-Verlag Berlin Heidelberg 1978, 1984, 1988, 1990, 1992, 1994
Springer-Lehrbuch
Latscha/Klein
Anorganische Chemie
Sechste Auflage

Additional material from *Chemie - Basiswissen,*

ISBN 978-3-662-40782-0, is available at http://extras.springer.com

EXTRA MATERIALS
extras.springer.com

GPSR Compliance

The European Union's (EU) General Product Safety Regulation (GPSR) is a set of rules that requires consumer products to be safe and our obligations to ensure this.

If you have any concerns about our products, you can contact us on ProductSafety@springernature.com

In case Publisher is established outside the EU, the EU authorized representative is:

Springer Nature Customer Service Center GmbH
Europaplatz 3
69115 Heidelberg, Germany

Batch number: 10704701

Printed by Printforce, the Netherlands